"十二五"普通高等教育本科国家级规划教材
普通高等教育农业农村部"十三五"规划教材

兽医药理学

第四版

陈杖榴　曾振灵　主编

中国农业出版社

图书在版编目（CIP）数据

兽医药理学 / 陈杖榴，曾振灵主编．—4 版．—北京：中国农业出版社，2017.1（2024.12 重印）
“十二五”普通高等教育本科国家级规划教材　普通高等教育农业部“十二五”规划教材
ISBN 978 - 7 - 109 - 22711 - 8

Ⅰ.①兽…　Ⅱ.①陈…②曾…　Ⅲ.①兽医学-药理学-高等学校-教材　Ⅳ.①S859.7

中国版本图书馆 CIP 数据核字(2017)第 024379 号

中国农业出版社出版
（北京市朝阳区麦子店街 18 号楼）
（邮政编码 100125）
责任编辑　武旭峰　王晓荣
文字编辑　武旭峰

三河市国英印务有限公司印刷　　新华书店北京发行所发行
1980 年 3 月第 1 版　　2017 年 1 月第 4 版
2024 年 12 月第 4 版河北第 11 次印刷

开本：787mm×1092mm　1/16　　印张：25
字数：595 千字
定价：62.50 元

第四版编审人员

主　编　陈杖榴（华南农业大学）

　　　　曾振灵（华南农业大学）

副主编　袁宗辉（华中农业大学）

　　　　沈建忠（中国农业大学）

参　编　吴国娟（北京农学院）

　　　　邓旭明（吉林大学）

　　　　江善祥（南京农业大学）

　　　　胡功政（河南农业大学）

　　　　刘雅红（华南农业大学）

审　稿　包鸿俊（南京农业大学）

第二版编审人员

主　编　陈杖榴（华南农业大学）

副主编　朱蓓蕾（中国农业大学）

参　编　佟恒敏（东北农业大学）

　　　　袁宗辉（华中农业大学）

　　　　曾振灵（华南农业大学）

主　审　冯淇辉（华南农业大学）

　　　　包鸿俊（南京农业大学）

第三版编审人员

主　编　陈杖榴（华南农业大学）

副主编　袁宗辉（华中农业大学）

曾振灵（华南农业大学）

沈建忠（中国农业大学）

参　编　吴国娟（北京农学院）

邓旭明（吉林大学）

江善祥（南京农业大学）

胡功政（河南农业大学）

主　审　冯淇辉（华南农业大学）

包鸿俊（南京农业大学）

第四版前言

《兽医药理学》第三版自2009年6月出版至今已7年多了。总的来说，这版教材得到了师生和读者的肯定和好评。2011年，本教材被中华农业科教基金会评为“全国高等农业院校优秀教材”，同时又被农业部教材办公室列入“普通高等教育农业部‘十二五’规划教材”。为了做好本版教材的修订工作，编写组于2014年4月向全国8所农业院校发出了“教材修订调查表”。收回答卷99份，其中学生74人，教师19人，临床诊疗工作者6人，答卷的多数人认为第三版教材的基本内容、字数和收编的药物种类是合适的，但认为偏多或偏少的也有20%～30%。2014年7月，编写组召开了一次参编作者会议，大家认为，教材应坚持大学本科培养目标为宗旨，内容应注重思想性、科学性、先进性和适用性。此次修订重点是更新部分内容，包括药物作用机制、药动学、临床应用、兽药新品种或新制剂；其次，在理论联系实际上多下功夫，对药物的适应证、合理选药和配伍等方面加强深入浅出的论述。

党的二十大报告指出：教育是国之大计、党之大计。培养什么人、怎样培养人、为谁培养人是教育的根本问题。在新农科和乡村振兴的时代大背景下，国家对兽医药理学科人才培养、社会服务赋予了新的内涵和提出了更高的要求，如在推进健康中国建设和绿色发展方面，兽医药理学科要承担更多的时代使命和责任。教材建设也应与时俱进，更好地服务于人才培养。

第四版教材删去药物品种8个，增加新药或新制剂18种，可以说增加新品种不多。这一方面反映了近年来新兽药研发的速度减缓的现实；另一方面，新兽药增加的品种主要是抗菌药和抗寄生虫药，而这两类药物均与兽药残留、食品安全有关。按照我国有关规定，新兽药必须经我国农业部批准或选入中国兽药典才能应用。而且由于抗菌药的耐药性问题，一些人医用的抗菌药已禁止在兽医的应用，如氧氟沙星、洛美沙星、培氟沙星、诺氟沙星已撤销相关产品的批准文号。

所以，希望读者理解这种情况。

本版教材参与修订的作者及分工，基本上与第三版一致，只是增加了华南农业大学的刘雅红教授，她负责修订第十二章第二节化学合成抗菌药。另外，第一章总论的修订由陈杖榴、曾振灵教授共同完成。

在修订过程中，许多同行老师和诊疗工作者对教材内容、收载药物、文字等提出了很好的建议和意见，在教材即将出版之际，谨向他们致以衷心的谢意。

由于编者水平所限，虽做了力所能及的努力，书中仍不免存在不足，恳请读者批评指正。

编者

2016年11月

（重印修改于2023年12月）

注：本教材于2017年12月被列入普通高等教育农业部（现更名为农业农村部）“十三五”规划教材［农科（教育）函〔2017〕第379号］。

第二版前言

本教材是教育部“高等农林教育面向21世纪教学内容和课程体系改革计划”项目成果。

《兽医药理学》全国高等农业院校教材第一版由冯淇辉教授主编，于1980年5月出版，1994年冯淇辉教授又主编了新的《兽医药理学》教材，但由于各种原因没有正式出版。本书是在前面两本教材的基础上进行重新编写的新版本。参加编写第一版教材的人员较多，有冯淇辉、周正、申葆和、张祖荫、戎耀方、梁兆年、王建元、张福华、包鸿俊、朱模忠、李涛、扈文杰、陈杖榴等，这些教师除扈文杰、陈杖榴较年轻外，其他教授都是我国兽医药理学的前辈，他们为我国兽医药理学科的发展付出了辛勤的劳动并作出了重大的贡献，对他们为国育材、发展学科、振兴中华的精神与业绩，我们表示由衷的钦佩。

在编写本教材过程中，我们力求贯彻《高等农业院校教材管理暂行办法》提出的要求，教材内容应注重思想性、科学性、先进性和适用性，充分启发学生的智能。遵循教育、教学规律，有利于培养学生的马克思主义世界观、人生观以及学生的独立思考能力和创造能力；运用辩证唯物主义和科学发展的观点来阐述药理学的基本规律，并贯彻理论联系实际的原则，进一步培养和提高学生分析和解决问题的能力。

由于第一版教材出书时间较早，这期间兽医药理学有了很大的发展，所以本版教材在编排和内容上都作了较大的调整和补充，力求反映兽医药理学在理论和新药研究上的新进展。本书共分为十五章，总论中加强了药物动力学的基本理论和应用的内容，并增加了“兽药管理”一节；在作用于外周神经系统药物、中枢神经系统药物、自体活性物质与解热镇痛抗炎药和化学治疗药等部分增加了不少分子生物学的内容，试图以分子水平的理论阐明药物作用的机理；全书各系统药物尤其是在抗微生物药和抗寄生虫药方面增加了较多的新药。另外，在药物作用、应用的对象方面除传统的家畜、家禽外，对犬、猫等宠物、经济动物和野生动物也增加了适当的内容，以求更好地满足兽医临床、公共卫生和畜牧业发展的需要。

本教材按兽医专业五年制100学时编写，由于兽医药理学的发展迅速，新药的内容不断增加，教学时数却有所减少，这给教学带来一定的困难。因此在使用本教材时，各院校应结合自己的实际进行选择、取舍，有些内容不必讲授，可安排学生自学或作教学实习之用。

参加本书编写的人员分工如下：陈杖榴教授负责总论、第四章、第六章、第七章；朱蓓蕾教授负责第十三章、第十四章、第十五章；佟恒敏教授负责第二章、第三章、第五章；袁宗辉教授负责第八章、第九章、第十章、第十一章；曾振灵教授负责第十二章。

本教材编写属中华农业科教基金资助项目，1999年12月获“中华农业科教基金会”批准，于2000年1月在华南农业大学召开了第一次编写会议，制订了编写计划和大纲。2000年9月完成初稿后，分发给全国二十多位兽医药理学教授征求对书稿的意见。2001年1月在东北农业大学召开了教材审稿会，除编者参加外，东北农业大学李涛教授、张秀英副教授，南京农业大学沈丽琳教授，解放军军需大学闫继业教授，北京农学院吴国娟教授，中国农业出版社教材中心彭明喜副主任等参加了会议，并对书稿提出了许多很好的修改意见。另外，冯淇辉、包鸿俊、朱模忠、张福华、胡汉铭、关天颖、田淑琴等教授也以书面形式提出了许多建设性意见，这些意见对我们更好地对初稿进行修改提供了帮助。本书的索引由华南农业大学兽医药理研究生编写并做了大量校对工作，中国农业出版社为本书的顺利出版给予了大力支持和帮助。本教材由冯淇辉教授、包鸿俊教授主审，他们从编写、修改到定稿都提了许多指导性的意见。在此谨对上述所有的同志表示诚挚的谢意。

由于编者水平和能力有限，本书还可能存在不少缺点和不足，恳请读者批评、指正。

编者

2001年8月

第三版前言

《兽医药理学》第二版作为“面向21世纪课程教材”于2002年1月出版，经过几年使用，深得读者肯定，并被评为“2005年全国高等农业院校优秀教材”。但本书已使用多年，随着科学技术的发展，有些内容不免有落后之感。另外，由于第二版作者有的年事已高，故本版教材重新组织了编写班子，增加了在兽医药理学教学工作中有丰富经验的新生力量，以图本版教材能更好地适应我国兽医教育事业发展的需要。

本版教材以培养和造就一批“厚基础、强能力、高素质、广适应”的创造性专门人才为指导思想，尽量收集本学科近年来的新成果、新知识和新技术，在各章、节新增的内容和药物中有所体现。过去，我国的养殖业主要以食品动物为主，故兽医药理学突出化疗药物作为阐述的重点。近年来，我国的宠物饲养有了很大的发展，另外，国际上对动物福利已经给予很高的关注，所以本书除抗菌药、抗寄生虫药仍是重点阐述对象外，对神经系统药物、解热镇痛抗炎药、营养药等也增加了不少新内容和新药物，目的是增加学生的知识面并在实践中有更多的选择，同时以求更好地满足兽医临床、公共卫生、新兽药研发和畜牧业发展的需要。

本教材按动物医学专业五年制100学时编写，但各个院校学制不同（有的是四年制），对兽医药理学的教学时数安排也不一致。因此，在使用本教材时，各院校应结合自己的实际进行有重点地选择、取舍，有些内容可不必讲授，安排学生自学或作为教学参考之用。另外，本版教材各章均增加了“复习思考题”，目的是更有利于学生的预习和复习。

参加本教材编写的人员分工如下：陈杖榴，第一章；袁宗辉，第二章、第三章；曾振灵，第十二章；沈建忠，第十四章、第十五章；邓旭明，第四章、第五章、第六章；吴国娟，第七章、第八章、第九章；江善祥，第十章、第十三章；胡功政，第十一章。

本教材于2006年2月获中国农业出版社立项，2006年5月在华南农业大学开了第一次编写组会议，除编写人员外，中国农业出版社武旭峰编辑、华南农业大学教材科负责同志参加会议，会上制订了编写大纲和计划。2007年2月完成了初稿，经主审修改发回给有关作者修改以后将第三稿全书打印，除给全部编写人员做进一步修改，并邀请南京农业大学王小龙教授、中国农业大学林德贵教授、东北农业大学王洪斌教授、中国农业出版社武旭峰编辑对书稿进行审阅，他们对本教材最后定稿提出了许多宝贵的修改意见。本教材由冯淇辉教授、包鸿俊教授主审，他们从编写大纲到定稿都提出了许多指导性意见。在此谨对上述所有关心帮助本版教材出版的所有同志表示诚挚的谢意。

由于编者水平和能力所限，本书还可能存在一些缺陷和遗漏，恳请读者批评、指正。

编者

2009年4月

目　　录

绪　论

（一）药物的概念

药物（drug）是用于治疗、预防或诊断疾病的物质。以动物为使用对象的药物称为兽药。此外，兽药还包括有目的地调节动物生理机能的物质。毒物（poison）是指对动物机体能产生损害作用的物质。药物超过一定的剂量也能产生毒害作用，因此药物与毒物之间没有绝对的界限。药物剂量过大或长期使用也可成为毒物，因此一般把这部分内容也放在药理学范畴讨论，其他化学毒物、工业毒物和动植物毒物等，则归于毒理学的范畴。

药物按其来源可分为三种：天然药物，如植物、动物、矿物以及微生物发酵产生的抗生素；合成药物，如各种人工合成的化学药物、抗菌药物等；生物技术药物，即通过细胞工程、基因工程等分子生物学技术生产的药物。这些药物的原料一般均不能直接用于动物疾病的治疗或预防，必须进行加工，制成安全、稳定和便于应用的形式，称为药物剂型（dosage form）（简称剂型），例如粉剂、片剂、注射剂等。剂型是集体名词，其中任何一个具体品种，例如片剂中的土霉素片，注射剂中葡萄糖注射液等则称为制剂（preparation）。药物的有效性首先是本身固有的药理作用，但仅有药理作用而无合理的剂型，必然影响药物疗效的发挥，甚至出现意外。先进、合理的剂型有利于药物的储存、运输和使用，能够提高药物的生物利用度，降低不良反应，发挥最大的疗效。

（二）兽医药理学的性质和任务

兽医药理学（veterinary pharmacology）是研究药物与动物机体之间相互作用规律的一门学科，是为临床合理用药、防治疾病提供基本理论的兽医基础学科。

药理学运用生理学、生物化学、病理学、微生物学和免疫学等基础理论和知识，阐明药物的作用原理、主要适应证（indication）和禁忌证（contraindication），为临床合理用药提供理论基础。所以，药理学是一门桥梁学科，既是药学与医学的桥梁，也是基础医学与临床医学的桥梁。兽医药理学的学科任务主要是培养未来的兽医师学会正确选药、合理用药、提高药效、减少不良反应；减少或避免食品动物的兽药残留，保证食品安全；并为进行临床前药理实验研究、开发新药及新制剂创造条件。

药理学是一门实验性的学科，学习中要理论联系实际，熟悉和掌握各类药物的基本作用规律，分析每类药物的共性和特点。对重点药物要全面掌握其作用、作用原理及应用，并与其他药物进行比较和鉴别。要注重掌握常用的实验方法和基本操作，仔细观察、记录实验结果，通过实验研究培养实事求是的科学作风和分析、解决问题的能力。

（三）兽医药理学的发展简史

兽医药理学有一个很大的发展和变化过程。兽医药理学总的说是与人医药理学并行发展的，也可说是以动物为研究对象的药理学范畴的扩大和发展，许多现代药理学的研究大多以动物实验为基础，故兽医药理学的发展是与药理学的发展密不可分的。

药理学作为一门独立的现代学科建立于19世纪中后期，从古代本草学和药物学发展成为现代的药理学经历了漫长的岁月，是前人药物知识和经验的总结。其中，我国的本草学发展很早，文献极为丰富，对世界药物学的发展曾做出重要的贡献。

《神农本草经》是我国最早的一部本草书，大概是公元前后1、2世纪汉代学者托名神农的著作，此书收集365种药物。公元659年，唐朝政府组织编写的《新修本草》，收载药物增至844种，是我国由国家颁定的第一部药典，也是世界上的第一部药典，比西方最早的《纽伦堡药典》还早883年。以后宋朝政府又修订了数次。但最重要的本草书要数明朝李时珍的《本草纲目》，他编写此书历时30年，收载药物1 892种，图1 160幅，药方11 000余条。此书不仅内容丰富，收罗广泛，并且全书贯穿实事求是的精神，改进分类方法，批判迷信谬说，在当时的历史条件下有相当高的科学性。《本草纲目》是我国本草学中最伟大的巨著，促进了我国医药研究的发展，并受到国际医药界的推崇，被译成日、法、德、英等7种文字，流传很广，对推动世界医药学的发展起了重大的作用。古代无兽医专用本草书，但历代的本草书中都包含兽用本草的内容。明代喻本元和喻本亨所著《元亨疗马集》（约公元1608年）是我国最早的兽医专著，收载药物400多种，方400余条。

科学的发展与生产力有密切的关系。16～18世纪，欧洲经过资产阶级革命，生产力得到迅速提高，促进了自然科学的迅速发展，其中化学和生理学等学科的发展，给药理学的发展打下了科学基础。18世纪以前，凡研究药物知识的科学总称为“药物学”。19世纪初期，由于化学的发展，许多植物药的化学成分被提纯，如吗啡（1807年）、士的宁（1818年）、咖啡因（1819年）、阿托品（1831年）先后被提纯。1828年成功合成了尿素，为人工合成有机化合物开辟了道路。另外，实验生理学的方法被引入药理学，用于观察化学物质对动物生理功能的影响。1846年，德国的R. Buchheim被Dorpat大学任命为第一位药理学教授，于是药理学便从药物学分化出来，首次成为大学独立的学科。在此前后，药物学还分化出生药学、药物化学、药剂学、毒物学等学科。

药理学从20世纪初开始得到迅速的发展。1907年德国的P. Ehrlich和他的同事成功合成对抗梅毒螺旋体有特效的606（胂凡钠明），开创了化学治疗学的先河，被称为“化学治疗之父”。以后他又正式提出“受体”（又称受点，receptor）的术语，为药理学的发展提出了开创性的方向。20世纪的后半叶可以说是从受体学说到分子药理学飞速发展的时代。Clark在20世纪50年代之前已为受体学说打下基础；Ariens提出的“内在活性”使受体学说进一步完善；而cAMP被发现并提出“第二信使”概念成了受体学说发展的里程碑。以后，随着生物化学、有机化学、生理学、分子生物学等学科的发展，药理学也得到迅速的发展，先后形成许多药理学的分支学科，如实验药理学、生化药理学、分子药理学等。近几十年来，科学发展的新特点是学科的互相交叉和互相渗透，促进了学科的新发展，又出现了一些新的分支学科，如免疫药理学、药代动力学、遗传药理学、量子药理学等。随着医学基础理论和电子技术、检测技术的迅猛发展，药理学研究的深度和广度也在飞速发展，受体的纯化、三维结构的确定及其在细胞内信号转导系统中的作用，得到了前所未有的深入研究，最近又出现了药物基因组学（pharmacogenomics）。这不仅对阐明药物作用的机制和本质有重要作用，而且有助于进一步弄清生命过程的细节，药理学必将在医学与药学、基础医学与临床医学中更好地发挥桥梁作用。

兽医药理学作为独立学科建立的准确年代无从查考，欧洲于18世纪中叶开始成立兽医学院，20世纪初期已出现多种兽医药物学及治疗学的教科书，但多记述植物药、矿物药和处方，没有叙述药物对组织的作用或作用机制。1917年，美国康奈尔大学的H. J. Milks教授出版了《实用兽医药理学及治疗学》（Practical Veterinary Pharmacology and Therapeutics），当时得到较广泛应用，故可认为20世纪20年代前后是兽医药理学独立学科建立的年代，比人医药理学科的建立大概晚了半个多世纪。兽医药理学是一门重要的兽医基础学科，除了用于兽医学领域外，还可用于比较生物科学、实验动物科学和比较药理学。

我国兽医药理学的建立应是新中国成立以后的事。20世纪50年代初我国大学院校调整成立独立的农业院校，大多数院校设立了兽医专业，开始开设兽医药理学课程。1959年正式出版了全国试用教材《兽医药理学》。我国兽医药理学得到较好发展是在改革开放以后，科学研究蓬勃开展，取得一批重要研究成果；博士、硕士研究生等高学历人才大量培养成长；新兽药的研制开发取得了突出成就，为保障我国畜牧业生产发展和公共卫生安全等起到了重要的作用。

第一章

总　论

药理学一方面研究药物对机体的作用规律，阐明药物防治疾病的原理，称为药物效应动力学（pharmacodynamics），简称药效动力学或药效学；另一方面，研究药物在机体内的吸收和处置（disposition）过程，即药物在体内的吸收、分布、生物转化和排泄过程中的变化规律，称为药物代谢动力学（pharmacokinetics），简称药代动力学或药动学。这两个过程在体内同时进行，并且相互联系。药理学探讨这两个过程的规律，为科学、合理用药，发挥药物的治疗作用，减少不良反应打下理论基础；也为寻找新药提供线索，并为认识和阐明动物机体生命活动的本质提供科学依据。

第一节　药物对机体的作用——药效动力学

一、药物的基本作用

（一）药物作用的基本表现

药物作用（drug action）是指药物小分子与机体细胞大分子之间的初始反应。药理效应（pharmacological effect）是药物作用的结果，表现为机体生理、生化功能的改变。但在一般情况下不把两者截然分开，互相通用。例如去甲肾上腺素对血管的作用，首先是与血管平滑肌的α受体结合，激活腺苷酸环化酶，使cAMP生成明显增加，这就是药物的作用；继而产生血管收缩、血压升高等药理效应。机体在药物作用下，使机体器官、组织的生理、生化功能增强称为兴奋（stimulation），引起兴奋的药物称为兴奋药（stimulant），例如咖啡因能使大脑皮层兴奋，使心脏活动加强，属兴奋药；相反，使生理、生化功能减弱则称为抑制（depression）及抑制药（depressant），如氯丙嗪可使中枢神经抑制、体温下降，属抑制药。有的药物对不同器官可能引起性质相反的效应，如阿托品能抑制胃肠平滑肌和腺体活动，但对中枢神经却有兴奋作用。药物防治疾病就是通过其兴奋或抑制作用调节和恢复机体功能被病理因素破坏的平衡。

除了功能性药物表现为兴奋和抑制作用外，有些药物如化学治疗药物则主要作用于病原体，其通过杀灭或驱除入侵的微生物或寄生虫，使机体的生理、生化功能免受损害或恢复平衡而呈现其药理作用。

（二）药物作用的方式

药物可通过不同的方式对机体产生作用，药物在吸收进入血液以前在用药局部产生的作用，称为局部作用（local action），如普鲁卡因在其浸润的局部使神经末梢失去感觉功能而产生局部麻醉作用。药物经吸收进入全身循环后分布到作用部位产生的作用，称为吸收作用（absorptive action），又称全身作用（general action，systemic action），如吸入麻醉药通过肺部吸收进入大脑皮层而产生的全身麻醉作用。

从药物作用发生的顺序（原理）来看，可分为直接作用和间接作用。如洋地黄毒苷被机体吸收后，主要分布并直接作用于心脏，加强心肌收缩力，改善全身血液循环，这是洋地黄的直接作用（direct action），又称原发作用（primary action）。由于全身循环改善，肾血流量增加，尿量增多，表现轻度的利尿作用，使心衰性水肿减轻或消除，这是洋地黄的间接作用（indirect action），又称继发作用（secondary action）。

（三）药物作用的选择性

机体不同器官、组织对某种药物的敏感性表现明显的差别，对某一器官、组织作用特别强，而对其他组织的作用很弱，甚至对相邻的细胞也不产生影响，这种现象称为药物作用的选择性（selectivity）。如缩宫素对子宫平滑肌有很强的选择作用，对其他平滑肌基本无作用。选择性的产生可能有几方面的原因：首先是药物对不同组织亲和力不同，能选择性地分布于靶组织，如碘分布于甲状腺的量比其他组织高 1 万倍；其次是在不同组织的代谢速率不同，因为不同组织酶的分布和活性有很大差别；再就是受体分布的不均一性，不同组织受体分布的多少和类型存在差异。药物作用的选择性是治疗作用的基础，选择性高，针对性强，产生很好的治疗效果，很少或没有副作用；反之，选择性低，针对性不强，副作用也较多。当然，有的药物选择性较低，应用范围较广，使用时也有其方便之处。

（四）药物的治疗作用与不良反应

临床使用药物防治疾病时，可能产生多种药理效应，对防治疾病产生有利的作用，称为治疗作用（therapeutic action）；其他与用药目的无关或对动物有害的作用，统称为不良反应（adverse reaction）。大多数药物在发挥治疗作用的同时，都存在程度不同的不良反应，这就是药物作用的双重性。

1. 治疗作用

（1）对因治疗（etiological treatment）：药物的作用在于消除疾病的原发致病因子，称为对因治疗，中医称治本。如应用化学治疗药物杀灭病原微生物以控制感染性疾病；用洋地黄治疗慢性充血性心力衰竭引起的水肿等。

（2）对症治疗（symptomatic treatment）：药物的作用在于改善疾病症状，称为对症治疗，亦称治标。如用解热镇痛药可使发热动物体温降至正常，但如病因不除，药物作用过后体温又会升高。所以对因治疗比对症治疗重要，对因治疗才是用药的根本，一般情况下首先要考虑对因治疗。但对一些严重的症状，甚至可能危及患病动物生命，如急性心力衰竭、呼吸困难、惊厥等，则必须首先用药解除症状，待症状缓解后再考虑对因治疗。有些情况下，则要对因治疗和对症治疗同时进行，即所谓标本兼治，才能取得最佳的疗效。

2. 不良反应　不良反应一般可分为如下临床表现。

（1）副作用（side effect）：是指药物在常用治疗剂量时产生的与治疗无关的作用或危害不大的不良反应。有些药物选择性低、药理效应广泛，利用其中一个作用为治疗目的时，其他作用便成了副作用。如用阿托品作为麻醉前给药，主要目的是抑制腺体分泌和减轻对心脏的抑制，其同时产生的抑制胃肠平滑肌的作用便成了副作用。由于治疗目的不同，副作用和治疗作用也是可变化的，如阿托品抑制平滑肌的作用可用于马痉挛疝缓解或消除疼痛，这时抑制腺体分泌反而成了副作用。副作用一般是可预见的，往往很难避免，临床用药时应设法纠正，如给反刍动物使用阿托品时，常给予制酵药以防止瘤胃臌胀。

（2）毒性作用（toxic effect）：大多数药物都有一定的毒性，只不过毒性反应的性质和程度不同而已。一般毒性反应是用药剂量过大或用药时间过长而引起。用药后立即发生的称为急性毒性（acute toxicity），多由用药剂量过大所引起，常表现为心血管、呼吸功能的损害；有的在长期蓄积后逐渐产生，称为慢性毒性（chronic toxicity），多数表现肝、肾、骨髓的损害；少数药物还能产生特殊毒性，即致癌、致畸、致突变作用（简称“三致”作用）。此外，有些药物在常用剂量时也能产生毒性，如氯霉素可抑制骨髓造血机能，氨基糖苷类有较强的肾毒性等。药物的毒性作用一般是可以预知的，应该设法减轻或防止。

（3）变态反应（allergy）：又称过敏反应，其本质是免疫反应。药物多为外来异物，虽不是全抗原，但许多可作为半抗原，如抗生素、磺胺等与血浆蛋白或组织蛋白结合后形成全抗原，便可引起机体体液性或细胞性免疫反应。这种反应与剂量无关，反应性质各不相同，很难预知。致敏原可能是药物本身，或其在体内的代谢产物，也可能是药物制剂中的杂质。药物过敏反应在动物体时有发生，可能由于缺乏细致的观察和记录，感觉似乎没有人类那样普遍。

（4）继发性反应（secondary reaction）：是指药物治疗作用引起的不良后果。如成年草食动物胃肠道有许多微生物寄生，正常情况下菌群之间维持平衡的共生状态，如果长期应用四环素类广谱抗生素时，对药物敏感的菌株受到抑制，菌群间相对平衡受到破坏，以致一些不敏感的细菌或抗药的细菌如葡萄球菌、大肠杆菌等大量繁殖，可引起中毒性肠炎或全身感染。这种继发性感染特称为“二重感染”。

（5）后遗效应（residual effect）：指停药后血药浓度已降至阈值以下时的残存药理效应。可能由于药物与受体的牢固结合，靶器官药物尚未消除，或者由于药物造成不可逆的组织损害所致，如长期应用皮质激素，由于负反馈作用，垂体前叶和/或下丘脑受到抑制，即使肾上腺皮质功能恢复至正常水平，但应激反应在停药半年以上时间内可能尚未恢复，这也称为药源性疾病。后遗效应不仅能产生不良反应，有些药物也能产生对机体有利的后遗效应，如抗菌药后效应（postantibiotic effect，PAE），使抗菌药的作用时间延长。

二、药物的构效关系和量效关系

（一）药物的构效关系

药物的化学结构与药理效应或活性有着密切的关系，因为药理作用的特异性取决于特定的化学结构，这就是药物的构效关系（structure-response relationship）。化学结构类似的化合物一般能与同一受体或酶结合，产生相似（拟似药）或相反的作用（拮抗药）。例如去甲肾上腺素、肾上腺素、异丙肾上腺为拟肾上腺素药，普萘洛尔为抗肾上腺素药，它们的结构式如下：

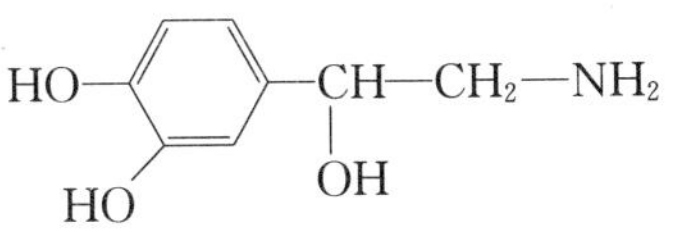

去甲肾上腺素 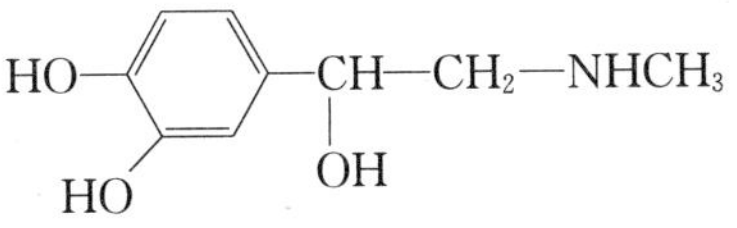　　肾上腺素

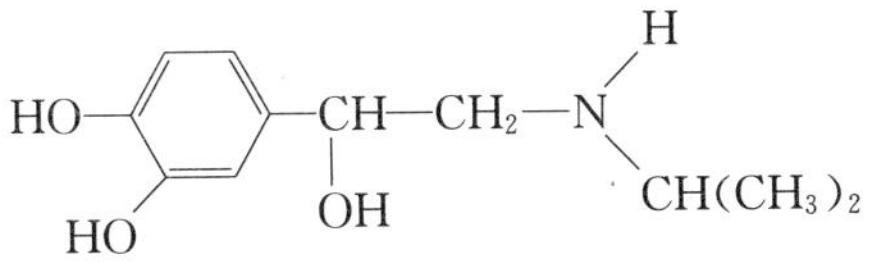

异丙肾上腺素 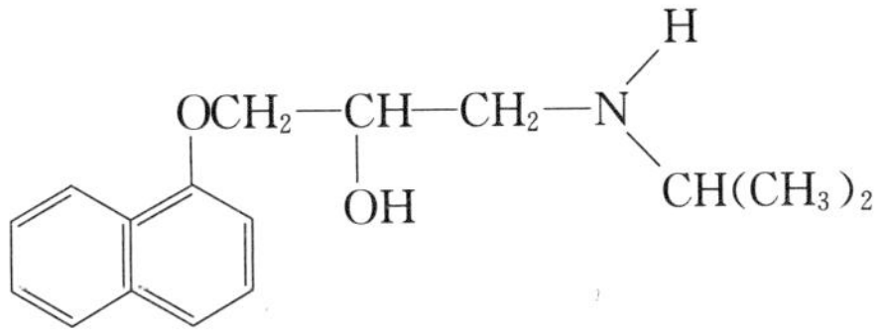　　普萘洛尔

化学结构相似的药物有相似的作用，这只是事物的一个方面；另一方面，许多化学结构完全相同的药物还存在光学异构体和不同的晶型，具有不同的药理作用，多数化合物的左旋体有药理活性，而右旋体无作用，如左旋的氯霉素具有抗菌活性，左旋咪唑有抗线虫活性等，但它们的右旋体没有作用。近年来，对具有不同立体异构的手性药物（chiral drug）的研究有不少进展，认为手性药物的对映异构体应看作不同化合物，它们的亲和力、内在活性、药效、毒理学和药动学等都有所不同。所以认识药物的构效关系不仅有助于理解药物作用的性质和机制，而且也有利于寻找和合成新药，因为结构的微小改变就可使药效产生很大的变化。

（二）药物的量效关系

在一定的范围内，药物的效应与靶部位的浓度成正相关，而后者决定于用药剂量或血液中的药物浓度，定量地分析和阐明两者间的变化规律称为量效关系。它有助于了解药物作用的性质，也可为临床用药提供参考资料。

一种药物的剂量从小到大的增加可引起药物对机体产生的效应强度或性质发生变化，药物剂量过小，不产生任何效应，称无效量；能引起药物效应的最小剂量，称为最小有效量（minimal effective dose）或阈剂量（threshold dose）。随着剂量增加，效应也逐渐增强，其中对50%个体有效的剂量称为半数有效量（median effect dose），用 ED_{50} 表示；直至达到最大效应（maximal effect，E_{max}），亦称为最大效能（maximal efficacy），这是量变过程，出现最大效应的剂量，称为极量（maximal dose）。此时若再增加剂量，效应不再加强，反而出现毒性反应，药物效应产生了质变。出现中毒的最低剂量称为最小中毒量（minimal toxic dose），引起死亡的量称为致死量（lethal dose），引起半数动物死亡的量称为半数致死量（median lethal dose），用 LD_{50} 表示。药物在临床的常用量或治疗量应比最小有效量大，比极量小。《中国兽药典》对用药剂量有规定，必须按此剂量用药。

1. 量效曲线　上述量效关系可用量效曲线表示，纵坐标表示效应强度，横坐标表示剂量，可得一直方双曲线（rectangular hyperbora）（图 1-1）；若以剂量对数作为横坐标，效应强度作为纵坐标，则可得到一条对称的S形曲线，这就是典型的量效关系曲线图（图 1-2）。

图 1-2 的S形量效曲线的近似直线部分的坡度常用斜率（slope）表示，其中段斜率最大，并近似线性关系，显示剂量稍有增减，效应便会明显加强或减弱。多数剧毒药的量效曲线的斜率比较陡。

量效曲线在横轴上的位置，能说明药物作用的强度（potency），它表示该药达到一定效应时所需的剂量。如图 1-3，显示药物 A、B 的效能不同、强度也不同；图 1-4，则药物

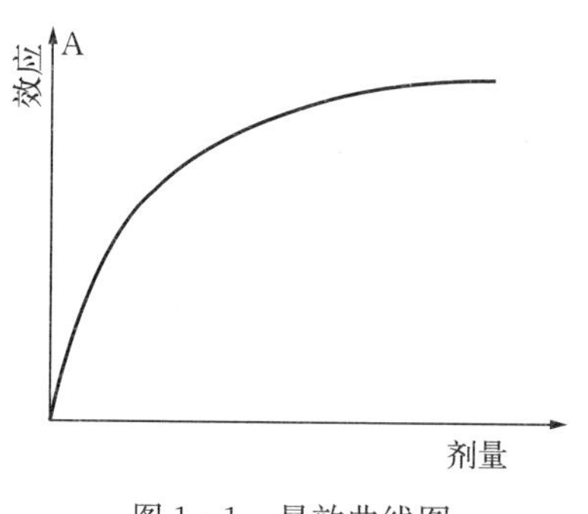

图 1-1　量效曲线图

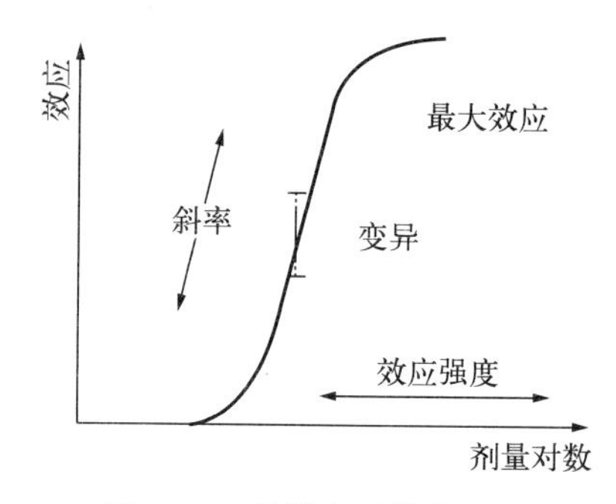

图 1-2　量效半对数曲线图

的效能相同，但强度不同。虽然作用强度能明显地影响药物剂量，但在一般临床应用时能方便地给予所需的剂量，强度并不十分重要。但如果药物通过透皮吸收，高强度的药物是需要的，因为皮肤吸收药物的能力有限。

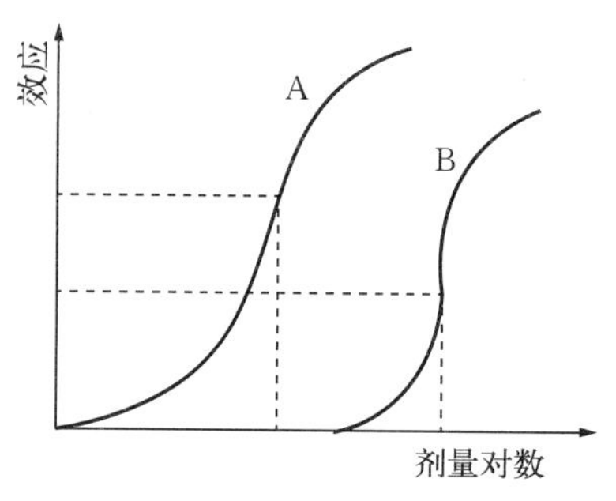

图 1-3　药物效能、强度均不同

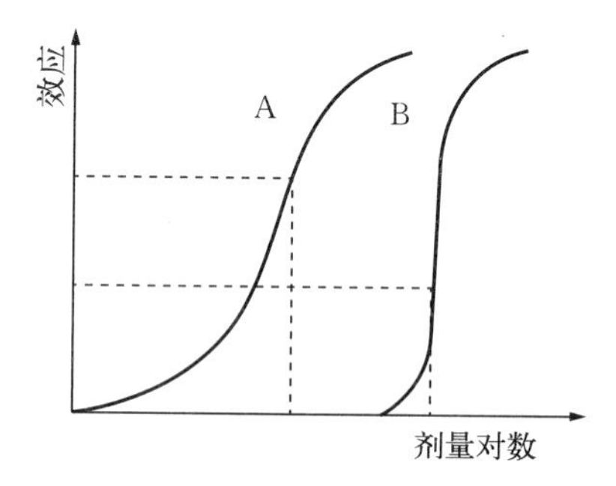

图 1-4　药物强度不同，效能相同

药物的最大效应（或效能）与强度是两个不同的概念，不能混淆。在临床用药时，由于药物具有不良反应，其剂量是有限度的，可能达不到真正的最大效能，所以在临床上药物的效能比强度重要得多。如噻嗪类利尿药比呋塞米有较强的强度，但后者有较高的效能，是高效利尿药（图 1-5）。

2. 量反应和质反应　药理效应的强弱可以用数字或量分级表示，称为量反应（graded response），如心率、血压、血细胞、体温、血糖浓度等。其量效关系与量效曲线正如上述。

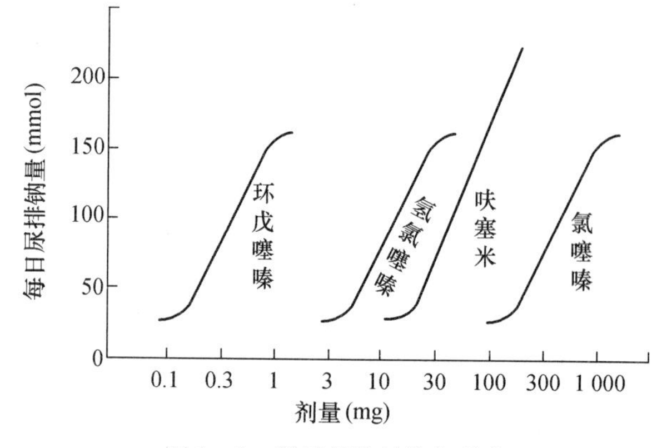

图 1-5　利尿药的效能与强度
（引自江明性，药理学，2000）

另一种情况是在一定的药物浓度或剂量下，使单个患病动物产生特殊的效应，以有或无、阳性或阴性表示，称为质反应（quantal response），也称全或无反应（all or none response），例如死亡、睡眠、惊厥等。质反应量效曲线的横坐标为剂量对数（或浓度），纵坐标为阳性反应频数时，一般为常态分布曲线；如改用累积频数为纵坐标，可以得到 S 形曲线，称为质反应量效曲线（quantal dose-effect curves）。这种曲线与量反应的量效曲线（图 1－2）相似，但质反应量效曲线的斜率是表示群体中的药效学差异（pharmacodynamics variability），并不表示个体患病动物从阈值到最大效应的剂量范围（图 1－6）。

3. 治疗指数与安全范围 药物 LD_{50} 和 ED_{50} 的比值称为治疗指数（therapeutic index），此数值越大药物越安全。但是仅靠治疗指数来评价药物的安全性是不够精确的，因为在高剂量的时候可能出现严重毒性的反应甚至死亡。从图 1－7 的例子中可看出，两药（A 和 B）的量效反应曲线有相同的 ED_{50} 和 LD_{50}，但两药的累积频数分布曲线的斜率不同，A 药有较陡的斜率，在整个群体没有死亡的情况下可有效地应用；而 B 药量效曲线的斜率较平坦，在 ED_{50} 时已可引起最敏感的动物的死亡，显然 B 药是极不安全的。因此，有人提出以 LD_5 和 ED_{95} 的比值作为安全范围（margin of safety）来评价药物的安全性比治疗指数更好。

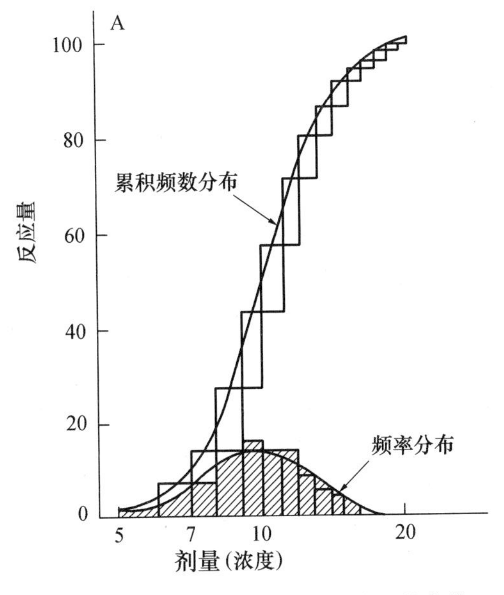

图 1－6 频数分布曲线与质反应量效曲线

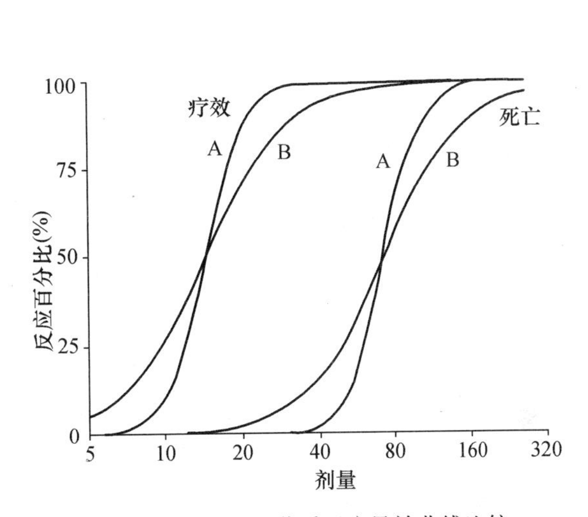

图 1－7 A、B 两药质反应量效曲线比较

三、药物作用机制

药物的作用机制（mechanism of action）是药效学的重要内容，它研究药物为什么起作用、如何起作用和在哪个部位起作用的问题。阐明这些问题有助于理解药物的治疗作用和不良反应，并为深入了解药物对机体的生理、生化功能的调节提供理论基础。对药物作用机制的探索已进行了近 1 个世纪，取得了许多进展。近二三十年来对受体的研究已有突出的成果，人们的认识已从细胞水平、亚细胞水平深入到分子水平。但是科学的发展是永无止境的，关于药物作用机制的学说也不是固定不变的，随着科学的发展还会不断深入和完善。

（一）药物作用的受体机制

1. 受体的基本概念 对特定的生物活性物质具有识别能力并可选择性结合的生物大分子，称为受体（receptor）。对受体具有选择性结合能力的生物活性物质称为配体（ligand）。生物活性物质包括机体内固有的内源性活性物质和来自体外的外源性活性物质，前者包括神经递质、激素、活性肽、抗原、抗体等，后者则指药物及毒物等。受体大分子大多存在于膜结构上，并镶嵌在双脂质膜结构中，大都具有蛋白质的特性。现已确定受体有两种功能，即与配体结合和传递信息的功能，因此推测受体内存在配体结合部位（ligand binding domain）和效应部位（effector domain），前者又称为结合位点（binding site）。20 世纪 70 年代后，由于创建了放射性配体结合法，应用分子克隆技术，使大量受体分子的结构与功能被阐明。N 胆碱受体就是一个成功的例子，通过测定其核苷酸序列推算出 4 种亚型的一级结构，按一定顺序组成 α_1、α_2、β、γ、δ 五聚体，中间形成一个通道，从膜外贯穿双层脂质通向膜内（图 1-8）。“受体”一词现在已不再是空洞的概念，而是一个真正存在于细胞膜或胞内的生物大分子（糖蛋白或脂蛋白），有的受体已被高度纯化，有的已被克隆或在人工双层脂质膜上重组，显现出天然受体的特有效应和理化性质。

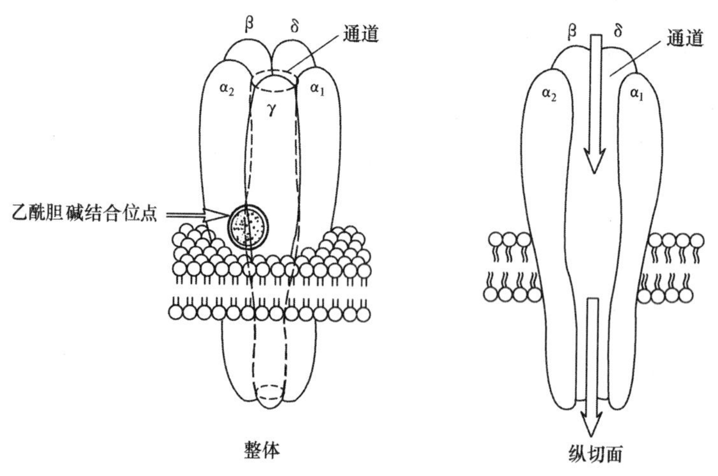

图 1-8　药物 N 胆碱受体的分子结构模式图

（引自 Adams，Veterinary Pharmacology and Therapeutics，2001）

一种特异的受体一般具有以下 3 个特性：

（1）饱和性（saturability）：由于每个细胞（或单位质量的组织）的受体数量是一定的，因此，配体与受体结合的剂量反应曲线应具有可饱和性。

（2）特异性（specificity）：指特定的配体与受体的结合是特异性的结合，配体在结构上与受体应是互补的。一般来说有效的药物对受体应具有高亲和力，而无效的药物则没有亲和力，化学结构的微小改变便可影响亲和力。

（3）可逆性（reversibility）：配体与受体的结合应是可逆的，药物与受体的复合物可以解离，而且是以非代谢的方式解离，解离得到的配体不是其代谢产物，而应是配体原形本身。这与酶底物的相互作用后产生代谢产物有本质的差别。

2. 受体的分类及其调节　按受体在细胞中的定位，经典的分类方法将其分为细胞膜受体和细胞内受体两大类。前者包括神经递质、生长因子、细胞因子、某些离子和部分激素等的受体，后者主要为甾体激素、甲状腺素、维生素 A、维生素 D 等的受体。另外，近来也有报道，在细胞膜上也存在甾体激素受体，而在核上也发现了原来是位于膜上的受体。

（1）细胞膜受体：根据受体蛋白的结构、信息传导方式和效应性质等特点，又可将膜受体分为四大类型：

① G 蛋白偶联受体：由单一肽链形成，并与 G 蛋白偶联，它们在受体和效应器之间起着偶联蛋白的作用。其效应特点缓慢而复杂，如神经递质受体、自体活性物质受体、神经肽受体和趋化因子受体等。

② 离子通道受体：属配体门控离子通道受体，均由数个亚基组成，每个亚基都有细胞外、细胞内和跨膜等 3 种结构域，每个亚基一般都含有 4 个跨膜区段，其中的部分区段组成了离子通道。跨膜离子通道介导信号的快速传递，如乙酰胆碱受体、*r*-氨基丁酸（GABA）受体、甘氨酸受体、谷氨酸/天冬氨酸受体等。

③ 酪氨酸激酶受体：大多数生长因子的受体都含有酪氨酸的肽链序列，这些受体具有非常相似的结构（图 1－9）。细胞外的糖基化肽链是与配体结合的部位，中间是疏水性的跨膜区，胞内部分的膜内区具有酪氨酸激酶活性。各种生长因子（如表皮生长因子、胰岛素样生长因子及神经生长因子等）的受体具有共同的特性，即具有内在的酪氨酸激酶活性。当生长因子与受体结合后，受体的酪氨酸激酶被激活，使酪氨酸残基磷酸化，这是产生效应的第一步，随之产生一系列的级联（cascade）反应。

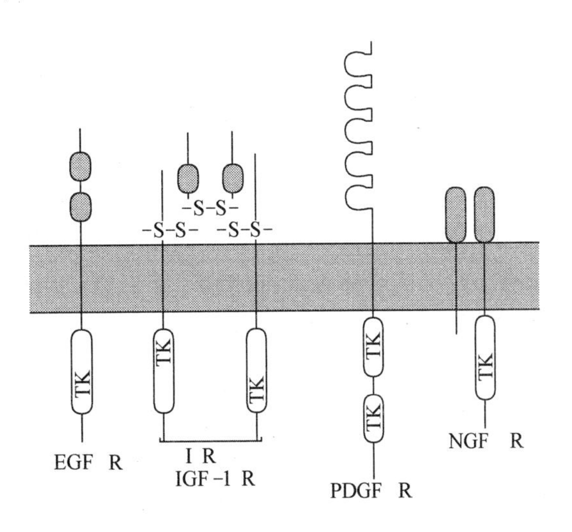

图 1－9　酪氨酸激酶受体结构拓扑图

TK. 酪氨酸激酶（tyrosine kinase）

EGF. 表皮生长因子（epidermal growth factor）

IGF－1. 胰岛素样生长因子（insulin-like growth factor－1）

PDGF. 血小板源生长因子（platelet derived growth factor）

NGF. 神经生长因子（nerve growth factor）

（引自杨藻宸，药理学和药物治疗学，2000）

④ 细胞因子受体：由 α 和 β 两个亚基组成，α 亚基与细胞因子的选择性以及低亲和结合有关，β 亚基与信号转导以及高亲和结合有关，两个亚基均有单一的跨膜区。细胞因子受体包括白介素、促红细胞生成素、粒细胞集落刺激因子、催乳素以及生长激素等的受体。细胞因子与受体结合后，通过第二信使（Ca^{2+}、GTP、cAMP、磷脂和蛋白激酶）将信号转导至细胞核，触发或抑制一些基因的转录，从而改变细胞蛋白质合成的模式而导致细胞行为发生变化，并调节细胞的功能。

（2）细胞核受体：具有共同的结构特征，都具有 6 个相同的结构区，定为 A 至 F 区，自 N 末端至 C 末端排列。这类受体也存在受体亚型。核受体主要包括甾体激素受体、视黄素体受体、甲状腺受体以及过氧化酶增值因子受体（peroxisome proliferator-activated receptor）。当甾体激素、维生素 A、维生素 D、甲状腺素等进入细胞后，与核受体结合，形成复合物，在细胞核产生作用，调节信号转导和基因转录过程。但细胞效应很慢，一般需要若干小时才开始产生细胞功能的改变。

受体是细胞在生物进化过程中形成并遗传下来，在机体有其特定的分布和功能。随着对受体研究的不断深入，新的受体不断被发现，其分类和命名也不断增加和完善。最初，根据受体能与某种递质或激素结合，即以该递质或激素命名，如乙酰胆碱受体、肾上腺素受体等。后来又使用不同的药物研究不同组织或部位的受体，根据其亲和力和效应的不同，以该药物命名有关受体，如烟碱受体、毒蕈碱受体等。以后还发现许多亚型、次亚型，至目前已被肯定的多达200多种。由于对受体研究的不断深入，可望找到选择性更强的药物以调节细胞的功能，达到更高的治疗效果而把不良反应减到最小限度。

机体各种组织的受体数量和活性不是固定不变的，而是经常代谢更新并处于动态平衡状态，同时又会因各种生理、药物、病理因素的变化而受到调节。受体调节是维持内环境稳定的一个重要因素，其调节方式主要有以下两种类型：

① 脱敏（desensitization）：是指在使用一种激动剂期间或之后，组织或细胞对激动剂的敏感性或反应性下降的现象，又称为向下调节（down regulation）。G蛋白偶联受体家族的快速脱敏主要是由于受体的磷酸化。受体内移（internalization）也是受体数目减少的一个重要原因，一般认为这是一种特殊的胞吞作用。研究发现，许多受体和配体结合后都会发生内移，而受体内移之前往往发生磷酸化。

② 增敏（hypersensitization）：是与脱敏作用相反的一种现象，又称向上调节（upregulation）。它可因受体激动剂的水平降低或应用拮抗剂而引起，亦可因其他原因而出现，例如长时间使用普萘洛尔后突然停药可出现反跳现象。

3. 受体学说 对于药物配体与受体结合相互作用的方式和产生药理的定量分析方法，不少学者提出了某些假说和模型，例如占领学说、速率学说、诱导契合学说和二态模型等。但是，在今天对受体分子结构及其介导信号转导功能的了解越来越多之后，这些学说和动力学模型显然已无法说明许多受体与配体结合的过程和特征。因此，许多学者正在研究建立新的模型，并已取得一定进展，如三元复合物模型、扩展的三元复合物模型和立体复合物模型等，然而离最后建立完全合理的模型尚有很大差距。

（1）占领学说（occupation theory）：是1933年Clark提出的受体动力学学说，基本内容包括药物与受体之间的相互作用是可逆的；药物作用的强度与被占领受体的数量成正比，当全部受体被占领时，就会产生最大药理效应；药物浓度与效应关系服从质量作用定律。占领学说可用下面的方式表达：

$$\mathrm{R}+\mathrm{D} \underset{k_{-1}}{\overset{k_1}{\rightleftharpoons}} \mathrm{RD} \rightarrow \mathrm{E}$$

式中，R为受体；D为药物分子；RD为药物受体复合物；E为药理效应；k_1 和 k_{-1} 分别为结合和解离速率常数。

按照占领学说，与同一受体部位具有相等亲和力的配体，如果所用的浓度相同，产生的效应也应相同，但实际上有的相同，有的却不同，并表现拮抗作用。还有其他现象此学说也难以解释。为此，Arien（1954）和Stephenson（1956）先后对占领学说提出了修正，认为药物产生最大效应不一定占领全部受体，药物与受体结合产生效应必须具有亲和力和内在活性（intrinsic activity）。亲和力表示药物与受体结合的能力，服从质量作用定律。药物与受体结合后诱导效应的能力决定于内在活性，又称效能（efficacy）。不同的药物具有不同的内在活性，可以产生不同的效应。既有亲和力又有内在活性的药物称为激动剂（agonist）。另一类药物与受体具有亲和力，但缺乏内在活性，与受体结合后不仅不能诱导效应，而且还占据了受体，阻断了激动剂与受体的作用，称为拮抗剂（antagonist）。还有另一类药物，对受体具有亲和力，但内在活性不强，其最大效能比激动剂低得多，称为部分激动剂（partial agonist)，其实它对激动剂也有部分拮抗作用，故又称为部分拮抗剂。修改后的占领学说虽然能说明一些问题，但仍然不能令人满意地解释为什么药物的作用类型有所不同，不能从分子水平用化学结构来阐明药物的作用机制。

(2) 速率学说（rate theory）：1964年由Paton提出，他认为药物作用不与受体被占领数量成正比，而是与单位时间内药物与受体接触的次数成正比，药物作用仅仅是药物分子与受体间的结合速率和解离速率的函数，而与形成受体复合物无关。对激动剂来说，结合速率和解离速率都很快，而解离速率大于结合速率；拮抗剂则结合速率快，解离速率慢；部分激动剂则具有中等的解离速率。此学说也不能解释许多现象，现已很少使用。

(3) 诱导契合学说（induced fit theory）：Koshland根据底物与酶、药物与受体蛋白相互作用可产生显著的构象变化的事实提出了诱导契合学说。他认为药物与受体蛋白结合时，可使蛋白质三级结构产生可逆的改变，并形容为“锁与钥”的关系，这种变构作用产生生物效应。

(4) 二态模型（two state model）：Monod首先提出二态模型学说，认为同一受体有两种状态，即静息态（resting state，R）或称失活态（inactive state）以及激活态（active state，R^*），它们可以相互转换，处于动态平衡。在激动剂或拮抗剂作用下，两者平衡关系发生变化，平衡移动的方向取决于药物究竟与哪种状态的受体结合，同时也取决于药物对R或R^*的亲和力。激动剂与R^*结合产生效应，并促进R转变为R^*；拮抗剂与R结合，则能促进R^*转变为R，因而有拮抗激动剂的作用；部分激动剂与R^*和R都有亲和力，结合后部分R^*产生效应，但由于内在活性低，效应不强（图1-10）。

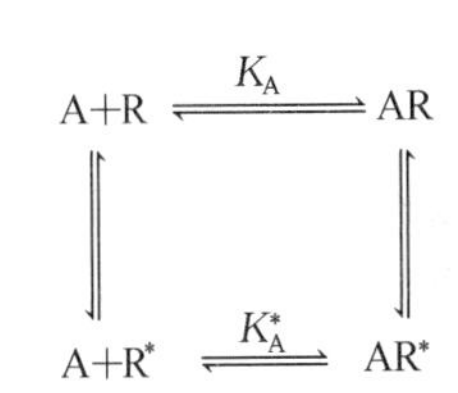

图1-10 二态模型示意图
A. 激动剂 R. 静息态受体
R^*. 激活态受体
K_A. 与R的亲和力常数
K_A^*. 与R^*的亲和力常数

（二）药物作用的非受体机制

药物的化学结构多种多样，同时机体的功能千变万化，因此决定了药物对机体作用的机制是十分复杂的生理、生化过程，上述药物与受体相互作用的机制仅是药物作用机制之一。虽然随着科学的发展，越来越多的受体（包括亚型、次亚型）被发现，许多药物与受体的相互作用被阐明，但是很多药物并不直接作用于受体也能引起器官、组织的功能发生变化。因此，应该在更广泛的基础上研究和了解药物作用的机制，只有这样才能认识药物作用的多样性和复杂性，才能更好地掌握各类药物的特征，更多地寻找和发现新药。按照目前的认识水平，药物作用还存在以下各种非受体机制。

1. 对酶的作用 酶是机体生命活动的基础，种类繁多，分布广泛。药物的许多作用都是通过影响酶的功能来实现的，除了受体介导某些酶的活动外，不少药物可直接对酶产生作用而改变机体的生理、生化机能。这些作用包括对酶的抑制，如咖啡因抑制磷酸二酯酶；对酶的激活，如福司可林激活环腺苷酸酶；对酶的诱导，如苯巴比妥诱导肝微粒体酶；使酶复活，如碘磷定使磷酰化胆碱酯酶复活等。

2. 影响离子通道 在细胞膜上除了受受体操纵的离子通道外，还有一些独立的离子通道，如Na^+、K^+、Ca^{2+}通道。有些药物可直接作用于这些通道而产生药理效应，如普鲁卡因可阻断Na^+通道而产生局部麻醉作用，以及Ca^{2+}、K^+通道阻滞剂的抗高血压和抗心律失常作用等。

3. 对核酸的作用 许多药物对核酸代谢的某一环节产生作用而发挥药效，如几乎所有抗癌药物都能影响核酸代谢，有些抗菌药物也是通过影响细菌的核酸代谢而起作用。

4. 影响神经递质或体内自身活性物质 神经递质或自身活性物质在体内的生物合成、储存、释放或消除的任何环节受干扰或阻断，均可产生明显的药理效应，如麻黄碱促进去甲肾上腺素的释放，利血平阻断递质进入囊泡，解热镇痛药抑制前列腺素的合成。

5. 参与或干扰细胞代谢 如一些维生素或微量元素可直接参与细胞的正常生理、生化过程，使缺乏症得到纠正；磺胺药由于阻断细菌的叶酸代谢而抑制其生长繁殖。

6. 影响免疫机能 有些药物通过影响免疫机能而起作用，如左旋咪唑有免疫增强作用，环孢素有免疫抑制作用。

7. 理化条件的改变 有的药物通过简单的理化反应或改变体内的理化条件而产生药物作用，如甘露醇高渗溶液的脱水作用，抗酸药中和胃酸治疗消化性溃疡，螯合剂解除重金属中毒等。

第二节 机体对药物的作用——药代动力学

一、药物的跨膜转运

（一）生物膜与跨膜转运

生物膜是细胞膜和细胞器膜的统称，包括核膜、线粒体膜、内质网膜和溶酶体膜等。对细胞膜的结构，Singer 和 Nicolson（1972）提出液态镶嵌模型，即大部分由不连续的、具有液态特性的双分子脂层组成，厚度约 8nm，较小部分由蛋白质或脂蛋白组成，并镶嵌在脂质的基架中（图 1-11）。膜成分中的蛋白质有重要的生物学意义，一种为表在性蛋白，有的具有吞噬、饱饮作用；另一种为内在性蛋白，贯穿整个脂膜，组成生物膜的受体、酶、载体和离子通道等。生物膜能迅速地做局部移动，是一种可塑性的液态结构，它可以改变相邻蛋白质的相对几何形状，并形成通道内转运的屏障，不同组织的生物膜具有不同的特征，如血脑屏障，也决定了药物的转运方式。

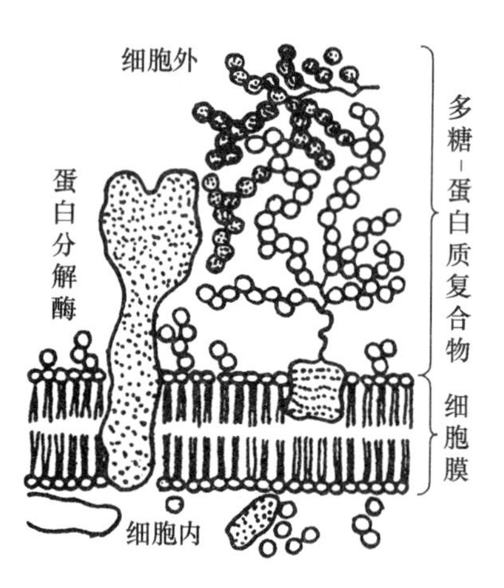

图 1-11 生物膜结构模式图

药物通过生物膜即为跨膜转运，一般分为跨细胞（transcellular）转运和细胞旁（paracellular）转运过程。有些药物的极性很强，不能通过细胞的脂质膜，只有细胞间的细胞旁路才能被用来转运，其他一些药物则借助易化机制通过细胞膜。生物膜的特性是影响药物转运的重要因素。

（二）药物转运的方式及分子机制

药物从给药部位进入全身血液循环，分布到各种器官、组织，经过生物转化最后由体内排出，要经过一系列的细胞膜或生物膜，跨膜转运有多种方式和机制。跨膜转运与药物的分子性质有关，主要是分子大小、脂溶性和电荷（或电解质）。

1. 被动转运（passive transport） 是指药物通过生物膜由高浓度向低浓度转运的过程。一般包括简单扩散和滤过。

（1）简单扩散（simple diffusion）：又称被动扩散，大部分药物均通过这种方式转运，其特点是顺浓度梯度，扩散过程与细胞代谢无关，故不消耗能量；没有饱和现象。扩散速率主要决定于膜两侧的浓度梯度和药物的脂溶性，浓度越高、脂溶性越强，扩散越快。

在简单扩散中，药物的解离度和体液的 pH 对扩散可产生明显的影响。因为只有非解离型并具有脂溶性的药物才容易通过生物膜；解离型（离子化）的药物具极性，脂溶性很低，实际上不能通过生物膜。许多药物多是弱有机酸或弱有机碱，在溶液中以解离或非解离两种形式存在，其解离度决定于药物的 pK_a 和体液的 pH。弱酸性、弱碱性药物的解离与 pH 的关系可用 Henderson-Hassel-balch 公式计算：

酸性药物：
$$pH - pK_a = \lg \frac{解离浓度}{非解离浓度} \quad (1)$$

碱性药物：
$$pH - pK_a = \lg \frac{非解离浓度}{解离浓度} \quad (2)$$

式中，pK_a 是解离常数 K_a 的负对数，其意义是当药物 50%解离时的 pH。

以酸为例，将（1）式改写成：

$$\frac{解离浓度}{非解离浓度} = 10^{pH - pK_a} \quad (3)$$

从（3）式可见，pH 的微小变化即可明显影响药物解离型与非解离型浓度的比值。例如，当 $pH = pK_a$ 时，药物 50%解离，如果 pH 增加 1 个单位，对弱酸性药物来说，则有 91%药物解离，9%非解离；若 pH 增加 2 个单位，则解离型约为 99%，非解离型为 1%。对弱碱性药物则相反。表 1-1 表示药物 pK_a-pH 与其解离度之间的关系。由于只有非解离药物能穿过生物膜，故不同组织体液 pH 的不同会引起解离度的不同，这将对药物的被动扩散产生很大的影响。因此，弱有机电解质在体内的分布也决定于 pK_a 和 pH，当脂质膜两侧水相 pH 不同时，药物解离的程度不同，当转运达到平衡时，在解离度较高的一侧将有较高的药物总浓度（包括非解离浓度和解离浓度），这种现象称为离子陷阱机制（ion-trapping mechanism）。所以，酸性药物（如水杨酸盐、青霉素、磺胺类等）在碱性较高的体液中有较高的浓度；碱性药物（如吩噻嗪类、赛拉嗪、红霉素、土霉素等）则在酸性较强的体液中浓度较高。在选择化学治疗药物治疗乳腺炎时，利用上述规律，应选择碱性药物，因为乳汁（pH 为 6.5～6.8）比血浆（pH 为 7.4）有较高的酸性，故碱性药物在乳中有较高的浓度。

表 1-1 药物 pK_a-pH 与解离度的关系

$pK_a - pH$	解离度（%）	
	有机酸	有机碱
−4	99.99	0.01
−3	99.90	0.10
−2	99.01	0.99
−1	90.91	9.09
0	50.00	50.00
1	9.09	90.91
2	0.99	99.01
3	0.10	99.90
4	0.01	99.99

（2）滤过（filtration）：通过水通道滤过是许多小分子（分子质量 150～200 u）、水溶性、极性和非极性物质转运的常见方式。各种生物膜水通道的直径有所不同，毛细血管内皮细胞的膜孔比较大，为 4～8 nm（由所在部位决定），而肠道上皮和大多数细胞膜仅为 0.4 nm。药物通过水通道转运，对肾脏排泄（肾小球滤过）、从脑脊髓液排除药物和穿过肝窦膜转运都是很重要的方式。

2. 主动转运（active transport） 这是一种载体介导的逆浓度或逆电化学梯度的转运过程。载体与被转运物质发生迅速、可逆的相互作用，所以对转运物质的化学性质有相当的选择性。由于载体的参与，转运过程有饱和性，相似化学性质的物质还有竞争性，竞争性抑制是载体转运的特征。

主动转运是直接耗能的转运过程，由于它能逆浓度梯度转运，故对药物的不均匀分布和肾脏的排泄具有重要意义。强酸、强碱或大多数药物的代谢产物迅速转运到尿液和胆汁都是主动转运机制；从中枢神经系统脉络丛排除某些药物（如青霉素）也是这种方式；大多数无机离子如 Na^+、K^+、Cl^- 的转运和青霉素、头孢菌素、丙磺舒等从肾脏的排泄均是主动转运过程。

3. 易化扩散（facilitated diffusion） 又称促进扩散，也是载体介导的转运，故也具有饱和性和竞争性的特征。但是易化扩散是顺浓度梯度转运，不需要消耗能量，这是它跟主动转运的区别。氨基酸（如 L-多巴）、葡萄糖进入红细胞，维生素 B_{12} 从肠道吸收等是易化扩散转运的例子。

4. 胞饮/吞噬作用（pinocytosis/phagocytosis） 由于生物膜具有一定的流动性和可塑性，因此细胞膜可以主动变形而将某些物质摄入细胞内或从细胞内释放到细胞外，这种过程称为胞饮或胞吐作用，摄取固体颗粒时称为吞噬作用。大分子质量（超过 900 u）的药物进入细胞或穿过组织屏障一般是以胞饮或吞噬的方式。用这一方式转运的物质包括蛋白质、破伤风毒素、肉毒毒素、抗原、脂溶性维生素等。

5. 离子对转运（ion pair transport） 有些高度解离的化合物，如磺胺类和某些季铵盐化合物能从胃肠道吸收，很难用上述机制解释。现认为这些高度亲水性的药物，在胃肠道内可与某些内源性化合物结合，如与有机阴离子黏蛋白（mucin）结合，形成中性离子对复合物，既有亲脂性，又具水溶性，可通过被动扩散穿过脂质膜，这种方式称为离子对转运。

二、药物的体内过程

药物从进入动物机体至排出体外的过程称为药物的体内过程，分为吸收、分布、生物转化和排泄（图 1-12）。事实上这个过程在药物进入机体后是相继发生、同时进行的，在药代动力学上把分布、生物转化和排泄称为机体对药物的处置（disposition），而把生物转化和排泄称为消除（elimination）。

（一）吸收

吸收（absorption）是指药物从用药部位进入血液循环的过程。除静脉注射药物直接进入全身血液循环外，其他给药途径均有吸收过程。给药途径、剂型、药物的理化性质对药物吸收过程有明显的影响，在内服给药时，由于不同种属动物的消化系统的结构和功能有较大差别，故吸收也存在较大差异。这里重点讨论不同给药途径的吸收过程。

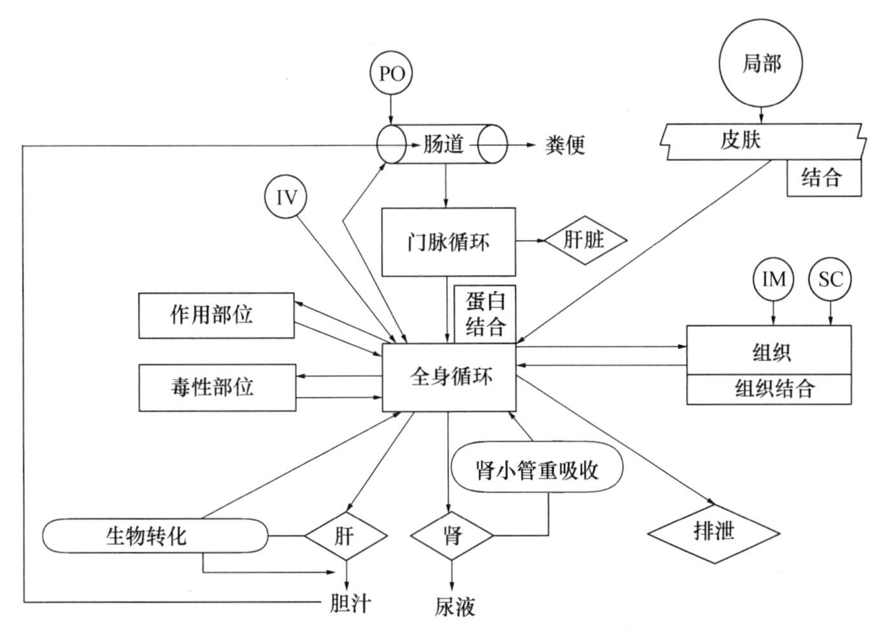

图 1-12 药物的体内过程（包括吸收、分布、生物转化和排泄）
PO. 内服 IV. 静脉注射 IM. 肌内注射 SC. 皮下注射

1. 内服给药 多数药物可经内服给药吸收，有的药物在胃即开始吸收，主要吸收部位是小肠，因为小肠绒毛有广大的表面积和丰富的血液供应，不管是弱酸、弱碱或中性化合物均可在小肠吸收。弱酸性药物在犬、猫胃中呈非解离状态，也能通过胃黏膜吸收。

许多内服的药物是固体剂型（如片剂、丸剂等），吸收前药物首先要从剂型中释放出来，这是一个限速步骤，常常控制着吸收速率，一般溶解的药物或液体剂型较易吸收。

内服药物的吸收还受其他因素的影响，主要有以下几方面：

（1）排空率：排空率影响药物进入小肠的快慢。不同动物有不同的排空率，如马胃容积小，不停进食，排空时间很短；牛则没有排空。此外，排空率还受其他生理因素、胃内容物的容积和组成等影响。

（2）pH：胃肠液的 pH 能明显影响药物的解离度。不同动物胃液的 pH 有较大差别，是影响吸收的重要因素。胃内容物的 pH：马 5.5；猪、犬 3～4；牛前胃 5.5～6.5，真胃约为 3；鸡嗉囊 3.17。一般酸性药物在胃液中多不解离容易吸收，碱性药物在胃液中解离不易吸收，要在进入小肠后才能吸收。

（3）胃肠内容物的充盈度：大量食物可稀释药物，使浓度变得很低，影响吸收。据报道，猪饲喂后对土霉素的吸收少而且慢，饥饿猪的生物利用度可达 23%，饲喂后猪的血药峰浓度只及后者的 10%。

（4）药物的相互作用：有些金属或矿物质元素如钙、镁、铁、锌等的离子可与四环素类、氟喹诺酮类等药物在胃肠道发生螯合作用，从而阻碍药物吸收或使药物失活。

（5）首过效应（first pass effect）：内服药物从胃肠道吸收经门静脉系统进入肝脏，在肝药酶、胃肠道酶和微生物的联合作用下进行首次代谢，使进入全身循环的药量减少的现象称为首过效应，又称为首过消除（first pass elimination）。不同药物的首过效应强度不同，强首过效应的药物可使生物利用度明显降低，若治疗全身性疾病，则不宜内服给药。

2. 注射给药 常用的注射给药主要有静脉注射、肌内注射和皮下注射。其他还包括组织浸润以及关节内注射、结膜下腔注射和硬膜外注射等。

快速静脉注射（bolus injection）可立即产生药效，并且可以控制用药剂量；静脉输注（infusion）是达到和维持稳态浓度完全满意的技术，达到稳态浓度的时间取决于药物的消除速率。

药物从肌内、皮下注射部位被吸收一般在 30 min 内血药浓度达峰值，吸收速率取决于注射部位的血管分布状态。其他影响因素包括给药浓度、药物解离度、非解离型分子的脂溶性和吸收表面积。机体不同部位的吸收也有差异，同时使用能影响局部血管通透性的药物也可影响吸收（如肾上腺素）。缓释（sustained release）剂型能减缓吸收速率，延长药效。

3. 呼吸道给药 气体或挥发性液体麻醉药物和其他气雾剂型药物可通过呼吸道吸收。肺有很大的表面积（如马 500 m^2、猪 50～80 m^2），血流量大，经肺的血流量为全身的 10%～12%，肺泡细胞结构较薄，故药物极易吸收。气雾剂中的药物颗粒很小，可以悬浮于气体中，也可以沉着在支气管树或肺泡内，从肺直接吸收入血。经呼吸道给予药物的优点是吸收快、免去首过效应，特别是呼吸道感染，可直接局部给药使药物到达感染部位发挥作用；主要缺点是难于掌握剂量，给药方法比较复杂。

4. 皮肤给药 浇淋剂（pour on）是经皮肤吸收的一种剂型，它必须具有两个条件：一是药物必须从制剂基质中溶解出来，然后穿过角质层和上皮细胞；二是由于通过被动扩散吸收，故药物必须是脂溶性的。在此基础上，药物浓度是影响吸收的主要因素，其次是基质，如二甲基亚砜、氮酮等可促进药物吸收。但由于角质层是穿透皮肤的屏障，一般药物在完整皮肤均很难吸收，目前的浇淋剂最好的生物利用度不足 20%。所以，用抗菌药或抗真菌药治疗皮肤较深层的感染，全身治疗常比局部用药效果更好。

（二）分布

分布（distribution）是指药物从全身循环转运到各器官、组织的过程。药物在动物体内的分布多呈不均匀性，而且经常处于动态平衡，各器官、组织的浓度与血浆浓度一般均呈平行关系。

药物分布到外周组织部位主要取决 4 个因素：①药物的理化性质，如脂溶性、pK_a 和分子质量。②血液和组织间的浓度梯度，因为药物分布主要以被动扩散方式进行。③组织的血流量，药物分布的快慢主要与组织的血流量有关，单位时间、重量的器官血液流量越大，一般药物在该器官的浓度也较大，如肝、肾、肺等。④药物对组织的亲和力，药物对组织的选择性分布往往是药物对某些细胞成分具有特殊亲和力并发生结合的结果。这种结合常使药物在组织的浓度高于血浆游离药物的浓度，例如碘在甲状腺的浓度比在血浆和其他组织约高 1 万倍，硫喷妥钠在给药 3 h 后约有 70%分布于脂肪组织，四环素可与 Ca^{2+} 络合储存于骨组织中。

1. 与血浆蛋白结合 药物在血浆中能与血浆蛋白结合，因此常以两种形式存在：游离型和结合型，经常处于动态平衡。与血浆蛋白结合的药物不易穿透血管壁，限制了它的分布，也影响从体内消除。药物与血浆蛋白结合是可逆性的，也是一种非特异性结合，但有一定的限量，药物剂量过大超过饱和时，会使游离型药物大量增加，有时可引起中毒。此外，若同时使用两种都对血浆蛋白有较高亲和力的药物，则将发生竞争性抑制现象，一种药物可把另一种药物从结合部位置换出来。例如，使用抗凝血药双香豆素后，几乎全部与血浆蛋白结合（结合率 99%），如同时合用保泰松，则可与血浆蛋白竞争结合，把双香豆素置换出来，使游离药物浓度急剧增加，可能导致出血不止。

与血浆蛋白结合的药物，在游离药物由于分布或消除使浓度下降时，便可从结合状态下释放出来，延缓了药物从血浆中消失的速度，使半衰期延长，因此与血浆蛋白结合实际上是一种储存功能。药物与血浆蛋白结合率的高低主要决定于化学结构，但同类药物中也有很大的差别，如磺胺类的磺胺地索辛（SDM）在犬的血浆蛋白结合率为 81%，而磺胺嘧啶（SD）只有 17%。另外，动物的种属、生理病理状态也可影响血浆蛋白结合率。

2. 组织屏障 或称细胞膜屏障，是体内器官的一种选择性转运功能。

（1）血脑屏障（blood brain barrier）：是指由毛细血管壁与神经胶质细胞形成的血浆与脑细胞之间的屏障和由脉络丛形成的血浆与脑脊液之间的屏障。这些膜的细胞间连接比较紧密，并比一般的毛细血管壁多一层神经胶质细胞，因此通透性较差，许多分子较大、极性较高的药物不能穿过此膜进入脑内，与血浆蛋白结合的药物也不能进入。初生动物的血脑屏障发育不全或脑膜炎患病动物血脑屏障的通透性增加，药物进入脑脊液增多，例如头孢西丁在实验性脑膜炎犬的脑脊液内药物浓度可达到 5～10 μg/mL，比健康犬高出 5 倍。

（2）胎盘屏障（placental barrier）：是指胎盘绒毛血流与子宫血窦间的屏障，其通透性与一般毛细血管没有明显差别。大多数母体所用药物均可进入胎儿体内，故胎盘屏障的提法对药物来说是不准确的。但因胎盘和母体交换的血液量少，故进入胎儿体内的药物需要较长时间才能和母体达到平衡，即使脂溶性很大的硫喷妥钠也需要 15 min，这样便限制了进入胎儿体内药物的浓度。

（三）生物转化

药物在体内经化学变化生成代谢产物的过程称为生物转化（biotransformation），过去常称为代谢（metabolism）。生物转化通常分两步（相）进行，第一步包括氧化、还原和水解反应，第二步为结合反应。

第一步生物转化使药物分子产生一些极性基团，如—OH、—COOH 和—NH_2 等，这些功能团有利于药物与内源性物质结合进行第二步反应。生成的代谢物，大多数药理活性降低或消失，称为灭活（inactivation）；但也有部分药物经第一步转化后的产物才具有活性，如百浪多息（prontosil）转化为氨苯磺胺，无活性的前药（prodrug）非班太尔转化为芬苯达唑，这种现象称为代谢活化（activation）。另外，还有少数药物经第一步转化后，能生成有高度反应性的中间体，使毒性增强，甚至产生“三致”和细胞坏死等作用，这种现象称为生物毒性作用（biotoxication），例如苯并芘本身是无毒的，但在体内代谢生成的环氧化物则有很强的致癌作用。

经第一步代谢生成的极性代谢物或未经代谢的原形药物（如磺胺类等）能与内源性化合物如葡萄糖醛酸、硫酸、氨基酸和谷胱甘肽等结合，称为结合反应（conjugation）。通过结合反应生成极性更强、更易溶于水、更利于从尿液或胆汁排出的代谢产物，药理活性完全消失，称为解毒作用（detoxication）。

药物生物转化的主要器官是肝脏，此外血浆、肾、肺、脑、皮肤、胃肠黏膜和胃肠道微生物也能进行部分药物的生物转化。各种药物在体内的生物转化过程不尽相同，有的只经第一步或第二步反应，有的则有多种反应过程。药物经过生物转化部分的多少，不同药物或不同种属动物有很大的差别，例如恩诺沙星在鸡体内约有 50%代谢为环丙沙星，但在猪体内生成的环丙沙星却很少。此外，还有一些药物大部分或全部不经过生物转化以原形药物从体内排出体外。

1. 生物转化的反应和酶系 药物在体内的生物转化是在各种酶的催化作用下完成的，参与生物转化的酶主要是肝脏微粒体药物代谢酶系，简称药酶，包括催化氧化、还原、水解和结合反应的酶系。其中最重要的是细胞色素 P－450 混合功能氧化酶系（CYP450），又称单加氧酶（monoxygenase）。细胞色素 P－450 是一个超大家族，人的 CYP450 有 18 个家族，与药物代谢关系比较密切的是其中的 CYP1、2、3 家族中的 20 多个成员，最重要的是 CYP3A4。动物中与药物或毒素相关的也是这 3 类，只是其中发挥作用的亚型可能不太一样，存在着复杂的多态性。许多研究表明，细胞色素 P－450 的多态性是产生药物作用种属和个体差异的最重要的原因之一。除肝外，哺乳动物的肾上腺、肝、肠、脑、脾等也存在细胞色素 P－450，只是其活性较低，如以肝为 100，其他器官的细胞色素 P－450 的相对活性为：肺为 10～20、肾为 8、肠为 6、胎盘为 5、肾上腺为 2、皮肤为 1。混合功能氧化酶氧化药物的过程见图 1－13。

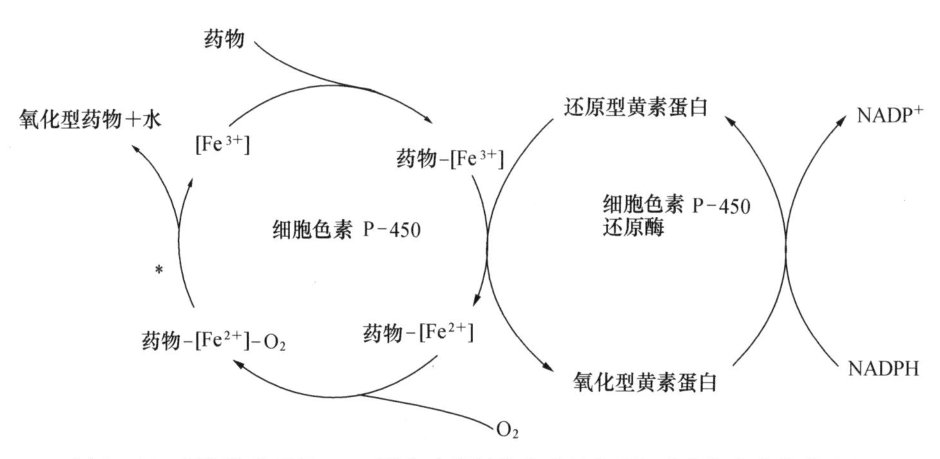

图 1－13 肝细胞色素 P－450 混合功能氧化酶系的主要组成和氧化药物的过程

* 表示从 NADH－黄素蛋白-细胞色素 b_5 或从 NADPH－黄素蛋白提供第 2 个电子和 2 个 H^+

除微粒体酶系催化药物的生物转化外，非微粒体酶系催化的代谢反应包括：醇、醛的氧化，酮的还原，单氨氧化酶（MAO）的脱氨和大多数的合成反应。酯和酰胺的水解是由存在于血浆和其他组织（包括肝、肾）的水解酶催化的。瘤胃的微生物和肠道的细菌也能介导水解和还原反应，如强心苷可在瘤胃中水解失效，故反刍动物不宜内服。

下面是生物转化主要反应的举例。

（1）氧化：

① 微粒体酶氧化：

a. 羟化：

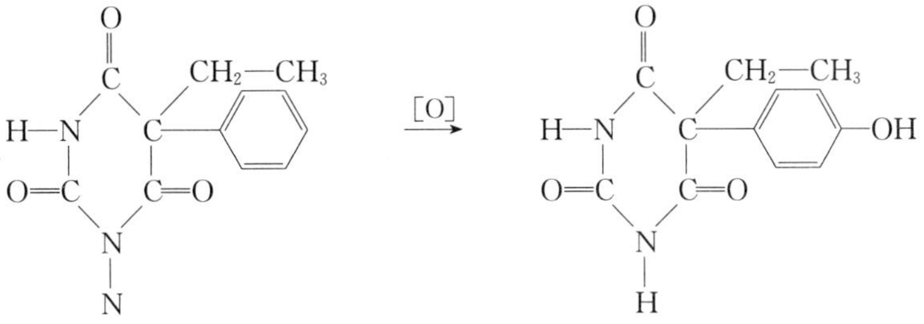

$$\text{苯巴比妥} \xrightarrow{[O]} \text{对羟基苯巴比妥}$$

苯巴比妥

b. S或N氧化：

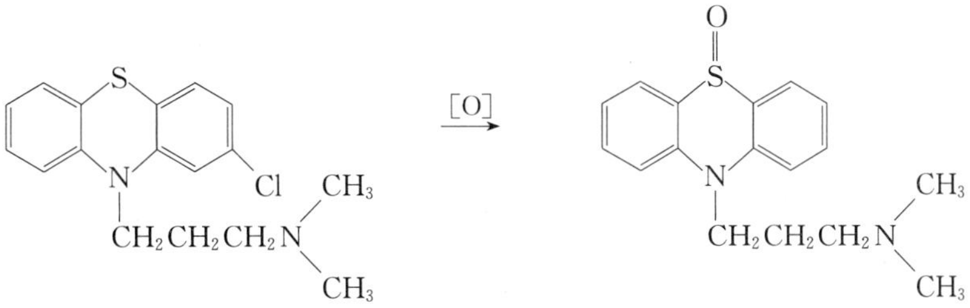

$$\text{氯丙嗪} \xrightarrow{[O]} \text{氯丙嗪亚砜}$$

氯丙嗪

c. 氧化脱氨（经微粒酶氧化）：

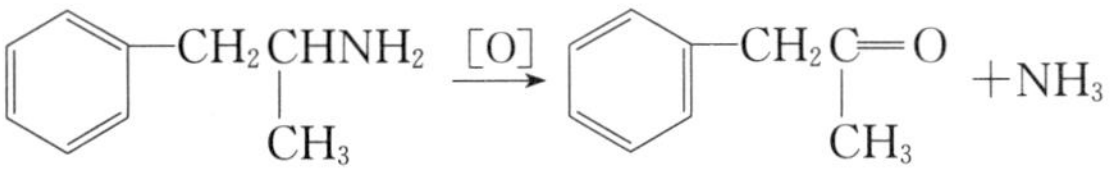

$$C_6H_5-CH_2CH(CH_3)NH_2 \xrightarrow{[O]} C_6H_5-CH_2C(=O)CH_3 + NH_3$$

苯丙胺

② 非微粒体酶氧化：

氧化脱氨（经线粒体单胺氧化酶氧化）：

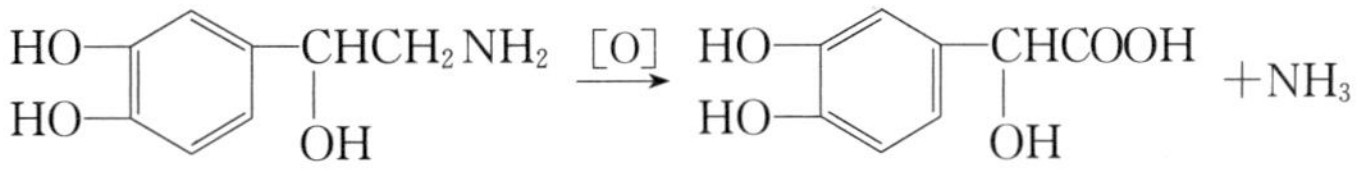

$$(HO)_2C_6H_3-CH(OH)CH_2NH_2 \xrightarrow{[O]} (HO)_2C_6H_3-CH(OH)COOH + NH_3$$

去甲肾上腺素　　　　二羟扁桃酸

（2）还原：

① 微粒体酶还原：

硝基还原：

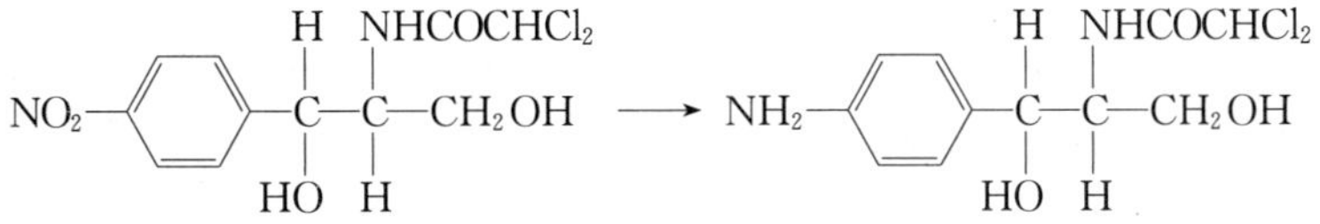

$$NO_2-C_6H_4-CH(OH)-CH(NHCOCHCl_2)-CH_2OH \longrightarrow NH_2-C_6H_4-CH(OH)-CH(NHCOCHCl_2)-CH_2OH$$

氯霉素

② 非微粒体酶还原：

$$CCl_3CHO \cdot H_2O \xrightarrow{2H} CCl_3CH_2OH + H_2O$$

水合氯醛　　　　三氯乙醇

（3）水解：

酯键水解：

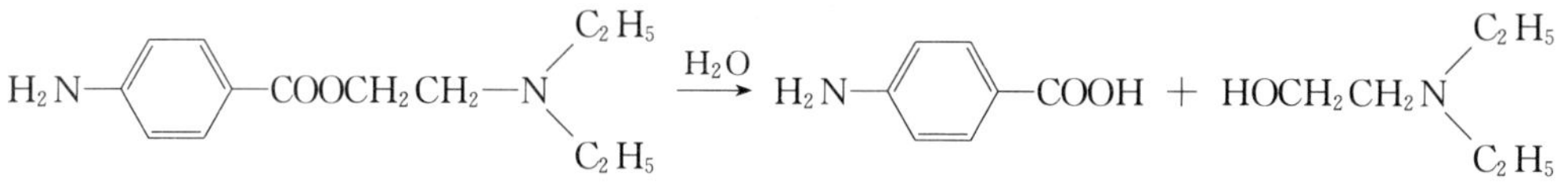

$$H_2N-C_6H_4-COOCH_2CH_2-N(C_2H_5)_2 \xrightarrow{H_2O} H_2N-C_6H_4-COOH + HOCH_2CH_2N(C_2H_5)_2$$

普鲁卡因　　　　对氨苯甲酸　　　　二乙氨基乙醇

（4）结合：

① 葡萄糖醛酸结合：

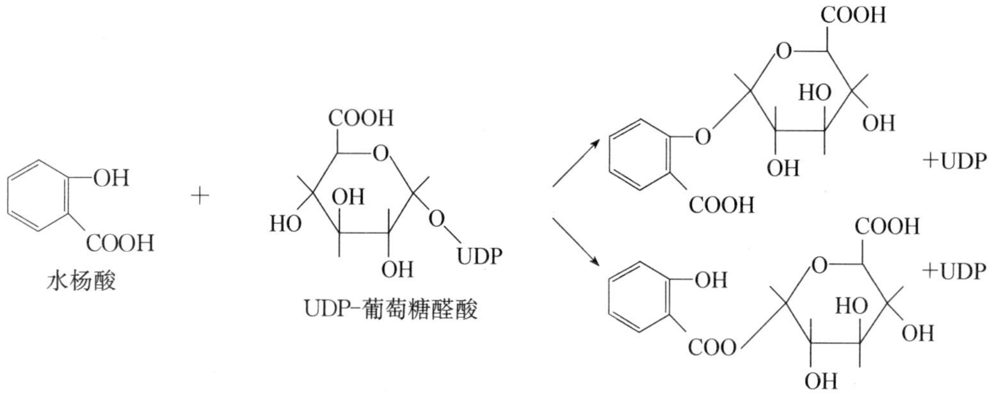

OH　COOH　+　COOH　O　OH　HO　O　UDP　OH　→　COOH　O　HO　OH　O　OH　COOH　+UDP

水杨酸　　UDP-葡萄糖醛酸

→　OH　COOH　O　HO　OH　COO　OH　+UDP

② 乙酰化：

NH$_2$　SO$_2$NH$_2$　+　$CH_3\overset{O}{\overset{\|}{C}}SCoA$　⟶　$NH\overset{O}{\overset{\|}{C}}CH_3$　SO$_2$NH$_2$　+　CoA—SH

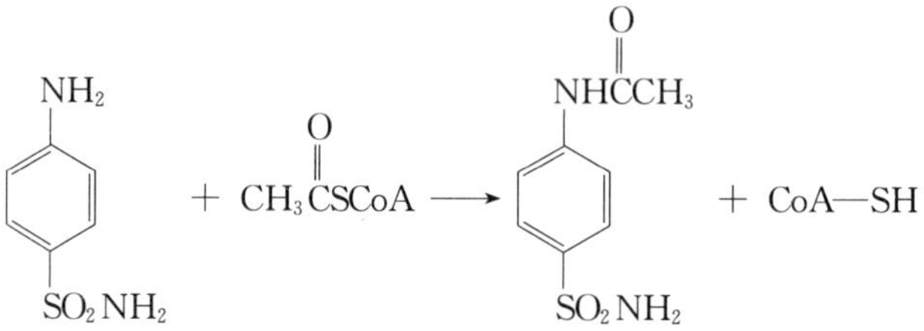

氨苯磺胺　　乙酰辅酶A　　乙酰氨苯磺胺　　辅酶A

结合反应还有甲基化，如与甘氨酸、硫酸、谷胱甘肽等结合，多在细胞质内进行。

2. 药酶的诱导和抑制　有些药物能兴奋肝微粒体酶系，促进其合成增加或活性增强，称为酶的诱导（enzyme induction）。现已发现有200种以上药物具有诱导肝药酶的作用，这些药物一般具有脂溶性，在慢性给药时即可产生诱导作用，常见的主要有：苯巴比妥、安定、苯妥因、水合氯醛、氨基比林、保泰松、苯海拉明等。酶的诱导可使药物本身或其他药物的代谢速率提高，使药理效应减弱，这就是某些药物产生耐受性（tolerance）的重要原因。相反，某些药物可使药酶的合成减少或酶的活性降低，称为酶的抑制（enzyme inhibition）。具有酶抑制作用的药物主要有：有机磷杀虫剂、氯霉素、乙酰苯胺、异烟肼、对氨水杨酸、利福平等。

酶的诱导和抑制均可影响药物代谢的速率，使药物的效应减弱或增强，因此在临床上同时使用两种以上药物时，应该注意药物对药酶的影响。例如，应用氯霉素可使戊巴比妥的代谢减慢，使血中浓度升高，麻醉时间延长。

（四）排泄

排泄（excretion）是指药物的代谢产物或原形通过各种途径从体内排出的过程。药物的消除包括生物转化和排泄，大多数药物都通过这两个过程从体内消除，但极性药物和低脂溶性的化合物主要是以排泄消除。有少数药物则主要以原形排泄，如青霉素、二氟沙星等。最重要的排泄器官是肾脏，也有某些药物主要由胆汁排出，此外乳腺、肺、唾液腺、汗腺也有少部分药物排泄。

药物排泄通常是一级速率过程，但在载体转运排泄饱和时，可能出现零级动力学过程，待药物浓度下降不再饱和时再变为一级速率过程。

1. 肾排泄（renal excretion） 肾排泄是极性高（离子化）的代谢产物或原形药的主要排泄途径，排泄方式包括 3 种机制：肾小球滤过、肾小管分泌和肾小管重吸收。

肾小球毛细血管的通透性较大，在血浆中的游离和非结合型药物，可从肾小球基底膜滤过，肾小球滤过药物的数量决定于药物在血浆中的浓度和肾小球的滤过率。

有些药物及其代谢物可在近曲小管分泌（主动转运）排泄，这个过程需要消耗能量。参与转运的载体相对来说是非特异性的，既能转运有机酸也能转运有机碱，同时其转运能力有限，如果同时给予两种利用同一载体转运的药物，则出现竞争性抑制，亲和力较强的药物就会抑制另一药物的排泄。临床上可利用这种特性延长某些药物的作用，例如青霉素 G 和丙磺舒合用时，丙磺舒可抑制青霉素 G 的排泄，使其血液浓度升高约 1 倍，半衰期延长约 1 倍。在近曲小管分泌排泄的药物见表 1－2。

表 1－2　近曲小管主动转运排泄的常用药物

酸　类	碱　类
青霉素 G	普鲁卡因酰胺
氨苄西林	多巴胺
磺胺异噁唑	新斯的明
保泰松	N-甲基烟酰胺
呋塞米	甲氧苄啶
丙磺舒	苯丙胺
葡萄糖醛酸结合物	

从肾小球血管排泄进入小管液的药物，若为脂溶性或非解离的弱有机电解质，可在远曲小管发生重吸收，因为重吸收主要是被动扩散，故重吸收的程度取决于药物的浓度和在小管液中的解离程度。这与小管液的 pH 和药物的 pK_a 有关，如弱有机酸在碱性溶液中高度解离，重吸收少，排泄快；在酸性溶液中则解离少，重吸收多，排泄慢。对有机碱则相反。一般肉食动物的尿液呈酸性，犬、猫尿液 pH 为 5.5～7.0；草食动物呈碱性，如马、牛、绵羊尿液 pH 为 7.2～8.0。因此，同一药物在不同种属动物的排泄速率往往有很大差别，这也是同一药物在不同动物有不同的动力学行为的原因之一。临床上可通过调节尿液的 pH 来加速或延缓药物的排泄，用于解毒急救或增强药效。

从肾排泄的原形药物或代谢产物由于小管液水分被重吸收，生成尿液时可以达到很高的浓度，有的可产生治疗作用，如青霉素、链霉素、氧氟沙星等大部分以原形从尿液排出，有利于治疗泌尿道感染；但有的可能产生毒副作用，如磺胺代谢产生的乙酰磺胺由于浓度高可析出结晶，引起结晶尿或血尿，尤其犬、猫尿液呈酸性更容易发生，故应同服碳酸氢钠，提高尿液 pH，增加溶解度。

2. 胆汁排泄（biliary excretion） 虽然肾是原形药物和大多数代谢产物最重要的排泄器官，但也有些药物主要从肝进入胆汁排泄，具有高胆汁清除率的药物主要是分子质量高于 350 u并有极性基团的药物。在肝与葡萄糖醛酸结合可能是药物、第一步代谢产物和某些内源性物质从胆汁排泄的决定因素。胆汁排泄对于因为极性太强不能在肠内重吸收的有机阴离子和阳离子是重要的消除机制。不同种属动物从胆汁排泄药物的能力存在差异，较强的是犬、鸡，中等的是猫、绵羊，较差的是兔和恒河猴。

从胆汁排泄进入小肠的药物中，某些具有脂溶性的药物（如四环素）可被直接重吸收，另一些与葡萄糖醛酸的结合物则可被肠道微生物的 β-葡萄糖苷酸酶所水解并释放出原形药物，然后被重吸收，这就是众所周知的肝肠循环（enterohepatic circulation）（图 1-14）。当药物剂量的大部分可进入肝肠循环时，便会延缓药物的消除，延长半衰期。已知己烯雌酚、吲哚美辛、氯霉素、红霉素、吗啡等能形成肝肠循环。

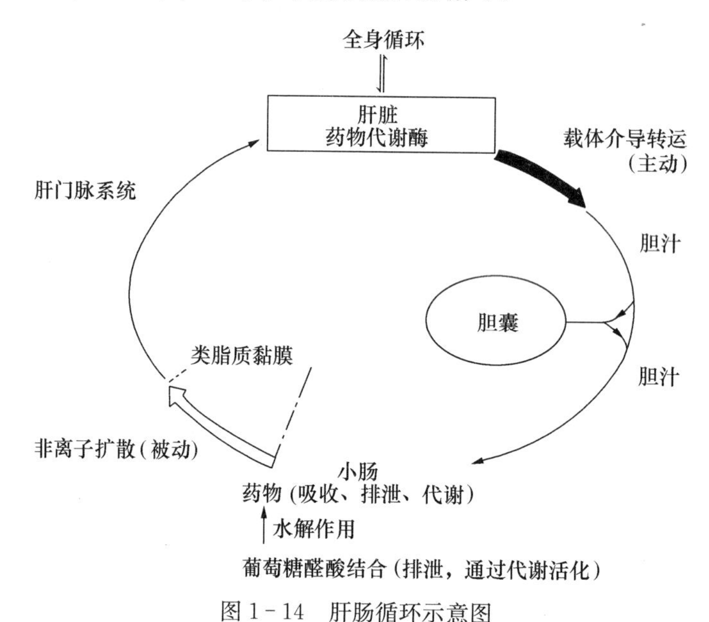

图 1-14 肝肠循环示意图

（引自 Adams，Veterinary Pharmacology and Therapeutics，1995）

3. 乳腺排泄（mammary gland excretion） 大部分药物均可从乳汁排泄，一般为被动扩散机制。由于乳汁的 pH（6.5～6.8）较血浆低，故碱性药物在乳汁中的浓度高于血浆，酸性药物则相反，药物的 pK_a 越小，在乳汁中的浓度越低。在对犬和羊的研究发现，静脉注射碱性药物易从乳汁排泄，如红霉素、甲氧苄啶（TMP）的乳汁浓度高于血浆浓度；酸性药物如青霉素 G、磺胺二甲嘧啶（SM_2）等则较难从乳汁排泄，乳汁中浓度均低于血浆。药物从乳汁排泄关系消费者的健康，尤其抗菌药物、抗寄生虫药物以及与食品安全密切相关的药物要规定弃乳期（discard time）。

三、药代动力学的基本概念

药代动力学（药动学）是研究药物或代谢物在体内随时间而定量变化规律的一门学科。它是药理学与数学相结合的边缘学科，用数学模型描述观测值并预测药物在体内的数量（浓度)、部位和时间三者之间的关系。阐明这些变化规律目的是为临床合理用药提供定量的依据，为研究、寻找新药，评价临床已经使用的药物提供客观的标准。此外，药代动力学也是研究临床药理学、药剂学和毒理学等的重要手段。

（一）血药浓度与药时曲线

1. 血药浓度的概念 血药浓度一般指血浆中的药物浓度，是体内药物浓度的重要指标，虽然它不等于作用部位（靶组织或靶受体）的浓度，但作用部位的浓度与血药浓度以及药理效应一般呈正相关。血药浓度随时间发生的变化，不仅能反映作用部位的浓度变化，而且也能反映药物在体内吸收、分布、生物转化和排泄过程总的变化规律。另外，由于血液的采集比较容易，对机体损伤小，故常用血药浓度来研究药物在体内的变化规律。当然，在某些情况下也利用尿液、乳汁、唾液或某种组织作为样本研究体内药物的浓度变化。

2. 血药浓度与药物效应 一种药物要产生特征性的效应，必须在它的作用部位达到有效的浓度。由于不同种属动物对药物在体内的处置过程存在差异，要达到这个要求对兽医来说是复杂的，当一种药物以相同的剂量给予不同的动物时，常可观察到药效的强度和维持时间有很大的差别，药物效应的差异可以归因为药物的生物相利用度（biophasic availability）或组织受体部位的内在敏感性（inherent sensitivity）不同的种属差异。

生物相利用度这个术语指在作用部位达到的药物浓度是很恰当的。临床药理学研究也支持这种观点，对大多数治疗药物来说，药物效应的种属差异是由药物处置（disposition）或药代动力学的不同引起的。因此，血药浓度与药物效应的关系比剂量与效应的关系更为密切。有的药物不同种属间的剂量差异很大，但出现药效的血浆浓度的差异很小，如一种促性腺激素制剂（ICI-83828），其有效剂量种属间差异达 250 倍，但有效血药浓度均相似，约为 3 μg/mL。

3. 血药浓度-时间曲线 药物在体内的吸收、分布、生物转化和排泄是一种连续变化的动态过程（图 1－15）。在药动学研究中，给药后在不同时间采集血样，测定其药物浓度，常以时间作为横坐标，以血药浓度作为纵坐标，绘出曲线，称为血药浓度-时间曲线，简称药时曲线。从曲线可定量地分析药物在体内的动态变化与药物效应的关系。

一般把非静脉注射给药分为 3 个期：潜伏期、持续期和残留期。潜伏期（latent period）指给药后到开始出现药效的一段时间，快速静脉注射给药一般无潜伏期；持续期（persistent period）是指药物维持有效浓度的时间；残留期（residual period）是指体内药物已降到有效浓度以下，但尚未完全从体内消除。持续期和残留期的长短均与消除速率有关。残留期长反映药物在体内有较多的储存，一方面要注意多次反复用药可引起蓄积作用甚至中毒，另一方面在食品动物要确定较长的休药期（withdrawal time）。

药时曲线的最高点称为峰浓度（peak concentration），达到峰浓度的时间称为峰时（peak time）。曲线升段反映药物吸收和分布过程；曲线的峰值反映给药后达到的最高血药浓度；曲线的降段反映药物的消除。当然，药物吸收时消除过程已经开始，达峰时吸收也未完全停止，只是升段时吸收大于消除，降段时消除大于吸收，达峰浓度时，吸收等于消除（图 1－16）。

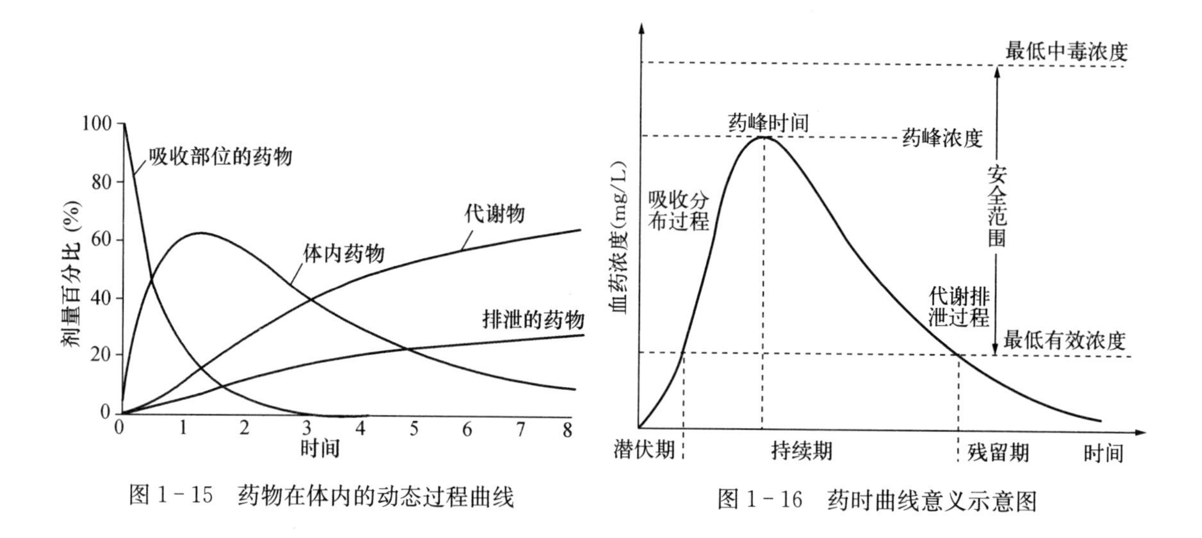

图 1-15　药物在体内的动态过程曲线

图 1-16　药时曲线意义示意图

(二) 速率过程

药物进入动物机体后，有很多速率过程控制着“作用部位”的药物浓度，而影响作用的发生、作用的持续时间以及药理效应强度。速率，即血药浓度（C）或体内药量（X）随时间推移的瞬时变化率。在药动学研究中，有 3 种基本类型的动力学过程（或称速率过程）可用于说明药物在体内的命运（fate），即一级动力学或称线性动力学（linear kinetics）、零级动力学和非线性动力学（nonlinear kinetics）。

1. 一级速率过程（first order rate process）　又称一级动力学过程，是指药物在体内的转运或消除速率与药量或浓度的一次方成正比，即单位时间内按恒定的比例转运或消除，是一种线性动力学。其描述方程式为：

$$\frac{dC}{dt}=-KC$$

式中，C 为药物浓度；K 为一级速率常数；负号表示药物浓度随时间而减少。以 C 为纵坐标，t 为横坐标作图得一指数衰减曲线（图 1-17a）。

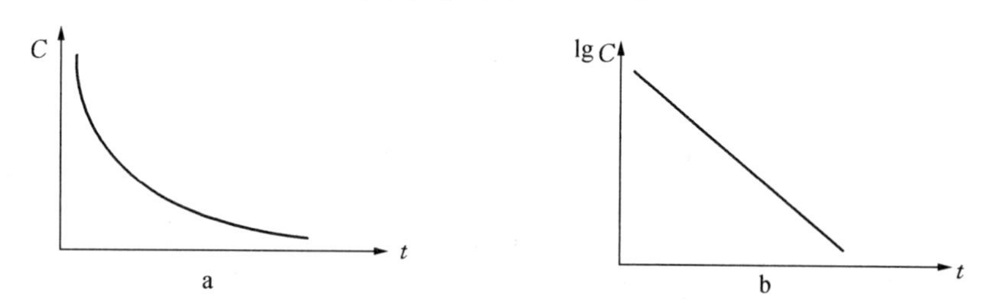

图 1-17　一级动力学过程的药时曲线

上式经积分，并写成常用对数，得：

$$\lg C=\lg C_0-\frac{K}{2.303}t$$

以 $\lg C$ 为纵坐标，t 为横坐标作图，可得一条直线，其斜率为 $-K/2.303$（图 1-17b）。大多数药物的转运和消除属一级动力学过程。

2. 零级速率过程（zero order rate process）　又称零级动力学过程，是指体内药物浓度变化速率与其体内药物浓度无关，而是一恒定量，药物的转运或消除速率与浓度的零次方成正比，其描述方程式为：

$$\frac{dC}{dt}=-K_0$$

式中，K_0 为零级速率常数。上式经积分，得：

$$C=C_0-K_0t$$

零级动力学过程是载体转运的特点，当药物剂量过大时，即出现饱和限速而成为零级动力学过程。如乙醇在体内的处置就是一个例子。

与一级速率过程比较，在零级过程用其药时数据在普通坐标纸上作图，将得到一条直线（图 1－18a），而在半对数纸上作图，得到的却是一条凸的曲线（图 1－18b）。

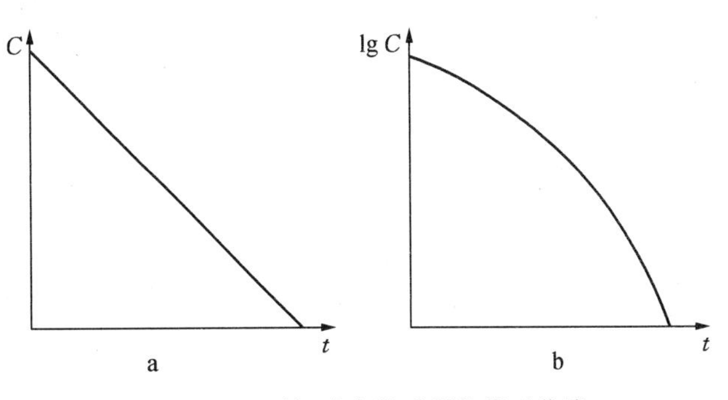

图 1－18　零级动力学过程的药时曲线

3. 非线性动力学过程　在线性动力学过程中，药动学参数如半衰期与剂量无关。而在非线性动力学中，药动学参数随剂量而变化，如半衰期则与剂量有关，这类过程称为非线性动力学过程。因为给药剂量大小或速率可引起一个或多个药动学参数发生变化，所以也称为剂量依赖性动力学（dose-dipendent kineties）。非线性动力学发生的原因，是由于吸收、分布、代谢和排泄的一个或多个过程呈饱和的状态，饱和度关系到一个过程的速率或程度不能与剂量成正比增加，并接近于上限。所以，非线性动力学又称为饱和动力学（saturation kinetics）。

非线性动力学的特点是不遵循一级动力学过程的规律，药物消除半衰期随剂量增加而延长；药时曲线下面积（AUC）与剂量不成正比；当剂量增加时，AUC 显著增加；平均稳态血药浓度也不与剂量成正比。非线性动力学在过量使用药物时（如药物中毒）常发生，分布容积、总清除率或两者均可在过量使用药物时发生改变。

非线性动力学方程，可用描述酶动力学方程的米－曼氏（Michaelis-Menten）方程来表达：

$$\frac{dC}{dt}=\frac{V_m\cdot C}{K_m+C}$$

式中，dC/dt 为 t 时的药物消除速率；V_m 为该过程的最大速率；K_m 为米－曼氏常数。

有些药物以酶催化进行生物转化或以载体转运方式进行转运，当药物剂量过大时即可出现饱和现象，此时药物浓度变化速率达到恒定，类似酶动力学的米－曼氏过程。阿司匹林、保泰松等少数药物具有米－曼氏速率过程的特点。

对于这样的动力学过程，当用药时数据在普通坐标纸上作图，是一条上部分稍凹，下部分更凹的曲线（图 1－19a）；而在半对数纸上作图，则得一条上部分变凸，下部分变直的曲线（图 1－19b）。

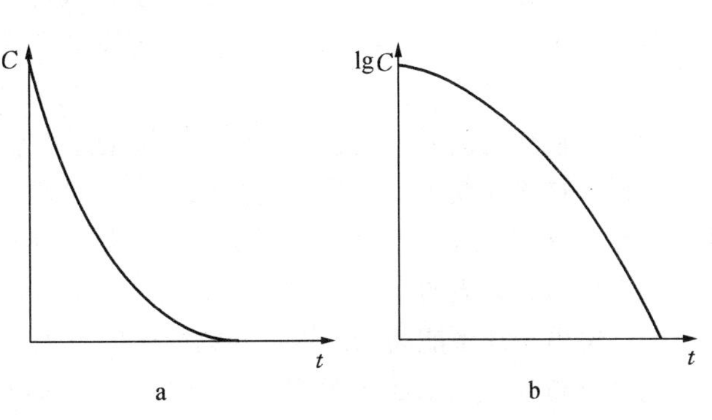

图 1－19　米－曼氏动力学过程的药时曲线

（三）房室模型

为了定量地分析药物在体内的动力学变化，必须采用适当的模型和数学公式来描述这个过程。房室模型（compartment model）就是将机体概念化为一个系统，系统内部根据药物转运和分布的动力学特点分为若干房室（compartment），把具有相同或相似的速率过程的部位，只要能表明这一部位药物浓度的改变与时间成函数关系，此部位即视为一个房室，一般分为一室、二室或三室模型。房室只是便于数学分析的抽象概念，与机体的解剖部位和生理功能没有直接的联系，但与器官组织的血流量、生物膜通透性、药物与组织的亲和力等有一定的关系。因为绝大多数药物进入机体后又以代谢产物或原形从体内排出，所以模型是开放的，又称为开放房室模型。

在房室模型的经典药动学中，其参数的可靠性依赖于所假设的模型的准确性。在药动学研究时，对实际测定的血药浓度时间数据进行处理，可用半对数纸作图，如所得为一直线，则可能是单室模型，如不是直线，则可能是二室或多室模型。目前一般用计算机程序可自动选择模型。

1. 一室模型（one compartment model） 这是最简单的模型，就是把整个机体描述为动力学上一个“均一”的房室。该模型假定给药后药物可立即均匀地分布到全身各器官组织，迅速达到动态平衡（图 1-20）。

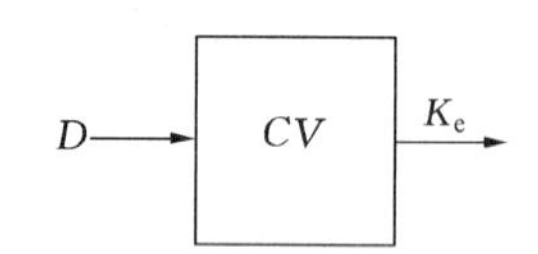

图 1-20 一室模型示意图
（图中 K_e 为消除速率常数，D 为给药剂量，C 为血药浓度，V 为表观分布容积，CV 为体内药量）

在一室模型，单次静脉注射的血药浓度与时间数据在半对数坐标纸上作图，得一条直线，即药时曲线呈单指数衰减（图 1-17）。

2. 二室模型（two compartment model） 该模型假定给药后药物不是立即均匀分布于全身各器官组织，它在体内的分布有不同的速率，有些分布较快，有些分布较慢，因此把机体分为两个房室，药物以较快速率分布的称中央室，以较慢速率分布的称为周边室（图 1-21）。虽然房室与机体组织器官没有直接的联系，但一般认为血液丰富的组织如肝、肾、心、肺以及血液和细胞外液属中央室，而血流灌注较少的肌肉、皮肤、脂肪等组织属周边室。中央室与周边室不是固定不变的，与药物的理化性质有关，如脂溶性高的药物容易进入大脑，大脑属中央室，但对极性高的药物由于血脑屏障不易进入大脑，则成为周边室。

在二室模型中，药物做单次静脉注射后，以对数血药浓度为纵坐标，时间为横坐标，可得到一条双指数衰减的曲线（图 1-22）。从曲线可以看出，静脉注射后血药浓度迅速下降，这是分布与消除同时进行的结果，但这段曲线主要反映药物随血液进入中央室，然后再分布到周边室的过程，故称为分布相（α 相）。一旦分布达到平衡后，血药浓度的下降主要是药物从中央室消除的结果，周边室的药物也按动态平衡规律转运到中央室消除，所以血药浓度降低较慢。这段曲线主要反映药物从中央室的消除过程，故称为消除相（β 相）。通过消除相可计算半衰期，故一般说的半衰期就是指消除相半衰期。

许多试验研究表明，大多数药物在体内的转运和分布的动力学特征比较符合二室模型。但有时二室模型还不能满意地描述药物的体内过程，例如有少数药物还可能以更缓慢的速率从中央室分布到骨或脂肪等组织，或与某组织结合得很牢固，这时药时曲线呈三相指数衰减，称三室模型。

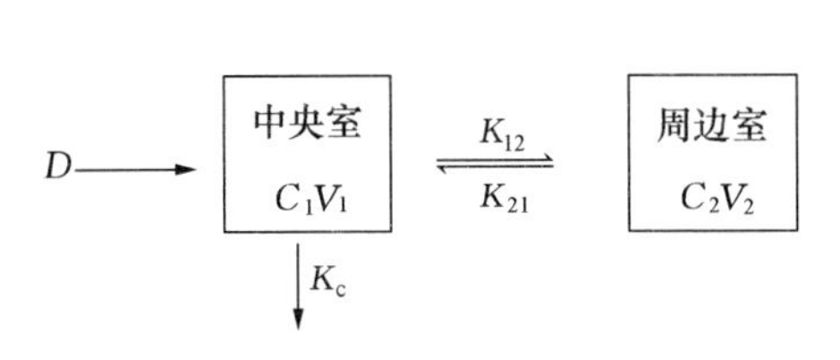

图 1-21 二室模型示意图
（图中 K_{12} 和 K_{21} 分别为中央室和周边室之间的转运速率常数）

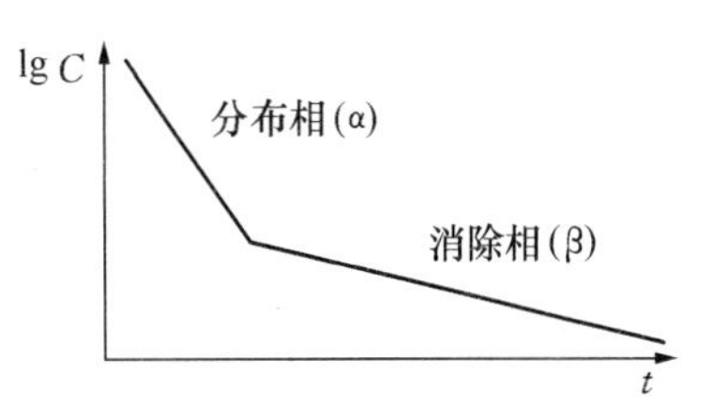

图 1-22 二室模型单次静脉注射的药时曲线

除了应用房室模型分析、计算药物在体内的药动学参数或特征外，目前还有非房室模型（统计矩法）、生理药动学模型、群体药动学模型和药动-药效学（PK-PD）同步模型等，这些模型都各有特点，是房室模型的补充和完善。

(四) 药动学的主要参数及其意义

在药动学研究中，利用测定的血药浓度时间数据，采用一定的模型便可算出药物在动物体内的药动学参数。这些参数反映了药物的药动学特征（行为），分析和利用这些参数便可为临床制定科学合理的给药方案，或对该药剂做出科学的评价。

药动学参数依其性质可分为转运参数、混合参数和常用参数。转运参数主要指吸收速率常数（K_a）、消除速率常数（K_e 或 β）和房室间转运速率常数（如 K_{12}、K_{21} 等）。混合参数是药时半对数曲线上的特征常数，如半对数曲线尾段的斜率、外推线和残数线的斜率与截距等。例如静脉注射二室模型有 A、α、B、β 4 个混合参数，利用这些参数可以算出室间转运速率常数、中央室分布容积和清除率等。因此，可以认为混合参数是药动学的基本参数。常用参数包括吸收半衰期（$t_{1/2K_a}$）、分布半衰期 $t_{1/2\alpha}$、消除半衰期、表观分布容积、中央室分布容积（V_1）、清除率、药时曲线下面积、血药峰浓度、峰时和有效浓度维持时间［$tcp_{(\text{ther})}$］等，现择要介绍如下。

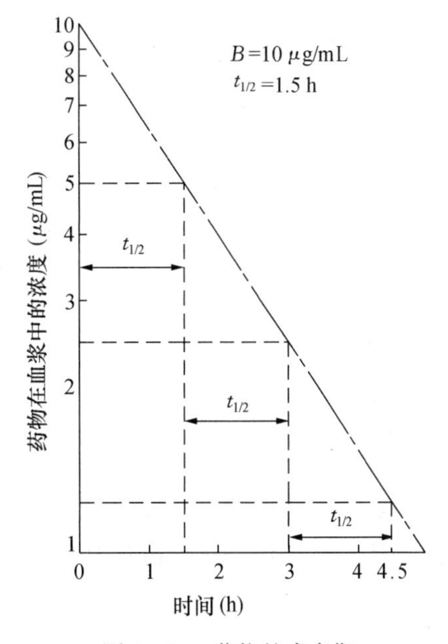

图 1-23 药物的半衰期

1. 消除半衰期（elimination half life） 半衰期是指体内药物浓度或药量下降一半所需的时间（图 1-23），又称血浆半衰期或生物半衰期，一般简称半衰期，常用 $t_{1/2\beta}$ 或 $t_{1/2K_e}$ 表示。

在一级速率过程中，对符合一室模型的药物，消除半衰期与消除速率常数 K 值呈反比，表达式为：

$$t_{1/2}=\frac{0.693}{K}$$

式中，K 为消除速率常数，只要算出 K 值便可计算出 $t_{1/2}$ 值。K 值越大，药物消除的速度越快。对符合二室模型的药物，当静脉注射给药后，如果以药时半对数作图（图 1-22），所得曲线可以分为两部分（α 相和 β 相），其消除相的斜率 β 系根据曲线末端的一条直线来确定，消除半衰期（$t_{1/2\beta}$）可由下式表达：

$$t_{1/2\beta}=0.693/\beta$$

药物消除速率常数代表体内药物总的消除情况，一级消除速率常数指在单位时间内药物消除的分数，其单位是时间的倒数，即 min^{-1}或 h^{-1}。

大多数药物在体内的消除遵循一级速率过程，半衰期与剂量无关，当药物从胃肠道或注射部位迅速吸收时，也与给药途径无关。但有少数药物在剂量过大时可能以零级速率过程消除，例如保泰松在犬和马在大剂量时以零级速率过程消除，其表达式为：

$$t_{1/2}=\frac{0.5C_0}{K_0}$$

式中，K_0 为零级消除速率常数；C_0 为初始浓度。从式中可知，$t_{1/2}$受初始浓度或剂量的影响，C_0 越大，$t_{1/2}$越长，即剂量越大，半衰期越长。通常变更开始的浓度和剂量，以及测定半衰期，可用于辨别零级和一级过程。

半衰期是药动学的重要参数，是反映药物从体内消除快慢的一种指标，在临床具有重要的实际意义，为了保持血中的有效药物浓度，半衰期是制定给药间隔时间的重要依据，也是预测连续多次给药时体内药物达到稳态浓度（steady state concentration）和停药后从体内消除时间的主要参数。例如，按半衰期间隔给药 4～5 次即可达稳态浓度（图 1-24）；停药后经 5 个 $t_{1/2}$的时间，则体内药物消除约达 95%；如果将消除 99%的药量（残留量为 1%）作为药物已经完全被消除的一个时间点，则所需时间为 6.64 个半衰期。

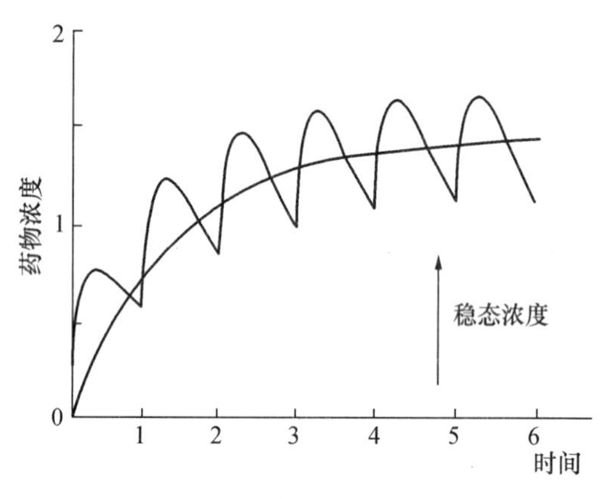

图 1-24　重复给药的稳态浓度

半衰期还受许多因素的影响，凡能改变药物分布到消除器官或影响消除器官功能的任何生理或病理状态均可引起 $t_{1/2}$的变化。

2. 药时曲线下面积（area under the concentration time curve，*AUC*）　理论上是时间从 $t_0 \sim t_\infty$的药时曲线下面积，反映到达全身循环的药物总量。其计算公式为：

$$AUC=\frac{X_0}{KV}\text{（静脉注射）}$$

$$AUC=\frac{FX}{KV}\text{（非血管给药）}$$

式中，X_0、X 为给药量；V 为表观分布容积；K 为一室模型的消除速率常数，在二室模型则改用 β；F 为生物利用度。在实际工作中 *AUC* 多用梯形法求算，准确方便。

大多数药物 *AUC* 和剂量成正比，但也有少数药物不成正比，如水杨酸盐就是一个例子。*AUC* 常用作计算生物利用度和其他参数的基础参数，如矩量法的参数就是根据 *AUC* 计算出来的。

3. 表观分布容积（apparent volume of distribution，*Vd*）　是指药物在体内的分布达到动态平衡时，药物总量按血浆药物浓度分布所需的总容积。故 *Vd* 是体内药量与血浆药物浓度的一个比例常数，即 $Vd=X/C$。

Vd 是一个重要的动力学参数，通过它可将血浆药物浓度与体内药物总量联系起来，它

可用来估算达到一定给药浓度所需的给药剂量，或者用来估算已知血药浓度时的体内总药量。Vd 的计算有两个主要方法：一种是外推法，即以静脉注射的药时数据在半对数纸上作图求出 C_0，然后计算 Vd，此法只适用于一室模型；另一种方法为面积法，即：

$$Vd_{(area)}=\frac{X_0}{K \cdot AUC}$$

式中，X_0 为静脉注射剂量；K 为消除速率常数。若为二室模型，则可把上式写成

$$Vd_{(area)}=\frac{X_0}{\beta \cdot AUC}$$

式中，β 为二室模型的消除速率常数。

对于具有多室模型特征的药物，还有中央室的表观分布容积 V_1（或 V_c），这个参数可用于求算中央室的药量。对于二室模型，求算 V_1 的公式为：

$$V_1=\frac{X_0}{A+B}$$

多室模型的药动学中，还应用另一个容积参数 Vd_{ss}，称为稳态表观分布容积。例如，在求出 K_{12}、K_{21} 及 V_1 后，就能算出二室模型的 Vd_{ss}，其表达式为：

$$Vd_{ss}=V_1\frac{K_{12}+K_{21}}{K_{21}}$$

由于表观分布容积并不代表真正的生理容积，纯是一个数学概念，故称表观分布容积。Vd 值的意义是反映药物在体内的分布情况，一般 Vd 值越大，药物穿透入组织越多，分布越广，血中药物浓度越低。许多研究表明，如果药物在体内均匀分布，则 Vd 值接近于 0.8～1.0 L/kg，当 Vd 值大于 1.0 L/kg 时，则药物的组织浓度高于血浆浓度，药物在体内分布广泛，或者组织蛋白对药物有高度结合。脂溶性的有机碱，如吗啡、利多卡因、喹诺酮类等，在体液和组织中有广泛的分布，Vd 值均大于 1.0 L/kg；相反，当药物的 Vd 值小于 1.0 L/kg 时，则药物的组织浓度低于血浆浓度，如有机酸类的水杨酸、保泰松、青霉素等在血浆中常呈离子化，所以 Vd 值很小（小于 0.25 L/kg），此时药物的血浆浓度高，组织浓度低。

4. 体清除率（body clearance，Cl_B）　简称清除率，是指在单位时间内机体通过各种消除过程（包括生物转化与排泄）消除药物的血浆容积，单位为 mL/（min・kg）。清除率具有重要的临床意义，也是评价清除机制最重要的参数。

这个参数的值可用下式计算：

$$Cl_B=\frac{F \cdot X}{AUC}$$

式中，F 为进入全身循环的药物分数，X 为药物剂量。

当静脉注射全部药物进入循环时，上式可改为：$Cl_B=\beta Vd_{(area)}$。

体清除率与半衰期不同，它可以不依赖药物处置动力学的方式去表达药物的消除速率。通过比较氨苄西林和地高辛在犬的药动学可区分两者的差别，两药有相同的体清除率[39 mL/(min・kg)]，氨苄西林的半衰期为 48 min，而地高辛是 1 680 min，半衰期的不同主要是受表观分布容积的影响，前者为 0.27 L/kg，后者为 9.64 L/kg。

由此可得出结论，具有相同清除率的药物，表观分布容积越小，半衰期越短。

体清除率是体内各种清除率的总和，包括肾清除率（Cl_r）、肝清除率（Cl_h）和其他如肺清除率、乳汁清除率、皮肤清除率等。因为药物的消除主要靠肾排泄和肝的生物转化，故

体清除率可简化为：

$$Cl_B = Cl_r + Cl_h$$

5. 峰浓度（C_{max}）**与峰时**（t_{max}） 给药后达到的最高血药浓度称血药峰浓度（简称峰浓度），它与给药剂量、给药途径、给药次数及达到时间有关。达到峰浓度所需的时间称达峰时间（简称峰时），它取决于吸收速率和消除速率。通常吸收速率都大于消除速率，因而对峰时影响较大。峰浓度、峰时与药时曲线下面积是决定生物利用度和生物等效性的重要参数。

6. 平均稳态血药浓度（$\overline{C}_{ss}$） 兽医临床多数疾病的治疗必须采用多剂量给药方可达到有效治疗目的。随着连续多次给药，体内药量不断增加，经过一段时间后达到稳态，此时的血药浓度即为稳态血药浓度。$\overline{C}_{ss}$在给药间隔内是动态变化的，可用下面的公式表示：

$$\overline{C}_{ss} = \frac{\int_0^{\tau} C_{ss}(t)\,dt}{\tau}$$

7. 生物利用度（bioavailability，F） 是指药物以某种剂型的制剂从给药部位吸收进入全身循环的速率和程度。这个参数是决定药物量效关系的首要因素。

静脉注射所得的 AUC 代表完全吸收和全身生物利用度，内服一定剂型的制剂所得的 AUC_{po}与静脉注射 AUC_{iv}的比值就是内服的全身生物利用度，称为绝对生物利用度。全身生物利用度的计算方法，是在相同的动物、相等的剂量条件下，内服或其他非血管给药途径所得的 AUC 与静脉注射的 AUC 的比值，即：

$$F = \frac{AUC_{po}}{AUC_{iv}} \times 100\%$$

如果药物的制剂不能进行静脉注射给药，则采用内服参照标准药物的 AUC 作比较，所得的生物利用度称为相对生物利用度。

当药物的生物利用度小于 100%时，可能和药物的理化性质和/或生理因素有关，包括药物产品在胃肠液中解离不好（固体剂型），在胃肠内容物中不稳定或有效成分被灭活，在穿过黏膜上皮屏障时转运不良，在进入全身循环前在肠壁或肝发生首过效应。如果由于首过效应使药物的生物利用度很低，则可能误认为吸收不良。如果药物的生物利用度超过100%，则该药物可能存在肝一肠循环的现象。

生物利用度具有非常重要的临床意义。相同含量的药物制剂不一定能得到相同的药效，虽然药物制剂的主药含量相同，但辅料和制备工艺过程不同可以导致产生的药效不同，这就是测定药物制剂生物利用度重要性的原因。

生物利用度是用于测定药物制剂生物等效性的主要参数，其目的在于评估与已知药物制剂相似的产品。许多国家已经利用生物等效性试验取代纯临床试验。生物等效性的基本概念为：如果药物具有相同的剂型和剂量，而且药动学过程即药物在动物体内的血药浓度-时间曲线十分相似，则其治疗效果应相同，也就是认为两种药物制剂在治疗上等效。用来评价生物等效性的主要参数为 AUC、C_{max}和 t_{max}。

第三节　影响药物作用的因素及合理用药

药物的作用是药物与机体相互作用过程的综合表现，许多因素都可能干扰或影响这个过程，使药物的效应发生变化。这些因素包括药物方面、动物方面和环境生态方面的因素。

一、药物方面的因素

（一）剂量

药物的作用或效应在一定剂量范围内随着剂量的增加而增强，例如巴比妥类药物小剂量产生催眠作用，随着剂量增加可表现出镇静、抗惊厥和麻醉作用，这些都是对中枢的抑制作用，可以看作量的差异。但是也有少数药物，随着剂量或浓度的不同，作用的性质会发生变化，如人工盐小剂量是健胃作用，大剂量则表现为泻下作用；碘酊在低浓度（2%）时表现杀菌作用（作为消毒药），但在高浓度时（10%）则表现为刺激作用（作为刺激药）。所以，药物的剂量是决定药效的重要因素。临床用药时，除根据《中国兽药典》决定用药剂量外，兽医师可以根据药物的理化性质、毒副作用和病情发展的需要适当调整剂量，更好地发挥药物的治疗作用。

严格地说，药物作用取决于作用部位游离药物的浓度，而非用药剂量。因为只有游离药物才能到达作用部位发挥生物活性。

（二）剂型

剂型对药物作用的影响，在传统的剂型如水溶液、散剂、片剂、注射剂等，主要表现为吸收快慢、多少的不同，影响药物的生物利用度。例如内服溶液剂比片剂吸收的速率要快得多，因为片剂在胃肠液中有一个崩解过程，药物的有效成分要从赋形剂中溶解释放出来，这就受许多因素的影响。有报道，不同药厂生产的地高辛片在血液中的浓度可相差4～7倍。

随着新剂型研究不断取得进展，缓释、控释和靶向制剂先后逐步用于临床，剂型对药物作用的影响越来越明显和具有重要意义。通过新剂型去改进或提高药物的疗效、减少毒副作用和方便临床给药将会很快成为现实，也是兽医药理工作者的努力方向。

（三）给药方案

给药方案（dosage regimen）是指包括给药剂型、剂量、途径、时间间隔和持续时间的给药方法。给药途径不同主要影响生物利用度和药效出现的快慢，静脉注射几乎可立即出现药物作用，依次为肌内注射、皮下注射和内服。除根据疾病治疗需要选择给药途径外，还应根据药物的性质，如肾上腺素内服无效，必须注射给药；氨基糖苷类抗生素内服很难吸收，进行全身治疗时也必须注射给药。有的药物内服时有很强的首过效应，生物利用度很低，全身用药时也应选择肠外给药途径。家禽由于集约化饲养，数量巨大，注射给药要消耗大量人力、物力，也容易引起应激反应，所以药物多用混饲或混饮的群体给药方法。这时必须注意保证每个个体都能获得充足的剂量，又要防止一些个体摄入量过多而产生中毒，还要根据不同气候、疾病发生过程及动物摄入饲料或饮水量的不同，适当调整药物的浓度。给药途径不仅影响药物作用的快慢、强弱，有的还可产生质的变化，例如硫酸镁内服时产生泻下作用，但静脉注射则可产生中枢解痉和抗惊厥作用。

大多数药物治疗疾病时必须重复给药，确定给药的时间间隔主要根据药物的半衰期和消除速率。一般情况下在下次给药前要维持血中的最低有效浓度，尤其抗菌药物要求血中浓度高于最小抑菌浓度（MIC）。但近年来对抗菌药物的研究发现，抗菌药物对微生物的作用表现为两种类型：一类为浓度依赖性（concentration-dependence），如氟喹诺酮类、氨基糖苷类等，其抗菌效果取决于血液中的药物浓度，浓度越高，杀菌作用越强，恩诺沙星的血药浓度高于病原体的 MIC8～10 倍时可达到最大药效；另一类为时间依赖性（time-dependence），如β-内酰胺类等，其效果取决于血药浓度大于 MIC 的持续时间（T>MIC），这类药物的给药方案必须维持一定的给药频率和时间以保持血药浓度高于 MIC。研究认为，根据不同的药物、病原和感染部位的特点，在大部分的给药间隔时间里，血药浓度保持在 MIC 的 1～5 倍是比较合适的。

有些药物给药一次即可奏效，如解热镇痛药等，但大多数药物必须按一定的剂量和时间多次给药，才能达到治疗效果，称为疗程。抗菌药物更要求有充足的疗程才能保证稳定的疗效，避免产生耐药性，不能给药 1～2 次出现药效就立即停药。例如，抗生素一般要求 2～3 d为一疗程，磺胺类药则要求 3～5 d 为一疗程；有些病原微生物的感染也要求较长的疗程，如支原体感染往往需要 5～7 d 为一疗程。

（四）药物相互作用

临床上同时使用两种以上的药物治疗疾病，称为联合用药，其目的是提高疗效，消除或减轻某些药物的毒副作用，适当联合应用抗菌药物也可减少耐药性的产生。但是，同时使用两种以上药物，在体内的器官、组织中（如胃肠道、肝）或作用部位（如细胞膜、受体部位）药物均可发生相互作用（drug interaction）（图 1-25）。药物的相互作用是指某一种药物的药动学或药效学由于其他药物的存在而发生改变。另外，一些食物或中草药制剂中的成分也可以改变药物的药动学或药效学。近年来，药物的相互作用越来越受到人们的重视。按其作用机制可分为药动学和药效学的相互作用。此外，在使用药物过程中和生产复方制剂时也可发生药物的体外相互作用。

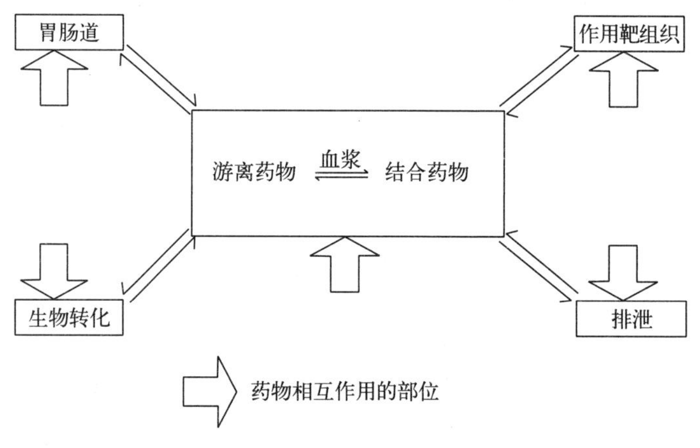

图 1-25　药物相互作用的可能部位

1. 药动学的相互作用　药物在体内的吸收、分布、生物转化和排泄过程中，均可能发生药动学的相互作用。

（1）吸收：主要发生在内服药物时在胃肠道出现相互作用，具体作用表现为：①物理化学的相互作用，如 pH 的改变，影响药物的解离和吸收；发生螯合作用，如四环素、恩诺沙星等可与钙、铁、镁等金属离子发生螯合，影响吸收或使药物失活。②胃肠道运动功能的改变，如拟胆碱药可加快排空和肠蠕动，使药物迅速排出，吸收不完全；抗胆碱药如阿托品等则减少排空率和使肠蠕动减慢，可使吸收速率减慢，峰浓度较低，但药物在胃肠道停留时间延长，使吸收量增加。③菌丛改变。胃肠道菌丛参与药物的代谢，广谱抗菌药物能改变或杀灭胃肠内菌丛，影响代谢和吸收，如抗生素治疗可使洋地黄在胃肠道的生物转化减少，吸收增加。④药物诱导改变黏膜功能。有些药物可能损害胃肠道黏膜，如新霉素和地高辛合用可影响消化道黏膜的完整性，影响吸收或阻断主动转运过程。⑤酶的诱导和抑制作用通常会使吸收发生改变，继而会使那些肝提取率高的药物的内服生物利用度改变。

（2）分布：药物的器官摄取率与清除率最终取决于血流量，所以影响血流量的药物便可影响药物分布。如普萘洛尔可使心输出量明显减少，从而减少肝的血流量，使高首过效应药物（如利多卡因）的肝清除率减少。其次，许多药物有很高的血浆蛋白结合率，由于亲和力不同可以相互取代，如抗凝血药华法林可被三氯醛酸（水合氯醛代谢物）取代，使游离华法林大大增加，使抗凝血作用增强，甚至引起出血。能引起游离药物浓度增加是一种很危险的相互作用，如果不降低药物剂量，游离药物浓度可能上升到毒性水平。有的相互作用也可导致游离药物浓度降低，从而可能导致药物效应降低，引起治疗失败。

（3）生物转化：药物在生物转化过程中的相互作用主要表现为酶的诱导和抑制。许多中枢抑制药包括镇静药、安定药、抗惊厥药等，如苯巴比妥能通过诱导肝微粒体酶的合成，提高其活性，从而加速药物本身或其他药物的生物转化，使游离药物的清除率增加，降低药效。相反，另外一些药物如氯霉素、利福平、糖皮质激素等则能使药酶抑制，导致游离药物的清除率降低，使药物的代谢减慢，提高血中药物浓度，药效增强。

（4）排泄：任何排泄途径均可发生药物的相互作用，但目前对肾排泄研究较多。如血浆蛋白结合的药物被置换成为游离药物可以增加肾小球的滤过率；影响尿液 pH 的药物使药物的解离度发生改变，从而影响药物的重吸收，如碱化尿液可加速水杨酸盐的排泄；近曲小管的主动排泄可因相互作用而出现竞争性抑制，如同时使用丙磺舒与青霉素，可使青霉素的排泄减慢，提高血浆浓度，延长半衰期。

2. 药效学的相互作用 同时使用两种以上药物，由于药物效应或作用机制的不同，可使总效应发生改变，可能出现下面几种情况：两药合用的效应大于单药效应的代数和，称为协同作用（synergism）；两药合用的效应等于它们分别作用的代数和，称为相加作用（additive effect）；两药合用的效应小于它们分别作用的总和，称为拮抗作用（antagonism）。在同时使用多种药物时，治疗作用可出现上述三种情况，不良反应也可能出现这些情况，例如头孢菌素的肾毒性可由于合用庆大霉素而增强。一般来说，用药种类越多，不良反应发生率也越高。

药效学相互作用发生的机制是多种多样的，主要机制有如下几方面：①通过受体作用。如阿托品能与 M 受体结合而拮抗毛果芸香碱的作用；而阿托品与肾上腺素在扩瞳作用上表现协同作用则是作用于不同受体，前者与 M 受体结合使瞳孔括约肌松弛而扩瞳，后者则是兴奋 α 受体，收缩辐射肌而扩瞳。②作用于相同的组织细胞。如镇痛药、抗组胺药能加强催眠药的作用是因为对中枢神经系统都表现抑制作用。③干扰不同的代谢环节。如磺胺类药抑制二氢叶酸合成酶而抑制细菌生长繁殖，甲氧苄啶（TMP）与磺胺类药物表现协同作用是由于抑制二氢叶酸还原酶对叶酸代谢起“双重阻断”作用。青霉素与链霉素合用有很好的协同作用是由于青霉素阻断了细菌细胞壁的合成，使链霉素更容易进入细胞起杀菌作用。④影响体液或电解质平衡。如排钾利尿药可增强强心苷的作用，糖皮质激素的水钠潴留作用可减弱利尿药的作用。

3. 体外的相互作用　两种以上药物混合使用可能发生体外的相互作用，出现使药物中和、水解、破坏失效等理化反应，这时可能发生混浊、沉淀、产生气体及变色等外观异常的现象，被称为配伍禁忌（incompatibility）。例如，在静脉滴注的葡萄糖注射液中加入磺胺嘧啶（SD）钠注射液，可见液体中有微细的SD结晶析出，这是SD钠在pH降低时必然出现的结果；又如进行外科手术时，将肌松药琥珀胆碱与麻醉药硫喷妥钠混合，虽然看不到外观变化，但琥珀胆碱在碱性溶液中可水解失效。所以临床在混合使用两种以上药物时必须十分慎重，避免配伍禁忌。

另外，药物制成复方制剂时也可发生配伍禁忌，如把氨苄西林制成水溶性粉剂时，加入含水葡萄糖作为赋形剂可使氨苄西林发生氧化，使药效降低或失败；又如曾在临床发现某些四环素片剂无效，其原因是改变了赋形剂而引起的，按处方要求用乳糖，如果改用碳酸钙，由于四环素能与钙络合，减少溶解和吸收，这样就使四环素片的实际含量减少而失效。

二、动物方面的因素

（一）种属差异

动物品种繁多，解剖、生理特点各异，不同种属动物对同一药物的药动学和药效学往往有很大的差异。在大多数情况下表现为量的差异，即作用的强弱和维持时间的长短不同，例如对赛拉嗪，牛最敏感，其达到化学保定作用的剂量仅为马、犬、猫的1/10，而猪最不敏感，临床化学保定使用剂量是牛的20～30倍。又如链霉素等11种抗菌药物在马、牛、羊、猪的半衰期也表现出较大差异（表1-3）。有少数动物因缺乏某种药物代谢酶，因而对某些药物特别敏感，如猫缺乏葡萄糖醛酸酶活性，故对水杨酸盐特别敏感，作用时间很长，内服阿司匹林（每1 kg体重10 mg）应间隔38 h给药1次，而马静脉注射水杨酸钠（每1 kg体重3.5 mg），每6 h要给药1次。

表1-3　抗菌药物在不同动物的半衰期

药　物	半衰期（h）				
	马	黄牛	水牛	奶山羊	猪
链霉素	3.05	4.07	3.93	4.62	3.79
卡那霉素	2.17	2.82	2.32	—	2.07
庆大霉素	2.17	2.17	2.30	2.29	2.09
四环素	5.80	5.40	4.60	—	3.62
红霉素	2.90	1.97	1.59	2.78	1.21
林可霉素	8.13	4.13	6.93	—	6.79
氨苄西林	2.23	0.98	1.26	0.92	1.06
苯唑西林	2.36	1.34	5.07	0.74	0.96
氯霉素	1.77	3.00	10.20	—	1.59

（续）

药 物	半衰期（h）				
	马	黄牛	水牛	奶山羊	猪
SDM′	14.13	5.65	4.39	11.95	15.51
SMM	4.45	1.49	1.43	1.45	8.87
SMD	5.76	2.72	3.68	4.38	6.13
SM_2	12.92	10.69	5.84	4.74	15.32
SD	5.41	2.57	2.35	1.82	2.38
TMP	4.20	1.37	3.14	0.94	1.43

药物在不同种属动物的作用除表现量的差异外，少数药物还可表现质的差异，如吗啡对人、犬、大鼠、小鼠表现为抑制，但对猫、马和虎则表现兴奋。

（二）生理因素

不同年龄、性别、妊娠或哺乳期动物对同一药物的反应往往有一定差异，这与机体器官组织的功能状态，尤其与肝药物代谢酶系统有密切的关系。如在初生动物，生物转化途径和有关的微粒体酶系统功能不足，它们的发育似乎有二相过程，在前 3～4 周酶活性几乎成线性迅速增加，然后转为较慢的发育至第 10 周。肾功能在大多数幼龄动物也是功能较弱（牛例外）。因此，在幼龄动物由微粒体酶代谢和由肾排泄消除的药物的半衰期将被延长。老龄动物亦有上述现象，一般对药物的反应较成年动物敏感，所以临床用药剂量应适当减少。

除了作用于生殖系统的某些药物外，一般药物对不同性别动物的作用并无差异，只是妊娠动物对拟胆碱药、泻药或能引起子宫收缩加强的药物比较敏感，可能引起流产，临床用药必须慎重。哺乳动物则因大多数药物可从乳汁排泄，会造成乳中的药物残留，故用药后要按弃乳期规定，在一定时间内不得供人食用。

（三）病理因素

药物的药理效应一般都是在健康动物试验中观察得到的，动物在病理状态下对药物的反应性存在一定程度的差异。不少药物在患病动物的作用较显著，甚至要在病理状态下才呈现药物的作用，例如解热镇痛药能使发热动物降温，对正常体温没有影响；洋地黄对慢性充血性心力衰竭有很好的强心作用，对正常功能的心脏则无明显作用。大多数药物主要通过与靶细胞受体相结合而产生各种药理效应，在各种病理情况下，药物受体的类型、数目和活性可以发生变化而影响药物的作用。例如，在自发性高血压大鼠或人工高血压大鼠病理模型均发现大鼠的动脉和静脉中 β 肾上腺素受体数目明显减少，而大鼠心肌上的 β 肾上腺素受体数目减少 50%。这是疾病改变药物药理作用的重要机制之一。

严重的肝、肾功能障碍，可影响药物的生物转化和排泄，对药动学产生显著的影响，引起药物蓄积，延长半衰期，从而增强药物的作用，严重者可能引发毒性反应。但也有少数药物在肝内经生物转化后才有作用，如可的松、泼尼松，在肝功能不全的患病动物作用减弱。

炎症过程使动物的生物膜通透性增加，影响药物的转运。据报道，头孢西丁在实验性脑膜炎犬脑内的药物浓度比没有脑膜炎犬增加 5 倍。

严重的寄生虫病、失血性疾病或营养不良患病动物，由于血浆白蛋白大大减少，可使高血浆蛋白结合率药物的血中游离药物浓度增加，一方面使药物作用增强，同时也使药物的生物转化和排泄增加，消除半衰期缩短。

（四）个体差异

实际上，不同个体之间通常都存在药物作用的差异，这种差异既存在于药动学中，也存在于药效学中。描述群体中药动学和药效学差异的学科分别称为群体药动学（population pharmacokinetics）和群体药效学（population pharmacodynamics）。

在同种动物群体中，有少数个体对药物特别敏感，称为高敏性（hypersensitivity）；另有少数个体则特别不敏感，称为耐受性（tolerance）。这种个体之间的差异，在最敏感和最不敏感之间约差 10 倍。动物对药物作用的个体差异中还表现为生物转化类型的差异。现在已经明确，药物代谢方面有几个遗传多态现象，主要包括氧化、s-甲基化、乙酰化和水解。已发现某些药物如磺胺、异烟肼等的乙酰化存在多态性，分为快乙酰化型和慢乙酰化型，不同型个体之间存在非常显著的差异。例如对磺胺类的乙酰化，人、猴、反刍动物和兔均存在多态性的特征。

产生个体差异的主要原因是动物对药物的吸收、分布、生物转化和排泄的差异，其中生物转化是最重要的因素。研究表明，药物代谢酶类（尤其是细胞色素 P-450）的多态性是影响药物作用个体差异的最重要的因素之一，不同个体之间的酶活性可能存在很大的差异，从而造成药物代谢速率上的差异。因此，相同剂量的药物在不同个体中，有效血药浓度、作用强度和作用维持时间便产生很大差异。随着分子生物学技术的发展，已证明药物代谢酶多态性是基因多态性遗传变异的结果。近年来，药物基因组学（pharmacogenomics）正在研究应用基因组信息去识别药物作用靶点和药物反应变异的原因。

个体差异除表现药物作用量的差异外，有的还出现质的差异，这就是个别动物应用某些药物后产生变态反应（allergy），有时也称为过敏反应。例如马、犬等动物应用青霉素等药物后，个别可能出现变态反应。这种在大多数动物都不发生，只在极少数具有特殊体质的个体才发生的现象，称为特异质（idiosyncrasy）。

三、饲养管理和环境因素

药物的作用是通过动物机体来表现的，因此机体的功能状态与药物的作用有密切的关系，例如化学治疗药物的作用与机体的免疫力、网状内皮系统的吞噬能力有密切的关系，有些病原体的最后消除还要依靠机体的防御机制。所以，机体的健康状态对药物的效应可以产生直接或间接的影响。

动物的健康主要取决于饲养和管理水平。饲养方面要注意饲料营养全面，根据动物不同生长时期的需要合理调配饲料的成分，以免出现营养不良或营养过剩。管理方面应考虑动物群体的大小，防止密度过大，房舍的建设要注意通风、采光和动物活动的空间，要为动物的健康生长创造良好的条件，这就是近年来提倡的动物福利（welfare）问题。上述要求对患病动物更有必要，动物疾病的恢复，单纯依靠药物是不行的，一定要配合良好的饲养管理，加强对患病动物的护理，提高机体的抵抗力，使药物的作用得到更好的发挥。例如，用镇静药治疗破伤风时，要注意环境的安静，最好把患病动物安放在黑暗的房舍；在用水合氯醛麻醉动物后，注意保温，给予易消化的饲料，使患病动物尽快恢复健康。

环境生态的条件对药物的作用也能产生直接或间接的影响，例如不同季节、温度和湿度均可影响消毒药、抗寄生虫药的疗效；环境若存在大量的有机物可大大减弱消毒药的作用；通风不良、空气污染（如高浓度的氨气）可增加动物的应激反应，加重疾病过程，影响药效。

四、合理用药原则

兽医药理学为临床合理用药提供了理论基础，但要做到合理用药却不是一件容易的事情，必须理论联系实际，不断总结临床用药的实际经验，在充分考虑上述影响药物作用各种因素的基础上，正确选择药物，制定对动物和病理过程都合适的给药方案。这里仅讨论合理用药的几个原则。

1. 正确诊断　任何药物合理应用的先决条件是正确的诊断，没有对动物发病过程的正确认识，药物治疗便是无的放矢，不但没有好处，反而可能延误诊断，耽误了疾病的治疗。

2. 用药要有明确的指征　每种疾病都有特定的发病过程和症状，要针对患病动物的具体病情，选用药效可靠、安全、方便给药、价廉易得的药物制剂。反对滥用药物，尤其不能滥用抗菌药物。

3. 熟悉药物在靶动物的药动学　根据药物在靶动物的药动学行为特征，制定科学的给药方案。药物治疗的错误包括用错药物，但更多的是给药方案的错误。兽医师在给食品动物用药时，要充分利用药动学知识制定给药方案，在取得最佳药效的同时尽量减少毒副作用，避免产生细菌耐药性和动物性食品中的兽药残留。优秀的兽医师必须掌握在药效、毒副作用和兽药残留几方面取得平衡的知识和技术。

4. 制定周密的用药计划　根据疾病的病理生理学过程和药物的药理作用特点以及它们之间的相互关系，药物的疗效是可以预期的。几乎所有的药物不仅有治疗作用，也存在不良反应，临床用药必须记住疾病的复杂性和治疗的复杂性，对治疗过程做好详细的用药计划，认真观察将出现的药效和毒副作用，随时调整用药计划。

5. 合理的联合用药　在确定诊断以后，兽医师的任务就是选择最有效、安全的药物进行治疗，一般情况下应避免同时使用多种药物（尤其抗菌药物），因为多种药物治疗极大地增加了药物相互作用的概率，也给患病动物增加了危险。除了具有确实的协同作用的联合用药外，要慎重使用固定剂量的联合用药（如某些复方制剂），因为它使兽医师失去了根据动物病情需要去调整药物剂量的机会。

6. 正确处理对因治疗与对症治疗的关系　对因治疗与对症治疗的关系前已述及，一般用药首先要考虑对因治疗，但也要重视对症治疗，两者巧妙地结合将能取得更好的疗效。我国传统中医理论对此有精辟的论述：“治病必求其本，急则治其标，缓则治其本”。

7. 避免动物性产品中的兽药残留　食品动物用药后，药物的原形或其代谢产物和有关杂质可能蓄积、残存在动物的组织、器官或食用产品（如蛋、乳）中，这样便造成了兽药在动物性食品中的残留（简称兽药残留）。使用兽药必须遵守《中国兽药典》和《兽药使用指南》的有关规定，严格执行休药期（withdrawal times），以保证动物性产品兽药残留不超标。

第四节　兽药管理

兽药是一类特殊的商品，既要安全、有效，还要质量可控。现代兽药安全的概念，包括兽药对使用的靶动物，对生产、使用兽药的人，对动物性食品的消费者，以及对生态环境的安全。其中对动物性食品消费者的安全，关系人的健康，尤其值得重视。

我国大量的兽药主要用于食品动物，因此必须重点考虑动物性食品安全和环境污染问题。兽药与养殖业产品的安全有着密切的联系。随着养殖业的发展，兽药用于食品动物一般都是群体用药，一旦使用不当，即可造成动物性食品出现兽药残留超标，给众多消费者的健康带来威胁。兽药的使用还给环境带来问题，大量兽药及其代谢物从动物排出体外进入环境，给局部（动物养殖场周围）甚至大面积（通过施肥、特别是水产用药）环境造成污染。所以，兽药的研发、销售、使用和检验等必须严格管理。

一、兽药管理的法规和标准

1. 兽药管理条例　我国第一个《兽药管理条例》（以下简称《条例》）是1987年5月21日由国务院发布的，它标志着兽药的管理步入法制化。《条例》分别在2001年和2004年进行了两次较大的修改。现行的《条例》于2004年3月24日经国务院第45次常务会议通过，以国务院第404号令发布，并于2004年11月1日起实施。

为保障《条例》的实施，与《条例》配套的规章有：《兽药注册管理办法》、《处方药和非处方药管理办法》、《生物制品管理办法》、《兽药进口管理办法》、《兽药标签和说明书管理办法》、《兽药广告管理办法》、《兽药生产质量管理规范（GMP）》、《兽药经营质量管理规范（GSP）》、《兽药非临床研究质量管理规范（GLP）》和《兽药临床试验质量管理规范（GCP）》等。随着时间推移，还会有一些更完善的法规被制定和实施。

2.《中华人民共和国兽药典》　按照新《条例》的规定，“国家兽药典委员会拟定的、国务院兽医行政管理部门发布的《中华人民共和国兽药典》（以下简称《中国兽药典》）和国务院兽医行政管理部门发布的其他兽药标准均为兽药国家标准”。也就是说，今后我国只有兽药国家标准，不再存在地方标准。

根据《中华人民共和国标准化法实施条例》规定，兽药国家标准属于强制性标准。《中国兽药典》是国家为保证兽药产品质量而制定的具有强制约束力的技术法规，是兽药生产、经营、进出口、使用、检验和监督管理部门共同遵守的法定依据。它不仅对我国的兽药生产具有指导作用，而且是兽药监督管理和兽药使用的技术依据，也是保障动物性食品安全的法律基础。

到目前为止，我国已颁布了五版《中国兽药典》，即1990年版、2000年版、2005年版、2010年版和2015年版。2015年版《中国兽药典》分为一、二部、三部，总计收载药物2 030种，其中新增186种，修订1 009种。一部收载化学药品、抗生素、生化药品和药用辅料共752种，其中新增166种，修订477种；二部收载药材和饮片、植物油脂和提取物、成方制剂和单味制剂共1 148种，其中新增9种，修订415种；三部收载生物制品共131种，其中新增13种，修订117种。

《中国兽药典》的颁布并实施，对规范我国兽药的生产、检验及临床应用起到了显著效果，为我国兽药生产的标准化、管理规范化，提高兽药产品质量，保障动物用药的安全、有效，防治畜禽疾病诸方面都起到了积极作用，也促进了我国新兽药研制水平的提高，为发展畜牧养殖业提供了有力的保障。

二、兽药管理体制

1. 兽药监督管理机构　兽药监督管理主要包括兽药国家标准的发布、兽药监督检查权的行使、假劣兽药的查处、原料药和处方药的管理、不良反应的报告、生产许可证和经营许可证的管理、兽药评审程序以及兽医行政管理部门、兽药检验机构及其工作人员的监督等。根据《条例》的规定，国务院兽医行政管理部门负责全国的兽药监督管理工作。县级以上地方人民政府兽医行政管理部门负责本行政区域内的兽药监督管理工作。

水产养殖中的兽药使用、兽药残留检测和监督管理以及水产养殖过程中违法用药的行政处罚，由县级以上人民政府渔业行政主管部门及其所属的渔政监督管理机构负责。但水产养殖业的兽药研制、生产、经营、进出口仍然由兽医行政管理部门管理。

2. 兽药注册制度　是指依照法定程序，对拟上市销售的兽药的安全性、有效性、质量可控性等进行系统评价，并做出是否同意进行兽药临床或残留研究、生产兽药或者进口兽药决定的审批过程，包括对申请变更兽药批准证明文件及其附件中载明内容的审批制度。

兽药注册包括新兽药注册、进口兽药注册、变更注册和进口兽药再注册。境内申请人按照新兽药注册申请办理，境外申请人按照进口兽药注册和再注册申请办理。新兽药注册申请，是指未曾在中国境内上市销售的兽药的注册申请。进口兽药注册申请，是指在境外生产的兽药在中国上市销售的注册申请。变更注册申请，是指新兽药注册、进口兽药注册经批准后，改变、增加或取消原批准事项或内容的注册申请。

3. 标签和说明书要求　对兽药使用者而言，除了《中国兽药典》以外，产品的标签和说明书也是正确使用兽药必须遵循的有法定意义的文件。《条例》规定了一般兽药和特殊兽药在其包装标签和说明书上的内容。兽药包装必须按照规定印有或者贴有标签并附有说明书，并必须在显著位置注明“兽用”字样，以避免与人用药品混淆。凡在中国境内销售、使用的兽药，包装上的标签及所附说明书的文字必须以中文为主，提供兽药信息的标志及文字说明应当字迹清晰易辨，标示清楚醒目，不得有印字脱落或粘贴不牢等现象。

兽药标签和说明书必须经国务院兽医行政管理部门批准才能使用。兽药标签或者说明书必须注载以下内容：①兽药的通用名称，即兽药国家标准中收载的兽药名称。通用名称是药品国际非专利名称（INN）的简称，通用名称不能作为商标注册。标签和说明书不得只标注兽药的商品名。按照国务院兽医行政管理部门的有关规定，兽药的通用名称必须用中文显著标示。②兽药的成分及其含量。兽药标签或说明书上应标明兽药的成分和含量，以满足兽医和使用者的知情权。③兽药规格，便于兽医和使用者计算使用剂量。④兽药的生产企业。⑤兽药批准文号（或进口兽药注册证号）。⑥产品批号，以便对出现问题的兽药溯源检查。⑦生产日期和有效期。兽药有效期是涉及兽药效能和使用安全的标识，必须按规定在兽药标签或说明书上予以标注。⑧适应证或功能主治、用法、用量、禁忌、不良反应和注意事项（包括休药期）等涉及兽药使用须知、保证用药安全有效的事项。

特殊兽药的标签必须印有规定的警示标志。为了便于识别，保证用药安全，对麻醉药品、精神药品、毒性药品、放射性药品、外用药品、非处方兽药，必须在包装、标签的醒目位置和说明书中注明，并印有符合规定的标志。

4. 兽药广告管理 《条例》规定，在全国重点媒体发布兽药广告的，必须经国务院兽医行政管理部门审查批准，取得兽药广告审查批准文号。在地方媒体发布兽药广告的，应当经省、自治区、直辖市人民政府兽医行政管理部门审查批准，取得兽药广告审查批准文号。未取得兽药广告审查批准文号的，属于非法的兽药广告，不得发布或刊登。

《条例》还规定，兽药广告的内容应当与兽药说明书内容相一致。兽药的说明书包含有关兽药的安全性、有效性等基本科学信息，主要包括：兽药名称、性状、药理毒理、药代动力学、适应证、用法用量、不良反应、禁忌证、注意事项、有效期限、批准文号、生产企业、批号等方面的内容。

兽药广告的内容是否真实，对正确地指导养殖者合理用药、安全用药十分重要，直接关系到动物的生命安全和人身健康。因此，兽药广告的内容必须真实、准确、对公众负责，不允许有欺骗、夸大情况出现。

三、兽医处方药与非处方药管理制度

为保障用药安全和动物性食品安全，《条例》规定，“国家实行兽用处方药和非处方药分类管理制度”，从法律上正式确立了兽药的处方药管理制度。我国《兽用处方药和非处方药管理方法》自 2014 年 3 月 1 日起施行。兽用处方药目录共收载 9 类 229 个品种，约占兽药制剂品种（化药、中药、生物制品）总量的 15.1%，占化药制剂品种总量的 37.9%。兽用处方药，是指凭兽医师开写处方方可购买和使用的兽药。兽用非处方药，是指由国务院兽医行政管理部门公布的、不需要凭兽医处方就可以自行购买并按照说明书使用的兽药。

处方药管理的一个最基本的原则就是凭兽医的处方方可购买和使用，因此未经兽医师开具处方，任何人不得销售、购买和使用处方药。通过兽医师开具处方后使用兽药，可以防止出现滥用人用药品、细菌产生耐药性、动物产品中发生兽药残留等问题，达到保障动物用药规范、安全有效的目的。

兽用处方药和非处方药分类管理制度主要包括以下几个方面：①对兽用处方药的标签或者说明书的印制提出特殊要求，规定其还应当印有国务院兽医行政管理部门规定的警示内容，其中兽用麻醉药品、精神药品、毒性药品和放射性药品还应当印有国务院兽医行政管理部门规定的特殊标志；兽用非处方药的标签或者说明书还应当印有国务院兽医行政管理部门规定的非处方药标志。②兽药经营企业销售兽用处方药的，应当遵守兽用处方药管理办法。③禁止未经兽医师开具处方销售、购买、使用国务院兽医行政管理部门规定实行处方药管理的兽药。④开具处方的兽医师发现可能与兽药使用有关的严重不良反应，有义务立即向所在地人民政府兽医行政管理部门报告。

《条例》规定，“兽药经营企业，应当向购买者说明兽药的适应证或功能主治、用法、用量和注意事项。销售兽用处方药的，应当遵守兽用处方药管理办法。”批发销售兽用处方药和兽用非处方药的企业，必须配备兽医师或药师以上职称的药学技术人员，兽药生产企业不得以任何方式直接向动物饲养场（户）推荐、销售兽用处方药。兽用处方药必须凭兽医师或助理兽医师处方销售和购买，兽药批发、零售企业不得采用开架自选销售方式。

四、不良反应报告制度

不良反应是指在按规定用法、用量应用兽药的过程中产生的与用药目的无关或有害的毒性反应。不良反应与应用兽药有关，一般停止使用兽药后，即会消失，有的需要采取一定的处理措施患病动物才能恢复正常。

《条例》规定，“国家实行兽药不良反应报告制度。兽药生产企业、经营企业、兽药使用单位和开具处方的兽医人员发现可能与兽药使用有关的严重不良反应，应当立即向所在地人民政府兽医行政管理部门报告。”首次以法律的形式规定了不良反应的报告制度。

有些兽药在申请注册登记或者进口注册时，由于科学技术发展的限制，当时没有发现对环境或者人类有不良影响。在使用一段时间后，兽药的不良反应才被发现，这时就应当立即采取有效措施，防止这种不良反应的扩大或者造成更严重的后果。为了保证兽药的安全、可靠，最终保障人体健康，在使用兽药过程中，发现某种兽药有严重的不良反应，兽药生产企业、经营企业、兽药使用单位和开具处方的兽医人员有义务向所在地的兽医行政管理部门及时报告。

复 习 题

1. 解释下列名词或术语：

药物、毒物、兽医药理学、治疗作用、治疗指数、不良反应、受体、配体、跨膜转运、酶的诱导、酶的抑制、首过效应、肝肠循环、房室模型、给药方案、药物相互作用、兽药典、兽药残留、药物效应力学、药物代谢动力学。

2. 药物的作用有几种表现形式？与剂型、剂量、给药方案有什么关系？

3. 药物的跨膜转运有几种机制？各有何特点？与药物的作用有何关系？

4. 药物的体内过程包括哪些步骤？描述药物的处置和消除过程。

5. 药动学有哪些主要参数？这些参数与临床制定给药方案有何关系？试举例说明。

6. 药物在体内外可能发生哪些相互作用？对药动学参数和药物效应有何影响？有何临床意义？试举例说明。

7. 哪些因素可能影响药物对动物的作用？兽医师应如何平衡药物效应、不良反应、残留和耐药性之间的关系？

8. 列出并说明制定给药方案的主要因素。

9. 简述我国兽药管理的主要法规和标准。

第二章 外周神经系统药理

作用于外周神经系统的药物有传出神经药和传入神经药。兽医临床常用的传出神经药包括植物神经药和肌肉松弛药，传入神经药包括局部麻醉药和皮肤黏膜用药。

能激活、增强或抑制交感或副交感神经系统功能的药物，称为植物神经药（vegetative nervous drugs），又称为自主神经药（autonomic drugs）。植物神经药又分为肾上腺素能药（又称肾上腺素能神经药）和胆碱能药（又称胆碱能神经药）（表 2－1）。

表 2－1 作用于植物神经系统的药物分类

类　别	亚　类	药理作用	作用机理与例子
肾上腺素能药	拟肾上腺素药	类似肾上腺素能神经元兴奋的作用	直接作用：α、β肾上腺素能受体激动剂，如α-去氧肾上腺素，β-异丙肾上腺素，α、β-肾上腺素
			间接作用：释放神经元储存的儿茶酚胺类，如酪胺、苯丙胺
		拟似肾上腺素和去甲肾上腺素的作用	增强交感神经的辐射作用，如N神经激动剂
	抗肾上腺素药	抑制拟交感药的作用，抑制肾上腺素能神经元兴奋的反应	阻断α或β受体，如α阻断剂酚妥拉明，β阻断剂普萘洛尔
		抑制肾上腺素能神经元兴奋的反应	耗竭内源性儿茶酚胺类，如利血平；抑制神经末梢释放去甲肾上腺素，如溴苄胺
胆碱能药	拟胆碱药	类似副交感神经节后神经元的兴奋作用；拟似乙酰胆碱的作用	直接作用：胆碱能神经受体激动剂，如乙酰胆碱、卡巴胆碱
			间接作用：胆碱酯酶抑制剂，如新斯的明、有机磷酸酯类
	抗胆碱药	抑制乙酰胆碱的作用，抑制副交感节后神经元兴奋的反应	阻断M或N受体，如M阻断剂阿托品，N阻断剂己双胺；抑制神经末梢释放乙酰胆碱，如肉毒梭菌毒素

大多数传出神经药是直接与受体结合而起作用。与受体结合后激活受体，产生与递质相似作用的药物称为激动剂或拟似药，如拟肾上腺素药、拟胆碱药。结合后不能激活受体，妨碍递质与受体结合，产生与递质相反作用的药物称为拮抗剂或阻断剂，如抗肾上腺素药、抗胆碱药。然而，有些传出神经药是通过干扰神经递质的合成、储存、转运、释放和失活而起作用。例如，麻黄碱和氨甲酰胆碱除与受体直接作用外，还分别促进肾上腺素能神经释放去

甲肾上腺素和胆碱能神经释放乙酰胆碱。又如，利血平抑制肾上腺素能神经末梢重新摄取去甲肾上腺素，使囊泡内储存的去甲肾上腺素耗竭。

植物神经系统的疾病在家畜并不常见，但改变植物神经功能的药物在兽医临床上却比较常用。例如，胆碱能神经阻断剂阿托品常被用作麻醉前给药。阿托品也是那些具有引起副交感神经兴奋不良反应药物或特殊毒物的解毒剂，临床上应用广泛。

第一节　肾上腺素能药

大多数交感神经的节后纤维释放去甲肾上腺素。然而，值得注意的是，哺乳动物的锥体束和某些神经通路的肾上腺素能神经释放的则是多巴胺。

根据去甲肾上腺素、肾上腺素和异丙肾上腺素等激动剂对不同组织产生兴奋性或抑制性作用的强度，肾上腺素能受体被分为 α 和 β 两类。一般，α 受体为兴奋作用，β 受体是抑制作用（但心脏除外）。α 受体又分为 α_1 受体和 α_2 受体亚型，β 受体分为 β_1 和 β_2 亚型。中枢神经系统内肾上腺素能受体的作用尚未完全了解，不能简单地分为 α 受体和 β 受体。皮肤上的肾上腺素能受体是 α 受体。

许多组织同时含有 β_1 和 β_2 受体，但两者的比例不同，其中一个占主导。例如，支气管平滑肌主要是 β_2 受体，心脏和脂肪细胞是 β_1 受体。大多数血管是 β_2 受体和 α 受体，作用相反，详见表 2－2。β_1 受体在心肌起正性肌力和正性心律作用，在小肠则起抑制作用。呼吸道和外周血管壁主要是 β_2 受体，能被异丙肾上腺素和肾上腺素激活，但去甲肾上腺素的作用则相当弱。β_2 受体，在平滑肌常常是抑制作用，如使支气管舒张、血管扩张；在腺体则是兴奋作用，引起腺体分泌。神经肌肉接头前的 β_2 受体能促进去甲肾上腺素释放。

表 2－2　效应器官对交感和副交感神经冲动的生理反应

效应组织	交感反应	副交感反应
心脏	一般为兴奋	一般为抑制
窦房结	β_1：增加心律	减慢心律
心房	β_1：增强收缩力，提高传导速率	降低收缩力
房室结	β_1：增强自律性，提高传导速率	减慢传导速率，阻断房室结
浦肯野系统	β_1：增强自律性，提高传导速率	…
心室	β_1：增强收缩力，提高传导速率，增强应激性	降低收缩力
血管		
冠状动脉	α_1：收缩；β_2：扩张	扩张，收缩
皮肤、黏膜	α_1：收缩	扩张
大脑	α_1：收缩；β：扩张	扩张
骨骼肌	α_1：收缩；β_2：扩张	扩张
内脏	α_1：收缩；β_2：扩张	扩张
肾	α_1：收缩；β_2：扩张	扩张
生殖道	α_1：收缩	…
静脉	α_1：收缩	…

（续）

效应组织	交感反应	副交感反应
内皮	α_2：扩张	…
胃肠道	一般为抑制	一般为兴奋
平滑肌	β_1：松弛；α：松弛	增强运动性，增加频率
括约肌	α：收缩	松弛
分泌	减少（通常）	增加
胆囊和胆管	松弛	收缩
支气管		
平滑肌	β_2：松弛	收缩
腺体	抑制（?）	刺激分泌
眼		
虹膜辐射肌	α_1：收缩（瞳孔扩大）	…
虹膜括约肌	…	收缩（瞳孔缩小）
睫状肌	β：松弛，远视	收缩，近视
膀胱	尿潴留	排尿
底部	β_1：松弛	收缩
三角部，括约肌	α：收缩	松弛
脾膜	α：收缩；β_2：松弛	…
汗腺	分泌（胆碱能）；β_2：分泌（马）	…
唾液腺	α_1：少量、黏稠性分泌	大量、稀薄性分泌
竖毛肌	α：收缩	…
肾素释放	α_2：减少；β_1：增加	…
子宫	α_1：收缩；β：松弛（非妊娠期＞妊娠期）	收缩
外生殖器		
雄性	α：射精	勃起
雌性	…	勃起
肾上腺髓质	分泌肾上腺素＞去甲肾上腺素（胆碱能）	…
植物神经节	神经节排泌（胆碱能）	神经节排泌
肝	β_2：糖原水解与生成（有些动物为 α）	…
胰腺		
胰岛细胞	α_2：减少分泌；β_2：增加分泌	…
腺泡	α：减少排泌	增强分泌
脂肪细胞	β_1：脂肪分解	…
肾上腺素能神经末梢	α_2：减少去甲肾上腺素释放；β_2：增加去甲肾上腺素释放	增加或减少去甲肾上腺素释放
血小板	α_2：凝集	…

注：…指作用未明。

α_1 受体位于平滑肌和腺体的突触后效应器上，常常是兴奋作用，引起平滑肌收缩或腺体分泌，如血管收缩、虹膜辐射肌收缩（扩瞳作用）、第三眼睑收缩、脾膜收缩等。α_1 受体对肠的蠕动及其频率起抑制作用。α_2 受体位于突触前的效应细胞上，被认为能负反馈地调节突触前膜释放神经递质，即抑制去甲肾上腺素和乙酰胆碱释放，其中抑制乙酰胆碱释放在消化道特别重要。α_2 受体激动剂可通过激活突触前 α_2 受体而抑制神经元释放去甲肾上腺素，α_2 拮抗剂则通过阻断突触前 α_2 受体而增加每个神经冲动所释放的去甲肾上腺素。β_2 受体激动剂也能通过激活突触前 β_2 受体而刺激去甲肾上腺素的释放，但这种作用没有 α_2 显著。α_2 受体也能在某些组织的突触后膜上发现，表现出与 α_1 受体相似的作用。另外，肾上腺素能受体亚型的分布还存在着明显的种属差异。

药物对受体亚型的选择性呈剂量依赖性关系。许多肾上腺素能药物只对 α 或 β 受体的一个亚型起作用。但若过量，药物的选择性就减弱或丧失，甚至出现非靶特点的副作用。

β_1 和 β_2 受体与药物结合后导致细胞的腺苷酸环化酶激活，环磷腺苷（cAMP）浓度升高，cAMP 依赖性蛋白激酶磷酸化，从而调节细胞内各种酶的活性。例如，糖原磷酸化酶被磷酸化而激活，促进糖原降解。糖原合成酶也可被磷酸化，但失活，阻止糖原在细胞内储存。两酶磷酸化后的净效应是葡萄糖从肝和高糖组织的输出增加。

目前对 α_1 受体和 α_2 受体的作用机制还了解不多。α_1 受体可能与肌醇三磷酸形成和钙离子移动有关，α_2 受体能部分抑制腺苷酸环化酶。腺苷受体也能调节腺苷酸环化酶的活性，降低（α_1）或增加（α_2）细胞内 cAMP 的含量。

能产生与内源性肾上腺素能神经递质（肾上腺素和去甲肾上腺素）相似生理反应的药物，称为肾上腺素能药（adrenergic drugs）或拟交感药（sympathomimetic drugs）。大多数肾上腺素能药是通过激活相应的受体而产生药理作用，但肾上腺素能拮抗剂（adrenergic antagonists）则是使受体不被激活、降低交感神经的活性（表 2－3）。

表 2－3　肾上腺素能药物的作用机制

作用机制	代表药物	效　应
干扰递质合成	α－甲基络氨酸	使去甲肾上腺素耗竭
以递质相同途径代谢转化	甲基多巴	用假性递质代替去甲肾上腺素（α－甲基去甲肾上腺素）
阻滞神经末梢膜的转运系统	可卡因，丙咪嗪	使去甲肾上腺素在受体处累积
阻滞储存颗粒膜的转运系统	利血平	通过线粒体单胺氧化酶破坏去甲肾上腺素，使之从肾上腺素能神经末梢耗竭
从神经末梢置换递质	苯丙胺，酪胺	拟交感作用
阻止递质释放	溴苄胺，胍乙啶	抗肾上腺素能作用
在突触后膜受体处拟似递质作用	α_1－去氧肾上腺素	拟交感作用（外周性）
	α_2－可乐定	减少交感的功能（中枢性）
	β_1、β_2－异丙肾上腺素	非选择性地 β－肾上腺素能拟似作用
	β_1－多巴胺	选择性地心脏兴奋作用
	β_2－间羟叔丁肾上腺素	选择性地抑制平滑肌收缩

（续）

作用机制	代表药物	效应
在突触后膜受体处阻断内源性递质	α-酚苄明 β_1、β_2-普萘洛尔 β_1-间羟叔丁肾上腺素	α-肾上腺素能阻断作用 β-肾上腺素能阻断作用 选择性肾上腺素能阻断作用（心肌）
抑制递质的酶降解	单胺氧化酶抑制剂，如巴吉林、烟肼酰胺、反苯环丙胺	对去甲肾上腺素或交感反应的直接作用较小，增强酪胺的作用

一、拟肾上腺素药

拟肾上腺素药（sympathomimetic drugs）或肾上腺素能激动剂（adrenergic agonists）的分子结构中含α和β碳原子（与α和β受体分类无关）。肾上腺素、去甲肾上腺素、多巴胺和异丙肾上腺素含有儿茶酚（苯环第3、4位上是羟基）结构。一般，儿茶酚核是产生最大α和β作用所必需的结构，详见表2-4。去氧肾上腺素与肾上腺素相似，但苯环上少一个羟基，只能是α激动剂。苯环上的羟基被取代，作用减弱或拮抗，如二氯异丙肾上腺素为β阻断剂。

（苯环 1–6）—CH(β)—CH(α)—NH

表2-4 常用拟交感胺类的化学结构与药理活性

药　物	苯环	β	α	—NH	活性	临床应用
β-苯乙胺	…	H	H	H	…	…
β-苯乙醇胺	…	OH	H	H	…	…
儿茶酚胺类						
多巴胺	3-OH，4-OH	H	H	H	α，β_1，D	P，C，K
去甲肾上腺素	3-OH，4-OH	OH	H	H	α，β_1	P，C
肾上腺素	3-OH，4-OH	OH	H	CH_3	α，β	P，C，A，B
异丙肾上腺素	3-OH，4-OH	OH	H	$CH(CH_3)_2$	β	C，B
非儿茶酚胺类						
间羟胺	3-OH	OH	CH_3	H	α	P
去氧肾上腺素	3-OH	OH	H	CH_3	α	P，Rb
酪胺	4-OH	H	H	H	I	…
羟苯丙胺	4-OH	H	CH_3	H	I	CNS
苯丙胺	…	H	CH_3	H	I	CNS
甲基苯丙胺	…	H	CH_3	CH_3	I	CNS
麻黄碱	…	OH	CH_3	CH_3	I，α，β	P，C，CNS

注：α=α受体；β=β受体；A=过敏反应；B=支气管扩张（β_2受体）；C=心脏兴奋作用（β_1受体）；CNS=中枢神经系统兴奋作用；D=多巴胺，能与α、β_1和多巴胺能受体作用；I=间接作用，引起能与α和β受体起作用的内源性去甲肾上腺素释放；K=肾脏血管舒张作用（多巴胺能受体）；P=增压活性；Rb=因激活压力感受器-迷走反射的加压活性而引起反射性心动过缓。

侧链β碳原子上的氢被取代，中枢作用减弱。α碳原子上的氢被取代，对单胺氧化酶氧化作用不敏感。氨基被烷基取代，影响α和β兴奋活性的比值。脂肪链的长度在一定范围内增加，β活性增强。所以，肾上腺素（*N*-甲基去甲肾上腺素）的β激动作用比去甲肾上腺素强，异丙肾上腺素（*N*-异丙基去甲肾上腺素）的β激动作用更强。天然的肾上腺素和去甲肾上腺素都是左旋体，比右旋体的活性高许多倍。

按照结构，拟肾上腺素药分为儿茶酚胺和非儿茶酚胺两类。儿茶酚胺类（catecholamines）包括肾上腺素、去甲肾上腺素、异丙肾上腺素、多巴胺和多巴酚丁胺。非儿茶酚胺类（noncatecholamines）包括苯丙胺（Amphetamine）、去氧麻黄碱、麻黄碱、去氧肾上腺素、甲氧胺等。按照对受体的选择性，拟肾上腺素药分为α受体激动剂、β受体激动剂和α兼β受体激动剂。大多数肾上腺素能药都能作用于α和β受体，但α和β活性的比值在药物之间和动物之间存在很大差异。

一些拟肾上腺素药选择性地兴奋α_2受体，称为α_2受体激动剂（alpha$_2$ agonists），如可乐定（Clonidine）、赛拉嗪和地托咪啶。中枢神经系统的神经元含α_2受体，控制血压和心律，调节疼痛感受和镇静程度。α_2受体激活后，血压下降，出现镇静和镇痛效应。因此，兽医临床上常将α_2受体激动剂用于化学保定和缓解疼痛，详见镇静药和安定药。

另一些拟肾上腺素药选择性地作用于支气管平滑肌的β_2受体，称为选择性β_2支气管扩张药（β_2-selective bronchodilators），重要的有间羟异丙肾上腺素（Metaproterenol）、乙基异丙肾上腺素（Isoetharine）、特布他林（Terbutaline）、沙曼特罗（Salbutamol）、吡布特罗（Pirbuterol）和克仑特罗。这类药物引起支气管扩张，改善呼吸道通气功能，主要用于阻塞性肺功能紊乱，如支气管炎、哮喘。

肾上腺素（Epinephrine）

【理化性质】为白色或类白色结晶性粉末。无臭，味苦。与空气接触或受日光照射，易氧化变质。在中性或碱性溶液中不稳定。饱和水溶液显弱碱性。在水中极微溶解，在乙醇、三氯甲烷、乙醚、脂肪油或挥发油中不溶，在无机酸或氢氧化钠中易溶。

【药动学】内服给药，迅速被破坏。皮下注射，因局部血管收缩而吸收延迟（可配合局部麻醉药使用）。肾上腺素溶液经呼吸道吸入能产生局部支气管扩张作用。血中肾上腺素迅速被单胺氧化酶和儿茶酚胺氧位甲基转移酶灭活，代谢物从尿中排出。

【药理作用】本品为α、β_1和β_2受体激动剂。

对心脏，产生正性肌力和正性心律作用（β_1受体），增加心输出量。肾上腺素提高心肌细胞膜的感应性，可使心室发生期前收缩、室性心动过速甚至纤维性颤动。与麻醉药氟烷合用会加剧这些症状。对血管，产生兴奋性和抑制性两种作用，因不同组织器官的血管而异，内脏的血管收缩（α受体），皮肤和黏膜的血管在中、高剂量时也收缩（α受体），骨骼肌和肺的血管则松弛（β_2受体）。剂量足够大时，收缩压和舒张压迅速升至峰值，血压升高的幅度与注射的剂量成正比。高剂量时，血压升高会使迷走神经出现反射性抑制而减慢心律，脉搏可能会相当缓慢（此作用可被阿托品拮抗）。本品作用时间短暂，静脉注射后作用持续时间一般不超过5 min。在α受体阻断剂（如酚苄胺）之后使用，肾上腺素只能对β受体起作用，血压是下降而不是升高，此现象被称为肾上腺素逆转（epinephrine reversal）作用。

肾上腺素是强效支气管扩张剂，对组胺引起的支气管收缩能迅速、完全拮抗，还抑制肥大细胞释放致炎、致敏物质，缓解哮喘所致支气管痉挛。

肾上腺素能使胃肠道平滑肌舒张，幽门和回盲瓣括约肌收缩。小剂量肾上腺素增加肾脏血流量，增加泌尿量；大剂量则关闭肾脏毛细血管，短时间内降低或停止尿液生成。肾上腺素使膀胱松弛。子宫对肾上腺素的反应因动物、剂量和性周期所处阶段的不同而异。

肾上腺素使虹膜的辐射肌收缩（α_1 受体）而产生扩瞳作用，可降低慢性、开角性青光眼的眼内压。

肾上腺素能提高血中乳酸含量，促进脂肪和糖原的水解而出现高血糖反应。肾上腺素兴奋 α 受体，可使马大量出汗，绵羊一定程度出汗。肾上腺素局部注射会产生局部竖毛作用。

大剂量肾上腺素会使中枢神经兴奋。

【应用】 抢救心脏骤停。肾上腺素心内注射能使麻醉过度、一氧化碳中毒、溺水等骤停的心脏复活，但也能使心脏出现纤维性震颤。

治疗各种过敏反应。肾上腺素能有效治疗各种变态反应和过敏反应，包括血清反应、荨麻疹、花粉热、蚊虫叮咬、血管神经性水肿（angioneurotic edema）。

与局部麻醉药合用，可延长局部麻醉药吸收和作用的时间。局部应用于皮肤或黏膜，可止血，但对大血管性失血无效。

抢救休克患者，维持血压，但不要用于外科或创伤的失血性休克（血容量扩充剂是这类休克的首选药）。

【用法与用量】[*] 皮下注射：一次量，马、牛 2～5 mg，羊、猪 0.2～1.0 mg，犬 0.1～0.5 mg，猫 0.05～0.5 mg。

静脉注射：一次量，马、牛 1～3 mg，羊、猪 0.2～0.6 mg，犬 0.1～0.3 mg。

【制剂】 盐酸肾上腺素注射液（Epinephrine Hydrochloride Injection）。

去甲肾上腺素（Norepinephrine）

【理化性质】 常用酒石酸盐。为白色或类白色结晶性粉末。无臭，味苦。遇光和空气易变质。在水中易熔，在乙醇中微溶，在三氯甲烷或乙醚中不溶。

【药理作用】 本品为 α 受体激动剂（对 α_1 和 α_2 无选择性），对 β_1 作用较弱，是强效升压药。静脉注射后，引起外周血管收缩，无论收缩压还是舒张压均升高，脉搏因迷走反射而变缓慢。本品作用时间短暂。

【应用】 主要用于休克或急性低血压患病动物，维持血压。

【用法与用量】 静脉滴注：一次量，马、牛 8～12 mg，羊、猪 2～4 mg。

【制剂】 酒石酸去甲肾上腺素注射液（Norepinephrine Bitartrate Injection）。

异丙肾上腺素（Isoproterenol）

【药理作用】 β_1 和 β_2 受体激动剂，强效扩支气管药，效力为肾上腺素的 10 倍。本品能有效增强心肌的收缩力，提高心律，但会引起心动过速、增加氧耗，使外周血管扩张，血压下降，总的效应可能是心输出量增加。

【应用】 主要用于平喘，可缓解支气管痉挛所致的呼吸困难。也可用于治疗心脏房室阻

---

* 本书中药物的使用剂量，需根据动物体重计算的均已注明，未特殊说明的均指单个动物个体的用量。

滞、骤停和休克。

【用法与用量】肌内、皮下注射：一次量，犬、猫 0.1～0.2 mg，每 6 h 一次。

静脉滴注（等渗葡萄糖溶液）：一次量，马、牛 1～4 mg，羊、猪 0.2～0.4 mg，犬、猫 0.05～0.1 mg。

麻黄碱（Ephedrine）

【理化性质】盐酸盐为白色针状结晶或结晶性粉末。无臭，味苦。在水中易溶，在乙醇中微溶。

【药动学】内服易吸收，皮下或肌内注射，吸收更快。可通过血脑屏障和胎盘。不易被单胺氧化酶等代谢，少量在肝内脱去氨基，大部分以原形从尿中排出，尿液 pH 可明显影响排出速率。亦可在乳中发现。

【药理作用】本品能促进去甲肾上腺素释放，并能直接作用于 α 和 β 受体而产生相应作用。收缩外周血管，扩张支气管平滑肌的作用较显著。作用比肾上腺素弱，但较持久。中枢兴奋是其副作用。本品具有快速耐受性（tachyphylaxis）。

【应用】主要用作平喘药，也用作血管收缩药和扩瞳药，如治疗鼻炎，消除鼻腔黏膜充血、肿胀。

【用法与用量】内服：一次量，马、牛 0.05～0.3 g，羊、猪 0.02～0.05 g，犬 0.01～0.03 g，猫 2～5 mg。

皮下注射：一次量，马、牛 0.05～0.3 g，羊、猪 0.02～0.05 g，犬 0.01～0.03 g。

滴鼻：0.5%～1%溶液。

【制剂】盐酸麻黄碱片（Ephedrine Hydrochloride Tablets），盐酸麻黄碱注射液（Ephedrine Hydrochloride Injection）。

多巴胺（Dopamine）

【药理作用】β_1 和 α 受体激动剂。作用于 β_1 受体，产生正性肌力作用；作用于 α 受体，促进去甲肾上腺素释放，引起外周血管收缩。

本品直接作用于多巴胺 D_1 和 D_2 受体，选择性地引起肾、内脏、冠状动脉和脑部血管舒张。高剂量时，因引起肾血管收缩而使肾血流量减少。

本品能刺激大脑髓质的化学感受区而引起恶心、呕吐。

【应用】可将本品短期用于治疗心力衰竭和急性少尿性肾功能衰竭。

【用法与用量】静脉注射：每 1 kg 体重，犬，心肌衰竭 3～10 μg/min，急性少尿性肾衰 1.0～1.5 μg/min。

多巴酚丁胺（Dobutamine）

为人工合成儿茶酚胺类药物。β_1 受体激动剂，对增强心肌收缩力有一定选择性。本品优于去甲肾上腺素和异丙肾上腺素，因其心动过速作用不如异丙肾上腺素明显，心氧耗较低；其不兴奋 α 受体，起效时不导致血压升高，使心室输出阻力减少；不兴奋 α 受体也就避免了高血压引起的反射性心律减慢。本品增强心肌收缩力的作用大于提高心律的作用。

本品可用于治疗急性或慢性心力衰竭的加重病情。静脉注射：每 1 kg 体重，犬 5～

20 μg/min（剂量超过 20 μg/min 时会产生心动过速），猫 5～15 μg/min。

克仑特罗（Clenbuterol）

$β_2$ 受体激动剂。能显著舒张支气管平滑肌，增强黏膜纤毛的转运，缓解呼吸困难。见效快，作用持续时间长。主要用于支气管哮喘、肺气肿等。剂量过大，也兴奋 $β_1$ 受体，引起心悸、心室早搏、骨骼肌震颤等。另外，本品对子宫平滑肌有松弛作用，可用于扩张子宫、延迟分娩。

本品能促进脂肪分解和增加肌肉中蛋白质含量而改变脂肪组织与肌肉组织的比例，这称为重分配作用（repartitioning）。这种对肌肉蛋白质的同化作用可用于延迟肌肉的“不用”性萎缩和去神经萎缩。过去一些人曾非法将本品用作增加瘦肉的饲料添加剂，其残留会引起消费者中毒，甚至死亡。国内外均禁止将本品用于食品动物作为促生长剂。兽医临床国外批准用作马的支气管扩张药（内服试用量，每 1 kg 体重 8 μg，每日 2 次，连用 3 d）。

二、抗肾上腺素药

抗肾上腺素药（antiadrenergic drugs）又称肾上腺素能拮抗剂（adrenergic antagonists）。它们与肾上腺素受体结合，阻断去甲肾上腺素或拟肾上腺素药与受体结合，产生拮抗肾上腺素的作用。按照作用，抗肾上腺素药可分为 α 肾上腺素能阻断剂、β 肾上腺素能阻断剂、中枢阻断剂、肾上腺素能神经元阻断剂和单胺氧化酶抑制剂 5 类。

本类药物共同的副作用是，躯体张力低下，镇静或抑郁，胃肠蠕动增强和腹泻，影响射精，血容量和钠潴留增加。长期使用会诱导受体反馈性调节，瞳孔缩小，胰岛素释放增加。

（一）α 肾上腺素能阻断剂（α - adrenergic blocking agents）

本类药物简称 α -受体阻断剂，能与去甲肾上腺素或 α 受体激动剂竞争 α 受体，从而拮抗其对 α 受体的激动作用。主要的作用表现在心血管系统，产生对心脏、血管和血压的作用。此种作用与交感神经兴奋的加压效应相反，但并不抑制交感神经对心肌收缩和心律的作用。这类药物能突出肾上腺素的 β 作用，导致动、静脉扩张，外周阻力下降以至血压下降，也能防治肾上腺素诱发的心律不齐和震颤。$α_2$ 受体被阻断后，血中肾上腺素和去甲肾上腺素含量反射性增加，这也是这类药物能增强心脏活力（如心输出量增加）的原因之一。

α 肾上腺素能阻断剂主要有酚苄胺（Phenoxybenzamine）、酚妥拉明（Phentolamine）、妥拉唑林（Tolazoline）、哌唑嗪（Prazosin）、育亨宾（Yohimbine）、麦角碱类（Ergot alkaloids）、氯丙嗪和氟哌啶醇。育亨宾、麦角碱类、氯丙嗪和氟哌啶醇，详见第三章或其他章节。

（二）β 肾上腺素能阻断剂（beta-adrenergic blocking agents）

本类药物简称 β 受体阻断剂，能与 β 受体激动剂竞争 β 受体，从而阻断受体，拮抗 β 受体激动剂的作用。根据本类药物的特异选择性，又分为无选择性 β 受体阻断剂、选择性 $β_1$ 受体阻断剂和选择性 $β_2$ 受体阻断剂。

1. 非选择性 β 受体阻断剂（nonselective β-blockers） 对 $β_1$ 和 $β_2$ 受体均有作用，常用药物有普萘洛尔（Propranolol）、纳多洛尔（Nadolol）、噻吗洛尔（Timolol）、吲哚洛尔和氧烯洛尔。普萘洛尔对 $β_1$ 和 $β_2$ 受体都有阻断作用，与血浆蛋白高度结合。内服给药后 90%

～95％在肝内代谢，以无活性代谢物从尿中排出。无固有拟交感活性。兽医临床主要用于因交感功能亢进所致的心律不齐，在心肌坏死中减少氧耗。主要副作用有：肺 β_2 受体抑制引起支气管收缩；血管平滑肌 β_2 受体抑制引起血压变化和心输出量重新分配；肝细胞 β_2 受体抑制引起糖代谢紊乱、虚弱无力。

2. 选择性 β_1 受体阻断剂（selective β_1-blockers） 可使心肌的收缩力、自主性、传导速度和心率下降，心肌氧耗降低、心绞痛改善。对静息状态患者作用小，但对运动状态患者作用明显。本类药物还能阻断肾上腺素引起的高糖血症。主要药物是美多洛尔（Metoprolol）和阿替洛尔（Atenolol）。

3. 选择性 β_2 受体阻断剂（selective β_2-blockers） 引起支气管收缩，加剧或恶化支气管哮喘；防止肾、肺及其他脏器和骨骼肌 β_2 受体介导的静脉和小动脉扩张。药物有丁氧胺（Butoxamine），主要阻断肾上腺素能 β_2 受体的舒张血管和抑制其他平滑肌的作用。

某些β受体阻断剂还保留轻度β兴奋作用，通过其主要的拮抗作用（部分激动剂）阻止受体进一步兴奋，表现出固有的拟交感活性（intrinsic sympathomimetic activity）。此类固有拟交感活性的好处在于，维持心肌 β_1 受体的基本节律（防止心脏过度抑制）和肺 β_2 受体的基础节律（防止支气管过度收缩），减慢β受体的上调作用（使长期接受β受体阻断剂的患病动物对β激动剂的超敏性下降）。

（三）中枢性阻断剂

本类药物主要作用是抑制交感神经元从中枢神经系统向外周的传出。典型的中枢性阻断剂是α-甲基多巴（α-Methyldopa）。其进入中枢神经系统，经脱羧和羟化，在中枢的肾上腺素能神经元内形成α-甲基去甲肾上腺素。这种假性神经递质具有很强的 α_2 受体激动作用，在中枢系统内使中枢的交感传出兴奋性下降、血压降低。本品也能竞争和抑制其他肾上腺素能受体。

（四）肾上腺素能神经元阻断药

与受体阻断剂不同，本类药物不是阻断受体，而是作用于突触前神经末梢，使储存的内源性神经递质（去甲肾上腺素）耗竭，或直接阻止递质释放。药物主要有胍乙啶（Guanethidine）、溴苄胺（Bretylin）和利血平（Reserpine）。利血平阻断去甲肾上腺素储存颗粒膜上的传导系统，使去甲肾上腺素被神经细胞内的单胺氧化酶破坏而耗竭。主要用于高血压。

（五）单胺氧化酶抑制剂

曾用作抗高血压药，因毒性大而弃用。近年来用于治疗抑郁症和某些焦虑症，也可用于食欲过度、其他强迫症或昏睡症。药物主要有氯吉林（Clorgyline）和司立吉林（Deprenyl）。

第二节　胆碱能药

副交感神经的节前纤维，来自中脑、脊髓的中部和荐部；节前纤维长，神经节位于其支配的器官内或附近，节后纤维短；节前和节后纤维的神经递质均为乙酰胆碱。在乙酰辅酶A参与下，胆碱乙酰转移酶催化胆碱乙酰化，形成乙酰胆碱。胆碱酯酶将乙酰胆碱水解成胆碱和乙酸。

$$(CH_3)_3\overset{\oplus}{N}CH_2CH_2O\overset{O}{\overset{\|}{C}}CH_3$$

乙酰胆碱

$(CH_3)_3NCH_2$—(四氢呋喃环，带 OH 与 CH_3)

毒蕈碱

胆碱能受体分毒蕈碱（muscarine）样受体（M 受体）和烟碱（nicotine）样受体（N 受体）两类。

根据受体对激动剂和拮抗剂的选择性以及受体的氨基酸序列，M 受体分为 5 个亚型（M_1～M_5）。它们都是 G 蛋白偶联受体，与乙酰胆碱的亲和力高于 N 受体。各种 M 受体都在某种程度上能被阿托品阻断。

M_1 受体主要位于植物神经节和胃肠道，可能参与调节钙离子排出和肌醇磷酸化衍生物生成，在神经递质传递中所起作用较小。M_2 受体主要位于心脏，通过迷走神经产生副交感神经的负性心律和负性肌力作用，还可能抑制副交感神经的自我受体（autoreceptor）。在 Gi 蛋白的介导下，偶合后抑制腺苷酸环化酶，拮抗肾上腺素能刺激 cAMP 合成的作用；通过 Gk 蛋白引起心肌的钾通道开放，使心肌细胞超极化。位于胆碱能和肾上腺素能突触前神经末梢的 M_2 受体，抑制乙酰胆碱和去甲肾上腺素释放。M_3 受体位于副交感神经支配的平滑肌和腺体，偶合后能激活磷酸肌醇系统，使平滑肌收缩、血管舒张。血管舒张是 cGMP 介导的间接作用，血管内皮细胞上的 M_3 受体在乙酰胆碱作用下使内皮细胞释放一氧化氮，一氧化氮刺激平滑肌细胞形成 cGMP，导致肌肉松弛。M_4 和 M_5 是由分子克隆技术所发现，它们的生理功能尚未明了，现已知 M_4 受体位于腺体和平滑肌上。

位于植物神经节、肾上腺髓质和神经-肌肉接头处的胆碱能受体是 N 受体。N 受体在烟碱小剂量时兴奋，大剂量时则使植物神经节和骨骼肌运动终板麻痹。N 受体由 5 个亚单位（α_1、α_2、β、γ 和 δ）构成，形成一个跨膜漏斗状离子通道。乙酰胆碱与受体一结合，通道就开放，阳离子通过；乙酰胆碱一解离，通道就关闭。N 受体都能在某种程度上被一些季铵盐类物质所阻断。植物神经节的 N 受体称为 N_N 或 N_1 受体，由五个亚单位（2 个 α，3 个 β）构成。神经-肌肉接头处的 N 受体称为 N_M 或 N_2 受体，也由五个亚单位（2 个 α，β、δ 和 ε 各一个）构成。

中枢神经系统内同时存在 M 受体和 N 受体，N 受体的组成与神经节的相似。

胆碱能药物的作用机制见表 2-5。

表 2-5 胆碱能药物的作用机制

作用机制	代表药物	效应
干扰递质合成	密胆碱	阻断胆碱摄取，进而使乙酰胆碱耗竭
从神经末梢置换递质	黑蜘蛛毒液	拟胆碱作用，尔后抗胆碱作用
阻止递质释放	肉毒梭菌毒素	抗胆碱作用
在突触后膜受体处拟似递质作用	毒蕈碱样：乙酰甲胆碱；烟碱样：尼古丁	拟胆碱作用
在突触后膜受体处阻断内源性递质	毒蕈碱样：阿托品；烟碱样：*D*-筒箭毒碱、己双胺	胆碱能阻断作用
抑制递质的酶降解	抗胆碱酯酶剂（如有机磷酸酯类、二异丙氟化磷酸）	拟胆碱作用

一、拟胆碱药

拟胆碱药（parasympathomimetic agents）或胆碱能激动剂（cholinergic agonists）是一类直接或间接作用于副交感神经，产生的药理作用与神经递质（乙酰胆碱）作用相似的药物。作用机制为：促进乙酰胆碱释放，与接头后膜受体结合，干扰乙酰胆碱失活。这类药物不仅对神经节、神经肌肉接头有作用，而且对不受副交感神经支配但含胆碱能受体的细胞也有一定作用，但不是副交感样作用，可能是N受体兴奋的结果。

拟胆碱药的主要作用：位于平滑肌和腺体的M受体兴奋，导致支气管、气管、胃、肠、胆囊、膀胱、虹膜、睫状肌等平滑肌收缩，支气管、胃、肠、汗腺、胰腺、唾液腺、泪腺、鼻咽等部位腺体分泌，血管内皮细胞释放一氧化氮；位于心脏的M受体兴奋，导致心率下降，心肌收缩力和房室传导性降低；突触前M受体兴奋能抑制乙酰胆碱或去甲肾上腺素释放，导致胃、肠和膀胱括约肌松弛；神经节的M受体兴奋，刺激节后神经元而引起交感和副交感神经兴奋，此作用相对较小。

拟胆碱药的临床表现为：心律减慢，血压下降，瞳孔缩小（因虹膜括约肌收缩）或视觉调节痉挛（因睫状肌收缩），腺体分泌增加，支气管收缩，胃肠道蠕动和排便增强，泌尿增加等。

拟胆碱药在兽医上主要用作眼科药、胃肠道及膀胱平滑肌刺激剂，少数亦用于抗寄生虫。

（一）直接作用于副交感神经的拟胆碱药

直接作用于副交感神经的拟胆碱药（direct acting parasympathomimetic agents）或称M受体激动剂（muscarinic agonists）。药物包括胆碱酯类化合物和植物碱类，前者有乙酰胆碱、乙酰甲胆碱、氨甲酰胆碱和氨甲酰甲胆碱；后者有毒蕈碱、槟榔碱、毛果芸香碱、氧化震颤素（Oxotremorine）和甲氧氯普安等。主要表现为M样作用，包括心脏抑制、胃肠道蠕动及分泌增加、胆碱能性出汗、外周血管阻力和血压下降。本类药物的N样作用不明显，但阿托平化动物能显示出N样作用。本类药物大剂量会因持久性局部去极化而产生神经节和骨骼肌的阻断作用。乙酰胆碱在这点上与烟碱相似，对这些部位是先兴奋后抑制。

本类药物主要用于治疗胃肠和膀胱弛缓、青光眼和缩瞳。某些药物的金属盐可用作驱虫药。主要经内服或皮下注射给药，因为静脉注射易产生毒副作用。剂量过大或用于敏感患病动物（特别是用过胆碱酯酶抑制剂的动物）会产生毒性。乙酰胆碱和毒蕈碱一般不在临床使用，主要用作研究的工具药。槟榔碱（Arecoline）可用于马快速致泻和犬驱绦虫，不用于猫；作用强，使用时应小心。甲氧氯普安（Metoclopramide）在外周神经能增强乙酰胆碱在M突触的作用，在中枢神经能拮抗多巴胺，主要用于抗呕吐和治疗胃轻度弛缓。

（二）间接作用于副交感神经的拟胆碱药

间接作用于副交感神经的拟胆碱药（indirect acting parasympathomimetic agents）或称乙酰胆碱酯酶抑制剂（cholinesterase inhibitors），与乙酰胆碱酯酶竞争性结合，阻滞乙酰胆碱水解而产生类似乙酰胆碱的作用；又分为可逆性抑制剂和不可逆性抑制剂两类。

可逆性抑制剂（reversible active-site inhibitors）有腾喜龙（Edrophonium）和氨基甲酰化物。氨基甲酰化物包括毒扁豆碱、新斯的明、溴吡斯的明、美斯的明（Ambenonium，Mytelase）和西维因（Carbaryl）。腾喜龙与乙酰胆碱酯酶的催化部位结合，抑制作用迅速、可逆，因为其不是酶的底物。毒扁豆碱和新斯的明等也与酶的催化部位结合，与乙酰胆碱相同，它们都是酶的底物，不同的是，酶对它们的水解相当缓慢，例如，每个酶分子每分钟只能水解 100 分子新斯的明。

不可逆性抑制剂主要是有机磷酸酯类（organophosphates）和气体性化学战剂，前者如蝇毒磷（Coumaphos）、倍硫磷（Fenthion）、马拉硫磷（Malathion）、敌百虫（Trichlorfon，Neguvon）、二嗪农（Diazinon，Escort）和敌敌畏（Dichlorvos）等，后者如沙林和梭曼。它们与胆碱酯酶发生共价结合，不被水解，使酶不能发挥作用。

胆碱酯酶抑制剂的药理作用：植物神经支配的效应器官出现 M 样作用，神经节和骨骼肌产生 N 样作用，如交感反应和肌肉震颤。因高浓度乙酰胆碱引起持久的去极化，神经节和骨骼肌会出现先兴奋、后抑制，甚至麻痹。中枢神经系统的胆碱能部位也是先兴奋、后抑制，大脑功能紊乱、惊厥和昏迷是这类药物中毒的中枢表现。在眼部使用，使瞳孔缩小，睫状肌痉挛。胃肠道的蠕动和分泌增强，胆碱能纤维支配的腺体分泌增强。小剂量对心血管产生温和作用，随着剂量的增加，作用复杂。乙酰胆碱的外周作用和对副交感神经节的作用会使心跳徐缓、房室传导阻滞、血压下降，但乙酰胆碱对交感神经节和引起肾上腺髓质释放肾上腺素，会产生完全相反的作用。对呼吸系统，使支气管收缩，随后呼吸中枢抑制，高剂量时呼吸肌肉麻痹。

胆碱酯酶抑制剂的作用无选择性，能加强乙酰胆碱的 M 样和 N 样作用。除腾喜龙作用时间短暂（仅用于诊断重症肌无力）、不出现毒性外，其他胆碱酯酶抑制剂（氨基甲酸酯类和有机磷类）过量均产生毒副作用，如急性毒性、迟发型神经毒性和慢性毒性。急性毒性表现为受体兴奋，顺序为 M 受体、N 受体（骨骼肌震颤、无力、麻痹）和中枢神经系统（M 和 N 同时兴奋，引起惊厥、不协调、呼吸中枢抑制）。

胆碱酯酶抑制剂的适应证：胃肠和膀胱功能紊乱，如肠胃弛缓、积尿；青光眼；重症肌无力；抗胆碱药中毒。有的还用于驱虫和杀虫。

氨甲酰胆碱（Carbachol）

【理化性质】本品为无色或淡黄色小棱柱形结晶或结晶性粉末，有潮解性。极易溶于水，微溶于无水乙醇，在丙酮或乙醚中不溶。耐高温，煮沸不被破坏。

$$(CH_3)_3\overset{\oplus}{N}CH_2CH_2O\overset{\overset{\displaystyle O}{\|}}{C}NH_2$$

【药理作用】本品为药效和毒性均最强的胆碱衍生物。与乙酰胆碱相似，具有 M 样和 N 样双重作用，无选择性。血压下降，心动减慢，外周血管舒张，泪液和唾液分泌增加，瞳孔缩小，膀胱收缩，骨骼肌兴奋，子宫蠕动加快、收缩增强为本品的特征性作用。对胃肠道和膀胱的作用大于对心脏的作用。小剂量即能使消化液分泌，增强胃肠收缩，促进内容物迅速排出，增进反刍机能。给药 3～5 min，唾液分泌量开始增加，持续 30～40 min。给药 30～40 min，胃液和肠液的分泌量增加数倍，持续 1.5～3 h。

本品作用强烈而广泛，较大剂量引起腹泻、血压下降、呼吸困难、心脏传导阻滞等副作用，大剂量可致骨骼肌震颤乃至麻痹。阿托品对本品的拮抗缓慢、不明显。

本品分子结构中因酸性部位不是乙酸而是氨甲酸，不易被胆碱酯酶水解，所以在体液中稳定，作用持久。

【应用】用于通便（注意：作用过强）、母猪催产。治疗胎衣不下、子宫蓄脓，胃肠积食（胃肠道内容物需用油类软化），胃肠、前胃、膀胱和子宫弛缓；缓解眼内压。

本品内服有效，但常用皮下注射，不能静脉和肌内注射。可在眼药中使用。小剂量多次给药（按 30 min 间隔）比大剂量一次给药安全。阿托品可用作解毒药，但效果不理想。

【用法与用量】皮下注射：一次量，马、牛 1～2 mg，羊、猪 0.25～0.5 mg，犬 0.025～0.1 mg。

【制剂】氨甲酰胆碱注射液（Carbachol Injection）。

氨甲酰甲胆碱（Bethanechol）

【理化性质】常用盐酸盐。为白色结晶或结晶性粉末。有氨臭，置空气中易潮解。极易溶于水，易溶于乙醇，不溶于三氯甲烷或乙醚。

$$(CH_3)_3\overset{\oplus}{N}CH_2\underset{\displaystyle CH_3}{\underset{|}{C}}HO\overset{\displaystyle O}{\overset{\|}{C}}NH_2$$

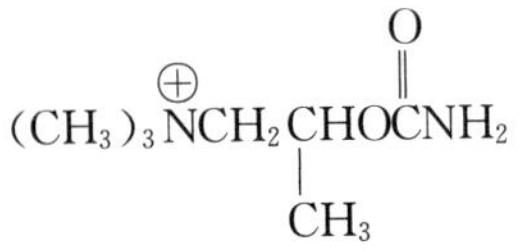

【药理作用】M 样作用，几无 N 样作用。对胃肠道和膀胱的 M 受体选择性作用强，对心血管的作用较弱。对乙酰胆碱酯酶和假性胆碱酯酶均有抗性，因此半衰期长。

【应用】主要用于治疗非阻塞性膀胱积尿、膀胱非正常排空、胃肠弛缓、胎衣不下、子宫蓄脓等。

【用法与用量】皮下注射：一次量，每 1 kg 体重，马、牛 0.025～0.075 mg，犬、猫 0.05 mg。

【制剂】氯化氨甲酰甲胆碱注射液（Bethanechol Chloride Injection）。

毛果芸香碱（Pilocarpine）

【理化性质】为毛果芸香属植物中提取的生物碱，现人工合成。硝酸盐为有光泽的无色结晶，无臭，味微苦，遇光易变质。易溶于水，微溶于乙醇，不溶于三氯甲烷或乙醚。

$$C_2H_5-HC-HC-CH_2-C-N-CH_3$$
$$O{=}C\ \ CH_2\ \ (O)\qquad CH\ \ CH\ \ (N)$$

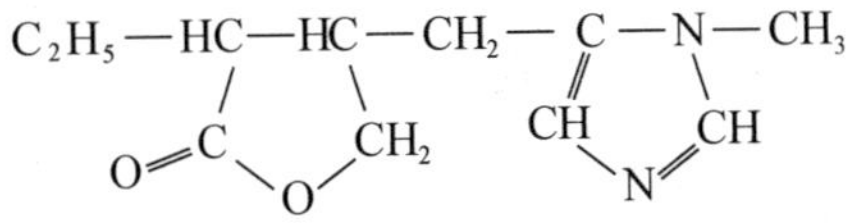

【药理作用】选择性兴奋 M 受体，产生类似节后胆碱能神经兴奋的作用，特点是对多种腺体和胃肠道平滑肌作用强烈，缩瞳作用明显（持续数小时甚至 1 d）。唾液腺、胆碱能汗腺对本品特别敏感。本品也增加泪液、胃液、胰液、肠液和支气管腺的分泌。小剂量就能使马增加分泌稀薄、酶含量少的唾液，持续 1～3 h。无论是注射还是点眼，瞳孔明显缩小，眼内压降低。对平滑肌作用较弱，对心血管和其他器官影响小。对 N 受体作用微弱，大剂量可出现 N 样作用和中枢兴奋作用。不良反应为流涎、呕吐、出汗等。

【应用】主要用于治疗胃肠弛缓、前胃弛缓、不全阻塞性肠便秘、瘤胃不全麻痹等，起排便、致泻或促进反刍等作用。治疗青光眼。与缩瞳药交替滴眼，用于治疗虹膜炎，防止虹膜与晶状体粘连。

【用法与用量】 皮下注射：一次量，马、牛 50～150 mg，羊 10～50 mg，猪 5～50 mg，犬 3～20 mg。

【制剂】 硝酸毛果芸香碱注射液（Pilocarpine Nitrate Injection）。

新斯的明（Neostigmine，Prostigmine）

【理化性质】 常用甲硫酸盐。为白色结晶性粉末，无臭，味苦，有引湿性。极易溶于水，易溶于乙醇。

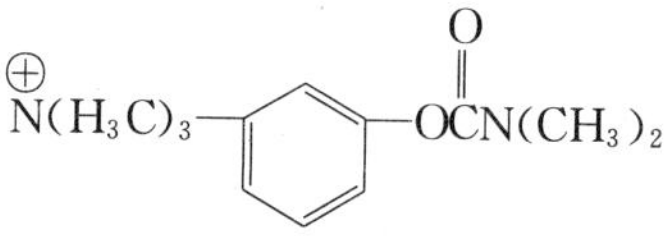

O
$\overset{\oplus}{N}(H_3C)_3$—（苯环）—$OCN(CH_3)_2$

【药动学】 本品为季铵盐离子，内服难吸收，不易通过血脑屏障。血浆蛋白结合率为 15%～25%。部分被血浆胆碱酯酶水解，以季铵醇和原形经尿排出，在肝内代谢的产物经胆汁排出。本品比毒扁豆碱稳定，所以常用。

【药理作用】 分子中的季铵阳离子与胆碱酯酶的阴离子通过静电吸引、结合，羰基碳与酶酯解部位丝氨酸的羟基共价结合。胆碱酯酶能使本品水解，生成二甲氨甲酰化胆碱酯酶，继而释出二甲胺甲酸，酶活性恢复，但酶的水解速度慢。

本品能抑制胆碱酯酶对乙酰胆碱的水解，加强和延长乙酰胆碱的作用。本品还能直接兴奋运动终板的 N 受体，促进乙酰胆碱释放，因而对骨骼肌的作用最强。主要用于治疗重症肌无力（myasthenia gravis），这是神经-肌肉接头后终板上 N 受体的一种自身免疫性疾病，机体产生的抗体促进骨骼肌 N 受体降解。能够延长乙酰胆碱作用的药物均可使受体更多地接触乙酰胆碱，因而能改善肌肉的兴奋性。

本品对胃肠道、膀胱和子宫平滑肌有较强兴奋作用，对腺体、虹膜、支气管平滑肌以及心血管的作用较弱，对中枢神经作用不明显。

本品能延长和加强去极化型肌松药如氯化琥珀胆碱的肌松作用，与非去极化型肌松药如箭毒、三碘季铵酚呈拮抗作用。

【应用】 用于治疗重症肌无力、胃肠弛缓、胎衣不下等，也用于解救非去极化型肌松药中毒。

【用法与用量】 肌内、皮下注射：一次量，马 4～10 mg，牛 4～20 mg，羊、猪 2～5 mg，犬 0.25～1 mg。

【制剂】 甲硫酸新斯的明注射液（Neostigmine Methylsulfate Injection）。

溴吡斯的明（Pyridostigmine，Mestinon）

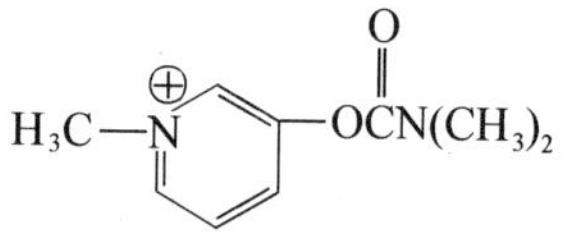

O
H_3C—$\overset{\oplus}{N}$（吡啶环）—$OCN(CH_3)_2$

作用性质与新斯的明相似，但抗胆碱酯酶活性为新斯的明的 1/20，抗箭毒及兴奋平滑肌的作用为新斯的明的 1/4，为温和、持久的胆碱酯酶抑制剂。缓释胶囊的作用时间更长。副作用较少。主要用于治疗重症肌无力。

二、抗胆碱药

抗胆碱药（anticholinergic agents，anticholinergics）又称胆碱能拮抗剂（cholinergic antagonists）。本类药物在胆碱能节后神经支配的效应器和不受胆碱能神经支配的平滑肌处抑制乙酰胆碱的M样作用，故又称抗毒蕈碱药（antimuscarinics）或毒蕈碱拮抗剂（muscarinic cholinergic blocking agents）。

抗胆碱药包括植物碱类和人工合成品，前者主要有颠茄碱类（belladonna alkaloid－related drugs）及其衍生物，如阿托品、硝甲阿托品、东莨菪碱、溴化甲基东莨菪碱、后马托品、优卡托品和莨菪（Henbane），其主要作用部位是节后胆碱能神经和中枢神经系统；后者包括季铵盐类（synthetic quaternary ammonium compounds）和叔胺类（tertiary amines），前者如甘罗溴铵、甲胺太林、苯胺太林和碘化异丙酰胺（Isopropamide Iodide），后者如托品酰胺、双环胺（Dicyclomine）等。

抗胆碱药的临床应用：

（1）麻醉前给药，能减少因麻醉药引起的支气管分泌增加，减少迷走神经对心脏的影响，减轻胃肠蠕动与分泌，改善呼吸功能。

（2）拮抗胆碱能神经兴奋的症状，如胆碱能诱导的支气管收缩，窦性心律过缓和迷走性心肌收缩力下降，唾液和支气管分泌增加。

（3）减少胃肠道活动过度（小动物），起到解痉、抑制分泌和止泻等作用。

（4）眼科用药，产生扩瞳作用，利于眼科检查；松弛眼部肌肉。

（5）减少小动物的多动症。

抗胆碱药的副作用：心动过速，口干，畏光，增加眼内压，膀胱弛缓而难以排尿、积尿，便秘，烦躁，体温升高，支气管堵塞。抗胆碱药的副作用源于副交感神经系统的植物功能抑制。

阿托品（Atropine）

【理化性质】是从茄科植物颠茄等提取的生物碱，为*L*型和*D*型的混合物。常用其硫酸盐。为无色结晶或白色结晶性粉末，无臭。极易溶于水，易溶于乙醇。水溶液久置易变质。

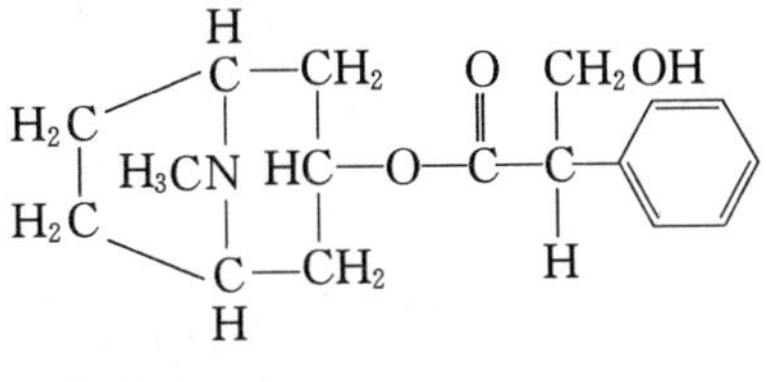

```
           H
         ／C—CH2      O   CH2OH
   H2C          |     ‖    |
    |   H3CN  HC—O—C—C—(C6H5)
   H2C          |          |
         ＼C—CH2           H
           H
```

【药动学】本品内服、肌内注射、吸入或气管给药均易吸收，吸收后分布于全身。能通过胎盘和血脑屏障，并可有少量进入乳汁。大多数在肝内被酶水解成莨菪醇和莨菪酸，30%～50%以原形从尿中排出。

【药理作用】本品竞争M受体，阻止乙酰胆碱和拟胆碱药与之结合。本身无内在活性，不使受体兴奋，因而阻断胆碱能神经的M样作用。本品作用广泛，抗腺体分泌的作用最强，其次是对心脏的作用，对膀胱的作用不如其他组织。肉食动物比草食动物敏感，猪对阿托品非常敏感。

治疗剂量能使大多数腺体的分泌下降，其中唾液腺和汗腺最敏感，抗胃酸过度分泌的作用较弱。给药之初，心跳减慢（因迷走中枢兴奋），随后心跳加速，加快的程度与迷走神经的张力有关。本品能增强心脏的自律性，对血管壁和血压不会产生明显或持久的影响。血压因心跳加速而轻度升高，继而因乙酰胆碱的外周舒血管作用被阻断而进一步升高。较大剂量可解除迷走神经的心脏抑制作用，对抗迷走神经过度兴奋引起的传导阻滞和心律失常。大剂量则加快心率，促进房室传导，扩张血管，解除小动脉痉挛，改善微循环。

本品能拮抗拟胆碱药对胃肠道的大多数作用，使胃肠蠕动的强度和节奏下降，有效缓解肠道痉挛。阻断支气管平滑肌的胆碱能反应，舒张支气管。松弛输尿管和膀胱壁，增加括约肌的收缩节律，造成尿液滞留。松弛瞳孔括约肌和睫状肌，使瞳孔散大、眼内压升高。阻断胆碱能支配的睫状肌的功能，出现睫状肌麻痹（cycloplegia）。大剂量引起体温升高，也阻断神经节和骨骼肌运动终板处的N受体。

治疗剂量对中枢神经系统的作用不明显，只表现出轻度抑制。大剂量使迷走神经中枢、呼吸中枢、大脑皮层的运动区和感觉区兴奋。血中药物浓度升高，兴奋作用增强。中毒量时大脑和脊髓强烈兴奋，出现惊厥、昏迷，甚至死亡。

本品的主要毒副作用：口干，口渴；脉搏快而弱；瞳孔放大；体温升高，兴奋不安，狂躁，昏迷。严重中毒时，经过短暂的衰弱和昏迷，因呼吸衰竭而死亡。

【应用】麻醉前给药；治疗窦性心动过缓、窦房传导不完全阻滞；解救胃肠和膀胱痉挛；止吐；扩瞳；治疗有机磷酸酯类中毒和拟胆碱药过量中毒。

【用法与用量】内服：一次量，每1 kg体重，犬、猫0.02～0.04 mg。

肌内、皮下或静脉注射：一次量，每1 kg体重，麻醉前给药，马、牛、羊、猪犬、猫0.02～0.05 mg；解救有机磷酸酯类中毒，马、牛、羊、猪0.5～1 mg，犬、猫0.1～0.15 mg，禽0.1～0.2 mg。

【制剂】硫酸阿托品片（Atropine Sulfate Tablets），硫酸阿托品注射液（Atropine Sulfate Injection）。

东莨菪碱（Scopolamine）

【理化性质】是从洋金花、颠茄、莨菪等植物中提取的生物碱。常用其氢溴酸盐。为无色结晶或白色结晶性粉末，无臭，微有风化性。易溶于水，略溶于乙醇，极微溶于三氯甲烷，不溶于乙醚。

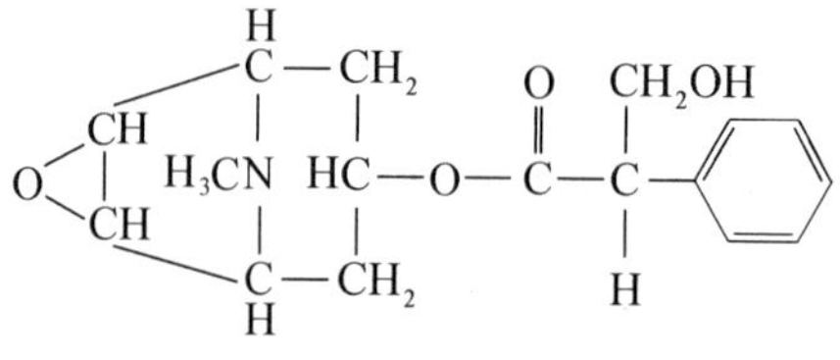

```
            H
           C — CH2       O   CH2OH
     CH    |     |       ‖    |
  O  |   H3CN   HC — O — C  — C — C6H5
     CH    |     |            |
           C — CH2            H
           H
```

【药动学】本品为叔胺，易从胃肠道吸收，分布广泛，可通过血脑屏障和胎盘。主要在肝内代谢。

【药理作用】作用与阿托品相似，但扩瞳和抑制腺体分泌作用比阿托品强，抗震颤作用比阿托品强 10～20 倍。对心血管、支气管和胃肠道平滑肌作用较弱，对中枢神经系统作用明显。小剂量使犬、猫出现抑制，大剂量兴奋；马属动物均为兴奋。

【应用】 治疗平滑肌痉挛、腺体分泌过多；解救有机磷中毒；麻醉前给药。

【用法与用量】 皮下注射：一次量，牛 1～3 mg，羊、猪 0.2～0.5 mg。

【制剂】 氢溴酸东莨菪碱注射液（Scopolamine Hydrobromide Injection）。

溴化甲基东莨菪碱（Methscopolamine Bromide）

本品含季铵离子。中枢神经作用较弱，能降低某些腹泻引起的肠过度蠕动和过度分泌。曾用作抗溃疡药，兽医临床上常与其他药物合用。与庆大霉素合用，治疗细菌性肠炎作用明显。

硝甲阿托品（Eumydrin，Methyl Atropine）

为甲基阿托品的硝酸盐，半合成品。本品比阿托品作用强。分子中的季铵离子能防止其进入中枢神经系统，只对外周组织起作用。能阻断神经节的 N 受体，因而能降低交感和副交感神经活性。

后马托品（Homatropine）与优卡托品（Eucatropine）

为人工合成的扁桃酸。对胃肠道和心血管的作用比阿托品弱，作用的时间也比阿托品短。因其散瞳作用快，消除迅速，常作为眼科用药。眼局部使用 2%～5%溶液，可使瞳孔放大和睫状肌麻痹。

格隆溴铵（Glycopyrrolate）

为季铵盐类，对减少肺和胃肠道分泌有一定选择性，能阻断胃酸分泌。减少唾液分泌的作用比阿托品强。能阻断心动过缓但不诱导心动过速。作为麻醉前给药比阿托品和东莨菪碱更优，更安全；镇静作用比东莨菪碱弱。

甲胺太林（Methantheline）与苯胺太林（Propantheline）

为人工合成季胺类化合物，主要用作平滑肌松弛药、胃肠解痉药和抗溃疡药。一直用于母马的直肠触诊。甲胺太林阻断神经节的作用比阿托品强，选择性较低。

第三节　肌肉松弛药

凡能引起肌肉松弛的药物称为肌肉松弛药（muscle relaxants），简称肌松药，根据作用机制，分为神经-肌肉阻断药、中枢性肌肉松弛药和外周性肌肉松弛药。肌肉松弛药没有镇痛和麻醉作用，不能单独用于外科手术。

许多作用于肌脑轴（myocerebral axis）的药物影响肌肉的张力，也产生肌肉松弛作用，并且相互间有协同作用。例如，大多数中枢抑制药都能加强肌松药的作用，特别是吸入麻醉药和安定药。低血钙、高血钾、氨基糖苷类抗生素和肉毒梭菌毒素等可抑制乙酰胆碱释放，也能影响肌肉收缩。

(一)神经-肌肉阻断药

作用机制：抑制乙酰胆碱的合成或释放，干扰乙酰胆碱在突触后膜的作用。抑制乙酰胆碱合成的作用无选择性，呈现广泛的N样和M样的副作用，无临床意义。肉毒梭菌毒素、金环蛇毒素、钙抑制剂或耗竭剂、氨基糖苷类、多黏菌素B和局部麻醉药等，阻止乙酰胆碱释放而产生肌松作用。目前临床上使用的神经-肌肉阻断药都是干扰乙酰胆碱在突触后膜的作用，具有相似的分子结构，均含季铵基团。分子中碳链长度决定药物对神经节和神经-肌肉接头处N受体的特异性，5～6个碳原子产生最强的神经节阻断效应，10个碳原子产生极强的神经-肌肉接头阻断效应。分子的大小和挠性影响作用强度的原因是，分子较大的一般为非去极化型作用，较小的为去极化型作用。

1. 非去极化型神经-肌肉阻断药（non-depolarizing neuromuscular blocking agents） 与乙酰胆碱竞争肌纤维膜的乙酰胆碱受体，可逆地结合受体而不兴奋受体，阻断乙酰胆碱作用，又称为竞争性肌松药。本类药物不使运动终板发生去极化，不伴随肌束震颤。凡能降低神经-肌肉接头兴奋的条件，如低血钾、高血钙、呼吸性酸中毒，都能加强本类药物的肌松作用。本类药物给药后，肌肉出现松弛性麻痹反应。最早出现反应的是一些快速运动的肌肉如眼部周围和脸部的小肌肉，随后是四肢和眼部的肌肉，最后是呼吸肌（膈肌）。麻痹恢复的顺序则相反。本类药物不能透过血脑屏障。胆碱酯酶抑制剂，或能增加乙酰胆碱释放的药物（如4-氨基吡啶），均能拮抗本类药物的作用。

本类药物主要用于外科手术（特别是眼科手术），防止肌肉随意或反射性活动；麻痹制动，特别是野生动物；扩瞳，主要用于鸟类和爬行类。本类药物有苄异喹心安类化合物（benzylisoquinolinium compounds）和氨基类固醇化合物（aminosteroid compounds），前者如筒箭毒碱（*D*-Tubocurarine）、阿曲库胺（Atracurium）、多沙氯铵（Doxacurium）和米哇库铵（Mivacurium）；后者如潘冠罗宁、维库罗宁。筒箭毒碱现在临床上少用。

2. 去极化型神经-肌肉阻断药（depolarizing neuromuscular blocking agents） 不可逆地与乙酰胆碱受体结合，引起运动终板去极化并伴随肌肉收缩，又称为“一相”肌松药。本类药物能被胆碱酯酶水解但速度缓慢，因而能较长时间占住受体，使肌纤维的运动终板发生持久的去极化（直至药物被代谢和受体被游离），肌纤维不能复极化，以致突触后的肌细胞失去电兴奋性而表现出神经-肌肉阻断效应。本类药物大剂量或反复使用，运动终板处乙酰胆碱受体的敏感性发生变化，会出现类似竞争性肌松药的特点。与非去极化型阻断药不同，大多数动物出现肌肉麻痹之前常见短暂的肌肉震颤（数秒钟），鸟类的伸肌出现强烈持久的痉挛。高血钾、低血钙能增强本类药物的活性。

本类药物主要有琥珀酰胆碱（Succinylcholine）和癸双胺（Decamethonium，Syncurine）。适应证与非去极化型阻断学相同，但不能用于鸟类。因作用时间短、能引起肌肉震颤，临床上仅用于马和野生动物。

(二)中枢性骨骼肌松弛学

肌肉张力是由复杂的伸肌系统和本体感受器维持。本体感受器将信号通过脊髓和脊上反射反馈到中枢神经系统。连接神经元参与这些反射。抑制这些反射就能使肌肉的张力下降而松弛。中枢性骨骼肌松弛药（centrally-acting skeletal muscle relaxants）又称为解痉药（spasmolytics），常用药物有愈创木酚甘油醚（Guaifenesin，Glyceryl guaiacolate）、苯二氮䓬类（Benzodiazepines）、氨基甲酸酯类（Carbamate derivatives）［如氨基甲酸愈创木酚甘油醚酯（Methocarbamol）］和其他药物［如异丙安宁（Carisoprodol）、美他沙酮（Metaxalone）］等。

（三）外周性骨骼肌松弛药

外周性骨骼肌松弛药（peripherally-acting skeletal muscle relaxants）主要影响肌细胞内的钙离子转运，常用药是硝苯呋海因（Dantrolene）。

琥珀酰胆碱（Succinylcholine）

【理化性质】由两个乙酰胆碱分子相连接，每端都有一个季铵基团。常用其盐酸盐。为白色或几乎白色的结晶性粉末，无臭，味咸。极易溶于水，微溶于乙醇或三氯甲烷，不溶于乙醚。在碱性溶液中失效。

$$H_3C-\overset{\displaystyle CH_3}{\underset{\displaystyle CH_3}{\overset{|}{\underset{|}{N}}}}CH_2CH_2OCCH_2CH_2COCH_2CH_2\overset{\displaystyle CH_3}{\underset{\displaystyle CH_3}{\overset{|}{\underset{|}{N}}}}-CH_3$$

【药动学】肌内注射迅速吸收，一般在 2～3 min 内起效，维持 10～30 min。静脉注射起效迅速，为 30～60 s。与血浆蛋白结合少。结构中含季铵阳离子基团。分布主要限于细胞外液，代谢先由血浆假性胆碱酯酶（在肝内产生，能被有机磷抑制）催化脱去一个胆碱分子，形成琥珀单胆碱；再由假性胆碱酯酶或乙酰胆碱酯酶分解成胆碱和琥珀酸。约有 10%以原形从尿液排出。琥珀单胆碱本身具有约 1/2 去极化肌松活性。

【药理作用】本品为临床上使用的唯一的去极化型肌松药。能引起持久的去极化，防止复极化，使肌肉对乙酰胆碱的反应性丧失，导致肌肉麻痹、松弛。肌肉松弛的顺序，最早为头部和颈部肌肉，继而为躯干和四肢肌肉，最后是肋间肌和膈肌。连续给药（如滴注），阻断作用转化为非去极化型，可引起肌肉疼痛。本品不阻断神经节。作用持续时间一般为 5～10 min，取决于血中胆碱酯酶的活性（与动物种类有关），马血中胆碱酯酶活性高，本品作用时间相当短；奶牛的酶活性低，作用时间相当长；犬、猫、猪的酶活性中等；某些绵羊血中先天性缺乏胆碱酯酶。

本品的作用特点是肌肉松弛之前先出现短暂的肌束震颤，会引起术后肌肉疼痛、眼内压升高、高血钾等明显的副作用。本品的其他副作用与交感神经节被一定程度阻断有关，马和犬表现为短暂心动过速和高血压（有的出现心律不齐），猫为心动过缓和低血压（用前可先给予阿托品或甘罗溴铵拮抗）。本品引起组胺释放的作用不明显，但能引起代谢紊乱而出现恶性高热（malignant hyperthermia），特别是与氟烷和其他吸入性麻醉药合用之后。猪的恶性高热表现为应激综合征，其他动物的临床症状为心动过速、呼吸性和代谢性酸中毒、高钾血症。本品如使用剂量过大，动物可因呼吸肌麻痹、窒息而死。与非去极化型阻断药不同，本品没有拮抗剂。

本品与非去极化型阻断药、噻嗪类利尿药、新斯的明等合用，会出现协同效应，即作用或毒性增强。有机磷酸酯类抑制乙酰胆碱酯酶，也抑制血中胆碱酯酶，与本品合用或在本品之前 1 月内使用可产生协同作用。本品不能与胆碱酯酶抑制剂一起使用。以前接触过胆碱酯酶抑制剂的动物，本品的恢复时间延长。本品不得与水合氯醛、氯丙嗪、普鲁卡因和氨基糖苷类抗生素合用。

【应用】本品主要用于短期外科手术的辅助麻醉，动物的化学保定。

【用法与用量】肌内注射：一次量，每 1 kg 体重，马 0.08～0.11 mg，牛 0.01～0.016 mg，猪 2 mg，犬 0.07～0.22 mg，猫 0.06～0.11 mg，鹿 0.08～0.12 mg，爬虫类 0.5～1 mg。

【制剂】氯化琥珀胆碱注射液（Suxamethonium Chloride Injection）。

愈创木酚甘油醚（Guaifenesin，Glycerol Guaiacolate）

【理化特点】为白色微细颗粒性粉末，味苦。微溶于水（室温下有部分沉淀），10%溶液加温（温度不超过 37 ℃），可防止沉淀。现配现用。化学结构与甲酚甘油醚（一种芳香甘油醚）相似，主要是甲苯丙醇起肌松作用。

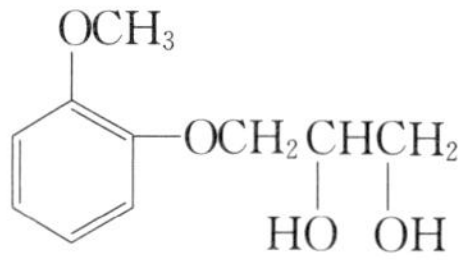

OCH_3

OCH_2CHCH_2

HO　OH

【药动学】本品在动物体内的药动学尚未完全了解。现知能发生氧位脱烷基反应，形成儿茶酚；在肝内与葡萄糖醛酸结合，代谢产物经尿排出。能通过胎盘。在矮种马（ponies）的半衰期存在性别差异，公马约为 85 min，母马约 60 min。

【药理作用】本品选择性抑制或阻断脊髓、脑干和大脑皮层下区域的连接神经元或联络神经元（internuncial neuron）的冲动传导，在中枢水平干扰反射弧内的神经冲动的传导，引起骨骼肌松弛（膈肌除外，因其很少分布多重突触）。咽喉肌肉松弛，使能施行气管插管。马静脉注射给药后，一般约 2 min 发生躺卧，轻度制动约 6 min，肌肉松弛持续 10～20 min。在公马（含去势公马）的持续时间约为母马的 1.5 倍，为 15～20 min。

本品对中枢神经系统有轻度镇静和镇痛作用（不适于外科性疼痛），对中枢抑制剂、麻醉药和麻醉前用药有增效作用。在常规剂量下单独使用，不能使动物失去知觉。用药之初，血压轻度下降，随后很快恢复正常；对心率和心肌收缩力影响小；大剂量会引起明显的低血压。本品能增加胃肠道的蠕动，但不出现明显的副作用。对肝、肾、呼吸功能无明显影响。

本品的安全范围为有效剂量的 3 倍，过量会引起肌肉异常僵硬，甚至引起窒息性呼吸。本品所致的呼吸抑制，在大多数情况下是动物倒卧所致，与药物本身无关。

【应用】主要用作大、中家畜的辅助麻醉药，起制动和肌肉松弛作用；与硫戊巴比妥、硫贲妥、氯胺酮和赛拉嗪合用，可诱导和维持麻醉。本品也是一种有效的镇咳药和减充血剂（decongestant）。

本品对血管有一定刺激性，常用 5%浓度；10%为马属动物的最佳使用浓度，12%会引起溶血反应，大于 15%会引起荨麻疹、溶血和窒息性呼吸。浓度高于 5%，不得用于牛，否则可引起溶血和血尿。

本品不得用于食品动物。

【用法与用量】静脉输注：一次量，每 1 kg 体重，制动，马 55～110 mg，牛、山羊 66～132 mg，猪 44～88 mg，犬 44～88 mg；诱导麻醉（与氯胺酮和赛拉嗪合用），马 50 mg，牛 25 mg，犊、羔 27.5 mg，猪 16.5～25 mg；维持麻醉（与氯胺酮和赛拉嗪合用），马 100 mg，牛 110 mg，犊、羔 110 mg，猪 50～110 mg。

【制剂】注射用愈创木酚甘油醚（Glycerol Guaiacolate for Injection）。

潘冠罗宁（Pancuronium）

为人工合成的氨基固醇类非去极化型肌松药。45%由肾排泄，11%在肝内代谢，10%与血浆蛋白结合。药效比箭毒强5倍，对M受体也有一定作用，但引起组胺释放和心血管反应的副作用比箭毒和季铵酚小。静脉注射后2～3 min起效，作用时间为30～45 min，为长效阻断剂。重复给药产生蓄积，难以逆转。本品为小动物的常用肌松药。

静脉注射：一次量，每1 kg体重，犬、猫0.044～0.11 mg，猪0.06～0.3 mg，马0.06 mg，兔、小哺乳动物0.1 mg。

阿曲库铵（Atracurium）

在室温中不稳定，必须在冰箱中保存。能被血浆中胆碱酯酶灭活，可用于肝、肾功能不全患病动物。静脉注射后3～5 min起效，作用时间为20～35 min。比潘冠罗宁的作用弱，为短效阻断剂，主要用作全身麻醉调节肌肉松弛。诱导麻醉：一次量，每1 kg体重，犬、猫0.11～0.22 mg；随后可追加使用，每1 kg体重，0.2 mg。本品具有一定的组胺释放作用，必须小剂量、缓慢给药。本品的优点是不在体内吸收。

氨基甲酸愈创木酚甘油醚酯（Methocarbamol）

本品为中枢性肌松药，主要作用是抑制中枢神经系统内中间神经元。内服吸收良好，在肝内代谢，代谢物从尿液和粪便排出。主要用于治疗马的肌肉炎症和外伤性疾病、破伤风，犬、猫的脊髓损伤，如椎间盘病。内服：每1 kg体重，犬、猫132 mg/d；静脉注射：一次量，每1 kg体重，犬、猫4.4 mg。

维库罗宁（Vecuronium）

本品部分在肝内代谢，代谢物由胆汁和尿液排泄；肝、肾功能不全会延长本品的作用。药理作用与潘冠罗宁相似，对心血管的作用很小，不引起组胺释放，但作用维持时间仅为潘冠罗宁的1/3～1/2。犬静脉注射，每1 kg体重0.1 mg，2 min内出现神经-肌肉完全阻断作用，作用时间约为25 min。本品的优点是不在体内蓄积。

硝苯呋海因（Dantrolene）

本品马胃内给药时生物利用度约为39%，与血浆蛋白高度结合，在肝中代谢，代谢产物从尿中排出，仅有1%以原形从尿和胆汁排出。本品干扰钙离子由肌浆网释放，阻断痉挛。在猪能拮抗恶性体温升高。常规治疗剂量对呼吸、心血管系统无影响。副作用包括肝毒性、镇静、肌无力和胃肠反应。主要用于治疗马的肌病、麻醉后肌炎，犬、猫的功能性尿路阻塞（因运动神经元高端阻滞引起尿路张力增加），猪和其他动物的恶性高热综合征。

第四节　局部麻醉药

局部麻醉药（local anesthetics）是一类可逆性阻断用药部位神经冲动传导，使局部组织的感觉尤其是痛觉消失的药物，简称局麻药。第一个具有临床意义的局麻药是 1880 年发现的生物碱——可卡因，1885 年即用于犬和马的外科手术，15 年后用于人。1905 年第一个人工合成的局麻药——普鲁卡因诞生。

（一）构效关系和分类

典型的局麻药含一个疏水基团和一个亲水基团，二者由一个烷基链的中间键隔开（图 2-1）。烷基链有酯类（如普鲁卡因、丁卡因）和酰胺类（利多卡因、卡波卡因）两种。疏水基团一般为芳烷基或杂环核，有利于药物渗入神经组织，是局麻药作用的基础。亲水基团为烷胺基（如伯胺或叔胺），属中等强度的碱，在酸性溶液中溶解，常制成水溶性盐（如盐酸盐）。盐在组织中被中和成离子化、亲水性的游离碱。游离碱是局麻药的活性形态，局部组织中游离碱的浓度决定局麻作用的强度。三个组成部分中任何一个部分的结构发生变化，局麻作用就发生变化。

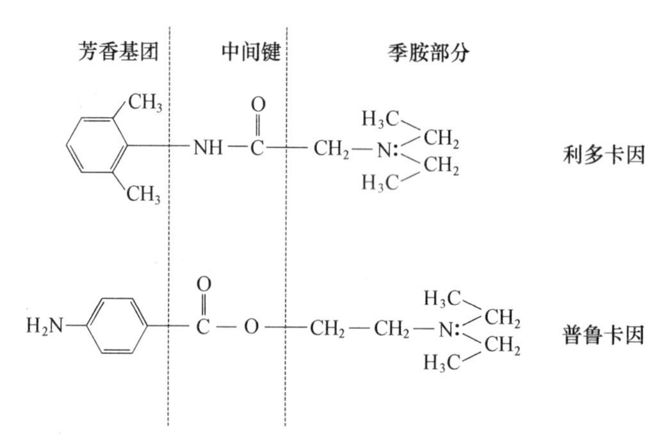

图 2-1　局麻药化学结构图

局麻药全身吸收的程度与注射部位、药物本身的舒张血管程度、溶液中血管收缩药（如肾上腺素）的使用和剂量等有关。氨基酯类可被血浆中胆碱酯酶水解和在肝内被代谢而失活。毒性小，但偶能引起变态反应。由于脊髓液中少含或不含酯酶，鞘内给药的麻醉作用持久（直至吸收入血），如普鲁卡因。酰胺类不被酯酶水解，故性质稳定、起效快、弥散广、时效长。酰胺类在肝内降解，故肝病患病动物易出现毒性。猫的肝脏形成葡萄糖醛酸结合物的能力弱，对局麻药如卡波卡因的解毒能力差。代谢速度和代谢产物对局麻药的毒性有重要影响，吸收慢则毒性低。

按照化学结构，局麻药分氨基酯类和酰胺类。氨基酯类（aminoesters）主要是氨基苯甲酸酯类（可卡因除外），如普鲁卡因、布大卡因（Butacaine）、丙对卡因（Proparacaine）、待布卡因（Dibucaine）、己卡因（Hexylcaine）、丁卡因、氯普鲁卡因（Chloroprocaine）和苯佐卡因（Benzocaine）；酰胺类（aminoamides）有利多卡因、丙胺卡因（Prilocaine）、卡波卡因（Mepivacaine）、布比卡因（Bupivacaine）、依替卡因（Etidocaine）和罗哌卡因（Ropivacaine）等。

（二）药理作用

局麻药在有效浓度下阻断植物神经和运动神经的感觉冲动、运动神经元发出的冲动，根据神经类型及其所支配的区域，产生植物神经系统功能阻断、麻醉和/或骨骼肌麻痹等作用。这些作用是可逆的，神经传导功能会自动恢复，神经细胞和纤维不出现任何损害。

局麻药主要是阻断动作电位的传导，是通过降低或防止细胞膜对钠离子的通透性大量、瞬时增加而实现的。电兴奋性的阈值逐渐增加，去极化被阻断，冲动传导降低。据研究，局麻药是与钠通道内特定的受体结合后而阻断通道功能的。细胞外的钙离子能改变电依赖性钠通道对局麻药的亲和力而拮抗局麻药的传导阻滞作用。神经纤维的兴奋程度高（即钠通道开放频率高），局麻药的阻断作用就强，因为只有当钠离子通道处于开放状态（如兴奋之后），局麻药才能到达其作用的受体。

一般而言，局麻药先抑制小的无髓鞘纤维，然后是大的有髓鞘纤维。有髓鞘纤维是跳跃式传导，而无髓鞘纤维是连续性传导。若神经纤维的直径相同，有髓鞘纤维先被阻断。局麻药对不同神经纤维阻断的顺序是：植物神经、感觉神经、运动神经。感觉神经纤维比运动神经纤维更敏感，是因为感觉神经纤维的传导速度比运动神经纤维快，并且感觉神经纤维（特别是痛觉纤维）多为小的无髓鞘纤维（直径 0.4～1.2 μm），而运动纤维多为大的有髓鞘纤维（直径 12～20 μm）；运动纤维多分布在神经干的深层，较高的药物浓度才能渗及。局麻药使感觉消失的顺序是：痛觉、嗅觉、味觉、冷觉、温觉、触觉和深部压力感觉，感觉恢复的顺序则相反。

局麻药常与肾上腺素合用，以降低局麻药的吸收速度。局麻药对急性炎症、损伤性或缺氧性疼痛组织的作用减弱或无效，因药物不能渗透到作用部位。例如，急性炎症时组织 pH 偏低，不利于游离碱释出，局麻作用消失。局麻药本身的血管收缩作用能引起局部组织缺氧和损伤，因而延迟伤口愈合。

除可逆阻断神经冲动传导外，局麻药还能阻断受体、突触、神经-肌肉接头和所有形式肌纤维的传导，这些作用取决于局麻药在循环中的浓度、药物的种类与剂量。

按推荐剂量或浓度使用，局麻药不引起全身性作用。毒副作用的发生取决于药物的吸收速度和代谢速度。过量局麻药吸收入血后，能抑制乙酰胆碱受体而干扰突触（神经-肌肉接头和神经节）传递；通过选择性抑制抑制性神经元而兴奋中枢神经系统，引起躁动、震颤，导致惊厥。局麻药如可卡因能松弛血管平滑肌，过量能非选择地抑制心血管功能，导致心肺衰竭。本类药物静脉注射会使心血管系统衰竭，导致死亡。氨基酯类局麻药如普鲁卡因在某些个体会引起变态反应。禽类对局麻药敏感。局麻药中毒可用全身性麻醉药或地西泮进行治疗。

理想的局麻药应在产生可逆的感觉神经阻断时不引起局部或全身的毒性，起效快，作用持续时间足以进行诊断或外科手术，无刺激性。

常见局麻药的特点见表 2-6。

表 2-6 常用局麻药的特点

药 物	效价强度	起效	持续时间（min）	pK_a	不解离分数（%）pH=7.4	蛋白结合率（%）	脂溶性
氨基酯类							
普鲁卡因	1	慢	45～60	8.9	3	6	0.6
氯普鲁卡因	3	快	30～45	8.7	5	—	—
丁卡因	8	慢	60～180	8.5	7	76	80

（续）

药 物	效价强度	起效	持续时间(min)	pK_a	不解离分数（%）pH=7.4	蛋白结合率（%）	脂溶性
酰胺类							
利多卡因	2	快	60～120	7.9	25	70	2.9
卡波卡因	1.5	中	90～180	7.6	39	77	1
布比卡因	8	中	180～480	8.1	15	95	28
依替卡因	8	慢	240～280	7.7	33	94	141
丙胺卡因	1.8	慢	60～120	7.9	24	55	0.9
罗哌卡因	—8	中	似布比卡因	8.1	似布比卡因	94	介于卡波卡因和布比卡因之间

(三) 应用

局麻药主要用于区域性麻醉（regional anesthesia）。除单独使用外，兽医临床上还往往将局麻药与全麻药合用于外科手术，以增强镇痛效果，减少全麻药的用量和毒性。某些局麻药，主要是利多卡因和普鲁卡因酰胺，可用作抗心律失常药。极少数品种（如利多卡因）小剂量使用能抑制癫痫大发作，预防和治疗颅内压升高。

区域性麻醉是局麻药麻醉用途的统称，与全麻药的作用相对应。区域性麻醉方式有以下几类。

（1）表面麻醉（surface，topical anesthesia）：将穿透性较强的局麻药液滴点、涂布或喷雾于皮肤或黏膜的表面，使感觉神经末梢麻痹、感觉消失，适用于眼部、鼻腔、口腔、喉、气管-支气管、食管、泌尿生殖道的黏膜。大多数局麻药对损伤的皮肤无效，但利多卡因和丙胺卡因的低共溶混合液（eutectic mixture）克服了此问题，可用于针灸或插管的皮肤镇痛。

（2）浸润麻醉（infiltration anesthesia）：将局麻药直接注射到皮下、皮内或肌层组织中，药物从注射部位扩散到周围组织，使感觉神经纤维和末梢麻醉。浸润麻醉是局麻药最常用的麻醉方式，兽医临床上常用于各种浅表手术。

（3）神经阻断麻醉（nerve block anesthesia）或传导麻醉（conduction anesthesia）：将局麻药注射到某个外周神经干或神经丛附近，使受支配的区域麻醉，又称神经干麻醉。此法用药量少，麻醉范围较广。常用于跛行诊断、四肢手术和腹壁手术等。肋间神经阻断麻醉、腕神经丛阻断麻醉以及牛和马的椎旁麻醉（paravertebral anesthesia），是常见的神经阻断麻醉方法。胸内麻醉是使多个肋间神经阻断麻醉，是较大区域的外周神经阻断作用。

（4）脉管给药：将大容量、低浓度的局麻药注入肢体的静脉，事前用止血器阻止循环血液进入受药区。药物透过血管壁，扩散进入局部神经而起作用。除去止血器，血液流入受药区，局麻药被稀释，正常的神经、肌肉功能迅速恢复。常用于牛的趾部手术。有时也将低浓度的局麻药行动脉内给药，以诊断跛行（常用于马）或使受术关节无反应（在关节手术之前或之后使用）。

（5）硬膜外麻醉（epidural anesthesia）：将局麻药注入硬膜外腔（犬和猪一般为腰骶部；马和奶牛为第一、二尾椎部，有时称为尾部麻醉），使穿出椎间孔的脊髓神经阻断，后躯麻醉。麻醉的范围取决于药物扩布和扩散到神经组织的能力和速度。常用于难产、剖宫产、阴茎及后躯其他手术。马、牛慎用。

（6）脊髓或蛛网膜下腔麻醉（spinal or subarachnoid anesthesia）：将局麻药注入脊髓末

端的蛛网膜下腔（绵羊和猫一般为腰骶部）。由于动物的脊髓在椎管内终止的部位存在很大的种属差异，此法在兽医临床上已少用。

（7）封闭疗法（blockade treatment）：将局麻药注射到患部的周围或其神经通路，阻断病灶部的不良冲动向中枢神经系统传导，以减轻疼痛、改善神经营养。

常见局麻药的用途见表 2－7。

表 2－7　常见局麻药的用途

药　物	表面麻醉	浸润麻醉	神经阻断	脉管给药	硬膜外麻醉	蛛网膜下麻醉
普鲁卡因	否	是	是	否	否	是
氯普鲁卡因	否	是	是	否	是	否
丁卡因	是	否	否	否	否	是
利多卡因	是	是	是	是	是	是
卡波卡因	否	是	是	否	是	否
布比卡因	否	是	是	是	是	是
依替卡因	否	是	是	否	是	否
丙胺卡因	否	是	是	是	是	否
罗哌卡因	否	是	是	否	是	是

普鲁卡因（Procaine）

【理化性质】常用盐酸盐。为白色结晶或结晶性粉末，无臭，味微苦，继而有麻痹感。熔点 154～157 ℃。易溶于水，略溶于乙醇，微溶于三氯甲烷，几不溶于乙醚。水溶液不稳定。遇光、热，久储，色渐变黄，局麻作用下降。

【药动学】吸收入血的普鲁卡因大部分与血浆蛋白结合，游离部分可分布到全身各组织。组织和血浆中的假性胆碱酯酶将其迅速水解为对氨基苯甲酸和二乙基氨基乙醇，由尿液排出。本品能通过胎盘和血脑屏障。

【药理作用】本品起效快，注射后 1～3 min 出现作用，持续约 1 h。如同其他局麻药，普鲁卡因也是血管松弛剂，与肾上腺素合用作用时间延长。本品能阻断各种神经的冲动传导，但弥散性和对黏膜的穿透性差，不适于表面麻醉。

本品为最安全的局麻药之一，对组织无刺激性。本品吸收入血后，小剂量对中枢神经系统轻微抑制，大剂量则引起兴奋，并降低心脏的兴奋性和传导性。由于具有中枢兴奋和镇痛作用，本品常被非法用于动物竞赛以提高比赛成绩和/或控制跛行。马对本品的中枢兴奋作用比其他动物敏感。

【应用】广泛用于浸润麻醉、传导麻醉、脊髓麻醉和蛛网膜下腔麻醉。也可用于马的痉挛疝，起镇痛和解痉作用。本品静脉注射能降低全麻药对心脏的应激性，盐酸普鲁卡因酰胺就是一种抗心律失常药。

本品不得与磺胺类和洋地黄合用，因其代谢产物对氨基苯甲酸抑制磺胺药的抗菌作用，二乙基氨基乙醇增强洋地黄的减慢心率、阻滞房室传导的作用。本品也不宜与抗胆碱酯酶药、肌松药、氨茶碱、巴比妥类、碳酸氢钠和硫酸镁等合用。

【用法用量】 浸润麻醉、封闭疗法：0.25%～0.5%溶液。

传导麻醉：2%～5%溶液，大动物 10～20 mL，小动物 2～5 mL。

硬膜外麻醉：2%～5%溶液，马、牛 20～30 mL。

【制剂】 盐酸普鲁卡因注射液（Procaine Hydrochloride Injection）。

利多卡因（Lidocaine）

【理化性质】 常用盐酸盐。为白色结晶性粉末，无臭，味微苦，继有麻木感。易溶于水或乙醇，溶于三氯甲烷，不溶于乙醚。熔点 75～79 ℃。

【药动学】 本品局部或注射给药，80%～90%在 1 h 内吸收。在血浆中 70%与蛋白结合。分布广泛，能通过血脑屏障和胎盘，犬的表观分布容积为 4.5 L/kg。可在乳中出现，少量随胆汁排泄，少于 10%以原形由尿排泄，大部分在肝内迅速被酰胺酶水解，犬的消除半衰期为 0.9 h。本品首过效应强，内服无效，故治疗心律失常时必须静脉注射。

【药理作用】 本品穿透力强、起效快、扩散广，故能产生迅速、强烈、广泛的局麻作用。作用比普鲁卡因强 2～3 倍，维持时间长，为 1～2 h。与肾上腺素合用，局麻作用持续 2.5 h。常用浓度 0.5%～2%。随着浓度升高，毒性超过普鲁卡因。

本品对组织无刺激性，扩张血管作用不明显，安全范围较大，吸收作用表现为中枢抑制。小剂量静脉注射有抗心律失常作用，能有效地延长心肌收缩的不应期，有利于心律失常的纠正。

常用剂量不出现不良反应，偶见短时恶心、呕吐；过量引起嗜睡、共济失调、肌肉震颤等；大量吸收引起中枢兴奋，如惊厥，甚至呼吸抑制。

【应用】 常用于表面麻醉、浸润麻醉、传导麻醉和硬膜外腔麻醉，马的神经阻断麻醉。也可用于治疗室性心律失常。

西咪替丁、普萘洛尔可增强本品的药效。其他抗心律失常药可加强本品的心脏毒性。

【用法与用量】 浸润麻醉：0.25%～0.5%溶液。

表面麻醉：2%～5%溶液。

传导麻醉：2%溶液，每个注射点，马、牛 8～10 mL，羊 3～4 mL。

硬膜外麻醉：2%溶液，马、牛 8～12 mL。

【制剂】 盐酸利多卡因注射液（Lidocaine Hydrochloride Injection）。

丁卡因（Tetracaine）

本品脂溶性高，组织穿透力强，局麻作用比普鲁卡因强 10 倍。出现局麻作用的潜伏期长，为 5～10 min。麻醉持续时间可达 3 h，为长效局麻药。毒性为普鲁卡因的 10～12 倍。

0.5%～1%等渗溶液用于眼科表面麻醉，1%～2%用于鼻、喉头喷雾或气管插管，0.1%～0.5%用于泌尿道黏膜麻醉。

第五节　皮肤黏膜用药

皮肤负有保护动物机体全身及内脏器官的作用，对外界环境的温度、有毒有害物质（如过敏原、污染物、毒物）和生物因子（细菌、真菌、寄生虫和病毒）等侵扰起着重要的保护作用。

兽医临床上常使用透皮给药系统，从皮肤给药发挥药物的全身吸收作用。例如，每月定期将杀虫药施于皮肤的某个区域，用以控制全身的蚤或蜱；芬太尼的透皮膏药被广泛用于术后镇痛。本节所指皮肤用药不是指全身性吸收用药，而是指在用药皮肤的局部起作用的药物。

细菌、真菌和寄生虫常常浸染皮肤，引起炎症。对于这类炎症，应首先使用抗微生物药或杀虫药。皮肤也会因理化或生物因素的刺激出现过敏反应。对于过敏性皮炎，可用糖皮质激素等治疗。

兽医临床上使用的皮肤黏膜用药有保护剂、刺激剂等，可制成软膏剂、泥敷剂、糊剂、粉剂、敷料、膏剂、混悬剂和洗剂等剂型使用。

一、保 护 剂

保护剂（protectives）是一类对皮肤和黏膜的神经感受器有机械性保护作用，能缓和有害因素刺激，减轻炎症和疼痛的药物。对治疗皮肤或黏膜的炎症有一定意义。保护剂是在皮肤表面形成一层封闭性保护膜，使之与外界环境隔开，或为有病皮肤提供机械性支持，保护皮肤免受外界紫外线、接触性刺激物和毒素刺激。保护剂可用于治疗皮肤、黏膜的溃疡和其他难以愈合的伤口。保护剂大量用于兽药的制剂之中，本节主要介绍它们在皮肤、黏膜上的作用和应用。

依据作用特点，保护剂可分为吸附药、黏浆药、收敛药和润滑药等。

（一）吸附药

吸附药（absorbents）是一类不溶于水、性质稳定的微细粉末状物质，能吸附大量气体、毒物、化学刺激物、毒素和微生物（如细菌），使受伤的皮肤表面不接触这些有害物质。吸附药外用后，覆盖于发炎或破损组织表面，可减轻摩擦，缓和刺激，吸收水分和炎症产物，保持创面干燥，阻止有害物质吸收。内服可保护发炎的胃肠黏膜，延缓和阻止毒物吸收，如药用炭、白陶土、滑石粉等（详见止泻药）。

撒粉（dusting powders）是常用的吸附药，一般为惰性、无毒物质，如淀粉、碳酸钙、滑石粉、二氧化钛、氧化锌和硼酸。许多可单独作为药用，有的则是其他药物传输系统的载体。若粉末颗粒表面光滑，其主要是防止摩擦，保护擦伤和裸露的皮肤。粉末表面粗糙或多孔，主要起吸附水分的作用。吸水性粉末遇湿会凝结，在皮肤表面形成一层不透气的膜，故不宜用于潮湿、水分较多和高度渗出的皮肤表面。含有淀粉或其他糖类的粉末，在水分较多的皮肤表面会结块，会为细菌或真菌提供能源，使其增殖，导致二重感染，使受感染的皮肤创伤进一步恶化。撒粉特别是滑石粉，不得用于体腔或化脓腔内，因为滑石粉会在这些腔内形成一些颗粒，但在皮肤表面是相对无害的。

（二）黏浆药

黏浆药（demulcents）一般为树脂、蛋白质、淀粉等高分子胶性物质，不活泼，溶于水，水溶液成黏糊胶状，覆盖在黏膜或皮肤上，在受损的皮肤表面形成保护性屏障，使皮肤与外界环境隔开，具有缓和物理或化学刺激、阻止有害物质（如生物碱与重金属盐）吸收的作用，对皮肤的角质层和细胞结构起保护作用。兽医临床上最常用的黏浆剂是淀粉、糊精、明胶、阿拉伯胶、甘油、丙二醇、聚乙二醇、羟丙基纤维素、羟丙基甲基纤维素、羟乙基纤维素、甲基纤维素、聚乙烯醇等。

甘油是一种吸湿性极强的三元醇，它是丙烯的前体物，是一种无色透明、能与水和乙醇互溶的液体。高浓度甘油使皮肤脱水，对皮肤产生轻度刺激。低浓度甘油使角质层水化，是一种极好的局部用药剂的赋形物。高浓度的甘油可将水分从身体吸入到结肠以缓解便秘，常被用做栓剂通便。

丙二醇是一种吸湿、无色、无臭的水溶性液体，不油腻。其均匀地在皮肤表面扩散，蒸发效应小，能减少表皮水分的流失，也可在某种程度上使角质层水化。

淀粉（starch），1%～5%溶液（与水混合后加热形成黏浆液体）内服或灌肠，可缓和刺激性药物的刺激、腐蚀作用，亦可延缓毒物吸收。内服：一次量，马、牛 100～500 g，羊、猪 10～50 g，犬 1～5 g。本品可作为丸剂、舔剂或撒布剂的赋形物。

明胶（gelatin），由动物的骨、腱、皮等组织中的胶原部分水解制得。10%溶液，内服可治疗消化道出血。5%～10%注射液，静脉注射治疗内出血。制成吸收性明胶海绵（absorbable gelatin sponge）可作为局部止血剂。内服：一次量，马、牛 10～30 g，羊、猪 5～10 g，犬 0.5～3 g。静脉注射：一次量，马、牛 5～20 g。

阿拉伯胶（acacia gum），配成 35%胶浆，有乳化作用，用于配制乳剂和混悬剂等，也可作为丸剂、片剂、舔剂的黏性赋形药。内服：一次量，马、牛 5～20 g，羊、猪 2～5 g，犬 1～3 g，禽 0.2～0.5 g。

（三）润滑药

润滑药（emollient）是油脂类、矿脂类或人工合成的聚合物。其可将受损的皮肤与有害刺激物隔离开，防止一般化学性、物理性或生物性因子的侵害，减少表皮水分流失并增加角质层的水化，可软化、润滑皮肤，故具有缓和刺激、保护皮肤的作用。主要用于表皮干燥、结痂、鳞片损伤等。

常用的药物有植物油类、动物脂类、矿物类和人工合成品。植物油类润滑药有豆油、花生油、棉籽油、麻油、橄榄油等，外用润肤，内服缓泻，可作为配制胃肠保护药及油状注射液的赋形药或软膏的基质。动物脂类润滑药有豚脂和羊毛脂，可作为配制水溶性药物的软膏基质。矿物类润滑药有凡士林、液状石蜡等。合成的润滑药有二甲基硅油、聚乙二醇、吐温-80 等。

（四）收敛药

收敛药（astringents）能沉淀破损或炎性组织表层的蛋白质，形成一层保护性薄膜，缓和对感觉神经末梢的刺激，减轻疼痛与渗出，消退局部炎症。局部使用能沉淀蛋白，使皮肤坚韧，促进伤口愈合，干燥皮肤，并有一定的止血作用。常用的收敛药有鞣酸及鞣酸蛋白，铝、锌、钾或银等无机盐。

鞣酸（tannic acid），外用 5%～10%的溶液治疗湿疹及小面积烧伤。

鞣酸蛋白（tannalbin），可内服，在肠道起保护作用，详见止泻药。

明矾（alum），0.5%～4%水溶液外用，治疗结膜炎、子宫炎、咽炎、口腔炎等，起收敛防腐作用。干燥明矾可作为伤口撒粉，起消炎止血作用。内服：一次量，马、牛 10～

25 g，羊、猪 2～5 g，犬 0.5～2 g，禽 0.2～0.5 g。

二、刺激剂

刺激剂（irritants）是对皮肤黏膜感受器和感觉神经末梢具有刺激作用的药物。当刺激剂与皮肤或黏膜接触时，首先刺激感受器。感觉神经末梢受到刺激，神经冲动一方面传向中枢起诱导作用，另一方面沿着感觉神经纤维在血管的分支逆向传至临近的血管，引起血管舒张（轴突反射），加强局部的血液循环，改善局部营养，促进慢性炎性产物吸收，使病变组织痊愈。适量的刺激剂与皮肤或黏膜接触，会使组织充血、发红。这有利于慢性炎症消退，起镇痛作用，或促进关节炎、肌炎、腱鞘炎等痊愈。

主要药物有煤焦油、鱼石脂、薄荷醇、水杨酸甲酯、斑蝥素、辣椒、松节油等。根据作用程度，刺激剂又分为发红剂（rubefacients）、起疱剂（vesicants）等。

松节油（terebintine），制成擦剂或 10%软膏，外用治疗各种慢性炎症。

氨溶液（ammonia solution），为含 9%～10%氨的水溶液，对皮肤、黏膜有较强的刺激作用，常与植物油配成氨擦剂等，治疗关节、肌肉等慢性炎症。本品亦可经鼻吸入，反射性地兴奋呼吸中枢和血管运动中枢，适用于昏厥或突发性呼吸衰竭。

复习题

1. 外周神经可分为哪几类？传递兴奋的递质是什么？
2. 外周神经药物可分为哪几类？各类药物具有什么主要作用？作用机制有什么不同？
3. 常用拟肾上腺素药和抗肾上腺素药主要有哪几种？它们各有哪些作用和应用？
4. 常用拟胆碱药和抗胆碱药主要有哪几种？它们有哪些作用和应用？
5. 常用的肌肉松弛药有哪几种？临床上有哪些主要应用？
6. 常用局部麻醉药有哪几种？有哪些应用方式？
7. 皮肤黏膜用药有哪几类？

第三章 中枢神经系统药理

大脑皮质负责整合运动神经系统和植物神经系统的活动。丘脑下部是植物神经系统的主要整合区，调节体温、水平衡、中间代谢、血压、性及生理节律、腺垂体分泌、睡眠和情绪。基底神经节（或新纹状体）形成锥体外运动系统的实质部分，是对椎体（或随意）运动系统的补充。抑制锥体外系就破坏随意运动的启动，并引起以非随意运动为特征的功能紊乱，如震颤、强直或不可控性等边缘运动。丘脑由一串串神经元或核团组成，连接感觉与皮质或皮质与皮质，与基底神经节一起对内脏功能起调节性控制作用。

中脑、脑桥和延髓使大脑半球与丘脑-丘脑下部以及脊髓相连接，包含大部分的脑神经核团。皮质与脊髓的大部分传入和传出冲动均由此经过。网状激活系统在较高的神经整合水平连接外周的感觉和运动功能。脑内含单胺的主要神经元位于这一区域，对基本的反射活动如吞咽、呕吐、心血管和呼吸反射起中枢性整合作用。此区域是调节睡眠、觉醒及唤醒水平所必需的，也是大部分内脏感觉传入信号的接受区。

小脑维持合适的体姿，也调节心血管功能以及与体姿变化相关的血流。

中枢神经系统的神经递质见表 3-1。

表 3-1　中枢神经系统的神经递质

递质名称	存在部位	受体亚型和激动剂	拮抗剂	机　制
γ-氨基丁酸	脊髓的中间神经元，抗惊厥药的作用位点	A：毒蕈醇，苯二氮䓬类	毕扣灵，印防己毒素	增加氯的传导性；超极化
		B：巴氯芬		激活钾离子流动和/或抑制钙离子；G蛋白偶联
甘氨酸	脊髓的中间神经元	牛磺酸（?），β-苯丙氨酸（?）	士的宁	增加氯的传导性；超极化
谷氨酸，天冬氨酸	所有部位的中间神经元	使君子氨酸盐，天冬氨酸盐，红藻氨酸盐	谷氨酸二乙酯，α-氨基己二酸盐，红藻氨酸内酯	增加阳离子的传导性；去极化
乙酰胆碱	所有部位，长程和短程连接；运动神经元-闰绍细胞	M_1：毒蕈碱	阿托品	兴奋作用；磷脂酰肌醇偶合
		M_2：氨甲酰甲胆碱	阿托品	兴奋作用；磷脂酰肌醇偶合
		烟碱	二氢-β-刺桐丁	兴奋作用；增加离子通道的通透性

（续）

递质名称	存在部位	受体亚型和激动剂	拮抗剂	机　制
多巴胺	所有部位，在基底神经节含量高	D_1：苯取代的苯氮䓬类	吩噻嗪类	激活乙酰胆碱；抑制作用
		D_2：阿扑吗啡	吩噻嗪类，丁酰苯类	抑制乙酰胆碱；抑制磷脂酰肌醇水解；抑制作用
去甲肾上腺素	所有部位：从脑桥到脑干的长轴突，在丘脑下部和边缘系统的含量高	α_1：去氧肾上腺素	哌唑嗪	激活磷脂酰肌醇的转运
		α_2：可乐定	育亨宾	抑制作用
		β_1：多巴酚丁胺 β_2：特布他林	美多洛尔，丁氧胺	激活乙酰胆碱；抑制作用
肾上腺素	从中脑、脑干到间脑	同去甲肾上腺素	同去甲肾上腺素	同去甲肾上腺素
5-羟色胺（血清素）	从中脑、脑桥到所有部位	5-HT_1：麦角酰二乙胺	二甲麦角新碱	抑制作用；激活或抑制乙酰胆碱；偶合到磷脂酰肌醇的转运；能激活离子通道
		5-HT_2：麦角酰二乙胺	螺环哌啶酮	抑制作用；激活或抑制乙酰胆碱；偶合到磷脂酰肌醇的转运；能激活离子通道
腺嘌呤核苷	可能存在于所有部位	A_1：R-pIA	甲基黄嘌呤类	抑制乙酰胆碱；抑制神经元释放
		A_2：NECA	甲基黄嘌呤类	激活乙酰胆碱；抑制神经递质释放
组胺	在丘脑下部和网状结构中含量高	H_1：组胺	茶苯海明	激活鸟苷酸环化酶；钙联机制
		H_2：组胺	西咪替丁	激活乙酰胆碱
类啡肽	脊髓背角，脑的某些皮层下区域，边缘系统	μ、κ、δ和σ受体	纳洛酮	影响钙的流出；减少神经递质释放；抑制乙酰胆碱

作用于中枢神经系统的药物分为中枢抑制药和中枢兴奋药。中枢抑制药包括镇静药、催眠药、安定药、抗惊厥药、镇痛药和麻醉药等。药物在中枢神经系统的作用有特异性和非特异性之分。药物与靶细胞的受体结合，通过特有分子机制产生的作用称为特异性作用。特异性作用是药物与靶细胞之间产生的剂量-反应关系的函数。剂量足够高时，药物对单一受体的选择性也会丧失。药物通过多样的分子机制对不同的靶细胞所起的作用是非特异性作用。具有非特异性作用的药物在脑的不同区域的作用可能是独特的。起非特异性作用的中枢神经药常常不能进行严格的分类，被泛泛地分为中枢抑制药或中枢兴奋药。

影响中枢神经药物作用强度和持续时间的因素包括：①血脑屏障。药物通过血脑屏障的能力取决于其分子质量、电荷、脂溶性以及是否存在能量依赖性转运系统。②药物的生理学作用。药物的作用取决于其耗竭神经递质存量的能力；中枢神经药的作用会随着生理状态和抑制性或兴奋性药物的作用而叠加；一些抑制性药物在低浓度时常常会对某些功能产生兴奋性作用，如全身麻醉诱导期的兴奋阶段是因中枢神经的抑制系统受到了抑制，或兴奋性递质释放的增加；某些抑制如神经疲劳、神经递质耗竭，通常会接着发生急性过度兴奋。

作用于中枢神经系统的药物对健康十分重要：有些药物能直接拯救生命；有些药物有助于人们了解药物作用于中枢神经系统的细胞和分子基础，确定药物作用的靶点和机制；有些药物能改变动物的行为，达到驯服动物、改善动物与人的关系的目的。

第一节　镇静药和安定药

镇静药（sedative）是能对中枢神经系统产生抑制作用，从而减弱机能活动、调节兴奋性、消除躁动不安和恢复安静的药物。催眠药（hypnotic）是能诱导睡眠或近似自然睡眠，维持正常睡眠并易于唤醒的药物。能诱导深度睡眠但仍能唤醒的药物称为安眠药（soporific）。催眠药与镇静药往往不能严格区分，高剂量催眠，低剂量镇静。镇静药和催眠药都不改变动物的基础体温或行为。药物所产生的是镇静、催眠抑或镇痛作用，除剂量外，还与药物的种类和动物的种属有关。常用的镇静药和催眠药有水合醛类、巴比妥类、苯二氮䓬类、α_2 受体激动剂和苄咪甲酯（Metomidate）。

安定药（tranquilizer，ataractic）是一类能缓解焦虑而又不产生过度镇静的药物，有轻度安定药和深度安定药之分。轻度安定药（minor tranquilizer）又称抗焦虑药（anxiolytic），能部分驱散焦虑感觉，多数具有镇静和催眠作用，代表药物是苯二氮䓬类和丁螺环酮（Buspirone）。深度安定药（major tranquilizer）又称为神经松弛剂（neuroleptic）或抗精神失常药（antipsychotic），通过阻断中枢神经系统内多巴胺介导的反应，使激动或易动的动物安静下来，并能调节或控制它们的行为或精神状态，代表药物是吩噻嗪类、丁酰苯类和罗夫木全碱。

一、吩噻嗪类

吩噻嗪类（phenothiazine derivatives）最早作为抗精神失常药开发，随后又发现抗组胺等作用。本类药物的结构和药理作用非常相似，只是作用的强度和持续时间不同。药物有氯丙嗪、丙嗪（Promazine）、乙酰丙嗪、甲哌氯丙嗪（Prochlorperazine）、乙基异丁嗪（Ethylisobutrazine）、丙酰丙嗪（Propiopromazine）、三氟丙嗪（Triflupromazine）、异丁嗪（Trimeprazine）和哌乙酰嗪（Piperacetazine）等。

C_2 上可以是卤素、甲氧基和乙酰基；C_{10} 上为丙氨基时，产生镇静作用，为乙胺基时，则产生抗组胺和抗胆碱作用。

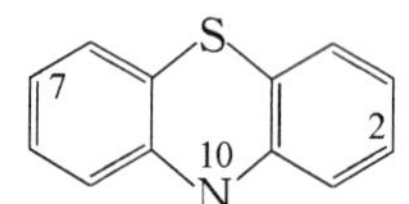

吩噻嗪类分子结构

本类药物胃肠道外给药，吸收良好；胃肠道给药也吸收良好（高脂溶性药物），但有明显的首过效应。血浆蛋白结合率高，分布容积大，能在组织中广泛分布。大多数药物在肝内发生广泛的代谢，一些代谢物有活性（如 7 -羟基代谢物）。主要以无活性的结合物和原形从尿中排出。

本类药物主要为 D_2 受体和 α_1 受体的拮抗剂。D_2 受体分布于中枢神经系统（负责觉醒）、基底神经节（辅助运动神经功能）、化学感受区（调节恶心、呕吐）和下丘脑（释放催乳素，控制体温）。本类药物与突触后膜的 D_2 受体（多巴胺抑制性受体）结合后，细胞内 cAMP 含量下降，磷酸肌醇水解变缓，自发（不是自主）的运动活动持续下降，从而产生镇静、抗精神失常、行为矫正、止吐等作用。大剂量时阻断基底神经节内 D_2 受体，引起帕肯金综合征和强制性昏厥，并能抑制化学感受区（多巴胺能）、呼吸中枢（胆碱能）和前庭的传递（组胺能）而产生止吐和呼吸抑制（不明显，犬可见气喘或呼吸过度）等作用；也可干扰丘脑下部释放因子的释放，使体温调节不稳定，并对疼痛有一定的耐受。

α_1 受体通常调节血管收缩。阻断 α_1 受体就引起直体式低血压，动物变得安静，反射性地引起心动过速，而增加不应期，可避免儿茶酚胺引起的心律失常。

本类药物还能拮抗 M 受体，产生许多阿托品样作用，如口干、消化道蠕动减缓、便秘（因此可防治分泌性腹泻）、尿痛。也拮抗 H_2 受体，产生中枢镇静和止痒作用。本类药物还可阻断 5-羟色胺和腺嘌呤核苷受体。

本类药物在兽医临床上用于化学制动，术前和术后镇静，麻醉前给药，安定镇痛（与阿片镇痛药合用），止吐，止痒，抗热休克，松弛阴茎，缓解破伤风性强直等。

氯丙嗪（Chlorpromazine）

【理化性质】 盐酸盐为白色或乳白色结晶性粉末。有微臭，味极苦。有引湿性，遇光渐变色。水溶液呈酸性反应。在水、乙醇或三氯甲烷中易溶，在乙醚或苯中不溶。

【药理作用】 本品阻断中枢神经的 D 受体和 α 受体，产生镇静、安定、止吐等作用；扩张血管，改善微循环；抑制体温调节中枢，使体温下降；加强中枢抑制药的作用。

急性过量，会引起共济失调、昏迷，行为改变，体温变化不规则，性激素和丘脑下部促激素释放紊乱，食欲增强，低血压，心动过速。

【应用】 主要用作麻醉前给药；犬、猫的镇静或麻醉前给药，使神经质或攻击性动物安静下来；犬的止吐剂。马禁用，因可能引起兴奋。

【用法与用量】 内服：一次量，每 1 kg 体重，犬、猫 2～3 mg。

肌内注射：一次量，每 1 kg 体重，马、牛 0.5～1 mg，羊、猪 1～2 mg，犬、猫 1～3 mg，虎 4 mg，熊 2.5 mg，单峰骆驼 1.5～2.5 mg，野牛 2.5 mg，恒河猴、豺 2 mg。

【制剂】 盐酸氯丙嗪片（Chlorpromazine Hydrochloride Tablets），盐酸氯丙嗪注射液（Chlorpromazine Hydrochloride Injection）。

乙酰丙嗪（Acepromazine）

本品为丙咪嗪的 2-乙酰衍生物。在马的表观分布容积约为 6.6 L/kg，99%与血浆蛋白结合。静脉注射后 15 min 起效，30～60 min 达最高效。在肝内代谢，代谢产物经肾脏排泄，半衰期 3 h 左右。

【药理作用】 本品产生镇静和运动抑制作用，作用很强。用药后，动物对外界的刺激反应冷淡，攻击行为丧失，癫痫的阈值降低并恢复到正常行为。本品还具有轻度中枢性肌肉松弛作用。作用的强度取决于剂量，超过镇静的阈剂量，协调和运动受到影响。

本品对脑干的功能影响较轻，能轻度抑制呼吸频率，减少每分钟的通气量。能抑制化学感受区，产生明显的止吐作用，但对胃肠道源性的呕吐无影响。对血管运动反射的作用相对较小。α 受体阻断后，血管扩张、血压下降和心动过速。若同时给予肾上腺素，β 作用占优势（血管扩张，血压下降），情况会恶化。

本品还具有抗心律失常和较弱的抗组胺作用。

本品过量会引起强直、震颤和兴奋，因阻断 α_1 受体和抑制中枢神经系统内的血管调节中枢，使动脉压呈剂量依赖性下降。在马，因阻断 α 受体对阴茎缩肌的支配而出现阴茎下垂。

【应用】 为兽医临床上最常用的安定药，常用作犬、猫和马的麻醉前给药或与麻醉药合用。

【用法与用量】 内服：一次量，每 1 kg 体重，犬、猫 1～3 mg。

皮下或肌内注射：一次量，每 1 kg 体重，犬、猫 0.1～0.5 mg，马、牛 0.02～0.11 mg。

静脉注射：一次量，每 1 kg 体重，犬、猫 0.05～0.1 mg，马、牛 0.01～0.06 mg。

二、苯二氮䓬类

苯二氮䓬类（benzodiazepines）具有抗焦虑、抗惊厥、肌肉松弛和健胃等作用。镇静、安定作用的强度不如吩噻嗪类，也存在明显的种属差异。常用药物有地西泮、氯硝安定（Clonazepam）、阿普唑仑（Alprazolam）、氯羟安定（Lorazepam）、咪达唑仑、氯氮䓬（Chlordiazepoxide）、利眠灵（Chlordiazepoxide）、氯䓬酸钾（Clorazepate）、氟西泮（Flurazepam）、劳拉西泮（Lorazepam）、去甲羟安定（Oxazepam）和羟基安定（Temazepam）。

本类药物内服吸收迅速，肌内注射的吸收不稳定。具有高度亲脂性，能迅速渗入全身组织（包括脑组织）。表观分布容积大，但进入脑脊液的量少，因血浆蛋白结合率高，原形和活性代谢物的血浆蛋白结合率为 85%～95%。在肝内代谢，能产生活性代谢物。代谢物的代谢比原形慢，所以药物的作用时间与原形的半衰期不平行。代谢物从尿和粪中排出。

苯二氮䓬类受体见于大脑皮层、丘脑下部、小脑、中脑、海马、延髓和脊髓。本类药物能增强抑制性神经递质 γ 氨基丁酸和甘氨酸的活性。中枢神经系统内 γ 氨基丁酸的活性增强，就产生镇静和轻度镇痛作用，甘氨酸的活性增强则产生抗焦虑和肌肉松弛作用。γ 氨基丁酸的 A 受体至少有 5 个结合位点，分别与激动剂或拮抗剂、苯二氮䓬类、巴比妥类、印防己毒素和无机离子结合。未结合的受体无活性，偶合的氯离子通道处于关闭状态。γ 氨基丁酸与受体结合后，氯离子通道开放，氯离子进入细胞内。苯二氮䓬类能增加 γ 氨基丁酸与其受体的结合，使氯离子大量地进入细胞内。氯离子的大量进入就使细胞超极化，去极化难以发生，因而神经的兴奋性降低。

氟马西尼（Flumazenil）是苯二氮䓬类的逆转剂。本品与苯二氮䓬类的所有受体都有高亲和力，逆转的剂量比为 1∶13（氟马西尼∶苯二氮䓬类）。但作用时间短于苯二氮䓬，所以需要重复给药。

地西泮（Diazepam）

【理化性质】 为白色或类白色的结晶性粉末。无臭，味微苦。在丙酮或三氯甲烷中易溶，在乙醇中溶解，在水中几乎不溶。

【药理作用】 为长效的苯二氮䓬类药。主要作用于大脑的边缘系统和脑干的网状结构，加强抑制性神经递质 γ 氨基丁酸的作用，产生镇静、催眠、抗焦虑、抗惊厥、抗癫痫和中枢性肌肉松弛作用。肌肉松弛是因为本品在脊髓水平能对单突触反射产生突触前抑制。小剂量即可缓解狂躁不安，较大剂量则产生镇静和中枢性肌松作用，使兴奋不安的动物安静，使有攻击性、狂躁的动物变得驯服，易于接近和管理。本品对电惊厥、戊四氮和士的宁等中毒所致的惊厥有强效；对癫痫持续状态的疗效显著，但对癫痫小发作的效果差。常与氯胺酮合用，以避免癫痫发作和肌肉僵直。

本品的镇静和抗焦虑作用具有明显的种属差异，马属动物对本品最敏感，犬最不敏感。在镇静剂量下，马出现肌肉震颤和共济失调，猫的行为改变，犬可出现兴奋反应或食欲增加。

地西泮的活性代谢物为去甲安定（Nordiazepam）。

【应用】主要用于肌肉痉挛、癫痫、惊厥、焦虑的治疗，作为肌松药配合全身麻醉。还可用作猫的短效健胃药。肝、肾功能障碍者慎用，妊娠动物忌用。

肌内和皮下注射吸收慢而不完全，并引起疼痛，马的血浆蛋白结合率约为87%。消除半衰期：马7～22 h，犬2.5～3.2 h，猪5.5 h。一般静脉注射和内服给药，静脉注射速度要慢。

很少单独用于健康动物，因能引起兴奋反应。除氯胺酮外，不能与其他药物混合使用。

【用法用量】内服：一次量，犬5～10 mg，猫2～5 mg，水貂0.5～1 mg。

肌内、静脉注射：一次量，每1 kg体重，马0.1～0.15 mg，牛、羊、猪0.5～1 mg，犬、猫0.6～1.2 mg，水貂0.5～1 mg，鸟0.5～2 mg。

【制剂】地西泮片（Diazepam Tablets），地西泮注射液（Diazepam Injection）。

咪达唑仑（Midazolam）

在偏酸性条件下溶于水，在生理pH下转化成脂溶性而能通过血脑屏障。内服吸收好，但首过效应强，生物利用度为31%～72%，肌内注射吸收快而完全（91%）。血浆蛋白结合率为94%～97%。犬的消除半衰期平均77 min。药效比地西泮强4倍，但半衰期比地西泮短，因此用药后完全恢复的时间与地西泮相同。可通过肌内注射给药，并能与其他药物混合使用。主要用作全身麻醉前给药。老龄动物对本品较敏感。

静脉注射：一次量，每1 kg体重，马0.011～0.044 mg；静脉注射或肌内注射：一次量，每1 kg体重，犬、猪0.2～0.4 mg。

三、丁酰苯类

丁酰苯类（butyrophenones）的药理特点与吩噻嗪类有许多相似之处，但化学结构不同，抗多巴胺的作用强于吩噻嗪类，也具有镇静、降低运动活性和安定等作用。能引起骨骼肌松弛，高剂量时产生椎体外综合征，如静止不动、僵直和动作震颤（action tremor），特别是烦躁不安。本类药物的止吐作用强，通过作用于化学感受区，能阻断阿扑吗啡和鸦片类所致的呕吐。本类药物对心血管系统的作用较小，只对α受体有轻度阻断，能引起心动过速和低血压，防止肾上腺素引起的心律失常。猪可能出现外周血管松弛的反应。本类药物的作用机制是阻断中枢神经系统内D_2受体、去甲肾上腺素受体和乙酰胆碱受体。在锥体外系，具有类似γ氨基丁酸的作用或阻止谷氨酸对突触的作用。4-氨基吡啶是本类药物的逆转剂（reversal agent）。

主要药物有氟哌啶醇（Haloperidol）、氟哌利多、氮哌酮和氟苯哌丁酮。

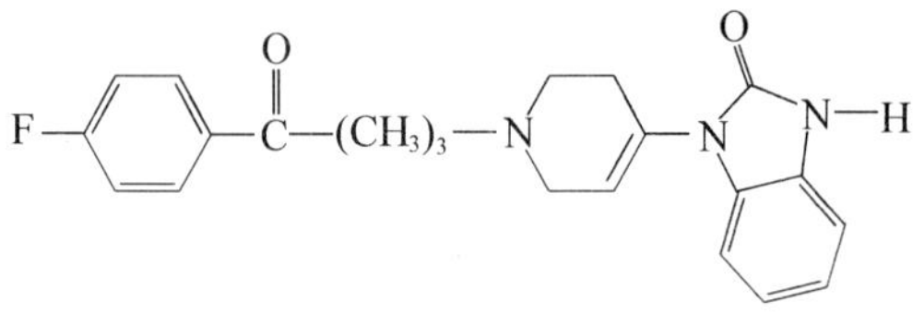

氟哌利多的分子结构

本类药物胃肠道外给药，吸收良好，迅速起效。肝内浓度高，其10%～15%从胆汁排泄，肾脏是主要排泄器官。作用持续时间因药物种类和动物种属的不同而异。氟哌啶醇为长效药物，氮哌酮为中效药物，氟哌利多为短效药物。

氮哌酮（Azaperone）

本品肌内注射产生可靠的剂量依赖性的镇静作用，以防止攻击和打架。主要用于猪，中等剂量能降低猪的兴奋性，增加合群性。高剂量时，动物卧地。也可用作猪的术前和运输镇静剂，可防止氟烷引起的恶性高热。作用维持时间，青年猪2～3 h，老年猪3～4 h。毒性相对较小。能引起低血压，静脉注射给药，初期产生兴奋作用。

本品在其他动物（如马）能引起兴奋，一般不用，偶尔用作马的抗焦虑药。

肌内注射：一次量，每1 kg体重，猪0.4～4 mg。静脉注射：一次量，每1 kg体重，猪0.5～1.0 mg。

氟哌利多（Droperidol）

为犬的高效、短效安定药和特效止吐药，主要与镇痛药如芬太尼一起使用。参考用法用量：肌内注射，一次量，每1 kg体重，0.6～2.2 mg。

氟苯哌丁酮（Lenperone）

本品为犬的抗焦虑剂和止吐剂。对α受体阻断作用较弱，因此较少出现低血压。

四、α_2 肾上腺素能受体激动剂

α_2 肾上腺素能受体激动剂（α_2 adrenergic agonists）为一类强效镇静、催眠，兼有镇痛、肌松和局麻作用的中枢抑制药。兽医临床上批准使用的药物有赛拉嗪、地托咪啶、美托咪啶、罗咪非啶和噻拉唑。赛拉唑为我国研发的产品。

激活突触前膜和突触后膜的 α_2 受体，会使血管收缩（突触后膜 α_2 受体），并在初期反射性地引起心跳加快（因压力感受器兴奋）；胰岛素释放抑制（突触前膜 α_2 受体），引起血糖浓度升高；特别是交感神经功能（突触前膜 α_2 受体）低下，如去甲肾上腺素的释放、去甲肾上腺素能神经元的活动和中枢神经系统内去甲肾上腺素的转运等功能受到抑制，出现镇静、镇痛（脊髓 α_2 受体）、肌肉松弛、胃肠蠕动减缓、胃肠及唾液分泌下降、肾素和抗利尿激素释放受阻、心血管抑制（心率下降、收缩力降低、血管舒张）等。抑制中枢神经和脊髓内中间神经元神经冲动传导，导致肌肉松弛。

以镇静和镇痛作用为例。位于蓝斑的去甲肾上腺素能神经（含 α_2 受体）投射到前脑，参与调节大脑皮层和边缘系统的活动。此区域内的 α_2 受体兴奋，蓝斑神经受到抑制，出现

镇静作用。去甲肾上腺素也抑制脊髓的伤害感受神经，如 5 -羟色胺能神经。5 -羟色胺能神经和核酸能神经协同作用，能降低脊髓的疼痛传导。脑干内的一些核酸能神经可抑制中缝（raphe）核（调节或减少疼痛）内的 5 -羟色胺能神经，5 -羟色胺能对疼痛抑制起下调作用。α_2 激动剂抑制脑干的核酸能神经，就能阻止核酸对 5 -羟色胺的疼痛抑制下调作用。

本类药物的作用强度，由大到小依次为美托咪啶、地托咪啶、罗咪非啶和赛拉嗪。本类药物对 α_2 和 α_1 的特异性，分别为美托咪啶 1 620∶1，地托咪啶 260∶1，赛拉嗪 160∶1。

α_2 肾上腺素能拮抗剂或反向激动剂（α_2 reversal agents）有育亨宾、妥拉唑林和阿替美唑（Atipamezole）。这些药物对 α_2 受体的亲和性和选择性比对 α_1 受体高 1 000 倍。

赛拉嗪（Xylazine）

【理化性质】噻嗪类衍生物，为白色结晶性粉末。味微苦。在丙酮或苯中易溶，在乙醇或三氯甲烷中溶解，在石油醚中微溶，在水中不溶。

【药动学】内服吸收不良。肌内注射吸收迅速，但生物利用度有明显种属差异，马 40%～48%，绵羊 17%～73%，犬 52%～90%。犬、猫肌内或皮下注射 10～15 min 起效，马静脉注射 1～2 min 起效。作用持续时间，牛 1～5 h，马 1.5 h，犬 1～2 h，猪不足 30 min，呈剂量依赖性。马宜静脉注射给药。脂溶性高，能进入大多数组织，在中枢神经系统和肾组织中浓度最高。通过胎盘的量有限，较少出现胎儿抑制作用。

本品在大多数动物代谢迅速、广泛，形成多种代谢产物（约 20 种），其中一种是 1 -氨基 2，6 -二甲基苯。约 70%以游离和结合形式从尿中排出，原形仅占不到 10%。原形的半衰期，绵羊 23 min，马 50 min，牛 36 min，犬 30 min。代谢物在大多数动物体内的消除持续 10～15 h。

【药理作用】本品能引起强大的中枢抑制，主要表现为镇静、镇痛和肌肉松弛。用药后，动物的头下沉，眼睑低垂，耳活动减少，流涎，舌脱出。有些动物还见嗜睡和卧地不起。镇痛作用短暂，为 15～30 min。对头、颈、躯干和前肢的镇痛作用明显，对皮肤和后肢的镇痛作用不显著。肌松作用持续 20～60 min。反刍动物对本品非常敏感，剂量通常为马和小动物的 1/10。猪对本品非常耐受，剂量是反刍动物的 20～30 倍。

给药之初，因外周阻力增加（中枢介导），血压暂时升高，牛一般不出现。随后是低血压，持续时间与镇静、镇痛作用相同。本品能干扰心脏的传导性，如阻滞窦-房和房-室传导，引起心动徐缓、心输出量减少、血压下降。本品能提高心脏对儿茶酚胺类的敏感性，诱发心律失常。在牛能降低红细胞压积，使淋巴细胞和中性粒细胞的比例逆转。

用药后，牛的呼吸受到抑制（下降 25%～50%），马则轻度增加，但血气值几无变化，牛偶见氧分压降低。

本品能抑制呕吐和胃的分泌，但猫和犬会发生呕吐，特别是在肌内注射给药之后。抑制马的唾液分泌而增加反刍动物的唾液分泌，降低胃肠蠕动，轻度减缓大肠蠕动节律，使胃肠内容物转运时间延长。瘤胃的运动减少或停止，停药后 1 h 或 2 h 后恢复正常。常规剂量下嗳气不受影响，但高剂量引起胃臌胀。牛在 12～36 h 内常出现暂时的腹泻。育亨宾能逆转本品的这些作用。

本品对子宫平滑肌亦有一定程度的兴奋，能增加牛子宫肌的张力和子宫内压，因此对妊娠动物要慎用。

本品能使体温升高，引起出汗，公牛和公猪会出现阴茎不全麻痹，牛和马出现短暂（1～3 h）的高血糖和糖尿，使排尿次数增加，特别是牛。本品还具有一定程度的局部麻醉作用。

【不良反应】大多数动物常见唾液分泌增加，马见出汗。偶见癫痫和中枢兴奋。大剂量时，会引起肌肉震颤，心动过缓（房室阻断），低血压，呼吸抑制，腹部臌胀。犬、猫发生呕吐，猫瞳孔放大。本品能使妊娠后期的动物流产。

牛对本品特别敏感，使用浓度为10%溶液，应特别小心，宜用生理盐水稀释5～10倍，剂量应为其他动物的1/10。用药后，牛在12～36 h内出现腹泻，故避免给体质虚弱的牛使用。

本品禁用于心脏病患病动物，特别是心脏传导紊乱的动物。忌用于肝、肾疾患动物。不得动脉内给药。本品与氯胺酮合用，在犬会引起“麻醉性死亡”。

【应用】本品的镇静及轻度肌松作用，可用于放射诊断；催眠、轻度肌松和镇痛作用，可用于外科小手术；深度安眠（麻醉）、广泛且持久的肌松和镇痛作用，可用于马的疝痛诊疗。

本品麻醉前给药，能加强其他中枢抑制药的作用，减少用药剂量，并有利于麻醉和术后恢复。常与其他药物合用于大、小动物的胃肠道手术。也常用于野生动物的化学制动。有时用于猫的催吐。

【用法与用量】常静脉注射和肌内注射给药，2%溶液用于小动物，10%溶液用于马。

静脉注射：一次量，每1 kg体重，马1 mg，反刍动物0.1 mg，猪2～4 mg。

肌内注射：一次量，每1 kg体重，马1～2 mg，牛0.1～0.3 mg，羊0.1～0.2 mg，犬、猫1～2 mg，鹿0.1～0.3 mg。

【制剂】盐酸赛拉嗪注射液（Xylazine Hydrochloride Injection）。

赛拉唑（Xylazole）

又名静松灵。为白色结晶。味微苦。在丙酮、三氯甲烷或乙醚中易溶，在石油醚中极微溶，在水中不溶。

作用与赛拉嗪相似。用药后表现为镇静、嗜睡和镇痛。静脉注射后1 min、肌内注射后10～15 min起效。牛最敏感，猪、犬、猫、兔及野生动物敏感性较差。

主要用于化学制动或基础麻醉。肌内注射：一次量，每1 kg体重，马、骡0.5～1.2 mg，驴1～3 mg，黄牛、牦牛0.2～0.6 mg，水牛0.4～1 mg，羊1～3 mg，鹿2～5 mg。

地托咪啶（Detomidine）

本品的作用比赛拉嗪强50～100倍，作用持续时间也长，如镇痛可持续3 h。多次给药产生的镇静作用优于赛拉嗪与吗啡合用的效果，特别是对暴躁易怒的马。增加剂量，可延长镇静作用的时间，而不是增强镇静作用的强度。国外仅批准用于马，静脉注射或肌内注射：一次量，每1 kg体重，0.02～0.04 mg。

美托咪啶（Medetomidine）

为较强的α_2受体激动剂，作用较赛拉嗪强10倍，主要用于小动物。能引起心动过缓和呼吸抑制，但产生优良的镇静和肌松作用，可被α_2拮抗剂所阻断。镇静持续30～180 min，随剂量而异。肌内注射：一次量，每 1 kg 体重，犬 0.01～0.04 mg，猫 0.04～0.08 mg。

五、其　　他

兽医临床上使用的具有镇静、安定作用的药物，还有水合醛类（主要是水合氯醛）、巴比妥类（如苯巴比妥）、无机盐类（溴化物、硫酸镁）、萝芙木全碱、钉螺环酮和非班酯（felbamate）。巴比妥类详见本章全身麻醉药一节。

水合氯醛（Chloral Hydrate）

【理化性质】水合氯醛是由水与氯结合的酸性液体，密度大于水。其固体为白色或无色透明的结晶。有刺激性，特臭，味微苦，在空气中渐挥发。在水中极易溶解，在乙醇、三氯甲烷或乙醚中易溶。

【药动学】本品内服吸收良好，犬在 15～30 min 达到血药浓度峰值。胃肠道外给药应静脉注射。广泛分布于全身组织，易通过血脑屏障和胎盘屏障。静脉给药后，水合氯醛在血浆中迅速消失，取而代之的是三氯乙醇（活性代谢物），其与葡萄糖醛酸结合生成尿氯醛酸（urochloralic acid），一小部分在肝和肾内氧化成无活性的三氯乙酸。代谢产物由尿排出。水合氯醛的大部分作用是由三氯乙醇产生的。

【药理作用】具有镇静、催眠或麻醉作用，依剂量不同而异。内服从给药到起效有一个延迟期，静脉注射给药在 10～15 min 内产生峰作用。中剂量内服能产生 20～30 min 的镇静作用。催眠和镇静剂量主要是抑制网状结构的上行激活系统，对生命中枢无明显影响。大剂量引起深度睡眠，过量会因呼吸抑制而死亡。

本品肌肉松弛作用弱。中、小剂量对心血管系统影响小，大剂量使血管扩张、血压下降、心功能抑制。对局部有刺激和轻度麻醉作用。

患酮血症的牛内服，除起镇静作用外，还有一些其他有益作用，如促进糖原异生。

【应用】作为镇静药，主要用于治疗马属动物的急性胃扩张、肠阻塞、痉挛性腹痛、子宫和直肠脱出，以及食道、肠管和膀胱痉挛等，使动物安静，易于驾驭，便于小手术。可用于不驯服的大动物的制动，药效持续 3～4 h。给药后动物不易唤醒（与赛拉嗪和吩噻嗪不同）。

作为抗惊厥药，可用于治疗破伤风、脑炎、士的宁或其他中枢兴奋药所致的惊厥。

与局麻药合用，可用于外科手术。还常与硫酸镁和/或巴比妥类合用，作为基础麻醉药或维持麻醉药。

【制剂】水合氯醛乙醇注射液（Chloral Hydrate and Alcohol Injection），水合氯醛硫酸镁注射液（Chloral Hydrate and Magnesium Sulfate Injection）。

苯巴比妥（Phenobarbital）

【药理作用与应用】本品具有镇静、催眠、抗惊厥和抗癫痫作用，随剂量而异。本品是目前最好的抗癫痫药，对各种癫痫发作都有效，尤其对癫痫大发作和持续状态有良效，对癫痫小发作效果较差。主要用于缓解脑炎、破伤风或士的宁等中毒引起的惊厥，亦可用于犬、猫的镇静或癫痫治疗。

本品吸收缓慢，犬内服后达峰时间为 4～8 h，生物利用度为 90%。吸收后能分布于各组织，表观分布容积：马 0.8 L/kg，犬 0.75 L/kg。因脂溶性较低，进入中枢神经的量不如其他巴比妥药。蛋白结合率为 40%～50%。起效时间，静脉注射 15 min，肌内注射 20～30 min，内服 1～2 h。主要在肝内发生羟化代谢，生成硫酸和葡萄糖醛酸结合物，约 25%为原形从肾排出，碱性尿液能增加排出。消除半衰期，犬 12～125 h（平均约 2 d），猫 34～43 h，马约 18 h。

【用法用量】内服：一次量，每 1 kg 体重，犬、猫 6～12 mg。

肌内注射：一次量，羊、猪 250～1 000 mg；每 1 kg 体重，犬、猫 6～12 mg。

【制剂】苯巴比妥片（Phenobarbital Tablets），注射用苯巴比妥钠（Phenobarbital Sodium for Injection）。

萝芙木全碱（Rauwolfia Alkaloids）

主要有利血平（Reserpine）和 18－表甲基利血酸甲酯（Metoserpate）。利血平阻断神经递质贮存颗粒膜的转运系统，使脑内去甲肾上腺素、多巴胺和 5－羟色胺耗竭。小剂量的作用就能持续 2～5 d。主要用于马的镇静。18－表甲基利血酸甲酯可用于鸡，控制狂躁不安。

钉螺环酮（Buspirone）

本品为 5－羟色胺突触前受体（5－HT_1A 受体）的激动剂，使 5－羟色胺能神经的传导减弱。还具有选择性抗焦虑作用，但缺乏抗惊厥、肌肉松弛和镇静作用。起效慢，与其他中枢抑制药的相互作用弱。主要用作抗焦虑药和治疗猫的不正常排尿（喷尿）。

溴化钙（Calcium Bromide）

本品为白色颗粒，味咸而苦，有引湿性，水溶液呈中性反应。在水中极易溶解，在乙醇中溶解，在乙醚或三氯甲烷中不溶。主要用于镇静，如缓解脑炎引起的兴奋症状，解救猪、禽的食盐中毒。还具有钙盐的作用，如用于过敏性疾病的辅助治疗。

硫酸镁（Magnesium Sulfate）

Mg^{2+}对中枢神经系统有抑制作用。本品用于治疗破伤风、脑炎、士的宁等中枢兴奋药中毒所致的惊厥。

第二节　镇 痛 药

镇痛药（analgesic）是能使感觉特别是痛觉消失的药物。具有镇痛作用的药物包括全身麻醉药、局麻药和解热镇痛抗炎药等，它们的镇痛作用各有特点。本节的镇痛药是指具有吗啡样强力镇痛作用的药物，包括所有天然的和人工合成的作用于阿片受体的激动剂或拮抗剂，称为阿片样镇痛药（opioid analgesic）或麻醉性镇痛药（narcotic analgesic）。严格地讲，麻醉性镇痛药是指在产生强力镇痛作用的同时还能诱导睡眠或麻醉的药物，法律上主要指滥用的各种毒品，包括吗啡、海洛因等。

阿片样镇痛药的特点：在大多数动物产生镇静、强大镇痛与欣快的作用，具有成瘾性和依赖性（特别是与中枢相关），正常剂量不使意识消失，阿片受体拮抗剂能即刻阻断其作用。

兽医临床上主要用于化学制动、镇痛、止咳和止泻。

（一）药物种类

阿片样镇痛药主要有天然的鸦片碱类、天然碱类的合成衍生物和人工合成品。天然的鸦片碱类有吗啡、可待因、二甲基吗啡（Thebaine，非麻醉性镇痛药）、盐酸罂粟碱（Papaverine，舒血管药）和乐克平（Noscapine，非麻醉性止咳药）。

由天然碱类合成的衍生物包括：由吗啡衍生的氢化吗啡酮、羟氢吗啡酮（Oxymorphone）、海洛因（Heroin）、环丁甲羟氢吗啡（Nalbuphine）、烯丙吗啡（Nalorphine）、纳洛酮和阿扑吗啡（Apomorphine，催吐药）；由可待因衍生的羟氢可待酮（Oxycodone）和二氢可待因酮（Hydrocodone）；由二甲基吗啡衍生的埃托啡、丁丙诺啡、环丙啡（Cyprenorphine）和环丙羟丙吗啡（Diprenorphine）。

人工合成品有美沙酮（Methadone）及其衍生物丙氧芬（Propoxyphene），哌替啶及其衍生物芬太尼和苯乙哌啶（Diphenoxylate），羟甲基吗喃（Levorphanol）及其衍生物环丁羟吗喃和烯丙左吗喃（Levallorphan）。

（二）药动学

本类药物胃肠道外和黏膜表面给药，吸收良好。内服迅速吸收，但有显著的首过效应，限制了本类药物内服使用。可待因和羟氢可待酮的首过代谢少，可内服给药。本类药物能延迟胃排空，所以内服给药能造成离子在胃内潴留。

本类药物的大多数具有亲脂性，能迅速深入大多数组织，其中内脏的实质组织中浓度较高，肌肉和脂肪组织中浓度较低，脑中浓度相对较低。本类药物的大多数能通过血脑屏障，但两性化合物如吗啡较难通过，羟化后脂溶性增加，容易通过；能通过胎盘屏障（但在有些动物通过缓慢），胎儿表现出呼吸抑制。本类药物的血浆蛋白结合率变化大。

本类药物被肝和其他酶迅速代谢成极性代谢物，普遍与葡萄糖醛酸结合，如吗啡和羟甲基吗喃。酯键可被酯酶水解，如吗啡和海洛因。*N*-去甲基是一种常见的次要代谢方式。极性代谢物和原形主要经肾脏排泄。经胆汁消除的药物会发生肝肠循环，使药物的作用时间延长，如埃托啡在马体内。

本类药物大多数在注射后30～60 min出现最大作用，作用持续时间在大多数动物不足2 h，偶见镇痛时间达4～5 h（如环丁羟吗喃），一些新药的持续时间会更长。

（三）药理作用

1. 中枢神经系统

（1）镇痛：能改变对疼痛的感觉与反应，从而缓解剧烈特别是钝性和持久的疼痛。

（2）欣快：使动物从焦虑和痛苦中解救出来，但某些动物会出现烦躁不安。

（3）镇静：昏睡和意识模糊，但能唤醒。猫、马、牛和猪常表现为兴奋。

（4）呼吸中枢抑制：见于所有阿片类镇痛药，因对二氧化碳的反应性降低。这是重要的有临床意义的作用。常常是很快就发生，犬在初期可见喘气。

（5）咳嗽中枢抑制：许多阿片类镇痛药可见中枢性止咳作用，可待因及其衍生物常用于止咳。

（6）瞳孔变化：犬、大鼠和兔的瞳孔缩小，尤其是犬出现“针尖瞳孔”（pin point pupils）。猫、绵羊、马和猴可见瞳孔放大，特别是猫。

（7）恶心、呕吐：本类中的许多药物有这种反应，因它们能刺激脑干内的化学感受区（吗啡是激活 δ 受体，阿扑吗啡是激活多巴胺受体）。呕吐存在着明显的种属差异，犬和猫的呕吐明显，而猪、鸡、马和反刍动物不出现中枢性呕吐。

（8）神经内分泌作用：刺激抗利尿激素、催乳素和生长激素释放，但抑制黄体生成素的释放。

2. 心血管系统 心率在初期是增加（恶心、呕吐），随后是心动弛缓（因迷走神经的影响）。可见低血压，因外周阻力减少（是组胺释放增加还是延髓血管运动中枢被抑制，尚不清楚）。静脉的弹性下降，导致心脏受血量不足。呼吸抑制引起二氧化碳分压增加，使脑血管扩张、颅内压增加。在常规剂量下，心血管的这些反应不是这类药物的直接作用。

3. 消化道 初期可见唾液分泌增加、呕吐和排粪（为迷走介导）。因胃肠道的挛缩作用，临床上经常见到便秘，特别在多次给药之后，有中枢的和局部的原因。胃的运动力降低，但节律增加，盐酸分泌下降。小肠的静息节律和分节收缩活动增加，但推进性收缩活动减少，胆汁、胰液和肠液的分泌减少。大肠的节律和分节收缩活动增加，但推进性收缩活动降低。也能见到胆管平滑肌痉挛。

4. 泌尿生殖道 尿量减少，因抗利尿激素释放增加，肾血流量减少。尿道平滑肌痉挛，膀胱活动节律增加。子宫运动节律下降，有外周和中枢的作用。

（四）镇痛作用机制

内源性的类阿片活性肽（endogenous opioid peptides，opiopeptins）是体内分泌的与疼痛和其他刺激反应有关的内源性物质，包括β-内啡肽（β-Endorphin）、脑啡肽（Enkephalins）和强啡肽（Dynorphin）。每族肽都有特定的神经解剖学分布，有些神经元内偶见一种以上的肽类。阿片样镇痛药选择性地与分布在大脑、脊髓和其他组织的特定的膜受体（阿片受体）发生相互作用而产生药理作用。通过阿片样化合物与脑细胞的高亲和、饱和及立体特异结合等研究，1973 年证实了这些受体的存在。阿片受体在脊髓背角、丘脑、中脑周围导水管（periaqueduct）的灰质和延髓的头腹侧等部位的分布密度高。阿片受体是 G 蛋白偶联受体超家族成员，分为 μ、κ、σ 和 δ 4 个亚型。μ 受体产生脊髓镇痛，并引起欣快、呼吸抑制和生理依赖，对纳洛酮的阻断最敏感。κ 受体产生脊髓镇痛、瞳孔缩小和镇静作用，大剂量纳洛酮也能阻断其作用。σ 受体引起烦躁不安、幻觉、呼吸兴奋和血管舒缩作用，对纳洛酮的阻断不敏感。δ 受体存在于中枢神经系统、平滑肌、淋巴细胞，负责情感（情绪）行为，大剂量纳洛酮可阻断。脊髓背角的阿片受体数量多，负责调节疼痛感受。信号从脊髓往上传递有两种途径：一是腹侧系统，与突然的时相性疼痛（phasic pain）有关，能迅速将冲动传递给皮层的感觉中枢。二是中间系统，负责持久、强烈的疼痛，由多种通道将冲动传入边缘系统，控制疼痛的情绪部分，能缓慢地释放疼痛的不愉快感觉的电荷，与阿片样镇痛药耐受性形成的关系小。阿片类也能抑制 P 物质释放，P 物质在一定程度上负责疼痛冲动在中枢的传导。

阿片类受体是通过抑制性 G 蛋白与效应系统（包括腺苷酸环化酶、钾离子通道和钙离子通道）相偶联的。阿片类镇痛药与受体结合后，使突触后神经元去极化并抑制其活动，减少钙离子流入突触前的神经末梢（通过 G_K 蛋白调节），从而抑制神经递质的释放，如乙酰胆碱、谷氨酸、去甲肾上腺素、多巴胺、5-羟色胺和P物质。阿片与受体结合后，还发现腺苷酸的环化受到抑制，cAMP浓度下降，而cGMP浓度升高。

本类药物长期给药或较大剂量使用会引起耐受，可能是长期给药提高了细胞对钙的滞留能力，停药则使钙和各种神经递质同时大量释放。

根据作用的性质，本类药物又可分为激动剂、激动-拮抗剂、部分激动剂和拮抗剂。激动剂产生完全的镇痛作用，一般由 μ 受体和 κ 受体介导，又分为强效激动剂和中效激动剂。强效激动剂有吗啡、氢化吗啡酮、羟氢吗啡酮、埃托啡、美沙酮、哌替啶、芬太尼、羟甲基吗喃、双苯哌酯、舒芬太尼和雷米芬太尼。中效激动剂有可待因、羟氢可待酮、二氢可待因酮、丙氧芬和苯乙哌啶。激动-拮抗剂在某些受体产生激动作用，而在另一些受体产生拮抗作用。主要药物有环丁甲羟氢吗啡、镇痛新、环丁羟吗喃和烯丙吗啡。部分激动剂在某些受体产生小于激动剂的作用，但在另一些受体起拮抗剂作用，主要有丁丙诺啡和曲马多。拮抗剂本身没有药理作用，只能逆转激动剂的作用，主要有纳洛酮、环丙羟丙吗啡、烯丙左吗喃、纳曲酮和纳美芬。值得注意的是，这些分类在动物存在明显的种属差异。

（五）毒副作用

本类药物使用后，会出现恶心、呕吐、便秘、肺和肝功能损害、积尿等不良反应，有些具有耐受性。高度耐受的作用有镇痛、欣快（或烦躁不安）、意识模糊、镇静、呼吸抑制、积尿、恶心呕吐、咳嗽抑制等，中度耐受的有心动过缓，轻度耐受的有瞳孔缩小、便秘、躁动、拮抗剂作用等。

（六）临床应用

本类药物最主要的应用包括外伤、腹痛和术后等镇痛，麻醉前给药，止咳，催吐，止泻。

本类药物还用于治疗急性肺水肿，能缓解呼吸困难和痛苦、减少静脉回流量、降低外周阻力和血压。制止过敏性休克，下丘脑的内啡肽族参与过敏性休克（释放组胺）的形成，可被纳洛酮阻断。犬和大多数野生动物多用，猫、牛、马常常会出现异常反应，如步态不稳（马）、狂躁（猫）、哞叫（牛）。

用作镇痛药或麻醉前给药时，本类药物通常是与安定药/镇静药或麻醉药一起使用，以产生安定作用，使动物安静、失去攻击性；同时产生镇痛作用。此种用法称为安定镇痛（neuroleptanalgesia）。安定镇痛法并不能产生完全的麻醉，但能产生比较强大的镇静和镇痛作用，并降低其他合用药物的用量，因为阿片类能加强镇静及镇痛，药物相加能产生比期望的镇静、镇痛作用更为明显的协同效果。镇静类药物的用量减少，使心血管受到的抑制作用减弱。阿片类本身产生较小的心血管抑制作用。安定镇痛法主要用于放射诊断、小手术等的制动；麻醉前给药，使动物安静下来，便于静脉注射；产生镇痛作用，并降低诱导麻醉和维持麻醉药物的剂量；在老、弱、病动物用作诱导麻醉，在高危动物用作维持麻醉。

安定镇痛法的药物组合：犬、猫、猪常将乙酰丙嗪、地西泮、咪达唑仑、美托咪啶或赛拉嗪，与羟氢吗啡酮、吗啡、氢化吗啡、哌替啶、芬太尼、环丁羟吗喃或丁丙诺啡组合使用。吗啡和哌替啶总是肌内注射，因为静脉注射会引起组胺释放和较强的低血压。地西泮总是静脉注射，因肌内注射吸收不好。马常将乙酰丙嗪、赛拉嗪或地托咪啶，与环丁羟吗喃、吗啡、哌替啶或镇痛新合用。苯二氮䓬类一般不用于成年马的镇静，但可用于驹的镇静。苯二氮䓬类常与氯胺酮合用于马，以诱导更好的肌松作用。反刍动物常将乙酰丙嗪、地西泮、咪达唑仑、赛拉嗪、地托咪啶或美托咪啶，与环丁羟吗喃、丁丙诺啡或哌替啶组合。

吗 啡（Morphine）

【理化性质】 盐酸盐为白色、有丝光的针状结晶或结晶性粉末，无臭，遇光易变质。在水中溶解，在乙醇中略溶，在三氯甲烷或乙醚中几乎不溶。

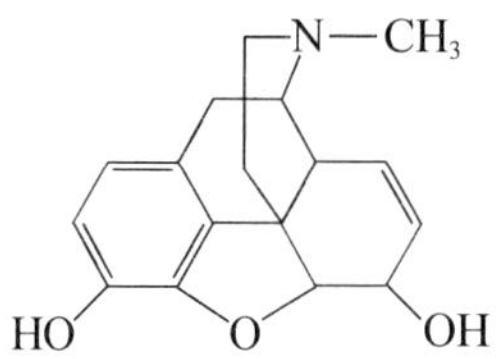

【药理作用】 本品为阿片受体激动剂，产生强大的中枢性镇痛作用。镇痛范围广，对各种疼痛都有效。本品的中枢作用具有明显的种属差异，在犬和猴产生中枢抑制，在猫、马、山羊、绵羊、猪、小鼠和奶牛却产生中枢兴奋作用。猫的“吗啡样狂躁”（morphine mania）可通过小剂量多次给药或同时给予安定/镇静药而避免。

本品有强大镇咳作用，对各种原因引起的咳嗽都有效。对体温调节中枢有影响，使兔、犬和猴的体温下降，猫、山羊、牛和马的体温升高。

本品小剂量可引起马、牛便秘。大剂量使消化液分泌增多，胃肠平滑肌张力升高，胃肠蠕动加强。在犬还能引起恶心、呕吐，消化道的初期反应是胃排空，后期为便秘。本品能减少犬的尿量，因它能刺激垂体释放抗利尿激素。

治疗剂量抑制呼吸。急性中毒常因呼吸中枢麻痹、呼吸停止而致死。纳洛酮和丙烯吗啡是本品的特异性拮抗剂。

【应用】 主要用于剧痛和犬的麻醉前给药，以减少中枢抑制药的用量、缓解疼痛、抗腹泻。中枢抑制类药物与本品有协同作用。

本品不宜用于产科阵痛。胃扩张、肠阻塞及臌胀者禁用，肝肾功能不全者慎用。幼龄动物对本品敏感，慎用或不用。

【用法用量】 皮下或肌内注射：一次量，镇痛，每 1 kg 体重，马 0.1～0.2 mg，犬0.5～1 mg，猫 0.1～0.3 mg。

麻醉前给药：一次量，犬 0.5～2 mg。

【制剂】 盐酸吗啡注射液（Morphine Hydrochloride Injection）。

哌替啶（Meperidine，Pethidine）

【理化性质】 盐酸盐为白色结晶性粉末，无臭或几乎无臭。在水或乙醇中易溶，在三氯甲烷中溶解，在乙醚中几乎不溶。

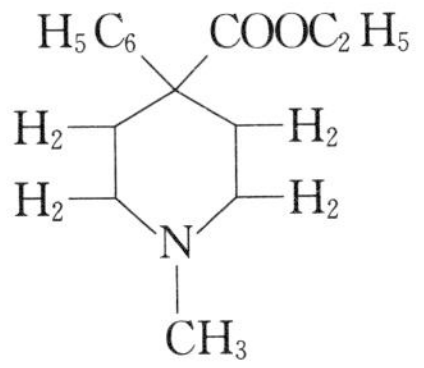

H_5C_6　$COOC_2H_5$

H_2　　H_2

H_2　　H_2

N

CH_3

【药理作用】 为人工合成的镇痛药。与吗啡相比，镇痛作用较弱，对呼吸的抑制强度相同但作用时间较短，能解除平滑肌痉挛（强度为阿托品的 1/20～1/10）。能兴奋催吐化学感受区，易引起恶心、呕吐。

注意：本品的代谢存在明显的种属差异。犬、猫作用持续时间为 1～2 h。

【应用】 主要用作猫的镇静性镇痛，马的痉挛性疝痛的止痛，犬、猫的麻醉前给药。

【用法用量】 皮下或肌内注射：一次量，每 1 kg 体重，马、牛、羊、猪 2～4 mg，犬、猫 5～10 mg。

【制剂】 盐酸哌替啶注射液（Meperidine Hydrochloride Injection）。

丁丙诺啡（Buprenorphine）

为 κ 受体的拮抗剂和 μ 受体的部分激动-拮抗剂，作用可被纳洛酮部分逆转，可逆转芬太尼的作用。作用强度为吗啡的 20～30 倍，常与乙酰丙嗪合用于犬和马，与赛拉嗪合用于马。对呼吸功能的影响比较小。用于镇痛，肌内或皮下注射，一次量，每 1 kg 体重，犬 0.005～0.02 mg，猫 0.005～0.01 mg。

环氢羟吗喃（Butorphanol）

为激动-拮抗剂，对 μ 受体的作用小，为 κ 受体和 σ 受体的激动剂。可静脉注射、肌内注射、皮下注射和内服给药，在肝内发生广泛代谢。与其他药物如乙酰丙嗪、氯胺酮和赛拉嗪合用，镇痛效果比吗啡强 7 倍以上，比哌替啶强 40 倍以上。对内脏痛的效果好于对躯体痛的。对心肺的抑制作用小。临床用于制动，马的镇痛和犬的止咳，也可用作猫的镇痛、麻醉前给药和与麻醉药合用。不得用于妊娠和肝病患病动物。麻醉前给药，肌内或皮下注射，一次量，每 1 kg 体重，犬、猫 0.2～0.4 mg。

纳洛酮（Naloxone）

与阿片受体的亲和力（由大到小）为 μ、δ、κ 和 σ（不敏感）。能拮抗非阿片类抑制剂和 γ 氨基丁酸的作用，并能影响组胺能神经。用作所有动物的阿片拮抗剂。也用于治疗循环性和败血性休克，其作用机制可能是：休克时，从垂体释放的 β 内啡肽与心脏的阿片受体相结合，通过与 Gi 蛋白相互作用，使腺苷酸环化酶活性下降。纳洛酮取代内啡肽族，使腺苷酸环化酶活化，因而 cAMP 浓度增加。用于拮抗阿片类药，静脉注射或肌内注射，每 1 kg 体重，马 0.01～0.02 mg，犬、猫 0.02～0.04 mg。

可待因（Codeine）

用于多种动物的止咳、止泻和镇痛。用于镇痛，内服，一次量，每 1 kg 体重，犬、猫 0.5～2 mg。

氢吗啡酮（Hydromorphone）

用于犬，作用比吗啡强5倍，但致胃肠紊乱的副作用比吗啡小。

埃托啡（Etorphine）

用于野生动物的制动。

芬太尼（Fentanyl）

与氟哌利多合用，作为犬和实验动物的安定镇痛药。本品单用在马产生兴奋。曾被非法用作赛马的中枢兴奋剂。

美沙酮（Methadone）

用作犬的麻醉前给药，马的镇痛药（常与乙酰丙嗪合用）。

镇痛新（Pentazocine）

用于治疗马的疝痛和作为犬的麻醉前给药。

纳曲酮（Naltrexone）

用于治疗马咬秣槽和其他怪癖，犬的肢体舔食性皮炎。内服的效果和维持时间优于纳洛酮。

第三节　全身麻醉药

麻醉是感觉（或敏感性）消失。局部麻醉是用药局部的感觉消失，全身麻醉是意识和全身感觉同时消失。外科麻醉的特点是意识消失、镇痛、肌肉松弛、反应性低下和记忆消失，与镇静、安定等其他中枢抑制现象不同。镇静是中枢神经系统的轻度抑制，动物清醒、安静或嗜睡。一些镇静药抑制大脑皮质，如阿片类在犬。催眠是人工诱导的生理性意识消失（睡眠），但受药动物会因各种刺激而觉醒。安定和神经松弛皆指放松和安静状态，不出现嗜睡、镇痛和意识消失。镇定药是抑制下丘脑和网状激活系统。制动是肌肉不能运动，神经肌肉阻断剂能产生制动作用。

麻醉药（anesthetic）是能使感觉（特别是痛觉）消失的药物，广义上包括镇静/安定药、阿片类镇痛药、局部麻醉药、全身麻醉药和麻醉辅助药（如抗胆碱药、影响肌肉收缩力的药物）。全身麻醉药是能使意识和全身感觉都消失的药物。

一、概　　述

（一）麻醉分期

全身麻醉分为四个时期。Ⅰ期称为自主兴奋期，从给药到失去知觉，是药物在清醒动物诱导的兴奋反应。Ⅱ期称为非自主兴奋或极度兴奋期，从失去知觉到开始规则呼吸。此期中动物可能出现反抗和/或发出叫声，各种反射活动渐渐消失。Ⅰ期、Ⅱ期合称麻醉诱导期。Ⅲ期称为外科麻醉期，又分为轻度麻醉、中度麻醉、深度麻醉和极度麻醉期。理想的麻醉深度在中度麻醉期。随着麻醉程度加深，心肺功能会逐渐抑制。Ⅳ期的心肺功能接近极度抑制，出现呼吸暂停，心跳持续一个较短的时间。心肺功能深度抑制是Ⅳ期的特点。Ⅲ期的极度麻醉期与Ⅳ期很难区分。

上述麻醉分期是以观察乙醚对犬的实验为基础而建立的。动物使用吸入麻醉药或采用平衡麻醉方式，很少出现这种明显的分期。吸入麻醉药在动物的全身麻醉可能具有以下特征：轻度麻醉时心动过速、不规则，呼吸加快，各种反射如吞咽仍然存在，眼球停止转动。适度麻醉时出现渐进性的髓内麻痹，良好的肌肉反射，合适的心血管功能。深度麻醉时心搏缓慢，各种反射消失，深度腹式呼吸直至窒息。

（二）作用机制

全身麻醉药多种多样，如巴比妥类、类固醇类、酚类、醇类、惰性气体、卤代碳氢化合物、二氧化碳。这些化合物的结构完全不同，但大多数有一个共同的特点，即它们的麻醉强度与其脂溶性密切相关。所以，早期认为麻醉是麻醉药溶于大脑的脂质、干扰神经冲动传导的结果。然而，有很多化合物是例外。例如，有些药物的脂溶性高却麻醉强度低，有些药物的脂溶性相似却麻醉强度不同或有的根本就无麻醉作用。现代的麻醉原理是基于配体-门控离子通道（ligand-gated ion channels）理论。主要的配体有乙酰胆碱（烟碱和毒蕈碱受体）、γ氨基丁酸、甘氨酸等，不同麻醉药的受体不同。注射麻醉药（氯胺酮除外）都是影响γ氨基丁酸受体的功能。巴比妥类、异丙酚降低γ氨基丁酸从受体上解离的速度，依托咪酯增加γ氨基丁酸受体的数量。至于药物是如何与特定受体相互作用的，迄今尚未明了。现在比较清楚的是，麻醉并不是单一的作用机制，也不是药物在单个部位的作用。脑干、网状激活系统和大脑皮层是药物作用的靶位，而对有害刺激的反应和运动性却是与脊髓有关。现在一致认为，麻醉由三方面的作用构成：中枢神经系统内的神经元被抑制（麻醉药是启动剂），神经元的兴奋性整体下降，神经元之间的传递受阻。

（三）临床应用

全身麻醉药主要用于外科手术及治疗，如胸腹部和眼部外科手术；治疗惊厥，如士的宁中毒；制动，如用于有攻击性的猫和犬；诊断，如气管穿刺；安乐死，如用于长期患病或有剧痛的动物。使用全身麻醉药时，要根据麻醉的目的、动物的种属及品种、最近用药史和生理状况等制订合适的麻醉方案。

全身麻醉药的种类很多，但每种药物单独应用都不理想。为了克服药物的缺点，增强麻醉效果，减少剂量，降低毒副作用，增加安全性；使动物镇静或安定，易于保定，减少应激；扩大药物的应用范围等，临床上常采用复合麻醉方式，即同时或先行应用两种或两种以上麻醉药或麻醉辅助药，以达到理想的平衡麻醉（麻醉效果最佳而不良反应最小）。使用以下两种或两种以上的药物能达到平衡麻醉：注射麻醉药（如巴比妥类、氯胺酮），阿片类（如羟氢吗啡酮），安定药（如乙酰丙嗪、地西泮），吸入麻醉药（氟烷、异氟烷），氧化亚氮，神经肌肉阻断剂（如潘冠罗宁、阿曲库胺、维库罗宁）。常用的复合麻醉方式如下：

（1）麻醉前给药（preanesthesia）：在应用麻醉药之前，先用一种或几种药物以补救麻醉药的缺陷或增强麻醉效果。例如，给予阿托品或东莨菪碱以减少呼吸道的分泌和胃肠蠕动，并防止迷走神经兴奋所致的心跳减慢；给予镇静、安定药使动物安静和安定，易于保定。

（2）诱导麻醉与维持麻醉（induction and maintenance of anesthesia）：为避免麻醉药诱导期过长，先使用诱导期短的药物如硫喷妥或氧化亚氮，使动物快速进入外科麻醉期，然后改用其他麻醉药如乙醚或甲氧氟氯乙炔维持麻醉。

（3）基础麻醉（basal anesthesia）：先用巴比妥类或水合氯醛使动物达到浅麻醉状态，然后用其他麻醉药使动物进入合适的外科麻醉深度，以减轻麻醉药的不良反应并增强麻醉效果。

（4）配合麻醉（combined anesthesia）：将局部麻醉药或其他药物配合全身麻醉药使用。例如，使用全身麻醉药使动物达到浅麻醉状态，再在术野或其他部位施用局部麻醉药，以减少全身麻醉药的用量或毒性。在使用全身麻醉药的同时给予肌肉松弛药，以满足外科手术对肌肉松弛的要求；给予镇痛药，以增强麻醉的镇痛效果。

（5）混合麻醉（mixed anesthesia）：将两种或两种以上的麻醉药混合在一起使用，以达到取长补短的目的，如氟烷与乙醚混合，水合氯醛与硫酸镁溶液混合等。

二、吸入麻醉药

吸入麻醉药（inhalant anesthetic）或挥发性麻醉药（volatile anesthetic）是一类在室温和常压下以液态或气态形式存在（沸点通常在 25～27 ℃之间），容易挥发成气体的麻醉药物，其特点是麻醉的剂量和深度容易控制，作用能迅速逆转，麻醉和肌肉松弛的质量高；药物的消除主要靠肺的呼吸而不是肝或肾的功能；用药成本较低，给药需使用特殊装置；有的易燃易爆。

氧化亚氮是最古老的吸入麻醉药其他的主要有：环丙烷（Cyclopropane）、麻醉乙醚（Di-ethyl ether，Ether）、甲氧氟氯乙炔（Methoxyflurane）和恩氟烷（Enflurane），为易燃品；氟烷、异氟烷、去氟烷（Desflurane）、七氟醚（Sevoflurane）等，为非易燃品。非易燃品现在临床上使用广泛。

（一）药理作用

吸入麻醉药使中枢神经系统整体（包括脑干）被抑制，脑部的代谢率和氧耗下降，脑血管扩张以致脑血流量增加、颅内压升高，出现意识消失、镇痛、记忆消失。脑干的网状结构控制意识、机敏和运动，是吸入麻醉药作用的重要部位，其他作用部位还有大脑皮层、海马和脊髓。

所有吸入麻醉药都能产生适度的肌肉松弛作用。随着吸入浓度增加，骨骼肌松弛的程度也增加，肌松药与其有协同作用。吸入麻醉药都有一定程度的镇痛作用，但较弱，术后必须给予镇痛药。

现在有多种理论解释吸入麻醉药的作用机制。容量膨胀理论认为，吸入麻醉药溶解于细胞膜，使膜膨胀，进而改变蛋白质的活性和突触的传递。膜蛋白结合理论认为，药物可能是与膜上的蛋白质发生特异性结合。信号传导理论认为，药物使细胞膜上的离子通道和细胞内的信息传递系统发生改变。尽管吸入麻醉药作用的确切机制目前尚不清楚，但一致认为这些药物可能是进入细胞膜内调节突触的功能。它们不直接与受体结合，但在突触后膜干扰 Na^+ 和 Cl^- 的通道；抑制兴奋性传递，但不干扰神经介质的合成、释放以及与受体的结合。

能使50%动物个体对标准的疼痛性刺激不发生反应的肺泡中的药物浓度称为最小肺泡浓度（minimum alveolar concentration，MAC）。MAC用1个标准大气压（1.013×10^5 Pa）的百分数表示为肺泡分压。MAC是麻醉药呼出浓度而不是吸入浓度的测定值。每种吸入麻醉药的MAC不同，也存在着一定程度的种属差异（表3-2），但无个体差异。

表3-2　常用吸入麻醉药的最小肺泡浓度（%）

药　物	最小肺泡浓度							
	犬	猫	马	驹	牛	犊牛	猪	绵羊
氟烷	0.87	1.19	0.88	0.76	0.90	0.76	0.91	0.97
异氟烷	1.30	1.63	1.31	0.9	1.4	0.90	1.45	1.58
甲氧氟氯乙炔	0.23	0.23	0.22	—	—	—	—	0.26
氧化亚氮	188	255	205	—	—	233	277	—
恩氟烷	2.20	2.40	2.12	—	—	—	—	—
地氟烷	7.0	7.0	—	—	—	—	—	—
七氟醚	2.40	2.58	2.31	—	2.60	—	2.66	—

MAC是吸入麻醉药作用强度的指标，相当于半数有效浓度（ED_{50}），1.5～2.0个MAC等于 ED_{99}。MAC值越低，药物的麻醉作用就越强。1个MAC通常产生非常轻微的麻醉，1.5个MAC产生轻度到中度麻醉，2个MAC产生中度到深度麻醉。氟烷在犬的MAC为0.87%，1.5和2.0个MAC分别为1.3%和1.7%。这说明氟烷在犬维持麻醉时呼出的浓度应控制在1.3%～1.7%。

MAC与药物的脂溶性呈正相关，还受体温、年龄、病理状态等因素影响。体温低、新生儿、老龄、严重低血压、中枢抑制药等能使MAC值降低。MAC低，意味着动物对吸入麻醉药更敏感，产生麻醉所需的浓度更低。MAC不受性别、心率、高血压、贫血、麻醉持续时间和酸碱紊乱等影响。

氟烷、甲氧氟氯乙炔和异氟烷对中枢神经的抑制作用存在着剂量依赖性。恩氟烷在抑制初期会出现兴奋甚至癫痫发作。苏醒时，协调功能与中枢神经的觉醒不一致，马属动物常出现苏醒不全，撤除吸入性麻醉药时要注射镇静药。

吸入麻醉药对呼吸系统和心血管系统也是剂量依赖性抑制作用。对呼吸系统，因呼吸中枢被抑制，潮气量、呼吸频率、肺泡通气量和二氧化碳消除速度下降。抑制的强度（由大到小）依次为恩氟烷、异氟烷、甲氧氯氟乙炔和氟烷。对心血管系统，由于脑干的心脏中枢被抑制和药物直接作用于心血管，心肌收缩力下降，全身血管阻力下降30%（如异氟烷），中央静脉压升高，心输出量减少，全身血压下降，内脏器官血流量下降。异氟烷能增加心率，七氟醚和去氟烷轻度增加，氟烷不增加。

吸入麻醉药都能抑制肝脏对药物的代谢，氟烷的抑制持续时间最长。氟烷能使肝脏氨基转移酶活性升高，并引起严重肝炎。甲氧氟氯乙炔代谢产生的无机氟离子，具有肾毒性。

本类药物都能通过胎盘，对胎儿产生抑制，使胎儿的血压下降；都能引起子宫肌反射，可用于胎儿复位但会使产后出血增加。氟烷的此种作用最强。

动物在使用吸入麻醉药后，某些敏感个体会出现恶性高热。

（二）药动学

吸入麻醉药一般装在一个称为蒸发器的特定容器内，以 O_2 或 O_2 与 NO_2 的混合气体为载气，通过管道进入肺部。药物在肺泡吸收入血，随血流通过血脑屏障进入脑组织而起作用。吸入麻醉药在体液或组织中的溶解依靠分压（partial pressure）。药物不同，分压相同并不意味着麻醉的程度相同。

吸入麻醉药遵循扩散原则，即气体由较高的分压区向较低的分压区扩散。在麻醉诱导期间，吸入麻醉药在导入气、吸入气、肺泡气、动脉气和脑组织气中的分压递减，药物分子按压力梯度由高向低运行，直到脑中的分压与肺泡中的分压相等。此时，麻醉药在脑、血液、肺和其他组织中的分压几乎相等。在麻醉苏醒期，药物被撤除，压力梯度逆转。吸入麻醉药的肺泡分压控制着其在脑部的分压。例如，不溶性吸入麻醉药在肺泡的分压迅速升高时，其在脑部的分压也迅速升高，麻醉的诱导速度快。当脑部的药物分子达到临界值时，麻醉就出现。当脑部分压等于肺泡分压时，麻醉的诱导就已完成。

药物在肺泡中的浓度或分压受药物导入肺部和肺泡摄取药物能力两方面的影响。药物导入肺部依赖于药物在吸入气中浓度、肺泡通气量和第二种气体的作用。肺泡摄取药物能力有赖于药物的溶解性、心输出量（决定肺的血流量）、肺通气/有效透气、肺泡与静脉的分压差（梯度）。肺纤维化、肺水肿和肺气肿等阻碍药物扩散。

吸入麻醉药的溶解性决定其麻醉诱导和苏醒的速度。对于溶解性好的药物，血液容纳药物分子的能力大于肺泡，所以药物在肺泡中的分压上升不快；对于溶解性差的药物，肺泡容纳药物的能力远大于血液，药物在肺泡中的分压迅速升高。由于肺泡分压决定脑的分压，肺泡分压迅速上升时，脑的分压也迅速上升，麻醉诱导的速度快。从另一个角度也能说明溶解性与麻醉速度的关系。麻醉诱导期间，低溶解药物离开血液、进入脑组织的速度更快，产生快速诱导；而在苏醒期，低溶解药物离开血液、进入肺泡的速度更快，导致快速苏醒。氧化亚氮和七氟醚的溶解性低，所以麻醉诱导和苏醒的速度均迅速。异氟烷的溶解性不如氟烷，麻醉诱导和苏醒的速度均比氟烷要快。甲氧氟氯乙炔的溶解性最好，其麻醉诱导和苏醒的速度最慢。根据苏醒速度，常将吸入麻醉药分为快苏醒药（如七氟醚、去氟烷）、中苏醒药（异氟烷）和慢苏醒药（氟烷）。

溶解性用溶解系数（药物在血中浓度与其在气体或肺泡中浓度的比值）表示。常用吸入麻醉药在 37 ℃时的溶解系数分别是，甲氧氟氯乙炔 13.0，氟烷 2.36，恩氟烷 1.91，异氟烷 1.41，七氟醚 0.69，氧化亚氮 0.47，去氟烷 0.42。这些数字说明，平衡时，甲氧氟氯乙炔在血中的分子数是其在肺泡中的 12 倍，而七氟醚在血中的分子数只是其在肺泡中的 60%。吸入麻醉药在气体和液体（血液）中的溶解性取决于其蒸气的分压、温度、分配系数。

吸入麻醉药的溶解性与其麻醉强度之间存在着非常良好的关系。溶解性增加，药物的麻醉强度增加。溶解性越强，药物被血液摄取的量就越大，从肺泡损失的量就少。所以，溶解性也是血液固定吸入麻醉药能力的指征。

以前认为吸入麻醉药是一些惰性气体，近年发现它们在体内都能发生代谢。代谢的程度，甲氧氟氯乙炔为 50%，氟烷为 20%，七氟醚为 3%～5%，恩氟烷为 2.4%，异氟烷和去氟烷小于1%。代谢也存在明显的动物种属差异。代谢发生在肝、肾或肺。氟烷的一个代谢物为溴离子，能使中枢抑制，并使动物在长期麻醉后恢复到正常功能的时间延长数天。麻醉持续时间越长，动物的脂肪越多，代谢物的浓度就越高。吸入麻醉药的迟发性毒作用（如氯仿、甲烷和甲氧氟氯乙炔性肝炎，甲氧氟氯乙炔性肾毒）主要与其代谢物无机氟和溴有关。

异氟烷（Isoflurane）

【理化性状】本品化学名为1-氯-2，2，2-三氟乙基二氟甲基乙醚，结构式为CF_3—CHCl—O—CHF_2。在常温常压下为澄明无色液体，有刺鼻臭味。与金属（包括铝、锡、黄铜、铜）不发生反应，能被橡胶吸附。为非易燃、非易爆品。

【药理作用】异氟烷抑制中枢神经系统，与其他吸入麻醉药相同，能增加脑部的血流量和颅内压，降低脑的代谢率，减少皮层的氧耗。异氟烷的MAC，犬1.5%（有时用1.30%），猫1.2%，马1.31%，绵羊1.58%，猪1.45%。肺泡中异氟烷浓度达到1个MAC时，50%动物个体对疼痛刺激无反应，50%个体有反应。为使所有个体对外科手术刺激都无反应，药物的浓度应高于1个MAC，一般推荐1.5～2.0个MAC。异氟烷的麻醉作用强于恩氟烷，但弱于氟烷和甲氧氟氯乙炔。本品的作用特点是麻醉诱导快，动物苏醒快，麻醉的深度能迅速调整，在各种动物的安全范围都相当大（约为氟烷的2倍）。

异氟烷具有良好的肌肉松弛作用，与非极化型肌松药（如潘冠罗宁、阿曲罗宁、维曲罗宁）有协同作用，与这些药物合用是安全的。如同其他吸入麻醉药，异氟烷也能诱导敏感动物发生恶性高热。

异氟烷能显著抑制呼吸系统，降低呼吸频率、呼吸反射和对二氧化碳的反应，抑制的程度呈剂量依赖性。抑制的结果是二氧化碳分压升高，出现呼吸性酸中毒。

异氟烷对心血管的抑制也呈剂量依赖性，麻醉程度越深，对心血管的负面作用就越大，但对心肌的直接抑制作用不如氟烷强。在浓度低于2.5个MAC时，异氟烷对犬的心输出量没有明显的抑制。异氟烷对血压的影响与氟烷相似，但它主要是降低外周血管阻力，而氟烷主要影响心输出量。异氟烷不增加心脏对儿茶酚胺类的敏感性，所以它可用于纠正氟烷所致的心律失常。异氟烷是高效血管扩张剂，能增加皮肤和肌肉的血流量，平衡动脉压及外周血管阻力随着麻醉深度增加所致的下降。

异氟烷对肝功能的损害是吸入麻醉药中最小的。氟烷和甲氧氟氯乙炔会在动物体内发生显著的代谢，代谢物在一定条件下有毒。异氟烷代谢少，对肝、肾的潜在毒性小。异氟烷能影响肾功能，降低肾血流量、肾小球滤过率和尿形成量。虽然异氟烷也含氟，但不可能对肾脏产生毒性。所以，异氟烷是肾疾患动物维持麻醉的良好选择。

异氟烷能通过胎盘而对胎儿发挥抑制作用。

【应用】本品可作为诱导和/或维持麻醉药而用于各种动物，如犬、猫、马、牛、猪、羊、鸟类、动物园动物和野生动物。用量取决于动物的种类、健康状况、体重和合用的其他药物。

麻醉前给予镇静药或安定药，异氟烷诱导麻醉的速度加快。异氟烷用作维持麻醉药时，可与镇静药、镇痛药、注射麻醉药配合使用。

异氟烷的苏醒期很短。苏醒延长可能与合用的其他麻醉药、体温下降和其他生理变化有关，而与异氟烷本身无关。有些动物在苏醒期会出现兴奋，与麻醉持续时间短或剧痛手术有关，苏醒前给予镇静剂或镇痛剂可避免此现象。

异氟烷不得用于食品动物。

【用法用量】诱导麻醉：浓度3%～5%（在吸入气体中所占比例），犬、猫3～5 L/min，牛、驹、猪5～7 L/min，成年鸟5 L/min，小鸟1～3 L/min。

诱导麻醉：浓度1%～3%（在吸入气体中所占比例），犬、猫3～5 L/min，牛、驹、猪5～7 L/min，成年鸟5 L/min，小鸟1～3 L/min。

氟　烷（Halothane）

为无色透明、挥发性液体，性质不稳定，遇光、热和潮湿空气缓慢分解。为非易燃、非易爆品。

本品是作用最强的吸入麻醉药，但肌肉松弛和镇痛作用较弱。溶解性较大，麻醉的诱导期和苏醒期较长。可松弛支气管平滑肌，扩张支气管，使呼吸道阻力减小。无黏膜刺激性。能直接抑制心肌，干扰心肌细胞对钙的利用，结果是心肌收缩力、心输出量和血压下降。使化学感受器对低血压的应答反应下降，心率补偿性轻度升高。外周血管阻力在一定程度下降，心脏对儿茶酚胺的敏感性增加。

主要用于各种动物的全身麻醉。相对安全、作用强，价廉易得。现已被异氟烷取代。

三、注射麻醉药

1934年，短效巴比妥类的出现，开创了注射麻醉药的先河。注射麻醉药的优点是：能比较迅速和完全地控制麻醉的诱导，对大动物或呼吸道阻塞的动物非常重要；不需要麻醉机，头部无需麻醉设备，便于脑部、颅内或眼部手术；麻醉药的吸收和消除不依赖于呼吸道；引起恶心的概率小；不污染环境，无爆炸危险；通过计算机控制的输注泵给药，还能做到实时监测。注射麻醉药的缺点是：容易过量，麻醉的深度不能快速逆转；麻醉和肌肉松弛的质量总体上不如吸入麻醉药；药物消除依赖于肝或肾功能；多数需要通过复合麻醉或平衡麻醉才能获得理想的效果。理想的注射麻醉药应是：溶于水，对光稳定，治疗指数高，在各种动物的结果一致，起效快，作用时间短，苏醒快，无毒，不引起组胺释放。

现在兽医临床上使用较多的注射麻醉药是巴比妥类、分离麻醉类和异丙酚。依托咪酯和阿法沙龙（Alfaxalone）已被多国批准作为麻醉药使用。

（一）巴比妥类

巴比妥类是最早使用的注射麻醉药，兽医临床上常用的有苯巴比妥、戊巴比妥、硫喷妥、硫戊巴比妥（Thiamylal）、甲己炔巴比妥（Methohexital）和异戊巴比妥。

1. 构效关系　巴比妥类是巴比妥酸（含吡啶核，无中枢抑制活性）的衍生物，5位上的R被烷基取代则产生中枢抑制活性。R_1和R_2都被取代，起催眠作用，取代的碳链一般为4～8个碳原子。碳链越长，脂溶性越高，但长于8个碳原子的链会引起惊厥。长链或不饱和碳链在体内容易被氧化，为短效麻醉药。短链稳定，为长效麻醉药。R_1和R_2只能被一个芳基取代，芳基化巴比妥起抗惊厥作用（如苯巴比妥）。氧巴比妥是在X位上有一个氧，硫巴比妥是在X位上有一个硫。硫取代氧后作用强度和脂溶性均增加，但不稳定，作用时间缩短。R_3 上有一个甲基（称为甲基巴比妥），脂溶性也增加，但这个甲基在体内会迅速脱去。1位和3位上的一个N上连接烷基，麻醉增强，起效快，但也可能引起中枢兴奋；两个N上都被取代，引起惊厥。2位X上的氧被HN取代，催眠作用被破坏（表3-3）。

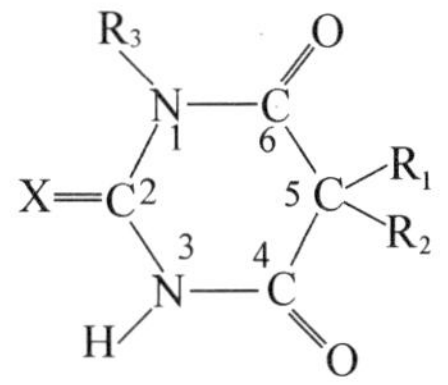

表3-3　主要巴比妥类的结构与活性关系表

药　名	R_1	R_2	R_3	X	活　性
苯巴比妥	$-CH_2CH_3$	苯	H	O	长效
戊巴比妥	$-CH_2CH_3$	甲丁基	H	O	短效
硫喷妥	$-CH_2CH_3$	甲丁基	H	S	超短效
硫戊巴比妥	$-CH_2CH{=}CH_2$	甲丁基	H	S	超短效
甲己炔巴比妥	$-CH_2CH{=}CH_2$	1-甲基-2-戊基	CH_3	O	超短效

巴比妥类的脂溶性对其麻醉作用有影响。脂溶性高的药物，潜伏期短，起效快，麻醉作用强（所需剂量减少），持续时间短，血浆蛋白结合率高。常用巴比妥类的脂溶性，由大到小依次为甲己炔巴比妥、硫喷妥、硫戊巴比妥、戊巴比妥、苯巴比妥。

巴比妥类的水溶性差，临床上使用的巴比妥类均为其钠盐。钠与2位X上的氧结合，使巴比妥的水溶性增加。钠盐在水中溶解，形成碱性溶液，pH一般为9～10，硫喷妥钠水溶液的pH为11。所以，巴比妥类一般需静脉注射给药。浓度高于4%的溶液，给药时漏到血管外会引起组织损害，稀释到2%或2.5%可减少损害。

2. 作用　巴比妥类抑制大脑皮层、网状激活系统、脑桥和延髓的心、肺中枢，降低脑组织的血流量、氧耗和颅内压。依剂量不同，产生镇静（小剂量，中枢神经被轻度抑制）、催眠或安眠（中剂量，诱导睡眠）和麻醉（大剂量，知觉丧失）等作用，因此本类药物为剂量依赖性中枢抑制药。本类药物的作用机制是降低γ氨基丁酸在受体的解离速度。另外，使脊髓反射的阈值升高，产生抗惊厥作用（甲己炔巴比妥例外）。注意：与其他麻醉药不同，巴比妥类无镇痛作用，事实上，在亚麻醉剂量时能提高对疼痛的敏感性。

巴比妥类抑制延髓的呼吸中枢，使其对二氧化碳升高的敏感性降低，呼吸的频率和深度下降，甚至呼吸停止。本类药物在外科麻醉剂量下就明显抑制呼吸。猫最敏感，因为猫的网状激活系统与延髓呼吸中枢密切相关。

巴比妥类以多种方式抑制心血管系统，引起血压和心输出量降低，甚至心脏衰竭。这些方式包括抑制血管运动中枢，直接作用于血管引起血管扩张，直接作用于心肌抑制心肌收缩，作用于心脏的传导系统造成心律失常（有些以前曾使用的药物因此而被弃用）。含硫巴比妥使心脏对内外源性儿茶酚胺的敏感性增加，出现心律失常。此心律失常能被赛拉嗪、氟烷和甲氧氟氯乙炔增强，受乙酰丙嗪拮抗。巴比妥类能使脾脏明显松弛，血中红细胞压积下降2%～3%。

给药初期，胃肠蠕动降低，随后蠕动强度和节律均增强。肝功能也降低，但肝微粒体酶的活性被诱导增强，药物的代谢速度随之增加。硫喷妥在起麻醉作用之后使肝酶活性升高，持续2～4 d。治疗剂量的巴比妥通常对肝功能无影响，但在大剂量或肝脏发生疾病时会损害肝脏，使药物的作用时间和苏醒期延长。

巴比妥类能通过胎盘屏障进入胎儿循环，小剂量就使胎儿的呼吸受到抑制。由于低血压引起抗利尿激素分泌增加、肾小球滤过率下降，肾功能暂时受到影响。血中尿素含量增加能延长本类药物的安眠时间（可能是血浆蛋白结合的置换和肾消除的下降所致）。

3. 药动学 巴比妥类经口或直肠给药均能吸收。静脉注射为最常用的给药方法。镇静剂量的苯巴比妥在犬可肌内注射。大鼠和小鼠可腹腔内注射。

起效时间，戊巴比妥为1～2 min，含硫巴比妥和甲己炔巴比妥为30 s。起效时间还与静脉注射的速度有关。硫喷妥诱导麻醉的速度很快，因为它能在几秒钟内透过血脑屏障，宜缓慢给药。戊巴比妥需要1 min才能透过血脑屏障。

静脉注射后，药物迅速分布于血管丰富的组织，如心脏、脑、肺、肾、肝，产生麻醉作用。然后，再向肌肉、脂肪等血液灌注贫乏的组织分布，此现象称为重分布（redistribution）。硫喷妥和硫戊巴比妥在由血管丰富组织进入肌肉组织时，在临床上会导致麻醉苏醒。它们重分布到脂肪组织需要更长的时间。甲己炔巴比妥在重分布时会脱去甲基，也出现麻醉苏醒。戊巴比妥的重分布比较不明显，肝代谢是麻醉苏醒的主要原因。因此，当药物在各种组织中的分布达到平衡后，麻醉苏醒主要取决于肝的代谢。

未解离、未结合的药物容易通过胎盘而使胎儿受到抑制。pH影响本类药物的蛋白结合率和解离程度。生理pH下的结合率最高，解离度随着pH下降而降低。含硫巴比妥的蛋白结合率高，低蛋白血症时游离药物增加，酸血症时蛋白结合率下降，起作用的药物比例增加。含硫巴比妥为弱酸性（pK_a 大于7.4），在血液pH下，未解离的比例高。

肝脏是巴比妥类的主要代谢器官，肾、脑和其他组织对本类药物代谢少。5位的侧链会被氧化，含硫巴比妥会脱硫，1位上会脱去甲基（如甲基炔巴比妥）。代谢速度因药物和动物而异。肝药酶受到诱导后，药物的代谢迅速而完全。戊巴比妥可使犬的代谢每小时增加15%，硫喷妥增加5%。

所有巴比妥类的原形都是通过肾小球滤过，又能迅速被肾小管重吸收。巴比妥原形从肾脏排泄因药物而异，也取决于血浆蛋白结合率。苯巴比妥30%以原形经肾排泄，戊巴比妥只有3%，而硫喷妥无原形排泄。

在苏醒期给予葡萄糖会延长戊巴比妥作用的时间，阿托品可延长硫喷妥作用的时间。

戊巴比妥（Pentobarbital）

【药理作用】为短效麻醉药。小动物按每1 kg体重25～35 mg静脉注射，外科麻醉持续时间为30～45 min，恢复期3～12 h，通过血脑屏障的时间为2～4 min。绵羊和山羊对本品比其他动物敏感。在大动物，常与水合氯醛合用。

【应用】主要用于基础麻醉、镇静和抗癫痫，也可用于安乐死。

本品可内服、肌内注射和皮下注射。内服后 15～60 min 起效，静脉注射则 1 min 内起效。代谢迅速，消除半衰期山羊为 0.9 h，犬为 8 h。内服和肌内注射用于镇静，皮下注射用于麻醉和安乐死。静脉注射是麻醉的最佳给药途径，静脉注射时宜快速注射半量，稍后再注入剩余的量，以避免兴奋，也可减少麻醉前给予的镇静药或安定药的剂量。

【用法用量】静脉注射：一次量，每 1 kg 体重，外科麻醉，猪、犊 15～30 mg，绵羊、山羊 20～30 mg，犬 25～30 mg，猫 25 mg；维持麻醉（在镇痛药或镇静药作为麻醉前给药情况下），犬 10～15 mg。

肌内注射：镇静，一次量，每 1 kg 体重，犬 7 mg。

硫喷妥（Thiopental）

【药理作用与应用】本品脂溶性高，注射后能迅速分布于血流充沛的组织（包括脑组织），产生麻醉作用。重分布时，脑内浓度迅速降低，故麻醉持续时间短暂。按每 1 kg 体重 10 mg 剂量静脉注射给药，麻醉持续 10～20 min。较低剂量（催眠剂量）可与吸入麻醉药合用。

给药后，能引起瞬间呼吸兴奋。注射过快会引起呼吸暂停，持续 30～60s，很难与过量相区别。可兴奋喉反射，可能是副交感神经的作用。可抑制心脏功能，缓慢或稀释给药可避免。

本品没有绝对的配伍禁忌，但肝功能不全、低血压、严重贫血、心血管病、恶病质、尿毒症和高钾血症患病动物慎用。

本品主要用作各种动物的诱导麻醉或基础麻醉药。

【用法用量】静脉注射：一次量，每 1 kg 体重，马、牛 8～15 mg，绵羊 10～15 mg，山羊 20～22 mg，猪 5.5～11 mg，犬 18～22 mg，猫 13～26 mg。

【制剂】注射用硫喷妥钠（Thiopental Sodium for Injection）。

异戊巴比妥（Amobarbital）

本品脂溶性高，在脑、肝、肾中浓度高。主要在肝内代谢，代谢物为无活性的羟化物，小部分以原形随尿排出。

本品的作用与苯巴比妥相似，小剂量起镇静、催眠作用，剂量增加产生抗惊厥和麻醉作用。麻醉持续 30 min。主要用于中小动物的镇静、抗惊厥和麻醉。

静脉注射：一次量，每 1 kg 体重，猪、犬、猫、兔 2.5～10 mg。

（二）分离麻醉药

分离麻醉药（dissociative anesthetics）是一类能干扰脑内信号从无意识部分向有意识部分传递而又不抑制脑内所有中枢功能活动的药物。其主要作用部位是丘脑新皮质系统（抑制）和边缘系统（激活），产生镇痛（含浅表镇痛）、制动、降低反应性、记忆缺失和强制性昏厥（肌肉不松弛、睁眼、对周围环境反应淡漠）等作用。其强制性昏厥作用可能与阻断多巴胺能和 5-羟色胺能神经有关。

麻醉作用机制：抑制 γ 氨基丁酸降解，使脑内 γ 氨基丁酸浓度升高，通过加强突触前抑制而产生麻醉。分离麻醉药只能诱导出现外科麻醉的前两期，而不引起深度麻醉。本类药物还能特异性地与阿片受体结合，产生镇痛作用。

分离麻醉药在化学上属芳环烷胺类（arycycloalkylamine compounds）或环已胺类（cyclohexamines），均为苯环已哌啶的衍生物。药物主要有氯胺酮、噻环乙胺（Tiletamine）和苯环已哌啶。

氯胺酮（Ketamine）

【理化性状】 盐酸盐为白色结晶性粉末，无臭。在水中易溶，在热乙醇中溶解，在乙醚和苯中不溶。

【药动学】 与硫喷妥相似，本品脂溶性高，起效快，作用时间短。能分布于全身组织，可通过胎盘。血浆蛋白结合率，马为50%，犬为53%，猫为37%～53%。主要在肝代谢为甲基化物和羟化物，从尿液排出。本品对肝微粒体系统有诱导作用。经肾脏排泄的原形药物，猫为87%。

【药理作用】 本品抑制丘脑新皮层的传导，同时还兴奋脑干和边缘系统，产生迅速的全身麻醉。麻醉时，动物意识模糊，痛觉消失，但各种反射，如咳嗽、吞咽、眨眼、缩肢反射依然存在，对刺激仍有反应；肌肉张力增加，出现“木僵样”姿势；眼球震颤正常，唾液和泪腺分泌增加。肌肉僵直和强制性昏厥是分离麻醉药的特有现象。与安定药（地西泮或乙酰丙嗪等）合用，肌肉僵直消失。本品分离麻醉作用的种属差异大，副作用包括震颤、惊厥（特别是大剂量和过量），有些动物必须与其他药物（如地西泮）合用才能防止其兴奋作用。

动物常见长吸呼吸。动脉血中氧气和二氧化碳的张力变化不一，有些动物表现为氧气张力下降，二氧化碳张力增加。呼吸频率发生变化且不规则。喉反射正常，但能吸入外来异物。失去知觉的动物可能存在正常或轻度抑制的反射。呼吸道的张力下降。

只要肾上腺素能系统的功能正常，本品能兴奋心血管系统，使心搏次数增加，血压升高，心输出量增加，心肌氧耗提高。心脏兴奋作用可能是本品直接作用于心肌以及儿茶酚胺类释放增加的结果。用氟烷维持麻醉，可抵消这些作用。本品大剂量使用能直接引起负性心力作用。

【应用】 根据动物的不同，本品可用作麻醉前给药、诱导麻醉药、维持麻醉药或制动药。作为麻醉药，本品在一些动物可单独使用，如猫和灵长类。灵长类肌内注射会获得优良的麻醉效果。在其他动物，多与其他药物合用，以改善镇痛、肌肉松弛、苏醒或麻醉持续时间。

本品为优良的制动剂，特别是用于野生的猫科动物和类人猿。

本品主要以原形从尿中排泄，大剂量会引起尿路堵塞，肾疾患动物不用。小剂量静脉注射是安全、有效的方法。本品在马和犬会引起兴奋和癫痫发作，因此不得单独使用。猪在苏醒时兴奋，还应防止体温升高。本品能增加脑部的血流量和代谢氧耗，使颅内压显著增加，因此不得用于脑瘤或脑部受伤的患病动物。

本品体表（躯体）镇痛作用明显，但内脏镇痛作用不明显，所以一般不单独用于内脏手术。

【用法用量】 麻醉前给药：肌内注射，一次量，每 1 kg 体重，猪 2～8 mg，猫 7～11 mg。

诱导麻醉：一次量，每 1 kg 体重，肌内注射，猫 11～22 mg；静脉注射，马、牛、绵羊

2 mg，犬、猫 7～11 mg（常与地西泮合用）。

维持麻醉：一次量，每 1 kg 体重，肌内注射，猪 7～11 mg，犬 11～18 mg，猫 22～44 mg；静脉注射，猪 1～2 mg。

基础麻醉：一次量，每 1 kg 体重，静脉注射，马 2 mg；肌内注射，灵长类 3～15 mg，鸟类 5～10 mg。

【制剂】 盐酸氯胺酮注射液（Ketamine Hydrochloride Injection），复方氯胺酮注射液（Compound Ketamine Injection）。

特拉唑尔（Telazol）

为噻环乙胺（Tiletamine）和唑氟氮䓬（Zolazepam）等量混合的制剂。主要用作麻醉药和镇痛药。犬、猫每 1 kg 体重肌内注射 6～13 mg，可产生麻醉时间 30～60 min。本品可与氯胺酮（每 1 kg 体重 1.1 mg）合用，犬可产生 70 min 良好的肌松和麻醉效果。噻环乙胺经肾排泄，所以肾疾患动物禁用，胰腺、心和肺疾患动物也禁用。

（三）其他

注射麻醉药还有异丙酚、依托咪酯、阿法双酮（Althesin）、丙潘尼地（Propanidid）、苄咪甲酯（Metomidate）等，前二者在兽医临床上常用。

异丙酚（Propofol）

与其他注射麻醉药的结构不同，异丙酚在酚环上有两个异丙基。在水中不溶，制剂是用豆油、甘油和卵磷脂制成的水包油型乳剂。

【药动学】 本品脂溶性高，静脉注射后迅速穿过血脑屏障，在 1 min 内起效。一次静脉注射维持作用时间为 2～5 min；也能穿过胎盘。本品作用时间短主要是迅速从中枢神经系统重分布到其他组织。血浆蛋白结合率高（95%～99%），60%以葡萄糖醛酸结合物形式从尿中排出。消除半衰期在犬为 1.4 h，清除率超过肝血流速率，说明存在肝外代谢。

【药理作用】 与巴比妥类相同，本品降低 γ 氨基丁酸从受体解离的速度，降低皮层的血流量、皮层血管阻力和代谢氧耗，从而抑制皮层活动。随着剂量增加，依次出现抗焦虑、镇静和麻醉作用。起效迅速，麻醉强度是硫喷妥的 1.6～1.8 倍。单次给药后，犬和猫的苏醒期为 20～30 min；多次静脉注射或输注，苏醒期也不会明显延长。本品没有镇痛作用，单用不是优良的外科麻醉药，与阿片类合用效果好。

与硫喷妥相比，本品更能引起低血压（降低交感节律，使全身的血管阻力下降），也与注射的速度有关。对呼吸有深度抑制作用，会引起呼吸骤停。

【应用】 本品主要用作诱导麻醉药（先用阿片类或镇静药作麻醉前给药）和短效维持麻醉药。本品能降低眼内压，因此可作为眼科手术的诱导麻醉药。

【用法用量】 诱导麻醉：一次量，每 1 kg 体重，犬 6.5 mg，猫 8.0 mg。

麻醉前给药：一次量，每 1 kg 体重，犬 4.0 mg，猫 6.0 mg。

依托咪酯（Etomidate）

本品为咪唑的羟化衍生物，与其他麻醉药的结构不同。静脉注射后，迅速分布到血流充沛的脏器，然后再分布到其他组织。血浆蛋白结合率为75%。在肝内和血浆中被非特异的酯酶所水解，所以可用于肝功能低下的患病动物。

本品调节中枢神经系统γ氨基丁酸的传递作用，主要是增加γ氨基丁酸受体数量，产生催眠、网状结构抑制和肌肉松弛作用。与硫喷妥和异丙酚相似，为超短效的诱导麻醉药，在犬和猫的麻醉时间为5～10 min。特点是对心脏收缩力、心率、心输出量和全身血压影响小，作用时间短，苏醒快，能降低皮层的血流量和氧耗，增加皮层血流量与氧耗的比例，无过敏反应，多次给药无蓄积作用。

本品能降低眼内压。对呼吸有轻度抑制。在维持麻醉期间对潮气量和呼吸速率影响小，静脉注射诱导期间常常即刻出现呼吸骤停。本品无镇痛作用。

本品主要用作快速、平和的诱导麻醉药，主要用于脑外伤、脑瘤或皮层水肿的患病动物，特别是那些得过心脏疾病的动物。在犬和猫的诱导剂量为每1 kg体重2～4 mg。

本品不得用于马和牛，因可引起肌肉僵直和癫痫发作。

第四节　中枢兴奋药

中枢兴奋药（central nervous stimulant，analeptic）是能兴奋中枢神经系统，增强其活性的药物，包括黄嘌呤类、呼吸兴奋药、单胺氧化酶抑制剂、三环抗抑郁药、肾上腺素能胺类等。

根据药物的主要作用部位，中枢兴奋药分为大脑兴奋药、延髓兴奋药和脊髓兴奋药。大脑兴奋药如黄嘌呤类，能提高大脑皮层的兴奋性，促进脑细胞代谢，改善大脑机能。延髓兴奋药如多沙普仑、纳洛酮，能直接或间接地作用于延髓的呼吸中枢，增加呼吸频率和呼吸深度，对心血管运动中枢亦有一定的兴奋作用。脊髓兴奋药如士的宁、印防己毒素，能选择性阻止抑制性神经递质对神经元的作用，兴奋脊髓。

中枢兴奋药的选择性作用部位是相对的。随着剂量增加，药物的兴奋作用增强，作用的范围亦扩大，表现出无选择性。中毒剂量可使中枢神经系统发生广泛、强烈的兴奋，产生惊厥。严重的惊厥会因能量耗竭而出现抑制。对于呼吸肌肉麻痹所致的外周性呼吸抑制，中枢兴奋药无效。对循环衰竭所致的呼吸功能减弱，中枢兴奋药能加重脑细胞缺氧，应慎用。

1. 黄嘌呤类（methylxanthines）　来自咖啡、茶叶和可可等植物。主要有咖啡因、茶碱（Theophylline）、氨茶碱（Aminophylline）和可可碱（Theobromine）。咖啡因为1，3，7-三甲基黄嘌呤，茶碱为1，3-二甲基黄嘌呤，可可碱为3，7-二甲基黄嘌呤。现已能人工合成。国外兽医临床在小动物主要使用茶碱及其制剂，其他已基本不用。

本类药物在细胞水平的作用机制有几个方面：抑制磷酸二酯酶，使环核苷酸（包括cAMP和cGMP）在细胞内累积，但在治疗剂量下对磷酸二酯酶的抑制作用并不明显；抑制细胞内钙离子转运，并使肌浆网或内质网敏化，引起钙离子更快、更强地释放；阻断腺苷受体，腺苷是一种自体活性物质，通过特定的受体兴奋或抑制cAMP的合成，引起镇静、神经递质释放减少、脂肪分解抑制、负性肌力以及窦房结和房室结抑制；加强前列腺素合成抑制剂的作用；降低儿茶酚胺类在神经组织的摄取和/或代谢，因而延长它们的作用。

茶碱和咖啡因是强力兴奋剂，能双向性地影响肌肉的精巧协调活动。剂量加大，脑内更多的中枢发生兴奋，出现多动、失眠、震颤、感觉过敏。茶碱过量50%，引起病灶性和一般性惊厥。本类药物也能兴奋中脑的呼吸中枢，提高呼吸中枢对二氧化碳刺激的敏感性。

黄嘌呤类可产生非期望的剂量依赖性心血管作用（茶碱最明显）：外周血管的阻力下降，血管舒张，此作用取决于给药时的条件，对心力衰竭患病动物非常有效，因为其静脉压在初期升高；脑内血管阻力增加，脑血流和脑的氧张力降低；包括心脏在内的许多器官的血液灌注量增加；直接兴奋心脏，产生正性肌力作用，心脏负荷增加，但可能引起心律失常；对中脑的中枢作用使迷走神经兴奋而导致心动过缓；能增加肾小球滤过率和直接作用于肾小管细胞，产生利尿作用。

此外，本类药物还使支气管平滑肌松弛，可用于治疗猫的支气管哮喘，常与 β_2 肾上腺素能受体激动剂合用；使胆管括约肌松弛；能兴奋瘤胃收缩；增强肌肉的工作能力；能使内分泌和外分泌增加；抑制组胺释放，降低前列腺素活性。

2. 呼吸兴奋药（respiratory analeptics）　本类药物能增加呼吸的速度和潮气量，使每分钟呼吸次数增加，常常造成麻醉苏醒和麻醉程度减轻。对抑郁的动物，兴奋作用短暂，需要重复给药。重复给药会引起“抑郁反弹”（rebound depression），皆因中枢神经系统抑制张力的增加。对于清醒动物或用过兴奋剂而醒来的抑郁动物，本类药物有引起惊厥的风险，与各药的治疗范围和动物的抑郁状态有关。肌肉震颤或惊厥会使已有的酸中毒恶化。

呼吸兴奋药用于治疗中枢抑制药中毒，也是气管插管和呼吸辅助的一种支持性护理手段。本类药物能有效拮抗吸入麻醉药的抑制作用。以前认为它们选择性兴奋呼吸中枢，现在发现许多药物无选择性，常常是以剂量依赖性方式使中枢的各个层面发生兴奋。

代表药物有多沙普仑、4-氨基吡啶（4-Aminopyridine）、育亨宾、妥拉唑林、纳洛酮、回苏灵和戊四氮（Pentylenetetrazol）等。育亨宾和妥拉唑林阻断突触前和突触后的 α_2 受体，通常用于逆转赛拉嗪的镇静作用。纳洛酮为阿片受体的竞争性拮抗剂，是治疗阿片类呼吸抑制的原型药。戊四氮为一种非选择性的中枢兴奋药，主要能降低 γ 氨基丁酸的抑制性作用，兴奋呼吸的作用不理想，尽管过去一直用作呼吸兴奋药。

还有一些药物如贝美格（Benigride）、尼可刹米（Nikethamide）、印防己毒素（Picrotoxin），过去曾用作呼吸兴奋药，现已少用。

3. 三环抗抑郁药（tricyclic antidepressants）　分子结构中含三个环的基本核团，都能抑制神经元对去甲肾上腺素等生物胺类（biogenic amines）的摄取，从而对严重抑郁患者产生治疗效应。主要有丙咪嗪、阿米替林（Amitriptyline）、去甲替林（Nortriptyline）、多塞平（Doxepin）、普罗替林（Protriptyline）、曲米帕明（Trimipramine）和麦普替林（Maprotiline）。每种药物在抑制去甲肾上腺素、5-羟色胺和多巴胺重摄取的强度和选择性上有差别。丙咪嗪是本类最早使用的药物，常作为本类的原型药。

4. 单胺氧化酶抑制剂　肝脏的单胺氧化酶能使循环中的单胺类化合物灭活，还影响其他药物在肝内代谢。单胺氧化酶抑制剂抑制天然的单胺类化合物（儿茶酚胺类和5-羟色胺）的氧化脱氨代谢，增加胺类在神经组织和其他靶组织的利用率。本类药物有肝毒性，过度的中枢兴奋会引起惊厥。因毒性大，临床上作为二线药用于对其他抗抑郁药无效的动物。本类药物与三环抗抑郁药合用，会出现高热和大脑兴奋。代表药有氯吉灵（Clorgyline）、司立吉林（Deprenyl）和巴吉林（Pargyline）。

5. 肾上腺素能胺类（Adrenergic amines）　主要有苯丙胺（Amphetamine）、去氧麻黄碱（Methamphetamine）和右旋苯丙胺（Dextroamphetamine）。

苯丙胺在神经末梢促进生物胺类（包括去甲肾上腺素、多巴胺和 5-羟色胺）从储存部位释放，使呼吸中枢、大脑皮质和网状激活中枢兴奋，动物表现为清醒、机敏、情绪高昂、活动增加、厌食等。心血管系统出现典型的拟交感效应，如血压升高，外周血管收缩，心脏兴奋，支气管和胃肠道平滑肌松弛，瞳孔放大。过量和长期使用会产生毒性和耐受性。去氧麻黄碱对中枢神经有温和的兴奋作用，对运动系统的作用较小，用于治疗犬的多动症（hyperkinetic）；与丙咪嗪合用，治疗犬科动物特殊的攻击性。

上述各类药物应根据临床病理和症状选择使用，大多数药物在宠物疾病治疗上应用较多，我国兽医临床目前应用不多。

咖啡因（Caffeine）

【理化性质】本品为白色、有丝光的针状结晶或结晶性粉末。无臭，味苦，有风化性。微溶于水，易溶于沸水和氯仿，略溶于乙醇和丙酮。水溶液呈中性和弱碱性。本品与苯甲酸钠 1∶1 混合生成的苯甲酸钠咖啡因（俗称安钠咖），易溶于水。

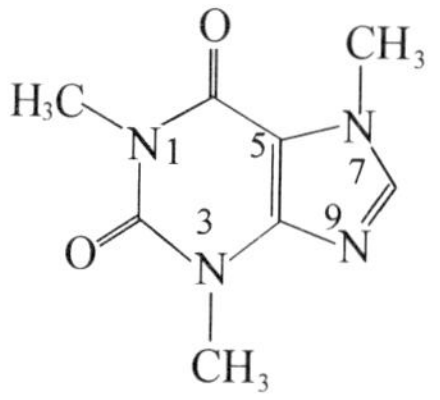

【药动学】内服或注射均易吸收，但消化道吸收不规则，有刺激性。复盐吸收良好，刺激性亦小。能通过血脑屏障和胎盘屏障。主要在肝内发生氧化、去甲基化或乙酰化，大部分以甲基尿酸和甲基黄嘌呤形式经尿排出。犬的消除半衰期为 6.25 h。马使用咖啡因 10 d 后，尿中仍能检出茶碱，所以赛马、赛犬使用咖啡因为非法。

【药理作用】本品是甲基黄嘌呤类的代表药，主要作用机制是抑制细胞内磷酸二酯酶，磷酸二酯酶负责分解环磷腺苷。磷酸二酯酶被抑制，细胞内环磷腺苷浓度升高。环磷腺苷是细胞的第二信使，可激活蛋白激酶，进而激活磷酸化酶，促进蛋白质磷酸化，由此介导一系列生理生化反应。儿茶酚胺类激活腺苷酸环化酶，催化三磷酸腺苷转化成环磷腺苷。因此，甲基黄嘌呤类与儿茶酚胺类具有协同作用。

本品对中枢神经系统产生广泛的兴奋作用，大脑皮层尤为敏感。小剂量即能提高对外界的感应性，使精神兴奋。治疗剂量时，提高精神与感觉能力，消除疲劳，短暂地提高肌肉工作能力。其作用特点是加强大脑皮质的兴奋过程，而不减弱抑制过程。较大剂量时，直接兴奋延髓的中枢，使呼吸中枢直接而非反射的兴奋，对二氧化碳的敏感性增加，呼吸加深加快，换气量增加。使血管运动中枢和迷走神经兴奋，血压略为升高，心率减慢，但作用短暂。

本品对心血管系统具有中枢性和外周性的双重作用，两方面的作用相反，一般是外周作用占优。小剂量时，心率减慢（迷走神经兴奋），血管收缩（血管运动中枢兴奋）。较大剂量时，心率、心肌收缩和心输出量增加（直接兴奋心肌），血管舒张（直接舒张血管平滑肌）。心收缩力增强，使得心输出量增加，肾血管舒张，肾血液灌注充分，使肾小球的滤过率增加，尿量增加。

本品小剂量兴奋胃肠平滑肌，大剂量则解除胃肠痉挛，舒张支气管和胆道的平滑肌。本品能直接兴奋骨骼肌，促进肌肉活动；能促进糖原分解，升高血糖浓度；激活酯酶，血浆游离脂肪酸含量增加。

【应用】主要对抗中枢抑制药过量所致的抑制，严重传染病、过度劳役引起的呼吸衰竭；也可用于日射病、热射病和中毒引起的急性心力衰竭。与溴化物合用，可调节大脑皮质的兴奋与抑制的平衡。

本品中毒可用溴化物、水合氯醛和巴比妥类解救。

【用法用量】静脉注射、肌内或皮下注射：一次量，马、牛 2～5 g，犬 0.1～0.3 g。

【制剂】安钠咖注射液（Caffeine and Sodium Benzoate Injection）。

多沙普仑（Doxapram）

【药理作用】本品为呼吸兴奋药。主要通过刺激中脑的呼吸中枢以及颈静脉窦和主动脉弓的化学感受器而使呼吸的频率增加和深度增强，从而使潮气量增加。能增加实验动物心肌对氧的需要和减少大脑的血流量。作用持续时间 10～20 min。也能诱导心率过速、高血压、心律失常。副作用为亚惊厥性中枢兴奋，表现为震颤、血压升高、心动过速和心律不齐。

【应用】本品主要用于解救犬、猫、马吸入麻醉药过量所致呼吸中枢抑制，也可用于减少动物由于某些药物（如阿片类和巴妥类）引起的呼吸抑制，加强呼吸机能，加快苏醒和恢复反射。常用作新生犬、猫的呼吸兴奋药。

【用法用量】静脉注射：一次量，每 1 kg 体重，犬、猫 5.5～11 mg，拮抗巴比妥类的中枢抑制；1.1 mg，拮抗吸入麻醉药的中枢抑制；0.55 mg，拮抗水合氯醛＋硫酸镁的中枢抑制；0.44 mg，拮抗氟烷和甲氧氟氯乙炔的中枢抑制。

4-氨基吡啶（4-Aminopyridine）

本品具有强大的中枢神经兴奋作用，其作用机制尚未完全弄清，发现其能拮抗箭毒诱导的神经肌肉阻断，并能促进神经元的钙离子摄取和末梢乙酰胆碱释放。此外，在兴奋的细胞膜内还能选择性阻断钾离子通道。本品能拮抗多种中枢抑制药的作用，如拮抗能促进肾上腺皮质激素释放的药物的作用，还能有效逆转由新霉素等诱发的肋间肌和膈肌麻痹。与盐酸纳洛酮合用，能有效逆转氟哌利多、芬太尼等神经松弛/镇痛药的作用。

本品主要用于拮抗呼吸中枢抑制。犬，静脉注射本品（每 1 kg 体重 0.3 mg）和育亨宾（每 1 kg 体重 0.125 mg），可有效逆转赛拉嗪（每 1 kg 体重 2.2 mg）或乙酰丙嗪联合用药引起的呼吸抑制。猫，静脉注射本品（每 1 kg 体重 0.6 mg）和育亨宾（每 1 kg 体重 0.25 mg），可有效拮抗肌内注射氯胺酮（每 1 kg 体重 20 mg）的麻醉作用。

本品也可用作牛、马、山羊的赛拉嗪或氯胺酮联合麻醉的拮抗剂，推荐剂量，一次量，每 1 kg 体重，马 0.2 mg，牛、山羊 0.3 mg，或与育亨宾（每 1 kg 体重 0.125 mg）合用。

尼可刹米（Nikethamide，Coramine）

尼可刹米又称可拉明，为人工合成品。

【药动学】内服或注射均易吸收，通常注射给药。作用维持时间短暂，一次静脉注射，作用仅持续 5～10 min。在体内部分转变成烟酰胺，再被甲基化成为 *N*-甲基烟酰胺，经尿排出。

【药理作用】本品主要直接兴奋呼吸中枢，亦可刺激颈动脉体和主动脉弓化学感受器，反射性兴奋呼吸中枢，使呼吸加深、加快，并提高呼吸中枢对二氧化碳的敏感性。对大脑、血管运动中枢和脊髓有较弱的兴奋作用，对其他器官无直接兴奋作用。过大剂量可引起惊厥，但安全范围较宽。

【应用】常用于各种原因引起的呼吸抑制，如中枢抑制药中毒、因疾病引起的中枢性呼吸抑制、二氧化碳中毒、溺水、新生仔畜窒息等。在解救中枢抑制药中毒方面，本品对吗啡中毒的解救效果好于对巴比妥类中毒的效果。

本品以静脉注射法间歇给药为佳。

【用法用量】静脉、肌内或皮下注射：一次量，马、牛 2.5～5 g，羊、猪 0.25～1 g，犬 0.125～0.5 g。

【制剂】尼可刹米注射液（Nikethamide Injection）。

回苏灵（Dimefline）

【药理作用与应用】为人工合成的黄酮类衍生物。本品直接兴奋呼吸中枢，增加肺换气量，减低血液中二氧化碳分压，提高血氧饱和度。作用强于尼可刹米和戊四氮。见效快，疗效显著，并有苏醒作用。主要用于中枢抑制药过量、一些传染病及药物中毒所致的中枢性呼吸抑制。妊娠动物禁用。

【用法用量】肌内、静脉注射：一次量，马、牛 40～80 mg，羊、猪 8～16 mg。静脉注射时用葡萄糖注射液稀释后缓慢注入。

丙咪嗪（Imipramine）

丙咪嗪是二苯氮䓬类化合物，人医列为精神兴奋药。本品可增强生物胺类的作用，因其阻断神经元对这些胺类的摄取，多巴胺的转运被阻断，出现兴奋而非抗抑郁反应。5-羟色胺的摄取被抑制则产生镇静和抗抑郁作用。去甲肾上腺素的摄取被抑制出现抗抑郁活性。

兽医临床上主要用于犬、猫尿失禁和猝倒，马的嗜眠症和射精管功能障碍。内服，一次量，犬 5～15 mg，猫 2.5～5 mg；静脉注射，马，一次量，每 1 kg 体重，0.55 mg。

士的宁（Strychnine）

【药理作用与应用】本品选择性提高脊髓的兴奋性。治疗量增强脊髓反射的应激性，缩短脊髓反射时间，使神经冲动易于传导，骨骼肌张力增加，其作用机制是：与甘氨酸受体结合，竞争性阻断甘氨酸介导的突触后抑制作用，使脊髓任绍细胞的返回抑制和交互抑制功能受阻。对伸肌的阵发性惊厥非常有效，也可用于灭鼠药（coyote bait）中毒的解救。

以前认为本品选择性作用于脊髓，现知其可作用于中枢神经的各个层面。中毒表现为运动神经元的兴奋冲动过度扩散，肌肉紧张度升高，伸肌和屈肌不能协调，全身骨骼肌发生强制性收缩，出现强制性惊厥。中毒可用水合氯醛或巴比妥类解救。

小剂量用于治疗脊髓不全麻痹，如后驱瘫痪、膀胱麻痹和阴茎下垂等。

【用法用量】皮下注射：一次量，马、牛 15～30 mg，羊、猪 2～4 mg，犬 0.5～0.8 mg。

【制剂】 硝酸士的宁注射液（Strychnine Nitrate Injection）。

复　习　题

1. 镇静药和安定药可分为哪几类？各类的常用代表药物是哪些？其基本作用机制、作用和应用特点是什么？

2. 试述镇痛药的作用机制以及与解热镇痛药的区别。吗啡有哪些主要作用和应用？

3. 试述全身麻醉药的作用机制、分期和临床应用模式。

4. 详述常用吸入麻醉药和注射麻醉药的作用特点和应用。

5. 常用中枢兴奋药有哪些作用特点和应用？

第四章

血液循环系统药理

血液循环系统药物的主要作用是能改变心血管和血液的功能。虽然还有其他药物也能影响心血管的功能，但它们还有其他重要的药理作用，故分别在有关章节讨论。根据兽医临床应用实际，本章主要介绍作用于心脏的药物、促凝血药与抗凝血药、抗贫血药。

第一节 作用于心脏的药物

作用于心脏的药物种类很多，有些是直接兴奋心肌（如强心苷），有些是通过神经的调节来影响心脏的功能（如拟肾上腺素药），有些则通过影响 cAMP 的代谢而起强心作用（如咖啡因）。它们的作用强弱、快慢、作用机制和适应证均有不同，必须根据疾病情况合理选用。本节重点讨论治疗充血性心力衰竭和抗心律失常药物。

一、治疗充血性心力衰竭的药物

充血性心力衰竭（congestive heart failure，CHF）是指心脏病发展到一定程度，即使充分发挥代偿能力仍然不能泵出足够的血液以适应机体所需而产生的一种综合征，临床表现为水肿、呼吸困难和运动耐力下降等。家畜的充血性心力衰竭多是由于长期重剧劳役所造成的后果，也常继发于心脏本身的各种疾病，如缺血性心脏病、心包炎、心肌炎、慢性心内膜炎或先天性心脏病等。机体在发病初期可通过一系列代偿机制，如心肌增生，反射性兴奋交感神经，激活肾素-血管紧张素-醛固酮系统，以加强心脏收缩力和加快心搏动次数，增加心输出量，维持血液供应的动态平衡。但这些代偿机制的功能有限，而且过分的代偿可导致心肌储备能量过多地消耗，加重了心肌机能障碍。由于心室舒张期大为缩短，心脏充盈不足，心血输出量更为减少，结果大量血液滞留在静脉系统而发生全身静脉淤血，静脉压升高；又由于组织缺氧，毛细血管通透性增加，使水分从毛细血管渗出进入细胞外液，发生水肿。当病程得不到控制，迁延日久就成为慢性心功能不全，因常表现为显著的静脉系统充血，故称充血性心力衰竭。

临床上对本病的治疗，除治疗原发病外，主要是使用改善心脏功能、增强心肌收缩力的药物。强心苷类至今仍属首选药物，近年也出现一些非强心苷类而能加强心脏收缩性的药物，如多巴酚丁胺（dobutamine）等，其应用的原理与强心苷相同。

（一）强心苷类

强心苷类（cardiac glycosides）是一类选择性作用于心脏，能加强心肌收缩力的药物，临床上主要用于治疗慢性心功能不全。兽医常用的有4种化合物：洋地黄毒苷、地高辛、毒毛花苷K、哇巴因（ouabain，毒毛花苷G）。其中洋地黄毒苷为慢作用药物，其他为快作用药物。

强心苷类主要来源于植物，常用的有紫花洋地黄和毛花洋地黄，故强心苷类又称洋地黄类药物（digitalis）。其他植物如夹竹桃、羊角拗、铃兰等及动物蟾蜍的皮肤也含有强心苷成分。

1. 理化性质　强心苷由苷元（配基）和糖两部分结合而成，各种强心苷元有着共同的基本结构，即由甾核和一个不饱和内酯环所构成。强心苷含有1～4个糖分子，除葡萄糖外，都是稀有的糖，如洋地黄毒糖等。

强心苷的药理作用与其结构有密切关系。C_3位上的β羟基是甾核与糖的结合部位，脱糖后C_3位羟基转为α型而失去活性；C_{14}位上需有一个β构型的羟基，否则没有强心活性；C_{17}位连接β构型的不饱和内酯环、饱和双键，或内酯环由β位转为α位则药理作用明显减弱或失活。甾核上羟基的数目主要影响强心苷的药动学特征，羟基多者作用较快，但维持时间短。如毒毛花苷K在C_3、C_5、C_{14}位上带有羟基，哇巴因则有6个羟基，均属快作用强心苷（图4-1）。

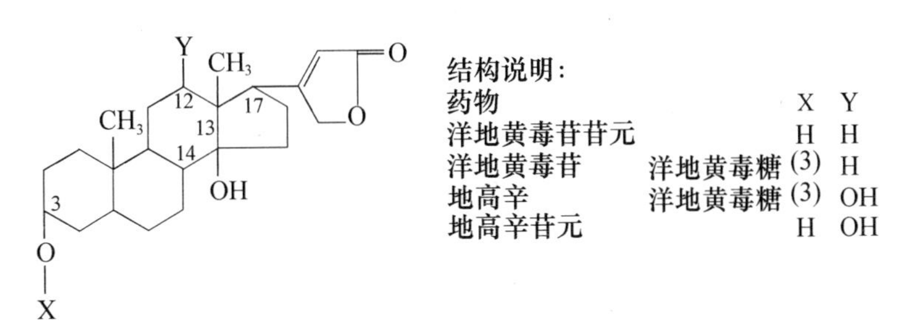

图4-1　洋地黄毒苷、地高辛及其苷元的化学结构

强心苷加强心肌收缩力的作用决定于苷元，糖的部分没有根本性影响，但糖的种类和数目能影响强心苷的水溶性、穿透细胞能力、作用维持时间和其他药动学特征。

2. 药理作用　各种强心苷作用性质基本相同，只是在作用强弱、快慢和持续时间上有所不同。

（1）加强心肌收缩力（正性肌力作用，positive inotropic effect）：强心苷能选择性地加强心肌收缩力，对离体心乳头肌及体外培养的心肌细胞都有作用，所以认为是一种对心肌细胞的直接作用。心脏收缩增强使每搏输出量增加，使心动周期的收缩期缩短，舒张期延长，有利于静脉回流，增加每搏输出量。

强心苷对正常心脏和充血性心力衰竭的心脏均具有正性肌力作用，但只能增加后者的心输出量，而不增加正常心脏的心输出量，甚至可能有轻微的减少。因为强心苷在正常动物使用后由于提高交感血管运动中枢的张力和直接收缩血管而使总外周阻力增加，抵消了正性肌力的作用，同时正常心脏亦无更多的回心血量供提高心输出量。而在心力衰竭患病动物由于心肌收缩力减弱，心输出量减少，导致交感神经张力提高，外周阻力增大，在使用强心苷后，由于心脏收缩功能得到增强，通过压力感受器反射性降低交感神经张力，外周阻力下降；加上舒张期延长，心舒张后，使回心血量增加，导致心输出量增加。

早期研究的结果认为强心苷增加心脏收缩强度，但不增加氧的消耗，后来使用健康心肌研究表明，氧的消耗与心收缩增加的强度成正比，但在心功能不全或扩张的心脏，强心苷治疗的正性肌力作用使心脏体积缩小，导致心壁张力明显降低，从而使耗氧量减少。

（2）减慢心率和房室传导：强心苷对心功能不全患病动物的心率和节律的主要作用是减慢窦性心律（负性心率作用，negative chronotropic effect）和房室冲动传导。反射性心动过速是心功能不全患病动物代偿作用的一部分，由于心搏出量减少，通过颈动脉窦和主动脉弓压力感受器反射性提高了交感神经的活性，降低了迷走神经的张力，从而使心率加快。强心苷应用后使心脏收缩加强、循环改善，消除了反射性增加心率的刺激，使窦性心律恢复正常。所以强心苷减慢心率的作用是继发于血液动力学的改善和反射性降低交感神经活性、增加迷走神经张力的结果。

强心苷诱导的心率减慢和房室传导减慢可被阿托品阻断，这被认为是强心苷的迷走神经依赖性作用（vagal dependent action）。通过释放乙酰胆碱，迷走神经兴奋引起心房的特征性作用，表现为减慢窦性心律、降低不应期的动作电位、减慢冲动传导。迷走神经兴奋也能减慢房室结的传导，延长房室结不应期。这些强心苷作用的迷走神经成分认为有三个机制：直接兴奋大脑迷走中枢；提高颈动脉窦压力感受器对血压的敏感性；促进起搏器官在心肌水平对乙酰胆碱的反应。

（3）利尿作用：在心功能不全患病动物，由于交感神经血管收缩张力增加，使肾小动脉收缩，肾血流量减少，肾小球滤过率减少，导致钠和水的潴留。肾血流灌注低下也激活了肾依赖性体液机制，进一步促进盐和水的重吸收，使血容量扩大。

强心苷的作用可使上述过程逆转，当心输出量增加和血液动力学改善时，血管收缩反射停止，肾血流量和肾小球滤过率增加，醛固酮分泌明显下降。较强的利尿作用使肾的盐水潴留减轻，利尿作用和毛细血管较低的流体静压把组织水分从组织间液移至血管内，大大改善水肿症状。

如果水肿不是由心功能不全引起，则利尿作用不是强心苷的主要作用特征。同样，如果水肿不是心源性的，强心苷也没有利尿作用，这时对强心苷的利尿反应是继发于循环改善，而不是对肾的直接作用。

强心苷过量可引起毒性作用，其早期症状与中毒的其他症状如呕吐、体重减轻等同时出现。T 波可能显示不同形式的变化，包括方向倒置，T 波变化和 QT 缩短代表着对心室复极化的典型反应。中毒量强心苷会引起各种心律异常，心电图也会出现相应变化。在正常犬，异位心律失常的出现是洋地黄中毒的可靠迹象。

3. 作用机制　正常心肌的收缩是由 Ca^{2+} 介导的，当心肌兴奋时，胞质内的 Ca^{2+} 与向宁蛋白结合，导致向肌球蛋白与肌动蛋白的结合，继而引起肌动蛋白向肌节中间滑行产生心肌收缩。收缩后，Ca^{2+} 离开向宁蛋白，心肌恢复松弛（图 4－2）。

强心苷增强心肌收缩力的机制与心肌细胞内 Ca^{2+} 数量的增加有关，目前认为，Na^+－K^+－ATP 酶（Na^+ 泵）是强心苷的药理学受体，强心苷能与心肌细胞膜上的 Na^+－K^+－ATP 酶发生特异性的结合，诱导酶结构发生变化，抑制其活性，从而减少了 Na^+ 的转运，结果使细胞内的 Na^+ 逐渐增加，K^+ 逐渐减少，导致细胞外的 Na^+ 与细胞内的 Ca^{2+} 交换减少，细胞内的 Ca^{2+} 增加，并使肌浆网中的 Ca^{2+} 储存增加。因此，随着每一个动作电位，有

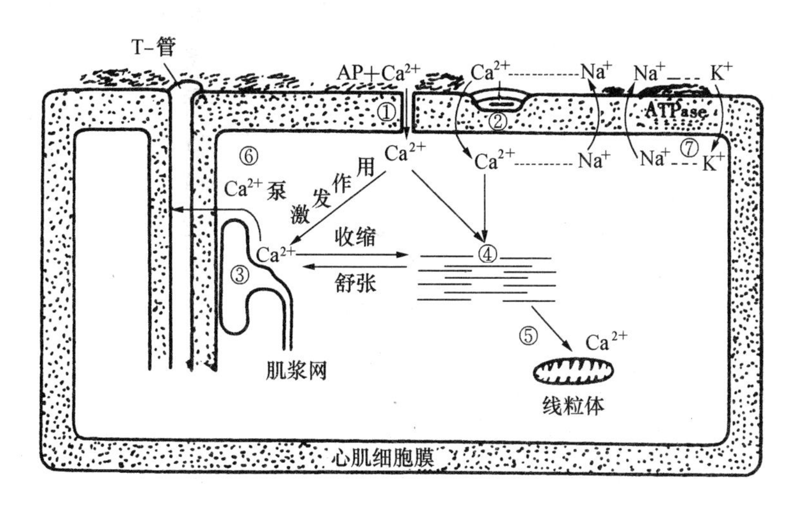

图 4-2　心肌细胞离子转运控制兴奋收缩偶联示意图

动作电位（AP）激活 Ca^{2+}，通过肌纤膜的 Ca^{2+} 慢通道①向细胞内转运，然后充满储存 Ca^{2+} 的肌浆网，同时触发另外的 Ca^{2+} 从肌浆网③储存部位释放；这些 Ca^{2+} 和从 Na^+-Ca^{2+} 交换②穿过肌纤膜的 Ca^{2+} 激活收缩蛋白④；当 Ca^{2+} 从收缩蛋白离开，储存到肌浆网③和线粒体⑤时，收缩蛋白舒张，Ca^{2+} 被 Ca^{2+} 泵出细胞；改变 Na^+ 泵⑦的活性也可影响 Na^+-Ca^{2+} 交换的有效 Na^+ 浓度

更多的 Ca^{2+} 释放以激活心肌收缩装置，增强了心肌收缩力。

4. 临床应用　强心苷在兽医临床上的适应证是充血性心力衰竭、心房纤维性颤动和室上性心动过速。常见于马属动物，尤其赛马；牛、犬也可发生。

5. 用法　强心苷的传统用法常分为两步，即首先在短期内（24～48 h）应用足量的强心苷，使血中迅速达到预期的治疗浓度，称为“洋地黄化”（digitalization），所用剂量称全效量。然后每天继续用较小剂量以维持疗效，称为维持量。具体给药剂量参见洋地黄毒苷。

由于患病动物对强心苷的治疗作用或毒性反应存在显著的个体差异，不能预先绝对准确地计算好洋地黄化的剂量及维持量，因此对患病动物每次的洋地黄化应考虑制定个体化的给药方案，以确定适宜的有效剂量，避免诱导毒副作用的发生。

6. 不良反应　强心苷有几种特征性的不良反应，依毒性反应的程度可表现为胃肠道紊乱、体重减轻和心律失常。厌食和腹泻是最常见的副作用；静脉注射后常见呕吐，内服后则呕吐更为严重。严重中毒表现为心律失常，这也是致死的主要原因。低血钾能增加强心苷药物对心脏的兴奋性，引起室性心律不齐，亦可导致心脏传导阻滞。高渗葡萄糖、排钾性利尿药均可降低血钾水平，需加注意。适当补钾可预防或减轻强心苷的毒性反应。

关于强心苷毒性表现与血浆浓度的关系有些研究报道：在充血性心力衰竭犬，洋地黄毒苷血浆浓度在 26～77 ng/mL 时可出现毒性症状；在正常犬，低于 15 ng/mL 的浓度无毒性作用。地高辛在充血性心力衰竭犬的有效浓度为 0.8～1.9 ng/mL，浓度高至 2.5 ng/mL 没有毒性表现；马在 0.5～2 ng/mL 和猫在 2.3 ng/mL 的浓度时，也无毒性表现。但这些动物在高于 2.5～3 ng/mL 的浓度时，增加了中毒发生的概率。根据试验测定，犬发生急性中毒的剂量为每 1 kg 体重 0.177 mg。

强心苷的毒性反应存在明显的种属差异，用 LD_{50} 做比较，以猫作单位，可得出如下敏感性顺序：猫 1，兔 2，蛙 28，蟾蜍大于 400，大鼠 671。

7. 应用注意事项

（1）强心苷安全范围窄，应用时一般应监测心电图变化，以免发生毒性反应。用药后，一旦出现精神抑郁、共济失调、厌食、呕吐、腹泻、严重虚脱、脱水和心律不齐等症状时，应立即停药。

（2）若在过去 10 d 内用过其他强心苷，使用时剂量应减少，以免中毒。在使用钙盐或拟肾上腺素类药物（如肾上腺素）后，使用强心苷应慎重，因可发生协同作用。

（3）肝、肾功能障碍患病动物应酌减剂量。除非发生充血性心力衰竭，处于休克、贫血、尿毒症等情况下才可考虑使用此类药物。

（4）在发生心内膜炎、急性心肌炎、创伤性心包炎等情况下忌用强心苷类药物。

（5）在期前房性收缩、室性心搏过速或房室传导过缓时禁用。

洋地黄毒苷（Digitoxin）

【药动学】洋地黄毒苷内服后能迅速在小肠吸收。酊剂吸收较好，可达 75%～90%，内服后 45～60 min 达峰浓度；片剂吸收较慢，达峰时间约 90 min，峰浓度也较低。洋地黄毒苷的蛋白结合率很高，犬为 70%～90%。在体内分布广泛，最高浓度在肝、胆汁、肠道和肾；中等浓度则是肺、脾和心；较低浓度的组织为血液、骨骼肌和神经系统。部分洋地黄毒苷在肝进行生物转化，从胆汁排出，可形成肝肠循环。犬的消除半衰期为 8～49 h，个体差异很大；猫的半衰期长达 100 h，故一般不推荐使用。

【药理作用与应用】本品主要适用于低输出量型充血性心力衰竭、心房颤动和心房扑动、阵发性室上性心动过速。

【应用注意】①单胃动物内服洋地黄毒苷在肠内吸收良好，约 2 h 呈现作用，6～10 h 作用达到高峰。停药后需 2 周时间，作用才能完全消除。成年反刍动物不宜内服。②排泄慢，易发生蓄积性中毒，因此用药前应详细询问用药史。③用药期间不宜使用肾上腺素、麻黄碱及钙剂，以免增强毒性。④禁用于急性心肌炎、心内膜炎、牛创伤性心包炎、主动脉瓣闭锁不全等。

【用法用量】

（1）洋地黄化剂量：内服，一次量，每 1 kg 体重，马 0.03～0.06 mg，犬 0.11 mg。每日 2 次，连用 24～48 h。

（2）维持剂量：内服，一次量，每 1 kg 体重，马 0.01 mg，犬 0.011 mg。每日 1 次。

【制剂】洋地黄毒苷片（Digitoxin Tablets）。

地高辛（Digoxin）

【药动学】地高辛由于极性比洋地黄毒苷高，故内服吸收不如后者，血浆蛋白结合率较低，约为 25%。在体内分布广泛，最高浓度分布于肾、心、肠、胃、肝和骨骼肌，最低浓度是脑和血浆，脂肪只有少量存在。地高辛主要从肾排泄消除，可通过肾小球滤过和肾小管分泌，少量在肝代谢。其消除半衰期个体差异很大，如犬为 14.4～46.5 h，其他动物为：马 16.8～23.2 h，牛 7.8 h，绵羊 7.15 h，猫 33.3 h。

【用法用量】

（1）洋地黄化剂量：内服，一次量，每1 kg体重，马0.06～0.08 mg，每8 h使用1次，连续使用5～6次；犬0.025 mg，每12 h使用1次，连续使用3次。

静脉注射，一次量，每1 kg体重，猫0.005 mg，分3次（首次为1/2，第2、3次为1/4，每1 h给药1次）快速注射。

（2）维持剂量：内服，一次量，每1 kg体重，马0.01～0.02 mg，犬0.011 mg，每12 h使用1次；猫0.007～0.015 mg，每日1次至每2日1次。

【制剂】 地高辛片（Digoxin Tablets），地高辛注射液（Digoxin Injection）。

毒毛花苷K（Strophanthin K）

【药理作用与应用】 本品内服吸收不良，常用注射剂静脉注射，为快作用强心苷，适用于治疗急性心功能不全或慢性心功能不全的急性发作。但对用过洋地黄毒苷的患病动物，必须经1～2周后才能使用。临用时以5%葡萄糖注射液稀释，缓慢静脉注射。

【用法用量】 静脉注射：一次量，每1 kg体重，马、牛0.25～3.75 mg，犬0.25～0.5 mg。

【制剂】 毒毛花苷K注射液（Strophanthin K Injection）。

（二）磷酸二酯酶抑制剂

磷酸二酯酶（PDE）广泛分布于心肌、平滑肌、血小板及肺组织，PDEⅢ型是心肌中降解cAMP为5′AMP的主要亚型。PDEⅠ通过抑制PDEⅢ而明显增加心肌细胞内cAMP含量，后者在心肌细胞内通过激活蛋白激酶A（PKA）使钙离子通道磷酸化，促进钙离子内流而增加细胞内钙离子浓度，增加心肌收缩性，发挥正性肌力作用。此外，cAMP扩张动、静脉，特别对静脉与肺血管扩张较明显，使心脏负荷降低，心肌耗氧量下降，是一类正性肌力扩血管药（inodilating drugs）或强心扩血管药（inodilator）。其代表药有米力农等。

米力农（Milrinone）

【药理作用】 米力农为双吡啶类衍生物，能选择性抑制PDEⅢ活性而提高细胞内cAMP含量，兼具正性肌力和血管扩张作用。作用机制一般认为是抑制了PDE Ⅲ，cAMP水平升高可以直接调节正常心肌的收缩性和舒张性，产生正性肌力和正性松弛的作用；平滑肌细胞内cAMP增加的结果，则可能刺激肌浆网摄钙而使血管平滑肌松弛，血管扩张。米力农在犬体内的半衰期大约是2 h，内服给药30 min内即能呈现作用，1.5～2 h后作用达到峰值，药效大约持续6 h。

【应用】 本品主要用于治疗犬的自发性心脏衰竭。有报道，犬应用本药后偶有心室节律障碍。

【应用注意】 本品与丙吡胺同用可导致血压过低。此外低血压、心动过速、心肌梗死慎用。

【用法用量】 内服：一次量，每1 kg体重，犬0.5～1 mg，每日2次。

（三）血管扩张药

应用血管扩张药可以减轻充血性心力衰竭（CHF）时由于神经内分泌反应引起的水、钠潴留和周围血管收缩，并降低心室前、后负荷，在 CHF 的治疗中有利于心脏功能的改善。它们能明显改善难治性 CHF 的治疗效果和预后，本身很少直接产生正性肌力作用。血管扩张药能够改善短期的血流动力学指标和中期的运动耐力，但不能防止 CHF 的发生，可迅速产生耐受性和反射性激活神经内分泌机制等。多数血管扩张药未能降低病死率，是治疗 CHF 的辅助用药。

血管扩张药可导致体液潴留而产生耐受性，因此应联合应用利尿药。

肼屈嗪（Hydralazine）

【药理作用与应用】本品能扩张小动脉（阻力血管），降低外周阻力和后负荷，进而改善心功能，增加心输出量，增加动脉供血，缓解组织缺血症状，并可弥补或抵消因小动脉扩张而可能发生的血压下降和冠状动脉供血不足等不利影响，适用于心输出量明显减少而外周阻力升高的患病动物。

盐酸肼屈嗪给犬内服后很快被吸收，1 h 之内开始出现作用，3～5 h 后作用达到峰值。该药主要经肝代谢，尿毒症能够影响肼屈嗪的生物转化，故尿毒症患病动物的血药浓度可能会增加。

本品可用于治疗犬由二尖瓣机能不全引起的超负荷充血性心力衰竭。

犬使用本品偶发心动过速。由于盐酸肼屈嗪增加心肌的耗氧量，并且可导致心脏的代偿不全，在应用盐酸肼屈嗪和其他的血管扩张剂治疗过程中应当注意监听心率。

【用法用量】内服：犬，每 1 kg 体重 1 mg；根据临床状况，剂量可适当上调，但不能超过每 1 kg 体重 3 mg。中等大小的猫，每 1 kg 体重 2.5 mg，可适当上调至每 1 kg 体重 10 mg，每日 2 次。

【制剂】盐酸肼屈嗪（Hydralazine Hydrochloride）。

（四）血管紧张素转化酶抑制剂

血管紧张素转化酶（ACE）抑制剂可以抑制 10 肽的血管紧张素Ⅰ（AngⅠ）转化成为 8 肽的血管紧张素Ⅱ（AngⅡ），也能抑制缓激肽和胰激肽的灭活，使血液及组织（如心脏、血管、肾、脑、小肠、子宫、睾丸等）中 AngⅡ量降低，亦减少 AngⅡ引起的醛固酮释放，减轻水、钠潴留。ACE 抑制剂还能逆转血管内皮细胞的功能损伤、抗氧自由基损伤，能够改善血管的舒张功能，发挥抗心肌缺血、防止心肌梗死和保护心肌的作用，也有利于治疗充血性心力衰竭。由于血管紧张素在心脏衰竭和其他低心输出量情况下对于肾脏的灌流非常重要，因此在使用 ACE 抑制剂治疗时应当监测肾功能的变化。

卡托普利（Captopril）

卡托普利适用于治疗各种类型高血压，但不宜用于肾性高血压，能够降低试验性心脏衰竭患犬血液中醛固酮的浓度及改善自然发生心脏衰竭犬的临床状况。充血性心脏衰竭患犬，内服剂量为每 1 kg 体重 1～2 mg，每日 3 次。

依那普利（Enalapril）

依那普利能够降低心脏衰竭患犬的肺毛细血管压、心率、平均血压和肺动脉压，能够增加犬的运动能力和降低心脏衰竭的严重程度，减轻肺水肿，使机体的状况得到全面改善。

根据临床上犬心脏衰竭的程度，推荐剂量为每1 kg体重0.5～1 mg。若犬在轻微运动后即出现呼吸困难、端坐呼吸、心性咳嗽和肺水肿等迹象时，应当控制食物含盐量，首次给药2～4 d后使用利尿剂。

（五）利尿药

利尿药一直是治疗各种程度CHF的一线药物，主要用于改善症状（详见本书第十章）。

二、抗心律失常药

当心脏发生自律性异常或冲动传导障碍时，均可引起心动过速、过缓或心律不齐，统称为心律失常。心律失常可分为快速型和缓慢型两类，前者常见的有心房纤维性颤动、心房扑动、房性心动过速、室性心动过速和期前收缩（早搏）等；后者有房室阻滞、窦性心动过缓等。缓慢型心律失常可应用阿托品或肾上腺素类药物治疗。虽然有许多药物已被确定可用于治疗快速型心律失常，但在兽医临床应用较多的只有几种药物，本节重点讨论治疗快速型心律失常药物对心率和节律的主要药效学作用。

引起快速型心律失常的原因包括：①心肌自律性增高，如交感神经兴奋、心肌缺血缺氧、强心苷中毒、低血钾等均可以引起快速型心律失常。②冲动传导障碍，由冲动传导障碍引起的心律失常被认为是伴随折返移动（reentry movement）现象发生的。

抗心律失常药的基本电生理作用是影响心肌细胞膜的离子通道，改变离子流的速率或数量而改变细胞的电生理特性，达到恢复正常心律的目的。其基本作用可概括为以下几方面：

（1）降低自律性：药物通过抑制快反应细胞的Na^{+}内流或抑制慢反应细胞的Ca^{2+}内流，从而降低心肌自律性。药物通过促进K^{+}外流而增大最大舒张电位，使其远离阈电位，降低自律性。

（2）减少后除极与触发活动：后除极（after depolarization）的发生与Ca^{2+}内流的增多有关，因此钙通道阻滞药（钙拮抗剂）对此有效。触发活动（triggered activity）与细胞内Ca^{2+}过多和短暂的Na^{+}内流有关，因此钙拮抗剂和钠通道抑制剂对此有效。

（3）改变膜反应性和传导性：增强膜反应性而改善传导或减弱膜反应性而减慢传导都能取消折返移动。对前者，某些促进K^{+}外流增大最大舒张电位的药物如苯妥英钠有此作用；对后者，某些抑制Na^{+}内流的药物如奎尼丁有此作用。

（4）改变有效不应期（effective refractory period，ERP）和动作电位时程（action potential duration，APD）：奎尼丁、普鲁卡因胺和胺碘酮能延长ERP；利多卡因、苯妥英钠能同时缩短APD和ERP，但由于$\Delta ERP/\Delta APD>1$，故有效不应期相对延长，减少期前兴奋和取消折返移动而出现抗心律失常疗效。

根据药物的电生理效应和作用机制，可将抗心律失常药分为以下4类：

Ⅰ类——钠通道阻滞药，包括奎尼丁、普鲁卡因胺、异丙吡胺、利多卡因、苯妥英钠等。

Ⅱ类——β受体阻断药，如普萘洛尔。

Ⅲ类——延长动作电位时程药，如胺碘酮。

Ⅳ类——钙通道阻滞药，如维拉帕米。

本类药物在兽医临床应用不多，有的在其他有关章节中讨论，常用药物叙述如下。

奎尼丁（Quinidine）

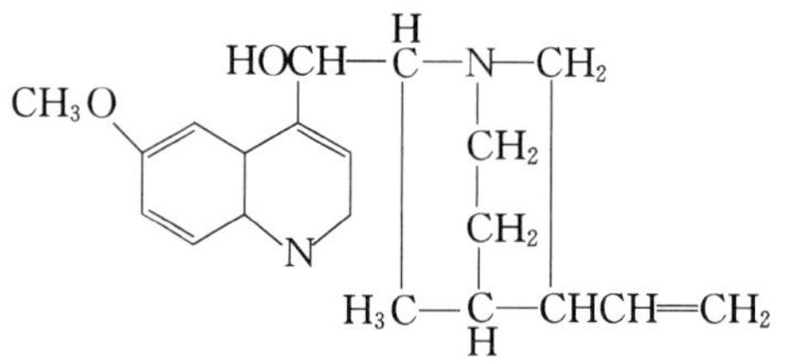

奎尼丁来源于金鸡纳树皮所含的生物碱，是抗疟药奎宁的右旋体，常用其硫酸盐。

【药动学】内服、肌内注射均能迅速有效吸收，但内服到达全身循环的数量由于肝的首过效应而减少。本品在体内分布广泛。血浆蛋白结合率为82%～92%。各种动物的表观分布容积差别较大，马15.1 L/kg，牛3.8 L/kg，犬2.9 L/kg，猫2.2 L/kg，可以分布到乳汁和胎盘。奎尼丁大部分在肝进行羟化代谢，约20%以原形在给药24 h后从尿中排出。各种动物的消除半衰期为：马8.1 h，牛2.3 h，山羊0.9 h，猪5.5 h，犬5.6 h，猫1.9 h。

【药理作用】奎尼丁对心脏节律有直接和间接的作用，直接作用是与膜钠通道蛋白结合产生阻断作用，抑制 Na^+ 内流；奎尼丁还具有阿托品样的间接作用。

奎尼丁的作用表现主要是抑制心肌兴奋性、传导速率和收缩性，它能延长有效不应期，从而防止折返移动现象的发生并增加传导次数。奎尼丁还具有抗胆碱能神经的活性，降低迷走神经的张力，并促进房室结的传导。

【应用】奎尼丁主要用于小动物或马的室性心律失常的治疗，如不应期室上性心动过速、室上性心律失常伴有异常传导的综合征和急性心房纤维性颤动。据报道，奎尼丁治疗大型犬的心房纤维性颤动比小型犬的疗效好，这可能与小型犬的病理情况比较严重有关，也可能与使用不同剂量和给药方法有关。

【不良反应】犬的胃肠道反应有厌食、呕吐或腹泻，心血管系统可能出现衰弱、低血压和负性心力作用。马可出现消化紊乱、伴有呼吸困难的鼻黏膜肿胀、蹄叶炎、荨麻疹，也可能出现心血管功能失调，包括房室阻滞、循环性虚脱，甚至突然死亡，尤其在静脉注射时容易发生。所以最好能做血中药物浓度监测，犬的治疗浓度范围为2.5～5.0 μg/mL，在小于10 μg/mL时一般不出现毒性反应。

【用法与用量】内服：一次量，每1 kg体重，犬6～16 mg，猫4～8 mg，每日3～4次。马第1天5 g（试验剂量，如无不良反应可继续治疗），第2、3天10 g（每日2次），第4、5天10 g（每日3次），第6、7天10 g（每日4次），第8、9天10 g（每5 h1次），第10天以后15 g（每日4次）。

【制剂】硫酸奎尼丁片（Quinidine Sulfate Tablets）。

普鲁卡因胺（Procainamide）

$$H_2N-C_6H_4-CO-NH-CH_2-CH_2-N(C_2H_5)_2$$

【理化性质】 是普鲁卡因的衍生物，以酰胺键取代酯键的产物。结晶性粉末。pK_a 为 9.23，盐酸盐易溶于水，溶于乙醇。

【药动学】 内服给药在肠吸收，食物或降低胃内 pH 均可延缓吸收。犬吸收半衰期为 0.5 h，生物利用度约 85%，但个体差异大。可很快分布于全身组织，较高浓度发现于脑脊髓液、肝、脾、肾、肺、心和肌肉，表观分布容积约为 1.4～3 L/kg。犬的蛋白结合率为 15%。能穿过胎盘并进入乳汁。部分在肝代谢，犬有 50%～75%以原形从尿液排出，犬的消除半衰期为 2～3 h。

【药理作用】 对心脏的作用与奎尼丁相似而较弱，能延长心房和心室的不应期，减弱心肌兴奋性，降低自律性，减慢传导速度，抗胆碱作用也较奎尼丁弱。

【应用】 适用于室性早搏综合征、室性或室上性心动过速的治疗，临床报道本品控制室性心律失常比控制房性心律失常效果好。

【不良反应】 与奎尼丁相似。静脉注射速度过快可引起血压显著下降，故最好能监测心电图和血压。肾衰患病动物应适当减少剂量。

【用法与用量】 内服：犬，一次量，每 1 kg 体重 8～20 mg，每日 4 次。

静脉注射：犬，一次量，每 1 kg 体重 6～8 mg（在 5 min 内注完）。然后改为肌内注射，一次量，每 1 kg 体重，6～20 mg，每 4～6 h 1 次。

肌内注射：马，每 1 kg 体重，0.5 mg，每 10 min 1 次，直至总剂量为每 1 kg 体重 2～4 mg。

【制剂】 盐酸普鲁卡因胺片（Procainamide Hydrochloride Tablets）。

异丙吡胺（Disopyramide）

常用磷酸盐，为白色结晶性粉末。pK_a 为 10.4，极易溶于水。

【作用与应用】 作用与普鲁卡因胺、奎尼丁相似，主要对室性原发性心律不齐有效。本品极易吸收，代谢迅速，犬的半衰期仅为 2～3 h。不良反应主要呈现较强的类阿托品样作用，使室性心率增加。

【用法与用量】 内服：一次量，每 1 kg 体重，犬 6～15 mg，每日 4 次。

【制剂】 异丙吡胺片（Disopyramide Tablets）。

第二节 促凝血药和抗凝血药

血液凝固系统与血纤维蛋白溶解系统是存在于血液中的一种对立统一机制。维持血液系统的完整功能不仅需要有凝血的能力，即当血管受伤时能激活血液中的凝血因子而立即止血；同时也应该有抗凝血的能力，当血管的出血停止以后能清除凝血的产物，这就是血纤维蛋白溶解系统。血液中的这两个系统经常处于动态平衡，保证了血液循环的畅通，所以这也是机体的一种保护机制。

一、血液凝固系统

血液凝固是一个复杂的过程，参与血液凝固的因子目前认为有 23 种之多，这些因子在血液中均以非活化的形式存在，一旦血管或组织受损，即可启动凝血系统，开始一系列的活化反应，有如瀑布，故被称为瀑布学说。

血液凝固有内源性和外源性两条途径，前者是指心血管受损或血液流出体外，接触某些异物表面时触发的凝血过程；后者则指由于受损组织释放组织促凝血酶原激酶（凝血活素、凝血因子Ⅲ）而引起的凝血过程（图 4－3）。血液凝固过程一般分为三个阶段：

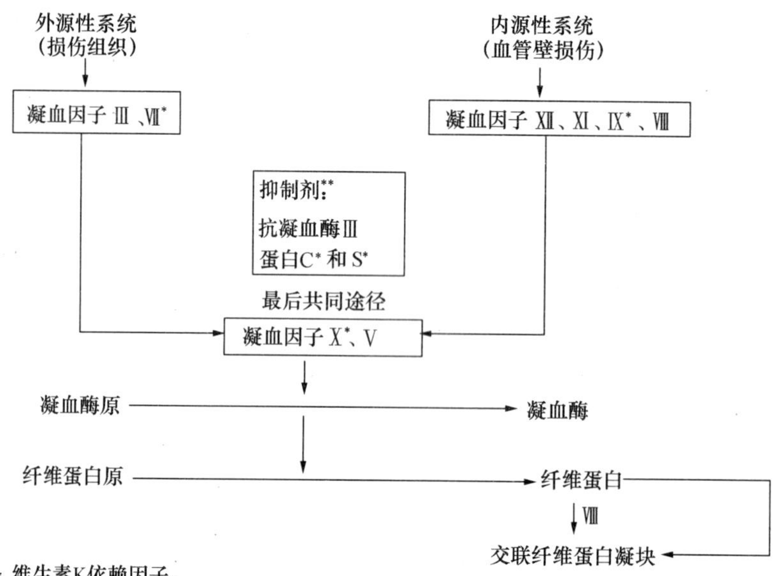

图 4－3　血液凝固系统（简化图）

（引自 Laurence，Clinical Pharmacology，1985）

1. 凝血酶原激活复合物的形成　此阶段从组织受损开始，经过内源性或外源性途径形成激活凝血酶原的复合物。在内源性途径，首先Ⅻ被激活为Ⅻa，随后Ⅻa 把Ⅺ、Ⅸ激活为Ⅺa、Ⅸa，然后Ⅸa 在Ⅷa 和 Ca^{2+} 参与下在血小板膜表面把Ⅹ活化为Ⅹa，Ⅹa 在Ⅴa 和 Ca^{2+} 形成复合物后便将凝血酶原激活为凝血酶。在外源性途径，则由Ⅶ激活开始，Ⅶ和Ⅶa 均能与组织的促凝血酶原激酶成为复合物，在 Ca^{2+} 和磷脂存在下活化Ⅹ为Ⅹa。以后的凝血过程即与内源性途径相同，因此自Ⅹa 以下的途径称为共同途径。

2. 凝血酶的形成　在Ⅹa、Ⅴa 和 Ca^{2+} 复合物作用下，凝血酶原活化为凝血酶，最后离开血小板进入血浆液相。

3. 纤维蛋白的形成　凝血酶在血浆把纤维蛋白原裂解为可溶性纤维蛋白，再在ⅩⅢa 的催化下，可溶性纤维蛋白进行单体交叉联结成为纤维蛋白多聚体凝块，至此血液凝固。

二、纤维蛋白溶解系统

纤维蛋白溶解是指凝固的血液在某些酶的作用下重新溶解的现象。血液中含有的能溶解血纤维蛋白的酶系统称为纤维蛋白溶解系统（fibrinolytic system），简称纤溶系统，它由纤溶酶原、纤溶酶、纤溶酶原激活因子（plasminogen activator）和纤溶酶抑制因子（plasmin inhibitor）组成（图 4－4）。

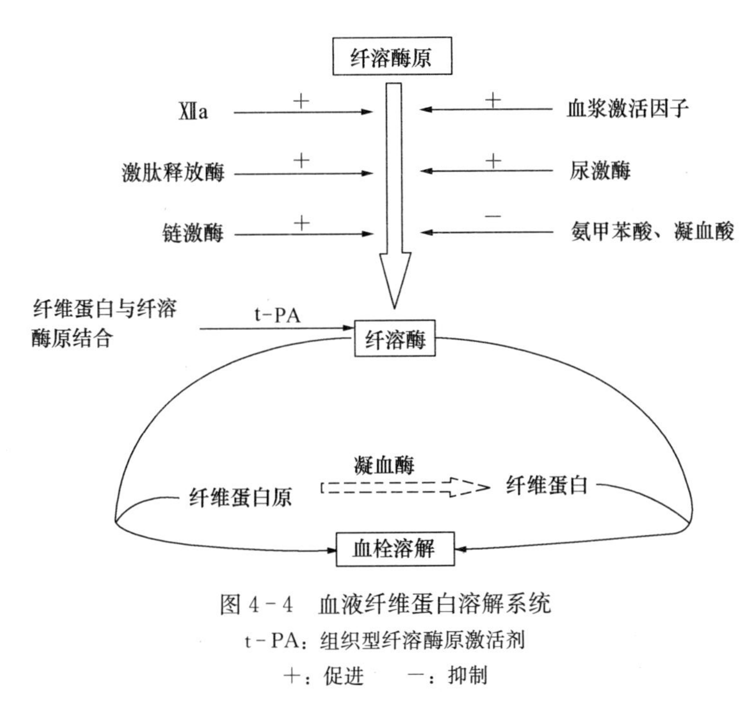

图 4－4　血液纤维蛋白溶解系统

t－PA：组织型纤溶酶原激活剂

＋：促进　　－：抑制

纤溶系统取决于纤溶酶原在血中形成纤溶酶。在血块形成期间，纤溶酶原与纤维蛋白的特殊部位结合，同时，纤溶酶原的激活因子如组织纤溶酶原激活因子（t-PA）和尿激酶从内皮细胞和其他组织细胞释放，并作用于纤溶酶原使其活化为纤溶酶。由于纤维蛋白是血栓的构架，它的溶解便使血块得以清除。

三、常用促凝血药

本类药物按其作用点的不同可分为以下三类：①影响凝血因子的促凝血药，如维生素 K 和酚磺乙胺。②抗纤维蛋白溶解的促凝血药，如 6－氨基己酸、氨甲苯酸、氨甲环酸。③作用于血管的促凝血药，如安特诺新。

维生素 K（Vitamin K）

维生素K_1　　　　维生素K_3

维生素K_2　　维生素K_4

维生素 K 广泛存在于自然界，是一类具有甲萘醌基结构的化学物质。天然的有两种形式：K_1 存在于各种植物，K_2 由肠道细菌（如大肠杆菌）合成，它们都是脂溶性，所以吸收需要胆汁协助。还有人工合成的类似物 K_3 和 K_4，都是水溶性，吸收不需胆汁。

【药动学】单胃动物内服维生素 K 后可经肠淋巴系统吸收，但只有在胆盐存在下才能吸收。食物中的脂肪可使吸收大大增加，犬在给药同时喂予罐头食物可使相对生物利用度增加 4～5 倍。天然和人工合成的维生素 K 肌内注射均能迅速吸收。一般 1～2 h 起效，3～6 h 止血效果明显，12～14 h 后凝血时间恢复正常。吸收后在肝浓集很短时间，但不在肝或其他组织储存。在肝被微粒体酶迅速氧化为 2，3 -环氧化物，然后生成极性更强的羧酸，再与葡萄糖醛酸结合从胆汁和尿液排出。人工合成的维生素 K 在肝还原成氢醌型，与葡萄糖醛酸和硫酸结合后排出。

【药理作用】维生素 K 是肝脏合成凝血因子Ⅱ（凝血酶原）、Ⅶ、Ⅸ、Ⅹ的必需因子，它参与这些因子的无活性前体物形成活性产物的羧化作用（图 4－5）。缺乏维生素 K 可导致这些因子的合成障碍，引起出血倾向或出血。因此，这些因子称为维生素 K 依赖因子。

【药物相互作用】本品与双香豆素类抗凝剂合用，作用相互抵消。水杨酸类、磺胺、奎宁、奎尼丁也影响维生素 K_1 的效果。

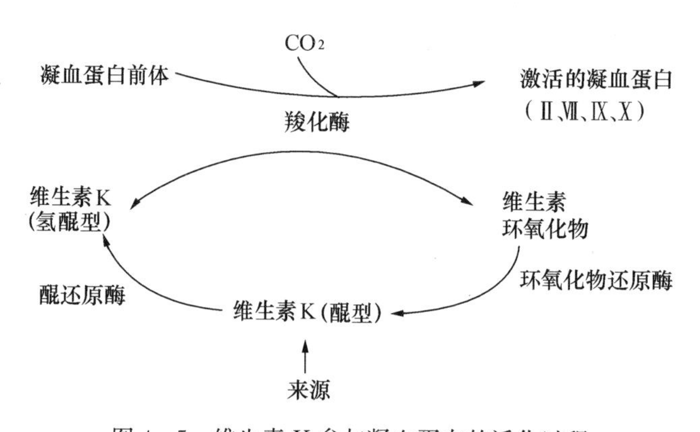

图 4－5　维生素 K 参与凝血蛋白的活化过程

【应用】

1. 维生素 K 缺乏症　家禽由于生长迅速容易发生；妊娠、哺乳期雌性动物也可出现。此外，胆汁分泌障碍、肠道炎症可导致脂肪消化、吸收不良，也可诱发本病。

2. 出血性疾患　反刍动物饲喂甜苜蓿引起双香豆素类中毒和磺胺喹噁啉中毒，均可用维生素 K 治疗。其他出血性疾患在对因治疗的同时，可用维生素 K 做辅助治疗，如家禽的球虫病排血粪时可用本品配合治疗。

应用注意：①本品与一些药物有配伍禁忌，与苯妥钠混合 2 h 后出现颗粒沉淀，与维生素 C、维生素 B_{12}，右旋糖酐混合易出现混浊。②大剂量或超剂量使用可加重肝损害。

【用法与用量】 肌内、静脉注射：一次量，每 1 kg 体重，大家畜 0.5～2.5 mg，犊 1 mg，犬、猫 0.2～2 mg。静脉注射时宜缓慢，用生理盐水稀释，成年家畜每分钟不超过 10 mg，幼龄动物不超过 5 mg。

混饲：每 1 000 kg 饲料，雏禽 400 mg，产蛋鸡、种鸡 2 000 mg。

【制剂】 维生素 K_1 注射液（Vitamin K_1 Injection），维生素 K_3 注射液（Vitamin K_3 Injection），维生素 K_4 片（Vitamin K_4 Tablets）。

酚磺乙胺（Etamsylate）

酚磺乙胺又称止血敏（Dicynone），能使血小板数量增加，并增强血小板的聚集和黏附力，促进凝血活性物质的释放，从而产生止血作用。此外，还有增强毛细血管抵抗力及降低其通透性的作用。作用快速，静脉注射后 1 h 作用最强，一般可维持 4～6 h。适用于各种出血，如手术前后出血、消化道出血等，也可与其他止血药合用。

应用注意：①右旋糖酐抑制血小板聚集，延长出血及凝血时间，可能产生拮抗作用。②本品可与维生素 K 注射液混合使用，但不可与氨基己酸注射液混合注射。

【用法与用量】 肌内或静脉注射：一次量，马、牛 1.25～2.5 g，猪、羊 0.25～0.5 g。

【制剂】 止血敏注射液（Dicynone Injection）。

氨甲苯酸与氨甲环酸
(p-Aminomethylbenzoic Acid & Transamic Acid)

H_2NCH_2—⟨苯环⟩—COOH　　　H_2NCH_2—⟨环己烷⟩—COOH

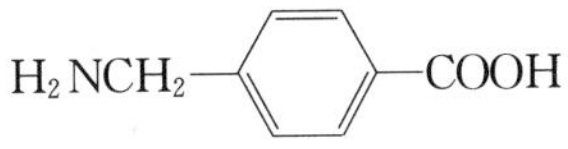

氨甲苯酸 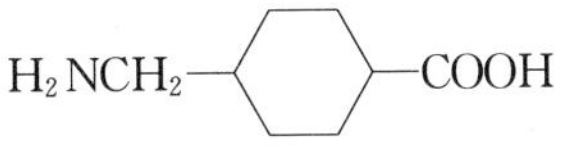　　　　　　　　　氨甲环酸

氨甲苯酸又称止血芳酸，氨甲环酸又称凝血酸。

【作用与应用】 氨甲苯酸和氨甲环酸都是纤维蛋白溶解抑制剂，它们能竞争性对抗纤溶酶原激活因子的作用，使纤溶酶原不能转变为纤溶酶，从而抑制纤维蛋白的溶解，呈现止血作用。此外，还可抑制链激酶和尿激酶激活纤溶酶原的作用。氨甲环酸的作用比氨甲苯酸略强。

临床上主要用于纤维蛋白溶酶活性升高引起的出血，如产科出血，肝、肺、脾等内脏手术后的出血，因为子宫、卵巢等器官、组织中有较高含量的纤溶酶原激活因子。对纤维蛋白溶解活性不增高的出血则无效，故一般出血不要滥用。

本类药物副作用较小，但过量可导致血栓形成。

【用法与用量】 静脉注射：一次量，马、牛 0.5～1 g，猪、羊 0.5～0.2 g。以 1～2 倍量的葡萄糖注射液稀释后，缓慢注射。

【制剂】 氨甲苯酸注射液（p-Aminomethylbenzoic Acid Injection），氨甲环酸注射液（Transamic Acid Injection）。

安特诺新（Adrenosin）

安特诺新又称安络血。本品是肾上腺素缩氨脲与水杨酸钠生成的水溶性复合物，易溶于水。

【作用与应用】主要作用于毛细血管，其作用可能是减慢 5 - HT 的分解，从而促进毛细血管收缩，降低毛细血管通透性，增强断裂毛细血管断端的回缩作用。本品是肾上腺素氧化衍生物，无拟肾上腺素作用，因而不影响血压和心率。

安特诺新常用于因毛细血管损伤或通透性增高引起的出血，如鼻出血、血尿、产后出血、手术后出血等。

【药物相互作用】抗组胺药、抗胆碱药的扩张血管作用可影响本品的止血效果。

应用注意事项：①本品忌与四环素类药物混合给药。②本品为橘红色澄明液体，变成棕红色时不能再用。

【用法与用量】肌内注射：一次量，马、牛 5～20 mL，猪、羊 2～4 mL。每日 2～3 次。

【制剂】安特诺新注射液（Adrenosin Injection）。

醋酸去氨加压素（Desmopressin Acetate）

本品能促使血浆中血管性假血友病因子（von willebrand factor，vWf）从血管内皮等储存部位释放，暂时提高 vWf 水平。给予本品可使 vWf 水平提高约 2 h。vWf 是多聚蛋白，具有促进血小板黏附和提高凝血因子Ⅷ的血浆浓度。犬用药后可观察到口腔黏膜出血减少。推荐剂量，皮下注射，犬每 1 kg 体重 0.4 μg。

本品用于动物的血管性假血友病发生的毛细血管出血。

四、常用抗凝血药

抗凝血药（anticoagulants）是通过干扰凝血过程中某一或某些凝血因子，延缓血液凝固时间或防止血栓形成和扩大的药物。一般将其分为 4 类：①主要影响凝血酶和凝血因子形成的药物，如肝素和香豆素类，主要用于体内抗凝。②体外抗凝血药，如枸橼酸钠，用于体外血样检查的抗凝。③促进纤维蛋白溶解药，对已形成的血栓有溶解作用，如链激酶、尿激酶、组织纤溶酶原激活剂等，主要用于急性血栓性疾病。④抗血小板聚集药，如阿司匹林、双嘧达莫（潘生丁）、右旋糖酐等，主要用于预防血栓形成。

（一）主要影响凝血酶和凝血因子形成的药物

肝　素（Heparin）

肝素因首先从肝脏发现而得名，天然存在于肥大细胞，现主要从牛肺或猪小肠黏膜提取。

【理化性质】肝素是一种由葡萄糖胺、*L* -艾杜糖醛酸、*N* -乙酰葡萄糖胺和 *D* -葡萄糖醛酸交替组成的黏多糖硫酸酯。制剂分子质量为 1 200～40 000 u（平均 15 000 u）。其抗血栓与抗凝血活性与分子质量大小有关。肝素具强酸性，并高度带负电荷。

【药动学】肝素的药动学很复杂，内服不吸收，只能注射给药。给药后大部分肝素与内皮细胞、巨噬细胞和血浆蛋白发生紧密的结合，成为其储库，不能穿过胎盘也不进入乳汁。一旦这些储库饱和，血浆中游离的肝素便缓慢通过肾排泄。部分肝素在肝和网状内皮系统代谢，低分子质量者比高分子质量者清除慢。所有这些因素造成肝素的药动学在不同个体和个体本身存在很大差异。其消除半衰期变异也很大，并取决于给药剂量和途径，皮下注射时缓慢释放吸收，静脉注射则有很高的初始浓度，但半衰期短。在健康犬皮下注射后，生物利用度约 50%。犬皮下注射给药 200 U/kg，血浆肝素浓度可在治疗范围内维持 1～6 h。

【药理作用】 肝素能作用于内源性和外源性凝血途径的凝血因子，所以在体内或体外均有抗凝血作用，对凝血过程每一步几乎都有抑制作用。静脉快速注射后，其抗凝作用可立即发生，但皮下注射则需要 1～2 h 后才起作用。

肝素的抗凝机制取决于正常存在于血浆的抗凝血酶Ⅲ（antithrombin Ⅲ，ATⅢ）。ATⅢ是凝血酶和凝血因子Ⅹ（Ⅹa）的抑制剂。低浓度的肝素就可与 ATⅢ发生可逆性结合，引起 ATⅢ分子的结构变化，导致对各种激活的凝血因子的抑制作用显著增强，尤其对凝血酶和凝血因子Ⅹ（Ⅹa），灭活速率可增强 2 000～10 000 倍。灭活后，肝素从复合物解离，并可继续起作用。肝素在分子水平上抑制凝血因子Ⅹa 的能力是依赖于一种特殊的戊糖序列，它能被提取为平均分子质量 5 000 u 的片段（低分子质量肝素），这种片段太短，只能抑制Ⅹa，不能抑制凝血酶，抑制凝血酶是常规肝素（平均分子质量 15 000 u）的主要作用。在血液循环中形成的纤维蛋白能与凝血酶结合，并阻止凝血酶被肝素- ATⅢ复合物灭活，这可能是停止血栓扩大较之防止形成需要较高肝素剂量的原因。

肝素还能与血管内皮细胞壁结合，传递负电荷，影响血小板的聚集和黏附，并增加纤溶酶原激活因子的水平。

【应用】 ①主要用于马和小动物的弥散性血管内凝血的治疗。②治疗血栓栓塞性或潜在的血栓性疾病，如肾综合征、心肌疾病等。③低剂量给药可用于减少心丝虫杀虫药治疗的并发症和预防性治疗马的蹄叶炎。④体外血液样本的抗凝血。

动物的主要不良反应是过度的抗凝血可导致出血；不能做肌内注射，可形成高度血肿；马连续应用几天可引起红细胞的显著减少。肝素轻度过量，停药即可，不必做特殊处理，如因过量发生严重出血，除停药外，还需注射肝素特效解毒剂——鱼精蛋白（protamine）。

鱼精蛋白为低分子质量蛋白质，具强碱性，通过离子键和肝素能形成稳定的复合物，使肝素失去抗凝活性。每 1 mg 鱼精蛋白可中和 100U 肝素，一般用 1%硫酸鱼精蛋白溶液缓慢静脉注射。

应用注意：有下列情况的患病动物禁用本品，①对肝素过敏。②严重的凝血障碍。③有肝素诱导血小板减少症病史。④活动性消化道溃疡。⑤急性感染性心内膜炎。

【用法与用量】

（1）高剂量方案（治疗血栓栓塞症）：静脉或皮下注射，一次量，每 1 kg 体重，犬 150～250 U，猫 250～375 U。每日 3 次。

（2）低剂量方案（治疗弥散性血管内凝血）：静脉或皮下注射，一次量，每 1 kg 体重，马 25～100 U，小动物 75 U。

【制剂】 肝素钠注射液（Heparin Sodium Injection）。

华法林（Warfarin）

O　O　CH　OH　CH_2COCH_3

华法林又称苄丙酮香豆素，属香豆素类抗凝剂。

【药动学】猫内服本品后迅速吸收。猫的蛋白结合率超过 96%，但有很大的种属差异。马比绵羊或猪有较高的游离药物浓度。主要在肝进行羟基化而失去活性，从尿和胆汁排泄。血浆半衰期取决于种属和患病动物，从几小时到几天。在猫，S-对映体的半衰期为 23～28 h，R-对映体为 11～18 h。

【作用与应用】华法林通过干扰维生素 K_1 合成凝血因子Ⅱ、Ⅶ、Ⅸ、Ⅹ而起间接的抗凝作用，其作用机制是能阻断维生素 K 环氧化物还原酶的作用，阻止了维生素 K 环氧化物还原为氢醌型维生素 K，从而不能合成凝血因子。因此，本品的特点是体外没有作用，体内作用发生慢，一般在给药 24～48 h 后才出现作用，最大效应在 3～5 d 内产生，停止给药后，作用仍可持续 4～14 d。足量的维生素 K_1 能倒转华法林的作用。

临床上主要内服用于血栓性疾病的长期治疗（或预防），通常用于犬、猫或马。

华法林在体内可与许多药物发生相互作用，与影响维生素 K 合成、改变华法林蛋白结合率和诱导或抑制肝药酶的药物同时服用，均可增强或减弱其作用。增强其作用的药物主要有保泰松、肝素、水杨酸盐、广谱抗生素和同化激素；减弱其作用的药物主要有巴比妥类、水合氯醛、灰黄霉素等。

本类药物的副作用是可能引起出血，因此要定期做凝血酶原试验，根据凝血酶原时间调整剂量与疗程，当凝血酶原的活性降到 25%以下时，必须停药。

应用注意：过量应用容易引起各种出血，如皮下出血、器官出血、消化道和泌尿道出血、伤口出血等。

【用法与用量】内服：一次量，马每 450 kg 体重 30～75 mg，犬、猫每 1 kg 体重 0.1～0.2 mg。每日 1 次。

【制剂】华法林钠片（Warfarin Sodium Tablets）。

（二）体外抗凝血药

枸橼酸钠（Sodium Citrate）

钙离子是参与凝血过程每一个步骤的凝血因子，其缺乏时血液便不能凝固。枸橼酸钠能与血浆中钙离子形成一种难解离的可溶性复合物——枸橼酸钠钙，使血浆钙离子浓度迅速降低而产生抗凝血作用。

本品用于体外抗凝血，如检验血样的抗凝和输血的抗凝（每 100 mL 全血加入 2.5%枸橼酸钠溶液 10 mL）。输血时，若枸橼酸钠用量过大，可引起血钙过低，导致心功能不全，遇此情况，可静脉注射钙剂以防治低血钙症。

枸橼酸钠一般配成 2.5%～4%溶液使用，若供输血用时必须按注射剂要求配制。

（三）促进纤维蛋白溶解药

纤维蛋白溶解药（fibrinolytics）可使纤维蛋白溶酶原（plasminogen）转变为纤维蛋白溶酶（plasmin），后者迅速水解纤维蛋白和纤维蛋白原，导致血栓溶解，故纤维蛋白溶解药又称血栓溶解药（thrombolytics）。链激酶和尿激酶均为纤维蛋白溶解药。

链激酶（Streptokinase）

【作用与应用】 链激酶是由β溶血性链球菌培养液中提得的一种非酶性蛋白质，分子质量约为 4.7×10^4 u。现已用基因工程方法制备出重组链激酶（recombinant streptokinase，rSK）。链激酶溶解血栓的机制是与内源性纤溶酶原结合形成 SK-纤溶酶原复合物，促使纤溶酶原转变为纤溶酶，纤溶酶迅速水解血栓中纤维蛋白，导致血栓溶解。临床上注射给药可用于容易引起血栓形成的疾病防治。静脉注射的药物，迅速从循环中经网状内皮系统并被循环抗体所清除。主要从肝脏经胆道排出，仍保留生物活性。

【用法与用量】 静脉注射或肌内注射：大动物，一次量，每 45 kg 体重，5 000～10 000 IU/d，每日 1～2 次；小动物每天总量不超过 5 000～10 000 IU，持续用药 5 d。

尿激酶（Urokinase）

尿激酶是从人尿中分离得来的一种糖蛋白，也可由基因重组技术制备，分子质量约为 5.3×10^4 u。尿激酶可直接激活纤溶酶原使之转变为纤溶酶。本品对纤维蛋白无选择性，既可以裂解凝血块表面的纤维蛋白，也可以裂解血液中游离的纤维蛋白原。此外，尿激酶还能促进血小板凝集，是其缺点。可用于预防犬术后腹膜粘连。

【用法与用量】 腹腔注射：一次量，犬每 1 kg 体重，5 000～10 000 IU。

（四）抗血小板聚集药

阿司匹林（Aspirin）

【作用与应用】 阿司匹林又称乙酰水杨酸（Acetylsalicylic Acid），是一种常用的抗血小板药物，对血小板环氧合酶有不可逆的抑制作用。阿司匹林能使环氧合酶乙酰化，从而减少血小板产生花生四烯酸。类花生酸中较重要的物质是前列环素（PGI_2）和血栓素 A_2（TA_2）。PGI_2 具有较强的抗血小板聚集和松弛血管平滑肌的作用，而 TA_2 是强大的血小板释放及聚集的诱导物，是 PGI_2 的生理拮抗物，可直接诱发血小板释放 ADP，进一步加速血小板的聚集过程。PGI_2 合成减少可能促进凝血及血栓形成，小剂量阿司匹林即可显著减少 TA_2 水平，而对 PGI_2 的合成无明显影响。阿司匹林通过抑制 TA_2 的合成影响血小板聚集，抗血栓形成。

阿司匹林内服后，单胃动物可在胃和近端小肠迅速吸收，牛的吸收较慢，但内服约有 70%剂量被吸收。吸收后广泛分布于全身，血浆蛋白结合率在不同种属动物为 70%～90%。阿司匹林在胃肠道水解产生水杨酸盐和醋酸。水杨酸盐在肝脏与葡萄糖醛酸结合，从肾脏排泄。有的动物如猫，葡萄糖醛酸转移酶相对缺乏，能延长阿司匹林的半衰期，导致药物蓄积甚至中毒。

应用注意：下列患病动物禁用，①对阿司匹林过敏；②急性胃肠道溃疡；③严重的肝、肾、心功能衰竭。

【用法与用量】 内服（减少心丝虫病的后遗症）：一次量，每 1 kg 体重，犬 10 mg，猫 25 mg。每周 2 次。

第三节　抗贫血药

抗贫血药是指能增进机体造血机能、补充造血必需物质、改善贫血状态的药物。血液由几种不同类型细胞组成，包括红细胞、白细胞和血小板。90%以上的血细胞为红细胞，其所含血红蛋白的主要功能是从肺携带氧到全身组织。当单位容积循环血液中的红细胞数和血红蛋白量长期低于正常时，便称为贫血。由其引起的病理生理学问题主要是组织供氧不足，所以贫血是一种综合症状，并不是独立的疾病。

临床上按其病因和发病原理，把贫血分为 4 种：出血性贫血、溶血性贫血、营养性贫血（包括缺铁所致的低色素性小红细胞性贫血，缺乏 B_{12} 或叶酸所致的巨幼红细胞性贫血或称大红细胞性贫血）和再生障碍性贫血。治疗时应先查明原因，首先进行对因治疗，抗贫血药只是一种补充疗法。

铁制剂（Iron Preparation）

临床上常用的铁制剂，内服的有硫酸亚铁（Ferrous suflate）、富马酸亚铁（富血铁，Ferrous Fumarate）和枸橼酸铁铵（Iron and Ammonium Citrate）；注射的有右旋糖酐铁（Iron Dextran）。

【药理作用】铁是构成血红蛋白的必需物质，红细胞的携氧能力决定于血红蛋白含量。进入机体内的铁约 60%用于构成血红蛋白，同时亦是肌红蛋白、细胞色素、血红素酶和金属黄素蛋白酶（如黄嘌呤氧化酶等）的重要成分。因此，铁缺乏不仅引起贫血，还可影响其他生理功能。

在正常情况下，成年动物不会缺铁。但在生长、妊娠和某些缺铁性贫血情况下，铁的需要量增加，缺铁不但使哺乳幼龄动物的生长发育受阻，而且还会增高动物对疾病的易感性。这时必需应用铁制剂，补充机体对铁的需要。

【药动学】铁制剂内服后，主要在十二指肠和空肠上部吸收，并受许多肠内和肠外因素的影响，如红细胞的生成速率、铁的储存、贫血、日粮内铁的含量、铁的类型和络合物等均可影响其吸收。只有 Fe^{2+} 才能进入黏膜细胞而被吸收，酸性环境和维生素 C 能使 Fe^{3+} 还原为 Fe^{2+}，肉类能刺激胃肠分泌，均能促进吸收。磷酸盐、植酸盐、草酸盐和碳酸氢盐等，则能抑制铁的吸收。进入肠黏膜细胞的 Fe^{2+} 被氧化为 Fe^{3+}，并与脱铁铁蛋白结合形成铁蛋白，铁的吸收量即取决于黏膜细胞中脱铁铁蛋白和铁蛋白的比值。以后铁蛋白把 Fe^{3+} 释入循环与血浆中的脱铁转铁蛋白（apotransferrin）结合成转铁蛋白。注射用铁剂肌内注射后，3 d 内吸收至淋巴系统，这个过程主要由巨噬细胞完成，部分右旋糖酐铁与注射部位的结缔组织细胞结合，而成为很少可供利用的铁储库。右旋糖酐铁进入血流，然后很快分布于全身网状内皮细胞，在细胞内从多糖解离出游离铁。右旋糖酐一部分代谢为葡萄糖，大部分从尿排泄，游离铁则进入血流与脱铁铁蛋白结合。正常情况下，血浆中的铁浓度约为100 μg/mL。内服或注射进入循环中的铁主要有两条去路：一种是进入骨髓供造血需要，另一种是进入肝、脾等网状内皮细胞中以铁蛋白形式储存。铁在体内经常处于动态平衡，内服的铁（包括食物中的铁）以铁蛋白和血铁黄素形式储存于网状内皮细胞内，主要是肝、脾和骨髓内。衰老的红细胞崩解后可利用的铁（内源性铁）也储存于这些组织，新降解的血色素的铁则用于生成红细胞。动物体内铁的排泄量很小，主要通过上皮脱落、胆汁、尿、粪便和汗液排泄。

【药物相互作用】①本品与维生素 C 同服，有利于吸收；②本品与磷酸盐类、四环素类及鞣酸等同服，可妨碍铁的吸收；③本品可减少喹诺酮类药物的吸收。

【不良反应】铁盐可与许多化学物质或药物发生反应，故不宜与其他药物同时或混合内服给药，如硫酸亚铁与四环素同服可发生螯合作用，使两者吸收均减少。

使用过量铁剂，尤其注射给药，可引起动物中毒。仔猪铁中毒的临床症状表现为皮肤苍白、黏膜损伤、粪便发黑、腹泻带血、心搏过速、呼吸困难和嗜眠，严重者可发生休克。也有牛使用大剂量铁制剂发生中毒死亡的报道。所以应用铁制剂时，必须避免体内铁过多，因为动物没有铁排泄或降解的有效机制。

【应用】铁制剂主要应用于缺铁性贫血的治疗和预防。临床上常见的缺铁性贫血有两种：一种是哺乳仔猪贫血，另一种是慢性失血性贫血（如吸血寄生虫的严重感染）。哺乳仔猪贫血是临床常见的疾病，仔猪出生时铁储存量较低（每头 45～50 mg），母乳能供应日需要量（生长迅速的仔猪日需要量约 7 mg）的 1/7（约 1 mg），如果不给予额外的补充，则 2～3 周内就可发生贫血，并且因贫血而使仔猪对腹泻的易感性增高。哺乳仔猪贫血多注射右旋糖酐铁，成年家畜贫血多内服铁制剂如硫酸亚铁治疗。

应用注意：①肝炎、急性感染、肠道炎症等患病动物慎用；②胃与肠道溃疡的患病动物忌用。

【用法与用量】

（1）右旋糖酐铁注射液：肌内注射，一次量，驹、犊 200～600 mg，仔猪 100～200 mg，幼犬20～200 mg，狐狸 50～200 mg，水貂 30～100 mg。

（2）富马酸亚铁：内服，一次量，马、牛 2～5 g，羊、猪 0.5～1 g。

（3）硫酸亚铁：内服，一次量，马、牛 2～10 g，羊、猪 0.5～3 g，犬 0.05～0.5 g，猫 0.05 g～0.1 g。临用前配成 0.2%～1%溶液。

【制剂】右旋糖酐铁注射液（Iron Dextran Injection），硫酸亚铁（Ferrous Sulfate Tablets）。

促红细胞生成素（Erythropoietin）

【作用与应用】促红细胞生成素（简称 EPO）是由肾皮质近曲小管管壁细胞分泌的由 166 个氨基酸组成的蛋白质，在贫血或低氧血症时，肾脏合成和分泌 EPO 迅速增加。EPO 能刺激红系干细胞生成，促进红细胞成熟，使网织红细胞从骨髓中释放出来以及提高红细胞抗氧化功能，从而增加红细胞数量并提高血红蛋白含量。EPO 与红系干细胞表面上的 EPO 受体结合，导致细胞内磷酸化及 Ca^{2+} 浓度增加。可用于治疗中度贫血患病动物。

应用注意：①合并感染患病动物，宜控制感染后再使用本品；②患病动物在治疗期间若出现铁需求增加，应适当补充铁剂；③叶酸或维生素 B_{12} 不足会降低本品效果。

【不良反应】EPO 引起的不良反应有呕吐，注射部位不适，皮肤过敏反应和较少的急性过敏反应。严重反应是产生抗 EPO 抗体，可引起威胁生命的贫血症，在病马已有报道，出现后应停止使用 EPO。

【用法与用量】皮下注射，一次量，每 1 kg 体重 100 U，初期，每周 3 次，应用2～3 周；红细胞压积（PCV）达到正常值后，每周减为 2 次或 1 次。如果在 8～12 周后，PCV 还未达到正常值，剂量可增至每 1 kg 体重 125～150U。

复　习　题

1. 作用于心脏的药物有哪几类？强心苷有哪些主要作用和应用？
2. 抗心律失常药有哪些作用和应用？
3. 试述抗凝血药与促凝血药的作用机制。常用抗凝血药与促凝血药有哪些作用特点和应用？
4. 常用抗贫血药有哪些特点和应用？

第五章

消化系统药理

消化系统疾病种类较多，而且是动物的常发病。由于动物种类不同，其消化系统的结构和机能各异，因而发病情况和疾病种类皆不相同。例如马常发便秘疝，牛常发前胃疾病。因此，充分掌握作用于消化系统的各类药物十分必要。

消化系统药物包括健胃药、助消化药、食欲促进剂、抗酸药、泻药、止泻药、瘤胃兴奋药、制酵药、消沫药、催吐药、止吐药。近年来对利胆药在兽医临床的作用和应用也有一些研究和报道，例如熊去氧胆酸（ursodeoxycholic acid）和去氢氧胆酸（dehydrocholic acid）等，但尚缺乏较成熟的应用资料。

第一节　健胃药和助消化药

一、健 胃 药

健胃药（stomachics）是指能促进唾液、胃液等消化液的分泌、加强胃的消化机能，从而提高食欲的一类药物。健胃药可分为苦味健胃药、芳香性健胃药及盐类健胃药三类。

（一）苦味健胃药

苦味健胃药多来源于植物，如龙胆、马钱子、大黄等。本类药物具有强烈苦味，通过神经反射引起消化液分泌增多，有利于消化，促进食欲，起到健胃作用。

苦味健胃药健胃机制于 20 世纪初通过采用带有食道瘘和胃瘘的犬进行假饲试验，才被科学阐明。试验结果表明：苦味药经口内服时，刺激了舌部味觉感受器，通过神经反射作用，引起味觉分析器兴奋，进而提高了大脑皮层食物中枢的兴奋性，反射地增加唾液与胃液的分泌，增强消化机能，并提高食欲。这种作用在消化不良、食欲减退时尤为显著。

根据苦味健胃药的作用机制，临床应用本类药物时，为充分发挥苦味药的健胃作用，应注意下面几点：①制成合理的剂型，如散剂、舔剂、溶液剂、酊剂等是适合的剂型。②一定要经口给药，接触味觉感受器，不能用胃管投药。③合理的给药时间，一般认为在饲前 5～30 min 为宜。④一种苦味健胃药不宜长期反复使用，而应与其他健胃药交替使用，以防药效降低。⑤用量不宜过大，过量服用反而抑制胃液分泌。

龙　胆（Radix Gentianae）

龙胆为龙胆科植物龙胆（*Gentiana scabra* Bunge）或三花龙胆（*G. triflora* Pall）的干燥根茎和根，有效成分为：龙胆苦苷约 2%，龙胆糖约 4%，龙胆碱约 0.15%。

【作用与应用】本药味苦，内服可作用于舌味觉感受器，促进唾液与胃液分泌增加，加强消化，提高食欲。常与其他健胃药配伍制成散剂、酊剂、舔剂等剂型，用于治疗食欲不振及某些热性病引起的消化不良等。

【用法与用量】内服：一次量，马、牛 15～45 g，羊、猪 6～15 g，骆驼 30～60 g，水貂 0.2～0.3 g。

【制剂】龙胆酊（Gentian Tincture）。

马钱子（Semen Strychni）

马钱子为马钱科植物马钱的成熟种子，味苦，有毒。本品含有多种类似的生物碱，如番木鳖碱。

【作用与应用】因味极苦，故内服后主要发挥苦味健胃剂作用。本品吸收后对中枢神经系统，尤其对脊髓具有选择性兴奋作用。另外，马钱子还具有抗肿瘤、抗炎、镇痛、健胃、镇咳祛痰、杀菌、改善微循环、刺激骨髓、活跃造血功能等药理学活性。作为健胃药，常用于治疗消化不良、食欲不振、前胃弛缓、瘤胃积食等疾病。

【应用注意】本药安全范围小，应严格控制剂量，而且连续用药不能超过 1 周，以免发生蓄积性中毒。中毒时，可用巴比妥类药物或水合氯醛解救，并保持环境安静，避免各种刺激。妊娠动物禁用。

【用法与用量】

（1）马钱子酊：内服，一次量，马 10～20 mL，牛 10～30 mL，羊、猪 1～2.5 mL，犬 0.1～0.6 mL。

（2）马钱子流浸膏：内服，一次量，马 1～2 mL，牛 1～3 mL，羊、猪 0.1～0.25 mL，犬 0.01～0.06 mL。

（3）马钱子粉末：内服，一次量，马、牛 1.5～6 g，羊、猪 0.3～1.2 g。

【制剂】马钱子酊（Strychnine Tincture），马钱子流浸膏（Strychnine Liquid Extract）。

（二）芳香性健胃药

芳香性健胃药是一类含挥发油，具有辛辣性或苦味的中草药。内服后轻度刺激消化道黏膜，通过迷走神经的反射可引起消化液分泌增加，促进胃肠蠕动，另外还有轻度抑菌、制止发酵的作用。药物吸收后，一部分经呼吸道排出，增加分泌，稀释痰液，呈轻度祛痰作用。因此，本类药物具有健胃、制酵、祛风、祛痰作用。健胃作用强于单纯苦味健胃药，且作用持久。

常用的芳香性健胃药有陈皮、桂皮、豆蔻、小茴香、八角茴香、姜、辣椒、蒜等；常配成复方制剂使用。

陈　皮（Pericarpim Citri Reticulatae）

陈皮又称橙皮，为芸香科植物橘（*Citrus reticulate* Blanco）及其栽培变种的干燥成熟果皮，含挥发油、川皮酮、橙皮苷、维生素 B_1 和肌醇等。

【作用与应用】本品内服发挥芳香性健胃药作用。能刺激消化道黏膜，增强消化液的分泌及胃肠蠕动，呈现健胃祛风的功效。用于治疗消化不良、积食气胀等。

【用法与用量】内服（陈皮酊）：一次量，马、牛 30～100 mL，羊、猪 10～20 mL，犬、猫 1～5 mL。

【制剂】陈皮酊（Aurantium Tincture）。

桂 皮（Cassia Bark）

桂皮又称肉桂，为樟科植物肉桂（*Cinnamonmm cassia* Presl）的干燥树皮，含挥发性桂皮油 1%～2%，油中主要成分为桂皮醛。

【作用与应用】本品对胃肠黏膜有温和刺激作用，可增强消化机能，排除积气，缓解胃肠痉挛性疼痛，因有扩张末梢血管作用，故能改善血液循环。主要用于治疗消化不良、受凉感冒、产后虚弱等。妊娠动物慎用。

【用法与用量】内服（粉）：一次量，马、牛 15～45 g，羊、猪 3～9 g。

内服（酊）：一次量，马、牛 30～100 mL，羊、猪 10～20 mL。

【制剂】桂皮粉（Cassia Bark Powder），桂皮酊（Cassia Bark Tincture）。

豆 蔻（Cardamom）

豆蔻又称白豆蔻，为姜科植物白豆蔻（*Amomum kravanh* Pierreex Gagnep）的干燥果实，含挥发油，油中含有右旋龙脑、右旋樟脑等成分。

【作用与应用】具有健胃、祛风、制酵等作用。用于治疗消化不良、前胃弛缓、胃肠气胀等。

【用法与用量】内服（粉）：一次量，马、牛 15～30 g，羊、猪 3～6 g，兔、禽 0.5～1.5 g。

内服（酊）：一次量，马、牛 10～30 mL，羊、猪 10～20 mL。

【制剂】豆蔻粉（Cardamom Powder），复方豆蔻酊（Compound Cardamom Tincture）。

姜（Ginger）

本品为姜科植物姜（*Zingiber officinale* Rose）的干燥根茎，含姜辣素、姜烯酮、姜酮、挥发油（0.25%～3%），挥发油含龙脑、桉油精、姜醇、姜烯等成分。

【作用与应用】本品味辛辣。内服后，能显著刺激胃肠道黏膜，引起消化液分泌，增加食欲。还具有抑制胃肠道异常发酵及促进气体排出的作用。

【应用注意】用于治疗消化不良、食欲不振、胃肠气胀等，使用其制剂时应加水稀释后服用，以减少黏膜的刺激。妊娠动物禁用。

【用法与用量】内服：一次量，马、牛 15～30 g，羊、猪 3～10 g，犬、猫 1～3 g，兔、禽 0.3～1 g。

【制剂】姜酊（Ginger Fincture），姜流浸膏（Ginger Liquid Extract）。

大 蒜（Garlic）

本品为百合科植物大蒜（*Allium sativum* L.）的鲜茎，含挥发油、蒜素，气特异，味辛辣。

【作用与应用】本品内服发挥芳香性健胃药作用。由于内含大蒜素，具有明显抑菌作用，实验证明对多种革兰阳性菌和阴性菌均有一定的抑制作用，对白色念珠菌、隐球菌等真菌以及滴虫等原虫也有作用。

主要用于治疗食欲不振、积食气胀，禽及幼龄动物肠炎、腹泻等。

【用法与用量】内服：一次量，马、牛 30～90 g，羊、猪 15～30 g，犬、猫 1～3 g，家禽 2～4 g。

【制剂】大蒜酊（Garlic Tincture）。

（三）盐类健胃药

盐类健胃药主要指中性盐氯化钠、复方制剂人工盐、弱碱性盐碳酸氢钠等。

人工盐（Artificial Carlsbad Salt）

人工盐又称人工矿泉盐、卡尔斯泉盐。由干燥硫酸钠 44%、氯化钠 18%、碳酸氢钠 36%及硫酸钾 2%混合制成。白色粉末，易溶于水，水溶液呈弱碱性（pH8～8.5）。

【作用与应用】内服小量人工盐，刺激口腔黏膜及味觉感受器，具有增强食欲，增加胃肠分泌、蠕动，促进食物消化吸收，也有微弱中和胃酸作用。内服大量人工盐，并大量饮水，可提高胃肠内容物的渗透压，阻止水分吸收，增强胃肠道蠕动，有缓泻作用。常配合制酵药应用于便秘初期。此外，尚有利胆作用，可用于胆囊炎，促进胆汁排出。

马属动物较多用于治疗一般性消化不良、胃肠弛缓、便秘等。

禁与酸性物质或酸类健胃药、胃蛋白酶等药物配合应用。

【用法与用量】内服（用于健胃）：一次量，马 50～100 g，牛 50～150 g，羊、猪 10～30 g，兔 1～2 g。

内服（用于缓泻）：一次量，马、牛 200～400 g，羊、猪 50～100 g，兔 4～6 g。

二、助消化药

助消化药（digestant）是一类促进胃肠道消化功能的药物。本类药物多数就是消化液的主要成分，如胃蛋白酶、淀粉酶、胰酶、稀盐酸等。当消化液分泌不足时，助消化药起代替疗法作用，临床上常与健胃药配合应用。

稀盐酸（Dilute Hydrochloric Acid）

含盐酸约 10%（g/mL），为无色澄明液体，无臭，呈强酸性反应。应置玻璃塞瓶内，密封保存。

【作用与应用】本品可使胃蛋白酶原变为胃蛋白酶，供给胃蛋白酶活动所需的酸度，并能调节幽门紧张度及胰腺的分泌作用。可使十二指肠内容物呈酸性，有利于铁和钙的吸收。有轻度杀菌作用，可抑制细菌繁殖。

主要用于因胃酸减少造成的消化不良、胃内发酵，马、骡急性胃扩张，牛前胃弛缓、食欲不振、碱中毒等。

【应用注意】① 忌与碱类、盐类健胃药、有机酸、洋地黄及其制剂配合使用。② 用量不宜过大，否则食糜酸度过高，可反射性地引起幽门括约肌痉挛。

【用法与用量】 内服：一次量，马 10～20 mL，牛 15～20 mL，羊 2～5 mL，猪 1～2 mL，犬、禽 0.1～0.5 mL。用前需加水 50 倍稀释（即成 0.2%溶液）。

稀醋酸（Dilute Acetie Acid）

稀醋酸含醋酸 5.5%～6.5%，为无色澄清液体。有特臭，味酸。

【作用与应用】 有防腐、制酵及助消化作用。用于治马、骡急性胃扩张、消化不良，牛瘤胃臌胀等。本品忌与苯甲酸盐、水杨酸盐、碳酸盐、碱类等配伍。

【用法与用量】 内服：一次量，马、牛 10～40 mL，羊、猪 2～10 mL。临用前稀释成 0.5%左右。

乳　酸（Lactic Acid）

含乳酸 85%～90%（*m*/*m*），为澄明无色或微黄色黏性液体。几乎无臭，味酸。有引湿性，显强酸性反应。与水、乙醇或醚能任意混合，在氯仿中不溶。

【作用与应用】 内服具防腐、制酵作用，促进消化液分泌。

本品多用于治疗幼龄动物消化不良、马属动物急性胃扩张及牛、羊前胃弛缓，亦可外用（以 1%溶液冲洗阴道，治疗滴虫病）。其蒸气可做室内消毒（每立方米 1 mL，稀释 10 倍后加热熏蒸 30 min）。禁与氧化剂、氢碘酸、蛋白质溶液及重金属盐配伍。

【用法与用量】 内服：一次量，马、牛 5～25 mL，羊、猪 0.5～3 mL（用前稀释成 2%溶液）。

胃蛋白酶（Pepsin）

胃蛋白酶又称胃蛋白酵素、胃液素。本品是自牛、羊、猪的胃黏膜制得的一种含有蛋白分解酶的物质，每 1 g 中含蛋白酶活力不得少于 3 800 U。为白色或淡黄色粉末。有引湿性，水溶液显酸性反应。

【作用与应用】 本品内服可使胃中饲料蛋白质初步水解成蛋白胨、蛋白胨，有助于消化。

常用于治疗胃液分泌不足及幼龄动物胃蛋白酶缺乏引起的消化不良。

本品在 0.2%～0.4%盐酸（pH 1.6～1.8）的环境中作用最强，因此应用胃蛋白酶时，必须与稀盐酸同用，以确保充分发挥作用。禁与碱性药物、鞣酸、金属盐等配伍。温度超过 70 ℃时迅速失效，宜饲前服用。

【用法与用量】 内服：一次量，马、牛 4 000～8 000 U，羊、猪 800～1 600 U，驹、犊 1 600～4 000 U，犬 80～800 U，猫 80～240 U。

【制剂】 胃蛋白酶片。

胰　酶（Panereatin）

由猪、牛、羊的胰脏提取，为多种酶的混合物，主要含有胰蛋白酶、胰淀粉酶和胰脂肪酶。淡黄色或类白色粉末。有肉臭，能溶于水，不溶于乙醇。有引湿性，遇酸、碱、重金属盐及加热均失效。

【作用与应用】 本品在中性或弱碱性环境中活性较强，能促进蛋白质和淀粉的消化，对脂肪亦有一定的消化作用。主要用于治疗消化不良、食欲不振及肝、胰腺疾病所致的消化障碍。不宜与酸性药物同用。与等量碳酸氢钠同用疗效好。

【用法与用量】内服：一次量，猪 0.5～1 g，犬 0.2～0.5 g。

乳酶生（Lactasin）

乳酶生又称表飞鸣（Biofermine），为乳酸杆菌的干燥制剂，每 1 g 含活乳酸杆菌 1 000 万个以上。白色粉末。无臭无味，难溶于水。受热效力下降，冷暗处保存。

【作用与应用】本品为活性乳酸杆菌制剂，能分解糖类生成乳酸，使肠内酸度提高，抑制肠内病原菌繁殖。主要用于治疗胃肠异常发酵和腹泻、肠臌气等。应用时不宜与抗菌药物、吸附药、收敛药、酊剂配伍，以免失效。宜饲前服用。

【用法与用量】内服：一次量，驹、犊 10～30 g，羊、猪 2～4 g，犬 0.3～0.5 g，禽 0.5～1 g，水貂 1～1.5 g，貂 0.3～1 g。

干酵母（Saccharomyces Siccum，Yeast）

干酵母又称食母生，为麦酒酵母菌或葡萄汁酵母菌的干燥菌体，为淡黄白色或淡黄棕色的颗粒或粉末。有酵母的特臭，味微苦。

【作用与应用】干酵母含多种 B 族维生素等生物活性物质。每 1 g 酵母中约含维生素 B_1 0.1～0.2 mg、核黄素 0.04～0.06 mg、烟酸 0.03～0.06 mg。此外，还含有维生素 B_6、维生素 B_{12}、叶酸、肌醇及转化酶、麦糖酶等。上述物质是机体内某些酶系统的重要组成部分，能参与糖、蛋白质、脂肪的生物转化和转运。

本品用于治疗食欲不振、消化不良和 B 族维生素缺乏的辅助治疗。用量过大，可致腹泻。

【用法与用量】内服：一次量，马、牛 30～100 g，羊、猪 5～10 g。

第二节　抗　酸　药

抗酸药（antacids）是一类能降低胃内容物酸度的弱碱性无机物质，如碳酸钙、氧化镁、氢氧化镁、氢氧化铝等，可直接中和胃酸但不被胃肠道吸收，适度提高胃内 pH，以缓解酸的刺激症状、降低胃酶活性，pH 升到 4 时，胃蛋白酶失活，从而减轻其对胃黏膜的侵袭作用，缓解溃疡的疼痛症状。除了缓冲胃酸作用，抗酸药是消化性溃疡病特别是十二指肠溃疡病的主要治疗药物之一。抗酸药还可螯合胆酸盐，减轻返流性损害，通过刺激前列腺素（PG）释放，促进 HCO_3^- 和黏液分泌，对胃呈保护作用。抗酸药有易吸收和不易吸收之分，易吸收的碳酸氢钠虽能迅速中和胃酸，但作用时间短，若用量偏大时，不仅刺激胃壁泌酸且可影响体液 pH，造成碱中毒。目前的抗酸药物常使用不易吸收的缓冲性抗酸药，包括碱性抗酸药、抑制胃酸分泌药等。

一、碱性抗酸药

碳酸钙（Calcium Carbonate）

本品为白色极微细的结晶性粉末。无臭，无味。几乎不溶于水，不溶于乙醇。

【作用与应用】本品的抗酸作用产生快，且强而持久。在中和胃酸反应时能产生二氧化碳，引起嗳气。Ca^{2+}若进入小肠能促使胃泌素分泌，易出现胃酸分泌增多的反跳现象。用于治疗胃酸过多。本品长期大量应用，可造成便秘、腹胀。

【用法与用量】内服：一次量，马、牛 30～80 g，羊、猪 3～20 g。

氧化镁（Magnesium Oxide）

为白色粉末。无臭，无味。几乎不溶于水，不溶于乙醇，可溶于稀酸。在空气中可缓慢吸收二氧化碳。

【作用与应用】本品抗酸作用强而持久，但缓慢。中和胃酸时不产生二氧化碳，但可形成氯化镁，释出镁离子，刺激肠管蠕动致泻。氧化镁又具有吸附作用，能吸附二氧化碳等气体。主要用于治疗胃酸过多、胃肠臌气及急性瘤胃臌气。

【用法与用量】内服：一次量，马、牛 50～100 g，羊、猪 2～10 g。

氢氧化镁（Magnesium Hydroxide）

为白色粉末。无味，无臭。不溶于水、乙醇，溶于稀酸。

【作用与应用】本品难吸收，抗酸作用较强、较快，可快速调节 pH 至 3.5。应用时不产生二氧化碳。用于治疗胃酸过多和胃炎等病症。

【用法与用量】内服：一次量，犬 5～30 mL，猫 5～15 mL。

【制剂】镁乳（Emulsion Magnesium）。

氢氧化铝（Aluminium Hydroxide）

为白色无晶形粉末。无味，无臭。不溶于水或乙醇，在稀矿酸或氢氧化碱溶液中溶解。

【作用与应用】本品为弱碱性化合物。抗酸作用较强，缓慢而持久。中和胃酸时产生的氧化铝有收敛作用、局部止血及引起便秘作用。还能影响磷酸盐、四环素类、强的松、氯丙嗪、普萘洛尔、维生素、巴比妥类、地高辛、奎尼丁、异烟肼等药物的吸收或消除。用于胃酸过多和胃溃疡的治疗。

【应用注意】本品可引起便秘，与四环素类药物可形成络合物而影响其吸收，故两者不宜联用。

【用法与用量】内服：一次量，马 15～30 g，猪 3～5 g。

二、抑制胃酸分泌药

胃酸由壁细胞分泌，并受神经递质（Ach）、内分泌（促胃液素）、旁分泌（组胺、生长抑素和前列腺素）等体内多种内源性因素调节，它们作用于壁细胞的特异性受体，增加 cAMP 及 Ca^{2+}浓度，最终影响壁细胞顶端分泌小管膜内的质子泵（H^+-K^+-ATP 酶）而影响胃酸分泌。常用的抑制胃酸分泌的药物可分为三类：①H_2 受体阻断药（H_2-receptorantagonists），能够阻断胃壁细胞的 H_2 受体，对胃酸分泌具有强大的抑制作用。常用的药物有西咪替丁（Cimetidine，甲氰咪胍）、雷尼替丁（Ranitidine，呋喃硝胺）等，具体应用见本书第九章。②H^+-K^+-ATP 酶抑制药，又称质子泵（protonpump），是由 α 和 β 两个亚单位组成的异二聚体。H^+-K^+-ATP 酶是胃酸分泌过程的最终环节，H^+-K^+-ATP 酶抑制药将其作为靶标，通过抑制此酶而抑制酸分泌，是一类抑制胃酸特异性高、作用强的新型抗消化性溃疡药。主要药物有奥美拉唑（Omeprazole）。③M-胆碱受体阻断药，主要药物有溴丙胺太林和甲吡戊痉平。

奥美拉唑（Omeprazole）

奥美拉唑也称洛赛克（Losec），是第一个问世的质子泵抑制剂，是一种苯并咪唑取代衍生物，左旋体和右旋体各占50%。

【作用与应用】本品为弱碱性亚砜类咪唑化合物，经肠吸收，在血液中药物不带电荷，能透过细胞膜，分布在胃壁细胞分泌小管部位。质子化的药物分子转化为亚磺酸和亚磺酰胺，这是奥美拉唑发挥药理作用的活性形式。这两种活性化合物均能与 H^+-K^+-ATP 酶位于细胞外表面的α亚单位中半胱氨酸残端的巯基相结合形成共价键，抑制此酶活性。因为是共价结合，所以其泌酸功能需待酶蛋白的新合成。H^+-K^+-ATP 酶的半衰期为18 h。

奥美拉唑可使基础胃酸分泌及由组胺、促胃液素等刺激引起的胃酸分泌均受到明显抑制。每天给予每1 kg体重4 mg的剂量就可以抑制胃酸的分泌，在预计达到最大胃酸分泌抑制后（5 d）的8 h、16 h、24 h，胃酸的分泌分别减少99%、95%、90%。奥美拉唑为一弱碱性药物，进入壁细胞后，在分泌小管的酸性环境中迅速分解，生成的次磺胺与 H^+-K^+-ATP 酶的巯基结合，使酶不可逆的失去活性，壁细胞分泌胃酸的最后环节被抑制，胃液pH升高。奥美拉唑既是该酶的底物，又是其抑制剂。本品主要用于治疗十二指肠溃疡，并能预防或治疗由致溃疡性药物（如阿司匹林）引起的胃损伤（糜烂）。

【应用注意】该药不能用于妊娠及泌乳雌马，用药后的动物禁止食用。不宜长期用药，可致胃内细菌滋长，还可抑制肝药酶活性。

【药动学】本品内服后迅速由小肠吸收，生物利用度为35%～60%，1 h即达有效血药浓度，血浆蛋白结合率为95%～96%。胃内有食物时，吸收会减少67%。饮食并不影响该药的清除率，半衰期为2.5～8 h不等。在肝脏代谢，主要经肾脏排出。

【用法与用量】内服：马，一次量，每1 kg体重4 mg，每日1次，连用4周。为预防复发，可继续给予维持量4周，每1 kg体重2 mg。

溴丙胺太林（Propantheline Bromide）

溴丙胺太林又称普鲁本辛。为白色或类白色结晶粉末。无臭，味极苦。极易溶于水、乙醇或氯仿，不溶于乙醚和苯。

【作用与应用】本品为节后抗胆碱药，对胃肠道M受体选择性高，有类似阿托品样作用，治疗剂量对胃肠道平滑肌的抑制作用强且持久，亦可减少唾液、胃液及汗液的分泌，此外还有神经节阻断作用。中毒量时，可阻断神经肌肉传导，使呼吸麻痹。

适用于胃酸过多症及缓解胃肠痉挛。本品可延缓呋喃妥因和地高辛在肠内的停留时间，增加上述药物的吸收。

【用法与用量】内服：一次量，小犬5～7.5 mg，中犬15 mg，大犬30 mg，猫5～7.5 mg。每8 h 1次。

【制剂】溴丙胺太林片（Propantheline Bromide Tablets）。

格隆溴铵（Glycopyrrolate）

格隆溴铵又称甲吡戊痉平、胃长宁。为白色结晶性粉末。味苦，无臭。溶于水。

【作用与应用】本品为节后抗胆碱药，作用基本似阿托品。抑制胃酸及唾液分泌较强。对胃肠道解痉作用较差。一般用于治疗胃酸过多、消化性溃疡等。

【用法与用量】肌内或皮下注射：一次量，每 1 kg 体重，犬 0.01 mg。

【制剂】胃长宁注射液（Glycopyrrolate Bromide Injection）。

第三节　止吐药和催吐药

一、止 吐 药

止吐药（antemetics）在兽医临床上主要用于制止犬、猫、猪及灵长类等动物呕吐，因为长期剧烈的呕吐，易造成机体脱水和电解质失衡。呕吐是上消化道的一种复杂协调性活动过程，由位于延髓的呕吐中枢调控。

氯苯甲嗪（Meclozine）

氯苯甲嗪又称敏可静。为白色或淡黄色结晶粉末。无臭，几乎无味。溶于水。

【作用与应用】本品有制止变态反应性及晕动病所致呕吐，止吐作用可持续 20 h 左右。止吐机制为抑制前庭神经、迷走神经兴奋传导，同时对中枢也起一定抑制作用。用于犬、猫等动物呕吐的治疗。

【用法与用量】内服：一次量，犬 25 mg，猫 12.5 mg。

【制剂】盐酸氯苯甲嗪片（Meclozine Hydrochloride Tablets）。

甲氧氯普胺（Metoclopramide）

甲氧氯普胺又称胃复安、灭吐灵。为白色结晶性粉末。遇光变成黄色，毒性增强，勿用。

【作用与应用】甲氧氯普胺能够抑制催吐化学感受区而呈现强大的中枢性镇吐作用，止吐机制是阻断多巴胺 D_2 受体作用，抑制延髓催吐化学感受区，反射地抑制呕吐中枢。此外，该药还能作为胃肠推动剂，促进食道和胃的蠕动，加速胃的排空，这有助于改善呕吐症状。本品还可调整胆汁分泌。

本品主要用于治疗胃肠胀满、恶心呕吐及用药引起的呕吐以及胆囊炎和胆石症等。犬、猫妊娠时禁用。本品忌与阿托品、颠茄制剂等配伍，以防降低药效。

【用法与用量】内服：一次量，犬、猫 10～20 mg。

肌内注射：一次量，犬、猫 10～20 mg。

舒必利（Sulpiride）

舒必利又称止吐灵。为白色结晶性粉末。无臭，味苦。易溶于冰醋酸或稀醋酸，较难溶于乙醇，难溶于丙酮，不溶于水、乙醚、氯仿和苯。

【作用与应用】本品属中枢性止吐药，止吐作用强大。内服止吐效果是氯丙嗪的 166 倍，皮下注射时是氯丙嗪的142倍。兽医临床常用做犬的止吐药。止吐效果好于胃复安。

【用法与用量】内服：一次量，每5～10 kg体重，犬0.3～0.5 mg。

二、催 吐 药

催吐药（emetics）是一类引起呕吐的药物。催吐作用可由兴奋中枢呕吐化学敏感区引起，如阿扑吗啡；也可通过刺激食道、胃等消化道黏膜，反射性地兴奋呕吐中枢引起呕吐，如硫酸铜。催吐药主要用于犬、猫等具有呕吐机能的动物，进行中毒急救，排除胃内未吸收的毒物，减少有毒物质的吸收。

阿扑吗啡（Apomorphine）

阿扑吗啡又称去水吗啡。为白色或灰白色细小有闪光结晶或结晶性粉末。无臭。能溶于水和乙醇，水溶液中性。露置空气或日光中缓缓变为绿色，勿用。

【作用与应用】本品为中枢反射性催吐药，能直接刺激延髓催吐化学感受区，反射性兴奋呕吐中枢，引起恶心呕吐。内服作用较弱，缓慢；皮下注射后5～15 min即可产生强烈的呕吐。常用于犬驱出胃内毒物。有时也可用于猫，但存在争议。

【用法与用量】皮下注射：一次量，猪10～20 mg，犬2～3 mg，猫1～2 mg。

第四节　增强胃肠蠕动药

本类药物包括瘤胃兴奋药和胃肠推进药。瘤胃兴奋药（stimulants of rumen）又称反刍促进药（ruminate stimulants），是能促使瘤胃平滑肌收缩，加强瘤胃运动，促进反刍动作，消除瘤胃积食与气胀的一类药物。胃肠推进药物主要是指通过增强胃肠运动，促进胃的正向排空和推动胃肠内容物从十二指肠向回肠盲部推进，而产生胃肠促进作用的药物。主要药物有甲氧氯普胺和多潘立酮。

反刍动物的瘤胃容积庞大，食物在此停留时间较久，因此瘤胃的正常活动将确保饲料的消化和营养物质的合成。当饲养管理不善，饲料质量低劣，或发生某些全身性疾病如高热、低钙血症等，均可引起瘤胃运动弛缓，反刍减弱或停止，造成瘤胃积食、瘤胃臌胀等一系列的严重疾病。此时，可应用瘤胃兴奋药治疗。

促进瘤胃兴奋的药物可分为拟胆碱药物、浓氯化钠注射液、酒石酸锑钾和甲氯普胺等，除在本节讨论的药物外，其他详见有关章节。

氨甲酰甲胆碱（Bethanechol）

H_2N　O　$N^+(CH_3)_3$　O　CH_3

氨甲酰甲胆碱又称乌拉胆碱。为白色结晶或结晶性粉末。稍有氨味。极易溶于水，易溶于乙醇，不溶于氯仿和乙醚。

【作用与应用】本品属季铵化合物，内服极少吸收。不易被胆碱酯酶水解。主要兴奋M胆碱受体，呈现M样作用，而N样作用甚微或没有。对胃肠道平滑肌呈明显的收缩作用，而心血管系统的抑制作用较弱为其特点。阿托品可快速阻止或消除 M 样作用，故临床应用较安全，但肠道完全阻塞、创伤性网胃炎及妊娠动物禁用。本品主要用于治疗胃肠弛缓、瘤胃积食、膀胱积尿、胎衣不下和子宫蓄脓等。

【用法与用量】皮下注射：一次量，每 1 kg 体重，马、牛 0.05～0.1 mg。

【制剂】氨甲酰甲胆碱注射液（Carbamylmethylcholine Chloride Injection）。

浓氯化钠（Strong Sodium）

【作用与应用】本品为氯化钠的高渗灭菌水溶液，静脉注射后能短暂的抑制胆碱酯酶的活性，出现胆碱能神经兴奋的效应，可提高瘤胃的蠕动功能。血中高氯离子（Cl^-）和高钠离子（Na^+）能反射性兴奋迷走神经，使胃肠平滑肌兴奋，蠕动增加，消化液分泌增多。尤其在瘤胃机能较弱时，作用更加显著。本品一般用药后 2～4 h 作用最强。临床上用于治疗反刍动物前胃迟缓、瘤胃积食，马属动物胃扩张和便秘疝等。静脉注射时不可稀释，注射速度宜慢，不可漏至血管外。心力衰竭和肾功能不全患病动物慎用。

【用法与用量】静脉注射：一次量，每 1 kg 体重，牛 1 mL。

【制剂】浓氯化钠注射液（Strong Sodium Chloride Injection）。

多潘立酮（Domperidone）

多潘立酮又称吗丁啉。通常为片剂，每片含有 10 mg 多潘立酮。属于一种直接作用于胃肠壁的多巴胺受体拮抗剂。

【作用与应用】本品作用机制和胃肠道促动力效应与甲氧氯普安相似，可促进胃排空，增强胃及十二指肠的运动，但在动物上的治疗效果不显著。可用于治疗食管返流、胃肠胀满、恶心、呕吐等症状。

内服从胃肠道吸收，在犬的生物利用度仅 20%，可能是由于高度的首过效应，内服后 2 h血药浓度达峰值，有 93%与血浆蛋白结合，代谢物主要从粪便和尿中排出。

【用法与用量】该药在小动物中的应用未见报道，建议剂量 2～5 mg/只。另据报道，该药物常用于治疗马的苇状羊茅中毒及无乳症。

第五节　制酵药和消沫药

一、制 酵 药

制酵药（antifoaming agents）有抑制胃肠内细菌发酵或酶的活力，防止大量气体产生的作用。当动物采食大量易发酵或变质的饲料时，极易产生大量气体，且不能及时排出体外，导致发生胃肠臌气。此时，主要应用制酵药以制止气体的继续产生。

常用的制酵药有甲醛溶液、鱼石脂、大蒜酊等。

鱼石脂（Ichthammol）

鱼石脂又称依克度。为棕黑色浓厚的黏稠性液体。有特臭。易溶于乙醇，在热水中溶解，呈弱酸性反应。

【作用与应用】具轻度防腐、制酵、促进胃肠蠕动的作用。

本品常用于治疗瘤胃臌胀、前胃弛缓、急性胃扩张。外用有温和刺激作用，可消肿，促使肉芽新生，故10%～30%软膏用于治疗慢性皮炎、蜂窝织炎等。

内服时，先用倍量的乙醇溶解，然后加水稀释成2%～5%的溶液。本品禁与酸性药物如稀盐酸、乳酸等混合使用。

【用法与用量】内服：一次量，马、牛10～30 g，羊、猪1～5 g，兔0.5～0.8 g。

二、消 沫 药

消沫药（antifrothing agents）是一类表面张力低于"起泡液"（泡沫性臌胀瘤胃内的液体），不与起泡液互溶，能迅速破坏起泡液的泡沫，而使泡内气体逸散的药物。其消沫作用机制是：因消沫药的粒子是疏水的，不与起泡液互溶，则停留在"气-液"界面，即泡沫膜上；又由于消沫药表面张力低于起泡液的表面张力，从而将接触泡沫膜的局部表面张力降低，导致该部位表膜被"拉薄"而穿孔，使相邻两泡沫融合，这时消沫药的粒子又可进行下一次消泡过程，融合的气泡不断扩大，汇集成大气泡，容易破裂将气体排出体外。

本类药物用于反刍动物瘤胃泡沫性臌胀的治疗。常用的消沫药有二甲硅油、松节油，而植物油（如豆油、花生油、菜籽油、麻油、棉籽油等），因表面张力较低，也有消沫作用。

二甲硅油（Dimethicone）

二甲硅油又称聚甲基硅。无色透明油状液体。无臭或几乎无臭，无味。在水和乙醇中不溶。能与氯代烃类、乙醚、苯、甲苯等混溶。

【作用与应用】发挥消沫药作用。能降低泡沫的表面张力而消除胃肠道内的泡沫，使被泡沫潴留的气体得以排除，缓解气胀。用于瘤胃泡沫性臌胀病，疗效确实，作用迅速，几乎没有毒性。本品作用迅速，约在用药后5 min起作用，15～30 min时作用最强。

临用时配成2%～3%酒精溶液或2%～5%煤油溶液，最好采用胃管投药。灌服前后应灌少量温水，以减轻局部刺激。

【用法与用量】内服：一次量，牛3～5 g，羊1～2 g。

【制剂】二甲硅油片（Dimethicone Tablets）。

第六节　泻药和止泻药

一、泻　　药

泻药（laxatives）是一类促进粪便顺利排出的药物。按作用机制可分为三类：①容积性泻药（亦称盐类泻药），如硫酸钠、硫酸镁、氯化钠等。②润滑性泻药（亦称油类泻药），如液状石蜡、植物油、动物油等。③刺激性泻药（亦称植物性泻药），如大黄、芦荟、番泻叶、蓖麻油等。甘汞、酚肽属于非植物性的刺激性泻药，现已很少用。

另外，拟胆碱药通过对肠道M受体作用，使肠蠕动加强，促使排便，一般称神经性泻药（详见传出神经药物部分）。

（一）容积性泻药

本类药物常用者为硫酸钠、硫酸镁等，这类药物是一些不易被肠壁吸收且又易溶于水的盐类离子。内服后在肠腔内能形成高渗溶液，因此能吸收大量水分，并阻止肠道水分被吸收，水分增多，有利于软化粪便，而且使肠内容积增大，对肠黏膜产生机械性刺激作用。另外，解离出的盐类离子及溶液的渗透压对肠黏膜亦有一定的刺激作用，促进肠管蠕动，引起排便。

影响盐类泻药下泻效果的因素如下：①与盐类离子在消化道内吸收的难易程度有关，一般难吸收者，下泻作用强，反之弱。②与内服溶液的浓度相关，一般只有达到微高渗的浓度，才有利于产生快而强的下泻作用，故硫酸钠、硫酸镁应配成4%～6%或6%～8%的溶液（硫酸钠等渗溶液为3.2%，硫酸镁等渗溶液为4%）。③下泻作用与动物体内含水量多少有关，若机体内水量多，则能提高下泻作用，反之下泻效果差。因此，用药前应进行补液或大量饮水。

硫酸钠（Sodium Sulfate）

【作用与应用】当内服大剂量硫酸钠时，在肠内解离成硫酸根和钠离子而发挥下泻作用。单胃动物服用硫酸钠后，一般经3～8 h产生下泻作用，而复胃动物内服本品后约经18 h左右产生下泻作用。另外，内服硫酸钠后，进入十二指肠时，刺激肠黏膜，可反射性引起胆管入肠处欧第氏括约肌松弛，胆囊收缩，促使胆汁排出。内服小剂量硫酸钠对胃肠黏膜有缓和刺激而呈现健胃作用。

主要应用：①用于治疗马属动物大肠便秘，反刍动物瓣胃及皱胃阻塞。②作为健胃药，用于治疗消化不良。多与其他盐类配伍应用。③用于排出消化道内毒物、异物，配合驱虫药排出虫体等。④10%～20%高渗溶液外用治疗化脓创、瘘管等。

【应用注意】①治疗大肠便秘时，硫酸钠合适的浓度为4%～6%，因浓度过低效果较差，浓度过高害处更大，因高浓度盐类溶液进入十二指肠后会反射性地引起括约肌痉挛，妨碍胃内容物的排空，有时甚至引起肠炎。②硫酸钠不适用小肠便秘治疗，因易继发胃扩张。③硫酸钠禁与钙盐配合应用。

【用法与用量】内服（用于健胃）：一次量，马、牛15～50 g，羊、猪3～10 g，犬0.2～0.5 g，兔1.5～2.5 g，貂1～2 g。

内服（用于导泻）：一次量，马200～500 g，牛400～800 g，羊40～100 g，猪25～50 g，犬10～25 g，猫2～5 g，鸡2～4 g，鸭10～15 g，貂5～8 g。

硫酸镁（Magnesium Sulfate）

【作用与应用】对消化道的作用与应用基本同硫酸钠。

【用法与用量】内服（用于导泻）：一次量，马200～500 g，牛300～800 g，羊50～100 g，猪20～50 g，犬10～20 g，猫2～5 g。配成6%～8%溶液使用。

（二）润滑性泻药

本类药物来源于动物、植物和矿物。属中性油，无刺激性。常用者有矿物油液状石蜡；豆油、花生油、菜籽油、棉籽油等植物油；豚脂、酥油、獾油等动物油，故又称油类泻药。

液状石蜡（Liquid Paraffin）

为无色透明的油状液。无臭无味。在日光下不显荧光。中性反应。不溶于水和乙醇，在氯仿、乙醚或挥发油中溶解。能与多种油任意混合。

【作用与应用】液状石蜡在消化道内不发生变化，也不被吸收，而且能阻止肠内水分的吸收，故起软化粪便、润滑肠腔的作用。本品作用温和，无刺激性。用于治疗小肠阻塞、便秘、瘤胃积食等。患肠炎动物、妊娠动物也可应用。本品不宜长期反复应用，因有碍维生素A、维生素D、维生素E、维生素K和钙、磷的吸收，降低营养物质消化及减弱肠蠕动。

【用法与用量】内服：一次量，马、牛500～1 500 mL，驹、犊60～120 mL，羊100～300 mL，猪50～100 mL，犬10～30 mL，猫5～10 mL，兔5～15 mL，鸡5～10 mL。

（三）刺激性泻药

刺激性泻药内服后，在肠内代谢分解出有效成分，并对肠黏膜感受器产生化学性刺激作用，促使肠管蠕动，引发下泻作用。本类药物亦能加强子宫平滑肌收缩，可使妊娠动物流产。

本类药物种类繁多，包括含蒽醌苷类的大黄、芦荟、番泻叶等；刺激性油类的蓖麻油、巴豆油等；树脂类的牵牛子等；化学合成品酚酞等。其中大黄、蓖麻油为兽医临床常用。

大　黄（Radixet Rhizoma Rhei）

用其干燥的根茎，味苦。大黄末为黄色，不溶于水。大黄有效成分为苦味质、鞣质及蒽醌苷类的衍生物（大黄素、大黄酚、大黄酸等）。

【作用与应用】大黄作用与所含成分有关。内服小剂量大黄，呈现苦味健胃作用；中等剂量发挥鞣质效能，产生收敛作用，致使肠蠕动减弱，分泌减少，出现止泻效果；大剂量时，蒽醌苷类衍生物如大黄素等起主要作用，产生致泻作用，其下泻作用点在大肠。大黄下泻作用缓慢（在用药后8～24 h排出软便），而且有时排便后继发便秘，这与所含鞣质有关。经验证明，大黄与硫酸钠配合应用，可产生较好的下泻效果。根据体外试验证明，大黄素、大黄酸等具有一定的抗菌作用。

在兽医临床上主要作为健胃剂，可与其他健胃药合用，如与硫酸钠配合用作泻剂，也可做成撒布剂外用治疗创伤、烧伤及烫伤。

【用法与用量】内服（酊剂，用于健胃）：一次量，马10～25 g，牛20～40 g，羊2～4 g，猪2～5 g，犬0.5～2 g。

内服（用于止泻）：一次量，马25～50 g，牛50～100 g，猪5～10 g，犬3～7 g。

内服（用于下泻）：一次量，马60～100 g，牛100～150 g，驹、犊10～30 g，仔猪2～5 g，犬2～7 g。

内服（酊剂，用于健胃）：一次量，马25～50 mL，牛40～100 mL，羊10～20 mL。

【制剂】大黄粉（Radixet Rhizoma Rhei Powder），大黄酊（Radixet Rhizoma Rhei Tincture）。

蓖麻油（Castor Oil）

本品为大戟科植物蓖麻的成熟种子经压榨而得的一种脂肪油。为淡黄色澄明的黏稠液体，不溶于水。

【作用与应用】蓖麻油本身无刺激性，只有润滑作用。内服后在肠内受胰脂肪酶作用，分解生成甘油和蓖麻油酸，后者又可生成蓖麻油酸钠，刺激小肠黏膜感受器，引起小肠蠕动，导致下泻。蓖麻油下泻作用点是小肠，故临床上主要用于治疗幼龄动物及小动物小肠便秘，但对大动物特别是牛的泻下效果不确实。

【应用注意】①本品不宜用于排除毒物及驱虫，以免增加毒物吸收而中毒。②妊娠动物、肠炎患病动物不得用本品作为泻剂。③不能长期反复应用，以免影响消化功能。

【用法与用量】内服：一次量，马、牛 200～300 mL，驹、犊 30～80 mL，羊、猪 20～60 mL，犬 5～25 mL，猫 4～10 mL，兔 5～10 mL。

二、止 泻 药

止泻药（antidiarrheal drugs）是一类能制止腹泻的药物。腹泻是诸多疾病的一种症状或疾病。在一定意义上，腹泻是机体保护性防御机能的表现，可将毒物排出体外，但腹泻却影响了营养成分的吸收，尤其久而剧烈的下泻导致机体脱水和钾、钠、氯等电解质紊乱，甚至发生酸中毒。治疗时，应根据病因和病情，结合各药作用特点，采取综合措施，即对因治疗与对症治疗并举。腹泻多因病原微生物引起，故一般常与抗微生物药、消炎药、制酵药配合应用。

依据药理作用特点，止泻药可分为三类：①保护性止泻药，如鞣酸、鞣酸蛋白、碱式硝酸铋、碱式碳酸铋等，通过凝固蛋白质形成保护层，使肠道免受有害因素刺激，减少分泌，起收敛保护黏膜作用。②吸附性止泻药，如药用炭、高岭土等，通过表面吸附作用，可吸附水、气、细菌、病毒、毒素及毒物等，减轻对肠黏膜的损害。③抑制肠蠕动止泻药，如苯乙哌啶、复方樟脑酊、颠茄酊等，通过抑制肠道平滑肌蠕动而止泻。

鞣　酸（Tannic Acid）

【作用与应用】本品为收敛药。内服后鞣酸与胃黏膜蛋白结合生成鞣酸蛋白薄膜，被覆于胃黏膜表面起保护作用，免受各种因素刺激，使局部达到消炎、止血、镇痛及制止分泌作用。形成的鞣酸蛋白到小肠后再被分解，释出鞣酸，呈现止泻作用，故内服作为收敛止泻药。外用 5%～10%溶液或 20%软膏治疗湿疹、褥疮等。另外，鞣酸能与士的宁、奎宁、洋地黄等生物碱和重金属铅、银、铜、锌等发生沉淀，当因上述物质中毒时，可用鞣酸溶液（1%～2%）洗胃或灌服解毒，但需及时用盐类泻药排除。鞣酸对肝有损害作用，不宜久用。

【用法与用量】内服：一次量，马、牛 10～20 g，羊 2～5 g，猪 1～2 g，犬 0.2～2 g，猫 0.15～2 g。

鞣酸蛋白（Tannalbumin）

【作用与应用】本品内服无刺激性，其蛋白成分在肠内消化后释出的鞣酸起收敛止泻作用。常用于急性肠炎和非细菌性腹泻。猫对本品较敏感，应慎用。

【用法与用量】内服：一次量，马、牛 10～20 g，羊、猪 2～5 g，犬 0.2～2 g，猫 0.15～2 g，兔 1～3 g，禽 0.15～0.3 g，水貂 0.1～0.15 g。

碱式硝酸铋（Bismuth Subnitrate）

碱式硝酸铋又称次硝酸铋。

【作用与应用】内服难吸收。在胃肠内小部分缓慢地解离出铋离子，与蛋白质结合，呈收敛保护黏膜作用。大部分次硝酸铋覆于肠黏膜表面，而且在肠内能与硫化氢结合，形成不溶性硫化铋，覆盖在黏膜表面，表现出机械性保护作用，并减少了硫化氢对肠黏膜的刺激。发挥止泻作用，用于治疗肠炎和腹泻。

另外，次硝酸铋在炎性组织中，能缓慢地解离出铋离子，其离子能同组织的蛋白质和细菌蛋白质结合，产生收敛和抑菌作用。而且，铋盐的抑菌作用还和铋离子结合细菌酶系统中的巯基有关。故对湿疹、烧伤的治疗，可用本品撒布剂或10%软膏。

对由病原菌引起的腹泻，应先用抗微生物药物控制其感染后再用本品。次硝酸铋在肠内溶解后，可产生亚硝酸盐，量大时能引起吸收中毒，因此目前多改用碱式碳酸铋片。

【用法与用量】 内服：一次量，马、牛 15～30 g，羊、猪、驹、犊 2～4 g，犬 0.3～2 g，猫、兔 0.4～0.8 g，禽 0.1～0.3 g，水貂 0.1～0.5 g。

碱式碳酸铋（Bismuth Subcarbonate）

碱式碳酸铋又称次碳酸铋。本品作用、应用基本同碱式硝酸铋，但副作用较轻。内服剂量同碱式硝酸铋。

药用炭（Medical Charcoal）

【作用与应用】 本品颗粒小，表面积大（1 g 药用炭总表面积达 500～800 m^2），具有很多孔，因而吸附力强，可作为吸附药。用于治疗腹泻、肠炎及阿片、马钱子等生物碱类药物中毒。外用作为创伤撒布剂。

锅底灰（百草霜）、木炭末可代替药用炭应用，但吸附力较差，药效不如药用炭。

【用法与用量】 内服：一次量，马、牛 100～300 g，羊、猪 10～25 g，犬 0.3～5 g，猫 0.15～0.25 g。

盐酸地芬诺酯（Diphenoxylate Hydrochloride）

盐酸地芬诺酯又称苯乙哌啶、止泻宁（Lomotil）。

【作用与应用】 本品属非特异性止泻药，是哌替啶的衍生物，通过对肠道平滑肌的直接作用，抑制肠黏膜感受器，减弱肠蠕动，同时增加肠道的节段性收缩，延迟内容物后移，以利于水分的吸收。大剂量呈镇痛作用。长期使用能产生依赖性，若与阿托品配伍使用可减少依赖性发生。主要用于急慢性功能性腹泻、慢性肠炎的对症治疗。

【应用注意】 本品不宜用于细菌毒素引起的腹泻，否则因毒素在肠中停留时间过长反而会加重腹泻。本品用于猫时可能会引起咖啡样兴奋，犬则表现镇静。

【用法与用量】 内服：一次量，犬 2.5 mg，每日 3 次。

【制剂】 复方地芬诺酯片（Compound Diphenoxylate Tablets）。

高岭土（Kaolin）

高岭土又称白陶土（Bolus Alba）。本品取自天然的含水硅酸铝，主要成分为硅酸铝（$Al_2O_3 \cdot 3SiO_2$）。内服呈吸附性止泻作用，吸附力弱于药用炭，可用于治疗幼龄动物腹泻。

【用法与用量】 内服：一次量，马、牛 100～300 g，羊、猪 10～30 g。

复　习　题

1. 常用的健胃、助消化药有哪些临床应用及配伍?
2. 抗酸药有什么主要作用和应用?
3. 止吐药和催吐药有哪些主要作用和应用?
4. 增强胃肠蠕动药、制酵药和消沫药有什么作用特点和应用?
5. 泻药有什么作用特点和临床应用?

第六章

呼吸系统药理

呼吸系统直接与外界接触，容易受到内在及环境因素影响而发生各种常见疾病，如上呼吸道感染、支气管咽炎、肺炎、支气管哮喘、慢性阻塞性肺病、肺纤维化、支气管扩张等。咳嗽、咳痰和气喘是呼吸系统常见症状。动物呼吸系统疾病的主要表现是咳嗽、气管和支气管分泌物增多、呼吸困难，可归纳为咳、痰、喘。呼吸系统疾病的病因包括物理化学因素刺激、过敏反应、病毒、细菌（支原体、真菌）和蠕虫感染等。对动物来说，更多的是微生物引起的炎症性疾病，所以一般首先应该进行对因治疗。在对因治疗的同时，也应及时使用镇咳药、祛痰药和平喘药，以缓解症状，防止病情发展，促进患病动物的康复。

第一节　祛 痰 药

祛痰药（expectorants）是一类能增加呼吸道分泌，使痰液变稀并易于排出的药物。祛痰药还有间接的镇咳作用，因为炎性的刺激使气管分泌增多，或黏膜上皮纤毛运动减弱，痰液不能及时排出，黏附在气管内并刺激黏膜下感受器引起咳嗽，祛痰药促使痰液排出后，减少了刺激，起到了止咳作用。祛痰药可分为：①刺激性祛痰药，本类药物通过刺激呼吸道黏膜，使气管及支气管的腺体分泌增加，促进痰液稀释，易于咳出。如氯化铵、碘化钾、酒石酸锑钾等。②黏痰溶解药，又称黏痰液化药，是一类使痰液中黏性成分分解、黏度降低、使痰液易于排除的药，如乙酰半胱氨酸、盐酸溴己新等。

乙酰半胱氨酸（Acetylcysteine）

$$\begin{array}{lll} CH_2 & - CH & - COOH \\ | & \ \ | & \\ SH & \ \ NHCOCH_2 & \end{array}$$

【理化性质】本品为半胱氨酸的 N-乙酰化物。为白色结晶性粉末，有类似蒜的臭气，味酸。有引湿性，性质不稳定。易溶于水和醇。

【作用与应用】气管、支气管分泌物的正常组成为95%水、2%糖蛋白、1%碳水化合物和少于1%的脂类化合物。糖蛋白增加分泌物的黏性，对黏膜提供保护和润滑性。而感染和慢性炎症疾病对呼吸道分泌有明显的影响，糖蛋白将被炎症的降解产物如DNA所取代，杯状细胞数增加，结果使呼吸道分泌物的黏性增加。本药结构中的巯基能使痰液中糖蛋白的多肽链中的二硫键（—S—S—）断裂，降低黏痰和脓痰的黏性，对脓痰中的DNA也有降解作用。故适用于黏痰阻塞气道、咳嗽困难的患病动物。一般以喷雾法给药，最适 pH 为 7～9。进行气管内滴入，可迅速使痰液变稀，便于吸引排痰。吸入后可在 1 min 内起效，最大作用时间为 5～10 min，吸收后在肝内脱去乙酰而成半胱氨酸代谢。

乙酰半胱氨酸在兽医临床上主要用作呼吸系统和眼的黏液溶解药。

【应用注意】①本品可减低青霉素、头孢菌素、四环素等药物的药效，不宜混合或并用。②小动物于喷雾后宜运动，以促进痰液咳出，或叩击动物的两侧胸腔，以诱导咳嗽，将痰排出。③支气管哮喘患病动物慎用或禁用。④本品与碘化油、糜蛋白酶、胰蛋白酶呈配伍禁忌，不宜同时使用。⑤不宜与一些金属如铁、铜及橡胶、氧化剂接触，喷雾容器要采用玻璃或塑料制品。

【用法与用量】喷雾：中等动物一次用 25 mL，每日 2～3 次，一般喷雾 2～3 d 或连用 7 d。犬、猫 25～50 mL，每日 2 次。

气管滴入：以 5%溶液滴入气管内，一次量，马、牛 3～5 mL，每日 2～4 次。

【制剂】喷雾用乙酰半胱氨酸（Acetylcysteine for Spray）。

氯化铵（Ammonium Chloride）

【理化性质】无色结晶或白色结晶性粉末；无臭，味咸、凉；有引湿性。本品在水中易溶，在乙醇中微溶。应密封保存于干燥处。

【作用与应用】内服氯化铵后，可刺激胃黏膜迷走神经末梢，反射性引起支气管腺体分泌增加，使稠痰稀释，易于咳出，因而对支气管黏膜的刺激减少，咳嗽也随之减轻。此外，氯化铵被吸收至体内后，分解为铵离子和氯离子两部分，铵离子到肝脏内被合成尿素，由肾脏排出时要带走一部分水分，加之氯离子在肾脏排泄时，在肾小管内形成高浓度，超过重吸收阈，也要带走多量的阳离子（主要是 Na^+）和排出水分，从而呈现利尿作用。由于氯化铵为强酸弱碱盐，可使尿液呈现酸性，故有酸化尿液作用。本品内服完全被吸收，在体内几乎全部转化降解，仅极少量随粪便排出。

本品主要应用：①用作祛痰药，适用于支气管炎初期，特别是对黏膜干燥，痰稠不易咳出的咳嗽。②用作尿液酸化剂，预防或帮助溶解某些类型的尿石；当有机碱类药物（如苯丙胺等）中毒时，可促进毒物的排出。

【应用注意】①本品遇碱或重金属盐类即分解，故忌与碱性药物如碳酸氢钠或重金属配合应用。②忌与磺胺类药物并用，因可促使磺胺药析出结晶，发生泌尿道损害，如闭尿。③忌与呋喃妥因配伍使用。④肝脏、肾脏功能异常的患病动物，内服氯化铵容易引起血氯过高性酸中毒和血氨升高，应慎用或禁用。⑤单胃动物服用后会恶心，偶尔出现呕吐。

【用法与用量】内服：一次量，马 8～15 g，牛 10～25 g，羊 2～5 g，猪 1～2 g，犬、猫 0.2～1 g。每日 2～3 次。

【制剂】氯化铵片（Ammonium Chloride Tablets）。

酒石酸锑钾（Antimony Potassium Tartrate）

【作用与应用】本品小剂量内服后，经水解释放出锑离子，后者刺激胃黏膜，反射性地引起支气管腺体分泌增加，使痰液稀释，并能加强纤毛运动而呈现祛痰作用；大剂量内服可作为瘤胃兴奋药。静脉注射有抗血吸虫作用。

【用法与用量】 内服（用于祛痰）：一次量，马、牛 0.5～3 g，猪、羊 0.2～0.5 g，犬 0.02～0.1 g，猫 0.05～0.08 g。每日 2～3 次。

碘化钾（Potassium Iodide）

【理化性质】 本品为无色结晶或白色结晶性粉末。无臭，味咸带苦。微有引湿性。在水中极易溶，在乙醇中溶解，水溶液呈中性。

【作用与应用】 碘化钾内服后，部分从呼吸道腺体排出，刺激呼吸道黏膜，使腺体分泌增加，痰液稀释，易于咳出，呈现祛痰作用。

内服主要用于治疗痰液黏稠而不易咳出的亚急性支气管炎的后期和慢性支气管炎。本品亦用于配制碘酊或碘溶液。

【应用注意】 ①碘化钾在酸性溶液中能析出游离碘。②与甘汞混合后能生成金属汞和碘化汞，使毒性增强。③碘化钾溶液遇生物碱能产生沉淀。④肝、肾病患病动物慎用。

【用法与用量】 内服：一次量，马、牛 5～10 g，羊、猪 1～3 g，犬 0.2～1 g，猫 0.1～0.2 g，鸡 0.05～0.1 g。每日 2～3 次。

【制剂】 碘化钾片（Potassium Ioclide Tablets）。

盐酸溴己新（Bromhexine Hydrochloride）

【作用与应用】 本品可溶解黏稠痰液，使痰中酸性糖蛋白的多糖纤维素裂解，黏度降低。能抑制黏液腺和杯状细胞中酸性糖蛋白的合成，使痰液中唾液酸（酸性黏多糖成分之一）的含量减少，黏度下降。内服后尚有恶心性祛痰作用，使痰液易于咳出，但对脱氧核糖核酸无作用，故对黏性脓痰效果较差。本品自胃肠道吸收快而完全。内服后 1 h 血药浓度达峰值。绝大部分降解成代谢产物随尿排出，仅极少部分由粪便排出。本品主要用于治疗慢性支气管炎，促进黏稠痰液咳出，对胃肠道黏膜有刺激性，有胃炎或胃溃疡患病动物慎用。

【用法与用量】 内服：一次量，每 1 kg 体重，马 0.1～0.25 mg，牛、猪 0.2～0.5 mg，犬 1.6～2.5 mg，猫 1 mg。

肌内注射：一次量，每 1 kg 体重，马 0.1～0.25 mg，牛、猪 0.2～0.5 mg。

【制剂】 盐酸溴己新片（Bromhexine Hydrochloride），盐酸溴己新注射液（Bromhexine Hydrochloride Injection）。

第二节　镇 咳 药

咳嗽是呼吸系统的一种防御性反射，轻度咳嗽有利于痰液和异物的排出，清洁呼吸道，咳嗽自然缓解，无须应用镇咳药（antitussives）。但剧烈而频繁的咳嗽，则会给患病动物带来痛苦和不利影响，甚至产生并发症。此时则应该使用镇咳药，以缓解咳嗽，对于有痰的咳嗽，应与祛痰药同时使用。咳嗽是由于延髓的咳嗽中枢，接受传入冲动的兴奋所引起。当咽喉、气管、支气管、肺或胸膜等受刺激时，冲动经不同的传入神经（主要是迷走神经）传入咳嗽中枢，被兴奋的咳嗽中枢将冲动经传出神经发出，支配声门及呼吸肌等产生咳嗽反应。对传入、传出环节有抑制作用的药物，都可能产生镇咳效应。目前，将镇咳药分为中枢性镇咳药（central antitussive）和外周性镇咳药（peripheral antitussive）两大类。

能选择性地抑制延髓咳嗽中枢而产生镇咳效应的药物，称为中枢性镇咳药。中枢性镇咳药又有成瘾性和非成瘾性两类。前者是吗啡类生物碱及其衍生物，虽然镇咳效应很好，但有成瘾性的缺点，目前仍保留可待因等几种成瘾性较小者作为镇咳药应用。后者是在吗啡类生物碱构效关系的基础上，经过结构改造或合成而得，其品种发展较快。凡通过抑制外周神经感受器、传入神经或传出神经任何一个咳嗽反射弧环节而发挥镇咳作用者，称为外周性镇咳药，如甘草流浸膏等。

可待因（Codeine）

可待因又称甲基吗啡，有硫酸盐和磷酸盐，常用后者。

【作用与应用】作用与吗啡相似而较弱。能抑制延脑的咳嗽中枢，对咳嗽中枢选择性强，镇咳效果好。镇咳作用约为吗啡的1/4，对其他中枢的抑制作用也较弱，此外兼有镇痛、镇静作用。可待因适用于慢性和剧烈的刺激性干咳，不适用于呼吸道有大量分泌物的患病动物，因为止咳可导致分泌物在肺和呼吸道中积聚，可能带来危险的后果，引起并发感染或窒息死亡。本品内服后较易被胃肠所吸收，主要分布于肺、肝、肾和胰。易于透过血脑屏障，又能透过胎盘，蛋白结合率一般在25%左右。代谢产物主要与葡萄糖醛酸结合经肾随尿液排泄。

【应用注意】①本品与抗胆碱药合用时，可加重便秘或尿潴留的副作用。②与吗啡类药合用时，可加重中枢性呼吸抑制作用。③与肌肉松弛药合用时，呼吸抑制更为显著。④大剂量或长期使用会有副作用，常见轻微的消化道不良反应，表现为恶心呕吐、便秘、胰、胆管痉挛。⑤剂量过高会导致呼吸抑制，猫可见中枢兴奋现象，表现为过度兴奋、震颤、癫痫。

【用法与用量】内服或皮下注射：一次量，每1 kg体重，马、牛0.2～2 g，犬1～2 mg，猫0.25～4 mg。

【制剂】磷酸可待因片（Codeine Phosphate Tablets），磷酸可待因注射液（Codeine Phosphate Injection）。

喷托维林（Pentoxyverine）

喷托维林又称咳必清，为人工合成的镇咳药。

【作用与应用】对咳嗽中枢有选择性抑制作用，但作用较弱，约为可待因的1/3。药物有部分从呼吸道排出，对呼吸道黏膜有轻度的局麻作用，故兼有外周性镇咳作用。此外，较大剂量时还有阿托品样的平滑肌解痉作用。临床上用于治疗伴有剧烈干咳的急性上呼吸道感染，常与氯化铵合用。其不良反应轻，有时表现为腹胀和便秘（阿托品样作用）。心功能不全并有肺淤血患病动物忌用。

【用法与用量】内服：一次量，马、牛0.5～1 g，羊、猪0.05～0.1 g。

【制剂】枸橼酸喷托维林片（Pentoxyverine Citrate Citrate Tablets）。

甘草流浸膏（Clycyrrhiza Fluid Extact）

本品由甘草的干燥根和根茎浸制浓缩而成，为深棕色黏稠液体，含甘草酸7%。甘草有镇咳、祛痰、解毒等作用，甘草次酸有类似肾上腺皮质激素样作用，近来发现甘草次酸的衍生物还有中枢性镇咳作用。内服后能覆盖于发炎的咽部黏膜表面，使黏膜少受刺激，从而可减轻咽炎引起的咳嗽，故常与其他镇咳祛痰药配制成止咳合剂等应用。

【用法与用量】内服：一次量，马、牛 15～30 mL，羊、猪 5～15 mL。每日 2～3 次。

【制剂】甘草流浸膏（Glycyrrhiza Liquid Extract）。

第三节　平 喘 药

平喘药（antiasthmatic drugs）是缓解或消除呼吸系统疾患所引起的气喘（asthma）症状的药物。过去平喘药的研究往往限于支气管扩张作用方面，故曾把平喘药称为支气管扩张药。近年来，由于对气喘产生原因有了进一步的了解，发现气喘（哮喘）的原因是多方面的，有过敏性或非过敏性因素，病理变化有气道的平滑肌痉挛，腺体分泌增加，黏膜水肿，小气道阻塞等。动物的气喘有的由微生物感染引起，如猪的支原体性肺炎（猪气喘病），有的属于非感染性支气管痉挛等。因此，平喘药的研究也向抗过敏、抗炎、抗胆碱和支气管扩张药等多环节发展。

为了更好地理解气喘发生的原因和平喘药的作用机制，这里对呼吸系统生理功能的神经调节和病理变化做简要的介绍。

呼吸系统气道口径的变化受支气管平滑肌所控制，它的神经分布比较复杂。支气管平滑肌受副交感神经和交感神经的双重支配，其细胞膜上分布有 β_2 肾上腺素受体、α 肾上腺素受体、M 胆碱受体（M_3 受体）和组胺（H_1、H_2）受体，协调维持平滑肌张力的平衡。从神经系统传递信息到平滑肌的细胞内，部分地取决于细胞内 cAMP 和 cGMP 浓度的变化（图 6－1）。这两种第二信使的作用是相辅相成的：α 受体兴奋时 cAMP 浓度减少，M_3 受体、

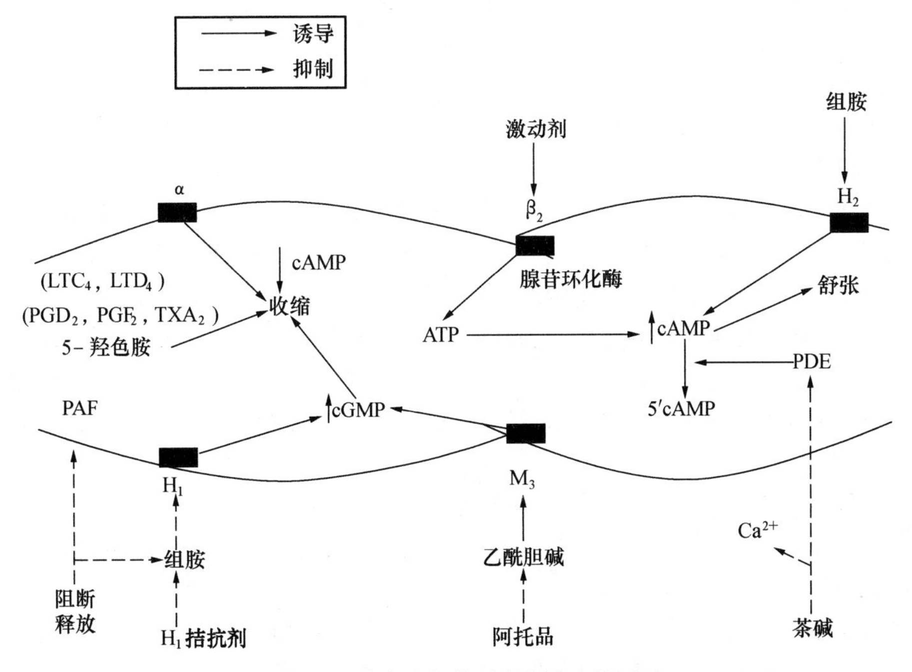

图 6－1　决定支气管平滑肌张力的因子

LT，白三烯；PG，前列腺素；TXA，血栓素；PAF，血小板活性因子；PDE，磷酸二酯酶

（引自 Adams，Veterinary Pharmacology and Therapeutics，2009）

H_1受体兴奋使 cGMP 浓度增加，则平滑肌发生收缩；Ca^{2+} 和几种介质也能诱导气管、支气管收缩；β_2受体或 H_2受体兴奋则诱导 cAMP 增加，导致平滑肌松弛；磷酸二酯酶（PDEs）抑制也使 cAMP 增加。肥大细胞和嗜碱细胞等细胞膜上也有 β_2受体、α受体和 M 受体，β_2受体兴奋时可抑制组胺、白三烯（LT）、P 物质等炎症介质的释放；α受体与 M 受体兴奋时则可促进炎症介质的释放。当上述神经系统的功能因病理因素的作用而失调时，可导致支气管呈现高反应性，其表现的特征就是气喘。

机体控制和调节平滑肌张力的机制也是十分复杂的，这主要取决于从感觉神经受体输入的信号。对这些受体的物理、机械或化学的刺激均可引起气管、支气管收缩和/或咳嗽。在上呼吸道感染时，气道可被黏液、水肿或炎症释放的化学介质所阻塞而产生气喘。

基于气喘发病机制的研究进展，对气喘的治疗逐渐形成新的概念，即治疗的重点已由传统的以缓解气道平滑肌痉挛为主而转向以预防和治疗气道炎症为主。因此要根据临床病情，及早合理应用抗炎药物如糖皮质激素；结合使用平滑肌松弛药（包括 β_2受体兴奋药，如异丙肾上腺素、麻黄碱、克仑特罗及茶碱类药物）、抗胆碱药（如阿托品、异丙阿托品等）和抗过敏药（如苯海拉明、异丙嗪等），才能获得较理想的治疗效果。上述药物有的已在有关章节详细论述，本节仅重点介绍如下药物。

氨茶碱（Aminophylline）

为嘌呤类衍生物，是茶碱与乙二胺的复盐。100 mg 复盐（水化物）约含茶碱 79 mg，溶于水，pK_a 为 5。

【药动学】茶碱内服易吸收，马、犬、猪内服生物利用度几乎为 100%。吸收后分布于细胞外液和组织，能穿过胎盘并进入乳汁（达血清浓度的 70%）。犬的蛋白结合率为 7%～14%，表观分布容积为 0.82 L/kg；马的表观分布容积为 0.85～1.02 L/kg。消除半衰期，马 11.9～17 h，猪 11 h，犬 5.7 h，猫 7.8 h。

【作用与应用】

1. 支气管平滑肌松弛作用 茶碱对气道平滑肌有较强的直接松弛作用，这个作用的机制有多个环节：①抑制磷酸二酯酶，使气管平滑肌细胞内的 cAMP 浓度升高。②刺激内源性肾上腺素的释放，有人发现应用茶碱后肾上腺素和去甲肾上腺素浓度升高。③抗炎作用，茶碱能抑制组胺和慢反应物质的释放并抑制中性粒细胞进入气道。④对支气管和肺脉管系统的平滑肌有直接松弛作用。

2. 兴奋呼吸作用 茶碱对呼吸中枢有兴奋作用，可使呼吸中枢对二氧化碳的刺激阈值下降，呼吸深度增加。

3. 强心作用 还能间接诱导利尿，但作用较弱。

本品主要用作支气管扩张药。常用于带有心功能不全和/或肺水肿的患病动物，如牛、马肺气肿，犬的心性气喘症。

【应用注意】①静脉注射过快，可引起心悸、心率加快、血压降低，严重时出现心律失常，甚至心跳突然停止，故氨茶碱注射液必须稀释后再缓慢静脉推注。②本品碱性较强，局部刺激性较大，内服可引起恶心、呕吐等反应，肌内注射会引起局部红肿疼痛。③肝功能低下患病动物应慎用。

【用法与用量】内服：一次量，每 1 kg 体重，马 5～10 mg，犬、猫 10～15 mg。

肌内、静脉注射：一次量，马、牛 1～2 g，羊、猪 0.25～0.5 g，犬 0.05～0.1 g。

【制剂】 氨茶碱片（Aminophylline Tablets），氨茶碱注射液（Aminophylline Injection）。

色甘酸钠（Disodium Cromoglycate）

【作用与应用】 色甘酸钠（又称为咽泰，Intal）的主要作用是对速发型过敏反应具有明显保护作用。其机制比较复杂，至少有 3 个环节：①稳定肥大细胞膜，目前认为本品可能在肥大细胞的细胞膜外侧钙通道部位与 Ca^{2+} 形成复合物，加速钙通道关闭，使细胞外钙内流受到抑制，从而阻止肥大细胞脱颗粒。②直接抑制引起支气管痉挛的某些反射，应用后能保护二氧化硫、冷空气、甲苯二异氰酸盐等刺激引起支气管痉挛，并能抑制运动性哮喘。对犬试验表明，本品对迷走神经的感觉纤维末梢“C”纤维的兴奋传导具有直接抑制作用。③抑制非特异性支气管高反应性（bronchial hyperreactivity）。

本品是预防各型哮喘发作比较理想的药物，对过敏性（外源性）哮喘的疗效最佳。

【用法与用量】 吸入：马 80 mg/d，分 3～4 次吸入。

【制剂】 色甘酸二钠胶囊（Disodium Cromoglycate Capsule）。

复　习　题

1. 常用祛痰药有哪些作用特点和应用？
2. 镇咳药有哪些作用和应用？
3. 试述平喘药的作用机制和常用药物的应用。
4. 试述氨茶碱的药理作用、作用机制及应用。

第七章

生殖系统药理

哺乳动物的生殖受神经和体液双重调节。机体内外的刺激，通过感受器产生的神经冲动，传到下丘脑，引起促性腺激素释放激素（GnRH）分泌；释放激素经下丘脑的门静脉系统转运至垂体前叶，导致促性腺激素释放；促性腺激素经血液循环到达性腺，调节性腺的机能，这是体液调节机制。性腺分泌的激素称为性激素。体液调节存在着相互制约的反馈调节机制，即血液中某种生殖激素的水平升高或降低，反过来对它的上一级激素的分泌起抑制或促进作用。促使分泌减少的反馈调节称为负反馈（用"－"号表示），促使分泌增多的反馈调节称为正反馈（用"＋"号表示）（图 7－1）。

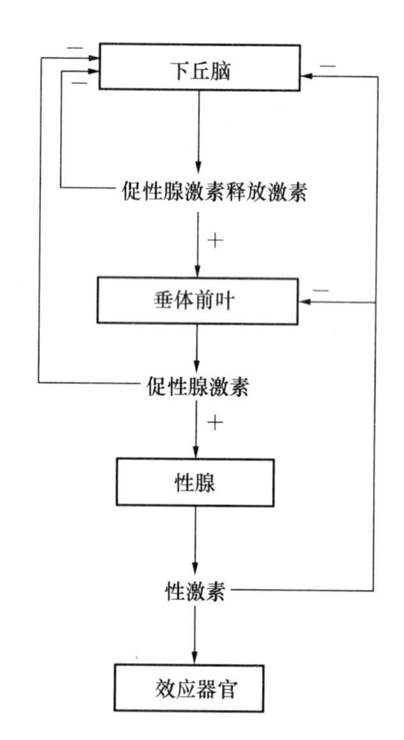

图 7－1　生殖激素调节示意图
＋：兴奋；－：抑制

当生殖激素分泌不足或过多时，使机体的激素系统发生紊乱，引发产科疾病或繁殖障碍，这时就需使用药物进行治疗或调节。对生殖系统用药的目的在于提高或抑制繁殖力，调节繁殖进程，增强抗病能力。所用药物有生殖激素类（性激素、促性腺激素、促性腺激素释放激素）、催产素类（缩宫素和垂体后叶激素、麦角新碱等）、前列腺素类（氯前列烯醇、氟前列醇等）和多巴胺受体激动剂。本章主要介绍前两类，其他各类见其他相应章节。

第一节　生殖激素类药物

一、性激素类药物

雄性动物睾丸分泌的雄性激素（睾酮）、雌性动物卵巢分泌的雌性激素（雌二醇）和孕激素（孕酮）都是类固醇化合物。

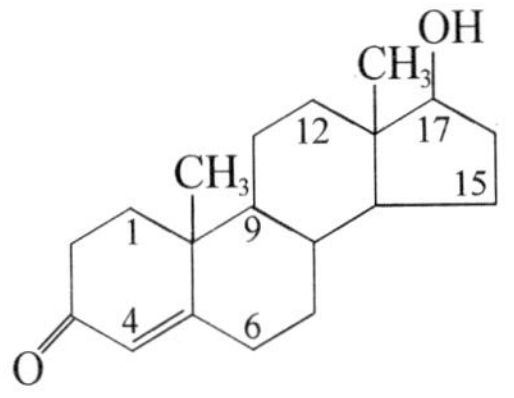

睾酮(C_{19}) 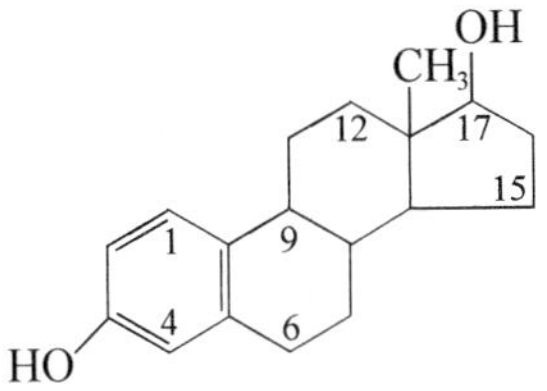　　雌二醇(C_{18}) 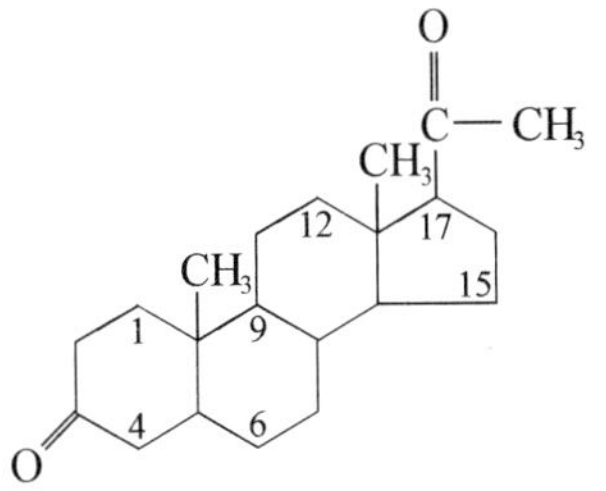　　孕酮(C_{21})

对动物蛋白质代谢能起同化作用的类固醇衍生物称为同化剂（或同化激素）。同化剂在结构上与睾酮相似，具有类似于蛋白同化的活性，只有较小的雄性化效应。我国已禁止将同化激素用作食品动物的促生长剂。

(一) 雄激素类药物

雄性动物睾丸分泌的天然雄激素是睾酮（testosterone），进入附睾细胞内，被代谢为双氢睾酮（dihydrotestosterone），发挥雄性化及蛋白质同化作用。肾上腺皮质和卵巢也分泌少量雄激素，需转化成睾酮或双氢睾酮才能发挥生理作用。

甲基睾丸素（Methyltestosterone）

【药理作用】本品主要作用如下：

（1）促进雄性生殖器官及副生殖器官发育，维持第二性征，保证精子正常发育、成熟，维持精囊腺和前列腺的分泌功能。兴奋中枢神经系统，引起性欲和性兴奋。大剂量能抑制促性腺激素释放激素分泌，减少促性腺激素的分泌量，从而抑制精子的生成。

（2）引起氮、钾、钠、磷、硫和氯在体内滞留，促进蛋白质合成即同化作用，增强肌肉和骨骼发育，增加体重。

（3）当骨髓功能低下时，还直接作用于骨髓，刺激红细胞生成。

（4）具有对抗雌激素作用，抑制雌性动物发情。

【应用】

（1）对雄性动物：治疗雄激素缺乏所致的隐睾症，成年雄性动物雄激素分泌不足的性欲缺乏，诱导发情。

（2）对雌性动物：治疗乳腺囊肿，抑制泌乳。治疗母犬的假妊娠，抑制母犬、母猫发情，但效果不如孕酮。

（3）作为贫血治疗的辅助药。

【应用注意】本品能损害雌性胎儿，妊娠动物禁用。前列腺肿患犬和泌乳动物禁用。还有一定程度的肝脏毒性。

【用法与用量】内服：一次量，家畜 10～40 mg，犬 10 mg，猫 5 mg。

【制剂】甲基睾丸素片（Methyltestosterone Tablets），甲基睾丸素胶囊（Methyltestosterone Capsules）。

苯丙酸诺龙（Nandrolone Phenylpropionate）

苯丙酸诺龙又称苯丙酸去甲睾酮。人工合成品，为蛋白同化剂。

【作用与应用】 同化作用比甲基睾丸素、丙酸睾丸素强而持久，其雄激素作用较弱。用于组织分解旺盛的疾病，如严重寄生虫病、犬瘟热、糖皮质激素过量的组织损耗；组织修复期，如大手术后、骨折、创伤等；营养不良动物虚弱性疾病的恢复及老年动物的衰老症。

【用法与用量】 肌内、皮下注射：一次量，马、牛 200～400 mg，驹、犊 50～100 mg，猪、羊 50～100 mg，犬 25～50 mg，猫 10～20 mg。每 2 周 1 次。

【最高残留限量】 残留标示物：诺龙（nadrolone）。

所有食品动物：所有可食组织不得检出。

【制剂】 苯丙酸诺龙注射液（Nandrolone Phenylpropionate Injection）。

丙酸睾丸素（Testosterone Propionate）

【作用与应用】 本品的作用与天然睾酮相似，具有促进雄性器官发育、维持第二性征和性欲以及同化作用。作为雄性动物机能不全、促进小动物疾病恢复与增重、再生障碍性贫血的辅助治疗药。

【用法与用量】 肌内、皮下注射：一次量，马、牛 100～300 mg，猪、羊 100 mg，犬 20～50 mg。每周 2～3 次。

【最高残留限量】 残留标示物：睾酮。

所有食品动物：所有可食组织不得检出。

【制剂】 丙酸睾丸素注射液（Testosterone Prepionate Injection）。

（二）雌激素类药物

常用天然激素雌二醇。人工合成品有己烯雌酚和己烷雌酚。

苯甲酸雌二醇（Estradiol Benzoate）

雌二醇为天然激素，17β-雌二醇活性最高。通常被制成各种酯类应用，如苯甲酸雌二醇、环戊丙酸雌二醇（Estradiol Cypionate）。苯甲酸雌二醇为白色结晶性粉末。无臭。在丙酮中略溶，在乙醇或植物油中微溶，在水中不溶。

【药理作用】 本品具有以下作用：

（1）对生殖器官的作用：促进雌性动物性器官形成及第二性征发育，还可促进成年雌性动物输卵管的肌肉和黏膜生长发育。促进子宫及其黏膜生长、血管增生扩张，促使黏膜腺体增生。增强子宫的收缩活动并可被催产素进一步加强，而被孕激素抑制。还可使子宫颈周围的结缔组织松软，子宫颈口松弛，但天然雌激素对牛子宫颈口的松弛作用不明显。

（2）对雌性动物发情的作用：雌激素能恢复生殖道的正常功能和形态结构，如生殖器官血管增生和腺体分泌，出现发情征象。牛对雌激素很敏感，小剂量的雌二醇 2 次注射，就能使切除卵巢的青年母牛在 3 d 内发情。常规剂量的雌二醇，使母牛在 12～48 h 内出现发情。雌激素所诱导的发情不排卵，动物配种不妊娠。

（3）促使乳房发育和泌乳：与孕酮合用，效果更加显著。对泌乳母牛，大剂量雌激素因抑制催乳素的分泌而使泌乳停止。

（4）增强食欲，促进蛋白质合成：但由于肉品中残留的雌激素对人体有致癌作用并危害儿童及未成年人的生长发育，所以禁止雌激素类药物作为食品动物饲料添加剂和皮下埋植剂。

（5）对雄性动物的作用：雌激素给雄性动物应用后，产生对抗雄激素的作用，抑制第二性征发育，降低性欲。

【应用】

（1）治疗胎衣不下、子宫炎和子宫蓄脓，帮助排出子宫内的炎性物质，并可用于排出死胎及催产。

（2）小剂量用于催情。

（3）治疗前列腺肥大，老年犬或阉割犬的尿失禁，雌性动物性器官发育不全，雌犬过度发情，假孕犬的乳房胀痛等。

（4）诱导泌乳。

大剂量使用、长期或不适当使用，可致牛发生卵巢囊肿或慕雄狂、流产，雌性动物卵巢萎缩，性周期停止等不良反应。

【用法与用量】肌内注射：一次量，马 10～20 mg，牛 5～20 mg，羊 1～3 mg，猪 3～10 mg，犬、猫 0.2～0.5 mg。

【休药期】28 日；弃乳期 7 日。

【最高残留限量】残留标示物：雌二醇。

所有食品动物：所有可食组织不得检出。

【制剂】苯甲酸雌二醇注射液（Estradiol Benzonate Injection）。

己烯雌酚（Diaethylstibestrol）

己烯雌酚为人工合成的无色结晶或白色结晶性粉末。几乎无臭。不溶于水，溶于酒精及脂肪油中。应置遮光容器内密闭保存。

【作用与应用】己烯雌酚内服后，可由消化道吸收，但牛、羊内服吸收后因部分在瘤胃内被破坏而影响吸收效果，故常采用肌内注射。己烯雌酚吸收后迅速由肾脏排泄，在体内维持时间较短。

己烯雌酚具有其他天然的或合成的雌激素的全部生理性能（可参见雌二醇），能促进雌性动物发情但不排卵（即正常情况下己烯雌酚没有刺激卵巢的作用），因此对诱发正常的有繁殖能力的发情价值不大。但可替代雌二醇等药物用于治疗犬的前列腺肥大及其肿瘤，老年犬或阉割犬的尿失禁，雌犬过度发情，假孕犬的乳房胀痛，雌性动物性器官发育不全等。也用于催情以及治疗胎衣不下、子宫炎和子宫蓄脓，帮助排出子宫内的炎性物质，并可用于排出死胎。

由于肉品中残留的己烯雌酚对人有致癌作用并危害儿童及未成年人的生长发育，所以本品被禁止用作食品动物饲料添加剂和皮下埋植剂。

【用法与用量】肌内注射：一次量，马、牛 10～40 mg，羊 2～6 mg，猪 6～20 mg，犬、猫 0.4～1 mg。

【最高残留限量】标示物为己烯雌酚，所有动物性食品中不得检出（即零残留），所有食品动物禁用。

【制剂】己烯雌酚注射液（Diaethylstibestrol Injection），己烯雌酚微晶水悬剂（Diaethylstibestrol Repositol)。

（三）孕激素类药物

孕　酮（Progesterone）

孕酮又称黄体酮。为白色或几乎白色的结晶性粉末。无臭，无味。不溶于水，溶于植物油、醇、氯仿、乙醚等。

【药动学】可内服和注射给药，肌内注射后药效维持时间可达 1 周。血液中的孕酮多半与血浆蛋白结合。主要代谢物为孕二醇和妊娠烯酮醇。代谢物与葡萄糖醛酸或硫酸结合从尿中和胆汁中排泄，一部分孕酮及其代谢物也可从乳汁中排泄。

【药理作用】本品的药理作用主要是"安胎"、抑制发情和排卵，具体如下：

（1）对子宫：在雌激素作用的基础上，促使子宫内膜增生，腺体开始活动，分泌子宫乳，供受精卵和胚胎早期发育之需。抑制子宫肌收缩，减弱子宫肌对催产素的反应，起"安胎"作用。使子宫颈口关闭，分泌黏稠液，阻止精子通过，防止病原侵入。

（2）对卵巢：反馈抑制垂体促性腺激素和下丘脑促性腺激素释放激素分泌，从而抑制发情和排卵，这是家畜繁殖工作中控制雌性动物同期发情的基础。一般是注射孕激素、阴道放置孕酮海绵或内服合成的孕激素类药物一段时间（9～14 d），抑制雌性动物卵泡的发育和排卵，人为地延长黄体期。一旦停药，孕酮的作用消除，动物的垂体同时分泌促性腺激素，促进卵泡生长和动物发情。

（3）对乳腺：刺激乳腺腺泡的发育，在雌激素配合下使乳腺腺泡和腺管充分发育，为泌乳做好准备。

【应用】

（1）治疗：习惯性或先兆性流产，尤其是非感染性因素引起的流产和妊娠早期黄体机能不足所致的流产；卵巢囊肿引起的慕雄狂；牛、马排卵延迟。

（2）用于雌性动物的同期发情：用药后，雌性动物在数日内即可发情和排卵，但第一次发情受胎率低（一般只有 30%左右）。故常在第二次发情时配种，受胎率可达 90%～100%。

（3）抑制发情：泌乳期奶牛禁用。

【用法与用量】肌内注射：一次量，马、牛 50～100 mg，羊、猪 15～20 mg，犬 2～5 g。间隔 48 h 注射 1 次。

复方黄体酮缓释圈：阴道内放置，一次量，每头牛 1 个弹性橡胶圈。12 d 后取出残余胶圈，并在 48～72 h 内配种。

复方黄体酮缓释剂：阴道内放置，一次量，牛 1 个。5～8 d 后取出。

【休药期】30 d。

【制剂】黄体酮注射液（Estradiol Benzonate Injection），复方黄体酮缓释圈（Compound Pregesteron Sustained Release Ring），黄体酮阴道缓释剂（Intravaginal Progesterone Insert）。

醋酸氟孕酮（Flugestone Acetate）

本品为白色或类白色的结晶性粉末；无臭。在三氯甲烷中易溶，在甲醇中溶解，在乙醇或乙腈中略溶解，在水中不溶。

【药理作用】药理作用同黄体酮，但作用较强。

【应用】用于山羊、绵羊的诱导发情或同期发情。

【用法与用量】阴道给药：一次量，羊 1 个（阴道海绵）。给药后 12～14 h 取出。

【应用注意】泌乳期禁用；禁止在食品动物使用。

【休药期】羊 30 d。

【制剂】醋酸氟孕酮阴道海绵。

二、促性腺激素和促性腺激素释放激素类药物

卵泡刺激素（Follicle Stimulating Hormone，FSH）

卵泡刺激素又称促卵泡素。从猪、羊的垂体前叶提取。为糖蛋白，白色粉末。易溶于水。

【作用与应用】对雌性动物，刺激卵泡颗粒细胞增生和膜层迅速生长发育，甚至引起多发性排卵。与黄体生成素合用，促进卵泡成熟和排卵，使卵泡内膜细胞分泌雌激素。对雄性动物，促进生精上皮细胞发育和精子形成。

主要应用：①促进雌性动物发情，治疗卵巢静止，使不发情雌性动物发情和排卵，提高受胎率和同期发情的效果。②用于超数排卵（superovulation），牛、羊在发情的前几天注射卵泡刺激素，出现超数排卵，可供卵子移植或提高产仔率。③治疗持久黄体、卵泡发育停止、多卵泡等卵巢疾病。引起单胎动物多发性排卵，是本品的不良反应。

【用法与用量】静脉、肌内或皮下注射：一次量，马、牛 10～50 mg，羊、猪 5～25 mg，犬 5～15 mg。临用时以灭菌生理盐水溶解。

【制剂】卵泡刺激素注射液（Follicle Stimulating Hormone Injection）。

黄体生成素（Luteinizing Hormone，LH）

黄体生成素又称促黄体激素。从猪、羊的垂体前叶中提取。为糖蛋白，白色粉末。易溶于水。

【作用与应用】在卵泡刺激素协同作用下促进卵泡成熟，引起排卵，形成黄体，产生雌激素。对雄性动物，促进睾丸间质细胞分泌睾酮，提高雄性动物的性兴奋，增加精液量，在卵泡刺激素的协同下促进精子形成。

主要用于以下几方面：①促进排卵，用药后黄体生成素突发性升高，卵巢产生胶原酶，使卵泡壁破坏而排卵。母马注射本品后可提高受胎率。②治疗卵巢囊肿、习惯性流产、幼龄动物生殖器官发育不全、精子生成障碍、性欲缺乏、产后泌乳不足或缺乏等。

【应用注意】治疗卵巢囊肿时，剂量应加倍。

【用法与用量】静脉或皮下注射：一次量，马、牛 25 mg，羊 2.5 mg，猪 5 mg，犬 1 mg。临用前，以灭菌生理盐水 2～5 mL 稀释。可在 1～4 周内重复使用。

【制剂】黄体生成素注射液（Luteinizing Hormone Injection）。

促黄体释放激素（Luteinizing Hormone Releasing Hormone）

【作用与应用】本品能促使动物垂体前叶释放促黄体素（LH）和促卵泡素（FSH），兼

具有促黄体素和促卵泡素作用。兽医临床可用于治疗奶牛排卵迟滞、卵巢静止、持久黄体、卵巢囊肿及早期妊娠诊断；也可用于鱼类诱发排卵。

【应用注意】使用本品后一般不能再用其他类激素，剂量不能过大。

【用法与用量】肌内注射：一次量，奶牛，治疗排卵迟滞，输精的同时注射 12.5～25 μg；治疗卵巢静止，25 μg，每日 1 次，可连用 1～3 次，总剂量不超过 75 μg；治疗持久黄体或卵巢囊肿，25 μg，每日 1 次，可连续注射 1～4 次，总剂量不超过 100 μg。

【制剂】注射用促黄体素释放激素 A_2（Luteinizing Hormone Releasing Hormone A_2 for Injection），注射用促黄体素释放激素 A_3（Luteinizing Hormone Releasing Hormone A_3 Injection）。

绒毛膜促性腺激素（Chorionic Gonadotropin）

本品从孕妇尿中提取，白色或类白色粉末，在水中溶解，在乙醇、丙酮或乙醚中不溶。

【作用与应用】主要作用与黄体生成素相似，也有较弱的卵泡刺激素样作用。

主要用于以下几方面：①诱导排卵，提高受胎率。在卵泡接近成熟（卵泡直径大于 2cm）时注射本品，绝大多数马在 24～48 h 内排卵。②增强同期发情的排卵效果。母猪先用孕激素抑制发情，停药时注射马促性素，4 d 后再注射本品，同期化准确，受胎率正常。③对患卵巢囊肿并伴有慕雄狂症状的母牛，疗效显著。④治疗雄性动物性机能减退。

多次应用可引起过敏反应，并降低疗效。

【应用注意】不宜长期使用，以免产生抗体和抑制垂体促性腺功能。本品溶液极不稳定，且不耐热，应在短时间内用完。

【用法与用量】肌内或静脉注射：一次量，马、牛 1 000～5 000 U，羊 100～500 U，猪 500～1 000 U，犬 100～500 U，猫 100～200 U。每周 2 次。

【制剂】注射用绒毛膜促性腺激素（Chorinic Gonadotropin for Inection）。

马促性腺激素（Pregnant Mare Serum Gonadotropin，PMSG）

本品是从妊娠 40～120 d 马血清中分离制得的一种糖蛋白。为白色或类白色粉末。溶于水，水溶液不太稳定。

【作用与应用】对雌性动物主要表现卵泡刺激素样作用，促进卵泡的发育和成熟，可使静止卵巢转为活动期，引起雌性动物发情；有轻度黄体生成素样作用，促使成熟卵泡排卵甚至超数排卵。对雄性动物主要表现黄体生成素样作用，能增加雄激素分泌，提高性兴奋。

主要用于雌性动物催情和促进卵泡发育；也用于胚胎移植时的超数排卵。用于绵羊可促进多胎。

【应用注意】本品重复使用会产生抗马促性腺激素抗体而减低效力，甚至偶尔产生过敏性休克。

【用法与用量】皮下或静脉注射：催情，马、牛 1 000～2 000 U，猪、羊 200～2 000 U，犬、猫 25～200 U，兔、水貂 30～50 U；超排，牛 2 000～4 000 U，羊 600～1 000 U。临用前，用灭菌生理盐水 2～5 mL 稀释。

【制剂】马促性腺激素粉针（Equine Gonadotropin for Injection），孕马血清（Pregnant Mare Serum）。

促性腺激素释放激素（Gonadotropin Releasing Hormone，GnRH）

【作用与应用】 对垂体前叶的卵泡刺激素和黄体生成素均有促进合成和释放的作用，但促进黄体生成素的作用更强，所以又有黄体生成素释放激素（LH-RH）之称。GnRH 无种属间特异性，对于非繁殖季节的公羊，每日肌内注射可使睾丸重量增加，精子活力增强，精液品质改善。大剂量或长期应用，可抑制排卵，阻断妊娠，引起睾丸或卵巢萎缩，阻止精子形成。

本品主要用于促进排卵，用后 1～2 d 内，持续 4～6 d 不排卵的母马即可排卵。也用于诱发水貂排卵，还用于治疗卵巢卵泡囊肿。

【用法与用量】 静脉或肌内注射：一次量，奶牛 100 μg，水貂 5 μg。

【制剂】 促性腺激素释放激素注射液（Gonadotropin Releasing Hormone Injection），醋酸促性腺激素释放激素注射液（Fertirelin Acetate Injection）。

第二节　子宫收缩药

子宫收缩药是一类能兴奋子宫平滑肌的药物。它们的作用，因子宫所处的激素环境、药物种类及用药剂量的不同而表现为节律性收缩或强直性收缩，可用于催产、引产、产后止血或子宫复原。

缩宫素（Oxytocin）

缩宫素又称催产素。从牛或猪的垂体后叶中提取，现已人工合成。为白色粉末或结晶。能溶于水，水溶液呈酸性，为无色澄明或几乎澄明的液体。

【药理作用】 选择性兴奋子宫，加强子宫平滑肌的收缩。子宫收缩的强度及性质，因子宫所处激素环境和用药剂量的不同而异。在妊娠早期，子宫处于孕激素环境中，对催产素不敏感。随着妊娠进行，雌激素浓度逐渐增加，子宫对催产素的反应可逐渐增强，临产时达到高峰。本品小剂量能增加妊娠末期的子宫节律性收缩和张力，较少引起子宫颈兴奋，适于催产。剂量加大，使子宫肌的张力持续增高，舒张不完全，出现强直性收缩，适于产后止血或产后子宫复原。催产素还能加强乳腺腺泡周围的肌上皮细胞收缩，松弛大的乳导管和乳池周围的平滑肌，促使腺泡腔内的乳汁迅速进入乳导管和乳池，引起排乳。本品促进垂体前叶分泌催乳素。

【应用】 用于临产前子宫收缩无力雌性动物的引产。催产是在子宫颈口开放、产道通畅、胎位正常、子宫收缩乏力时使用。治疗产后出血、胎盘滞留和子宫复原不全，在分娩后 24 h 内使用。

【注意】 产道阻塞、胎位不正、骨盆狭窄及子宫颈尚未开放时禁用催产素。

【用法与用量】 静脉、肌内或皮下注射（用于促进子宫收缩）：一次量，马 75～150 U，牛 75～100 U，羊、猪 10～50 U，犬 5～25 U，猫 5～10 U。如果需要，可间隔 15 min 重复使用。肌内或皮下注射（用于促进排乳）：一次量，马、牛 10～20 U，羊、猪 5～20 U，犬 2～10 U。

【制剂】 催产素注射液（Oxytocin Injection）。

麦角新碱（Ergometrine，Ergonovine）

本品是从麦角中提取的生物碱，主要含麦角碱类，包括麦角胺、麦角毒碱和麦角新碱，麦角新碱常用马来酸盐。为白色或微黄色细微结晶性粉末。无臭。能溶于水和醇。遇光易变质。

【作用与应用】对子宫平滑肌有很强的选择性兴奋作用，持续 2～4 h。与缩宫素的区别是：本品对子宫体和子宫颈都兴奋，剂量稍大易导致强直性收缩，因此禁用于催产或引产，否则会使胎儿窒息及子宫破裂。只能用于产后，如子宫出血、产后子宫复原不全和胎衣不下、子宫蓄脓等。

【用法与用量】静脉或肌内注射：一次量，马、牛 5～15 mg，羊、猪 0.5～1 mg，犬 0.2～0.5 mg，猫 0.2～0.5 mg。

【制剂】马来酸麦角新碱注射液（Ergonovine Maleate Injection）。

垂体后叶素（Hypophysin，Pituitrin）

从牛或猪脑垂体后叶中提取的水溶性成分。能溶于水，不稳定。

【作用与应用】含催产素和加压素（抗利尿素）。对子宫的作用与缩宫素相同，但有抗利尿、收缩小血管引起血压升高的副作用。其催产、引产、子宫复原等方面的应用，与缩宫素相同。

【用法与用量】皮下、肌内注射：一次量，马、牛 50～100U，羊、猪 10～50U，犬 2～10U，猫 2～5U。

复 习 题

1. 可用于雌性动物同期发情的药物有哪些？试述其作用的异同点及应用注意。
2. 哪些药物可用于雌性动物同期分娩？
3. 比较宫缩素与麦角新碱作用的异同点，简述麦角新碱于产前应用的危害。
4. 治疗子宫内膜炎及胎衣不下、子宫蓄脓的药物有哪些？
5. 试述生殖激素的调节机制。

第八章

皮质激素类药理

肾上腺皮质的束状带、球状带和网状带具有分泌多种激素的功能，其分泌的激素称为肾上腺皮质激素（简称为皮质激素）。皮质激素依据其生理功能可分为三类：①糖皮质激素类，以氢化可的松为代表，由肾上腺皮质的束状带细胞合成、分泌，其生理水平对糖代谢的作用强，对钠、钾等矿物质代谢的作用较弱。在药理治疗剂量下，表现出良好的抗炎、抗过敏、抗毒素、抗休克等作用，具有重要的药理学意义。②盐皮质激素类，以醛固酮为代表，由肾上腺皮质的球状带细胞分泌，其生理水平对矿物质代谢，特别是对钠潴留和钾排泄的作用很强。在药理治疗剂量下，仅作为肾上腺皮质功能不全的替代疗法，在兽医临床上实用价值不大。③氮皮质激素类，以雌二醇和睾酮为代表，由肾上腺皮质的网状带分泌。氮皮质激素的生理功能弱，已在第七章中叙述，本章着重介绍糖皮质激素。

（一）构效关系

虽然从动物的肾上腺可提取天然的激素，但目前所用的糖皮质激素，均为人工合成。糖皮质激素类药物的结构由甾核和侧链组成（图 8－1）。甾核和侧链中共有 21 个碳原子，其结构的特定位置上的一些化学基团，如 C_3 上的酮基、C_{17}上的二碳侧链、C_4 和 C_5 之间的双键，是保持活性所必需的基团。它们的作用与其化学结构密切相关，通过对其结构改造，可获得一系列人工合成的糖皮质激素，使抗炎和免疫抑制作用增强，水钠潴留等不良反应减轻，还能改变这类药物与受体的亲和力、血浆蛋白结合率和侧链的稳定性，以及它们在体内的降解速度和代谢物的类型等。因此，各种糖皮质激素主要在于作用持续时间、活性大小和抗炎作用强度等方面有所差别。一般而言，随着抗炎强度的增加，其消除半衰期和作用持续时间可能延长。

主要的构效关系及化学修饰如下：

1. 引入双键 在 C_1 和 C_2 之间，天然激素和个别人工合成品（如氟氢可的松）为单键，称为 A 型结构；绝大多数人工合成品为双键，称为 B 型结构。B 型结构在体内加氢还原而被灭活的程度降低，故作用增强。例如，泼尼松和氢化泼尼松的抗炎作用和对糖代谢的作用，都比它们各自的母体可的松和氢化可的松强 4～5 倍，但对电解质代谢的影响减弱。

2. 引入氟 在氢化可的松的 $C_{9\alpha}$上引入氟（如氟氢可的松），抗炎作用比氢化可的松强约 10 倍，对水和钠的潴留作用也增强。若 $C_{6\alpha}$和 $C_{9\alpha}$位上都引入氟（如氟轻松），抗炎作用和

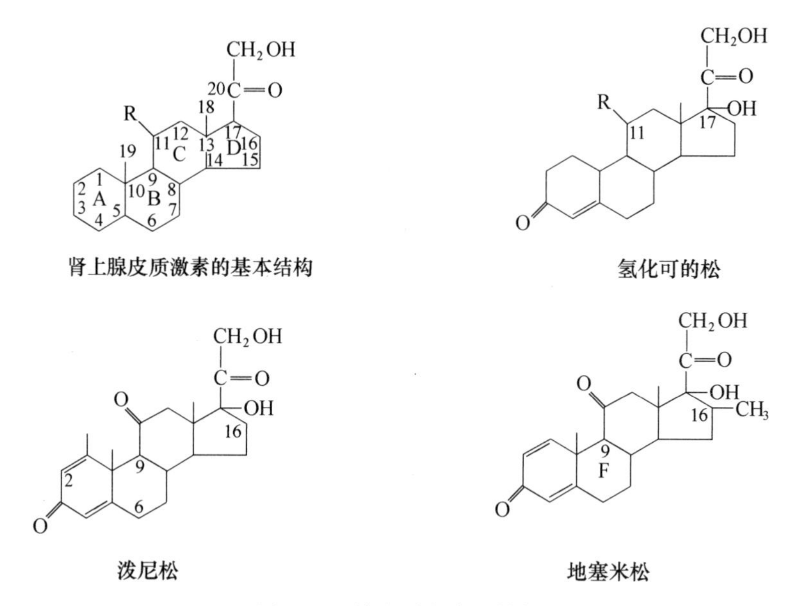

图 8-1 糖皮质激素的结构

钠潴留作用也显著增强。

3. 引入甲基 在 $C_{6\alpha}$上引入甲基（如 $C_{6\alpha}$甲氢泼尼松），抗炎作用增强，体内分解延缓。在氟氢可的松的 $C_{16\alpha}$上引入甲基成为地塞米松，在 $C_{16\beta}$上引入甲基则为倍他米松，两者的抗炎作用进一步增强，对水和钠的潴留几乎无影响，作用持续时间也长。帕拉米松也有此特点。

4. 引入羟基 在 $C_{16\alpha}$上引入羟基（如曲安西龙），抗炎作用加强，但对水、钠潴留作用几乎无影响。

（二）药动学

糖皮质激素在胃肠道迅速被吸收，血中峰浓度一般在 2 h 内出现。肌内或皮下注射后，可在 1 h 内达到峰浓度。通常无应激情况下，大多数家畜每日每 1 kg 体重可产生 1 mg 的可的松（氢化可的松）。糖皮质激素在关节内的吸收缓慢，仅起局部作用，对全身治疗无意义。

吸收入血的糖皮质激素，仅 10%呈游离态，超过 90%部分与血浆蛋白结合。结合蛋白包括两种特异性的皮质激素运载蛋白（一种 α_2 球蛋白）和非特异性的白蛋白。当游离态药物被靶细胞或在肝脏代谢消除后，结合态的药物就被释放出来，以维持正常的血药浓度。

合成的糖皮质激素，可在肝内被代谢生成葡萄糖醛酸或硫酸的结合物，代谢物或原形药物从尿液和胆汁中排泄。从血浆中消除的半衰期因药而异，其长短取决于生物转化的速度，如泼尼松为 1 h，倍他米松和地塞米松为 5 h。与其他大多数药物不同，糖皮质激素的血浆半衰期（plasma half-life）与其生物效应消除的半衰期（biological half-life）不一致，后者是指药效持续时间的长短，与药物的代谢和抗炎作用持续时间，以及对丘脑下部-肾上腺轴的抑制持续时间相一致。抗炎作用的出现，又常常比对丘脑下部-肾上腺轴的抑制作用要慢。

根据它们的生物半衰期，糖皮质激素药物又有短效糖皮质激素（<12 h）、中效糖皮质激素（12～36 h）和长效糖皮质激素（>36 h）之分。短效的有氢化可的松、可的松、泼尼松、泼尼松龙、甲氢泼尼松；中效的有去炎松；长效的有地塞米松、氟地塞米松和倍他米松。

（三）药理作用

糖皮质激素具有十分广泛的药理作用，概括起来，包括以下几方面：

1. 抗炎作用　炎症是机体应对有害刺激的防御反应，以组织和血液中白细胞升高为特征，是调动不同功能细胞参与的复杂的动态过程。主要症状表现为红、肿、热、痛和机能障碍。炎症可以分为三期：①局部血管扩张及通透性增高，血浆渗出。②中性粒细胞向血管外浸润、游走。③细胞增殖，肉芽组织生成和血管新生等再生修复。糖皮质激素对三期炎症过程均有抑制作用，既可以减轻或防止急性炎症期的炎症渗出、水肿和炎症细胞浸润，也可以减轻和防止炎症后期的纤维化、粘连及瘢痕形成。

糖皮质激素的抗炎作用涉及它对血管、炎症细胞和炎性介质的作用，包括：①直接收缩血管，抑制炎性血管扩张和液体渗出。②抑制炎症细胞的聚集。③抑制中性粒细胞和巨噬细胞释放出引起组织损伤的氧自由基。④抑制成纤维细胞的功能，并由此抑制胶原和氨基多糖的生成。⑤抑制与炎症有关的细胞因子，如前列腺素类、白三烯类（LTs）、白介素类（ILs）、肿瘤坏死因子（TNF_{α}）和粒细胞集落刺激因子（G-CSF）等的生成。⑥抑制一氧化氮（NO）和黏附分子的生成等。

抗炎作用在很大程度上是以抑制粒细胞的功能为基础。在炎症发生和发展的各个阶段，大多有淋巴因子和其他可溶性致炎介质参与，如前列腺素、白三烯、肿瘤坏死因子、白介素-2、血小板激活因子、迁移抑制因子等。糖皮质激素就是通过抑制这些介质而发挥抗炎作用的。例如，通过抑制脂肪分解酶的合成，糖皮质激素就抑制了磷脂酶 A_2 的活性。磷脂酶 A_2 能将花生四烯酸转化成前列腺素和白三烯，这是引起炎症的两个主要致炎介质。它抑制环氧合酶的活性，抑制肿瘤坏死因子和白介素-2 从激活的巨噬细胞释放，抑制血小板激活因子从白细胞和肥大细胞释放，这在很大程度上减缓了炎症的发生。因为环氧合酶能催化各种前列腺素生成；肿瘤坏死因子能诱发细胞毒性，增加中性粒细胞和嗜酸性粒细胞的活性；白介素-2 参与免疫反应；血小板激活因子能导致血管扩张，血小板和白细胞聚积，平滑肌（特别是支气管）收缩，还增加血管的通透性。抑制巨噬细胞迁移抑制因子的功能，就使巨噬细胞从受损的炎性区域移出。此外，糖皮质激素还能改变胶原酶，减少胶原的合成，因而抑制伤口愈合。糖皮质激素还能改变酯酶和纤维蛋白溶酶原活化因子的合成和生物学功能。

2. 免疫抑制作用　糖皮质激素的免疫抑制作用，一般认为是其对免疫反应过程多个环节抑制的结果（图 8-2）。它能抑制巨噬细胞吞噬和处理抗原，以及生成和分泌白介素的功能，减弱它们对抗原的反应，抑制细胞介导的免疫反应和迟发性过敏反应，减少 T 淋巴细胞（可减少到 45%～55%，人、犬、马、猪在注射后 4 h、牛在 8～10 h 淋巴细胞的减少达到高峰）、单核细胞、嗜酸性粒细胞的数目，降低免疫球蛋白与细胞表面抗体的结合能力，并抑制白介素的合成和释放，从而抑制 T 淋巴细胞向淋巴母细胞的转化，并抑制原发免疫反应的扩展。糖皮质激素还能抑制免疫复合物的生成，并能减少补体成分及免疫球蛋白的浓度。

糖皮质素还可以诱导正常淋巴细胞凋亡，临床上根据这些分子的能力也用来诱导恶性淋巴细胞的凋亡。

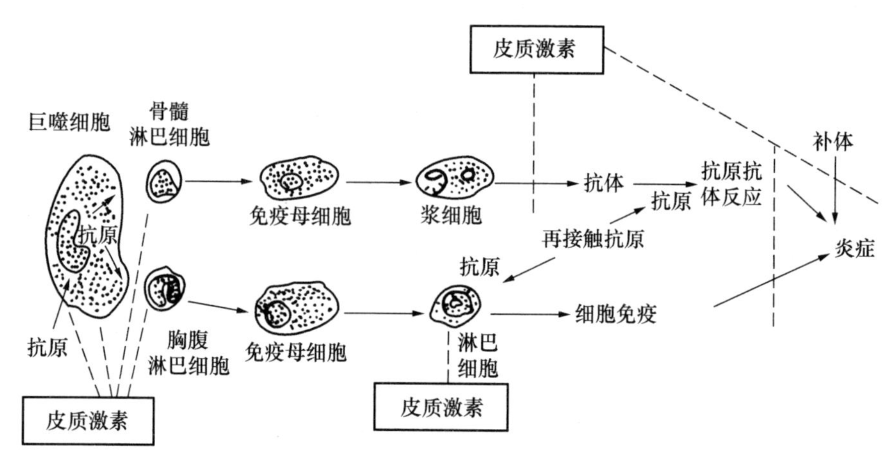

图 8-2　糖皮质激素抑制免疫过程的作用环节

3. 抗毒素作用　糖皮质激素对动物因革兰阴性菌（如大肠杆菌、痢疾杆菌、脑膜炎球菌）内毒素所致的有害作用能提供一定的保护，如对抗内毒素对机体的损害，减轻细胞损伤，缓解毒血症状，降高热，改善病情等。糖皮质激素对细菌外毒素所引起的损害无保护作用。

4. 抗休克作用　糖皮质激素对各种休克（如过敏性休克、中毒性休克、低血容量休克等）都有一定的疗效，可增强机体对休克的抵抗力。其抗休克疗效主要通过以下两方面的作用实现：

（1）稳定生物膜：发生休克时，血压下降，内脏缺血、缺氧，引起溶酶体破裂，许多酸性水解酶和组织蛋白酶大量释放，产生细胞和组织损伤。另外，休克时发生的酸中毒，能增强溶酶体酶的水解作用。大剂量糖皮质激素具有稳定细胞膜及细胞器膜（特别是溶酶体膜）的作用，能减少溶酶体酶的释放，降低体内血管活性物质（如组胺、缓激肽、儿茶酚胺）的浓度。同时，还能抑制组织溶酶（cathepsin），从而减少心肌抑制因子形成，防止此因子引起心肌收缩力减弱、心输出量降低和内脏血管收缩等循环衰竭。

（2）保护心血管系统：大剂量糖皮质激素能直接增强心肌收缩力，增加冠状动脉血流量，并对痉挛收缩的血管有解痉作用。大剂量甲基泼尼松能明显抑制由白细胞产生的氧自由基，从而保护心血管功能。糖皮质激素还能抑制血小板聚集，保证微循环畅通。

糖皮质激素的抗炎、抗免疫和抗毒素作用，也是其抗休克作用的组成部分。糖皮质激素对某些细胞因子（如肿瘤坏死因子）的基因转录和翻译的抑制，也有助于抗休克。

5. 影响代谢　糖皮质激素能升高血糖浓度、促进肝糖原形成，增加蛋白质分解、抑制蛋白合成。糖皮质激素也能促进脂肪分解，但过量则导致脂肪重分配。大剂量糖皮质激素还增加钠的重吸收和钾、钙、磷的排出，长期使用可致水、钠潴留而引起水肿、骨质疏松。

（四）作用机制与调节

糖皮质激素的大多数作用都是基于其与特异性受体的相互作用的结果。糖皮质激素受体广泛分布于肝、肺、脑、骨骼、胃肠平滑肌、骨骼肌、淋巴组织、胸腺的细胞内，但肝脏是主要的靶组织。受体的类型和数量，因动物和组织的不同而异。即使是同一组织，受体的数量也随细胞繁殖周期、年龄以及各种内外源性因素而改变。现已证明糖皮质激素受体至少受15种因素调节。

位于细胞质内的糖皮质激素受体在与糖皮质激素结合前是未活化型的，并与热休克蛋白、热休克蛋白70和免疫亲和素（immunophilin，IP）结合成复合物。糖皮质激素进入靶细胞，与其受体结合后，热休克蛋白90等与受体结合的蛋白质解离，激素受体复合物进入细胞核，受体活化。被激活的激素受体复合物作为基因转录的激活因子，以二聚体的形式与DNA上的特异性序列（称为“激素反应元件”）相结合，通过启动基因转录或阻抑基因转录，合成或抑制某些特异性蛋白质，并因此产生类固醇激素的生理和药理效应（图8-3）。

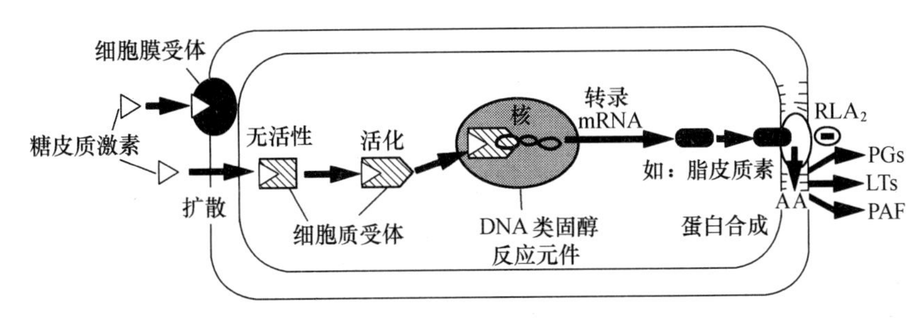

图8-3 糖皮质激素对细胞的作用部位

PLA₂：磷脂酶 A_2，PGs：前列腺素，LTs：白三烯，PAF：血小板活性因子

（引自 Adams 等，Veterinary Pharmacology and Therapentics，2001）

糖皮质激素诱导合成的蛋白质，有抗炎多肽脂皮素（lipocortin）、脂肪分解酶原-1、β_2-肾上腺受体、血管紧张素转化酶（angiotensin converting enzyme）、中性内肽酶（neutral endopeptidase）等。合成受抑制的蛋白质多为致炎蛋白质，有细胞因子、天然杀伤细胞1受体、可诱导的一氧化氮合成酶、环氧合酶2（cycloxgen 2）、内皮缩血管肽1（endothe1in 1）、磷脂酶2（phosphorlipase 2）、血小板活化因子等。受体和药物最终被代谢消除，活化的复合物在细胞内的半衰期约为10 h。

糖皮质激素作用的强弱，与受体的数量有直接关系。受体数量下调，生物学效应降低。这类药物还存在着耐受现象，这或许是受体数量减少或受体与药物的亲和力降低所致。

在正常的生理条件下，天然糖皮质激素的分泌受神经和体液双重调节。丘脑下部释放的促皮质激素释放激素（CRH），经由垂体的门脉系统进入垂体前叶，刺激嗜碱性细胞合成，分泌促肾上腺皮质激素（ACTH）。ACTH能兴奋肾上腺皮质，使其增生，重量加重，肾上腺皮质激素的合成和分泌增多，主要为糖皮质激素，而促进盐皮质激素分泌的作用小。血中氢化可的松和皮质酮的浓度，对CRH和ACTH的分泌，有反馈调节作用。外源性糖皮质激素也能抑制CRH和ACTH的分泌。

（五）临床应用

由于糖皮质激素的作用非常广泛，所以它的应用也是多方面的。主要有以下几方面：

1. 治疗雌性动物的代谢病 糖皮质激素对牛的酮血症有显著疗效，可使血糖浓度很快升高到正常，酮体浓度缓慢下降，食欲在24 h内改善，产乳量回升。氢化可的松0.5 g，醋酸泼尼松0.3～0.5 g，地塞米松10～30 mg，均可使80%病牛康复。

妊娠毒血症，羊较为常见，其他家畜亦有发生，在病理上与牛酮血症相似。肌内注射常量氢化泼尼松有疗效。

2. 治疗感染性疾病 一般的感染性疾病不得使用糖皮质激素，但当感染对动物的生命或未来生产力可能带来严重危害时，用糖皮质激素控制过度的炎症反应很必要，但要与足量有效的抗菌药物合用。感染发展为毒血症时，用糖皮质激素治疗更为重要，因为它对内毒素中毒的动物能提供保护作用。对各种败血症、中毒性肺炎、中毒性菌痢、腹膜炎、产后急性子宫炎等，应用糖皮质激素可增强抗菌药物的治疗效果，加速患病动物康复。对于其他细菌性疾病，如牛的支气管肺炎、乳腺炎，马的淋巴管炎等，糖皮质激素也有较好的效果。对于细菌感染，都应与大剂量有效抗菌药物一起使用，防止感染扩散。

3. 治疗关节疾患 用糖皮质激素治疗马、牛、猪、犬的关节炎，能暂时改善症状。治疗期间，如果炎症不能痊愈，停药后常会复发。马每 4～5 d 关节内注射氢化可的松约 100 mg，可控制症状。用氢化泼尼松治疗全身性关节炎，开始时大动物每天肌内注射 100～150 mg，小动物按每 1 kg 体重肌内注射 5.5～11 mg，随后逐渐减至维持量，以能控制症状为准。近年来证明，糖皮质激素对关节的作用可因剂量不同而变化，小剂量保护软骨，大剂量则损伤软骨并抑制成骨细胞活性，导致股骨头坏死，引起所谓的“激素性关节炎”（steroid arthropathy）。因此，用糖皮质激素治疗关节炎，应小剂量使用。

4. 治疗皮肤疾病 糖皮质激素对于皮肤的非特异性或变态反应性疾病，有较好的疗效。用药后瘙痒在 24 h 内停止，炎症反应消退。对于荨麻疹、急性蹄叶炎、湿疹、脂溢性皮炎和其他化脓性炎症，局部或全身给药，都能使病情明显好转。对伴有急性水肿和血管通透性增加的疾病，疗效尤为显著。

5. 治疗眼、耳科疾病 对于眼科疾病，糖皮质激素可防止炎症对组织的破坏，抑制液体渗出，防止粘连和瘢痕形成，避免角膜混浊。治疗时，房前结构的表层炎症，如眼睑疾病、结膜炎、角膜炎、虹膜睫状体炎，一般可行局部用药；对于深部炎症，如脉络膜炎、视网膜炎、视神经炎，全身给药或结膜下注射才有效。

对于外耳炎症，可用糖皮质激素配合化学治疗药物应用，但应随时清除或溶解炎性分泌物。对于比较严重的外耳炎如犬的自发性浆液性外耳炎，则需用糖皮质激素全身性给药（泼尼松，每日 0.5～1.0 mg）。

6. 引产 地塞米松已被用于雌性动物的同步分娩。在妊娠后期的适当时候（牛一般在妊娠第 286 天后）给予地塞米松，牛、羊、猪一般在 48 h 内分娩。牛常用剂量是 10～20 mg，若用 30～40 mg，引产率可达 85%。地塞米松对马没有引产效果。糖皮质激素的引产作用，可能是使雌激素分泌增加，黄体酮浓度下降所致。

7. 治疗休克 糖皮质激素对于各种休克都有较好的疗效。对于败血性休克，可用糖皮质激素的速效、水溶性制剂，如地塞米松磷酸钠（静脉注射，每 1 kg 体重 4～8 mg）、泼尼松琥珀酸钠或磷酸钠（静脉注射，每 1 kg 体重 30 mg）或甲基泼尼松琥珀酸钠（静脉注射，每 1 kg 体重 30 mg）。

8. 预防手术后遗症 糖皮质激素可用于剖宫产、瘤胃切开、肠吻合等外科手术后，以防脏器与腹膜粘连，减少创口瘢痕化，但同时它又会影响创口愈合。这要权衡利弊，审慎用药。

糖皮质激素还可用于治疗免疫介导的溶血性贫血和血小板减少症。

（六）不良反应和注意事项

1. 不良反应　糖皮质激素停药和长期应用均可产生不良反应。急性肾上腺功能不全，是糖皮质激素长期使用后突然停药的结果。动物表现为发热，软弱无力，精神沉郁，食欲不振，血糖和血压下降等。糖皮质激素长期用药后，应在数月内逐渐减量。下丘脑—垂体—肾上腺轴的功能完全恢复，一般需要9个月。此期内，患病动物需要"应激"状态下的糖皮质激素作补偿，内外环境中一切强烈刺激，如麻醉、出血、创伤、惊恐及疼痛等都能引起机体的应激反应。此时，通过下丘脑及腺垂体使糖皮质激素分泌大大超过一般生理分泌量，这对机体适应这些强烈刺激起着重要作用。犬比猫对此更敏感。用短效制剂做替代疗法能显著降低副作用的发生。多尿和饮欲亢进是糖皮质激素过量（无论内源性还是外源性）的突出症状。此症状出现与许多因素有关，如血容量增加所致的肾小球滤过率增加，肾小管对钙的排泌增加，抗利尿素受到抑制，远端肾小管的通透性增加等。

糖皮质激素的保钠排钾作用，常导致动物出现水肿和低血钾症。加速蛋白质异化和钙、磷排泄的作用，则导致动物出现肌肉萎缩无力、骨质疏松等，幼龄动物出现生长抑制。

此外，糖皮质激素能使血中三碘甲腺原氨酸（T_3）、甲状腺素（T_4）和促甲状腺激素浓度降低。糖皮质激素还引发应激性白细胞血象，增加血中碱性磷酸酶的活性以及一些矿物元素、尿素氮和胆固醇的浓度。糖皮质激素长期使用易导致细菌入侵或原有局部感染扩散，有时还引起二重感染。

2. 注意事项　临床用糖皮质激素的抗炎剂量是体内生理浓度的10倍，免疫抑制的剂量应为抗炎剂量的2倍，而抗休克的剂量又是免疫抑制剂量的5～10倍。兽医临床上的炎症，多见于感染性疾病。糖皮质激素只有抗炎作用而无抗菌作用，对感染性炎症只是治标而不能治本。所以，使用糖皮质激素时，应先弄清炎症的性质，如属感染性疾病，应同时使用足量、有效的抗菌药物。此时，杀菌药又优于抑菌药。糖皮质激素禁用于病毒性感染和缺乏有效抗菌药物治疗的细菌感染。

对于非感染性疾病，应严格掌握适应证。特别对于重症病例，应采用高剂量静脉注射或肌内注射方法给药。待症状改善并基本控制时，应立即逐渐减量、停药。

糖皮质激素对机体全身各个系统均有影响。可能使某些疾病恶化，故糖皮质激素禁用于原因不明的传染病、糖尿病、角膜溃疡、骨软化及骨质疏松症，不得用于骨折治疗期、妊娠期、疫苗接种期、结核菌素或鼻疽菌素诊断期，对肾功能衰竭、胰腺炎、胃肠道溃疡和癫痫等应慎用。

（七）主要药物

兽医上应用的糖皮质激素有氢化可的松、泼尼松、氢化泼尼松、甲基泼尼松、地塞米松、曲安西龙、甲氢泼尼松、倍他米松、氟地塞米松等。

氢化可的松（Hydrocortisone，Cortisol）

【理化性质】白色或几乎白色的结晶性粉末。无臭，初无味，随后有持续的苦味。遇光渐变质。在乙醇或丙醇中略溶，在氯仿中微溶，在乙醚中几乎不溶，在水中不溶。

【作用与应用】为天然短效的糖皮质激素，具有抗炎、抗过敏、抗免疫、抗休克作用。

多用作静脉注射，常用于严重的感染性疾病、牛酮血症及羊的妊娠毒血症。肌内注射吸收很少，作用较弱，因其极难溶解于体液。局部应用有较好疗效，故也用于乳腺炎、眼科炎症、皮肤过敏性炎症、关节炎和腱鞘炎等。作用时间不足 12 h。

【用法与用量】静脉注射：一次量，马、牛 0.2～0.5 g，羊、猪 0.02～0.08 g。

关节腔内注射：马、牛 0.05～0.1 g。每日 1 次。

【应用注意】有较强的水、钠潴留和排钾作用，创伤修复期及疫苗接种期禁用。

【制剂】氢化可的松注射液（Hymorhmne Injection）。

醋酸可的松（Cortisone Acetate）

【理化性质】白色或类白色的结晶性粉末；无臭，初无味，随后有持久的苦味。在三氯甲烷中易溶，在丙酮或二氧六环中略溶，在乙醇或乙醚中微溶，在水中不溶。

【作用与应用】该药本身无活性，需在体内转化为氢化可的松后起效，具有抗炎、抗过敏、抗毒素、抗休克作用。本品皮肤等局部用药无效。小动物内服易吸收，作用快，但大动物内服吸收不规则。其混悬液肌内注射吸收缓慢，作用持久。

【用法与用量】滑囊、腱鞘或关节囊内注射：一次量，马、牛 50～250 mg。

肌内注射：一次量，马、牛 250～750 mg，羊 12.5～25 mg，猪 50～100 mg，犬 25～100 mg。眼部外用，每日 2～3 次。

【制剂】醋酸可的松注射液（Cortisone Acetate Injection），四环素醋酸可的松眼膏（Tetracycline Cortisone Acetate Eye Ointment）。

醋酸氢化可的松（Hydrocortisone Acetate）

【理化性质】白色或类白色的结晶性粉末；无臭。在甲醇、乙醇或三氯甲烷中微溶，在水中不溶。

【作用与应用】与氢化可的松基本相似。因其注射剂肌内注射吸收不良，一般不作全身治疗，主要供乳室内、关节腔、鞘内等局部注入。局部注射吸收缓慢，药效作用持久。

【用法与用量】滑囊、腱鞘或关节囊内注射：一次量，马、牛 50～250 mg。注射前应摇匀，对细菌性感染应与抗菌药合用。

【制剂】醋酸氢化可的松注射液（Hydrocortisone Acetate Injection）。

醋酸泼尼松（Prednisone Acetate）

泼尼松又称强的松、去氢可的松。人工合成品。

【理化性质】为白色或几乎白色的结晶性粉末。无臭，味苦。不溶于水，微溶于乙醇或乙酸乙酯，略溶于丙酮，易溶于氯仿。

【作用与应用】本品进入体内后代谢转化为氢化泼尼松而起作用。其抗炎作用和糖原异生作用比天然的氢化可的松强 4～5 倍。由于用量小，其水、钠潴留的副作用亦显著减轻。其抗炎作用常被用于治疗某些皮肤炎症和眼科炎症，但实践证明，此种局部应用并不比天然激素优越。肌内注射可治疗牛酮血症。给药后作用时间为 12～36 h。

【用法与用量】内服：一日量，马、牛 200～400 mg；猪、羊的首次量 20～40 mg，维持量 5～10 mg；每 1 kg 体重，犬、猫 0.5～2 mg。

皮肤涂擦或点眼：适量。

【制剂】 醋酸泼尼松片（Prednisone Acetate Tablets），醋酸泼尼松软膏（Prednisone Acetate Unguent），醋酸泼尼松眼膏（Prednisone Acetate Opulent）。

地塞米松（Dexamethasone）

地塞米松又称氟美松。人工合成品。

【理化性质】 本品的磷酸钠盐为白色或微黄色粉末。无臭，味微苦。有引湿性。在水或甲醇中溶解，在丙酮或乙醚中几乎不溶。

【作用与应用】 本品的糖原异生作用比氢化可的松强 25 倍，抗炎作用强 30 倍，而水、钠潴留的副作用较弱，仅为氢化可的松的 3/4。本品肌内注射给药后，犬会快速出现全身作用，0.5 h 达峰值，半衰期为 48 h。本品可从粪、尿中排出。因增加钙从粪中排出，故可引起负钙平衡。本品用于炎症性疾病、过敏性疾病、牛酮血症及羊的妊娠毒血症，也用于雌性动物的同期分娩，但对马没有引产效果。

【用法与用量】 肌内或静脉注射：一日量，马 2.5～5 mg，牛 5～20 mg，羊、猪 4～12 mg，犬、猫 0.125～1 mg。

关节腔内注射：一次量，马、牛 2～10 mg。

乳房内注射：一次量，每个乳室 10 mg。

内服：一日量，马 5～10 mg，牛 5～20 mg，犬、猫 0.125～1 mg。

【休药期】 牛、羊、猪 21 d；弃乳期为 72 h。

【最高允许残留限量】 残留标示物：地塞米松。

牛、猪、马，肌肉 0.75 μg/kg，肝 2.0 μg/kg，肾 0.75 μg/kg；牛奶 0.3 μg/kg。

【制剂】 地塞米松磷酸钠注射液（Dexamethasone Sodium Phosphate Injection），醋酸地塞米松片（Dexamethasone Acetate Tablets）。

醋酸地塞米松（Dexamethasone Acetate）

【理化性质】 白色或类白色的结晶或结晶性粉末；无臭，味微苦。在丙酮中易溶，在甲醇或无水乙醇中溶解，在乙醇或三氯甲烷中略溶，在乙醚中极微溶解，在水中不溶。

【作用与应用】 本品作用与应用与地塞米松相似。也可用于雌性动物的同期分娩，其机制尚不清楚。

【用法与用量】 内服：一次量，马、牛 5～20 mg，犬、猫 0.5～2 mg。

【最高允许残留限量】 残留标示物：地塞米松。

牛、猪、马，肌肉 0.75 μg/kg，肝 2.0 μg/kg，肾 0.75 μg/kg；牛奶 0.3 μg/kg。

【制剂】 醋酸地塞米松片（Dexamethasone Acetate Tables）。

倍他米松（Betamethasone）

人工合成品，为地塞米松的同分异构体。

【理化性质】 本品为白色或类白色结晶性粉末；无臭，味苦。在乙醇中略溶，在二恶烷中微溶，在水或三氯甲烷中几乎不溶。

【作用与应用】 本品抗炎作用及糖原异生作用强于地塞米松，为氢化可的松的 30 倍，钠潴留作用稍弱于地塞米松。内服给药后 3.2 h 达峰浓度。肌内注射的半衰期，牛为 22 h，猪为 11.5 h，犬为 48 h。应用与地塞米松相同，也可用于雌性动物的同步分娩。

【用法与用量】肌内注射：一次量，每 10 kg 体重，犬 1.75～3.5 mg，猫 0.25～1 mg。

【最高允许残留限量】残留标示物：倍他米松。

牛、猪，肌肉 0.75 μg/kg，肝 2.0 μg/kg，肾 0.75 μg/kg；牛奶 0.3 μg/kg。

【制剂】倍他米松片（Betamethasone Tablets）。

醋酸泼尼松龙（Prednisolone Acetate）

泼尼松龙又称氢化泼尼松、强的松龙。人工合成品。

【理化性质】白色或几乎白色的结晶性粉末；无臭，味苦。几不溶于水，微溶于乙醇或氯仿。

【作用与应用】作用与泼尼松基本相似，特点是可静脉注射、肌内注射、乳管内注射和关节腔内注射等。给药后作用时间为 12～36 h。其抗炎作用较强，水盐代谢作用很弱。内服的功效不如泼尼松确切。

【用法与用量】静脉注射或滴注、肌内注射：一次量，马、牛 50～150 mg，羊、猪 10～20 mg。严重病例可酌情增加剂量。

关节腔内注射：一次量，马、牛 20～80 mg，每日 1 次。

【制剂】醋酸泼尼松龙注射液（Prednisolone Acetate Injection）。

曲安西龙（Triamcinolone，Fluoxyprednisolone）

本品又称为去炎松。

【理化性质】白色或几乎白色的结晶性粉末；无臭。在二甲基甲酰胺中易溶，在甲醇或乙醇中微溶，在水或氯仿中几乎不溶。

【作用与应用】抗炎作用为氢化可的松的 5 倍，钠潴留作用极弱。其他全身作用与同类药物相当。内服易吸收。

【用法与用量】内服，一次量，犬 0.125～1 mg，猫 0.125～0.25 mg。每日 2 次，连服 7 d。

肌内或皮下注射：一次量，马 12～20 mg，牛 2.5～10 mg；每 1 kg 体重，犬、猫 0.1～0.2 mg。

关节腔内或滑膜腔内注射：一次量，马、牛 6～18 mg，犬、猫 1～3 mg。必要时 3～4 d 后再注射 1 次。

【制剂】曲安西龙片（Triamcinolone Tables）、醋酸曲安西龙混悬液（Acetic acid triamcinolone mixed suspension）。

醋酸氟轻松（Fluocinonide，Fluocinolone Acetate）

醋酸氟轻松又称氟轻松。人工合成品。

【作用与应用】本品为外用糖皮质激素中疗效最显著、副作用最小的品种。显效迅速，止痒效果好，很低浓度（0.025%）即有明显疗效。

【用法与用量】外用：适量，每日 3～4 次。

【制剂】醋酸氟轻松软膏（Fluocinonide Ointment）。

促肾上腺皮质激素（Corticotrophin）

促肾上腺皮质激素简称促皮质激素（ACTH）。能刺激肾上腺皮质合成和分泌氢化可的松和皮质酮等，间接发挥糖皮质激素类药物的作用。本品在肾上腺皮质功能健全时有效。作用与糖皮质激素相似，但起效慢而弱，水、钠潴留作用明显。可引起过敏反应。内服无效。

ACTH 肌内注射很容易吸收，在注射部位部分可被组织酶所破坏。本品不能内服，因多肽易被消化酶破坏。肌内注射或静脉注射后，很快从血液中消失，仅少量以原形从尿中排泄，半衰期仅 6 min。主要在长期使用糖皮质激素停药前后应用，以促进肾上腺皮质恢复功能。

【用法与用量】肌内注射：一次量，马 100～400 IU，牛 30～200 IU，羊、猪 20～40 IU，犬 10～50 IU，每日 2～3 次；防止肾上腺皮质功能减退可每周注射 2 次。静脉注射剂量减半，溶于 5%葡萄糖注射液 500 mL 内滴注。

【制剂】注射用促皮质激素（Promote The Cortical Hormone For Injection），长效促皮质激素注射液（Long-term Corticotrophin Injection）。

复　习　题

1. 简述糖皮质激素的抗炎作用机制，主要有哪些要点？
2. 为什么糖皮质激素不能用于疫苗接种期？试分析原因。
3. 应用糖皮质激素可能引起的不良反应有哪些？如何防止不良反应发生？
4. 试述常用糖皮质激素作用的异同点及应用特点。
5. 试述糖皮质激素的调节机制。
6. 肾上腺皮质激素的合成与分泌部位有什么区别？
7. 糖皮质激素的构效关系中哪些为保持活性的必需基团？
8. 糖皮质激素有哪些主要适应证？

第九章

自体活性物质和解热镇痛抗炎药理

自体活性物质（autocoids）是动物体内普遍存在、具有广泛生物学（药理）活性的物质的统称，又称为“自调药物”（self regulating medicinal agents）。正常情况下它们以其前体或储存状态存在，但当受到某种因素影响而激活或释放时，其微量就能产生非常广泛、强烈的生物效应。自体活性物质通常由局部产生，仅对邻近的组织细胞起作用，多数都有自己的特殊受体，也称“局部激素”。它们与神经递质或激素的另一不同之处，是机体没有产生它们的特定器官或组织。有些自体活性物质可被直接用作药物而治疗疾病，如前列腺素。另一些使人们感兴趣的，是它们的作用可用相关药物进行调节，如组胺。还有一些自体活性物质，通常是参与某些病理过程，通过模拟或拮抗其作用，或干扰其代谢转化，弄清其生理或病理学意义，有助于发现新药或阐明某些药物的作用机制，如前列腺素。

在医药学上占重要位置的自体活性物质，可分为两类：①小分子化学信号物质，如组胺、5-羟色胺、前列腺素、白三烯、一氧化氮和腺苷。②大分子化学信号物质，如血管活性神经肽类、细胞因子和生长因子等。目前在兽医临床上意义较大的是组胺和前列腺素。解热镇痛抗炎药是一大类能够抑制前列腺素合成的药物，可视为前列腺素拮抗剂，故在本章论述。

第一节　组胺与抗组胺药

过敏反应亦称变态反应，是动物机体接触过敏原后出现的不正常的免疫应答反应，其本质是抗原抗体反应。过敏反应有四种类型：Ⅰ型（速发型）、Ⅱ型（细胞毒性）、Ⅲ型（免疫复合物型）和Ⅳ型（迟发型）。通常所说的过敏反应指的是Ⅰ型，其机制为过敏原进入体内后产生特异性的IgE，后者结合在肥大细胞的表面使机体呈致敏状态，当再次接触过敏原时，肥大细胞脱颗粒，释放多种化学介质，其中以组胺、白三烯最为重要，并诱发病理改变和一系列过敏症状。抗过敏药通常分为三大类：抗组胺药、抗白三烯以及其他介质药、肥大细胞膜稳定剂。在兽医临床上常用的抗过敏药物主要是抗组胺药。另外，糖皮质激素可抑制免疫反应的多个环节，也用于各种过敏反应；拟肾上腺素药物、钙制剂也常作为治疗过敏反应的辅助药物。本节主要介绍抗组胺药。但本类药物不能完全消除过敏反应的所有症状，并且对牛、兔等组胺释放量少的动物的过敏反应无拮抗作用。

一、组　　胺

组胺是由组氨酸经特异性的组胺酸脱羧酶脱羧产生，广泛分布在哺乳动物的组织中，但在不同种属动物其浓度有很大差异。组胺在山羊和兔的体内含量较高，在马、犬、猫和人体内含量较低，是具有多种生理活性的非常重要的自体活性物质之一。天然组胺以无活性形式（结合型）存在，在组织损伤、炎症、神经刺激、某些药物或一些抗原抗体反应条件下，以活性形式（游离）释放。其本身无治疗用途，但其拮抗剂却广泛用于临床。

组胺储存在组织的肥大细胞和血液的嗜碱性粒细胞的颗粒中，表皮细胞、胃黏膜细胞和神经元也能生成和储存组胺。组胺颗粒的释放见图 9－1。组胺在体内的终代谢物是 N－甲基咪唑乙酸、咪唑乙酸与磷酸核糖的结合物、甲基组胺。

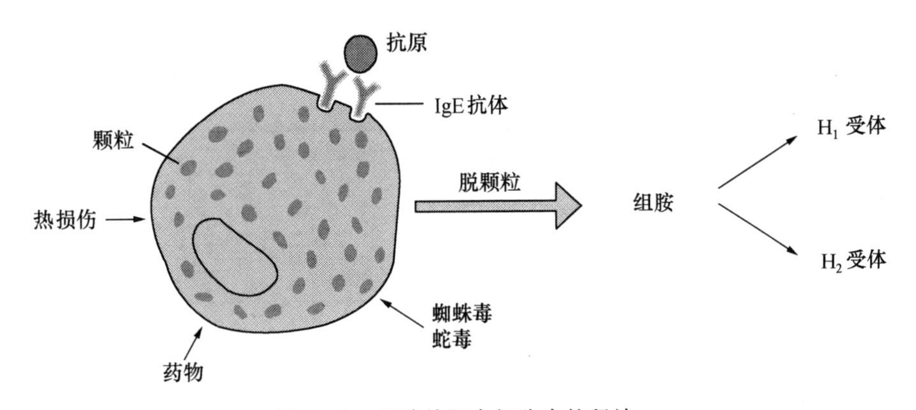

图 9－1　组胺从肥大细胞中的释放

肥大细胞中含有组胺的颗粒，在抗原、热损伤、药物、蜘蛛毒或蛇毒等刺激后引起颗粒脱落，组胺被释放出来，与活化 H_1 及 H_2 受体结合，产生过敏反应

（引自伊藤勝昭，新獣医藥理学，2004）

能引起组胺从储存颗粒中释出的因素有：①使肥大细胞的 cAMP 抑制和 cGMP 浓度增加的因子，如乙酰胆碱、α 受体激动剂、β 受体拮抗剂等药物。②直接损伤肥大细胞膜的因子，如许多带正电荷（碱性）的物质：外源性物质有吗啡、多黏菌素类、多肽类，内源性物质有缓激肽、胰激肽；其他碱性多肽，一些毒物和毒素（如蛇毒）也直接引起组胺释放。③免疫介导的Ⅰ型过敏反应。

组胺的释放往往与肥大细胞内钙离子浓度的增加相伴，储存在颗粒中的其他物质往往随组胺一起释放出来，这些物质也能引起明显的生物反应。此外，损害肥大细胞的细胞膜，还能促进其他具有相似有害作用的自体活性物质（如前列腺素）生成。因此，组胺的释放，仅是肥大细胞脱粒化所致生理反应的一部分。正如有些药物能直接诱导肥大细胞脱粒一样，用于治疗或预防Ⅰ型过敏反应的药物，一般而言就是那些减少肥大细胞脱粒的药物。糖皮质激素的抗过敏作用，就是基于其对 β 受体的作用以及针对其他炎性介质的抗炎作用。

除参与炎症、过敏（变态）反应外，组胺与多种药物存在相互作用关系。它还能调节胃液的分泌。在中枢神经系统，它还是一种神经递质。一些与组胺结构相似的外源性化合物，也具有扩张小血管、收缩血管以外平滑肌、刺激胃腺分泌等拟组胺作用。

组胺的生物学作用通过靶细胞上的受体而产生。外周组织存在两种组胺受体，分别称组胺Ⅰ型（H_1）和组胺Ⅱ型（H_2）受体。两种受体的分布及生物学作用见表 9－1。中枢神经系统还存在着组胺Ⅲ型（H_3）受体，现认为 H_3 受体可通过抑制性 Gi 蛋白抑制腺苷酸环化酶而发挥作用，H_3 受体在兽医临床上的意义尚待研究。

表 9－1 组胺受体的分布与作用

受体类型	靶器官		生理效应	病理效应
H_1	平滑肌	支气管	收　缩	痉挛，呼吸困难
		胃　肠	收　缩	腹　泻
		子　宫	收　缩	
		皮肤血管	扩　张	通透性增加，血管水分外渗
	心　肌		收缩增强	
	窦房结		传导减慢	
H_2	胃壁腺		分泌增加	
	血管		扩　张	血压下降
	心肌		心缩增强	休克
	窦房结		心率加快	

二、抗组胺药

预防或治疗组胺的不良生物学后果可用多种方法，如防止或减少组胺从细胞释放，阻断组胺与受体结合，拮抗组胺的生物效应。抗组胺药仅指作用于组胺受体，阻断组胺与受体结合的药物。与组胺受体相对应，这类药物分为 H_1 受体阻断药（传统抗组胺药）和 H_2 受体阻断药（新型抗组胺药）。

（一）H_1 受体阻断药

H_1 受体阻断药的基本结构是乙基胺（如下），结构式中 Ar_1 和 Ar_2 可为苯环或杂环，X 可为氮、氧或碳。乙基胺与组胺的侧链相似，对 H_1 受体有较强的亲和力，但无内在活性，所以能产生竞争性阻断作用。

$$
\begin{matrix} Ar_1 & & & & R_1 \\ & \diagdown & & & \diagup \\ & X - C - C - N & & & \\ & \diagup & & & \diagdown \\ Ar_2 & & & & R_2 \end{matrix}
$$

本类药物能选择性地对抗组胺兴奋 H_1 受体所致的血管扩张及平滑肌痉挛等作用，用于皮肤、黏膜的变态反应性疾病，如荨麻疹、接触性皮炎。临床上也用于怀疑与组胺有关的非变态性疾病，如湿疹、营养性或妊娠蹄叶炎、肺气肿。还可用于麻醉合并用药等。本类药物吸收良好，在给药后 30 min 显效，分布广泛，能进入中枢神经系统，有抑制中枢的副作用。几乎在肝内完全代谢，代谢物由尿排泄，作用持续 3～12 h。

常用药物有苯海拉明、异丙嗪、氯苯那敏、吡苄明、去敏灵、阿斯咪唑等。抗过敏作用的强度和持续时间，氯苯那敏＞异丙嗪＞苯海拉明；对中枢的抑制作用，异丙嗪＞苯海拉明＞氯苯那敏。

苯海拉明（Diphenhydramine，Benadryl）

【理化性质】人工合成品。其盐酸盐为白色结晶性粉末。无臭，味苦，随后有麻痹感。在水中极易溶解。

【作用与应用】本品为组胺 H_1 受体阻断药，能对抗或减弱组胺扩张血管、收缩胃肠及支气管平滑肌的作用，还有镇静、抗胆碱、止吐和轻度局部麻醉作用。显效快，持续时间短。适用于治疗皮肤黏膜的过敏性疾病，如荨麻疹、血清病、湿疹、接触性皮炎所致的皮肤瘙痒、水肿、神经性皮炎；小动物运输晕动、止吐；组织损伤伴有组胺释放的疾病，如烧伤、冻伤、湿疹、脓毒性子宫炎。还可用于过敏性休克，因饲料过敏引起的腹泻和蹄叶炎，有机磷中毒的辅助治疗。对过敏性胃肠痉挛和腹泻也有一定疗效，但对过敏性支气管痉挛的效果差。本品尚有轻度抗胆碱作用。

单胃动物内服后，30 min 即显效（肌内注射更快），作用维持 4 h。反刍动物内服不易吸收，宜注射给药。

【药物相互作用】本品可加强麻醉药和镇静药的作用。

【用法与用量】肌内注射：一次量，马、牛 100～500 mg，羊、猪 40～60 mg，犬每 1 kg 体重 0.5～1 mg。

内服：一次量，牛 600～1 200 mg，马 200～1 000 mg，羊、猪 80～120 mg，犬 30～60 mg，猫 4 mg。

【不良反应】①本品有较强的中枢抑制作用。②大剂量注射时常出现中毒症状，以中枢神经系统过度兴奋为主。此时可静脉注射短效巴比妥类（如硫喷妥钠）进行急救，但不可使用长效或中效巴比妥。

【休药期】猪、牛、羊 28 d，弃乳期为 7 d。

【制剂】盐酸苯海拉明注射液（Diphenhydramine Hydrochloride Injection），盐酸苯海拉明片（Diphenhydramine Hydrochloride Tablets）。

异丙嗪（Promethazine，Phenergan）

异丙嗪又称非那根。人工合成品。

【理化性状】本品为白色或类白色的粉末或颗粒；几乎无臭，味苦；在空气中日久变质，显蓝色。在水中极易溶解，在乙醇或三氯甲烷中易溶，在丙酮或乙醚中几乎不溶。

【作用与应用】本品为氯丙嗪的衍生物，有较强的中枢抑制作用，但比氯丙嗪弱。抗组胺作用比苯海拉明强，作用持续 24 h 以上。还有降体温、止吐作用。可加强麻醉药、镇静药和镇痛药的作用。应用同苯海拉明。有刺激性，不宜皮下注射。

【用法与用量】肌内注射：一次量，马、牛 250～500 mg，羊、猪 50～100 mg，犬 25～100 mg。

内服：一次量，马、牛 250～1 000 mg，羊、猪 100～500 mg，犬 50～200 mg。

【休药期】猪、牛、羊 28 d，弃乳期为 7 d。

【制剂】盐酸异丙嗪注射液（Promethazine Hydrochloride Injection），盐酸异丙嗪片（Promethazine Hydrochloride Tablets）。

氯苯那敏（Chlorphenamine，Chlortrimeton）

氯苯那敏又称扑尔敏。人工合成品，常用马来酸盐。

【理化性状】本品为白色结晶性粉末；无臭，味苦。在水、乙醇或三氯甲烷中易溶，在乙醚中微溶。

【作用与应用】抗组胺作用较苯海拉明强而持久，对中枢神经系统的抑制作用较轻，但对胃肠道有一定的刺激作用。临床应用同苯海拉明。

【用法与用量】肌内注射：一次量，马、牛 60～100 mg，猪、羊 10～20 mg。

内服：一次量，马、牛 80～100 mg，猪、羊 12～16 mg。

【制剂】氯苯那敏注射液（Chlorphenamine Maleate Injection），氯苯那敏片（Chlorphenamine Maleate Tablets）。

阿司咪唑（Astemizole）

阿司咪唑又称息斯敏。

【作用与应用】为新型 H_1 受体阻断药。与 H_1 受体结合后不易解离，抗组胺作用强而持久，药效达 24 h。不能透过血脑屏障，无中枢镇静作用，有较强的抗胆碱作用。主要在肝脏代谢，其多种代谢产物（特别是去甲基阿司咪唑）仍具有抗组胺活性。主要用于过敏性鼻炎、过敏性结膜炎、荨麻疹以及其他过敏反应的治疗。

【用法与用量】内服：小动物，一次量，2.5～10 mg。每日 1 次。

【制剂】阿司咪唑片（Astemizole Tablets）。

（二）H_2 受体阻断药

与 H_1 受体阻断药不同，H_2 受体阻断药在结构上保留组胺的咪唑环，侧链上变化大。目前在兽医临床上应用较广的药物有西咪替丁、雷尼替丁、法莫替丁（Famotidine）和尼扎替丁（Nizatidine）。

胃中的胃泌素促进组胺生成和释放。组胺作用于 H_2 受体，使细胞内 cAMP 的生成量增加。cAMP 通过蛋白激酶激活碳酸酐酶，使之催化 CO_2 和 H_2O 生成 H_2CO_3。后者解离并释放 H^+，使胃酸分泌量增加。H_2 受体阻断药对 H_2 受体有高度的选择性，能有效地争夺胃壁腺细胞上的 H_2 受体，阻断组胺与之结合，抑制胃酸分泌，并抑制引起胃酸分泌的各种因素，如胃泌素、胰岛素和毒蕈碱类药物的作用。在 H_1 受体辅助下，H_2 受体阻断药对基础胃酸和食物诱导的胃酸分泌（容积和酸度）都有强力抑制作用。本类药物在兽医临床上主要用于治疗胃炎，胃、皱胃及十二指肠溃疡，应激或药物引起的糜烂性胃炎等。

本类药物内服吸收迅速、完全（马除外），不受食物影响。由于本类药物的脂溶性比 H_1 受体阻断药差，不能透过血脑屏障，无中枢抑制的副作用。

西咪替丁（Cimetidine）

西咪替丁又称甲氰咪胍、甲氰咪胺。人工合成品。

【作用与应用】本品为较强的 H_2 受体阻断药。犬内服的生物利用度约为 95%，半衰期 1.3 h，表观分布容积 1.2 L/kg。在马胃内投服的生物利用度仅 14%，半衰期约 90 min，稳态分布容积为 0.77 L/kg。本品血浆蛋白结合率仅 15%～20%，能进入乳汁和穿过胎盘。药物在肝代谢并以原形从肾排泄。

本品能降低胃液的分泌量和胃液中 H^+ 的浓度。还能抑制胃蛋白酶的分泌，无抗胆碱作用。主要用于治疗胃肠的溃疡、胃炎、胰腺炎和急性胃肠（消化道前段）出血。

本品能与肝微粒体酶结合而抑制酶的活性，因而减少多种药物代谢，延长半衰期，增加血中药物浓度。还能降低肝血流量，对高首过效应药物能提高生物利用度。

【用法与用量】 内服：一次量，猪 300 mg；每 1 kg 体重，牛 8～16 mg，犬、猫 5～10 mg。每日 2 次。

【制剂】 西咪替丁片（Cimetidine Tablets）。

雷尼替丁（Ranitidine）

雷尼替丁又称甲硝呋胍、呋喃硝胺。人工合成品。

【作用与应用】 本品抑制胃酸分泌的作用比西咪替丁强约 5 倍，且毒副作用较轻，作用维持时间较长。犬内服的生物利用度约为 81%，半衰期 2.2 h，表观分布容积为 2.6 L/kg。马内服生物利用度，成年马约为 27%，驹为 38%，表观分布容积分别为 1.1 L/kg 和 1.5 L/kg。血浆蛋白的结合率约为 10%～19%。在肝代谢为无活性代谢物经肾从尿液排泄。本品在肾脏可与其他药物竞争肾小管分泌。应用同西咪替丁。

【用法与用量】 内服：一次量，驹 150 mg；每 1 kg 体重，马、犬 0.5 mg；猫 1～2 mg。每日 2 次。

【制剂】 雷尼替丁片（Ranitidine Tablets）。

第二节　前列腺素

前列腺素是前列烷酸（prostanoic acid）的衍生物，属二十烷类化合物，最早从人精液中发现，在羊精囊中证实。二十烷类（eicosanoids）是磷脂类的一系列衍生物的总称，包括前列腺素（prostaglandins，PGs）和白三烯（leukotrienes，LTs）及其类似物。每种前列腺素的命名，是在 PG 后加英文字母（表示型）和下标数字（表示侧链的双键数目），有的在数字后还有希腊字符（指示侧链的方向），如 $PGF_{2\alpha}$。

一、生物合成与降解

二十烷酸通常不是储存在细胞内，而是在物理或化学损伤、激素、免疫、缺氧等因素刺激下即时形成。生成二十烷类的原料来自细胞膜磷脂的脂肪酸，脂肪酸是由活化的存在于细胞膜上的磷脂酶（phospholipases）催化而释放。花生四烯酸（amchidonic acid）是最重要的二十烷类的前体脂肪酸。从膜上释放的花生四烯酸，进到细胞内，在酶的作用下生成前列腺素或白三烯。例如，细菌的内毒素脂多糖（LPS）激活磷脂酶 A_2（PLA_2），使花生四烯酸从膜磷脂的酰基位上释放出来，同时还形成一种溶血磷脂（LPL）。LPL 是形成血小板激活因子（PAF）的原料。花生四烯酸被代谢为前列腺素（PG）、血栓烷（TX）和白三烯（LT）（图 9－2）。

催化前列腺素生成的酶是环氧合酶（cyclooxygenase），存在于体内的所有细胞。催化

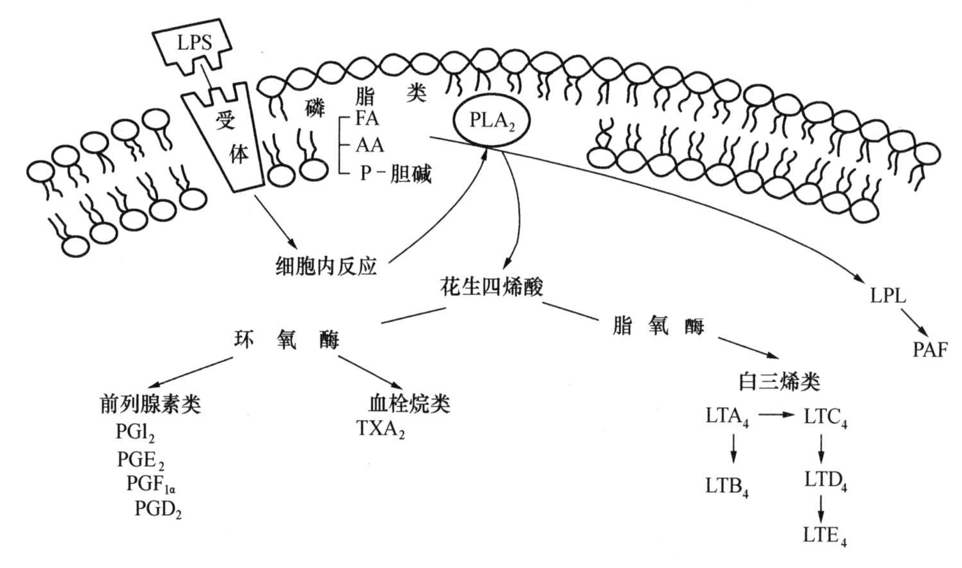

图 9－2 内毒素诱导二十烷酸类合成示意图

FA. 脂肪酸 AA. 花生四烯酸 P－胆碱．磷脂酰胆碱

（引自 Adsms，Veterinary Pharmacolgy and Therapeutics，2009）

白三烯合成的酶是脂氧酶（lipooxygenase），主要存在于血小板、白细胞和肺细胞中。

在前列腺素的合成过程中，花生四烯酸先被代谢成不稳定的中间体——环内过氧化物（cyclic endoperoxides），包括 PGG_2 和 PGH_2，以及对组织有害的氧自由基。环内过氧化物随后被迅速代谢成终产物，即各种前列腺素（图 9－3）。不同前列腺素分别由不同酶催化形成。例如，前列腺素异构酶催化生成 PGE_2 和 PGD_2，前列腺素还原酶催化生成 $PGF_{2\alpha}$，前列环素合成酶催化生成前列环素 PGI_2，血栓烷合成酶催化生成血栓烷 TXI_2。

不同的组织所生成的前列腺素不同。肺、巨噬细胞、肾的髓质和皮质以及胎儿的肺动脉、子宫等组织，主要生成 PGE。肺、肾、精囊、子宫等生成 $PGF_{2\alpha}$。血管内皮细胞、肾、肺等生成 PGI_2。循环血小板、肺等生成 TXA_2。

前列腺素的分解代谢很迅速。在其生成的局部组织，常常是降解和酶解同时发生。肝脏也是一个重要的代谢部位。一些脱羟基酶和还原酶能使前列腺素变为低活性或无活性的产物。除 PGI_2 外，所有其他前列腺素最终都是通过肺从循环中被清除。

前列腺素的半衰期非常短，如 TXA_2 仅为 30 s，其他前列腺素也不超过 5 min。人工合成的前列腺素类化合物，作用时间长于天然产物，因此在临床上可作药用。

二、生物学作用

前列腺素常常是通过参与其他自体活性物质、神经递质和激素的调节而起作用。前列腺素在许多组织中是通过激活腺苷酸环化酶而增加 cAMP 的生成量，也能调节细胞内 Ca^{2+} 浓度。在细胞水平的具体作用机制，因细胞种类不同而异。

在生理状态下，前列腺素主要作用于血管和平滑肌，参与血小板聚集、炎症反应、电解质流动、疼痛、发热、神经冲动传导和细胞生长等。前列腺素对大多数体细胞的作用，可认为是一种保护作用。例如，肾脏的前列腺素能维持肾髓质的血液，甚至不惜降低肾小球的滤过率；

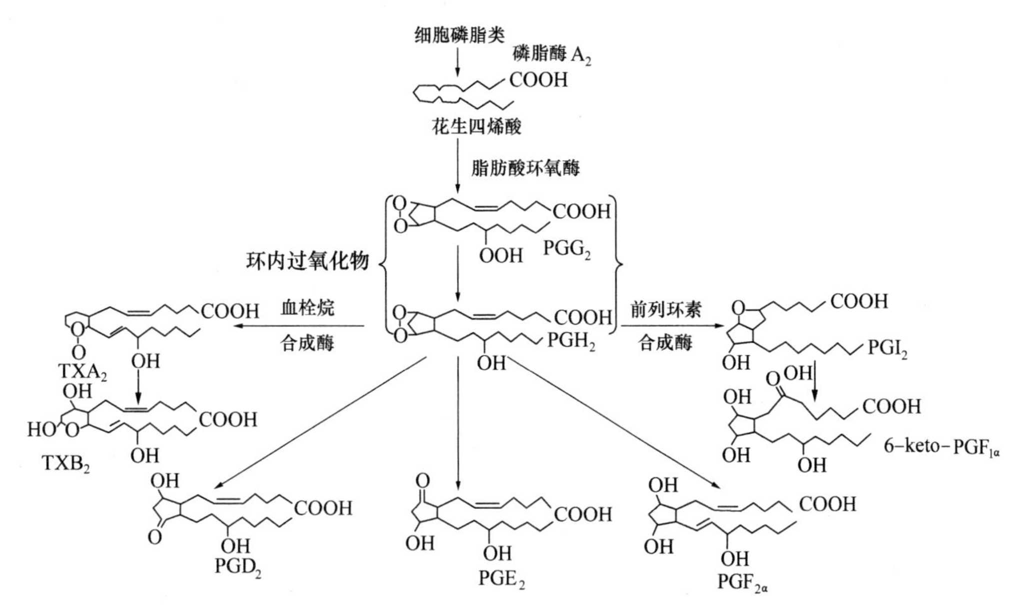

图 9－3　花生四烯酸在环氧化酶作用下生成主要前列腺素示意图

（引自 Adams，Veterinary Pharmacology and Therapeutics，2009）

胃肠道的前列腺素保护胃黏膜不受胃酸损害；小肠的前列腺素能引起腹泻，使肠腔能够清除有害物质。甚至疼痛和炎症也是一种保护性机制，尽管作用过度成为许多药物治疗的靶标。

关于前列腺素的作用及相关受体见表 9－2。

表 9－2　前列腺素的作用及相关受体

（引自伊藤腾昭，新獸医藥理学，2004）

靶器官	作　用		前列腺素种类	受　体
血管	血管扩张（血压下降）		PGE_1、PGE_2、PGI_2	EP_2、IP
	血管通透性增大		PGE_2、PGI_2	EP_2、IP
	血管收缩		PGF_2、TXA_2	EP、TP
	血小板凝集	抑制	PGE_1、PGI_2	EP_2、IP
		促进	TXA_2、	TP
消化道	抑制胃酸分泌和黏膜保护（抑制消化性溃疡）		PGE_1、PGE_2	EP
	肠管运动亢进		PGE_1、PGE_2、$PGF_{2\alpha}$	EP_1、FP
支气管	扩张		PGE_1、PGE_2	EP
	收缩		PGF_2	FP
子宫	收缩（诱发阵痛）		PGE_1、PGE_2、$PGF_{2\alpha}$	EP_1、FP
	调节性周期（溶解黄体）		$PGF_{2\alpha}$	FP
肾脏	利尿		PGE_2	EP_2

注：EP，PGE 的受体；FP，PGF 受体；IP，PGI 受体；TP，TXA_2 受体。

三、常用药物

前列腺素具有广泛的生理和药理作用，是兽医临床常用的一类重要药物。在繁殖和畜牧生产中，主要用其溶解黄体和收缩子宫的作用。在小动物临床上，还利用其扩张血管、保护血小板、扩张支气管、保护胃黏膜等作用。所用药物主要有地诺前列素、甲基前列腺素 $F_{2\alpha}$、前列地尔、地诺前列酮、米索前列醇、依前列醇、氟前列醇、氯前列醇等。

地诺前列素（Dinoprost）

地诺前列素又称黄体溶解素（Lutalyse）、氨基丁三醇前列腺素 $F_{2\alpha}$（Prostaglandin $F_{2\alpha}$ Tromethamine）。

【药理作用】本品为前列腺素 $F_{2\alpha}$（Prostaglandin $F_{2\alpha}$）的缓血酸胺（Tromethamine）制剂。注射后迅速分布到组织，牛的半衰期极短，仅以“分钟”计。对生殖、循环、呼吸以及其他系统具有广泛作用。对生殖系统的作用：溶解黄体，促进子宫收缩，促进垂体前叶释放黄体生成素，影响精子的发生及移行，干扰输卵管的活动及胚胎附植。

本品能溶解黄体，使黄体萎缩，孕酮产生减少和停止，结果是黄体期缩短，使雌性动物同期发情和排卵，有利于人工同期授精或胚胎移植。牛、马、羊注射本品，会出现正常的性周期。本品对后备母猪提早发情和配种也有良好效果。对于卵巢黄体囊肿或永久性黄体，本品均可使黄体萎缩退化，促进排卵和发情。

本品能兴奋子宫平滑肌，对妊娠和未妊娠子宫都有作用。妊娠末期子宫对本品尤为敏感，子宫张力增加，子宫颈松弛，适于催产、引产和人工流产。

【应用】①用于同期发情。马、牛、羊注射后出现正常的性周期，注射 2 次，同期发情更准确。②治疗持久性黄体和卵巢黄体囊肿。对持久性黄体，牛间情期肌内注射本品 30 mg，第 3 天开始发情，第 4～5 天排卵；对卵巢黄体囊肿，注射后第 6～7 天排卵。③用于马、牛、猪催情。④用于雄性动物，可增如精液射出量和提高人工授精效果。⑤用于催产、引产、排出死胎，或治疗子宫蓄脓、慢性子宫内膜炎。

【用法与用量】肌内注射：一次量，牛 25 mg，猪 5～10 mg；每 1 kg 体重，马 0.02 mg，犬 0.05 mg。

【制剂】氨基丁三醇前列腺素 $F_{2\alpha}$注射液（Prostaglandin $F_{2\alpha}$ Tromethamine Injection）。

甲基前列腺素 $F_{2\alpha}$（Carboproste $F_{2\alpha}$）

【理化性状】本品为棕色油状或块状物；有异臭。在乙醇、丙酮或乙醚中易溶，在水中极微溶解。

【作用与应用】本品具有溶解黄体，增强子宫平滑肌张力和收缩力等作用。主要用于同期发情、同期分娩；也用于治疗持久性黄体、诱导分娩和排除死胎以及治疗子宫内膜炎等。

【用法与用量】肌内或宫颈内注射：一次量，每 1 kg 体重，马、牛 2～4 mg，羊、猪1～2 mg。

【不良反应】大剂量应用可产生腹泻、阵痛等不良反应。

【注意】①妊娠动物忌用，以免引起流产。②治疗持久黄体时用药前应仔细进行直肠检查，以便针对性治疗。

【制剂】 甲基前列腺素 $F_{2\alpha}$注射液（Carboproste $F_{2\alpha}$ Injection）。

氟前列醇（Fluprostenol，Equimate）

人工合成品，前列腺素 $F_{2\alpha}$的同系物。

【作用与应用】 在前列腺素制剂中，本品黄体溶解作用最强，毒性最小。主要用于马，多数母马在注射后 6 d 内有发情行为，发情终止前约 24 h 排卵。对卵巢静止期引起的真乏情和各种原因引起的垂体机能不足的母马，本品无催情作用。

本品可用于高效地管理马群，使母马按计划在有效的配种季节内发情和受孕。对胚胎早期死亡或重吸收的母马，可使黄体溶解，使之不发生持久黄体性乏情和不孕症，并能终止假妊娠。

【用法与用量】 肌内注射：一次量，每 1 kg 体重，马 0.55 μg。

【休药期】 猪、牛、羊 1 d。

【制剂】 氟前列醇注射液（Fluprostenol Injection）。

氯前列醇（Cloprostenol）

【理化性状】 本品为淡黄色油状黏稠物质。在三氯甲烷中易溶，在无水乙醇或甲醇中溶解，在水中不溶；在 10%碳酸钠溶液中溶解。

【作用与应用】 本品为人工合成的前列腺素 $F_{2\alpha}$同系物。具有强大的溶解黄体作用，能迅速引起黄体消退，并抑制其分泌。其他作用同甲基前列腺素 $F_{2\alpha}$。

对子宫平滑肌也具有直接兴奋作用，可引起子宫平滑肌收缩，子宫颈松弛。对性周期正常的动物，治疗后通常在 2～5 d 发情。在妊娠 10～150 d 的妊娠牛，通常在注射药物后 2～3 d 出现流产。

可用于诱导母畜同期发情及同期分娩；治疗母牛持久黄体、黄体囊肿和卵泡囊肿等疾病；亦可用于妊娠猪、羊的同期分娩。

【用法与用量】 肌内注射：一次量，每 1 kg 体重，牛 500 μg，山羊、绵羊 62.5～125 μg，猪 175 μg。

【制剂】 氯前列醇注射液（Cloprostenol Injection）。

第三节　解热镇痛抗炎药

解热镇痛抗炎药（antipyretic-analgesic and antiinflammatory drugs）又名非甾体类抗炎药（non-steroids anti-inflammatory drugs，NSAIDs），除具有退高热、减轻局部钝痛、抗炎作用外，尚有抑制血小板聚集功能。本类药物在化学结构上有多种不同类型，但有共同的作用机制，即抑制环氧合酶（COX），从而抑制花生四烯酸合成前列腺素。环氧合酶有两型同工酶：COX-1 是正常生理酶，发现于血管、胃及肾；而 COX-2 由细胞活性素及炎症介质引起炎症时诱导产生。大多数解热镇痛药对 COX-1 和 COX-2 没有选择性，只是对于 COX-1 有较强的抑制作用，但阿司匹林对两型都有同等的作用，寻求相对的选择性 COX-2 抑制药是现在研究抗炎药的发展方向。在炎症部位的前列环素（PGI_2）的血管扩张作用促使局部组织充血肿胀，前列腺素 E（PGE）又增强该处受损组织痛觉阈的敏感度，构成炎症部位肿痛症状。当环氧合酶被 NSAIDs 抑制后，各类前列腺素的合成减少，临床肿胀症状得以改善，这与中枢镇痛药的单纯镇痛作用机制不同。

在兽医临床上使用的解热镇痛抗炎药有近 20 种，它们有以下共同作用：

1. 解热作用 根据体温调定点（set point）学说，动物下丘脑后部体温调节中枢，可受细菌毒素等外源性致热原和白细胞释放的内源性致热原（现认为是白介素 1）影响。致热原作用于下丘脑的前部，促使 PGE 大量合成和释放。PGE 使体温调节中枢的调定点上移，致使机体产热增加，散热减少，体温升高。解热镇痛抗炎药能减少前列腺素的合成，使调定点下移，通过扩张血管、外周血流加速、出汗等增加散热，恢复机体的正常产热和散热的平衡。本类药物只能使过高的体温下降到正常，而不使正常体温下降，这与氯丙嗪等不同。

发热是机体的一种防御反应，热型是诊断疾病的重要依据。故对一般发热，特别是感染性疾病所引起的发热，不必急于使用解热药，而应对因治疗，除去引起发热的病原。在过度或持久高热消耗体力，加重病情，甚至危及生命的情况下，使用解热药可降低体温，缓解高热引起的并发症。应注意，解热药只是对症治疗，要根治疾病，应着重对因用药。

2. 镇痛作用 解热镇痛抗炎药的镇痛作用主要在外周。组织损伤或发炎时，局部产生和释放某些致痛化学物质（或称致痛物质），如缓激肽、组胺、5-羟色胺、前列腺素等。缓激肽和胺类直接作用于痛觉感受器而引起疼痛；前列腺素能提高痛觉感受器对缓激肽等致痛物质的敏感性，在炎症过程中对疼痛起放大作用，产生痛觉增敏作用；有些前列腺素如前列腺素 E_1、E_2 和 $F_{2\alpha}$，本身也有直接的致痛作用。解热镇痛抗炎药抑制前列腺素的合成，故能起镇痛作用。本类药物对由炎症引起的持续性钝痛，如神经痛、关节痛、肌肉痛等有良好的镇痛效果，而对直接刺激感觉神经末梢引起的尖锐刺痛和内脏平滑肌绞痛无效。

3. 抗炎作用 前列腺素也是参与炎症反应的活性物质，在发炎组织中大量存在，与缓激肽等致炎物质有协同作用。解热镇痛抗炎药抑制前列腺素的合成，从而能缓解炎症。本类药物对控制风湿性及类风湿性关节炎的症状，有肯定的疗效，但不能阻止疾病的发展及并发症的发生。

解热镇痛抗炎药通过作用于环氧合酶而抑制前列腺素的合成和释放。对酶的作用有三种方式：①竞争性地抑制酶，如布洛芬、甲芬那酸、吲哚美辛等。②不可逆地抑制酶，如阿司匹林、氟联苯丙酸、甲氯芬酸，此作用方式的药效更好。阿司匹林还在酶的活性部位使丝氨酸残基乙酰化。③捕获氧自由基。

解热镇痛抗炎药的效果不仅有赖于对环氧合酶的作用方式，而且还受许多其他因素影响。例如，能够干扰嗜中性粒细胞的趋化性、吞噬能力和杀伤性的药物，其抗炎效果最好，无论它是否是环氧合酶的不可逆性抑制剂。因为花生四烯酸不转变成前列腺素，就会生成白三烯，白三烯所致炎症更难控制。干扰嗜中性粒细胞功能，就能抑制白三烯生成。有些解热镇痛抗炎药还能抑制特定的前列腺素的作用（如水杨酸类、芬那酸类）和肾素的形成（水杨酸类），抗炎效果好。

大多数解热镇痛抗炎药为弱酸性化合物，通常在胃肠道的前部就迅速吸收，但是受动物的种属、胃肠蠕动、胃内 pH 和食糜等因素影响干扰吸收。解热镇痛抗炎药主要分布于细胞外液，能渗入损伤或发炎组织的酸性环境。血浆蛋白结合率很高（有的甚至大于 99%），消除延缓。与蛋白结合率高的同类或他类药物合用，可产生在结合位点上的置换作用而引起中毒。本类药物的消除主要取决于肝内细胞色素 P-450 酶的活性，代谢产物还经Ⅱ相代谢结合反应，种属差异很大。代谢产物的消除主要是肾脏的滤过和主动分泌。肾排泄的速度取决于尿液 pH，酸性尿增加排泄。由肾小管主动分泌的药物，存在着竞争抑制现象。部分药物是以葡萄糖醛酸结合物形式由胆汁排泄，有明显的肝肠循环，如萘洛芬在犬。由于这类药物的消除和组织蓄积存在很大的种属差异，因此在种属间套用剂量具有极大的危险性，有时甚至是致死性的。例如，阿司匹林在马、犬、猫的半衰期分别是 1 h、8 h、38 h。这样，按每 1 kg 体重计算的同一剂量对马可能无效，而对猫（因缺乏葡萄糖醛酸酶活性）则产生严重后果。

按照化学结构，解热镇痛抗炎药可分为苯胺类、吡唑酮类和有机酸类等。有机酸类又分为甲酸类（水杨酸类、芬那酸类）、乙酸类（吲哚类）、丙酸类（含苯丙酸类和萘酸类）。各类药物均有镇痛作用，其中吲哚类和芬那酸类对炎性疼痛的效果好，其次为吡唑酮类和水杨酸类。在解热和抗炎作用上各类有差别，苯胺类、吡唑酮类和水杨酸类解热作用较好。阿司匹林、吡唑酮类和吲哚类的抗炎、抗风湿作用较强，其中阿司匹林疗效确实、不良反应少，为抗风湿首选药。苯胺类无抗风湿作用。

一、水杨酸类

水杨酸类（salicylates）是苯甲酸类衍生物，生物活性部分是水杨酸阴离子。药物有阿司匹林和水杨酸钠，常用阿司匹林。

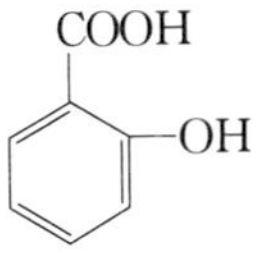

COOH / OH　水杨酸

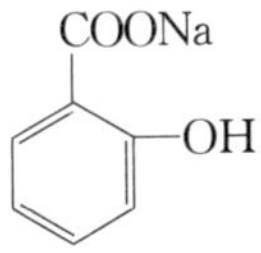

COONa / OH　水杨酸钠

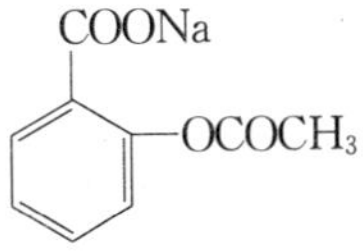

COONa / $OCOCH_3$　阿司匹林

阿司匹林（Aspirin）

阿司匹林又称乙酰水杨酸（Acetylsalicylic Acid）。

【理化性质】白色结晶或结晶性粉末。无臭或微带醋酸臭，味微酸。遇湿气即缓慢水解。在乙醇中易溶，在氯仿或乙醚中溶解，在水或无水乙醚中微溶。在氢氧化钠溶液或碳酸钠溶液中溶解，但同时分解。

【药理作用】本品不仅抑制环氧合酶，而且还抑制血栓烷合成酶以及肾素的生成。解热、镇痛效果较好，消炎和抗风湿作用强。可抑制抗体产生和抗原抗体的结合反应，抑制炎性渗出，对急性风湿症有特效。较大剂量可抑制肾小管对尿酸重吸收而促进其排泄。常用于发热、风湿症，神经、肌肉、关节疼痛，软组织炎症和痛风症的治疗。

内服后在胃肠道前部吸收，犬、猫、马吸收快，牛、羊慢。反刍动物的生物利用度为 70%，血药达峰时间为 2～4 h，半衰期为 3.7 h。单胃动物内服本品后可在胃和小肠前段迅速吸收。本品呈全身性分布，最高浓度是肝、心、肺、肾皮质和血浆。其血浆蛋白结合率为 70%～90%，能进入关节腔、脑脊液和乳汁，能透过胎盘屏障。主要在肝内代谢，生成甘氨酸和葡萄糖醛酸结合物。也可在血浆、红细胞及组织中被水解为水杨酸和醋酸。经肾排泄，碱化尿液能加速其排泄。也可在乳中排泄。阿司匹林本身半衰期很短，仅几分钟，但生成的水杨酸半衰期长。猫因缺乏葡萄糖苷酸转移酶，故半衰期较长并对本品的蓄积敏感。药物原形和代谢物经肾迅速排泄，在酸性尿液中排泄较慢，碱化尿液能加速其排泄。本品的半衰期有明显种属差异，如马不足 1 h，犬 7.5 h，猫为 37.6 h。

【药物相互作用】①其他水杨酸类解热镇痛药、双香豆素类抗凝血药、巴比妥类等与本品合用时，作用增强，甚至毒性增加。因为本品血浆蛋白结合率很高，可使这些药物从血浆蛋白结合部位游离出来。②糖皮质激素能刺激胃酸分泌、降低胃及十二指肠黏膜对胃酸的抵抗力，与本品合用可使胃肠出血加剧。③阿司匹林不应与氨基糖苷类抗生素合用，后者可增加肾毒性的发生。④在犬，阿司匹林可增加血浆地高辛的浓度。⑤与碱性药物（如碳酸氢钠）合用，将加速本品的排泄，使疗效降低。但在治疗痛风时，同服等量的碳酸氢钠，可以防止尿酸在肾小管内沉积。

【用法与用量】内服：一次量，马、牛 15～30 g，羊、猪 1～3 g，犬 0.2～1 g；猫，每 1 kg体重 10～20 mg。

【不良反应】本品能抑制凝血酶原合成，连用有出血倾向，可用维生素 K 治疗。对消化道有刺激性，剂量较大可导致食欲不振、恶心、呕吐乃至消化道出血，故不宜空腹投药。长期使用可引发胃肠溃疡。胃炎、胃溃疡、出血、肾功能不全患病动物慎用。与碳酸钙同服可减少对胃的刺激性。治疗痛风时，可同服等量碳酸氢钠，以防尿酸在肾小管沉积。本品为酚类衍生物，对猫毒性大。

【制剂】阿司匹林片（Acetylsalicylic Acid Tablets）。

水杨酸钠（Sodium Salicylate）

【理化性状】本品为白色或微显淡红色的细微鳞片，或白色粉末及球状颗粒；无臭或微带特臭，微甜、咸；遇光易变质。在水中易溶，在乙醇中溶解。

【作用与应用】本品内服后易自胃和小肠吸收，血药浓度达峰时间 1～2 h。生物利用度种属间差异较大，猪和犬吸收较好，马较差，山羊极少吸收。血浆半衰期为马 1 h，猪 5.9 h，犬 8.6 h，山羊 0.78 h。血浆蛋白结合率，马 52%～57%，猪 64%～72%，山羊 58%～63%，犬 53%～70%，猫 54%～64%。水杨酸钠能分布到各组织中，并透入关节腔、脑脊液及乳汁中，也易通过胎盘屏障。主要在肝中代谢，代谢物为水杨尿酸等，与部分原药一起由尿排出。排泄速度受尿液酸碱度影响，碱性尿液排泄加快，酸性尿液则相反。

本品镇痛作用较阿司匹林和氨基比林弱。临床上主要用作抗风湿药。对于风湿性关节炎，用药数小时后关节疼痛显著减轻，肿胀消退，风湿热消退。

【药物相互作用】本品可使血液中凝血酶原的活性降低，故不可与抗凝血药合用。与碳酸氢钠同时内服可减少本品吸收，加速本品排泄。

【不良反应】①内服时在胃酸作用下分解水杨酸，对胃产生较强刺激作用。②长期大剂量使用，可引起肾炎等。③能抑制凝血酶原合成而产生出血倾向。

【用法与用量】水杨酸钠注射液：静脉注射（以含量计），一次量，马、牛 10～30 g；羊、猪 2～5 g；犬 0.1～0.5 g。

复方水杨酸钠注射液：静脉注射，一次量，马、牛 100～200 mL；羊、猪 20～50 mL。

【应用注意】

（1）本品仅供静脉注射，不可漏在血管外。

（2）猪中毒时出现呕吐、腹痛等症状，可用碳酸氢钠解救。

（3）有出血倾向、肾炎及酸中毒的患病动物慎用。

【休药期】 牛 0 d；弃乳期 48 h。

【制剂】 水杨酸钠注射液（Sodium Salicylate Injection），复方水杨酸钠注射液（Compund Sodium Salicylate Injection）。

替泊沙林（Tepoxalin）

【理化性状】 本品为白色粉末。在三氯甲烷中易溶，在丙酮或乙醇中微溶，在水中不溶。

【作用与应用】 犬内服，迅速吸收，血中浓度在 2～3 h 达到峰值。在体内迅速代谢成有活性的代谢物吡唑酸替泊沙林和其他代谢物，前者具有抑制环氧化酶的活性。本品及其代谢产物的血浆蛋白结合率大于 98%～99%。原形和代谢物均通过粪便排泄（99%），尿中极少（1%）。消除半衰期，猫按每 1 kg 体重 10 mg 内服，替泊沙林 4.7 h，酸性代谢物 3.5 h。犬，每 1 kg 体重，第 1 天按 20 mg、随后 6 天按 10 mg 内服，替泊沙林为 1.6～2.3 h，酸性代谢物为 12.4～13.7 h。本品为环氧化酶和脂加氧酶的抑制剂，双重阻断花生四烯酸代谢，阻止前列腺素和白三烯的生成。主要用于治疗肌肉骨骼的疼痛和炎症。

【药物相互作用】 ①与阿司匹林、糖皮质激素合用可增加胃肠道毒性（呕吐、溃疡和吐血等）。②与利尿药呋塞米合用可降低利尿效果。

【用法用量】 内服：每 1 kg 体重，犬，首次量 20 mg，维持量 10 mg。每日 1 次，连用 7 d。

【不良反应】 不良反应多见于犬，包括腹泻、呕吐、便血、食欲不振、肠炎或嗜睡等。极少数（<1%）会发生共济失调、尿失禁、食欲增加、脱毛或红斑等。

【应用注意】

（1）连续使用不得超过 4 周。

（2）对于不到 6 月龄、体重 3 kg 以下幼犬或老龄犬，应密切监视胃肠血液损失。如果发生不良反应，应立即停止治疗，并听从兽医建议。

（3）禁用于有心、肝、肾疾病，胃肠溃疡，出血或对本品极度敏感的犬。

（4）因有导致肾毒性增加的危险，禁用于脱水、低血容量的犬。

（5）禁止与其他非甾类抗炎药或糖皮质激素、利尿药、抗凝血剂和蛋白结合率高的药物合用。

【制剂】 替泊沙林冻干片（Tepoxalin Lyothilysate）。

二、苯 胺 类

苯胺类（aniline derivatives）的有效母核为苯胺，常用药物有非那西汀和扑热息痛。

非那西汀（Phenactin）

非那西汀又称对乙酰氨基苯乙醚（Acetophendtidine）。人工合成品。

【药动学】 本品内服易吸收，服后 20～30 min 出现药效，持续 5～6 h。大部分在肝内迅速脱去乙基，生成扑热息痛再次发挥解热镇痛作用，扑热息痛与葡萄糖醛酸结合随尿排出。小部分脱去乙酰基而生成对氨苯乙醚，进一步脱乙基生成对氨基酚，后者氧化成亚氨基醌（图 9－4）。亚氨基醌能使血红蛋白变成高铁血红蛋白而失去携氧能力，造成组织缺氧、红细胞溶解而致溶血、黄疸、肝脏损害等。正常情况下，毒性中间代谢物迅速与谷胱甘肽结合或转化成无毒的硫醚氨酸（mercapturic acid），从尿中排出。只有当剂量过大或动物缺乏葡萄糖醛酸结合代谢方式时，才出现中毒反应。

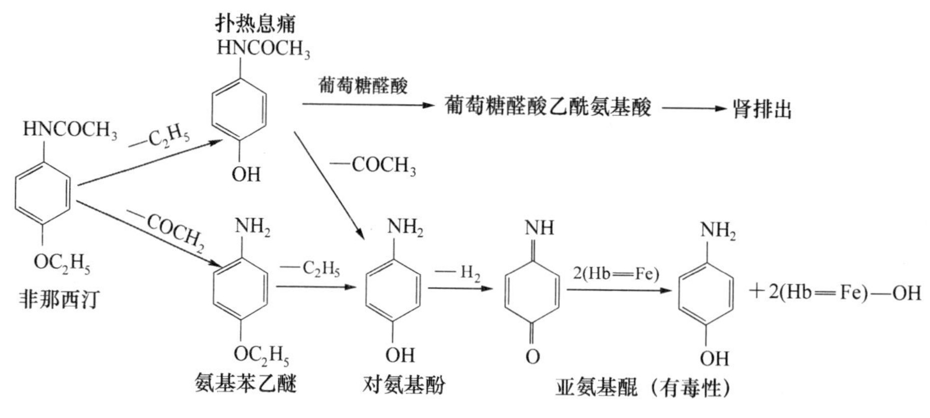

图 9－4　乙酰苯胺类在体内的代谢过程

【作用与应用】本品对丘脑下部前列腺素的合成和释放有较强抑制作用，而对外周作用弱。故解热效果好，镇痛消炎效果差。原形及其代谢物扑热息痛均有解热作用。药效强度与阿司匹林相当，作用缓慢而持久。主要用于解热。

【不良反应】剂量过大或长期使用，可导致高铁血红蛋白血症，引起组织缺氧、发绀。对猫易引起严重毒性反应，不宜应用。

【用法与用量】内服：一次量，马、牛 10～20 g，猪 1～2 g，羊 1～4 g，犬 0.1～1 g。

【制剂】非那西汀片（Phenacetin Tablets）。

扑热息痛（Paracetamol）

扑热息痛又称对乙酰氨基酚（Acetaminophen）、醋氨酚。为非那西汀在体内的代谢物，药用的为化学合成品。

【理化性状】本品为白色结晶或结晶性粉末；无臭，味微苦。在热水或乙醇中易溶，在丙酮中溶解，在水中略溶。

【作用与应用】内服吸收快，30 min 后血药达峰浓度。主要在肝脏代谢，大部分与葡萄糖醛酸或硫酸结合后经肾排出。在肝内，部分药物去乙酰基而生成对氨基酚，后者氧化成亚氨基醌。亚氨基醌在体内能氧化血红蛋白使之失去携氧能力，可造成组织缺氧、发绀。红细胞溶解、黄疸和肝脏损害等不良反应。

本品具有解热、镇痛与抗炎作用。解热作用类似阿司匹林，但镇痛和抗炎作用较弱。其抑制丘脑前列腺素合成与释放的作用较强，抑制外周前列腺素合成与释放的作用较弱。对血小板及凝血机制无影响。主要作为中小动物的解热镇痛药，用于治疗发热、肌肉痛、关节痛和风湿症。

【用法与用量】 内服：一次量，马、牛 10～20 g，羊 1～4 g，猪 1～2 g，犬 0.1～1 g。

肌内注射：一次量，马、牛 5～10 g，羊 0.5～2 g，猪 0.5～1 g，犬 0.1～0.5 g。

【应用注意】 猫禁用。

【休药期】 马、牛、羊 35 d，猪 28 d。

【制剂】 对乙酰氨基酚片（Paracetamol Tablets），对乙酰氨基酚注射液（Paracetamol Injection）。

三、吡唑酮类

吡唑酮类（pyrazolones）的常用药物有氨基比林、安乃近、保泰松、羟布宗（羟基保泰松）等，都是安替比林的衍生物，基本结构是苯胺侧链延长的环状化合物（即吡唑酮）。本类药物均有解热镇痛和消炎作用，其中氨基比林和安乃近解热作用强，保泰松消炎作用较好。

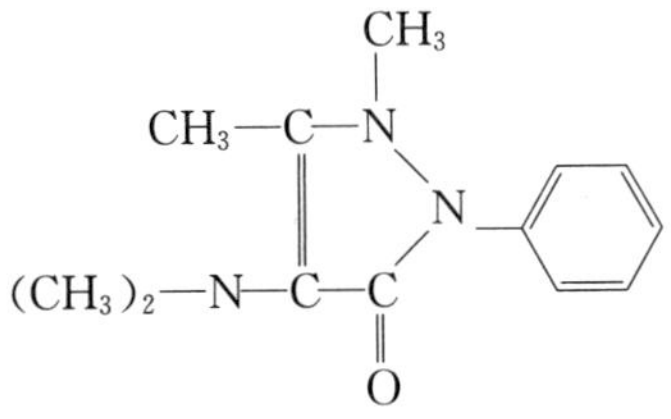

氨基比林

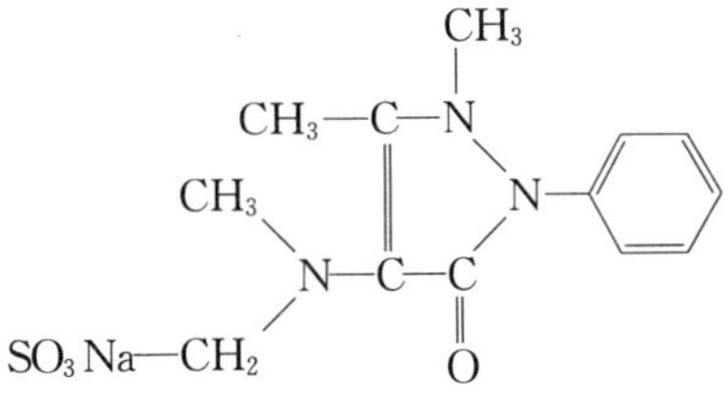

安乃近

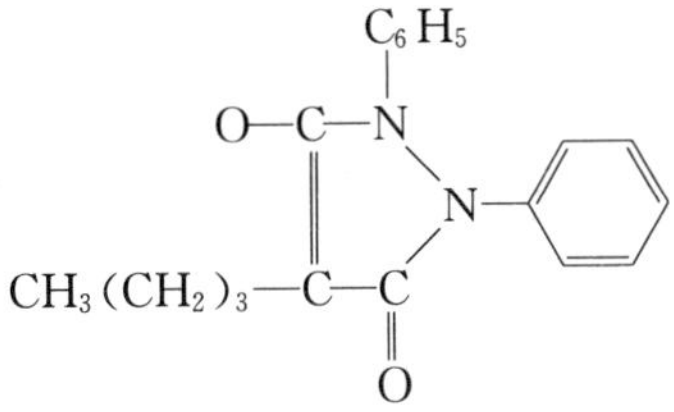

保泰松

氨基比林（Aminopyrine，Aminophenazone）

氨基比林又称匹拉米洞（Pyramidon）。

【理化性质】 本品为白色或几乎白色的结晶或晶状粉末。无臭，味微苦。溶于水，水溶液呈碱性。在乙醇或氯仿中易溶，在水或乙醚中溶解。见光易变质，遇氧化剂易被氧化。本品与巴比妥混合制成的注射剂称为复方氨基比林注射液。

【作用与应用】 本品内服迅速吸收，在猫、犬和马的生物利用度几近 100%。主要分布于机体组织的细胞外液，可以穿过胎盘和进入乳中（达血清浓度的 70%）。犬和马的表观分布容积为 0.82～1.02 L/kg。犬的血浆蛋白结合率为血清药物浓度的 7%～14%。主要在肝内代谢，经脱甲基形成 4-氨基安替比林，进一步乙酰化为无活性的 N-乙酰-4-氨基安替比林；在马体内不乙酰化，主要生成 4-甲基氨基安替比林。代谢物以原形或与葡萄糖醛酸和硫酸形成结合物，由尿排出。消除半衰期为：犬 5.7 h，猫 7.8 h，猪 11 h，马 11.9～17 h。

本品解热作用强而持久，为安替比林的 3～4 倍，亦强于扑热息痛（对乙酰氨基酚）。本品还有抗风湿和抗炎作用，可治疗肌型风湿性关节炎，疗效与水杨酸类相近。

主要用于马、牛、犬等动物的解热和抗风湿，也可用于治疗神经痛、肌肉痛、关节痛，急性风湿性关节炎，马、骡的疝痛，但镇痛效果较差。

本品长期连续使用，可引起粒性白细胞减少症。

【用法与用量】内服：一次量，马、牛 8～20 g，羊、猪 2～5 g，犬 0.13～0.4 g。

肌内或皮下注射：一次量，马、牛 0.6～1.2 g，猪、羊 50～200 mg。

【休药期】猪、牛、羊 28 d；弃乳期为 7 d。

【制剂】氨基比林片（Aminopyrine Tablets），复方氨基比林注射液（Compound Aminopyrine Injection）。

保泰松（Phenylbutazone）

保泰松又称布他酮（Butazolidin）。为白色或微黄色结晶性粉末。味略苦。难溶于水，能溶于醇和醚，易溶于碱或氯仿。性质较稳定。

【作用与应用】本品在体内转化成活性中间体后，抑制前列腺素 H 和前列环素的合成酶。与氨基比林相比，抗炎作用较好，但解热镇痛作用较差。能促进尿酸排出。主要用于治疗马、犬的肌肉骨骼系统抗炎，如关节炎、风湿病、腱鞘炎、黏液囊炎，也用于治疗痛风和睾丸炎等。

本品内服后，可从胃与小肠吸收，犬、猫吸收完全，血药峰时为 2 h。肌内注射后因与肌蛋白结合，吸收缓慢，血药峰时变为 6～10 h。药物全身分布，最高浓度组织为肝、心、肺、肾和血液。可穿过胎盘并进入乳中。治疗量的血浆蛋白结合率为 99%，并能将其他药物从血浆蛋白上置换下来。血清半衰期，马（依剂量不同）3.5～6 h，牛 40～55 h，犬 2.5～6 h，猪 2～6 h，山羊 14.5 h，兔 3 h。主要在肝代谢为氧保泰松和 γ-羟基保泰松，前者活性比保泰松小，后者无活性。代谢物经肾排泄，碱化尿液能加速其排泄。少于 2%的原形药从尿排出。

【不良反应】本品用于马和犬较为安全，但也有毒性反应报道，内服主要引起胃肠损伤和溃疡，腹泻和食欲下降。注射部位可引起肿胀。心、肾、肝病患病动物，食品动物，泌乳奶牛等，禁用。

【用法与用量】内服：一次量，每 1 kg 体重，马 2.2 mg（首日加倍），犬 22 mg。

静脉注射：一次量，每 1 kg 体重，马 3～6 mg。

【制剂】保泰松片（Phenylbutazone Tablets），保泰松注射液（Phenylbutazone Injection）。

安乃近（Metamizole Sodium，Analgin）

安乃近又称诺瓦经（Novalgin），为氨基比林与亚硫酸钠的复合物。本品为白色（供注射用）或略带微黄色（供内服用）的结晶或结晶性粉末；无臭，味苦。易溶于水，水溶液放置后渐变为黄色。略溶于乙醇，几不溶于乙醚。

【作用与应用】用于肌肉痛、风湿症、发热性疾患和疝痛等。肌内注射吸收迅速，药效持续 3～4 h。解热镇痛作用比氨基比林快而强，有消炎和抗风湿作用。对胃肠道的刺激较小。应用同氨基比林。本品长期应用可引起粒细胞减少，还有抑制凝血酶原形成，加重出血的倾向。有局部刺激作用，可使肌内注射部位出现红肿。人医因有引起患者中毒死亡的报道，已淘汰此药。

【用法与用量】肌内注射：一次量，马、牛 3～10 g，羊 1～2 g，猪 1～3 g，犬 0.3～0.6 g。

内服：一次量，马、牛 4～12 g，羊、猪 2～5 g，犬 0.5～1 g。

【休药期】 猪、牛、羊 28 d；弃乳期为 7 d。

【最高残留限量】 马、猪、牛：肌肉、脂肪、肾脏 200 μg/kg。

【制剂】 安乃近片（Metamizole Sodium Tablets），安乃近注射液（Metamizole Sodium Injection）。

四、吲哚类

吲哚类（idoles）属芳基乙酸类抗炎药，特点是抗炎作用较强，对炎性疼痛镇痛效果显著。本类药物有吲哚美辛、阿西美辛、硫茚酸（舒林酸）、托美丁（痛灭定）和类似物苄达明。

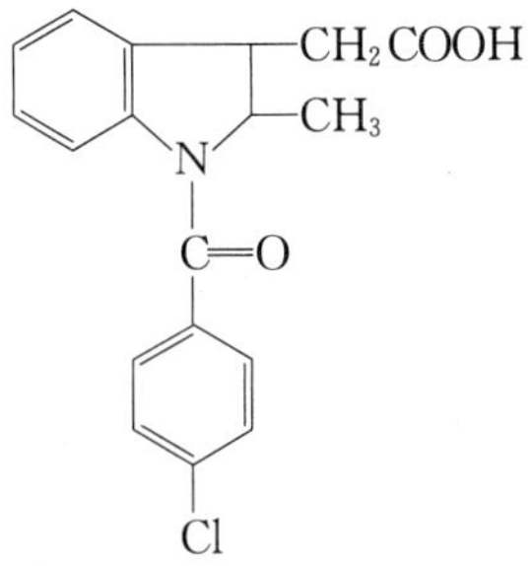

吲哚美辛 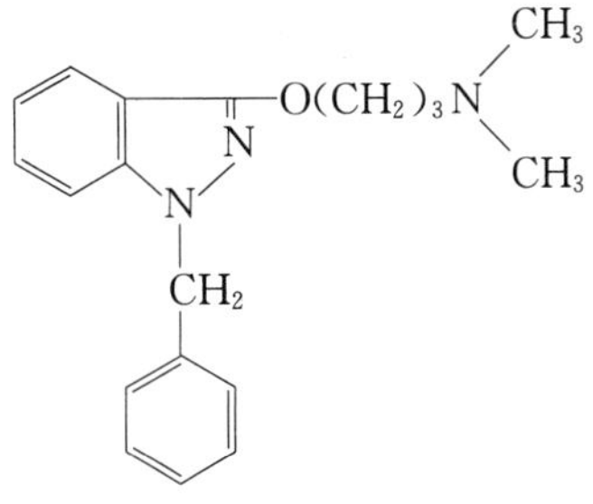　　　　苄达明

吲哚美辛（Indomethacin，Indocin）

吲哚美辛又称消炎痛。为类白色或微黄色结晶性粉末。几乎无臭，无味。溶于丙酮，略溶于甲醇、乙醇、氯仿和乙醇，不溶于水。

【作用与应用】 单胃动物内服吸收迅速而完全，血药峰时为 1.5～2 h。血浆蛋白结合率 90%。在肝内代谢，代谢物及原药主要以葡萄糖醛酸结合形式经肾排泄，一部分随胆汁进入肠道，呈现肝肠循环，少部分经粪排出。

本品通过对环氧合酶的抑制而减少前列腺素的合成，制止炎症组织痛觉神经冲动的形成，抑制炎症反应，包括抑制白细胞的趋化性及溶酶体酶的释放。抗炎作用较强，作用比保泰松强 84 倍，也强于氢化可的松。本品与这些药物合用，可减少它们的用量及副作用。解热作用、镇痛作用较弱，但对炎性疼痛的效果优于保泰松、安乃近和水杨酸类。对痛风性关节炎和骨关节炎的疗效最好。主要用于治疗慢性风湿性关节炎、神经痛、腱炎、腱鞘炎及肌肉损伤等。

【不良反应】 犬、猫可见恶心、腹痛、腹泻等消化道不良反应症状，有的出现消化道溃疡，可致肝和造血功能损害。肾病及胃肠溃疡患病动物慎用。

【用法与用量】 内服：一次量，每 1 kg 体重，马、牛 1 mg，羊、猪 2 mg。

【制剂】 消炎痛片（Indomethacin Tablets）。

苄达明（Benzydamin，Benzyrin）

苄达明又称炎痛静、消炎灵。对炎性疼痛的镇痛作用比吲哚美辛强，抗炎作用强度与保泰松相似，对急性炎症、外伤和术后炎症的效果显著。主要用于治疗手术创伤、外伤和风湿性关节炎等炎性疼痛。副作用有食欲不振，偶见恶心、呕吐。

【用法与用量】内服：一次量，每 1 kg 体重，马、牛 1 mg，羊、猪 2 mg。

【制剂】炎痛静片（Benzydamin Tablets）。

五、丙 酸 类

丙酸类（propionicacids）是一类较新型的非甾体抗炎药，为阿司匹林类似物，包括苯丙酸衍生物（如布洛芬、酮洛芬、吡洛芬、苯氧洛芬等）和萘丙酸衍生物（萘洛芬）。通过对环氧合酶的抑制而减少前列腺素的合成，由此减轻因前列腺素引起的组织充血、肿胀，降低周围神经痛觉的敏感性。通过下丘脑体温调节中枢而起解热作用。本类药物对消化道的刺激比阿司匹林轻，不良反应比保泰松少。

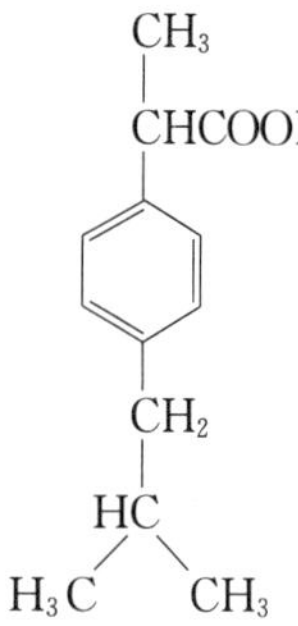

布洛芬 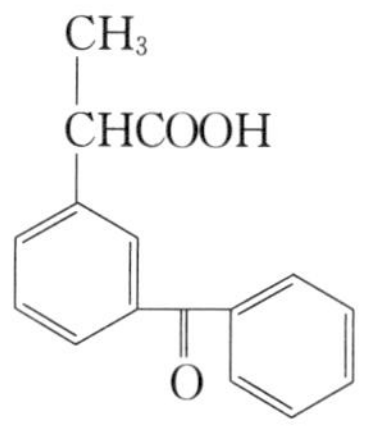　　酮洛芬 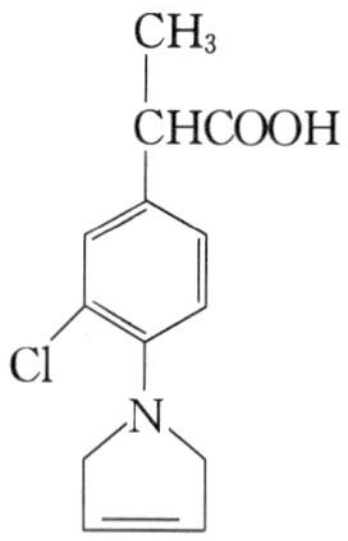　　吡洛芬

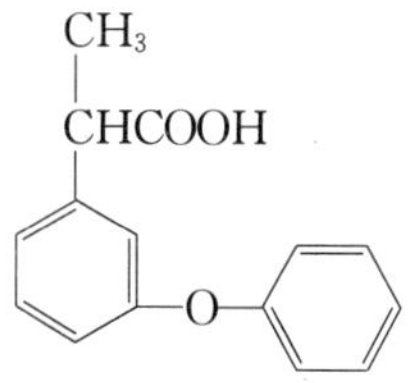

苯氧洛芬 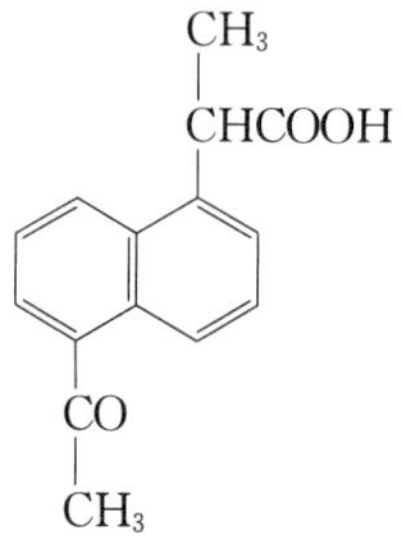　　萘洛芬

萘洛芬（Naproxen，Naprosyn）

萘洛芬又称萘普生、消痛灵。为白色或类白色结晶性粉末。无臭或几乎无臭。溶于甲醇、乙醇或氯仿，略溶于乙醚，几乎不溶于水。

【作用与应用】马内服的生物利用度为 50%，食物不改变药物的吸收。给药剂量为每 1 kg 体重 10 mg 时，血药峰时为 2～3 h，半衰期为 46 h。本药在肝内代谢，6 h 在尿中可检出主要代谢物。犬内服吸收迅速，血药浓度在 0.3～3 h 达峰值，生物利用度为68%～100%，在血中 99%与蛋白结合，犬的平均半衰期为 74 h，可能因明显的肝肠循环所致。

本品对前列腺素合成酶的抑制作用为阿司匹林的 20 倍。抗炎作用明显，用药后作用可维持 5～7 d。亦有镇痛和解热作用。对类风湿性关节炎、骨关节炎、蹄叶炎、痛风、运动系统（如关节、肌肉及腱）的慢性疾病以及轻中度疼痛，均有肯定疗效，药效比保泰松强。用于减轻肌肉和软组织炎症的疼痛和治疗跛行及关节炎等。

犬对本药的肾不良反应（肾炎和肾综合征）敏感，也可见胃肠道溃疡等。马出现不良反应不普遍。

【用法与用量】内服：一次量，每 1 kg 体重，马 10 mg，每天 1 次；犬 2 mg，每 48 h 一次。

静脉注射：一次量，每 1 kg 体重，马 5 mg。

【制剂】萘洛芬片（Naproxen Tablets），萘普生注射液（Naproxen Injection）。

布洛芬（Ibuprofen，Fenbid）

布洛芬又称异丁苯丙酸、芬必得。溶于乙醇、丙酮、氯仿或乙醚，几乎不溶于水。

【作用与应用】具有较好的解热、镇痛、抗炎作用。镇痛作用不如阿司匹林，但毒副作用比阿司匹林少。主要用于治疗犬风湿性及痛风性关节炎、腱鞘炎、滑囊炎、肌炎、骨髓系统功能障碍伴发的炎症和疼痛。犬用后 2～6 d 可见呕吐，2～6 周可见胃肠受损。

犬内服后迅速吸收，血药峰时为 0.5 h，生物利用度为 60%～80%，消除半衰期 4.6 h。

【用法与用量】内服：一次量，每 1 kg 体重，犬 10 mg。

【制剂】布洛芬片（Ibuprofen Tablets）。

酮洛芬（Ketoprofen，Profenid）

酮洛芬又称优洛芬。极易溶于甲醇，几乎不溶于水。

【作用与应用】本品对环氧合酶具有强效抑制作用，同时也能有效抑制白三烯、缓激肽和某些脂氧酶的作用。因此，其最大特点是抗炎、镇痛和解热作用强。对风湿性关节炎，本品的效果强于阿司匹林、萘普生、吲哚美辛、布洛芬、双氯芬酸和炎痛喜康等。对于术后疼痛，比镇痛新和哌替啶有效，并比扑热息痛-可待因复方制剂的药效长。与保泰松相比，本品的毒副作用极低。在兽医临床，目前主要用于马和犬。

内服后吸收迅速而完全，但食物与乳汁可影响吸收。在马约 93%同血浆白蛋白结合。马用药 2 h 内显效，最佳效果在 12 h 以后。在肝内代谢成无活性产物后与葡萄糖醛酸结合，与原形药物一道从尿中排泄。马的消除半衰期约为 1.5 h。

【用法与用量】静脉注射：一次量，每 1 kg 体重，马 2.2 mg，每日 1 次，连用 5 d。

【制剂】酮洛芬注射液（Ketoprofen，Profenid Injection）。

六、芬那酸类

芬那酸类（fenamtes）也称灭酸类，为邻氨苯甲酸衍生物。1950 年就发现其有镇痛、解热和消炎作用，药物有甲芬那酸、氯芬那酸、甲氯芬酸、氟芬那酸、双氯芬酸等。本类药物通过对环氧合酶强效抑制作用而减少前列腺素合成，发挥抗炎、解热、镇痛作用。

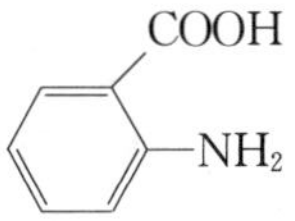

COOH　NH_2

邻氨苯甲酸

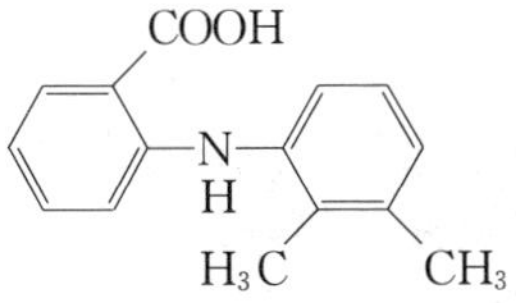

COOH　N H　H_3C　CH_3

甲芬那酸

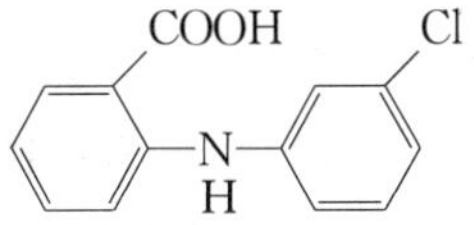

COOH　Cl　N H

氯芬那酸

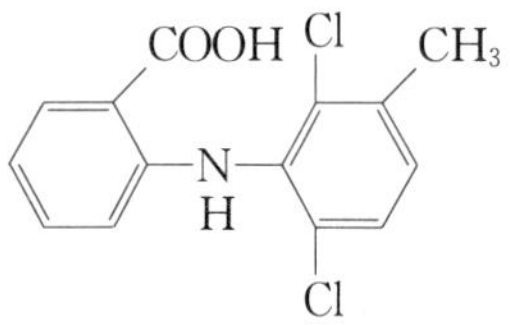

甲氯芬酸 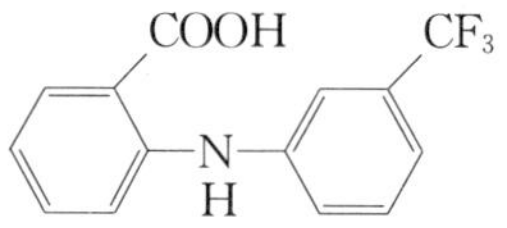　　　　氟芬那酸 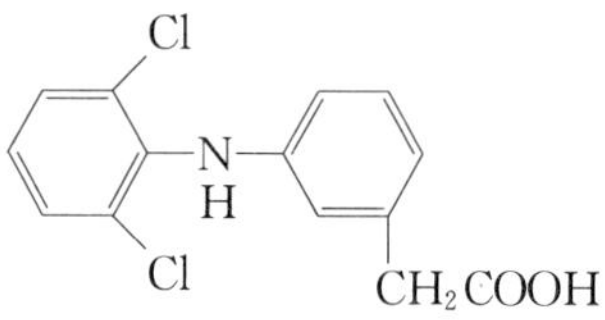　　　　双氯芬酸

甲芬那酸（Mefenamic Acid）

甲芬那酸又称扑湿痛。为白色或类白色结晶粉末。味初淡而后略苦。不溶于水，微溶于乙醇。久露于光则色变暗。

【作用与应用】具有镇痛、消炎和解热作用。镇痛作用比阿司匹林强 2.5 倍。抗炎作用比阿司匹林强 5 倍，比氨基比林强 4 倍，但不及保泰松。解热作用较持久。用于解除犬肌肉、骨骼系统慢性炎症，如骨关节炎；马急、慢性炎症，如跛行。长期服用可见嗜睡、恶心和腹泻等副作用。

【用法与用量】内服：一次量，每 1 kg 体重，马 2.2 mg，犬 1.1 mg。

【制剂】甲氯芬那酸片（Mefenamic Acid Tablets），甲氯芬酸注射液（Meclofenamic Acid Injection）。

甲氯芬酸（Meclofenamic Acid）

甲氯芬酸又称抗炎酸。常用其钠盐，为无色结晶粉末。可溶于水，水溶液呈碱性。

【作用与应用】本品消炎作用比阿司匹林、氨基比林、保泰松和吲哚美辛强，镇痛作用与阿司匹林相似，不如氨基比林。用于治疗风湿性关节炎、类风湿性关节炎及其他骨骼、肌肉系统功能障碍。本品胃、肠道反应较轻。

反刍动物内服后，血药浓度在 0.5 h 达峰。药时曲线有双峰现象，为肝肠循环所致，半衰期 4 h。马内服后，血药峰浓度在 0.5～4 h 出现，半衰期 2.5 h，起效慢，需 36～96 h。不足 15%的药物从尿中消除，胆汁是主要消除途径。

【用法与用量】内服：一次量，每 1 kg 体重，马 2.2 mg，奶牛 1 mg，犬 1.1 mg。

肌内注射：一次量，每 1 kg 体重，奶牛 20 mg。

皱胃注入：一次量，每 1 kg 体重，奶牛 10 mg。

【制剂】甲氯芬酸片（Meclofenamic Acid Tablets），甲氯芬酸注射液（Meclofenamic Acid Injection）。

氟尼辛葡甲胺（Flunixin Meglumine）

【理化性质】本品为白色或类白色结晶性粉末，无臭，有引湿性。在水、甲醇、乙醇中溶解，在乙酸乙酯中几乎不溶。

【药理作用】如同其他非甾体抗炎药，氟尼辛葡甲胺是一种强效环氧化酶抑制剂，具有镇痛、解热、抗炎和抗风湿作用。镇痛作用是通过抑制外周的前列腺素或其他痛觉增敏物质的合成或它们的共同作用，从而阻断痛觉冲动传导所致。外周组织的抗炎作用可能是通过抑制环氧化酶、减少前列腺素前体物质形成，以及抑制其他介质引起局部炎症反应所致。氟尼辛葡甲胺不影响马的胃肠道蠕动，并能改善败血性休克动物的血液动力学。用于家畜及小动物的发热性、炎性疾患，以及肌肉痛和软组织痛等。注射给药常用于控制牛呼吸道疾病和内毒素血症所致的高热；马和犬的发热；马、牛、犬的内毒素血症所致的炎症；马属动物的骨骼肌炎症及疼痛。

马内服后吸收迅速，30 min达到血药峰浓度，平均生物利用度为80%。给药后2 h内起效，12～16 h达到最佳效果，作用可持续30 h。牛、猪、犬等动物血管外给药也能迅速吸收。马、牛和犬的血浆蛋白结合率分别为87%、>99%和92%，表观分布容积约为马0.65 L/kg，牛0.78 L/kg。半衰期分别为马3.4～4.2 h、牛3.1～8.1 h和犬3.7 h。

【药物相互作用】①氟尼辛葡甲胺勿与其他非甾体类抗炎药使用，因为会加重对胃肠道的毒副作用，如溃疡、出血等。②因血浆蛋白结合率很高，与其他药物联合应用时，氟尼辛葡甲胺可能置换与血浆蛋白结合的其他药物或者自身被其他药物所置换，以致被置换的药物的作用增强，甚至产生毒性。

【用法与用量】以氟尼辛计。内服：一次量，每1 kg体重，犬、猫2 mg。每日1～2次，连用不超过5 d。

肌内、静脉注射：一次量，每1 kg体重，牛、猪2 mg，犬、猫1～2 mg。每日1～2次，连用不超过5 d。

【不良反应】①马大剂量或长期使用可发生胃肠溃疡。按推荐剂量连用2周以上，也可能发生口腔和胃的溃疡。②牛连用超过3 d，可能会出现血便和血尿。③犬的主要不良反应为呕吐和腹泻，在极高剂量或长期应用时可引起胃肠溃疡。

【应用注意】①不得用于对氟尼辛葡甲胺过敏以及患胃肠溃疡、胃肠道及其他组织出血、心血管疾病、肝肾功能紊乱及脱水等疾病的动物。②不得用于泌乳期和干乳期奶牛、肉用小牛和供人食用的马。③不得用于种马和种公牛，因其对繁殖性能的影响尚未确定。妊娠家畜慎用。④犬对其相当敏感，因此建议在犬只用一次，或连用不超过3 d。⑤勿与其他非甾体类抗炎药同时使用。

【休药期】牛、猪28 d。

【制剂】氟尼辛葡甲胺颗粒（Flunixin Meglumine Granules），氟尼辛葡甲胺注射液（Flunixin Meglumine Injection）。

复　习　题

1. 试述组胺的来源、分泌影响因素、生理作用。
2. 用于抗过敏的药物有哪些？各有什么特点？有什么主要副作用？
3. 动物胃酸过多可引起哪些不良反应？抑制胃酸分泌的药物有哪些适应证？
4. 试述前列腺素的生成及消除过程。
5. 试述前列腺素的主要生物学作用。
6. 在畜牧生产和兽医临床中应用较多的前列腺素药物有哪些？主要用途是什么？
7. 前列腺素在炎症反应中充当什么样的角色？
8. 试述发热机制与体温调定点学说。
9. 何为痛觉增敏？
10. 试述解热、镇痛、抗炎药的作用机制及药物作用特点。哪类药物只有解热作用而无抗炎作用？
11. 试述氟尼辛葡甲胺的作用特点和应用注意。

第十章

体液和电解质平衡调节药理

体液是机体的重要组成部分，占成年动物体重的60%～70%，分为细胞内液（占2/3）和细胞外液（占1/3）。细胞外液又称“内环境”，是维持正常生命活动的必要条件。体液是由水及溶于水的电解质、葡萄糖和蛋白质等成分构成，具有运输物质、调节酸碱平衡、维持细胞结构与功能等多方面作用。虽然动物每天摄入水和电解质的量变动很大，但在神经内分泌系统调节下，体液的总量、组成成分、酸碱度和渗透压，总是在相对平衡的范围内波动。调节失常，或腹泻、高热、创伤、疼痛等，往往引起水盐代谢障碍和酸碱平衡紊乱，临床上就经常要应用水和电解质平衡药、酸碱平衡药、能量补充药、血容量扩充剂等。在应用中，这些药物往往相辅相成，不能截然分开。

第一节　水盐代谢调节药

一、水和电解质平衡药

水不仅是一种营养物质，而且是动物体内物质运输的介质，各种代谢反应的溶媒，体温调节系统的主要组成部分。肾、肺、皮肤、胃肠等能排泄体内多余的水和电解质，以维持体液（或内环境）的动态平衡。水和电解质的关系极为密切，在体液中总是以比较恒定的比例存在。水和电解质摄入过多或过少，或排泄过多或过少，均对机体的正常机能产生影响，使机体出现脱水或水肿。腹泻、呕吐、大面积烧伤、过度出汗、失血等，往往引起机体大量丢失水和电解质。水和电解质按比例丢失，细胞外液的渗透压无大变化的称为等渗性脱水。水丢失多，电解质丢失少，渗透压升高的称为高渗性脱水。反之称为低渗性脱水。水和电解质平衡药，是用于补充水和电解质丧失，纠正其紊乱，调节其失衡的药物。

氯化钠（Sodium Chloride）

【理化性质】本品为无色、透明的立方形结晶或白色结晶性粉末；无臭，味咸。在水中易溶，在乙醇中几乎不溶。

【作用与应用】Na^+占细胞外液阳离子的92%，对保持细胞外液的渗透压和容量，调节酸碱度，维持生物膜电位，促进水和其他物质的跨膜运动，保障细胞正常功能等都十分重要。Cl^-是细胞外液的主要阴离子，对水和其他物质转运，同样起着重要作用。

氯化钠主要用于防治各种原因所致的低血钠综合征。无菌的等渗（0.9%）氯化钠溶液，除防治低钠综合征外，还可防治缺钠性脱水（烧伤、腹泻、休克等引起），也可临时用作体液扩充剂而用于失水兼失盐的脱水症。生理盐水也常作外用，如冲洗眼、鼻黏膜和伤口等。10%氯化钠溶液静脉注射，能暂时性地提高血液渗透压，扩充血容量，改善血液循环和组织新陈代谢，调节器官功能，对功能异常器官的调整作用更为明显。血中 Na^+ 和 Cl^- 瞬时增加，可刺激血管壁的化学感受器，反射性兴奋迷走神经，促进胃肠蠕动和分泌，这对复胃动物还能增强反刍机能。临床上可用于治疗反刍动物的前胃弛缓、瘤胃积食、瓣胃阻塞，马属动物的肠阻塞、肠臌气、胃扩张和便秘等。

小剂量氯化钠内服，能刺激舌上味觉感受器和消化道黏膜，反射性地增加唾液和胃液分泌，促进胃肠蠕动，激活唾液淀粉酶等，提高消化机能。内服大剂量氯化钠能促进肠管的蠕动，产生盐类泻药的作用，但效果不如硫酸钠和硫酸镁。

心力衰竭、肺气肿、肾功能不全患病动物慎用。

【用法与用量】

（1）等渗氯化钠注射液：静脉注射，一次量，马、牛 1 000～3 000 mL，猪、羊 250～500 mL，犬 100～500 mL，猫 40～50 mL。

（2）复方氯化钠注射液：同等渗氯化钠注射液。

【制剂】 氯化钠注射液（Sodium Chloride Injection），复方氯化钠注射液（Compound Sodium Chloride Injection）。

氯化钾（Potassium Chloride）

【理化性质】 本品为无色长棱形、立方形结晶或白色结晶性粉末；无臭，味咸涩。在水中易溶，在乙醇或乙醚中几乎不溶。

【作用与应用】 K^+ 是细胞内液的主要阳离子，对维持生物膜电位（静息和动作电位），保持细胞内渗透压及内环境的酸碱平衡，维持心肌、骨骼肌和神经系统的正常功能，保障糖、蛋白质和能量代谢等起重要作用。缺钾可导致神经肌肉传导障碍，心肌自律性增高。

氯化钾主要用于钾摄入不足或排钾过量所导致的钾缺乏症或低钾血症，亦用于强心苷中毒的解救。

内服有较强的刺激性。肾功能障碍、尿闭、脱水和循环衰竭患病动物，禁用或慎用。

【用法与用量】 内服：一次量，马、牛 5～10 g，猪、羊 1～2 g，犬、猫 0.1～1 g。

静脉注射：一次量，马、牛 2～5 g，猪、羊 0.5～1 g。必须用 0.5%葡萄糖注射液稀释成 0.3%以下浓度，且注射速度要慢。

【制剂】 氯化钾片（Potassium Chloride Tablets），氯化钾注射液（Potassium Chloride Injection）。

二、能量补充药

能量是维持机体生命活动的基本要素。糖类、脂肪和蛋白质在体内经生物转化均可产生能量。体内 50%的能量被转化成热能以维持体温，其余以 ATP 形式储存供生理和生产之需。能量代谢过程，包括能量的释放、储存、利用三个环节，任一环节发生障碍都影响机体的功能活动。能量补充药有葡萄糖、磷酸果糖、ATP 等，其中葡萄糖在兽医临床最为常用。

葡萄糖 (Glucose Dextrose)

【理化性质】本品为无色结晶或白色结晶性或颗粒性粉末；无臭，味甜。在水中易溶，在乙醇中微溶。

【作用与应用】葡萄糖在小肠吸收，吸收由转运蛋白介导。小肠的葡萄糖转运系统，是一个依赖 Na^+ 的主动转运（耗能）系统，对葡萄糖和半乳糖具有立体特异性。胰岛素调节小肠对糖的吸收和转运。进入细胞内的葡萄糖，可通过糖酵解或三羧酸循环分解成二氧化碳和水，并通过电子传递体系和氧化磷酸化作用转化成热能和 ATP，供应细胞生命活动过程所需的能量。葡萄糖的作用包括以下几方面：

（1）供给能量：葡萄糖的主要作用是给机体提供能量。

（2）增强肝脏解毒能力：肝脏解毒能力与肝内糖原的含量密切相关。肝内葡萄糖含量高，能量供应充足，肝细胞的各种生理功能（包括解毒功能）就能得到充分发挥。此外，肝脏进行结合代谢解毒的一些原料，如葡萄糖醛酸和乙酰基等，就是由葡萄糖代谢提供。

（3）强心利尿：葡萄糖改善心肌营养，供给心肌能量，能增强心肌的收缩功能。心脏活动增强，心输出量增加，肾血流量增加，尿量也增加。高渗葡萄糖还可提高血液的晶体渗透压，使组织脱水，扩充血容量，起到暂时利尿的作用。

（4）扩充血容量：等渗葡萄糖（5%）静脉输注，可补充水分、扩充血容量。作用迅速，但维持时间短。

本品可用于重病、久病、体质虚弱的动物以补充能量，也可用作脱水、大失血、低血糖症、心力衰竭、酮血症、妊娠中毒症、化学药品及农药中毒、细菌毒素中毒等解救的辅助药物。

【用法与用量】静脉输注：一次量，马、牛 50～250 g，羊、猪 10～50 g，犬 5～25 g。

【制剂】葡萄糖注射液（Glucose Injection），葡萄糖氯化钠注射液（Glucose and Sodium Chloride Injection）。

三、酸碱平衡药

动物机体在新陈代谢过程中不断地产生大量的酸性物质，如碳酸、乳酸、酮体等，还常由饲料摄入各种酸性或碱性物质。机体的正常活动，要求保持相对稳定的体液酸碱度（pH）。体液 pH 的相对稳定性，称为酸碱平衡。血液缓冲体系、肺和肾，都参与维持和调节体液的酸碱平衡。肺、肾功能障碍，机体代谢失常，高热、缺氧、剧烈腹泻或某些其他重症疾病，都会引起酸碱平衡紊乱。此时，给予酸碱平衡调节药，可改善病况。常用药物有碳酸氢钠、乳酸钠和氯化铵等。

碳酸氢钠（Sodium Bicarbonate）

碳酸氢钠又称重碳酸钠、小苏打。

【理化性质】本品为白色结晶性粉末；无臭，味咸。在潮湿空气中即缓缓分解；水溶液放置稍久，或震荡，或加热，碱性即增强。在水中溶解，在乙醇中不溶。

【作用与应用】本品内服，可中和胃酸，作用迅速，但维持时间短。内服或静脉注射，可直接增加机体的碱储，迅速纠正酸中毒，是治疗酸中毒的首选药物。

本品经尿排泄时，可碱化尿液，能增加弱酸性药物如磺胺类等在泌尿道的溶解度而随尿排出，防止结晶析出或沉淀；还能提高某些弱碱性药物如庆大霉素对泌尿道感染的疗效。

本品主要用于治疗严重酸中毒、碱化尿液等。充血性心力衰竭、肾功能不全、水肿、缺钾患病动物慎用。

【用法与用量】内服：一次量，马 15～60 g，牛 30～100 g，羊 5～10 g，猪 2～5 g；每 1 kg体重，犬、猫 8～12 mg。

静脉注射：一次量，马、牛 15～30 g，羊、猪 2～6 g，犬 0.5～1.5 g。

【制剂】碳酸氢钠片（Sodium Bicarbonate Tablets），碳酸氢钠注射液（Sodium Bicarbonate Injection）。

乳酸钠（Sodium Lactate）

本品为无色或几乎无色的澄明黏稠液体。

本品进入体内，经乳酸脱氢酶催化转化为丙酮酸，再经三羧酸循环氧化脱羧生成二氧化碳，继而转化为碳酸根离子，起纠正酸中毒的作用。与碳酸氢钠相比，此作用慢而不稳定。

主要用于治疗代谢性酸中毒和高钾血症。肝功能障碍和乳酸血症患病动物慎用。

【用法与用量】静脉注射：一次量，马、牛 200～400 mL，羊、猪 40～60 mL。用时稀释 5 倍。

【制剂】乳酸钠注射液（Sodium Lactate Injection）。

氯化铵（Ammonium Chloride）

【理化性质】本品为无色结晶或白色结晶性粉末；无臭，味咸、凉；有引湿性。在水中易溶，在乙醇中微溶。

【作用与应用】本品进入体内后，吸收迅速，铵离子迅速经肝脏代谢形成尿素由尿液排出体外，氯离子与体内氢离子结合形成高度解离的盐酸，以中和体内过量的碱储而纠正代谢性碱中毒。另外，临床上还可用氯化铵酸化尿液、祛痰和利尿等。主要用于治疗严重的代谢性碱中毒，酸化尿液等。心力衰竭、肝肾功能不全等患病动物禁用。

【用法与用量】内服：一次量，每 1 kg 体重，马 60～120 mg，牛、绵羊、山羊 200 mg，犬、猫 20 mg。

四、血容量扩充剂

大量失血、严重创伤、烧伤、高热、呕吐、腹泻等，往往使机体大量丢失血液（或血浆）、体液，造成血容量不足，严重者可导致休克。迅速扩充血容量是抗休克的基本疗法。血液制品（全血或血浆）是最好的血容量扩充剂，但来源有限，其应用受到一定限制。葡萄糖溶液和生理盐水有扩容作用，但维持时间短暂，且只能补充水分及部分能量和电解质，不能代替血液和血浆的全部功能，故只能作为应急使用。对于扩充血容量，目前临床上主要选用血浆代用品。血浆代用品多为人工合成的高分子化合物，有一定的胶体渗透压，扩充血容量的效果与血液制品相似，作用持久，无抗原性和不良反应。常用药物有右旋糖酐、羟乙基淀粉、氧化聚明胶等，其中右旋糖酐疗效确实，不良反应少，最为常用。

右旋糖酐（Dextran）

右旋糖酐为高分子化合物，是葡萄糖的聚合物。低聚合的葡萄糖分子数目不同，分为不同分子质量的产品。临床上常用的有中分子（平均分子质量 7 万 u）、低分子（平均分子质量 4 万 u）和小分子（平均分子质量 1 万 u），分别称为右旋糖酐 70、右旋糖酐 40、和右旋糖酐 10。

【作用与应用】静脉注射后，中分子右旋糖酐在血管内维持血浆胶体渗透压，吸引组织水分而发挥扩容作用。因分子质量大，不易透过血管，扩容作用较持久，约 12 h，由肾脏缓慢排出，药效与血浆相似。主要用于治疗大失血、失血浆性（大面积烧伤）休克，也可用于预防术后血栓和治疗血栓性静脉炎。

低分子右旋糖酐静脉注射后从肾脏排泄较快，在体内停留时间较短，扩容作用维持 3 h 左右。与中分子右旋糖酐不同，低分子右旋糖酐能降低血液的黏稠度，增加红细胞膜外负电荷，抑制血小板黏附和聚集，防止血管内弥漫性凝血，具有抗血栓和改善循环的作用。此外，因其分子质量小，易经肾小球滤过而不被肾小管再吸收，还有渗透压利尿的作用。主要用于治疗各种休克，尤其是中毒性休克。

小分子右旋糖酐扩容作用弱，但改善循环和利尿的作用好，故主要用于解除弥漫性凝血和急性肾中毒。

肾功能不全、低蛋白血症和具有出血倾向的患病动物慎用。充血性心衰患病动物禁用。

【用法与用量】静脉注射：一次量，马、牛 500～1 000 mL，羊、猪 250～500 mL；每 1 kg体重，犬 20 mg/d，猫 10 mg/d。

【制剂】右旋糖酐 40 葡萄糖注射液（Dextran 40 Glucose Injection），右旋糖酐 40 氯化钠注射液（Dextran 40 Sodium Chloride Injection），右旋糖酐 70 葡萄糖注射液（Dextran 70 Glucose Injection），右旋糖酐 70 氯化钠注射液（Dextran 70 Sodium Chloride Injection）。

第二节　利尿药和脱水药

利尿药（diuretics）是作用于肾脏，影响电解质及水的排泄，使尿量增加的药物。兽医临床主要用于水肿和腹水的对症治疗。脱水药（dehydratics）是指能消除组织水肿的药物，由于此类药物多为低分子质量物质，多数在体内不被代谢，能增加血浆和小管液的渗透压，增加尿量，故又称为渗透性利尿药（osmotic diuretics）。因其利尿作用不强，故仅用于局部组织水肿如脑水肿、肺水肿等的脱水药。

一、利 尿 药

（一）分类

利尿药种类较多，按其作用强度一般分类如下：

1. 高效利尿药　包括呋塞米（速尿）、依他尼酸（利尿酸）、布美他尼（Bumetanide）、吡咯他尼（Piretanide）等。能使 Na^{+}重吸收减少 15%～25%。

2. 中效利尿药　包括氢氯噻嗪、氯肽酮（Chlortalidone）、苄氟噻嗪（Bendrofluazide）

等。能使 Na^+ 重吸收减少 5%～10%。

3. 低效利尿药 包括螺内酯（安体舒通）、氨苯蝶啶、阿米洛利（Amiloride）等。能使 Na^+ 重吸收减少 1%～3%。

（二）泌尿生理及利尿药的作用机制

尿液的生成是通过肾小球滤过、肾小管的重吸收及分泌而实现的，利尿药通过作用于肾单位的不同部位（图 10-1）而产生利尿作用。

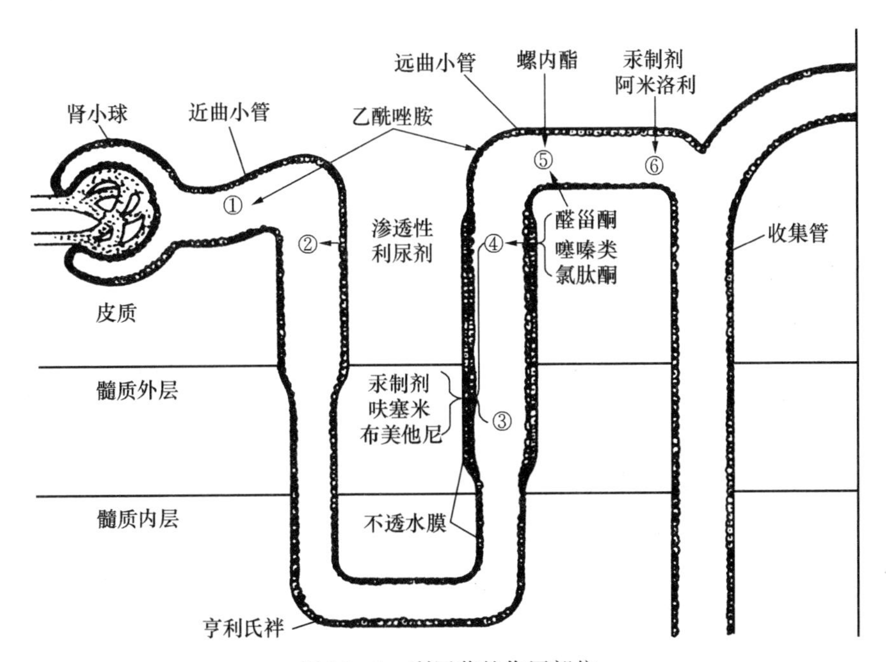

图 10-1 利尿药的作用部位

（引自 Adams，Veterinary Pharmacology and Therapeutics，2001）

1. 肾小球 血液流经肾小球，除蛋白质和血细胞外，其他分子质量小于 68 000 u 的成分均可通过肾小球毛细血管滤过而形成原尿，原尿量的多少决定于有效滤过压。凡能增加有效滤过压的药物都可使尿量增加，如咖啡因、氨茶碱、洋地黄等通过增强心肌的收缩力，导致肾脏血流量和肾小球滤过压增加而产生利尿作用，但其作用极弱，一般不作为利尿药。正常牛每天能形成原尿约 1 400 L，绵羊 140 L，犬 50 L。但牛排出的终尿量只有 6～20 L，可见约 99%的原尿在肾小管被重吸收，它是影响终尿量的主要因素。因此，假如原尿在肾小管减少 1%的重吸收，将使排出的终尿量增加 1 倍。目前常用的利尿药主要是通过减少肾小管对电解质及水的重吸收而产生排尿作用的。

2. 肾小管

（1）近曲小管：此段主动重吸收原尿中 60%～65%的 Na^+。原尿中约有 90% $NaHCO_3$ 及 40%的 NaCl 在此段重吸收，60%的水被动重吸收以维持近曲小管液体渗透压的稳定。Na^+ 的重吸收主要通过 H^+-Na^+ 交换进行，这种交换在近曲小管和远曲小管都有，但以近曲小管为主。H^+ 的产生来自 CO_2 与 H_2O 所产生的 HCO_3^-，这一反应需要细胞内碳酸酐酶的催化，形成的 H_2CO_3 再解离成 H^+ 和 HCO_3^-，H^+ 将 Na^+ 交换入细胞内。

$$H_2O+CO_2 \xrightleftharpoons{\text{碳酸酐酶}} H_2CO_3 \rightleftharpoons H^+ + HCO_3^-$$

若 H^+ 生成减少，则 H^+－Na^+ 交换减少，导致 Na^+ 的重吸收减少，使产生利尿作用。碳酸酐酶抑制剂乙酰唑胺就是通过抑制 H_2CO_3 的生成而产生利尿作用的。本品作用弱，且生成的 HCO_3^- 可引起代谢性酸血症，故现已少用。

（2）髓袢升支粗段的髓质和皮质部：髓袢升支的功能与利尿药作用的关系密切，也是高效利尿药的重要作用部位。此段重吸收原尿中 30%～35%的 Na^+，而不重吸收水。当原尿流经髓袢升支时，Cl^- 呈主动重吸收，Na^+ 跟着被动重吸收。小管液由肾乳头部流向肾皮质时，逐渐由高渗变为低渗，进而形成无溶质的净水（free water），这就是肾对尿液的稀释功能。同时，NaCl 被重吸收到髓质间液后，由于髓袢的逆流倍增作用，并在尿素的参与下，经髓袢所在的髓质组织间液的渗透压逐渐提高，最后形成呈渗透压的髓质高渗区。这样当尿液流经开口于髓质乳头的集合管时，由于管腔内液体与高渗髓质间液存在渗透压差，并受抗利尿素的影响，水被重吸收，即水由管内扩散出集合质，大量的水被重吸收回间液，称净水的重吸收，这就是肾对尿液的浓缩功能。综上所述，可见当升支粗段髓质和皮质部对 Cl^- 和 Na^+ 的重吸收被抑制时，一方面肾的稀释功能降低（净水生成减少），另一方面肾的浓缩功能也降低（净水重吸收减少），结果排出大量较正常的尿为低渗的尿液，因此导致强大的利尿作用。高效利尿药呋塞米、依他尼酸等就起着上述作用，通过抑制髓袢升支粗段髓质和皮质部 NaCl 的重吸收而表现强大的利尿作用。中效利尿药噻嗪类，仅能抑制髓袢升支粗段皮质部对 NaCl 的重吸收，使肾的稀释功能降低，而对肾的浓缩功能无影响。

（3）远曲小管及集合管：此段重吸收原尿中 5%～10%的 Na^+。吸收方式除进行 H^+－Na^+ 交换外，还有 K^+－Na^+ 交换机制部分是依赖醛固酮调节的，称为依赖醛固酮交换机制，盐皮质激素受体拮抗剂可产生竞争性抑制，如螺内酯等；也有非醛固酮依赖机制，如氨苯蝶啶和阿米洛利等能抑制 K^+－Na^+ 交换，产生排钠保钾的利尿作用。因此，螺内酯、氨苯蝶啶等又称为保钾利尿药。

除保钾利尿药外，现有的各种利尿药都是排钠利尿药，用药后 Na^+ 和 Cl^- 的排泄都是增加的，同时钾的排泄也增加。因为它们一方面在远曲小管以前各段减少了 Na^+ 的重吸收，使流经远曲小管的尿液中含有较多的 Na^+，因而 K^+－Na^+ 交换有所增加；另一方面它们能促进肾素的释放，这是由于利尿降低了血浆容量而激活肾压力感受器及肾交感神经，可使醛固酮增加，因而使 K^+－Na^+ 交换增加，使 K^+ 排泄增多。故而应用这些利尿药时应注意补钾。

（三）常用利尿药

呋塞米（Furosemide）

Cl　NH—CH_2
H_2NO_2S　COOH　O

呋塞米又称呋喃苯胺酸、利尿磺胺、速尿，是具有邻氯磺胺结构的化合物。不溶于水，易溶于碱性氢氧化物，pK_a 为 3.9。

【理化性质】 本品为白色或类白色的结晶性粉末；无臭，几乎无味。在丙酮中溶解，在乙醇中略溶，在水中不溶。

【作用与应用】 内服易从胃、肠道吸收，犬内服生物利用度约77%；静脉注射后约1/3通过肝从胆汁排泄，约2/3从肾排泄。尿排泄速率取决于尿液pH。草食动物与肉食动物的剂量和作用维持时间都有较大差异。正常剂量体内消除迅速，不会在体内产生蓄积，犬的消除半衰期为1～1.5 h。

呋塞米主要作用于髓袢升支的髓质部与皮质部，抑制 Cl^- 的主动重吸收和 Na^+ 的被动重吸收，降低肾对尿液的稀释和浓缩功能，排出大量接近于等渗的尿液。由于 Na^+ 排泄增加，使远曲小管的 K^+ - Na^+ 交换加强，导致 K^+ 排泄增加。本品对近曲小管的电解质转运也有直接作用。

呋塞米可用于各种动物作为利尿药，主要用于充血性心力衰竭、肺水肿、水肿、腹水、胸膜积水、尿毒症、高血钾症和其他任何非炎性病理积液等疾病的治疗。此外，牛还用于治疗产后乳房水肿，马还用于预防和减少鼻出血和蹄叶炎的辅助治疗。在苯巴比妥、水杨酸盐等药物中毒时可加速毒物的排出。

应用剂量必须根据个体的效应情况加以调整，严重水肿或难治的病例，剂量可以加倍。在慢性病例需连续应用利尿药时，要经常反复测定脱水症状和电解质平衡情况，包括血液尿素氮、肌酐、钾、钠或其他电解质，要注意补钾或与保钾利尿药合用。本品禁用于无尿症。

【不良反应】

（1）代谢性碱中毒：这是 Cl^-、K^+ 和 H^+ 尿排泄增加引起的不良反应。

（2）脱水和电解质紊乱：过量的使用可导致脱水和电解质不平衡，患病动物钾过量丧失，如果同时应用洋地黄会增加其毒性作用。

（3）其他潜在不良反应：包括耳毒性（尤其猫用高剂量静脉注射）、肾毒、胃肠道功能紊乱和血液学指标改变（贫血和白细胞减少）。

【用法与用量】 肌内、静脉注射：一次量，每1 kg体重，马、牛、羊、猪0.5～1 mg，犬、猫1～5 mg。

内服：一次量，每1 kg体重，马、牛、羊、猪2 mg，犬、猫2.5～5 mg。

【制剂】 呋塞米片（Furosemide Tablets），呋塞米注射液（Furosemide Injection）。

噻嗪类（Thiazides）

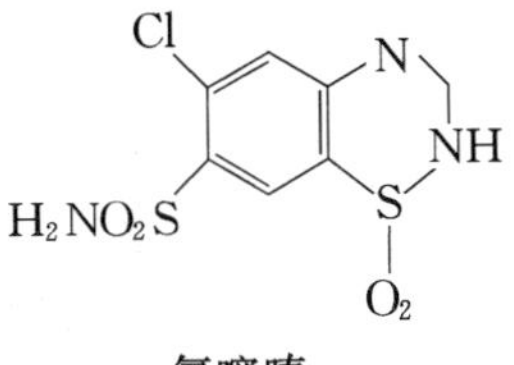

氯噻嗪 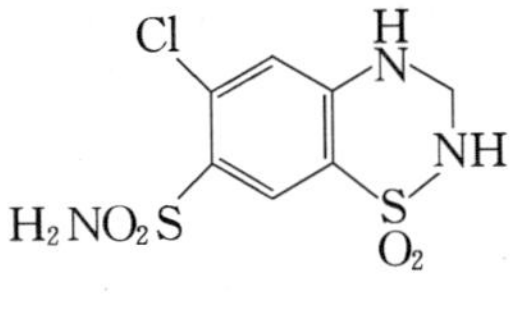　　　　氢氯噻嗪 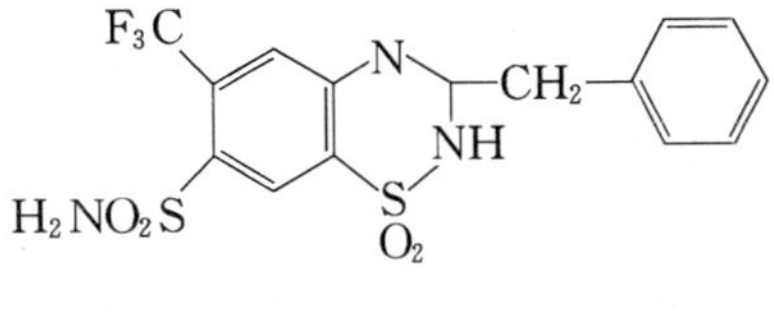　　　　苄氟噻嗪

噻嗪类利尿药的基本结构是由苯并噻二嗪和磺酰胺基组成。按等效剂量相比，本类药物利尿的效价强度可相差近千倍，从弱到强的顺序依次为：氯噻嗪＜氢氯噻嗪＜氢氟噻嗪＜卞氟噻嗪＜环戊氯噻嗪。

本类药物作用相似，仅作用强度和作用时间长短不同，兽医临床目前常用者为氢氯噻嗪，又名双氢克尿噻，这里做重点介绍。

【理化性质】氢氯噻嗪为白色结晶性粉末；无臭，味微苦。在丙酮中溶解，在乙醇中微溶，在水、三氯甲烷或乙醚中不溶；在氢氧化钠中溶解。

【作用与应用】氢氯噻嗪主要作用于髓袢升支皮质部（远曲小管开始部位），抑制 NaCl 的重吸收，增加尿量。还能增加钾、镁、磷、碘和溴的排泄。H^+－Na^+ 交换减少，Na^+－K^+ 交换增多，故可使 K^+、HCO_3^- 排出增加，大量或长期用药可引起低血钾症。本类药物对近曲小管的碳酸酐酶虽有抑制作用，减少 Na^+ 的重吸收，但是并非是利尿作用的原因，仅使尿中排出 HCO_3^- 增多。另外，本药还能引起或促进糖尿病患病动物的高糖血症。

氢氯噻嗪可用于各种类型水肿，对心性水肿效果较好，对肾性水肿的效果与肾功能有关，轻者效果好，严重肾功能不全者效果差。还用于治疗牛的产后乳房水肿。

【不良反应】低钾血症是最常见的不良反应。还可能发生低血氯性碱中毒、胃肠道反应等，故用药期间应注意补钾。

【用法与用量】内服：一次量，每 1 kg 体重，马、牛 1～2 mg，犬、猫 3～4 mg。

【制剂】氢氯噻嗪片（Hydrochlorothiazide Tablets）。

螺内酯（Spironolactone）

螺内酯又称安体舒通。化学结构式与醛固酮相似，是人工合成的醛固酮拮抗剂。

【作用与应用】螺内酯利尿作用不强，起效慢而作用持久。其作用部位是远曲小管和集合管，螺内酯与醛固酮受体有很强的亲和力，能与受体结合，但无内在活性，故起竞争性拮抗醛固酮的作用。可使 Na^+－K^+ 交换减少，尿中 Na^+、Cl^- 排除增加，K^+ 的排泄减少，故称为保钾利尿药。

兽医临床应用很少，可用于应用其他利尿药后发生低钾血症的患病动物。常与噻嗪类或强效利尿药合用，以避免过分失钾，并产生最大的利尿效果。

【用法与用量】内服：一次量，每 1 kg 体重，犬、猫 2～4 mg。

【制剂】螺内酯片（Spironolactone Tablets）。

二、脱 水 药

本类药物包括甘露醇、山梨醇、尿素和高渗葡萄糖等。尿素不良反应多，高渗葡萄糖可被代谢并有部分转运到组织，持续时间短，疗效较差，此两药现已少用。

甘露醇（Mannitol）

【理化性质】本品为白色结晶或结晶性粉末；无臭，味甜。在水中易溶，在乙醇中略溶，在乙醚中几乎不溶。pK_a 为 3.4。

【作用与应用】甘露醇内服不吸收，在静脉注射其高渗溶液后，使血液渗透压迅速升高，可促使组织间液的水分向血液扩散，产生脱水作用。由于本药在体内不被代谢，很易经肾小球滤过，并很少被重吸收，因此可使原尿成为高渗，阻碍水从肾小管的重吸收而产生利尿作用。甘露醇使水排出增加的同时，也使电解质、尿酸和尿素的排出增加。

甘露醇由于能防止肾毒素在小管液的蓄积对肾起保护作用。此外，还通过扩张肾动脉、减少血管阻力和血液黏滞性而增加肾血流量和肾小球滤过率。甘露醇不能进入眼和中枢神经系统，但通过渗透压作用能降低眼内压和脑脊液压，不过在停药后脑脊液压可能发生反跳性升高。

甘露醇主要用于治疗急性少尿症肾衰竭，以促进利尿作用；还用于降低眼内压、治疗创伤性脑水肿及加快某些毒物的排泄（如阿司匹林、巴比妥类和溴化物等）。

【用法与用量】静脉注射：一次量，马、牛 1 000～2 000 mL，羊、猪 100～250 mL；每 1 kg 体重，犬、猫 0.25～5 mg，一般稀释成 5%～10%溶液（缓慢静脉注射，4 mL/min）。

【制剂】甘露醇注射液（Mannitol Injection）。

山梨醇（Sorbitol）

山梨醇是甘露醇的同分异构体，其作用与应用和甘露醇相似。本药进入体内后，有部分在肝转化为果糖，故作用减弱，效果稍差。但价格便宜，水溶性较大，常配成 25%注射液静脉注射。静脉注射，一次量，马、牛 1 000～2 000 mL，羊、猪 100～250 mL。制剂有山梨醇注射液。

复　习　题

1. 氯化钠、葡萄糖、碳酸氢钠有哪些药理作用？如何合理使用？
2. 右旋糖酐扩充血容量的机制是什么？有什么优缺点？
3. 简述尿液浓缩和稀释的机制。
4. 长期使用高效利尿药为什么要补充氯化钾？
5. 简述甘露醇的药理作用和临床主要应用。

第十一章

营 养 药 理

营养药物包括矿物元素和维生素等，是动物日粮中含量较少但又必需的一些组分，有不同的生化和结构功能，这些组分对维持动物机体正常机能非常重要，如果在体内的含量不足均可引起特定症状的缺乏症，影响动物的生长发育和生产效能。营养药物的作用就是补充体内的不足，对防治这些缺乏症发挥重要作用。

正常的条件下，动物日粮已提供了所需的营养物质，但是不正常的环境条件、泌乳及产蛋等要求会改变机体对很多营养物质的需要；饲粮中营养物质间的相互作用，寄生虫病及胃肠、肝脏和肾脏等患病均可影响特定营养成分的吸收、代谢或排泄，从而形成条件性缺乏或过剩。机体对许多营养药物有一定的需要量和耐受限量，在用量过大时特别是超过耐受限量时会引起动物机体的毒副反应。营养药物主要防治由于不足引起的相应缺乏症，使用时应掌握按需使用的原则，避免过量而造成不利影响。

第一节　矿物元素

矿物元素是动物机体的重要组成成分，是一类无机营养素。在动物体内约有 55 种矿物元素，现已证实有些是动物生理过程和代谢中必不可少的必需矿物元素。矿物元素约占动物体重的 4%，绝大部分分布于毛、蹄、角、肌肉、血液和上皮组织中。占动物体重 0.01%以上、需求量大的矿物元素称为常量元素（macroelements）；占体重 0.01%以下、需求量小的矿物元素称为微量元素（trace elements）。矿物元素对保障动物健康、提高生产性能和畜产品品质均有重要作用。

必需矿物元素需由外界供给，当外界供给不足时便会引发各自的缺乏症。但它们的含量过高时，又会产生毒副作用，甚至引起动物死亡。某些矿物元素如硒等，在饲料中含量较低时是必需矿物元素，而含量较高时则是有毒有害矿物元素。

一、钙、磷和其他常量元素

常量元素一般包括钙、磷、钠、钾、氯、镁、硫 7 种，都是动物机体所必需。钠、钾、氯已在水盐调节药项下介绍，本节主要介绍钙、磷、镁和硫。

（一）钙和磷

常用含钙的矿物质饲料有石粉、牡蛎粉和蛋壳粉，同时含钙、磷的饲料有骨粉；植物性饲料中的磷大都是利用率低的植酸磷。常用的钙、磷类药物有氯化钙、葡萄糖酸钙、碳酸钙、乳酸钙、磷酸二氢钠、磷酸氢二钠、磷酸二氢钙、磷酸氢钙、磷酸钙等。

【体内过程】 钙、磷主要从小肠以简单扩散和主动转运方式吸收入血。反刍动物的瘤胃可吸收少量磷。维生素 D 在肝脏和肾脏羟化酶的作用下转化成 1α,25-二羟维生素 D_3［1α,25-$(OH)_2D_3$］，通过血液转运至小肠，能刺激小肠黏膜合成钙结合蛋白（CaBP），CaBP 能与钙发生特异性结合，促进钙主动吸收，磷发生被动吸收。动物对钙的吸收是由动物对钙的需要量来调节的。在泌乳、骨骼生长和产蛋时，对钙的需要量大大增加，钙的吸收也随之上升。胃肠道钙、磷的吸收还受如下几个方面因素影响。

（1）日粮中钙磷比：钙磷比例对钙和磷的吸收十分重要，研究表明，当饲料中的钙磷比例为 1～2∶1（猪为 1～1.5∶1，鸡为 2∶1）时，两者的吸收率最高。当饲料中的钙磷比例不当时，如高钙低磷或高磷低钙，均可抑制钙鳞的吸收。

（2）胃肠道内的酸碱度：酸性环境有利于钙盐的溶解，吸收增加。

（3）饲料的组成与胃肠内容物的相互作用：饲料中的草酸、脂肪酸和植酸过多时，会使钙形成不溶性盐，减少钙的吸收。在植酸的作用下，钙磷可形成植酸钙磷镁复合物，影响单胃动物钙磷的吸收。反刍动物瘤胃中的微生物可产生植酸酶，水解植酸钙磷镁复合物，因此植酸对反刍动物的钙磷吸收影响不明显。某些化合物的金属离子如镁、锌和铁，可抑制钙的吸收；铁、铝、镁能与磷酸根结合成不溶性的磷酸盐，减少磷的吸收。如果在日粮中加入较多的乳糖、阿拉伯糖、葡萄糖醛酸、甘露糖、山梨醇，则可提高钙的吸收率。胆酸与钙易形成可溶性复合物，有利于钙的吸收。

钙和磷占体内矿物元素总量 70%，主要以磷酸钙、碳酸钙、磷酸镁的形式存在。大部分钙（约 95%）和磷（约 85%）存在于骨骼中。体内约 5%的钙分布于血清和除骨骼以外的其他组织细胞中，约 15%的磷主要以核蛋白和磷脂化合物形式存在于细胞内和细胞膜中。

正常的血钙浓度为 90～100 mg/L，约 45%以游离的离子形式存在，大约 5%以磷酸盐或其他盐的形式存在，其余的 50%与血浆蛋白结合。游离的钙离子在维持血钙浓度和骨骼钙化中起重要作用。缺钙时，机体总是先维持血钙，再满足骨钙需要。血磷包括有机磷和无机磷两种。大部分动物的血磷正常含量为 60～90 mg/L。

体内的钙磷代谢受甲状旁腺激素（PTH）、降钙素（CT）和 1α,25-二羟维生素 D_3 的三元调节（图 11-1），这些激素作用的靶器官为肠道、肾脏和骨骼。PTH 促进钙自肠道吸收，减少钙的肾排泄，CT 相反。PTH 对维生素 D 的活化有间接调节作用。1α,25-二羟维生素 D_3 促进小肠中钙、磷的吸收，对 PTH 的释放也有间接反馈调节作用。PTH 和 CT 的释放，又受血钙（SCa^{2+}）反馈调节。PTH 和血液中无机磷的浓度相互控制 25-羟维生素 D_3 活化成 1α,25-二羟维生素 D_3 的速率；1α,25-二羟维生素 D_3 又反过来调节 PTH 的释放并影响钙及磷的动力学。当钙水平即便有轻微降低时，通过 PTH-维生素 D 调控增加小肠钙吸收、肾小管重吸收和骨吸收而使血钙水平恢复正常。血钙水平的升高抑制 PTH 的分泌和 1α,25-二羟维生素 D_3 的合成，同时促进 CT 的分泌。其结果是降低钙吸收、增加尿钙排泄并减少骨吸收。尿磷（UP）和血清磷（SP）的变化，通过 1α,25-二羟维生素 D_3 调节钙代谢（图 11-1）。钙磷主要经粪和尿排泄。此外，汗腺能排出少量的钙，唾液腺能分泌少量的磷，但泌乳动物体内的钙磷不易分泌到乳中。

【钙的作用】 钙在动物体内有多种作用。

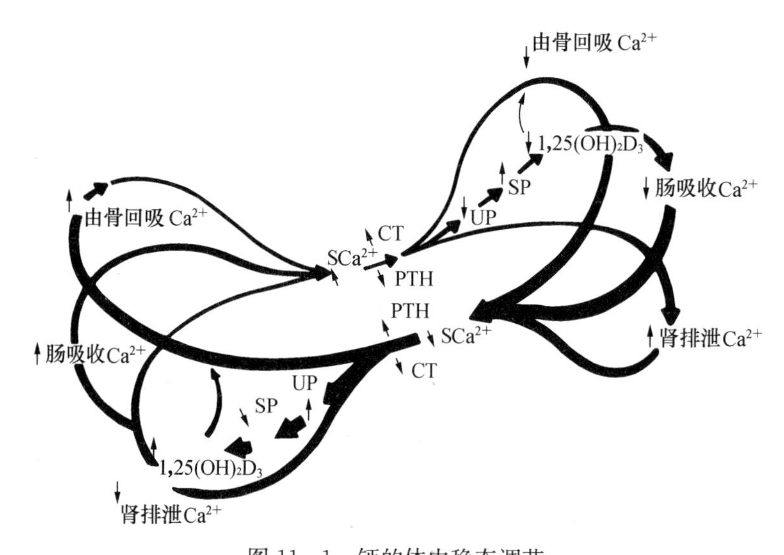

图 11-1 钙的体内稳态调节

（引自 Ziegler 等，Presant Knowlede in Nuteition，2001）

（1）促进骨骼和牙齿钙化，保证骨骼正常发育，维持骨骼正常的结构和功能。钙还是蛋壳结构的重要组成成分，也是牛奶的主要矿物质成分。

（2）维持神经肌肉的正常兴奋性和收缩功能：血钙浓度过低，神经肌肉接头的兴奋性增高；血钙浓度过高，神经肌肉接头的兴奋性降低。无论骨骼肌，还是心肌和平滑肌，它们的收缩都必须有钙离子参加。

（3）参与神经递质的释放：传出神经细胞突触前膜囊泡中神经递质（包括乙酰胆碱、肾上腺素、去甲肾上腺素）的释放，受钙离子浓度调节。细胞内钙离子增加 10 倍，递质的释放量一般可增加 10 000 倍。

（4）与镁离子的相互拮抗作用：镁离子可降低运动神经末梢乙酰胆碱的释放，而钙离子则促进其乙酰胆碱的释放，故可对抗镁离子对骨骼肌的松弛作用。在中枢神经系统中，钙和镁也是相互拮抗，镁中毒时可用钙解救，钙中毒时也可用镁解救。

（5）抗过敏和消炎：钙离子能致密毛细血管内皮细胞，降低毛细血管和微血管的通透性，减少炎症渗出和防止组织水肿。

（6）促进凝血：钙是重要的凝血因子，为正常的凝血过程所必需。血液凝固的内部和外部系统都依赖于钙作为凝血因子活化的辅助作用。

【磷的作用】磷的作用包括以下几个方面。

（1）磷也是骨骼和牙齿的主要成分，单纯缺磷也能引起佝偻病和骨软症。

（2）维持细胞膜的正常结构和功能：磷在体内可形成磷脂，如卵磷脂、脑磷脂和神经磷脂，它们是生物膜的重要成分，对维持生物膜的完整性和物质转运的选择性起调控作用。

（3）参与体内脂肪的转运与储存：肝中的脂肪酸与磷结合形成磷脂，才能离开肝脏、进入血液，再与血浆蛋白结合成脂蛋白而被转运到全身组织中。

（4）参与能量储存：磷是体内高能物质三磷酸腺苷、二磷酸腺苷和磷酸肌醇的组成成分。

（5）磷是 DNA 和 RNA 的组成成分，还参与蛋白质合成，对动物生长发育和繁殖等起重要作用。

（6）磷也是体内磷酸盐缓冲液的组成成分，参与调节体内的酸碱平衡。

【钙、磷的缺乏症与过量毒性】 慢性钙、磷缺乏，幼年动物可出现佝偻病，成年动物可出现骨软症。还可表现为昏睡、异食癖、厌食、体重降低、乳汁分泌不足、繁殖机能及神经肌肉功能障碍。禽类中，钙或磷缺乏可导致蛋壳厚度下降，脆性增加及孵化率下降。牛日粮磷缺乏可出现血红蛋白尿（溶血性贫血、尿血等）。急性钙缺乏症主要与神经肌肉疾病和心血管的异常有关，其中最为突出的是泌乳牛、母马和母猪的临产麻痹、产后瘫痪，犬的产后肌强直、马的泌乳肌强直和其他动物的惊厥等。

日粮中钙磷比例不当，会直接影响动物的生长和生产水平。在日粮中添加过量的钙，能干扰其他矿物质如磷、镁、铁、碘、锌和锰的吸收而引起缺乏症。在生长猪中，当饲喂低磷日粮，钙磷比大于1.3∶1就会导致生长减缓及骨骼受损。高磷使血钙浓度降低，继而刺激副甲状腺分泌增加（为了调节血钙），引起副甲状腺机能亢进。长时间摄入过量的钙可导致钙沉积过多或骨石化病的产生。高钙不仅影响磷的吸收导致骨骼发育不良，而且还损害肾脏的功能，使尿酸排泄障碍而引起尿酸盐沉积、痛风症、蛋壳粗糙及尿石症等。摄入过量的钙，同时采食过量的日粮磷，可导致牛奶产量和蛋壳质量及产量的显著下降。

猪、禽、产蛋禽、绵羊、牛、兔和马饲料中钙的耐受量分别为1%、1.2%、4%、2%、2%、2%、2%，磷的耐受量分别为1.5%、1.0%、0.8%、1.0%、0.6%、1.0%、1.0%。

氯化钙（Calcium Chloride）

【理化性质】 为白色结晶性或颗粒性粉末，极易潮解。在水中极易溶解。

【应用】 主要用于急、慢性钙缺乏症，如骨软症、佝偻病和奶牛产后瘫痪。也用于毛细血管通透性增高所致的各种过敏性疾病，如荨麻疹、渗出性水肿、瘙痒性皮肤病等。还用于硫酸镁中毒的解救。

本品注射过快会使血钙浓度突然升高，引起心律失常，甚至心搏暂停，对组织有强烈刺激性，不宜皮下或肌内注射，静脉注射时不可漏出血管外，否则导致剧痛及组织坏死。

【用法与用量】 静脉注射：一次量（以氯化钙计），马、牛5～15 g，羊、猪1～5 g，犬0.1～1 g。

【制剂】 氯化钙注射液（Calcium Chloride Injection），氯化钙葡萄糖注射液（Calcium Chloride and Glucose Injection）。

葡萄糖酸钙（Calcium Gluconate）

【理化性质】 本品为白色颗粒或粉末，易溶于沸水，略溶于冷水，不溶于乙醇或乙醚等有机溶剂。

【应用】 用于钙缺乏症，如急性低钙血症和低血钙性抽搐、心脏衰竭、牛羊的产后瘫痪，以及犬、猫的临产惊厥、荨麻疹、急性湿疹、皮炎等。

【用法与用量】 静脉注射：一次量，马、牛20～60 g，羊、猪5～15 g，犬0.5～2 g，猫0.5～1.5 g。

【制剂】 葡萄糖酸钙注射液（Calcium Gluconate Injection）。

硼葡萄糖酸钙（Calcium Borogluconate）

【应用】用于动物钙缺乏症，如牛和羊临产瘫痪、犬和猫的临产惊厥等。本品静脉注射速度过快可引起牛的心搏停止。

【用法与用量】静脉注射：一次量，每 100 kg 体重，牛 1 g。

【制剂】硼葡萄糖酸钙注射液（Calcium Borogluconate Injection）。

碳酸钙（Calcium Carbonate）

【应用】为内服的钙补充剂，含钙 39.2%，用于骨软化症、佝偻病和产后瘫痪。可根据饲料的含钙量和钙磷比例，添加本品。妊娠动物、泌乳动物、产蛋禽和生长期幼龄动物对钙的需要量较大，也可在饲料中适量添加。此外，本品内服，也可作为吸附性止泻药或制酸药。

【用法与用量】内服：一次量，马、牛 30～120 g，羊、猪 3～10 g，犬 0.5～2 g。

乳酸钙（Calcium Lactate）

用于防治钙缺乏症，如痉挛、发育不全、佝偻病、妊娠和哺乳期的钙盐补充。

内服：一次量，马、牛 10～30 g，羊、猪 0.5～2 g，犬、猫 0.2～0.5 g，水貂 0.1～0.2 g。

磷酸二氢钠（Sodium Dihydrogn Phosphate）

【应用】为磷补充剂，无水磷酸二氢钠含磷 25.81%，含钠 19.17%。主要用于磷代谢障碍引起的疾病，如佝偻病、骨软症。也用于急性低磷血症或慢性磷缺乏症。牛和水牛常发生低磷血症，表现为卧地、食欲不振、溶血性贫血和血红蛋白尿。缺磷地区家畜的慢性磷缺乏症，表现为厌食、不孕和跛行等。

【用法与用量】内服：一次量，牛 90 g。

静脉注射：一次量，牛 30～60 g。

磷酸氢钙（Calcium Hydrogem Phosphate）

兼有补充钙、磷的作用，无水磷酸氢钙含钙 29.6%，含磷 23.29%。用于钙、磷缺乏症，且不影响钙磷平衡。多用于治疗佝偻病、骨软病、骨发育不全等。宜与维生素 D 合用。

内服：一次量，马、牛 12 g，羊、猪 2 g，犬、猫 0.6 g。

（二）镁

常用的含镁制剂有硫酸镁、氯化镁、碳酸镁和氧化镁。

【体内过程】在非反刍动物，镁主要经小肠被动吸收，而反刍动物主要经前胃壁主动吸收，在大肠内镁极少或不被吸收。故大剂量的内服镁盐经常被用作泻药。镁的吸收率受多种因素影响。不同种属动物镁的吸收率不同，猪、禽一般可达 60%，奶牛只有 5%～30%。饲料中高含量的钙、磷、钾、氨可抑制胃肠对镁的吸收，而食盐、容易发酵的糖类可提高镁的吸收。

镁吸收后约 60%存在于骨骼内，其余大部分存在细胞内，尤其是肌肉组织的细胞内，约1%存在于细胞外液，在血浆中约1/3与蛋白结合。除主要通过肾脏排泄外，也可经乳汁、产蛋等方式排泄。非蛋白结合的镁可自由通过肾小球滤过，滤过的镁有25%～30%在近曲小管被动重吸收。甲状旁腺激素（PTH）通过负反馈机制促进肾小管对镁的重吸收，低镁血症激发PTH释放，而高镁血症抑制PTH的释放。

【作用与应用】镁作为一个必需矿物元素有多种功能：①作为酶的活化因子或构成酶的辅基，如磷酸酶、激酶、氧化酶、肽酶和精氨酸酶等。葡萄糖UDPG焦磷酸化酶的催化活性功能必须有镁离子参与。②参与DNA、RNA和蛋白质的合成。③参与骨骼和牙齿的组成。④镁与钙相互制约保持神经肌肉兴奋与抑制平衡。镁离子通过减少或阻断神经递质（如乙酰胆碱）而阻断神经冲动，钙离子促进神经递质的释放；镁离子对肌肉收缩有抑制作用，而钙离子对肌肉收缩有兴奋作用。

正常条件下，动物对镁的需要量较低，通常不会发生镁缺乏症。但代谢紊乱或胃肠道内的物质不平衡可降低镁的吸收，造成镁缺乏症。动物镁缺乏主要表现为厌食、生长受阻、过度兴奋、痉挛、肌肉震颤、反射亢进、抽搐、角弓反张和惊厥，严重者昏迷死亡。牛主要表现为缺镁痉挛症。家禽表现为生长缓慢，蛋鸡产蛋率下降。硫酸镁、氯化镁、氧化镁和碳酸镁均可用于镁缺乏症，如牛低血镁性痉挛、抽搐等。

镁过量会引起鸡、猪、牛、羊、马等动物中毒，主要表现为采食量下降、昏睡、运动失调和腹泻，严重者死亡。绵羊和马出现呼吸麻痹、发绀和心搏停止。当鸡饲粮镁含量高于0.6%时，生长速度减慢、产蛋率下降和蛋壳变薄。用钙盐如硼葡萄糖酸钙可减缓镁的急性毒性。

畜禽对日粮中镁的最大耐受量为：牛、绵羊0.5%，猪、禽、马、兔为0.3%。

【用法与用量】混饲：每1 kg饲料，生长猪、妊娠母猪与泌乳母猪0.4 mg，肉用仔鸡0.5～0.6 mg，产蛋鸡0.4～0.6 mg，奶牛1～2 mg，肉牛0.6～1 mg，羊0.6 mg。

内服：氯化镁、硫酸镁、氧化镁和碳酸镁，预防低血镁性痉挛、抽搐，一次量，成年牛30 g，犊牛3 g。

（三）硫

各种蛋白质饲料、含硫氨基酸和无机硫都是畜禽硫的主要来源，常用的含硫制剂是硫酸钠。

【体内过程】无机硫酸盐主要在回肠以易化扩散方式吸收，有机硫基本按含硫氨基酸吸收机制在小肠吸收。反刍动物和非反刍动物对硫的消化吸收不同，非反刍动物基本上只能消化吸收无机硫酸盐和有机含硫物质中的硫，反刍动物通过唾液分泌使血浆中硫酸盐重新循环到瘤胃，在微生物作用下使硫酸盐还原为亚硫酸盐，再合成蛋氨酸、胱氨酸，从而将外源硫转变为有机硫。吸收入体内的无机硫基本上不能转变成有机硫，更不能转变成含硫氨基酸。故反刍动物利用硫的能力较强，非反刍动物利用硫的能力很弱。但反刍动物和非反刍动物都能利用无机硫合成黏多糖。

动物体内约含0.15%的硫，大部分作为其他营养物质的组成成分，以有机硫如含硫氨基酸（SAA）、一些维生素B、硫酸软骨素、黏多糖、谷胱甘肽和牛磺酸等形式，分布于各种组织中。有些蛋白质如毛、羽中含硫量高达4%左右。少部分以硫酸盐的形式存在于血中。硫除主要通过粪、尿排泄之外，还有被毛脱落、换羽、出汗、泌乳和产蛋等排泄途径。

尿中的硫主要是游离硫、蛋白质分解产物或含硫有毒物质经解毒后形成的硫酯化物。尿中氮硫比相当稳定。

【作用与应用】硫在动物机体中主要通过含硫营养物质的代谢物起作用。硫是构成 SAA（如蛋氨酸、胱氨酸及半胱氨酸）、某些维生素（生物素、硫胺素）、肝素、谷胱甘肽以及牛磺酸中的组分，为动物胃肠道微生物消化纤维素、利用非蛋白氮和合成维生素 B 族所必需。硫也是软骨素基质的重要组分。硫作为生物素的成分在脂类代谢中起重要作用；作为硫胺素的成分参与糖类的代谢过程；作为辅酶 A 的成分参与能量代谢。此外，硫还是黏多糖的成分在成骨胶原及其结缔组织代谢中起作用。畜禽的被毛、爪、角、羽毛等角蛋白中含有较多的硫，在日粮中添加一定量的无机硫，可减少动物对 SAA 的需要量，提高毛、皮的生长速度并改善其品质。

反刍动物能很好地利用无机硫，瘤胃微生物具有利用无机硫和 SAA 中硫的能力。在含硫量不足的日粮中，用尿素氮代替部分蛋白质，添加硫酸盐后微生物可以合成 SAA。单胃动物需要的硫大部分是从 SAA 中获得。猫是唯一不能利用 SAA 合成牛磺酸的动物，比其他动物更需要 SAA，还需要牛磺酸。动物缺硫通常是在缺乏蛋白质时才发生，以尿素为氮源饲喂反刍动物，当日粮氮硫比大于 10∶1（奶牛大于 12∶1）时容易发生缺硫。硫缺乏一般以 SAA 的缺乏表现出来。动物缺硫表现体重明显减轻，毛、爪、角、蹄、羽毛等生长速度减慢，利用纤维素的能力降低，采食量下降。硫从日粮中的 SAA 中来，缺乏时会对每个器官系统产生不利的影响，因为负氮平衡又会减少蛋白的合成，会影响新陈代谢的各个方面。猫缺乏牛磺酸，会导致视网膜脱落、心脏疾病，也会对细胞内钾的新陈代谢产生不利影响。

自然条件下硫过量的情况少见。用无机硫作为添加剂，用量超过 0.3%～0.5%时，可使动物产生厌食、失重、便秘、腹泻等毒性反应，严重时可引起死亡。反刍动物以硫酸盐和 SAA 形式长期过量地摄入硫，都会降低食欲，抑制瘤胃微生物的发酵和降低生产性能。瘤胃微生物对日粮硫的发酵减少能导致急性和慢性硫化物中毒症状。急性硫中毒症表现为呼吸困难、中枢神经抑制、抽搐和死亡。慢性硫化物中毒症状包括瘤胃弛缓、呼吸道疾病、厌食、体重下降、中枢神经异常。反刍动物对日粮中硫的最大耐受量为 0.4%。

【用法与用量】混饲：每 1 000 kg 饲料（以硫元素的添加量计），奶牛 2 g，肉牛 0.5～1 g，羊 1～2.4 g。

硫酸钠，每 1 000 kg 饲料，用于提高毛的产量和质量，绵羊 3 g；防治啄羽癖，家禽 3～5 g。

二、微量元素

动物机体所必需的微量元素有铁、铜、锰、锌、钴、钼、铬、镍、钒、锡、氟、碘、硒、硅、砷等 15 种。对机体可能是必需但尚未确定生理功能的，有钡、镉、锶、锂、溴等。另有 15～20 种元素存在于体内，但生理作用不明，甚至对机体有害，可能是随饲料或环境污染进入，如铝、铅、汞。

微量元素虽占动物体干物质的含量不及 0.01%，但生理功能却十分重要。它们是许多生化酶的必需组分或激活因子，在酶系统中起催化作用；有些是激素、维生素的构成成分，在激素、维生素中起特异的生理作用。有些对机体免疫功能有重要影响。

（一）铜

常用的铜制剂有硫酸铜、碳酸铜、氯化铜、氧化铜和蛋氨酸铜。各种铜盐的生物学效价不同，对于猪和鸡而言，无机铜源中硫酸铜最好；对反刍动物则以氧化铜最好。蛋氨酸铜的生物学效价比铜的无机化合物高。

【体内过程】动物内服铜制剂的吸收与日粮中铜的浓度有关。当饲粮铜浓度低时，主要经易化扩散吸收；当饲粮铜浓度高时，可经简单扩散吸收。多数动物对铜的吸收能力较差，成年动物对铜的吸收率为5%～15%，幼年动物为15%～30%，但断奶前羔羊高达40%～65%。消化道各段都能吸收铜，不同动物其吸收铜的主要部位不同，犬是空肠，猪是小肠和结肠，雏鸡是十二指肠，绵羊是小肠和大肠。饲粮中的锌、硫、钼、铁和钙可降低铜的吸收。

吸收入血的铜，大部分与铜蓝蛋白紧密结合，少部分与清蛋白疏松结合，以铜蓝蛋白和清蛋白铜复合物的形式存在，清蛋白铜复合物是铜分布到各种组织的转运形式。肝内的铜在肝实质细胞中储存，以铜清蛋白形式释放入血，供其他组织利用。哺乳动物的血铜浓度为0.5～1.5 μg/mL，鸟类（包括家禽）、鱼、蛙的血铜含量为0.2～0.3 μg/mL，铜蓝蛋白中铜的含量占血浆铜含量的90%。铜主要从胆汁经肠道排泄，少量经尿液排出。

【药理作用】铜的主要作用有三个方面：①构成酶的辅基或活性成分。铜是赖氨酰氧化酶和氧化物歧化酶的必需离子，还是细胞色素氧化酶、酪氨酸酶、多巴-β-羟化酶、单胺氧化酶、黄嘌呤氧化酶等氧化酶的组分，起电子传递作用或促进酶与底物结合，稳定酶的空间构型等。②参与色素沉着，毛和羽的角化，促进骨和胶原形成。铜是骨细胞、胶原和弹性蛋白形成不可缺少的元素。③维持铁的正常代谢，促进血红蛋白合成和红细胞成熟。

硫酸铜（Copper Sulfate）

【理化性质】无水硫酸铜为灰白色斜方结晶或无定形粉末，易溶于水，含铜39.81%，含硫20.09%。五水硫酸铜为蓝色透明的结晶性粉末或颗粒，可溶于水，含铜25.44%，含硫12.84%。

【应用】饲料中含铜不足可引起铜缺乏症。不同种属动物的症状有差异。主要症状为贫血，嗜中性粒细胞减少，生长缓慢，被毛脱落或粗乱，骨骼生长不良，幼龄动物运动失调（摆腰症），胃肠机能紊乱，心力衰竭等。本品用于防治铜缺乏症。高剂量铜（指含铜量为每1 kg饲料100～250 mg）还能增加仔猪胃蛋白酶、小肠酶及磷脂酶A的活性，提高采食量和对脂肪的利用率，刺激仔猪生长。本品也可用于浸泡奶牛的腐蹄，作辅助治疗。

绵羊、牛、兔、猪、鸡和马对铜的耐受量分别为：每1 kg饲料25 mg、100 mg、200 mg、250 mg、300 mg和800 mg。超过此水平，各种动物均可产生毒性反应。其毒性反应为：反刍动物严重贫血，其他动物可表现生长受阻、贫血、呕吐、排绿色或黑色稀便、肌肉营养不良和繁殖障碍等。高剂量铜还会导致土壤、水质的环境污染。故高剂量铜作为促生长剂的应用应予限制。

【用法与用量】 内服：一日量，牛 2 g，犊 1 g；每 1 kg 体重，羊 20 mg。

混饲：每 1 000 kg 饲料，猪 80 g，鸡 20 g。

（二）锌

常用的锌制剂有硫酸锌、碳酸锌、氯化锌、氧化锌和蛋氨酸锌。无机锌源中硫酸锌的生物学效价高，碳酸锌、氯化锌和氧化锌的生物学效价比较接近。蛋氨酸锌的利用率高于无机锌。

【体内过程】 非反刍动物锌的吸收主要在小肠，反刍动物的皱胃、小肠均可吸收。鸡的腺胃和小肠具有较强的吸收能力，而成年单胃动物对锌吸收率较低，为 7.5%～15%，仔猪对锌的生物利用度为 25%～45%。钙、铜、铁、铬、锶等可降低锌的吸收。植酸与纤维素能与锌形成不溶性的螯合物而降低锌的吸收。多种维生素、有机酸、氨基酸可促进锌的吸收。动物处于应激状态时，降低锌的吸收。

锌的吸收是一种主动转运机制，通过血浆蛋白与原浆膜的相互作用使锌转入血液。血浆中的锌有两种存在形式：一是与球蛋白结合比较牢固的锌，占血浆锌 30%～40%，主要起酶的作用；另一是与清蛋白结合疏松的锌，占血浆锌的 60%～70%，是锌的转运形式。多数动物体内含锌量在 10～100 mg/kg 范围内。锌在体内的分布不均匀，肌肉中占 50%～60%，骨骼中约占 30%，皮和毛中锌含量随动物种类不同而变化较大，其他组织含锌量较少。肝脏是锌储存和代谢的主要场所，肾、胰、脾起辅助作用。日粮中未被吸收的锌通过粪便排出体外，内源性锌主要经胆汁、胰液及其他消化液经粪便排出，仅有极少量经尿液排泄。

【药理作用】 锌的作用主要包括：①是动物体内许多酶的组分。体内 300 多种酶需要锌，常见的有羧肽酶 A 和 B、碳酸酐酶、碱性磷酸酶、醇脱氢酶等。②激活酶。锌参与激活的酶有多种，如精氨酸酶、组氨酸脱羧酶、卵磷脂酶、尿激酶、二核苷酸磷激酶等。③参与蛋白质、核酸、糖类和不饱和脂肪酸的代谢。锌在保护动物皮肤、毛发的健康，维持正常的繁殖机能、免疫、生物膜稳定方面都发挥着重要作用。④参与激素的合成或调节活性。锌与胰岛素或胰岛素原形成可溶性聚合物，有利于胰岛素发挥生理作用。⑤与维生素和矿物元素产生相互拮抗或促进作用。例如，足量的锌是保证维生素 A 还原酶形成和发挥作用的重要因子。锌还与花生四烯酸、水和阳离子的代谢密切相关。⑥维持正常的味觉功能。⑦与动物生殖有很大关系，它不仅影响性器官的正常发育，而且还影响精子、卵子的质量和数量。⑧与免疫功能密切相关。体内锌减少，可引起免疫缺陷，动物对感染性疾病的易感性和发病率升高。

硫酸锌（Zinc Sulfate）

【理化性质】 硫酸锌一水化物含锌 36.4%，含硫 17.9%；其七水化物含锌 22.7%，含硫 11.1%。均为白色结晶或粉末，可溶于水，不溶于乙醇。

【应用】 动物缺锌时，采食量和生产性能下降，生长缓慢，伤口、溃疡和骨折不易愈合，皮肤和被毛损害，雄性动物精子的生成和活力降低，雌性动物繁殖性能降低。皮肤不完全角质化症是很多动物缺锌的典型表现。奶牛的乳房和四肢皲裂，猪的上皮过度角化和变厚，绵羊的毛和角异常。家禽发生严重皮炎，羽毛粗乱、脱落，种禽产蛋量下降，种蛋孵化率降低。本品用于防治锌缺乏症。此外，也可用作收敛药，治疗结膜炎等。

各种动物对高锌有较强耐受力。动物对锌的耐受量分别为：每 1 kg 饲料，马、牛和兔 0.5 g，绵羊 0.3 g，禽、猪 1 g。当猪饲喂每 1 kg 含 4.8 g 锌的日粮时，可出现生长受阻、步态僵直、腹泻等中毒症状。

【用法与用量】内服：1 d 量，牛 0.05～0.1 g，驹 0.2～0.5 g，羊、猪 0.2～0.5 g，禽 0.05～0.1 g。

（三）锰

常用的锰制剂有硫酸锰、碳酸锰和氯化锰等无机锰。

【体内过程】锰的吸收主要在十二指肠。动物对锰的吸收很少，平均为 2%～5%，成年反刍动物可吸收 10%～18%。锰在吸收过程中常与铁、钴竞争吸收位点。饲料中过量的钙、磷和铁可降低锰的吸收。动物处于妊娠期及鸡患球虫病时，对锰的吸收增加。

锰在体内的含量较低，每 1 kg 体重含锰量为 0.4～0.5 mg，在骨骼、肾、肝、胰腺含量较高，肌肉中含量较低。骨中锰占机体总锰量的 25%。血锰浓度为 5～10 μg/mL。血清中的锰与 β 球蛋白结合，向其他各组织器官运输、储存。体内的锰主要通过胆汁、胰液和十二指肠及空肠的分泌进入肠腔，随粪便排出。

【药理作用】锰的生物学功能主要有：①构成和激活多种酶。含锰元素的酶有精氨酸酶、含锰超氧化物歧化酶、RNA 多聚酶和丙酮酸羧化酶等。可被锰激活的酶很多，有碱性磷酸酶、羧化酶、异柠檬酸脱氢酶、精氨酸酶等。因此，锰对糖、蛋白质、氨基酸、脂肪、核酸代谢以及细胞呼吸、氧化还原反应等都有十分重要的作用。②促进骨骼的形成与发育。锰参与硫酸软骨素合成，缺锰时，软骨成骨作用受阻，骨质受损，骨质变疏松。③维护繁殖功能。缺锰时，动物发情周期紊乱，初生动物体重降低，死亡率增高；雄性动物生殖器官发育不良。

硫酸锰（Manganese Sulfate）

【理化性质】锰的硫酸盐均为淡红色结晶，易溶于水，不溶于乙醇。其一水化物含锰 32.5%，含硫 19.0%；五水化物含锰 22.8%，含硫 13.3%；七水化物含锰 19.8%，含硫 11.6%。

【应用】动物缺锰可致采食量和生产性能下降，生长减慢，共济失调和繁殖功能障碍。骨异常是缺锰时的典型表现。雏鸡缺锰产生滑腱症（或叫骨短粗症）和软骨营养障碍。腿骨变形，膝关节肿大。母鸡产蛋率下降，蛋壳变薄，种蛋的受精率和孵化率明显降低。幼龄动物缺锰时骨骼变形，跛行和关节肿大。雌性动物发情受阻，不易受孕。雄性动物性欲下降，精子形成困难。本品用于防治锰缺乏症。

动物对锰的耐受力较高。禽对对锰的耐受力最强，可高达每 1 kg 饲料 2 000 mg，牛、羊可耐受 1 000 mg，猪对锰敏感，只能耐受 400 mg。锰过量可引起动物生长受阻、对纤维的消耗能力降低，抑制体内铁的代谢发生缺铁性贫血，并且影响动物对钙、磷的利用，以致出现佝偻病或骨软症。

【用法与用量】混饲：每 1 000 kg 饲料，猪 50～500 g，鸡 100～200 g。

（四）硒

【体内过程】硒的主要吸收部位是十二指肠，少量在小肠其他部位吸收。瘤胃中微生物能将无机硒变成硒代甲硫氨酸和硒代胱氨酸，使之吸收。硒的吸收比其他微量元素高，单胃动物的净吸收率为85%，反刍动物为35%。硒被吸收入血后，与血浆蛋白结合运到全身各组织中，其中肝、肾硒浓度最高，肌肉中总硒含量最高。机体的含硒量为每1 kg体重20～25 μg，血硒浓度为50～180 μg/L。硒可通过胎盘进入胎儿体内，也易通过卵巢和乳腺进入蛋或乳中。体内的硒主要通过粪、尿和乳汁排泄。从消化道吸收的硒，40%通过肾脏排泄。由非肠道给药的硒，70%通过肾脏排泄。

【药理作用】硒的作用有：①抗氧化。硒是谷胱甘肽过氧化物酶的组分，参与所有过氧化物的还原反应，能防止生物膜的脂质过氧化，维持细胞膜的完整性。硒与维生素E在抗氧化损伤方面有协同作用。②参与辅酶A和辅酶Q合成，在体内三羧酸循环及电子传递过程中起重要作用。③维持畜禽正常生长。硒蛋白也是肌肉组织的正常组分。④参与维持胰腺的完整性，保护心脏和肝脏的正常功能。⑤维持精细胞的结构和机能。公猪缺硒，可致睾丸曲精细管发育不良，精子减少。⑥降低汞、铅、镉、银、铊等重金属的毒性。硒可与这些金属形成不溶性的硒化物，明显地减少这些重金属对机体的毒害作用。⑦促进抗体生成，增强机体免疫力。

亚硒酸钠（Sodium Selenite）

【理化性质】为白色结晶性粉末，无臭，易溶于水，不溶于乙醇。

【应用】幼龄动物硒缺乏时，发生白肌病。猪还出现营养性肝坏死和桑葚心，雏鸡发生渗出性素质、脑软化、胰腺纤维素性变性和肌萎缩等。硒缺乏还明显影响繁殖性能。母猪产仔数减少，蛋鸡产蛋量下降，母羊不育，母牛产后胎衣不下。本品主要用于防治白肌病及雏鸡发生渗出性素质等硒缺乏症。补硒时，添加维生素E，防治效果更好。

硒为有毒元素，其治疗量与中毒量很接近，含硒制剂使用过量，可致动物急性中毒，表现为盲目蹒跚，重者呼吸衰竭死亡。经饲料长期添加饲喂动物，可致慢性中毒，表现为消瘦、贫血、关节强直、脱蹄、脱毛和影响繁殖等。急性硒中毒一般不易解救。慢性硒中毒，除立即停止添加外，可皮下注射砷酸钠溶液解毒。动物对硒的最大耐受量为：每1 kg饲料，牛、绵羊、马和兔2 mg，猪2.5 mg、禽5 mg。中毒量为：每1 kg饲料，牛8 mg，绵羊10 mg，猪7 mg，禽15 mg。

【用法与用量】肌内注射：一次量，马、牛30～50 mg，驹、犊5～8 mg，羔羊、仔猪1～2 mg。牛、羊、猪的休药期为28 d。

混饲：每1 000 kg饲料，畜禽0.2～0.4 g。牛、羊、猪的休药期为28 d。

【制剂】亚硒酸钠注射液（Sodium Selenite Injection），亚硒酸钠维生素E注射液（Sodium Selenite and Vitamin E Injection），亚硒酸钠维生素E预混剂（Sodium Selenite and Vitamin E Premix）。

（五）碘

常用的碘制剂有碘化钾、碘化钠、碘酸钾和碘酸钙。碘化钾、碘化钠可被动物充分利用，但空气中易被氧化，使碘挥发。

【体内过程】碘在消化道各部位都可吸收。非反刍动物主要是小肠，反刍动物主要是瘤胃。无机碘可直接被吸收，有机碘还原成碘化物后才能被吸收。碘化钾在胃肠道的吸收率为25%～35%。吸收入血后的碘，60%～70%被甲状腺摄取，参与甲状腺素和三碘甲腺原氨酸的合成，再以激素形式返回到血液中。碘也可以离子形式，进入机体其他组织。碘主要经尿排泄。反刍动物皱胃可分泌内源性碘，但进入消化道的碘，一部分可重新被吸收利用。少量碘随唾液、胃液、胆汁的分泌，经消化道排出。皮肤和肺也可排出极少量的内源性碘。

动物体内平均含碘0.2～0.3 mg/kg，碘在体内的分布极不均匀，其中甲状腺占70%～80%，是单个微量元素在单一组织器官中浓度最高的元素。甲状腺对血浆中的无机碘有主动摄取作用，硫氢酸盐、高氯酸盐和铅可抑制摄取，而垂体促甲状腺激素则促进摄取。在甲状腺内，无机碘在碘化物过氧化物酶和酪氨酸碘化酶系的作用下，碘离子被转化为碘原子而活化，与酪氨酸反应形成一碘酪氨酸和二碘酪氨酸。两个二碘酪氨酸缩合成一个甲状腺素（T_4）分子，一个一碘酪氨酸与一个二碘酪氨酸可缩合成一个三碘甲腺原氨酸（T_3）分子。在体内，T_4 的含量比 T_3 高，但 T_3 的生物活性要比 T_4 高5～10倍。

【应用】碘是动物体内甲状腺素及其活性形式三碘甲腺原氨酸的组分，其生物学功能几乎都是通过甲状腺素控制机体的基础代谢率来实现的，碘能促进物质代谢，对动物繁殖、生长、发育等起调控作用。碘也是动物体内常住微生物所必需的元素。

碘化钾和碘化钠（Potassium Iodide and Sodium Iodide）

【理化性质】碘化钾为无色或白色立方晶体，易溶于水，含碘76.4%，含钾23.6%。

【应用】动物缺碘时，因甲状腺细胞代偿性增生而表现肿大，生长发育不良，繁殖力下降，基础代谢率降低；雌性动物产死胎或弱胎，发情无规律或不育，母鸡产蛋停止，种蛋孵化率下降；雄性动物的精液品质低劣。本品用于防治碘缺乏症。

不同动物对碘的耐受力不同：每1 kg饲料，牛、羊50 mg，马5 mg，猪400 mg，禽300 mg。超过耐受量可造成不良影响，猪血红蛋白水平下降，鸡产蛋量下降，奶牛产乳量降低。

【用法与用量】混饲：每1 000 kg饲料，猪180 mg，蛋鸡390～460 mg，肉仔鸡350 mg，奶牛260 mg，肉牛130 mg，羊260～530 mg。

碘酸钾和碘酸钙（Potassium Iodate and Calium Iodate）

【理化性质】碘酸钾含碘59.3%，含钾18.3%。为无色结晶或白色粉末，无臭，溶于水、稀酸和碘化钾水溶液。无水碘酸钙含碘65.1%，含钙10.3%。为白色结晶性粉末。

【应用】碘酸钾和碘酸钙比碘化钾稳定，且利用率高，用于防治碘缺乏症。

【用法与用量】混饲（碘酸钾）：每1 000 kg饲料，猪240 mg，蛋鸡510～590 mg，肉仔鸡590 mg，奶牛340 mg，肉牛170 mg，羊340～670 mg。

混饲（碘酸钙）：每1 000 kg饲料，猪220 mg，蛋鸡460～540 mg，肉仔鸡540 mg，奶牛310 mg，肉牛150 mg，羊150～310 mg。

（六）钴

常用的钴制剂有氯化钴、硫酸钴和碳酸钴等。三者生物学效价接近。

【体内过程】 钴的吸收率不高。内服的钴，一部分被胃肠道微生物用以合成维生素 B_{12}，一部分经小肠吸收进入血液。单胃动物对钴的吸收能力较低，猪 5%～10%，禽类 3%～7%，马 15%～20%。可溶性钴盐中的钴，是以离子形式吸收，而维生素 B_{12} 或类似物则是与胃壁细胞分泌的内因子（一种糖蛋白）结合后才吸收。钴和铁具有共同的肠黏膜转运途径，两者存在着竞争性抑制作用，高铁抑制钴吸收。反刍动物对钴的利用率较高，为 16%～60%。

钴在动物体内的含量极低，主要分布在肝、肾、脾和骨骼中，主要由肾脏排出。内服的无机钴，80%以上从粪便排出，10%左右从乳汁排泄。注射的钴，主要由尿排泄，少量由胆汁和小肠黏膜分泌排泄。

【药理作用】 钴是一个比较特殊的必需微量元素。动物不需要无机态的钴，只需要机体不能合成而存在于维生素 B_{12} 中的有机钴。钴是维生素 B_{12} 的必需组分，通过维生素 B_{12} 表现其生理功能：参与一碳基团代谢，促进叶酸变为四氢叶酸，提高叶酸的生物利用率；参与甲烷、蛋氨酸、琥珀酰辅酶 A 的合成和糖原异生。反刍动物瘤胃中微生物必须利用外源钴，才能合成维生素 B_{12}。非反刍动物动物的大肠微生物合成维生素 B_{12}，也需要钴。

氯化钴（Cobalt Chloride）

【理化性质】 无水氯化钴含钴 45.4%，含氯 54.6%。为淡蓝色、浅紫色或红紫色结晶。可溶于水、乙醇和丙酮。

【应用】 饲料中长期缺钴，影响维生素 B_{12} 合成，以致血红蛋白和红细胞生成受阻。牛、羊表现为明显的低血色素性贫血，血液运输氧的能力下降，食欲减退，消瘦，生长减慢，异食癖，产乳量下降，死胎或初生动物体弱。本品主要用于防治反刍动物钴缺乏症。

由于动物机体具有限制钴吸收的能力，故各种动物对钴的耐受力都较强，达每 1 kg 饲料 10 mg。饲粮钴超过需要量的 300 倍则产生中毒反应。

【用法与用量】 内服：一次量，治疗，牛 500 mg，犊 200 mg，羊 100 mg，羔羊 50 mg；预防，牛 25 mg，犊 10 mg，羊 5 mg，羔羊 2.5 mg。

【制剂】 氯化钴片（Cobalt Chloride Tablets），氯化钴溶液（Cobalt Chloride Solution）。

第二节　维 生 素

维生素是一类结构各异、维持动物正常健康和生产性能所必需的小分子有机化合物。体内一般不能合成，必须由日粮提供，或提供其前体物。反刍动物瘤胃的微生物能合成机体所需要的 B 族维生素和维生素 K。与三大营养物质不同，维生素既不是能量物质，也不是机体组织结构的组成成分，而主要是构成酶的辅酶或辅基，参与调节物质和能量的代谢。维生素对促进动物生长发育，改善饲料报酬，提高繁殖性能，增强抗应激能力，改善畜禽产品质量，有着十分重要的作用。

现已发现具有维生素样功能的物质，有 50 多种，公认为维生素的，有 14 种。根据溶解性，通常把维生素分为脂溶性维生素和水溶性维生素两大类。有些物质，已被证明在某些方面具有维生素的生物学作用，少数动物必须由饲粮提供，但没有证明大多数动物必须由饲粮提供，称为类维生素（vitamin-like substances），主要有甜菜碱、肌醇、肉毒碱等。还有一些物质，有促进机体代谢作用，但还没有证明哪种动物必须由饲粮提供，如乳清酸（维生素 B_{13}）、泛配子酸（维生素 B_{15}）、苦杏仁苷（维生素 B_{17}）、维生素 U 及葡萄糖耐受因子等，称为假维生素。

每种维生素对动物机体都有其特殊的功能，动物缺乏时会引起相应的营养代谢障碍，出现维生素缺乏症，轻者可致食欲降低、生长发育受阻、生产性能下降和抵抗力降低，重者引起死亡。维生素缺乏症在畜禽普遍发生，造成缺乏的原因主要有：①维生素供应不足；②机体在应激、疾病情况下及在妊娠、泌乳、产蛋和快速生长时期，对维生素的需要量增加；③胃肠、肾脏患病动物，机体对维生素的吸收、利用、合成发生障碍或排出增多；④内服抗菌药物，抑制了瘤胃、肠道内微生物对 B 族维生素和维生素 K 的合成和吸收。

维生素制剂主要用于防治维生素缺乏症。但应注意，维生素除有其改善代谢等特定的作用外，在过量和长期使用时，又会使动物出现维生素中毒症或不良反应，如多次大剂量使用脂溶性维生素，尤其是维生素 A 和维生素 D，易使动物发生蓄积性中毒。

一、脂溶性维生素

脂溶性维生素能溶于脂或油类溶剂，不溶于水，包括维生素 A、维生素 D、维生素 E 和维生素 K。脂溶性维生素在肠道的吸收与脂肪的吸收密切相关，腹泻、胆汁缺乏或其他能够影响脂肪吸收的因素，同样会减少脂溶性维生素的吸收。吸收后主要储存于肝脏和脂肪组织，以缓释方式供机体利用。脂溶性维生素吸收多，在体内储存也多，如果机体摄取的脂溶性维生素过多，超过体内储存的限量，会引起动物中毒。

维生素 A（Vitamin A）

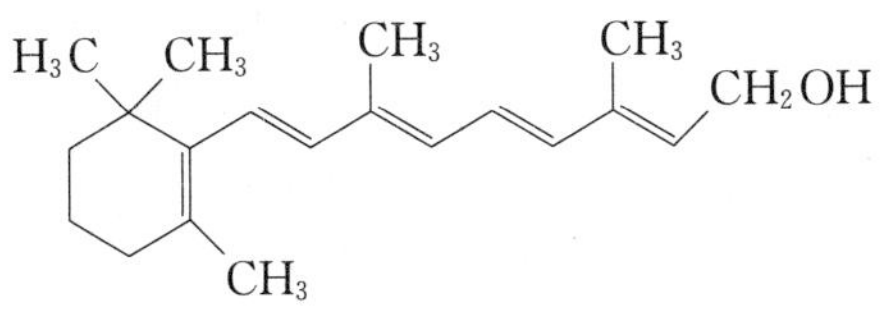

维生素A_1 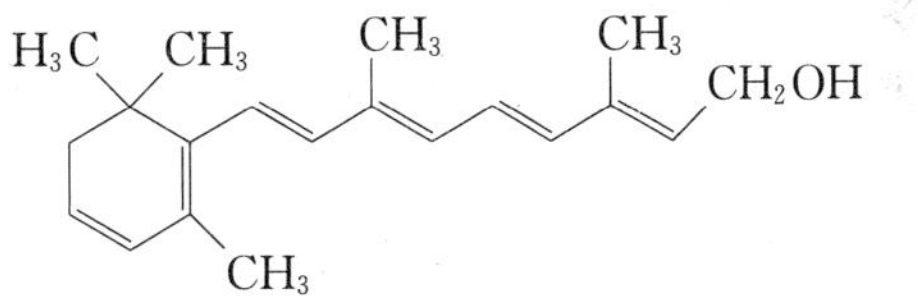　　维生素A_2

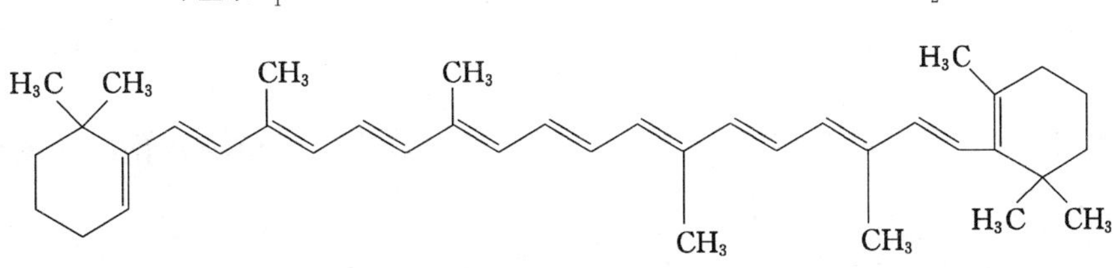

β-胡萝卜素

维生素 A，是一类具有相似结构和生物活性的高度不饱和脂肪醇，它有顺、反两种构型，其中以反式视黄醇效价最高。维生素 A 只存在于哺乳动物和海鱼的组织中，植物中不含维生素 A，只含它的前体物——胡萝卜素，其中以 β-胡萝卜素活性最大。常用的维生素 A 是全反式的维生素 A 乙酸酯和维生素 A 棕榈酸酯。一个国际单位（1 IU）的维生素 A 相当于 0.3 μg。

【理化性质】本品为淡黄色油溶液，或结晶与油的混合物。在空气中易被氧化破坏，遇光易变质。不溶于水，微溶于乙醇。

【体内过程】 内服的维生素 A 和胡萝卜素，在胃蛋白酶和肠蛋白酶作用下，从与之结合的蛋白质上脱落下来。进入小肠后，游离的维生素 A，经主动转运机制进入肠黏膜的上皮细胞内，重新酯化后吸收。胆盐对 β-胡萝卜素的吸收有重要意义。它有表面活性剂的作用，可促进 β-胡萝卜素的溶解和进入小肠细胞。维生素 A 和 β-胡萝卜素的吸收受日粮中的蛋白质、脂肪、维生素 E、铁等影响。脂肪和蛋白质有利于维生素 A 和 β-胡萝卜素的吸收。一般来说，日粮中 50%～90%的维生素 A 可被吸收，50%～60%的 β-胡萝卜素可被吸收。胃肠疾病会降低 β-胡萝卜素的转化和维生素 A 的吸收。

吸收的维生素 A 主要被酯化为棕榈酸酯，转化为乳糜微粒，被淋巴系统吸收转运到肝脏储存。当周围组织需要时，维生素 A 可从肝内释放出来，被水解成游离的维生素 A，并与肝细胞合成的维生素 A 结合蛋白（retinol-binding protein，RBP）结合后进入血液，再与别的蛋白质如 α 球蛋白结合，形成维生素 A-蛋白质-蛋白质复合物，通过血液转运到靶器官。体内的维生素 A 通常以原形从尿中排泄，未被消化吸收的维生素 A 和胡萝卜素主要从粪中排泄。

【作用与应用】 维生素 A 与视觉、上皮组织、生殖、骨骼生长、免疫功能等密切相关。

（1）视觉：参与合成视紫红质，维持正常的视觉功能。视紫红质是视网膜杆状细胞中对弱光敏感的感光物质，在维生素 A 缺乏时，导致对弱光敏感性降低而出现夜盲症甚至失去视力。

（2）维持皮肤、黏膜和上皮组织的完整性：维生素 A 能促进黏多糖的合成，其缺乏时，引起皮肤、黏膜、腺体、气管和支气管的上皮组织干燥和过度角化，动物易患干眼病、感冒、肺炎、肾炎和膀胱炎等疾病。

（3）生殖作用：维生素 A 是正常生殖功能所必须，缺乏时，会导致雄性动物性功能降低和无精，雌性动物正常发情周期紊乱、胎儿畸形、流产、死胎，蛋鸡产蛋率下降。

（4）骨生长：正常的骨骼生长需要维生素 A 参与。维生素 A 缺乏，破骨细胞和成骨细胞活动受到影响而使骨发生变形。动物可会出现步态不稳、共济失调和痉挛。

（5）免疫作用：维生素 A 缺乏可导致胸腺（鸡为腔上囊）（淋巴细胞在其中分化为 T 细胞和 B 细胞）萎缩，免疫力下降。

（6）促进动物生长和发育：调节体内脂肪、糖和蛋白质代谢。维生素 A 缺乏时，动物生长发育减慢，肌肉萎缩，体重下降。

本品主要用于防治维生素 A 缺乏症，如干眼病、夜盲症、角膜软化症和皮肤粗糙等。局部用于烧伤和皮肤炎症，有促进愈合的作用。

维生素 A 过量易引起中毒。中毒症状可表现为骨骼畸形和骨折、生长减缓、体重减轻、皮肤病、贫血、肠炎等。维生素 A 的中毒剂量，非反刍动物（包括禽和鱼类）为机体需要量的 4～10 倍，反刍动物则为需要量的 30 倍。

【用法与用量】 内服：一次量，马、牛 20～60 mL，猪、羊 10～15 mL，犬 5～10 mL，禽 1～2 mL。

肌内注射：一次量，马、牛 5～10 mL，驹、犊、猪、羊 2～4 mL，仔猪、羔羊 0.5～1 mL。

【制剂】 维生素 AD 油（Vitamin A & D Oil），维生素 AD 注射剂（Vitamin A & D Injection）。

维生素 D（Vitamin D）

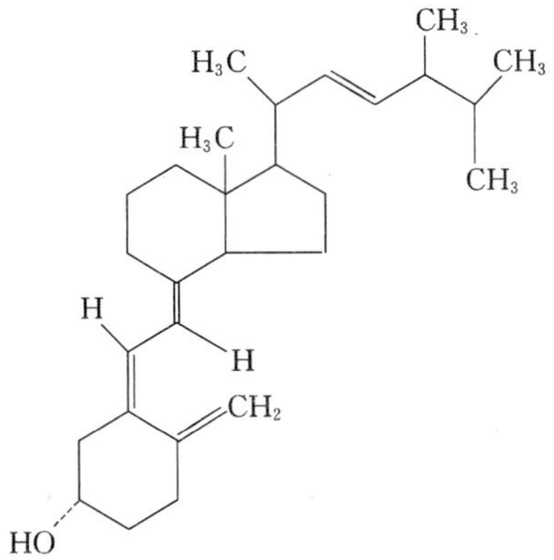

维生素 D_2 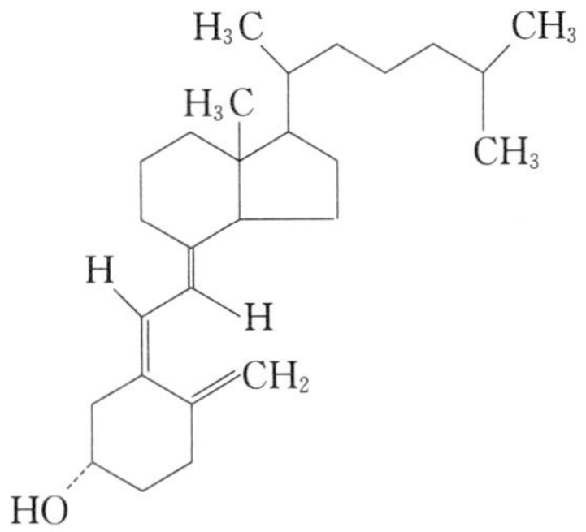　　　　维生素 D_3

维生素 D 又称钙化醇或骨化醇（Calciferol）。

自然界中维生素 D 以多种形式存在，其活性形式有 D_2（麦角钙化醇）和 D_3（胆钙化醇）两种。D_2 的前体是来自酵母和植物的麦角固醇，D_3 来自动物的 7 -脱氢胆固醇。维生素 D 的活性用国际单位表示或用相当于多少微克的维生素 D_3 表示。一个国际单位（1 IU）的维生素 D 相当于 0.025 μg 维生素 D_3 的活性。

【理化性质】为白色针状结晶或无色晶粉，不溶于水，略溶于植物油，易溶于乙醇。

【体内过程】维生素 D_2 和 D_3，以及 D_2 原和 D_3 原，均易从小肠经主动转运吸收。有利于脂肪吸收的各种因素，均能促进它们的吸收，其中胆酸盐最重要。消化道正常的动物内服维生素 D 的生物利用度为 80%。吸收入血的维生素 D，由载体（α 球蛋白）转运到其他组织。主要储存于肝脏和脂肪组织，一部分储存于肾、肺和皮肤等组织。

维生素 D 实际上是一种激素原，本身无生物活性。需先在肝羟化酶的作用下，变成 25 -羟胆钙化醇或 25 -羟麦角钙化醇，然后由球蛋白经血液转运到肾脏，在甲状旁腺素（PTH）的作用下，进一步羟化形成 1α,25 -二羟胆钙化醇或 1,25 -二羟麦角钙化醇，才能发挥生物学效应。1α,25 -二羟胆钙化醇的活性比 25 -羟胆钙化醇高 3.6 倍，比胆钙化醇高 5.5 倍。维生素 D 及其分解代谢产物的排泄途径还不十分清楚，一般认为它们主要通过胆汁排泄，从尿中排泄的量甚微。

【作用与应用】在多数哺乳动物，如犊、猪、犬等，维生素 D_2 和维生素 D_3 的生物活性相等；在奶牛，维生素 D_2 的生物活性是维生素 D_3 的 1/2～1/4；但在家禽体内，维生素 D_3 的活性要比维生素 D_2 高 30 倍。鱼对维生素 D_2 的利用效率较低，一般用维生素 D_3。

维生素 D 缺乏时，致使幼年动物发生佝偻病，成年动物特别是妊娠或泌乳动物，发生骨软症。母鸡的产蛋率降低，蛋壳易碎。奶牛的产乳量大减。

维生素 D 主要用于防治佝偻病和骨软症。犊、猪、牛、禽易发生佝偻病，马、牛较多发生骨软症。使用时，应连续数周给予大剂量维生素 D，通常为日需要量的 10～15 倍。维生素 D 也可用于治疗骨折，促进骨的愈合。妊娠和泌乳动物及其幼龄动物，对钙、磷需要量大，常需补充维生素 D，以促进钙、磷吸收。奶牛产前 1 周每日肌内注射维生素 D_3，能有效地预防分娩轻瘫、乳热症和产褥热。

【用法与用量】皮下、肌内注射（维生素 D_2 胶性钙）：一次量，马、牛 5～20 mL，猪、羊 2～4 mL，犬 0.5～1 mL。

肌内注射（维生素 D_3）：一次量，每 1 kg 体重，家畜 1 500～3 000 IU。

【制剂】维生素 D_2 胶性钙注射液（Vitamin D_2 and Calcium Colloidal Injection），维生素 D_3 注射剂（Vitamin D_3 Injection）。

维生素 E（Vitamin E，Tocopherol）

CH_3 ; H_3C ; HO ; O ; CH_3 ; CH_3

$$(CH_2)_3-\underset{|\atop CH_3}{CH}-(CH_2)_3-\underset{|\atop CH_3}{CH}-(CH_2)_3-\underset{|\atop CH_3}{CH}-CH_3$$

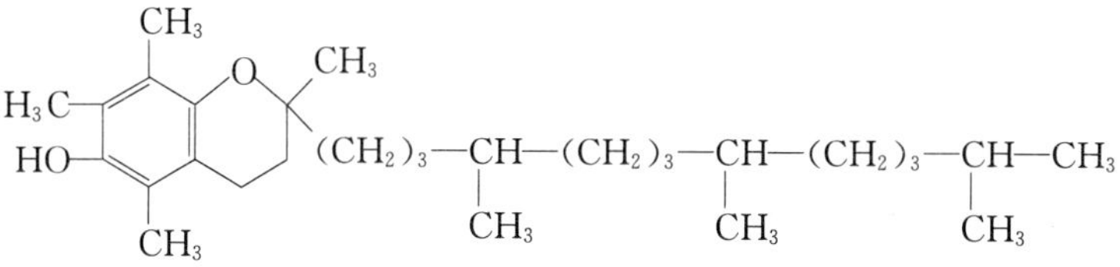

维生素 E 又称生育酚（Tocopherol），目前已知的至少有 8 种，它们是一组化学结构相似的酚类化合物，其中以 α-生育酚分布最广，效价最高。维生素 E 的活性用国际单位表示，1 IU 的维生素 E 相当于 1 mg DL-α-生育酚乙酸酯。合成的 DL-α-生育酚 1 mg 相当于 1.1 IU的维生素 E。

【理化性质】为微黄色或黄色透明的黏稠液体，不溶于水，易溶于乙醇。

【体内过程】内服的维生素 E 需在小肠中与胆汁等一起形成微胶粒状态。如果是维生素 E 乙酸酯，则先在小肠内被水解成维生素 E 以非载体介导的被动扩散方式，进入肠黏膜细胞内，与脂肪酸和载体脂蛋白等一起形成乳糜微粒，然后通过肠系膜淋巴和胸导管而被动转运到体循环。在血中以脂蛋白为载体进行转运。大部分被肝脏和脂肪组织摄取并储存，在心、肝、肺、肾、脾和皮肤组织中分布也较多。维生素 E 易从血液转运到乳汁中，但不易透过胎盘。主要通过粪便排泄。

【作用与应用】维生素 E 的功能主要有以下几个方面：

（1）抗氧化：维生素 E 本身易被氧化，可保护其他物质不被氧化，在体内外都可发挥抗氧化作用。在细胞内，维生素 E 可抑制有害的脂类过氧化物产生，阻止细胞内或细胞膜上的不饱和脂肪酸被过氧化物氧化、破坏，从而保护了细胞膜的完整性，延长细胞的寿命。它还能使巯基不被氧化，保护某些酶的活性。

（2）维护内分泌功能：维生素 E 可促进性激素分泌，调节性腺的发育和功能，有利于受精和受精卵的植入，并能防止流产，提高繁殖能力。还能促进甲状腺激素和促肾上腺皮质激素（ACTH）产生，调节体内糖类和肌酸的代谢，提高糖和蛋白质的利用率。

（3）提高抗病力：能促进辅酶 Q 和免疫蛋白质的生成，提高机体的抗病能力。在细胞代谢中发挥解毒作用，维生素 E 对过氧化氢、黄曲霉毒素、亚硝基化合物等具有解毒功能。

（4）维护骨骼肌和心肌的正常功能，防止肝坏死和肌肉退化。

（5）改善缺硒症状：维生素 E 通过使含硒的氧化型过氧化物酶变成还原型过氧化物酶，及减少其他过氧化物的生成而节约硒，减轻因缺硒而带来的影响。

动物维生素 E 缺乏的症状与缺硒相似，主要表现为白肌病、黄脂病、肝坏死、渗出性素质、贫血等，羔羊四肢僵直，猪桑葚心，鸡脑软化等。维生素 E 与硒关系密切，维生素 E 阻止脂肪酸过氧化物的形成和自由基的产生，硒是谷胱苷肽过氧化酶的必需物质，可以减少谷胱苷肽的自由基。日粮中硒的缺乏会增加动物对维生素 E 的需求。补硒可防治或减轻大多数维生素 E 缺乏的症状，但硒只能代替维生素 E 的一部分作用。

本品主要用于防治畜禽的维生素 E 缺乏症，如犊、羔、驹和猪的营养性肌萎缩（白肌病），猪的肝坏死病和黄脂病，雏鸡的脑质软化和渗出性素质。

维生素 E 和硒为繁殖功能所必需，维生素 E 与硒合用，可减少母牛胎盘滞留、子宫炎、卵巢囊肿的发生率。维生素 E 还常与维生素 A、维生素 D、维生素 B 族配合，用于畜禽的应激、生长不良、营养不良等综合性缺乏症。

【用法与用量】内服：一次量，驹、犊 0.5～1.5 g，羔羊、仔猪 0.1～0.5 g，犬 0.03～0.1 g，禽 5～10 mg。

皮下或肌内注射：一次量，驹、犊 0.5～1.5 g，羔羊、仔猪 0.1～0.5 g，犬 0.03～0.1 g。

【制剂】维生素 E 注射液（Vitamin E Injection），亚硒酸钠维生素 E 注射液（Sodium Selenite and Vitamin E Injection），亚硒酸钠维生素 E 预混剂（Sodium Selenite and Vitamin E Premix）。

二、水溶性维生素

水溶性维生素包括 B 族维生素和维生素 C，均易溶于水。B 族维生素包括硫胺素、核黄素、泛酸、烟酸、维生素 B_6、维生素 H（生物素）、叶酸和维生素 B_{12}。除维生素 B_{12}外，水溶性维生素几乎不在体内储存，超过生理需要的部分会较快地随尿排出体外，因此长期应用造成蓄积中毒的可能性小于脂溶性维生素。一次大剂量使用，通常不会引起中毒性反应。

维生素 B_1（Vitamin B_1）

又称硫胺素（Thiamine）。

【理化性质】为白色结晶性粉末。易溶于水，微溶于乙醇。

【体内过程】维生素 B_1 内服后，仅少部分从小肠特别是十二指肠吸收，生物利用度低，大部分从粪便排出。大肠吸收的能力差，所以大肠微生物合成的维生素 B_1 利用率极低。反刍动物瘤胃能吸收游离的维生素 B_1，游离的硫胺素通过被动扩散和主动转运过程被吸收，在血液中通过载体蛋白转运到组织中。体内的维生素 B_1 大约 80%是以焦磷酸硫胺素的形式存在。维生素 B_1 在心、肝、骨骼肌、肾、大脑中的含量高于血液，但组织储量低。猪储存维生素 B_1 的能力比其他动物强，可供 1～2 个月之需。家禽的储存量十分有限，要经常补充。维生素 B_1 主要从粪和尿中排出。

【作用与应用】维生素 B_1 和 ATP 主要在肝脏硫胺素激酶和镁离子作用下，生成焦磷酸硫胺素而发挥作用：①作为 α-酮酸氧化脱羧酶系的辅酶，参与丙酮酸、α-酮戊二酸的脱羧反应。因此，硫胺素与糖代谢密切相关，可维持正常的糖代谢，维持神经、心肌和胃肠道的正常功能，促进生长发育。②是磷酸戊糖氧化磷酸化反应中转酮酶的辅酶，对机体特别是脑组织的氧化供能所必需的辅酶，也是戊糖、脂肪酸和胆固醇合成及生成烟酰胺腺嘌呤二核苷酸（NADPH）所必需的辅酶。③可促进胃肠道对糖的吸收，刺激乙酰胆碱形成等。

维生素 B_1 缺乏时，体内丙酮酸和乳酸蓄积，动物表现食欲不振，生长缓慢，多发性神经炎、运动减弱、震颤、软瘫、共济失调、角弓反张、抽搐等症状。家禽对维生素 B_1 缺乏最敏感，其次是猪。成年反刍动物瘤胃、马盲肠及具有食粪习性的兔的大肠中，微生物可合

成维生素 B_1，较少出现缺乏症。

本品主要用于防治畜禽维生素 B_1 缺乏症如多发性神经炎及各种原因引起的疲劳和衰竭。高热、重度使役和大量输注葡萄糖，也要补充维生素 B_1。维生素 B_1 还可作为治疗心肌炎、食欲不振、胃肠功能障碍的辅助药物。

【用法与用量】内服：一次量，马、牛 100～500 mg，羊、猪 25～50 mg，犬 10～50 mg，猫 5～30 mg。

混饲：每 1 000 kg 饲料，家畜 1～3 g，雏鸡 18 g。

皮下或肌内注射：一次量，马、牛 100～500 mg，羊、猪 25～50 mg，犬 10～25 mg，猫 5～15 mg。

【制剂】维生素 B_1 片（Vitamin B_1 Tablets），维生素 B_1 注射液（Vitamin B_1 Injection）。

维生素 B_2（Vitamin B_2）

又称核黄素（Riboflavin）。

【理化性质】为橙黄色结晶性粉末。在水、乙醇中几乎不溶。

【体内过程】维生素 B_2 内服易吸收，进入小肠黏膜细胞中在黄素激酶作用下，被磷酸化为黄素单核苷酸（FMN）后经主动转运吸收，高剂量时以被动扩散形式吸收。FMN 与血浆蛋白结合通过血液转运到肝脏，在黄素腺嘌呤二核苷酸（FAD）合成酶作用下转化成 FAD。在体内分布均匀，积蓄储存量较少。维生素 B_2 主要以核黄素的形式从尿中排出，少量从汗、粪和胆汁中排出体外。过量的维生素 B_2 迅速从尿中排出体外。

【作用与应用】核黄素主要通过 FMN 和 FAD 发挥作用。FMN 和 FAD 是体内多种黄素酶如氨基酸氧化酶、黄嘌呤氧化酶、乙酰辅酶 A 脱氢酶、琥珀酸脱氢酶等氧化-还原酶的辅基或辅酶成分，作为递氢体，参与糖类、脂肪、蛋白质和核酸代谢，具有促进蛋白质在体内储存，提高饲料转化率，调节生长和组织修复的作用，还有保护肝脏、调节肾上腺素分泌、保护皮肤和皮脂腺等功能。

本品主要用于防治维生素 B_2 缺乏症。幼年反刍动物、猪、犬缺乏的一般症状是厌食、腹泻、生长缓慢、脱毛、皮炎、共济失调、角膜炎和视力降低。猪还表现特征性眼角膜炎、晶状体浑浊等。妊娠母猪流产、早产和死胎。雏鸡多为足趾麻痹，腿无力，“曲趾性瘫痪”；成年蛋鸡主要为产蛋率和孵化率降低。鱼类，多为食欲不振，生长受阻，肌肉乏力，鳍损伤等。

【用法与用量】内服、皮下或肌内注射：一次量，马、牛 100～150 mg，羊、猪 20～30 mg，犬 10～20 mg，猫 5～10 mg。

混饲：每 1 000 kg 饲料，猪、禽 2～5 mg，兔 5～7 mg。

【制剂】维生素 B_2 片（Vitamin B_2 Tablets），维生素 B_2 注射液（Vitamin B_2 Injection）。

泛 酸（Pantothenic Acid）

泛酸即维生素 B_3，又称遍多酸。有右旋（D－）和消旋（DL－）两种形式，消旋体的生物学活性是右旋体的 1/2。常用制剂为泛酸钙。

【理化性质】为橙黄色结晶性粉末。在水、乙醇中几乎不溶。

【体内过程】游离型泛酸易在小肠吸收，结合型泛酸的复合物辅酶 A 或酰基载体蛋白（ACP）在小肠中被碱性磷酸酶水解，以被动扩散方式吸收，通过血液转运到组织中，大部分又重新转变为辅酶 A 或 ACP。泛酸在肝、肾、肌肉、心和脑中含量较高，但很少储存。泛酸主要以游离酸形式经尿排出。

【作用与应用】泛酸是两个重要辅酶——辅酶 A 和 ACP 的组成成分。辅酶 A 是糖类、脂肪和氨基酸代谢中许多乙酰化反应的重要辅酶，在三羧酸循环、脂肪酸和胆固醇的合成及脂肪酸、丙酮酸、α-酮戊二酸的氧化等反应中起重要作用。在肾上腺皮质激素、某些氨基酸（谷氨酸、脯氨酸）和乙酰胆碱的合成中亦起重要作用。ACP 与辅酶 A 有相似的酰基结合部位。在脂肪酸碳链的合成中有相当于辅酶 A 的作用。

生长期牛、猪、犬的缺乏症表现包括：厌食、生长缓慢、腹泻、毛皮粗糙及运动失调等；猪的缺乏症还出现后肢颤抖、痉挛、典型的鹅步症；猫为肝脏脂肪化。家禽多为皮炎、断羽和生长降低及产蛋量和孵化力下降。本品主要用于防治猪、禽的泛酸缺乏症，对防治其他维生素缺乏症有协同作用。

【用法与用量】混饲（泛酸钙）：每 1 000 kg 饲料，猪 10～13 g，禽 6～15 g。

烟酸和烟酰胺（Niacin and Nicotinamide）

烟酸又称尼克酸，在体内转化成烟酰胺（尼克酰胺）。

【理化性质】烟酸和烟酰胺均为白色、无味的针状结晶，溶于水，耐热。

【体内过程】天然的未结合烟酸很容易从胃和小肠中消化、吸收。烟酰胺在小肠被水解为烟酸，然后以被动扩散和主动方式吸收，在肠上皮细胞重新转化成烟酰胺，然后大部分烟酰胺与红细胞结合，通过血液转运到组织。在组织中与核糖、磷酸、腺嘌呤结合，生成烟酰胺腺嘌呤二核苷酸（辅酶Ⅰ，NAD）或烟酰胺腺嘌呤二核苷酸磷酸（辅酶Ⅱ，NADP）。烟酸在反刍动物体内很少代谢降解，多以原形从尿中排泄。在猪、犬体内，烟酸先代谢成甲基烟酰胺，再转化成 N-甲基-3-甲酰胺-4-吡啶酮和 N-甲基-5-甲酰胺-2-吡啶酮，随尿液排出，只有少量以原形排出。鸡尿中排出的，是两者的代谢物——二酰胺鸟氨酸。

【作用与应用】烟酰胺是烟酸在体内的活性形式。烟酰胺主要通过 NAD（即辅酶Ⅰ）和 NADP（辅酶Ⅱ）发挥作用。辅酶Ⅰ和辅酶Ⅱ是许多脱氢酶的辅基和辅酶，在呼吸链中传递氢，对糖、脂肪和蛋白质的代谢，生物氧化中高能键的形成起重要作用。辅酶Ⅰ和辅酶Ⅱ还参与视紫红质的转化与生成。烟酸还能扩张血管，使皮肤发红、发热，降低血脂和胆固醇。烟酰胺无此作用。

烟酸主要用于防治烟酸缺乏症。反刍动物和马中很少见到烟酸缺乏症，这是由于日粮中充足的色氨酸可在肠道微生物作用下，合成满足需要的烟酸。只有在同时缺乏色氨酸时，才发生烟酸缺乏症。玉米含色氨酸的量较少，烟酸又处于结合状态，都难以被利用。以玉米为主要饲料原料的禽和猪，必须添加足够的烟酸或色氨酸。动物烟酸缺乏症主要表现代谢失调，尤其是表皮和消化系统。猪缺乏症表现为食欲不振、生长缓慢、贫血、口炎、呕吐、腹泻、鱼鳞状皮炎及脱毛。犬缺乏时出现典型的糙皮病和“黑舌病”。家禽烟酸缺乏症表现为口炎、羽毛生长不良、曲腿、跗关节增厚和坏死性肠炎等非特异性症状。其他家畜表现为生长缓慢，食欲下降。

烟酸也常与维生素 B_1 和维生素 B_2 合用，对各种疾病进行综合性辅助治疗。烟酸能降低脂肪沉积部位游离脂肪酸的释放速度。可辅助治疗牛酮血症，烟酰胺不能替代这一作用。

【用法与用量】内服：一次量，每 1 kg 体重，家畜 3～5 mg。

混饲：每 1 000 kg 饲料，猪 10～25 mg，雏鸡 15～30 mg。

肌内注射：一次量，每 1 kg 体重，家畜 0.2～0.6 mg。幼龄动物不得超过 0.3 mg。

【制剂】烟酸片（Nicotinic Acid Tablets），烟酰胺片（Nicotinamide Tablets），烟酰胺注射液（Nicotinamide Injection）。

维生素 B_6（Vitamin B_6，Pyridoxine）

天然维生素 B_6 有 3 种存在形式：吡哆醇、吡哆醛和吡哆胺。吡哆醇存在于大多数的植物中，而吡哆醛和吡哆胺主要存在于动物组织中。

【理化性质】为白色结晶性粉末，易溶于水，微溶于乙醇。

【体内过程】天然的游离维生素 B_6 很容易被消化、吸收，主要吸收部位是小肠。其磷酸酯（磷酸吡哆醇、磷酸吡多醛和磷酸吡多胺）在小肠被碱性磷酸酶水解，变成游离的吡哆醇、吡哆醛和吡哆胺，以被动扩散方式吸收入血，转运到肝脏，与磷酸反应重新转化成磷酸吡哆醛和磷酸吡哆胺，主要储存和分布于肝、肾、心、肌肉等组织，但储存量很少。磷酸吡哆醛和磷酸吡哆胺在转氨酶的作用下可以互相转变。吡哆醇在体内与 ATP 经酶的作用可转变成吡哆醛和吡哆胺，但不能逆转。磷酸吡哆醛和磷酸吡哆胺又可在碱性磷酸酶作用下脱去磷酸而还原，吡哆醛和吡哆胺在非专一性氧化酶作用下氧化为 4-吡哆酸随尿液排出体外。只有少量的吡哆醛和吡哆胺及其磷酸酯以原形从尿液中排泄。由粪便排出的量极少。

【作用与应用】磷酸吡哆醛和磷酸吡哆胺是维生素 B_6 的活性形式，为氨基酸脱羧酶和转氨酶的辅酶，对非必需氨基酸的形成及氨基酸的脱羧反应十分重要；还参与半胱氨酸脱硫，糖原水解，亚油酸变为花生四烯酸，色氨酸转变成烟酸和醛与醇的互变等反应。磷酸化酶也含有维生素 B_6。维生素 B_6 不足，将引起氨基酸代谢紊乱，蛋白质合成障碍，肌肉中磷酸化酶的活性下降及生长激素、促性腺激素、性激素、胰岛素、甲状腺素的活性或含量降低。维生素 B_6 还有止吐作用。

饲料中维生素 B_6 丰富，成年反刍动物瘤胃和马肠道微生物也能合成，故较少发生缺乏症。核黄素和烟酸为维生素 B_6 磷酸化和激活所必需，缺乏时会导致间接的维生素 B_6 缺乏。

维生素 B_6 常与维生素 B_1、维生素 B_2 和烟酸等联合用于防治 B 族维生素缺乏症。维生素 B_6 是青霉胺、异烟肼等药物的拮抗剂，可用于治疗氰乙酰肼、异烟肼、青霉胺、环丝胺酸等中毒引起的胃肠道反应和痉挛等兴奋症状。

【用法与用量】内服：一次量，马、牛 3～5 g，羊、猪 0.5～1 g，犬 0.02～0.08 g。

皮下、肌内或静脉注射：一次量，马、牛 3～5 g，羊、猪 0.5～1 g，犬 0.02～0.08 g。

【制剂】维生素 B_6 片（Vitamin B_6 Tablets），维生素 B_6 注射液（Vitamin B_6 Injection）。

生物素（Biotin）

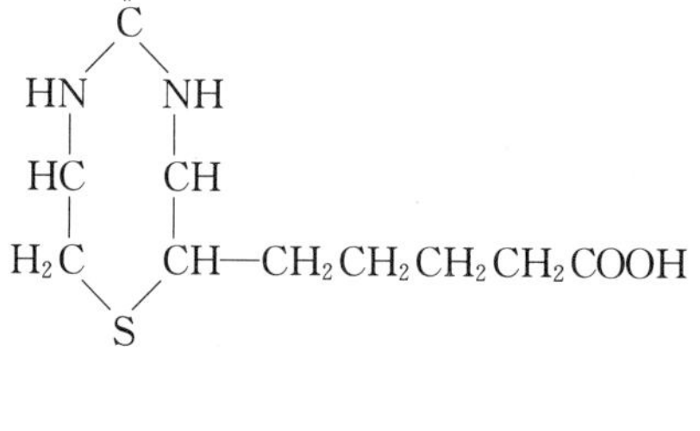

```
         O
         ‖
         C
       /   \
    HN       NH
    |        |
    HC       CH
    |        |
   H2C       CH—CH2CH2CH2CH2COOH
      \     /
         S
```

又称维生素 H（Vitamin H），可能有 8 个同分异构体，但只有 d-生物素有维生素活性。

【理化性质】为针状结晶性粉末，微溶于水，溶于稀碱溶液。

【体内过程】游离的生物素容易在小肠经主动转运吸收，在血液中主要以游离形式转运，在肝、肌肉、肾、心和脑中生物素水平较高，但很少储存。哺乳动物通常不能降解生物素的环，但可将其中的小部分转变为生物素亚砜、生物素砜，大部分在线粒体通过侧链的 β-氧化转变为双降生物素。当动物吸收了高于其可储存量的生物素时，过多的部分便与生物素代谢物一起随尿液排出。未被吸收的生物素由粪中排出。

【作用与应用】在动物体内，生物素以乙酰辅酶 A 羧化酶、丙酮酸羧化酶、丙酰辅酶 A 羧化酶和 β-甲基丁烯酰辅酶 A 羧化酶等四种羧化酶的辅酶的形式，直接或间接参加糖类、蛋白质和脂肪的代谢过程，催化羧化或脱羧反应，如丙酮酸转化成草酰乙酸、苹果酸转化成丙酮酸、琥珀酸与丙酮酸互变、草酰乙酸转化为 α-酮戊二酸。生物素还参与肝糖原异生，促进脂肪酸和蛋白质代谢的中间产物合成葡萄糖或糖原，以维持正常的血糖浓度。也参与蛋白质合成、嘌呤和核酸的生成及体内长链脂肪酸的合成等。

生物素主要用于防治动物生物素缺乏症。成年反刍动物和马很少出现缺乏症，禽和猪较易发生，火鸡最易发生。

【用法与用量】混饲：每 1 000 kg 饲料，鸡 0.15～0.35 g，猪 0.2 g，犬、猫、貂 0.25 g。

叶　酸（Folic Acid）

叶酸是由一个蝶啶环、对氨基苯甲酸和谷氨酸缩合而成，也称蝶酰单谷氨酸。

【理化性质】为黄色结晶性粉末，易溶于稀酸、稀碱，不溶于水、乙醇。

【体内过程】游离叶酸通过主动转运方式从小肠吸收入血，形成蝶酰多谷氨酸并转运到组织中。主要分布在肝脏、骨髓和肠壁中。肝脏是调节其他组织叶酸分布的中心，其中储存的叶酸主要是 5-甲基四氢叶酸形式。叶酸在体内有一部分被代谢降解，一部分以原形随胆汁和尿液排出。

【作用与应用】叶酸本身不具有生物活性，需经还原酶还原为二氢叶酸，再经二氢叶酸还原酶催化形成四氢叶酸才起作用。四氢叶酸是传递一碳基团如甲酰、亚胺甲酰、亚甲基或甲基的辅酶，参与的一碳基团反应主要包括丝氨酸与甘氨酸的相互转化、苯丙氨酸生成酪氨酸、丝氨酸生成谷氨酸、胱氨酸形成蛋氨酸、乙醇胺合成胆碱、组氨酸降解以及嘌呤、嘧啶的合成等。叶酸还与维生素 B_{12} 和维生素 C 一起，共同参与红细胞和血红蛋白生成，促进免疫球蛋白的合成，增加对谷氨酸的利用，保护肝脏并参与解毒等。叶酸对核酸合成极旺盛的造血组织、消化道黏膜和发育中的胎儿等十分重要。叶酸缺乏时，氨基酸互变受阻，嘌呤及嘧啶不能合成，以致核酸合成不足，细胞的分裂与成熟不完全。主要表现为巨幼红细胞性贫血，腹泻，皮肤功能受损，肝功能不全，生长发育受阻。

成年反刍动物和马的叶酸缺乏症较少见，瘤胃功能不全的幼年反刍动物可能发生叶酸缺乏。生长期的猪叶酸摄取不足或成年猪长期内服能抑制肠道细菌合成叶酸的磺胺类药物，都会导致下列缺乏症表现：贫血、白细胞减少、腹泻及生长率下降。家禽对叶酸的利用率低，肠道合成有限，对日粮中叶酸缺乏比家畜敏感。缺乏的典型症状是巨幼红细胞性贫血、生长缓慢、羽毛生长不良、羽毛脱落、产蛋率下降及强直性颈瘫。本品主要用于防治叶酸缺乏症，亦可在饲料中添加改善母猪的繁殖性能，提高家禽种蛋的孵化率。

【用法与用量】内服或肌内注射：一次量，犬、猫 2.5～5 mg；每 1 kg 体重，家禽0.1～0.2 mg。

混饲：每 1 000 kg 饲料，畜、禽 10～20 g。

【制剂】叶酸片（Folic Acid Tablets），叶酸注射液（Folic Acid Injection）。

维生素 B_{12}（Vitamin B_{12}）

维生素 B_{12} 是一个结构最复杂、唯一含有金属元素“钴”的维生素，又称钴胺素（Cobalamins）或氰钴胺素（Cyanocobalamin）。

【理化性质】为深红色结晶性粉末，在水、乙醇中略溶。

【体内过程】饲料中的维生素 B_{12} 通常与蛋白质结合，在胃酸和胃蛋白酶的消化作用下释放。在肠道微碱性环境中，维生素 B_{12} 与“内因子”（肠黏膜细胞分泌的一种糖蛋白）结合形成二聚复合物，在钙离子存在下又游离出来从回肠末端吸收。在血中与 α 和 β 球蛋白结合转运到全身各组织。在体内分布广泛，在肝脏分布最多，其含量占体内总量的大部分。主要随尿液和胆汁排出。

【作用与应用】维生素 B_{12} 在肝内转变为脱氧腺钴胺素和甲钴胺素两种活性形式，参与体内多种代谢活动。脱氧腺钴胺素是甲基丙二酰辅酶 A 变位酶的辅酶，参与丙二酸与琥珀酸的互变和三羧酸循环。甲钴胺素是甲基转移酶的辅酶，参与蛋氨酸、胆碱及嘌呤和嘧啶的合成。其他多种酶系也含钴胺。与缺乏症密切相关的两个功能是促进红细胞生成及维持神经组织的正常结构和功能。

当动物饲喂含钴不足的植物性饲料、胃肠道疾患及先天性不能产生内因子情况下，会出现维生素 B_{12} 缺乏症。猪缺乏通常表现为巨幼红细胞贫血，家禽主要表现为产蛋率和蛋的孵化率降低。猪、犬、雏鸡生长发育受阻，饲料转化率降低，抗病力下降，皮肤变粗糙，出现皮炎。叶酸不足，维生素 B_{12} 缺乏症的表现更为严重。日粮中胆碱、蛋氨酸、叶酸的缺乏都会增加维生素 B_{12} 的需要量。叶酸和维生素 B_{12} 在核酸代谢过程中都起辅酶作用，但叶酸的代谢依赖于维生素 B_{12}，因为维生素 B_{12} 可影响 N^5 -甲基四氢叶酸生成四氢叶酸。在治疗和预防巨幼红细胞贫血症时，两者配合使用可取得较理想的效果。

【用法与用量】肌内注射：一次量，马、牛 1～2 mg，羊、猪 0.3～0.4 mg，犬、猫 0.1 mg。

【制剂】维生素 B_{12} 注射液（Vitamin B_{12} Injection）。

胆　碱（Choline）

【理化性质】胆碱是 β-羟乙基三甲胺羟化物，常用的是氯化胆碱，为吸湿性很强的白色结晶物，易溶于水和乙醇。

【体内过程】饲料中胆碱大部分以卵磷脂（磷脂酰胆碱）形式，少量以神经磷脂或游离胆碱形式存在。卵磷脂和神经磷脂在胃肠道消化酶的作用下，胆碱游离释放出来，在空肠和回肠经钠泵被吸收。胃肠道疾病会降低脂类的消化及卵磷脂和胆碱的吸收。瘤胃对来自干草、棉籽、鱼、大豆、硬脂酸胆碱和氯化胆碱来源的胆碱降解率大于 80%。大约 1/3 被完整吸收，其余的 2/3 被肠道微生物酶降解为三甲胺吸收。主要以三甲胺或三甲胺氧化物形式从尿中排出。

【作用与应用】胆碱在体内的作用主要有四个方面：①胆碱是一种“抗脂肪肝因子”，能促进脂蛋白合成和脂肪酸转运，提高肝脏对脂肪酸的利用，防止脂肪在肝中蓄积。②胆碱是卵磷脂的重要组分，是维护细胞膜正常结构和功能的关键物质。③胆碱也是神经递质乙酰胆碱的重要组分，能维持神经纤维正常传导。④胆碱含有 3 个活性甲基，是体内甲基的供体，在同型半胱氨酸合成蛋氨酸、从胍基乙酰生成肌酸和肾上腺素合成中提供甲基。

动物可利用蛋氨酸和丝氨酸合成胆碱。如果日粮中提供充足的硫酸盐，胆碱可节省蛋氨酸的用量。胆碱和蛋氨酸、甜菜碱有协同作用。蛋氨酸有 1 个甲基，甜菜碱有 3 个甲基，在动物体内的甲基置换反应中蛋氨酸、甜菜碱具有部分替代胆碱提供甲基的作用。

大多数动物可合成足够数量的胆碱。但日粮中蛋白或脂肪含量增加会使胆碱需要量增加，应激也会增加胆碱的需要量，都会导致出现胆碱缺乏症。表现为脂肪的代谢和转运障碍，发生脂肪变性、脂肪浸润（如脂肪肝综合征）、生长缓慢、骨和关节畸变。本品在集约化养殖中主要添加于饲料，防治胆碱缺乏症及脂肪肝、骨短粗症等。还可用于治疗家禽的急、慢性肝炎，马的妊娠毒血症。

在水溶性维生素中，胆碱相对其需要量较易过量中毒。犬和家禽对胆碱很敏感，犬的饲料含量在 3 倍推荐用量时可形成贫血，鸡的饲料含量是 2 倍时就会导致生长减缓。

【用法与用量】混饲：每 1 000 kg 饲料，猪 250～300 g，禽 500～800 g。

【制剂】氯化胆碱（Choline Chloride）。

维生素 C（Vitamin C）

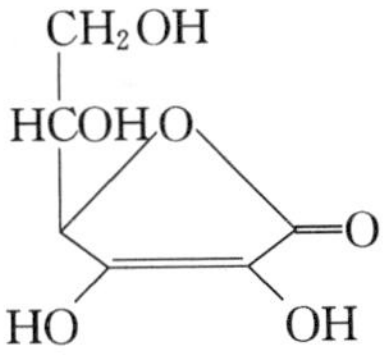

CH_2OH
HCOH O
=O
HO　OH

又称抗坏血酸（Ascorbic Acid）。维生素 C 以两种可相互转化的形式存在，即还原型抗坏血酸和氧化型脱氢抗坏血酸。

【理化性质】为白结晶性粉末，在水中易溶，在乙醇中略溶。

【体内过程】维生素 C 内服的吸收与单糖类似，通过主动转运易被小肠吸收。广泛分布于全身各组织，肾上腺、垂体、黄体、视网膜含量最高，其次是肝、肾和肌肉。正常情况下，过多的维生素 C 会被代谢降解，随尿液排出体外。少量以原形从尿排出。

【作用与应用】维生素 C 广泛参与机体的多种生化反应。

（1）氧化还原反应：在体内参与氧化还原反应而发挥递氢作用（既可供氧，又可受氧），如使红细胞的高铁血红蛋白（Fe^{3+}）还原为有携氧功能的低铁血红蛋白（Fe^{2+}）；将叶酸还原成二氢叶酸，继而还原成有活性的四氢叶酸；参与红细胞色素氧化酶中离子的还原；在胃肠道内提供酸性环境，促进三价铁还原成二价铁，利于铁吸收，也将血浆铁转运蛋白（Fe^{3+}）还原成组织铁蛋白（Fe^{2+}），促进铁在组织中储存。

（2）解毒：维生素 C 在谷胱甘肽还原酶作用下，使氧化型谷胱甘肽还原为还原型谷胱甘肽。还原型谷胱甘肽的巯基能与重金属如铅、砷离子和某些毒素（如苯、细菌毒素）相结合而排出体外，保护含巯基酶和其他活性物质不被毒物破坏。维生素C还可通过自身的氧化作用来保护红细胞膜中的巯基，减少代谢产生的过氧化氢对红细胞膜的破坏所致的溶血。维生素C也可用于磺胺类或巴比妥类等中毒的辅助治疗。

（3）参与体内活性物质生成和组织代谢：苯丙氨酸羟化成酪氨酸，多巴胺转变为去甲肾上腺素，色氨酸生成5-羟色胺，肾上腺皮质激素的合成和分解等都有维生素C参与。维生素C是脯氨酸羟化酶和赖氨酸羟化酶的辅酶，参与胶原蛋白合成，促进胶原组织、骨、结缔组织、软骨、牙齿和皮肤等细胞间质形成；增加毛细血管的致密性。

（4）增强机体抗病能力：维生素C能提高白细胞和吞噬细胞功能，促进网状内皮系统和抗体形成，增强抗应激的能力，维护肝脏解毒，改善心血管功能。此外，还有抗炎和抗过敏作用。

维生素C缺乏时，动物发生坏血病，主要症状为毛细血管的通透性和脆性增加，黏膜自发性出血，皮下、骨骼和内脏发生广泛性出血。此外，创伤愈合缓慢，骨骼和其他结缔组织生长发育不良，机体的抗病性和防御机能下降，易患感染性疾病。

动物在正常情况下不易发生维生素C缺乏症，但饲料中维生素C显著缺乏，或在发生感染性疾病、动物处于应激状态、鸡在炎热季节时都对维生素C的需要量显著增加，有必要在饲料中补充维生素C。

临床上除常用于防治缺乏症外，维生素C还可用作急、慢性感染，高热及心源性和感染性休克等的辅助治疗药。也用于各种贫血、出血症及各种因素诱发的高铁血红蛋白血症。还用于重度创伤或烧伤，重金属铅、汞及其他化学物质苯、砷的慢性中毒，过敏性皮炎，过敏性紫癜和湿疹等疾病的辅助治疗。炎热季节在饲料中添加维生素C可减轻鸡的热应激反应。

【用法与用量】内服：一次量，马1～3 g，猪0.2～0.5 g，犬0.1～0.5 g。

肌内或静脉注射：一次量，马1～3 g，牛2～4 g，羊、猪0.2～0.5 g，犬0.02～0.1 g。

【制剂】维生素C片（Vitamin C Tablets），维生素C注射液（Vitamin C Injection）。

复 习 题

1. 钙在体内如何通过甲状旁腺激素（PTH）、降钙素（CT）和1α,25-二羟维生素D_3的三元调节而保持稳态？钙有哪些作用？
2. 硒与维生素E有何关系？两者之间关系在临床上有何意义？
3. 试述维生素D的代谢过程及其在钙、磷代谢调节上的作用。
4. 试述水溶性维生素与脂溶性维生素在理化性质、体内代谢等方面的主要异同点。
5. 试述维生素在体内的活性形式，举例说明。
6. 举例说明营养药物对动物机体作用的双重性。

第十二章

抗微生物药理

抗微生物药物（antimicrobial drugs）是一类对细菌、真菌、支原体、立克次体、衣原体、螺旋体和病毒等微生物具有选择性抑制或杀灭作用，主要用于防治这类微生物所致的感染性疾病的化学物质。抗微生物药物对感染性疾病的治疗，以及对由寄生虫及恶性肿瘤所致疾病的药物治疗，统称为化学治疗（chemotherapy）（简称化疗）。化学治疗药物（chemotherapeutic drugs）（简称化疗药）对病原体通常具有较高的选择性作用，而对机体（宿主）没有或只有轻度毒性作用。抗微生物药可分为抗菌药、抗病毒药、抗真菌药等，抗菌药又可分为抗生素和合成抗菌药。较早发现的抗菌药如青霉素、阿莫西林、头孢氨苄、红霉素、吉他霉素、链霉素、庆大霉素、林可霉素、土霉素、多西环素、黏菌素、磺胺类等，国内外都批准用于动物与人。但近20多年来新上市的兽用抗菌药，大都是动物专用与人用的药物分开，以求减少或避免耐药性的产生，如动物专用的抗菌药有头孢噻呋、头孢喹肟、泰乐菌素、替米考星、氟苯尼考、泰妙菌素、沃尼妙灵、恩诺沙星、马波沙星、乙酰甲喹、喹烯酮等。

病原体如细菌、寄生虫、病毒等所引起的疾病是兽医临床的常见病和多发病。由于这些传染病和寄生虫病给养殖业造成巨大损失，而且抗微生物药在动物应用产生的耐药性可能向人扩散和传播，从而直接或间接地危害人类的健康和公共卫生安全。因此，研究化学治疗和化疗药便成了发展现代化养殖业和公共卫生的一个重要课题。

使用化疗药防治畜禽疾病的过程中，药物、机体、病原体三者之间存在复杂的相互作用关系（图12－1）。例如，在使用抗生素时，充分发挥其抗菌作用的同时，也要重视动物机体的防御机能，如网状内皮系统和粒细胞的吞噬作用、淋巴细胞和抗体的形成等，以迅速消灭病原菌；另一方面，药物在作用于病原体的同时，对机体也会带来不良的作用，所以应尽量避免或减少药物对机体的不良反应，否则影响动物的康复。总之，化学治疗要针对性地选药，根据药物的药动学特征，给予充足的剂量和疗程，防止病原体的耐药性和药物不良反应的产生，同时，充分

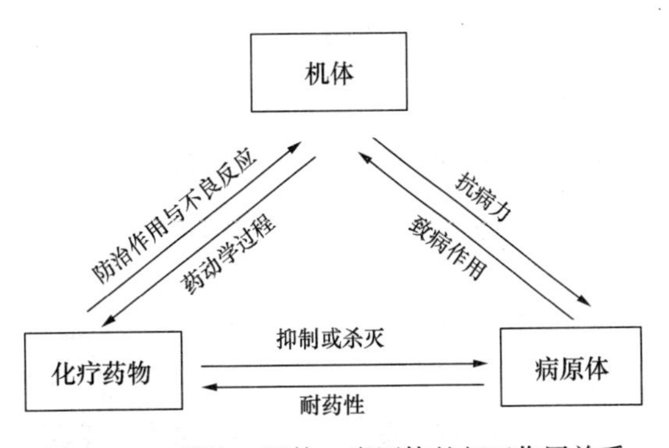

图12－1　药物、机体、病原体的相互作用关系

注意依靠和发挥动物机体的防御机能。

（一）抗菌谱

抗菌谱（antibacterial spectrum）是指抗菌药物抑制或杀灭细菌的范围。仅作用于革兰阳性细菌或革兰阴性细菌的药物称为窄谱（narrow spectrum）抗菌药，例如青霉素、链霉素、红霉素等。除能抑制细菌之外，也能抑制支原体、立克次体和衣原体等，抗菌作用范围广泛的药物，称为广谱（broad spectrum）抗菌药，如四环素类、氟苯尼考、氟喹诺酮类等。许多半合成抗生素和人工合成抗菌药具有广谱抗菌作用。抗菌谱是兽医师临床合理选用抗菌药物的基础。

（二）抗菌活性

抗菌活性（antibacterial activity）是指抗菌药抑制或杀灭细菌的能力，可用体外抑菌试验和体内实验治疗方法测定。抗菌药的体外抑菌试验对临床用药具有重要参考意义，药物的抗菌活性或病原菌的敏感性一般是通过体外的方法进行测定，方法有稀释法（如试管法、微量法、平板法等）和扩散法（如纸片法）等。稀释法可以测定抗菌药的最小抑菌浓度（minimal inhibitory concentration，MIC）和最小杀菌浓度（minimal bactericidal concentration，MBC）。能够抑制培养基内细菌生长的最低浓度称为最小抑菌浓度；以杀灭细菌为评定标准时，使活菌总数减少99％或99.5％以上，称为最小杀菌浓度；在一批实验中能抑制50％或90％受试菌所需MIC，分别称为MIC_{50}及MIC_{90}。纸片法较简单，通过测定抑菌圈直径大小来判定病原菌对药物的敏感性，临床应用较广泛，但只能定性和半定量。兽医师在合理选用抗菌药之前，最好能进行药敏试验，以选择对病原菌最敏感的药物。

临床上所指的抑菌药（bacteriostatic drugs）是指仅能抑制细菌的生长繁殖，而无杀灭作用的药物，如磺胺类、四环素类、酰胺醇类等。杀菌药（bacteriocidal drugs）是指既能抑制细菌的生长繁殖，又能杀灭细菌的药物，如β-内酰胺类、氨基糖苷类、氟喹诺酮类等。但是，抗菌药的抑菌作用和杀菌作用是相对的，有些抗菌药在低浓度时呈抑菌作用，而高浓度呈杀菌作用。

（三）抗菌药后效应

抗菌药后效应（postantibiotic effect，PAE）是指抗菌药在撤药后其浓度低于最小抑菌浓度时，仍对细菌保持一定的抑制作用。PAE以时间的长短来表示，它几乎是所有抗菌药的一种性质。由于最初只对抗生素进行研究，故称为抗生素后效应。后来发现人工合成的抗菌药也能产生PAE，故称之为抗菌药后效应更为准确。此外，处于PAE期的细菌再与亚抑菌浓度的抗菌药接触后，可以进一步被抑制，这种作用称为抗菌药后效应期亚抑菌浓度作用。能产生抗菌药后效应的药物主要有β-内酰胺类、氨基糖苷类、大环内酯类、林可胺类、四环素类、酰胺醇类和氟喹诺酮类等。PAE产生的确切机制尚不清楚，可能的机制为：①细菌胞壁可逆的非致死性损伤的恢复需要一定时间。②血药浓度虽低，但药物持续停留于结合位点或胞质周围间隙中，完全消除需要一定时间。③细菌需合成新的酶类才能生长繁殖。

（四）化疗指数

化疗指数（chemotherapeutic index，CI）是评价化疗药安全性的指标。化疗指数以动物的半数致死量（LD_{50}）与治疗感染动物的半数有效量（ED_{50}）的比值表示，即 $CI=LD_{50}/ED_{50}$；或以动物的 5%致死量（LD_5）与治疗感染动物的 95%有效量（ED_{95}）之比值来衡量。化疗指数愈大，药物愈安全，说明药物的毒性低而疗效高。一般认为，抗菌药的化疗指数大于 3，才具有实际应用价值。但有些化疗药如抗血液原虫药则很难达到 3，因此，对抗不同病原的药物应有不同要求。化疗指数高的药物，毒性虽小或无，而非绝对安全，例如青霉素的化疗指数高达 1 000 以上，但有可能引起过敏性休克的危险。

（五）耐药性

细菌对抗菌药物的耐药性（resistance），又称为抗药性，可分为固有耐药性（intrinsic resistance）和获得耐药性（acquired resistance）两种。前者是由细菌染色体基因决定而代代相传的耐药性，如肠道杆菌对青霉素的耐药和铜绿假单胞菌对多种抗生素不敏感。获得耐药性，即一般所指的耐药性，是指细菌在多次接触抗菌药物后，产生了结构、生理及生化功能的改变，从而形成具有抗药性的变异菌株，它们对该药物的敏感性下降或消失。某种病原菌对一种药物产生耐药性后，往往对同一类的药物也具有耐药性，这种现象称为交叉耐药性。交叉耐药性有完全交叉耐药性及部分交叉耐药性之分。完全交叉耐药性是双向的，如多杀性巴氏杆菌对磺胺嘧啶产生耐药后，对其他磺胺类药均产生耐药；部分交叉耐药性是单向的，如氨基糖苷类之间，对链霉素耐药的细菌，对庆大霉素、卡那霉素、新霉素仍然敏感，而对庆大霉素、卡那霉素、新霉素耐药的细菌，对链霉素也耐药。因此，兽医临床轮换使用抗菌药时，应选择不同类型的药物。病原菌对抗菌药产生耐药性是兽医临床和动物源性食品安全的一个严重问题，不合理使用和滥用抗菌药是耐药性产生的重要原因。

临床上最为常见的耐药性是平行地从另一种耐药菌转移而来，即通过质粒（plasmid）介导的耐药性，但亦可由染色体介导。质粒介导的耐药性基因易于传播，在临床上具有更重要的价值。耐药质粒在微生物间可通过下列方式转移：①转化（transformation），即通过耐药菌溶解后 DNA 的释出，耐药基因被敏感菌获取，耐药基因与敏感菌中的同种基因重新组合，使敏感菌成为耐药菌。此方式主要见于革兰阳性菌及嗜血杆菌。②转导（transduction），即通过嗜菌体将耐药基因转移给敏感菌，是金黄色葡萄球菌耐药性转移的唯一方式。③接合（conjugation），即通过耐药菌和敏感菌菌体的直接接触，由耐药菌将耐药因子转移给敏感菌。此方式主要见于革兰阴性菌，特别是肠道菌。值得注意的是，在人和动物的肠道内，这种耐药性的接合转移现象已被证实。动物的肠道细菌有广泛的耐药质粒转移现象，这种耐药菌又可传递给人。④易位（translocation）或转座（transposition），即耐药基因可自一个质粒转座到另一个质粒，从质粒到染色体或从染色体到噬菌体等。此方式可在不同属和种的细菌中进行，甚至从革兰阳性菌转座至革兰阴性菌，扩大了耐药性传播的宿主的范围；还可使耐药因子增多。除质粒转移耐药性外，近年还发现整合子基因盒转移等多种新机制，是造成多重耐药性的重要原因。

细菌产生耐药性的机制有以下几种方式：

1. 细菌产生灭活酶使药物失活　主要有水解酶和合成酶两种。最重要的水解酶是 β-内酰胺酶类，它们能使青霉素或头孢菌素的β-内酰胺环断裂而使药物失效。红霉素酯化酶亦为水解酶，通过水解红霉素结构中的内酯环而使之失去抗菌活性。合成酶又称钝化酶，位于胞质膜外间隙，其功能是把相应的化学基团结合到药物分子上，钝化后的药物不能进入膜内与核糖体结合而丧失其蛋白质合成的抑制作用，从而导致耐药。常见的合成酶主要有乙酰化酶、磷酸化酶、腺苷化酶及核苷化酶等。如乙酰化酶作用于氨基糖苷类及酰胺醇类，使其乙酰化而失效；磷酸化酶、腺苷化酶及核苷化酶可作用于氨基糖苷类，而使其失去抗菌活性。

2. 改变膜的通透性 一些革兰阴性菌对四环素类及氨基糖苷类产生耐药性是由于耐药菌在所带的质粒诱导下产生3种新的膜孔蛋白，阻塞了外膜亲水性通道，使药物不能进入菌体而形成耐药性。革兰阴性菌及铜绿假单胞菌细胞外膜亲水通道功能的改变也会使细菌对某些广谱青霉素和第三代头孢菌素产生耐药性。

3. 作用靶位结构的改变 耐药菌药物作用点的结构或位置发生变化，使药物与细菌不能结合而丧失抗菌效能。已证实，甲氧西林耐药金黄色葡萄球菌（methicillin resistant *Stapyhlococcusaureus*，MRSA）对β-内酰胺类抗生素产生耐药的主要机制是由于金黄色葡萄球菌胞质膜诱导产生了一种特殊的青霉素结合蛋白（penicillin binding protein）——PBP2A，PBP2A具有其他PBP的功能，但与β-内酰胺类的亲和力极低，可取代其功能而不被药物作用。

4. 主动外排作用 膜的主动外排机制是由各种外排蛋白系统介导的抗菌药从细菌细胞内泵出的主动排出过程，故称主动外排系统（active efflux system），是获得性耐药的重要机制之一。能被细菌主动外排机制泵出菌体外引起耐药的抗菌药物主要有四环素类、喹诺酮类、大环内酯类、β-内酰胺类等。

5. 改变代谢途径 磺胺药是与对氨基苯甲酸（PABA）竞争二氢叶酸合成酶而产生抑菌作用。例如，金黄色葡萄球菌多次接触磺胺药后，其自身的PABA产量增加，可高达原敏感菌产量的20～100倍。后者与磺胺药竞争二氢叶酸合成酶，使磺胺药的作用下降甚至消失。

第一节 抗 生 素

抗生素（antibiotics）曾称为抗菌素，是细菌、真菌、放线菌等微生物在生长繁殖过程中产生的代谢产物，在很低浓度下即能抑制或杀灭其他微生物的化学物质。抗生素主要采用微生物发酵的方法进行生产，如青霉素、土霉素等；也有少数抗生素如甲砜霉素和氟苯尼考等可用化学方法合成。另外，把天然抗生素进行结构改造或以微生物发酵产物为前体生产半合成抗生素，如氨苄西林、阿莫西林、头孢菌素类、泰万菌素、替米考星、多西环素等。这不仅增加了抗生素的来源，改善了抗菌性能，而且也扩大了临床应用范围。有些抗生素具有抗病毒、抗肿瘤或抗寄生虫的作用。

抗生素一般以游离碱的质量作为效价单位计算，如红霉素、链霉素、卡那霉素、庆大霉素、四环素等，以1 μg为一个效价单位，即1 g为100万单位。有少数抗生素的效价与质量之间做了特别的规定，例如青霉素钠，0.6 μg为1个国际单位（IU）；青霉素钾，0.625 μg为1个国际单位（IU）；硫酸黏菌素，1 μg为30单位（U）；制霉菌素1 μg为3.7单位（U）。兽医临床上使用的抗生素制剂，为了考虑开处方的习惯，在其标签上除以单位表示外，还注明了 mg 或 g。

【分类】根据抗生素的化学结构，可将其分为下列几类。

1. β-内酰胺类　包括青霉素类、头孢菌素类等。前者有青霉素、氨苄西林、阿莫西林、苯唑西林等；后者有头孢氨苄、头孢噻呋、头孢喹肟等。此外，还有非典型β-内酰胺类，如碳青霉烯类（亚胺培南）、单环β-内酰胺类（氨曲南）、β-内酰胺酶抑制剂（克拉维酸、舒巴坦）及氧头孢烯类（拉氧头孢）等，除了克拉维酸批准用于动物外，其他非典型β-内酰胺类仅限用于人医临床。

2. 氨基糖苷类　链霉素、卡那霉素、庆大霉素、新霉素、大观霉素、安普霉素、潮霉素、越霉素 A 等。

3. 四环素类　土霉素、四环素、金霉素、多西环素等。

4. 酰胺醇类　甲砜霉素、氟苯尼考等。

5. 大环内酯类　红霉素、吉他霉素、泰乐菌素、泰万菌素、替米考星、泰拉霉素等。

6. 林可胺类　林可霉素等。

7. 截短侧耳素类　泰妙菌素、沃尼妙林等。

8. 多肽类　杆菌肽、黏菌素、那西肽、恩拉霉素、维吉尼霉素等。

9. 多烯类　制霉菌素、两性霉素 B 等。

10. 多糖类　阿维拉霉素、黄霉素等，主要用作饲料添加剂。

11. 其他　如赛地卡霉素等。

此外，还有大环内酯类的阿维菌素类抗生素和聚醚类（离子载体类）抗生素如莫能菌素等，均属抗寄生虫药（详见第十四章）。

【作用机制】抗生素主要通过干扰细菌的生理生化系统，影响其结构和功能，使其失去生长繁殖能力而达到抑制或杀灭病原菌的作用。根据主要作用靶位的不同，抗生素的作用机制可分为下列 4 种类型（图 12-2）。

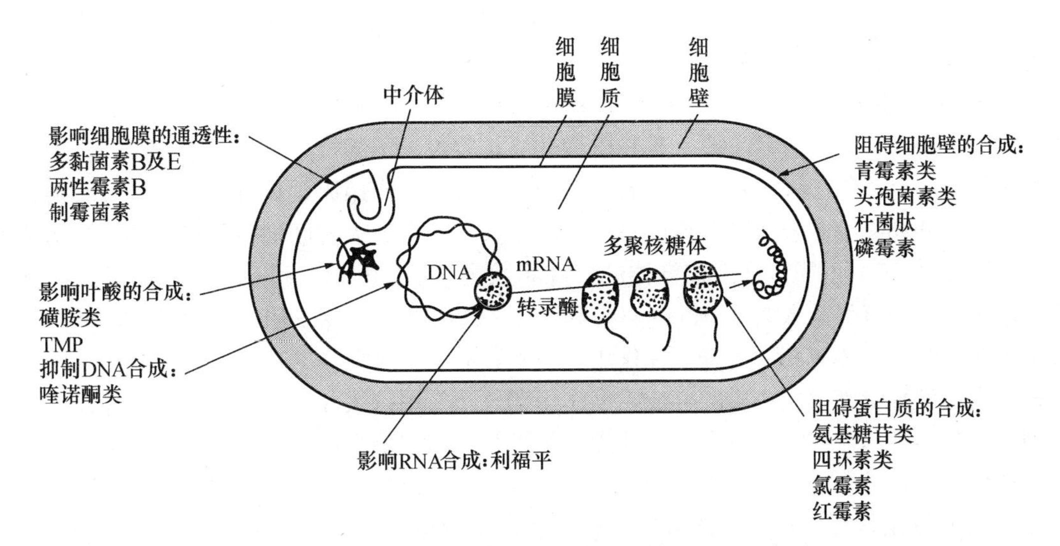

图 12-2　细菌的基本结构及抗菌药物作用原理示意图

1. 抑制细菌细胞壁的合成　细菌的细胞壁位于细菌的最外层，它能抵御菌体内强大的渗透压，维持细菌的正常形态和功能。其主要成分是糖类、蛋白质和类脂质组成的聚合物，相互镶嵌排列而成。这种异质多聚成分（肽聚糖）构成了细胞壁的基础成分胞壁黏肽。革兰阳性菌细胞壁黏肽层厚而致密，占细胞壁质量的65%～95%，有50～100个分子厚；革兰阴性菌细胞壁黏肽层则薄而疏松，占细胞壁质量不足10%，仅有1～2个分子厚。青霉素类、头孢菌素类及杆菌肽等能分别抑制黏肽合成过程中的不同环节。细胞壁黏肽的合成分胞质内、胞质膜及胞质外等3个步骤。磷霉素（一种广谱抗生素）主要在胞质内抑制黏肽前体物质核苷形成。杆菌肽主要在胞质膜上抑制线形多糖肽链的形成。β-内酰胺类能与细菌胞质膜上的青霉素结合蛋白（PBP）结合，各种PBP的功能并不相同，分别起转肽酶、羧肽酶及内肽酶等作用。β-内酰胺类抗生素与它们结合后，其活性丧失，造成敏感菌内黏肽的交叉联结受到阻碍，细胞壁缺损，菌体内的高渗透压使胞外的水分不断地渗入菌体内，引起菌体膨胀变形，加上激发细胞自溶酶（autolysins）的活性，使细菌裂解而死亡。不同种类的细菌有不同的PBP，与青霉素的亲和力也有差异，这就是青霉素对不同细菌的敏感性不同的原因。青霉素对大多数革兰阴性杆菌不敏感，除了PBP不同外，其外膜结构特殊，使青霉素难于进入，即使有少量的药物进入，也可被存在于外膜间隙的青霉素酶破坏，这也是不敏感的原因之一。β-内酰胺类主要影响正在繁殖的细菌，故这类抗生素称为繁殖期杀菌剂。

2. 增加细菌细胞膜的通透性 位于细胞壁内侧的细胞膜主要是由类脂质与蛋白质分子构成的半透膜，它的功能在于维持渗透屏障、运输营养物质和排泄菌体内的废物，并参与细胞壁的合成等。当细胞膜损伤时，通透性将增加，导致菌体内细胞质中的重要营养物质（如核苷酸、氨基酸、嘌呤、嘧啶、磷脂、无机盐等）外漏而死亡，产生杀菌作用。属于这种作用方式而呈现抗菌作用的抗生素有多肽类（如多黏菌素B和黏菌素）及多烯类（如两性霉素B、制霉菌素等）。多肽类的分子有两极性，能与细胞膜的蛋白质及膜内磷脂结合，使细胞膜受损。两性霉素B及制霉菌素等可与真菌细胞膜上的类固醇结合，使细胞膜通透性增加；而细菌细胞膜不含类固醇，故对细菌无效。动物细胞的细胞膜上含有少量类固醇，故长期或大剂量使用两性霉素B可出现溶血性贫血。咪唑类（如酮康唑）抑制真菌细胞膜中类固醇的生物合成，损伤细胞膜而增加其通透性。

3. 抑制细菌蛋白质的合成 细菌蛋白质合成场所在细胞质内的核糖体上，蛋白质的合成过程分3个阶段，即起始阶段、延长阶段和终止阶段。不同抗生素对3个阶段的作用不完全相同，有的可作用于3个阶段，如氨基糖苷类；有的仅作用于延长阶段，如林可胺类。细菌细胞与哺乳动物细胞合成蛋白质的过程基本相同，两者最大的区别在于核糖体的结构及蛋白质、RNA的组成不同。细菌核糖体的沉降系数为70S，由30S和50S亚基组成。哺乳动物细胞核糖体的沉降系数为80S，由40S和60S亚基组成。二者的生理、生化功能均不同。抗生素对细菌核糖体有高度的选择性作用，但不影响宿主核糖体的功能和蛋白质的合成。许多抗生素均可影响细菌蛋白质的合成，但作用部位及作用阶段并不完全相同。四环素类主要作用于30S亚基。酰胺醇类、大环内酯类、林可胺类则主要作用于50S亚基，由于这些药物在核糖体50S亚基上的结合点相同或相连，故合用时可能发生拮抗作用。

4. 抑制细菌核酸的合成 核酸具有调控蛋白质合成的功能。新生霉素（一种主要作用于革兰阳性菌的抗生素）、灰黄霉素和抗肿瘤的抗生素（如丝裂霉素C、放线菌素等）、利福平（广谱抗生素，尤其对分枝杆菌作用强）等可抑制或阻碍细菌细胞DNA或RNA的合成。例如，新生霉素主要影响DNA聚合酶的作用，从而影响DNA合成；灰黄霉素可阻止鸟嘌呤进入 DNA 分子中而阻碍 DNA 的合成；利福平可与 DNA 依赖的 RNA 多聚酶（转录酶）的 β 亚单位结合，抑制其活性，使转录过程受阻从而阻碍 mRNA 的合成。由于抑制了细菌细胞的核酸合成，从而引起细菌死亡。

一、β-内酰胺类抗生素

β-内酰胺类抗生素（β-lactam antibiotics）是指化学结构中含有 β-内酰胺环的一类抗生素，兽医临床常用的这类药物主要包括青霉素类和头孢菌素类。β-内酰胺类药物抗菌活性强、毒性低、品种多及适应证广。它们的抗菌作用机制均为抑制细菌细胞壁的合成。

（一）青霉素类

青霉素类（penicillins）包括天然青霉素和半合成青霉素。前者的优点是杀菌力强、毒性低、价廉，但存在抗菌谱较窄，易被胃酸和 β-内酰胺酶（青霉素酶）水解破坏及金黄色葡萄球菌易产生耐药等缺点。后者具有耐酸或/和耐酶、广谱等特点。在兽医临床上最常用的是青霉素。

1. 天然青霉素　1928 年，Fleming 首次报道了对青霉素的发现。1940 年，Chain、Flory 从青霉菌（*Penicillium notatum*）的培养液中获得大量的青霉素而成功地作为第一个抗生素应用于临床。从青霉素的培养液中可获得含有青霉素 F、青霉素 G、青霉素 X、青霉素 K 和双氢 F 等 5 种组分。它们的基本化学结构是由母核 6-氨基青霉烷酸（6 amino penicillanicacid，6-APA）和侧链（R-CO）组成（图 12-3）。其中以青霉素 G 的作用最强，性质较稳定，产量亦较高。

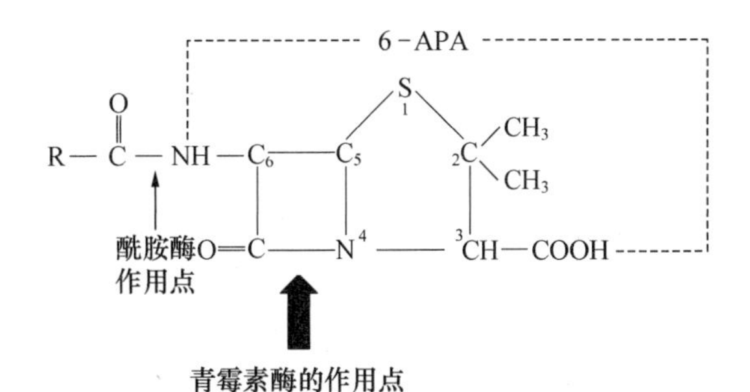

图 12-3　青霉素类的化学结构及特点

青霉素（Benzylpenicillin）

青霉素又称苄青霉素、青霉素 G。

【理化性质】 青霉素是一种有机酸，性质稳定，难溶于水。其钾盐或钠盐为白色结晶性粉末；无臭或微有特异性臭；有引湿性；遇酸、碱或氧化剂等迅速失效，水溶液在室温放置易失效。在水中极易溶解，乙醇中溶解，在脂肪油或液状石蜡中不溶。20 万 IU/mL 青霉素溶液于 30 ℃放置 24 h，效价下降 56%，青霉烯酸含量增加 200 倍，临床应用时应新鲜配制。青霉素游离酸的 pK_a 为 2.8。

【药动学】 内服易被胃酸和消化酶破坏，很少吸收。空腹内服的生物利用度为 15%～30%，如果与食物同服，则吸收速率和程度均下降。青霉素钠（钾）肌内注射或皮下注射后吸收较快，一般20 min内达到血药峰浓度，常用剂量维持有效血药浓度（0.5 μg/mL）时间为6～7 h。吸收后在体内分布广泛，能分布到全身各组织，以肾、肝、肺、肌肉、小肠和脾等的浓度较高；骨骼、唾液和乳汁含量较低。青霉素在大多数动物的蛋白结合率约为50%。当中枢神经系统或其他组织有炎症时，青霉素则较易透入。例如患脑膜炎时，血脑屏障的通透性增加，青霉素进入量增加，可达到有效血药浓度。

青霉素在动物体内的半衰期较短，种属间的差异较小。肌内注射给药在马、水牛、犊牛、猪、兔的半衰期分别是2.6 h、1.02 h、1.63 h、2.56 h及0.52 h，而静脉注射给药后，马、牛、骆驼、猪、羊、犬及火鸡的半衰期分别是0.9 h、0.7～1.2 h、0.8 h、0.3～0.7 h、0.7 h、0.5 h和0.5 h。表观分布容积较小，一般为0.2～0.3 L/kg，故血浆浓度较高，组织浓度较低。青霉素吸收进入血液循环后，在体内不易代谢，主要以原形从尿中排出，肌内注射治疗剂量的青霉素钠或钾的水溶液后通常在尿中可回收到剂量的60%～90%，给药后1 h内在尿中排出绝大部分药物。在尿中约80%的青霉素由肾小管分泌排出，20%左右通过肾小球滤过。此外，青霉素可在乳中排泄，在牛奶中约为血浆浓度的0.2%，因此给药奶牛的乳汁应严格遵守弃乳期。

【药理作用】青霉素属窄谱的杀菌性抗生素。青霉素对革兰阳性和阴性球菌、革兰阳性杆菌、放线菌和螺旋体等高度敏感，常作为首选药。对青霉素敏感的病原菌主要有：链球菌、葡萄球菌、肺炎链球菌、脑膜炎球菌、丹毒杆菌、化脓放线菌、炭疽杆菌、破伤风梭菌、李氏杆菌、产气荚膜梭菌、牛放线杆菌和钩端螺旋体等。大多数革兰阴性杆菌对青霉素不敏感。青霉素对处于繁殖期正大量合成细胞壁的细菌作用强，而对已合成细胞壁而处于静止期者作用弱，故称繁殖期杀菌剂。哺乳动物的细胞无细胞壁结构，故对动物毒性小。

【耐药性】除金黄色葡萄球菌外，一般细菌对青霉素不易产生耐药性。由于青霉素广泛用于兽医临床，杀灭了金黄色葡萄球菌中的大部分敏感菌株，使原来的极少数耐药菌株得于大量生长繁殖和传播；同时通过噬菌体能把耐药菌株产生的β-内酰胺酶的能力转移到敏感菌上，使敏感菌株变成了耐药菌株。因此，耐药的金黄色葡萄球菌菌株的比例逐年增加。耐药金黄色葡萄球菌能产生大量的β-内酰胺酶，使青霉素的β-内酰胺环水解而成为青霉噻唑酸，失去抗菌活性。

【应用】青霉素适用于敏感菌所致的各种疾病，如猪丹毒、气肿疽、恶性水肿、放线菌病、马腺疫、坏死杆菌病、钩端螺旋体病及乳腺炎、皮肤软组织感染、关节炎、子宫炎、肾盂肾炎、肺炎、败血症和破伤风等。发生破伤风而使用青霉素时，应与破伤风抗毒素合用。对耐药金黄色葡萄球菌的感染，可采用苯唑西林、氯唑西林、红霉素等进行治疗。

【不良反应】青霉素的毒性很小。其不良反应除局部刺激外，主要是过敏反应，人较为严重。在兽医临床上，马、骡、牛、猪、犬中已有报道，但症状较轻。主要临床表现为流汗、兴奋、不安、肌肉震颤、呼吸困难、心率加快、站立不稳，有时见荨麻疹、眼睑和头面部水肿，阴门、直肠肿胀和无菌性蜂窝织炎等，严重时休克，抢救不及时，可导致迅速死亡。因此，在用药后应注意观察，若出现过敏反应，要立即进行对症治疗，严重者可静脉或肌内注射肾上腺素（马、牛2～5 mg/次，羊、猪0.2～1 mg/次，犬0.1～0.5 mg/次，猫0.1～0.2 mg/次），必要时可加用糖皮质激素和抗组胺药，增强或稳定疗效。

青霉素引起过敏反应的基本成分是其降解产物和聚合物。青霉素的性质不稳定，可降解为青霉噻唑酸和青霉烯酸。前者还可聚合成青霉噻唑酸聚合物，此聚合物极易与多肽或蛋白质结合成青霉噻唑酸蛋白，这是一种速发型的致敏原，是青霉素产生过敏反应的最主要原因。

【注意事项】

（1）青霉素钠易溶于水，水溶液不稳定，很易水解，水解率随温度升高而加速，因此注射液应在临用前配制。必需保存时，应置冰箱中（2～8 ℃），可保存 7 d。

（2）大剂量注射可能出现高钠血症，对肾功能减退或心功能不全患病动物会产生不良后果。

【用法与用量】肌内注射：一次量，每 1 kg 体重，马、牛 1 万～2 万 IU，羊、猪、驹、犊 2 万～3 万 IU，犬、猫 3 万～4 万 IU，禽 5 万 IU。每日 2～3 次，连用 2～3 d。

【最高残留限量】残留标示物：青霉素。所有食品动物，肌肉、脂肪、肝、肾 50 μg/kg，乳 4 μg/kg。

【制剂与休药期】注射用青霉素钠（Benzylpenicillin Sodium for Injection）：0 d；弃乳期 72 h。

注射用青霉素钾（Benzylpenicillin Potassium for Injection）：0 d；弃乳期 72 h。

普鲁卡因青霉素（Procaine Benzylpenicillin）

【理化性状】本品为白色结晶性粉末；遇酸、碱或氧化剂等即迅速失效。本品在甲醇中易溶，在乙醇或三氯甲烷中略溶，在水中微溶。

【作用与应用】本品肌内注射后，在局部水解释放出青霉素，缓慢吸收。达峰时间较长，血中浓度较低，但维持时间较长。本品仅用于治疗高度敏感菌引起的慢性感染，或作为维持剂量用。为能在较短时间内升高血药浓度，可与青霉素钠（钾）混合配制成注射剂，以兼顾长效和速效。普鲁卡因青霉素大量注射可引起普鲁卡因中毒。

【用法与用量】肌内注射：一次量，每 1 kg 体重，马、牛 1 万～2 万 IU，羊、猪、驹、犊 2 万～3 万 IU，犬、猫 3 万～4 万 IU。每日 1 次，连用 2～3 d。

【最高残留限量】残留标示物：青霉素。所有食品动物，肌肉、脂肪、肝、肾 50 μg/kg，乳 4 μg/kg。

【制剂与休药期】注射用普鲁卡因青霉素（Procaine Benzylpenicillin for Injection）：弃乳期 72 h。

普鲁卡因青霉素注射液（Procaine Benzylpenicillin Injection）：牛 10 d，羊 9 d，猪 7 d；弃乳期 48 h。

苄星青霉素（Benzathine Benzylpenicillin）

【作用与应用】本品为长效青霉素，吸收和排泄缓慢，血药浓度较低，但维持时间长，只适用于对青霉素高度敏感细菌所致的轻度或慢性感染，例如长途运输家畜时用于防治呼吸道感染、肺炎，牛的肾盂肾炎、子宫蓄脓等。

【用法与用量】肌内注射：一次量，每 1 kg 体重，马、牛 2 万～3 万 IU，羊、猪 3 万～4 万 IU，犬、猫 4 万～5 万 IU。必要时 3～4 d 后重复一次。

【最高残留限量】残留标示物：青霉素。所有食品动物，肌肉、脂肪、肝、肾 50 μg/kg，乳 4 μg/kg。

【制剂与休药期】注射用苄星青霉素（Benzathine Benzylpenicillin for Injection）：牛、羊 4 d，猪 5 d；弃乳期 72 h。

2. 半合成青霉素 以青霉素结构中的母核（6－APA）为原料，在 R 处连接不同结构的侧链，从而合成了一系列衍生物（表 12－1）。它们具有耐酸或耐酶（β－内酰胺酶不能破坏）、广谱、抗铜绿假单胞菌等特点。

表 12－1 青霉素类抗生素的化学结构的侧链及特点

侧　　链	名　　称	特　　点
$—CH_2—$	青霉素（Benzylpenicillin，苄青霉素，青霉素 G）	不耐酸，不耐酶
$C—C—$, N, O, CH_3	苯唑西林（Oxacillin，苯唑青霉素，新青霉素Ⅱ）	耐酸，耐酶
Cl, $C—C—$, N, O, CH_3	氯唑西林（Cloxacillin，邻氯青霉素）	耐酸，耐酶
$—CH—$, NH_2	氨苄西林（Ampicillin，氨苄青霉素、安比西林）	耐酸，广谱
HO—, $—CH—$, NH_2	阿莫西林（Amoxycillin，羟氨苄青霉素）	耐酸，广谱

氨苄西林（Ampicillin）

氨苄西林又称氨苄青霉素、安比西林。

【理化性质】其游离酸含 3 分子结晶水（供内服）；为白色结晶性粉末；味微苦。在水中微溶，在三氯甲烷、乙醇、乙醚或不挥发油中不溶；在稀盐酸或氢氧化钠溶液中溶解。pK_a 为 2.5 和 7.3。0.25%水溶液的 pH 为 3.5～5.5。注射用其钠盐，为白色或类白色的粉末或结晶；无臭或微臭，味微苦；有引湿性。在水中易溶，乙醇中略溶，在乙醚中不溶。10%水溶液的 pH 为 8～10。

【药动学】本品耐酸、不耐酶，内服或肌内注射均易吸收。单胃动物内服吸收的生物利用度为 30%～55%，反刍动物吸收差，绵羊内服的生物利用度仅为 2.1%。肌内注射吸收好，生物利用度超过 80%。吸收后分布到各组织，其中以肺、胆汁、肾、子宫等的浓度较高。可穿过血脑屏障进入中枢神经系统，脑膜炎时可达到血清浓度的 10%～60%。也可穿过胎盘，但对妊娠动物是安全的，在乳中浓度很低，约为血清的 0.3%。相同剂量给药时，肌内注射的血液和尿中浓度较内服高，常用肌内注射。主要通过肾排泄机制消除，由尿和胆汁排泄，给药后 24 h 大部分已从尿中排出。本品的血浆蛋白结合率为 20%，较青霉素低，与马血浆蛋白结合的能力，氨苄西林约为青霉素的 10%。肌内注射，在马、水牛、黄牛、猪、奶山羊和犬、猫体内的半衰期分别为 1.21～2.23 h、1.26 h、0.98 h、0.57～1.06 h、0.92 h 及 45～80 min。静脉注射，在马、牛、羊、犬的半衰期分别为 0.62 h、1.20 h、1.58 h 及 1.25 h。表观分布容积，犬为 0.3 L/kg，猫 0.167 L/kg，牛 0.16～0.5 L/kg。

【药理作用】本品具有广谱抗菌作用。对大多数革兰阳性菌的效力不及青霉素。对革兰阴性菌，如大肠杆菌、变形杆菌、沙门菌、嗜血杆菌、布鲁菌和巴氏杆菌等均有较强的作用，与氟苯尼考、四环素相似，但不如卡那霉素、庆大霉素和黏菌素。本品对耐青霉素的金黄色葡萄球菌、铜绿假单胞菌无效。

【应用】本品用于敏感菌所致的肺部、尿道感染和革兰阴性杆菌引起的某些感染等，例如驹、犊肺炎，牛巴氏杆菌病、肺炎、乳腺炎，猪传染性胸膜肺炎，鸡白痢、禽伤寒等。严重感染时，可与氨基糖苷类抗生素合用以增强疗效。不良反应同青霉素。

【用法与用量】内服：一次量，每 1 kg 体重，畜禽 20～40 mg。每日 2～3 次，连用 2～3 d。

混饮：每 1 L 水，家禽 60 mg（以氨苄西林计）。连用 3～5 d。

肌内、静脉注射：一次量，每 1 kg 体重，家畜 10～20 mg。每日 2～3 次（高剂量用于幼龄动物和急性感染），连用 2～3 d。

皮下或肌内注射（混悬注射液）：一次量，每 1 kg 体重，家畜 5～7 mg。每日 1 次，连用 2～3 d。

【最高残留限量】残留标示物：氨苄西林。所有食品动物，肌肉、脂肪、肝、肾 50 μg/kg，乳 10 μg/kg。

【制剂与休药期】氨苄西林可溶性粉（Ampicillin Soluble Powder）：鸡 7 d，蛋鸡产蛋期禁用。

复方氨苄西林片（Compound Ampicillin Tablet）、复方氨苄西林粉（Compound Ampicillin Powder）：鸡 7 d，蛋鸡产蛋期禁用。

氨苄西林混悬注射液（Ampicillin Suspension Injection）：牛 6 d，弃乳期 48 h；猪 15 d。

注射用氨苄西林钠（Ampicillin Sodium for Injection）；牛 6 d，弃乳期 48 h；猪 15 d。

阿莫西林（Amoxicillin）

阿莫西林又称羟氨苄青霉素。

【理化性质】为白色或类白色结晶性粉末；味微苦。在水中微溶，在乙醇中几乎不溶。pK_a 为 2.4、7.4 及 9.6。0.5%水溶液的 pH 为 3.5～5.5。本品的耐酸性较氨苄西林强。

【药动学】本品在胃酸中较稳定，单胃动物内服后有 74%～92%被吸收，胃肠道内容物会影响吸收速率，但不影响吸收程度。内服相同的剂量后，阿莫西林的血清浓度一般比氨苄西林高 1.5～3 倍。在马、驹、牛、山羊、绵羊及犬、猫，本品的半衰期分别为 0.66 h、0.74 h、1.5 h、1.12 h、0.77 h 及 0.75～1.5 h。表观分布容积，犬为 0.2 L/kg。本品可进入脑脊液，患脑膜炎时的浓度为血清浓度的 10%～60%。也可穿过胎盘，但对妊娠动物安全。犬的血浆蛋白结合率约 13%，乳中的药物浓度很低。

【作用与应用】本品的抗菌谱及抗菌活性与氨苄西林基本相似，对肠球菌属和沙门菌的作用较氨苄西林强 2 倍。细菌对本品和氨苄西林有完全的交叉耐药性。

【用法与用量】内服：一次量，每 1 kg 体重，家畜 10～15 mg，鸡 20～30 mg。每日 2 次，连用 2～3 d。

混饮：每 1 L 水，鸡 60 mg（以阿莫西林计）。连用 3～5 d。

肌内注射：普通注射液，一次量，每 1 kg 体重，牛、猪、犬、猫 5～10 mg。每日 2 次，连用 2～3 d。混悬注射液，一次量，每 1 kg 体重，牛、猪、犬、猫 15 mg。如需要可在 48 h 后再注射一次。

【最高残留限量】残留标示物：阿莫西林。所有食品动物，肌肉、脂肪、肝、肾 50 μg/kg，乳 10 μg/kg。

【制剂与休药期】阿莫西林可溶性粉（Amoxicillin Soluble Powder）：鸡 7 d，蛋鸡产蛋期禁用。

注射用阿莫西林钠（Amoxicillin Sodium for Injection）。

阿莫西林注射液（Amoxicillin Injection）（混悬液）：牛、猪 28 d；弃乳期 96 h。

苯唑西林（Oxacillin）

苯唑西林又称苯唑青霉素、新青霉素Ⅱ。

【理化性质】本品的钠盐为白色粉末或结晶性粉末；无臭或微臭。在水中易溶，在丙酮或丁醇中极微溶解，在乙酸乙酯或石油醚中几乎不溶。

【作用与应用】本品为半合成的耐酸、耐酶青霉素。对青霉素耐药的金黄色葡萄球菌有效，但对青霉素敏感菌株的杀菌活性不如青霉素。肌内注射后吸收迅速，在 30 min 内达峰浓度，黄牛和猪的半衰期分别是 1.34 h 及 0.96 h。可部分代谢为活性和无活性的代谢物，主要从肾经尿液迅速排泄，在马、犬的半衰期分别是 0.6 h 及 0.5 h。在体内广泛分布，可进入肺、肾、骨、胆汁、胸水、关节液和腹水，马、犬的表观分布容积分别为 0.6 L/kg 和 0.3 L/kg。

主要用于对青霉素耐药的金黄色葡萄球菌感染，如败血症、肺炎、乳腺炎、烧伤创面感染等。

【用法与用量】肌内注射：一次量，每 1 kg 体重，马、牛、羊、猪 10～15 mg，犬、猫 15～20 mg。每日 2～3 次，连用 2～3 d。

【最高残留限量】残留标示物：苯唑西林。所有食品动物，肌肉、脂肪、肝、肾 300 μg/kg，乳 30 μg/kg。

【制剂与休药期】注射用苯唑西林钠（Oxacillin Sodium for Injection）：牛、羊 14 d，猪 5 d；弃乳期 72 h。

氯唑西林（Cloxacillin）

氯唑西林又称邻氯青霉素。

【理化性状】本品钠盐为白色粉末或结晶性粉末；微臭，味苦；有引湿性。在水中易溶，在乙醇中溶解，在乙酸乙酯中几乎不溶。

【作用与应用】本品为半合成的耐酸、耐酶青霉素。对耐青霉素的菌株有效，尤其对耐药金黄色葡萄球菌有很强的杀菌作用，故被称为“抗葡萄球菌青霉素”，但对青霉素敏感菌的作用不如青霉素。本品内服可以抗酸，但生物利用度仅为37%～60%，受食物影响还会降低。犬的半衰期为0.5 h。常用于治疗动物的骨、皮肤和软组织的葡萄球菌感染，以及耐青霉素葡萄球菌感染，如奶牛乳腺炎。

【用法与用量】肌内注射：一次量，每1 kg体重，马、牛、羊、猪5～10 mg，犬、猫20～40 mg。每日3次，连用2～3 d。

乳管注入：奶牛每乳室200 mg。每日1次，连用2～3 d。

【最高残留限量】残留标示物：氯唑西林。所有食品动物，肌肉、脂肪、肝、肾300 μg/kg，乳30 μg/kg。

【制剂与休药期】注射用氯唑西林钠（Cloxacillin Sodium for Injection）：牛10 d；弃乳期48 h。

氯唑西林钠氨苄西林钠乳剂（干乳期）。

氯唑西林钠氨苄西林钠乳剂（泌乳期）：弃乳期48 h。

苄星氯唑西林（Benzathine Cloxacillin）

【理化性状】本品为白色或类白色结晶性粉末。本品在甲醇中易溶，在三氯甲烷中溶解，在水或乙醇中不溶。

【药理作用】参见氯唑西林。本品有长效作用，仅用于治疗乳腺炎。

【最高残留限量】残留标示物：氯唑西林。所有食品动物，肌肉、脂肪、肝、肾300 μg/kg，乳30 μg/kg。

【制剂与休药期】苄星氯唑西林注射液：牛28 d。

苄星氯唑西林乳房注入剂（干乳期）：牛28 d，弃乳期为产犊后96 h。

氨苄西林苄星氯唑西林乳房注入剂（干乳期）：牛28 d，弃乳期为产犊后96 h。

氨苄西林苄星氯唑西林乳房注入剂（泌乳期）：牛7 d，弃乳期60 h。

（二）头孢菌素类

头孢菌素类又称先锋霉素类（cephalosporins，cefalosporins），是一类广谱半合成抗生素，与青霉素类一样，都具有β-内酰胺环，共称为β-内酰胺类抗生素。不同的是头孢菌素类是7-氨基头孢烷酸（7-aminocefalosporanic acid，7-ACA）的衍生物，而青霉素类为6-APA衍生物。从冠头孢菌（*Cephalosporium acremonium*）的培养液中提取获得的头孢菌素C（cephalosporin C），其抗菌活性低，毒性大，不能用于临床。以头孢菌素C为原料，经催化水解后可获得母核7-ACA，并在其侧链R_1及R_2处引入不同的基团，形成一系列的半合成头孢菌素（表12-2）。根据发现时间的先后，可分为一、二、三、四代头孢菌素。头孢菌素的基本结构如下：

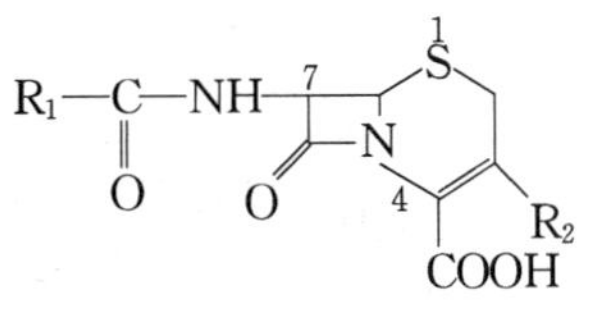

表 12－2　头孢菌素类药物的化学结构、分类及给药途径

药　　名		R_1	R_2	给药途径
第一代	头孢噻吩（Cefalothin，先锋霉素Ⅰ）	S CH_2—	O —CH_2OC CH_3	注射
	头孢氨苄（Cefalexin，先锋霉素Ⅳ）	—CH— NH_2	—CH_3	内服
	头孢唑啉（Cefazolin，先锋霉素Ⅴ）	N═ N—CH_2— N═N	N—N —CH_2S S CH_3	注射
	头孢羟氨苄（Cefadroxil）	HO— —CH— NH_2	—CH_3	内服
第二代	头孢孟多（Cefamandole）	—CH— OH	N—N N —CH_2S N CH_3	注射
	头孢西丁（Cefoxitin）（7 位上有—OCH_3）	S CH_2—	O —CH_2OC NH_2	注射
	头孢克洛（Cefaclor）	—CH— NH_2	—Cl	内服
	头孢呋辛（Cefuroxime）	O C— N OCH_3	O —CH_2OC NH_2	注射
第三代	头孢噻肟（Cefotaxime）	N C— H_2N S N OCH_3	O —CH_2OC CH_3	注射
	头孢唑肟（Ceftizoxime）	N C— H_2N S N OCH_3	—H	注射
	头孢曲松（Ceftriaxone）	N C— H_2N S N OCH_3	H_3C N O N —CH_2S N O	注射

（续）

	药　名	R_1	R_2	给药途径
第三代	头孢哌酮（Cefoperazone）	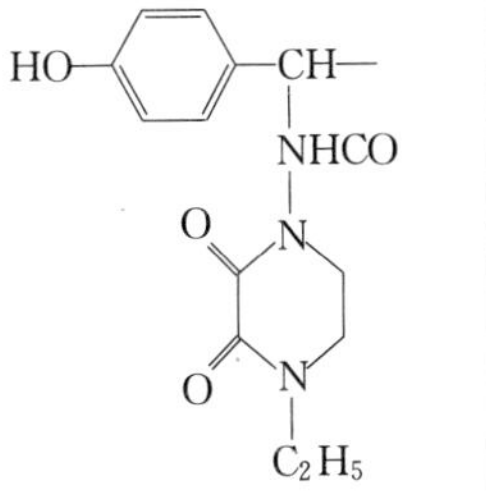 HO—(C₆H₄)—CH— NHCO O，O，N，N C_2H_5	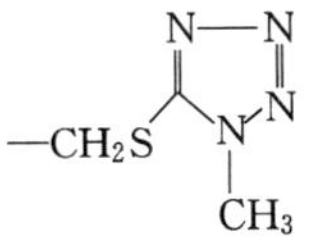 N—N，N，N —CH_2S CH_3	注射
	头孢他啶（Ceftazidime）	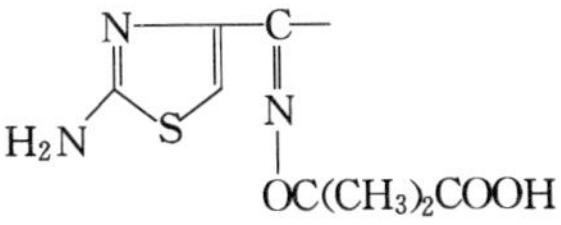 N，C— H_2N，S N $OC(CH_3)_2COOH$	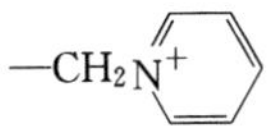 —CH_2N^+	注射
	头孢噻呋（Ceftiofur）	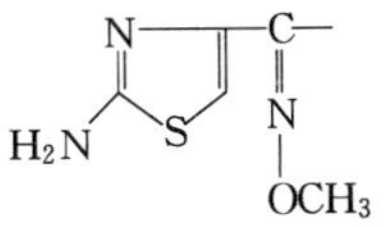 N，C— H_2N，S N OCH_3	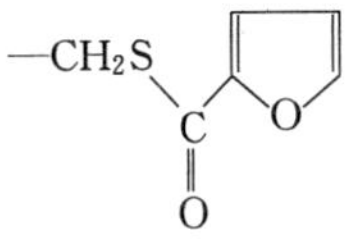 —CH_2S C，O O	注射
第四代	头孢吡肟（Cefepime）	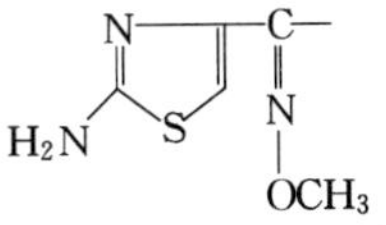 N，C— H_2N，S N OCH_3	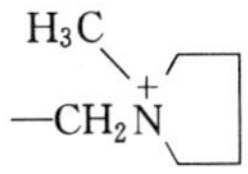 H_3C —CH_2N^+	注射
	头孢喹肟（Cefquinome）	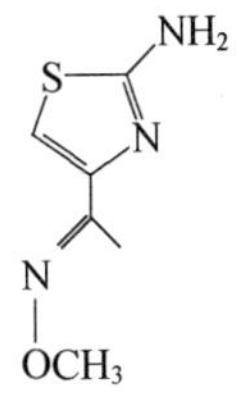 NH_2 S，N N OCH_3	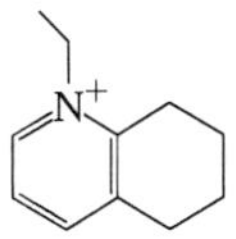 N^+	注射

第一代头孢菌素对革兰阳性菌（包括耐药金黄色葡萄球菌）的作用强于第二、三、四代，对革兰阴性菌的作用则较差，对铜绿假单胞菌无效。第一代对β-内酰胺酶比较敏感，并且不能像青霉素那样有效地对抗厌氧菌。第二代头孢菌素对革兰阳性菌的作用与第一代相似或有所减弱，但对革兰阴性菌的作用则比第一代增强，比较能耐受β-内酰胺酶；部分药物对厌氧菌有效，但对铜绿假单胞菌无效。第三代、第四代头孢菌素的特点是对革兰阴性菌的作用比第二代更强，尤其对铜绿假单胞菌、肠杆菌属、厌氧菌有很好的作用，但对革兰阳性菌的作用比第一、二代弱。第三代对β-内酰胺酶有很高的耐受力。第四代头孢菌素除具有第三代对革兰阴性菌有较强的抗菌作用外，抗菌谱更广，对β-内酰胺酶高度稳定，血浆半衰期较长，无肾毒性。

头孢菌素类具有杀菌力强、抗菌谱广（尤其是第三、四代产品）、毒性小、过敏反应较少，对胃酸和β-内酰胺酶比青霉素类稳定等优点。头孢菌素的抗菌谱与广谱青霉素相似，对革兰阳性菌、阴性菌及螺旋体有效。抗菌作用机制与青霉素相似，也是与细菌细胞壁上的青霉素结合蛋白结合而抑制细菌细胞壁合成，导致细菌死亡。对多数耐青霉素的细菌仍然敏感，但与青霉素之间存在部分交叉耐药现象。头孢菌素与青霉素类、氨基糖苷类合用有协同作用。

头孢菌素能广泛地分布于大多数的体液和组织中，包括肾脏、肺、关节、骨、软组织和胆囊。第三代头孢菌素具有较好的穿透脑脊液的能力。头孢菌素主要经肾小球过滤和肾小管分泌排泄，丙磺舒可与头孢菌素竞争分泌排泄，延缓头孢菌素的排出。肾功能障碍时，半衰期显著延长。

目前人医用和批准动物也可用的头孢菌素类药物有头孢氨苄、头孢赛曲。动物专用的头孢菌素类药物主要有头孢噻呋、头孢喹肟、头孢洛宁、头孢维星等。

头孢氨苄（Cephalexin）

【理化性状】为白色或微黄色结晶性粉末，微臭。在水中微溶，在乙醇、三氯甲烷或乙醚中不溶。

【药动学】本品犬、猫内服吸收迅速而完全，生物利用度为75%～90%，马内服生物利用度仅约5%，以原形从尿中排出。在奶牛、绵羊的半衰期为0.58 h及1.2 h，犬、猫为1～2 h。肌内注射能很快吸收，约0.5 h血药浓度达峰值，犊牛的生物利用度为74%，消除半衰期约1.5 h。

【药理作用】具有广谱抗菌作用。对革兰阳性菌的抗菌活性较强，肠球菌除外。对部分大肠杆菌、奇异变形杆菌、克雷伯菌、沙门菌、志贺菌有抗菌作用，但铜绿假单胞菌耐药。

【应用】主要用于耐药金黄色葡萄球菌及某些革兰阴性杆菌如大肠杆菌、沙门菌、克雷伯菌等敏感菌引起的消化道、呼吸道、泌尿生殖道感染，牛乳腺炎等。

【不良反应】

（1）过敏反应：犬肌内注射有时出现严重的过敏反应，甚至引起死亡。

（2）胃肠道反应：表现为厌食、呕吐或腹泻，犬、猫较为多见。

（3）潜在的肾毒性：由于本品主要经过肾脏排泄，因此对肾功能不良的动物用药剂量应注意调整。

【用法与用量】内服：一次量，每1 kg体重，犬、猫10～30 mg。每日3～4次，连用2～3 d。

乳管注入：奶牛每乳室200 mg。每日2次，连用2 d。

【最高残留限量】残留标示物：头孢氨苄。牛，肌肉、脂肪、肝200 μg/kg，肾1 000 μg/kg，乳100 μg/kg。

【制剂与休药期】头孢氨苄片（Cefalexin Tablets）；头孢氨苄胶囊（Cefalexin Capsules）；头孢氨苄乳剂（Cefalexin Emulsion）：弃乳期48 h；头孢氨苄注射液（Cefalexin Injection）；头孢氨苄单硫酸卡那霉素乳房注入剂（泌乳期）（Cefalexin and Kanamycin Monosulfate Intramammary Infusion for Lactating Cow）：弃乳期72 h。

头孢赛曲（Cefacetrile）

头孢赛曲又称氰甲头孢菌素钠，为第一代半合成头孢菌素，由氰乙酰氯和7-氨基头孢霉烷酸反应制得的广谱头孢菌素。

【理化性状】为白色结晶性粉末。溶于水，性质较稳定。

【药动学】头孢赛曲的内服生物利用度很低，在牛仅有3%的药物被胃肠道吸收。以推荐剂量乳房给药，4 h 后最大血药浓度可达到 170 μg/L，之后便迅速消除，54.6%通过牛奶排泄，21%通过尿液和粪便排泄。

【作用与应用】抗菌谱与头孢氨苄相似，但对大肠杆菌的抗菌作用较强。对大肠杆菌和产气杆菌等产生的β-内酰胺酶特别稳定，对金黄色葡萄球菌（包括耐药菌株）、肺炎链球菌、溶血性链球菌等革兰阳性菌高度敏感，对大肠杆菌、肺炎克雷伯菌、奇异变形杆菌和某些沙门菌等革兰阴性菌也较敏感，但对铜绿假单胞菌、吲哚阳性变形杆菌及脆弱类杆菌不敏感。

头孢赛曲乳房注入剂，用于泌乳期奶牛乳腺炎的治疗。治疗剂量是：每天每个乳区乳管内注入 250 mg。

残留标示物为头孢赛曲，欧盟规定牛奶的最高残留限量为 125 μg/kg。

【不良反应】对牛，以头孢赛曲乳房注入剂每天给药，会产生较小或者轻微的乳房刺激。眼睛及皮肤的刺激性：对试验动物有较小或轻微的刺激性，对敏感动物如豚鼠皮肤，有中度的刺激性。

头孢洛宁（Cefalonium）

【理化性状】为白色或类白色结晶性粉末。极微溶于水和甲醇，溶于二甲亚砜，不溶于二氯甲烷、乙醇（96%）和乙醚；在稀酸和碱性溶液中溶解。

【药动学】本品是动物专用的头孢菌素类抗生素，属于第一代头孢菌素。奶牛乳房灌注本品，给药剂量为每个乳区 250 mg，给药后 8 h、12 h 和 24～72 h，血浆中药物浓度分别为 0.21～0.42 μg/mL、0.15～0.27 μg/mL 和<0.1 μg/mL，大部分以原形药物通过尿液和乳汁排出体外。另外，用于防治奶牛干乳期乳腺炎的头孢洛宁制剂多为长效制剂，药物通过乳房缓慢分布进入乳腺组织。

【药理作用】头孢洛宁对酸和β-内酰胺酶稳定，杀菌力强，抗菌谱广，对大多数革兰阴性菌和革兰阳性菌均有效，尤其对引起奶牛乳腺炎的大多数病原菌有效，如金黄色葡萄球菌、无乳链球菌、停乳链球菌、乳房链球菌、化脓性隐秘杆菌、大肠杆菌和克雷伯菌等。

【应用】主要用于奶牛干乳期乳腺炎的防治，乳管注入，每个乳室 250 mg。头孢洛宁眼膏，主要用于敏感菌所致的牛角膜炎、结膜炎感染。

残留标示物为头孢洛宁，欧盟规定牛奶的最高残留限量为 10 μg/kg。

【制剂】头孢洛宁乳房灌注剂（干乳期）（Cefalonium Intramammary Infusion for Dry Cow），头孢洛宁眼膏（Cefalonium Eye Ointment）。

头孢噻呋（Ceftiofur）

【理化性状】本品为类白色至淡黄色粉末，在丙酮中极微溶解，在水或乙醇中几乎不溶。其钠盐有引湿性，在水中易溶。其盐酸盐为白色或类白色结晶性粉末，在 N，N-二甲基乙酰胺中易溶，在甲醇中微溶，在水中不溶。

【药动学】本品是专门用于动物的第三代头孢菌素。内服不吸收，肌内和皮下注射吸收迅速。体内分布广泛，但不能通过血脑屏障。注射给药后，在血液和组织中的药物浓度高，有效血药浓度维持时间长。本品在牛和猪体内迅速生成具有活性的代谢物——脱氧呋喃甲酰头孢噻呋（desfuroylceftiofur），并进一步代谢为无活性的产物从尿和粪中排泄。在马、牛、羊、猪、犬、鸡和火鸡体内的半衰期分别是 3.2 h、7.1 h、2.2～3.9 h、14.5 h、4.1 h、

6.8 h及7.5 h。钠盐与盐酸头孢噻呋的半衰期相似。

【药理作用】具有广谱杀菌作用。对革兰阳性菌（包括产β-内酰胺酶菌）、革兰阴性菌的抗菌活性较强。敏感菌主要有多杀性巴氏杆菌、溶血性巴氏杆菌、胸膜肺炎放线杆菌、沙门菌、大肠杆菌、链球菌、葡萄球菌等，但某些铜绿假单胞菌、肠球菌耐药。本品的抗菌活性比氨苄西林强，对链球菌的抗菌作用比氟喹诺酮类药物强。

【应用】主要用于治疗牛的急性呼吸系统感染，尤其是溶血性巴氏杆菌或多杀性巴氏杆菌引起的支气管肺炎、牛乳腺炎；猪放线杆菌性胸膜肺炎；1日龄雏鸡的大肠杆菌、沙门菌感染等。

【不良反应】①胃肠道菌群紊乱或二重感染。②有一定的肾毒性。③在牛可引起特征性的脱毛和瘙痒。

【用法与用量】肌内注射：一次量，每1 kg体重，牛1.1～2.2 mg，猪3～5 mg。每日1次，连用3 d。

皮下注射：1日龄雏鸡，每羽0.1 mg。

乳管注入：干乳期奶牛，每乳室500 mg。

【最高残留限量】残留标示物：脱氧呋喃甲酰头孢噻呋。牛、猪，肌肉1 000 μg/kg，脂肪、肝2 000 μg/kg，肾6 000 μg/kg；牛，乳100 μg/kg。

【制剂与休药期】注射用头孢噻呋（Ceftiofur for Injection）：猪1 d。

盐酸头孢噻呋注射液（Ceftiofur Hydrochloride Injection）：猪4 d。

注射用头孢噻呋钠（Ceftiofur Sodium for Injection）：牛3 d，猪1 d；弃乳期12 h。

盐酸头孢噻呋乳房注入剂（干乳期）（Ceftiofur Hydrochloride Intramammary Infusion for Dry Cow）：产犊前60 d给药，弃乳期0 d；牛16 d。

头孢噻呋晶体注射液（Ceftiofur Crystalline Free Acid Injection）：其特点是给牛、猪耳后肌内注射药物后，可在体内维持7～10 d的有效血药浓度，消除缓慢。

头孢维星（Cefovecin）

【理化性状】可溶性粉末，遇光变质。

【药动学】犬以每1 kg体重8 mg皮下注射给药，生物利用度100%，峰浓度为121 μg/mL，达峰时间6.2 h，消除半衰期133 h。尿中药物峰浓度为66.1 μg/mL，达峰时间54 h，皮下注射给药后14 d尿中药物浓度为2.91 μg/mL。猫以每1 kg体重8 mg皮下注射给药，吸收快，注射2 h后达到峰浓度141 μg/mL，生物利用度99%，半衰期166 h。猫静脉注射给药后表观分布容积为0.09 L/kg，平均血浆清除率0.35 mL/(h·kg)。与其他头孢类抗生素相比，头孢维星的显著特点是其极高的血浆蛋白结合率和长效作用。用于犬、猫时，可广泛地与血浆蛋白结合，犬的蛋白结合率为96%～98.7%，猫为99.5%～99.8%。

【作用与应用】是动物专用的第三代头孢菌素。对革兰阳性及阴性菌均有杀菌作用。对引起犬、猫皮肤感染的中间葡萄球菌的MIC_{90}为0.25 μg/mL，多杀巴氏杆菌的MIC_{90}为0.12 μg/mL。对引起犬脓肿的拟杆菌属的MIC_{90}为4 μg/mL，梭菌属的MIC_{90}为1 μg/mL。对犬牙周感染分离的单胞菌的MIC_{90}为0.062 μg/mL，中间普氏菌的MIC_{90}为0.5 μg/mL。对引起犬、猫泌尿道感染的大肠杆菌的MIC_{90}为1 μg/mL。

主要用于犬、猫，治疗皮肤和软组织感染，如治疗犬的脓皮病，创伤和中间葡萄球菌、

β-溶血性链球菌、大肠杆菌或巴氏杆菌引起的脓肿；治疗猫的皮肤及软组织脓肿和多杀性巴氏杆菌、梭杆菌属引起的伤口感染。

【不良反应】 目前还没有关于头孢维星的副作用报道，但它不能应用于对头孢菌素类敏感的犬、猫。

【注意事项】 禁用于8月龄以下和哺乳期的犬、猫；禁用于有严重肾功能障碍的犬、猫；配种后12周内禁用该品；禁用于豚鼠和兔等动物。

【用法与用量】 皮下注射或静脉注射：每1 kg体重，犬、猫8 mg。单次给药药效可以持续14 d，根据感染情况可以重复给药（最多不超过3次）。

【制剂】 注射用头孢维星钠（Cefovecin for Injection）。

头孢喹肟（Cefquinome）

本品又称头孢喹诺。

【理化性状】 常用硫酸盐，为类白色至微黄色结晶性粉末；微臭；有引湿性。在水中微溶，在甲醇中微溶，在乙醇或丙酮中几乎不溶。

【药动学】 本品是专门用于动物的第四代头孢菌素。内服吸收很少，肌内和皮下注射时吸收均迅速，达峰时间0.5～2 h，生物利用度高（＞93%）。体内分布并不广泛，表观分布容积约0.2 L/kg。头孢喹肟与血浆蛋白的结合率较低，为5%～15%。奶牛泌乳期乳房灌注给药后，可以快速分布于整个乳房组织，并维持较高的组织浓度。在马、牛、山羊、猪、犬体内的半衰期分别是2～2.5 h、1.5～3 h、2 h、1～2 h及1 h。头孢喹肟在动物体内代谢以后主要经肾随尿排出，有5%～7%的药物通过肝脏分泌到胆汁中随之排入肠道内。此外，乳房灌注给药时，药物主要随乳汁外排。

【药理作用】 具有广谱杀菌作用。对革兰阳性菌（包括产β-内酰胺酶菌）、阴性菌的抗菌活性较强。敏感菌主要有金黄色葡萄球菌、链球菌、肠球菌、大肠杆菌、沙门菌、多杀性巴氏杆菌、溶血性巴氏杆菌、胸膜肺炎放线杆菌、克雷伯菌、铜绿假单胞菌等。本品的抗菌活性比头孢噻呋强。

【应用】 主要用于治疗敏感菌引起的牛、猪呼吸系统感染及奶牛乳腺炎，例如牛、猪溶血性巴氏杆菌或多杀性巴氏杆菌引起的支气管肺炎，猪放线杆菌性胸膜肺炎、渗出性皮炎等。

【用法与用量】 肌内注射：一次量，每1 kg体重，牛1 mg，猪2～3 mg。每日1次，连用3 d。

乳管注入：泌乳期奶牛，每乳室75 mg。每日2次，连用3次。

乳管注入：干乳期奶牛，每乳室75 mg。

【最高残留限量】 残留标示物：头孢喹肟。牛、猪，肌肉、脂肪50 μg/kg，肝100 μg/kg，肾200 μg/kg；牛，乳20 μg/kg。

【制剂与休药期】 硫酸头孢喹肟注射液（Cefquinome Sulfate Injection）：猪3 d。

注射用硫酸头孢喹肟（Cefquinome Sulfate for Injection）：猪3 d。

硫酸头孢喹肟乳房注入剂（泌乳期）（Cefquinome Sulfate Intramammary Infusion for Lactating Cow）：弃乳期96 h。

硫酸头孢喹肟乳房注入剂（干乳期）（Cefquinome Sulfate Intramammary Infusion for Dry Cow）：干乳期超过5周，弃乳期为产犊后1 d；干乳期不足5周，弃乳期为给药后36 d。

（三）β-内酰胺酶抑制剂

克拉维酸（Clavulanic Acid）

克拉维酸又称棒酸，是由棒状链霉菌（*Streptomyces clavuligerus*）产生的抗生素。本品的钾盐为无色针状结晶，易溶于水，水溶液极不稳定。

【作用与应用】克拉维酸仅有微弱的抗菌活性，是一种革兰阳性和阴性细菌所产生的β-内酰胺酶的"自杀"抑制剂（不可逆结合者），故称为β-内酰胺酶抑制剂（β-lactamase inhibitors）。内服吸收好，也可注射。本品不单独用于抗菌治疗，通常与其他β-内酰胺抗生素合用以克服细菌的耐药性。如将克拉维酸与氨苄西林合用，使后者对产生β-内酰胺酶的金黄色葡萄球菌的最小抑菌浓度，由大于1 000 μg/mL减小至0.1 μg/mL。现已有阿莫西林与克拉维酸钾组成的复方制剂用于兽医临床，如阿莫西林+克拉维酸钾（4∶1），主要用于对阿莫西林敏感的畜禽细菌性感染和产β-内酰胺酶耐药金黄色葡萄球菌感染。

【用法与用量】肌内或皮下注射：一次量（以阿莫西林计），每1 kg体重，牛、猪、犬、猫7 mg。每日1次，连用3～5 d。

混饮：每1 L水，鸡50 mg（以阿莫西林计）。连用3～7 d。

乳管注入：泌乳期奶牛，挤奶后每乳室200 mg（以阿莫西林计）。每日2次，连用3 d。

【最高残留限量】残留标示物：克拉维酸。牛、羊、猪，肌肉、脂肪100 μg/kg，肝200 μg/kg，肾400 μg/kg；牛、羊，乳200 μg/kg。

【制剂与休药期】复方阿莫西林粉（Compound Amoxicillin Powder）：鸡7 d，蛋鸡产蛋期禁用。

阿莫西林、克拉维酸钾注射液（Amoxicillin and Clavulanate Potassium Injection）：牛、猪14 d；弃乳期60 h。

复方阿莫西林乳房注入剂（泌乳期）（Compound Amoxicillin Intramammary Infusion for Lactating Cow）：牛7 d；弃乳期60 h。

二、氨基糖苷类抗生素

本类抗生素的化学结构含有氨基糖分子和非糖部分的糖原结合而成的苷，故称为氨基糖苷类抗生素（aminoglycosides），是由链霉菌或小单孢菌产生或经半合成制得的一类碱性抗生素。由链霉菌（*Streptomyces*）产生的有链霉素、新霉素、卡那霉素等，由小单孢菌（*Micromonosporae*）产生的有庆大霉素、小诺霉素等，半合成品有阿米卡星等。我国批准用于兽医临床的有链霉素、双氢链霉素、卡那霉素、庆大霉素、新霉素、大观霉素及安普霉素等。

本类药物的主要共同特征包括：①均为有机碱，能与酸形成盐。常用制剂为硫酸盐，易溶于水，性质稳定。在碱性环境中抗菌作用增强。②内服吸收很少，几乎完全从粪便排出，利于作为肠道感染用药。注射给药吸收迅速而完全，主要分布于细胞外液，表观分布容积较小（小于0.35 L/kg）。大部分以原形从尿中排出，家畜的半衰期较短（1～2 h）。③属杀菌性抗生素，抗菌谱较广，对需氧革兰阴性杆菌的作用强，对厌氧菌无效；对革兰阳性菌的作用较弱，但对金黄色葡萄球菌包括耐药菌株较敏感。对革兰阴性杆菌和阳性球菌存在明显的抗生素后效应（PAE）。④不良反应主要是损害第八对脑神经（听神经）、肾脏毒性及对神经肌肉有阻断作用。

氨基糖苷类的作用机制是抑制细菌蛋白质的合成过程，可使细菌胞膜的通透性增强，使胞内物质外渗导致细菌死亡。本类药物对静止期细菌杀灭作用强，为静止期杀菌药。

细菌对本类药物耐药主要通过质粒介导产生的钝化酶引起。细菌可产生多种钝化酶，一种药物能被一种或多种酶所钝化，几种药物也能被同一种酶所钝化。因此氨基糖苷类的不同品种间存在着不完全的交叉耐药性。

链霉素（Streptomycin）

链霉素是从灰链霉菌（*Streptomyces griseus*）培养液中提取获得的。作为药物使用其硫酸盐，为白色或类白色粉末。无臭或几乎无臭，味微苦，有引湿性。在水中易溶，在乙醇或三氯甲烷中不溶。

【药动学】内服难吸收，大部分以原形从粪便中排出。肌内注射吸收迅速而完全，0.5～2 h达血药峰浓度，有效药物浓度可维持6～12 h。在各种动物体内的半衰期（h）：马3.1，水牛3.9，黄牛4.1，奶山羊4.7，猪3.8。主要分布于细胞外液，存在于体内各个脏器，以肾中浓度最高，肺及肌肉含量较少，易透入胸腔、腹腔中，有炎症时渗入增多。亦可透入胎盘进入胎儿循环，胎血浓度约为母畜血浓度的一半，因此妊娠动物注射链霉素，应警惕对胎儿的毒性。本品不易进入脑脊液。主要通过肾小球滤过而排出，24 h内排出给药剂量的50%～60%。由于在尿中浓度很高，可用于治疗泌尿道感染。在碱性环境中抗菌作用增强，如在pH 8的抗菌作用比在pH 5.8时强20～80倍，故可加服碳酸氢钠碱化尿液，增强治疗效果。这在杂食及肉食动物用药时尤其重要。当动物出现肾功能障碍时半衰期显著延长，排泄减慢，宜减少用量或延长给药间隔时间。

【药理作用】抗菌谱较广。抗分枝杆菌的作用在氨基糖苷类中最强，对大多数革兰阴性杆菌和革兰阳性球菌有效。例如，对大肠杆菌、沙门菌、布鲁菌、巴氏杆菌、变形杆菌、痢疾志贺菌、鼠疫耶尔森菌、产气荚膜梭菌、鼻疽伯氏菌等均有较强的抗菌作用，对金黄色葡萄球菌等多数革兰阳性球菌效果差，对钩端螺旋体、放线菌也有效。链球菌、铜绿假单胞菌和厌氧菌对本品固有耐药。

【应用】用于治疗各种敏感菌引起的急性感染，如家畜的呼吸道感染（肺炎、支气管炎）、泌尿道感染、牛放线菌病、钩端螺旋体病、细菌性胃肠炎、乳腺炎及家禽的呼吸系统病（传染性鼻炎等）和细菌性肠炎等。

链霉素的反复使用，细菌极易产生耐药性，并远比青霉素为快，且一旦产生，停药后不易恢复。因此，临床上常采用联合用药，以减少或延缓耐药性的产生，如与青霉素合用治疗各种细菌性感染。链霉素耐药菌株对其他氨基糖苷类仍敏感。

【不良反应】①耳毒性：链霉素最常引起前庭损害，这种损害可随连续给药的药物积累而加重，并呈剂量依赖性。②猫对链霉素较敏感，常量即可造成恶心、呕吐、流涎及共济失调等。③神经肌肉阻断作用：常由链霉素剂量过大导致。犬、猫外科手术全身麻醉后，合用青霉素和链霉素预防感染时，常出现意外死亡，这是由于全身麻醉剂和肌肉松弛剂对神经肌肉阻断有增强作用。严重者肌内注射新斯的明或静脉注射氯化钙可缓解。④长期应用可引起肾脏损害。

【用法与用量】肌内注射：一次量，每1 kg体重，家畜10～15 mg。每日2次，连用2～3 d。

【最高残留限量】残留标示物：链霉素与双氢链霉素总量。牛、绵羊、猪、鸡，肌肉、脂肪、肝 600 μg/kg，肾 1 000 μg/kg；牛，乳 200 μg/kg。

【制剂与休药期】注射用硫酸链霉素（Streptomycin Sulfate for Injection）：牛、羊、猪 18 d；弃乳期 72 h。

双氢链霉素（Dihydrostreptomycin）

【理化性状】本品的硫酸盐为白色或类白色粉末；无臭或几乎无臭，味微苦；有引湿性。本品在水中易溶，在乙醇中溶解，在三氯甲烷中不溶。

【药理】本品抗菌谱和抗菌活性与链霉素相似。主要用于治疗革兰阴性菌和结核杆菌感染。

本品与链霉素在化学结构上非常相似，因此它们的体内过程也较一致。牛和马按每 1 kg 体重 5.5 mg 肌内注射双氢链霉素后，体内最大血药浓度范围在 5.1～17.0 μg/mL 之间。在马和牛体内的半衰期分别为 1.5～9.3 h 和 2.35～4.50 h。

【不良反应】双氢链霉素耳毒性比链霉素强。其他参见链霉素。

【用法与用量】肌内注射：一次量，每 1 kg 体重，家畜 10 mg。每日 2 次，连用 2～3 d。

【最高残留限量】残留标示物：双氢链霉素与链霉素的总量。牛、绵羊、猪、鸡：肌肉、脂肪、肝 600 μg/kg，肾 1 000 μg/kg；牛，乳 200 μg/kg。

【制剂与休药期】注射用硫酸双氢链霉素（Dihydrostreptomycin Sulfate for Injection）：牛、羊、猪 18 d；弃乳期 72 h。

硫酸双氢链霉素注射液（Dihydrostreptomycin Sulfate Injection）：牛、羊、猪 28 d；弃乳期 7 d。

卡那霉素（Kanamycin）

本品是由卡那链霉菌（*Streptomyces kanamyceticus*）的培养液中提取获得的，有 A、B、C 3 种成分。临床上用的以卡那霉素 A 为主，约占 95%，亦含少量的卡那霉素 B，小于 5%。常用其硫酸盐，为白色或类白色粉末。无臭，有引湿性。在水中易溶，在乙醇、丙酮、三氯甲烷或乙醚中几乎不溶。水溶液稳定，于 100 ℃、30 min 灭菌不降低活性。

【药动学】内服吸收不良，大部分以原形由粪便排出。肌内注射吸收迅速且完全，马、犬的生物利用度分别为 100%及 89%，0.5～1 h 达血药峰浓度。在体内主要分布于各组织和体液中，以胸、腹腔中的药物浓度较高，胆汁、唾液、支气管分泌物及脑脊液中含量很低。在动物体内的半衰期（h）：马 1.8～2.3，水牛 2.3，黄牛 2.8，奶山羊 2.2，绵羊 1.8，猪 2.1，犬 0.9～1.2，火鸡 2.6。本品主要通过肾小球滤过排泄，有 40%～80%以原形从尿中排出。尿中浓度很高，有利于治疗尿道感染。

【药理作用】其抗菌谱与链霉素相似，但抗菌活性稍强。对多数革兰阴性菌如大肠杆菌、变形杆菌、沙门菌和巴氏杆菌等有很强的抗菌作用，对分枝杆菌和耐青霉素金黄色葡萄球菌亦较敏感，但对铜绿假单胞菌无效。

【应用】主要用于治疗多数革兰阴性杆菌和部分耐青霉素金黄色葡萄球菌所引起的感染，如呼吸道、肠道和泌尿道感染，乳腺炎，禽霍乱和雏鸡白痢等。此外，亦可用于治疗猪气喘病、萎缩性鼻炎。

【用法与用量】肌内注射：一次量，每 1 kg 体重，家畜 10～15 mg。每日 2 次，连用3～5 d。

【不良反应】卡那霉素与链霉素一样有耳毒性，而且其耳毒性比链霉素、庆大霉素更强。卡那霉素也有肾毒性，但较少出现前庭毒性。卡那霉素与新霉素相比毒性较小。其他不良反应参见链霉素。

【制剂与休药期】硫酸卡那霉素注射液（Kanamycin Sulfate Injection）：28 d，弃乳期 7 d。

注射用硫酸卡那霉素（Kanamycin Sulfate for Injection）：28 d，弃乳期 7 d。

庆大霉素（Gentamicin）

本品是自小单孢子菌（*Micromonospora*）培养液中提取获得的 C_1、C_{1a}、C_2 和 C_{2a} 等 4 种成分的复合物。4 种成分的抗菌活性和毒性基本一致。其硫酸盐为白色或类白色的粉末；无臭；有引湿性；在水中易溶，在乙醇、丙酮、三氯甲烷或乙醚中不溶。其 4%的水溶液的 pH 为 4.0～6.0。

【药动学】本品内服难吸收，肠内浓度较高。大多数动物肌内注射后吸收快而完全，0.5～1 h 血药达峰浓度，马、牛、犬、猫、鸡、火鸡的生物利用度分别为 87%、92%、95%、68%、95%及 21%。吸收后主要分布于细胞外液，可渗入胸腹腔、心包、胆汁及滑膜液中，亦可进入淋巴结及肌肉组织。表观分布容积较小，成年犬、猫 0.15～0.3 L/kg，马 0.26～0.58 L/kg，黄牛 0.14 L/kg。新生动物和幼龄动物由于细胞外液偏多，因而表观分布容积增大。本品不易透过血脑屏障，但可透过胎盘屏障，在胎畜中的浓度为母体中的 15%～50%。在动物体内的半衰期（h）：马 1.82～3.25，水牛 2.3～5.69，黄牛 3.2，犊牛 2.2～2.7，奶山羊 2.3，绵羊 1.33～2.4，猪 2.1，犬和猫 0.5～1.5，兔 1.0，鸡 3.38，火鸡 2.57。有效血药浓度可维持 6～8 h。主要通过肾小球滤过排泄，排泄量占给药量的 40%～80%。本品在新生仔畜排泄显著减慢，而肾功能障碍时半衰期亦明显延长，在此情况下给药方案应适当调整。

【药理作用】本品在氨基糖苷类中抗菌谱较广，抗菌活性最强，对革兰阴性菌和阳性菌均有作用。对多种革兰阴性菌（如大肠杆菌、克雷伯菌、变形杆菌、铜绿假单胞菌、巴氏杆菌、沙门菌等）和金黄色葡萄球菌（包括产 β-内酰胺酶菌株）均有抗菌作用。此外，对支原体亦有一定作用。多数链球菌（化脓链球菌、肺炎链球菌、粪链球菌等）、厌氧菌（类杆菌属或梭状芽胞杆菌属）、分枝杆菌、立克次体和真菌对本品耐药。

【应用】主要用于耐药金黄色葡萄球菌、铜绿假单胞菌、变形杆菌和大肠杆菌等所引起的各种疾病，例如呼吸道、肠道、泌尿道感染和败血症及鸡传染性鼻炎。内服还可用于肠炎和细菌性腹泻。

由于本品已广泛应用于兽医临床，耐药菌株逐渐增加，但不如链霉素、卡那霉素耐药菌株普遍，且耐药性维持时间较短，停药一段时间后易恢复其敏感性。

【不良反应】与链霉素相似。对肾脏有较严重的损害作用，这与其在肾皮质部蓄积有关。

【用法与用量】肌内注射：一次量，每 1 kg 体重，家畜 2～4 mg，犬、猫 3～5 mg，家禽 5～7.5 mg。每日 2 次，连用 2～3 d。

内服：一次量，每 1 kg 体重，驹、犊、羔羊、仔猪 5～10 mg。每日 2 次，连用 2～3 d。

【最高残留限量】 残留标示物：庆大霉素。牛、猪，肌肉、脂肪 100 μg/kg，肝 2 000 μg/kg，肾 5 000 μg/kg；牛乳 200 μg/kg。鸡、火鸡，可食性组织 100 μg/kg。

【制剂与休药期】 硫酸庆大霉素注射液（Gentamicin Sulfate Injection）：猪 40 d。

硫酸庆大霉可溶性粉（Gentamicin Sulfate Soluble Powder）：家畜 7 d。

新霉素（Neomycin）

【理化性状】 本品的硫酸盐为白色或类白色的粉末；无臭；极易引湿。在水中极易溶解，在乙醇、乙醚、丙酮或三氯甲烷中几乎不溶。

【作用与应用】 抗菌谱与链霉素相似。在氨基糖苷类中，本品毒性最大，一般禁止注射给药。人医已淘汰。内服给药后很少吸收，在肠道内呈现抗菌作用。

用于治疗畜禽的肠道大肠杆菌感染；子宫或乳管内注入，治疗奶牛、母猪的子宫内膜炎或乳腺炎；局部外用（0.5%溶液或软膏），治疗葡萄球菌和革兰阴性杆菌引起的皮肤、眼、耳感染。

【用法与用量】 内服：一次量，每 1 kg 体重，家畜 10～15 mg，犬、猫 10～20 mg。每日 2 次，连用 3～5 d。

混饮：每 1 L 水，禽 50～70 mg（效价）。连用 3～5 d。

混饲：每 1 000 kg 饲料，猪、鸡 77～154 g（效价）。连用 3～5 d。

【最高残留限量】 残留标示物：新霉素 B。牛、羊、猪、火鸡、鸡、鸭，肌肉、脂肪、肝 500 μg/kg，肾 1 0000 μg/kg；牛乳 500 μg/kg，鸡蛋 500 μg/kg。

【制剂】 硫酸新霉素片（Neomycin Sulfate Tablets）。

硫酸新霉素可溶性粉（Neomycin Sulfate Soluble Powder）：鸡 5 d，火鸡 14 d，蛋鸡产蛋期禁用。

硫酸新霉素预混剂（Neomycin Sulfate Premix）：猪 0 d，鸡 5 d，蛋鸡产蛋期禁用。

硫酸新霉素、甲溴东莨菪碱溶液（Neomycin Sulfate and Methylsopolamine Bromide Solution）。

大观霉素（Spectinomycin）

大观霉素又称壮观霉素。

【理化性质】 其盐酸盐或硫酸盐为白色或类白色结晶性粉末；在水中易溶，在乙醇、三氯甲烷或乙醚中几乎不溶。

【药动学】 内服后仅吸收 7%，但在胃肠道内保持较高浓度。皮下或肌内注射吸收良好，约 1 h 后血药浓度达高峰。组织药物浓度低于血清浓度。不易进入脑脊液或眼内，与血浆蛋白结合率不高。大多以原形药物经肾小球滤过排出。牛的消除半衰期约 2 h。

【药理作用】 对多种革兰阴性杆菌，如大肠杆菌、沙门菌、志贺菌、变形杆菌等有中度抑制作用。A 群链球菌、肺炎链球菌、表皮葡萄球菌和某些支原体（如鸡毒支原体、火鸡支原体、滑液支原体、猪鼻支原体、猪滑膜支原体等）常敏感。草绿色链球菌和金黄色葡萄球菌多不敏感。铜绿假单胞菌和短螺旋体通常耐药。

【应用】 主要用于防治仔猪大肠杆菌病（白痢）、肉鸡慢性呼吸道病和传染性滑液囊炎。对 1～3 日龄雏火鸡和刚出壳的雏鸡皮下注射可防治火鸡气囊炎（火鸡支原体感染）和鸡慢性呼吸道病（鸡毒支原体与大肠杆菌并发感染）。也能控制滑液支原体、鼠伤寒沙门菌和大肠杆菌感染的死亡率，降低感染的严重程度。

本品还常与林可霉素联合用于防治仔猪腹泻、猪的支原体性肺炎、败血支原体引起的鸡慢性呼吸道病和火鸡支原体感染。

【用法与用量】混饮：每 1 L 水，禽 0.5～1.0 g（效价）。连用 3～5 d。

内服：一次量，每 1 kg 体重，猪 20～40 mg。每日 2 次，连用 3～5 d。

【最高残留限量】残留标示物：大观霉素。牛、羊、猪、鸡，肌肉 500 μg/kg，脂肪、肝 2 000 μg/kg，肾 5 000 μg/kg；牛乳 200 μg/kg，鸡蛋 2 000 μg/kg。

【制剂与休药期】盐酸大观霉素可溶性粉（Spectinomycin Hydrochloride Soluble Powder）：鸡 5 d，蛋鸡产蛋期禁用。

盐酸大观霉素、盐酸林可霉素可溶性粉（Spectinomycin Hydrochloride and Lincomycin Hydrochloride Soluble Powder）。

安普霉素（Apramycin）

【理化性质】其硫酸盐为微黄色至黄褐色粉末，有引湿性。在甲醇、丙酮、三氯甲烷或乙醚中几乎不溶。

【药动学】内服给药后吸收不良（<10%），新生仔畜可部分吸收。肌内注射后吸收迅速，在 1～2 h 可达血药峰浓度，生物利用度 50%～100%。它只能分布于细胞外液。在犊牛、绵羊、兔、鸡的半衰期分别为 4.4 h、1.5 h、0.8 h、1.7 h。大部分以原形从尿中排出，4 d 内约排泄 95%。

【药理作用】对多种革兰阴性菌（如大肠杆菌、假单孢菌、沙门菌、克雷伯菌、变形杆菌、巴氏杆菌、支气管炎败血波氏菌）及葡萄球菌、猪痢疾短螺旋体和某些支原体均具杀菌活性。

安普霉素独特的化学结构可抗由多种质粒编码钝化酶的灭活作用，因而革兰阴性菌对其较少耐药，许多分离自动物的病原性大肠杆菌及沙门菌对其敏感。安普霉素与其他氨基糖苷类不存在染色体突变引起的交叉耐药性。

【应用】主要用于治疗畜禽大肠杆菌、沙门菌和其他敏感菌感染。对猪的短螺旋体性痢疾、畜禽的支原体病亦有效。猫较敏感，易产生毒性。

【用法与用量】内服：一次量，每 1 kg 体重，家畜 20～40 mg。每日 1 次，连用 5 d。

混饮：每 1 L 水，鸡 250～500 mg（效价）。连用 5 d。

混饲：每 1 000 kg 饲料，猪 80～100 g（效价）。连用 7 d。

【最高残留限量】残留标示物：安普霉素。猪，肾 100 μg/kg。

【制剂与休药期】硫酸安普霉素可溶性粉（Apramycin Sulfate Soluble Powder）：猪 21 d，鸡 7 d，蛋鸡产蛋期禁用。

硫酸安普霉素预混剂（Apramycin Sulfate Premix）：猪 21 d。

三、四环素类抗生素

四环素类（tetracyclines）为一类具有共同多环并四苯羧基酰胺母核的衍生物，仅在 5、6、7 位取代基有所不同（表 12-3）。它们对革兰阳性菌和阴性菌、螺旋体、立克次体、支原体、衣原体、原虫（球虫、阿米巴虫）等均可产生抑制作用，故称为广谱抗生素。

表 12－3　四环素类的化学结构

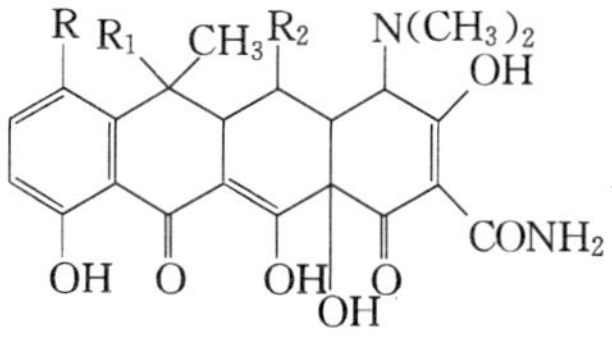

药　名	R	R_1	R_2
金霉素	CL	OH	H
四环素	H	OH	H
土霉素	H	OH	OH
多西环素	H	H	OH

四环素类可分为天然品和半合成品两类:前者由不同链霉菌的培养液中提取获得，有四环素、土霉素、金霉素和地美环素（去甲金霉素）；后者为半合成衍生物，有多西环素、美他环素（甲烯土霉素，Metacycline）和米诺环素（二甲胺四环素，Minocycline）等。按其抗菌活性大小顺序依次为米诺环素＞多西环素＞美他环素＞金霉素＞四环素＞土霉素。

本类药物属快效抑菌剂，作用机制是干扰细菌蛋白质的合成。药物进入菌体后，可逆性地与细菌核糖体 30S 亚基上的受体结合，干扰 tRNA 与 mRNA 核糖体复合体上的受体结合，阻止肽链延长而抑制蛋白质合成，从而使细菌的生长繁殖迅速受到抑制。

天然的四环素类之间存在交叉耐药性，但天然的与半合成的四环素类之间交叉耐药性不明显。耐药性的产生主要是通过耐药质粒介导，带耐药质粒的细菌细胞膜对四环素类的摄入减少或主动外排泵出增加，还可通过一种胞质蛋白（核糖体保护蛋白）在蛋白质合成过程中保护核糖体而耐药。这种质粒介导的耐药可转移、诱导其他敏感菌为耐药菌。

我国批准用于兽医临床的本类药物有四环素、土霉素、金霉素和多西环素。

土霉素（Oxytetracycline）

土霉素又称氧四环素，由土壤链霉菌（*Streptomyces rimosus*）的培养液中提取获得。

【理化性质】本品为淡黄色至暗黄色的结晶性粉末或无定形粉末；无臭，在日光下颜色变暗，在碱溶液中易破坏失效。在乙醇中微溶，在水中极微溶解，易溶于稀盐酸、稀氢氧化钠溶液。

常用其盐酸盐，为黄色结晶性粉末；无臭，有引湿性；在日光下颜色变暗，在碱溶液中易破坏失效。在水中易溶，在甲醇或乙醇中略溶，在三氯甲烷或乙醚中不溶。水溶液不稳定，宜现用现配。其 10％水溶液的 pH 为 2.3～2.9。

【药动学】土霉素、四环素在饥饿动物容易吸收，生物利用度为 60％～80％。胃内容物可使吸收减少 50％或更多。主要在小肠的上段被吸收，2～4 h 血药浓度达峰值。反刍动物不宜内服给药，原因是吸收差，血液中难以达到有效治疗浓度，并且能抑制胃内敏感微生物的活性。胃肠道内的镁、钙、铝、铁、锌、锰等多价金属离子，能与本品形成难溶的螯合物，从而使药物吸收减少。猪肌内注射土霉素后，2 h 内血药浓度达峰值。吸收后在体内分布广泛，土霉素的表观分布容积在小动物约为 2.1 L/kg，马为 1.4 L/kg，牛为 0.8 L/kg。易渗入胸、腹腔和乳汁；亦能通过胎盘屏障进入胎儿循环，但在脑脊液的浓度低。体内储存于胆、脾，尤易沉积于骨骼和牙齿。可在肝内浓缩，经胆汁分泌，胆汁的药物浓度为血中浓度的 10～20 倍。有相当一部分可由胆汁排入肠道，并再被吸收利用，形成肝肠循环，从而延长药物在体内的持续时间。土霉素的蛋白结合率为 10%～40%。土霉素在动物的半衰期(h)：马 10.5～14.9，驴 6.5，牛 4.3～9.7，犊牛 8.8～13.5，绵羊 3.6，猪 6.7，犬、猫4～6，兔 1.32，火鸡 0.73。主要以原形由肾小球滤过消除，在胆汁和尿中浓度高，有利于胆道及泌尿道感染的治疗。但当肾功能障碍时，则减慢排泄，延长半衰期，增强对肝脏的毒性。

【药理作用】为广谱抗生素，起抑菌作用。除对革兰阳性菌和阴性菌有作用外，对立克次体、衣原体、支原体、螺旋体、放线菌和某些原虫亦有抑制作用。在革兰阳性菌中，对葡萄球菌、溶血性链球菌、炭疽杆菌等的作用较强，但不如青霉素类和头孢菌素类；在革兰阴性菌中，对大肠杆菌、产气荚膜梭菌、布鲁菌和巴氏杆菌等较敏感，而不如氨基糖苷类和酰胺醇类。

【应用】用治疗以下疾病：①大肠杆菌或沙门菌引起的下痢，例如犊牛白痢、羔羊痢疾、仔猪黄痢和白痢、雏鸡白痢等。②多杀性巴氏杆菌引起的牛出血性败血症、猪肺疫、禽霍乱等。③支原体引起的牛肺炎、猪气喘病、鸡慢性呼吸道病等。④局部用于坏死杆菌所致的坏死、子宫蓄脓、子宫内膜炎等。⑤泰勒虫病、放线菌病、钩端螺旋体病等。

【不良反应】

（1）局部刺激：本品盐酸盐水溶液属强酸性，刺激性大，肌内注射给药会引起注射部位疼痛、炎症和坏死。

（2）二重感染：成年草食动物内服后，剂量过大或疗程过长时，易引起肠道菌群紊乱，导致消化机能失常，造成肠炎和腹泻，并形成二重感染。

【注意事项】①静脉注射时勿漏出血管外，注射速度应缓慢。②成年反刍动物、马属动物和兔不宜内服给药。③避免与含多价金属离子的药品或饲料、乳制品共服。

【用法与用量】内服：一次量，每 1 kg 体重，猪、驹、犊、羔 10～25 mg，犬 15～50 mg，禽 25～50 mg。每日 2～3 次，连用 3～5 d。

混饲：每 1 000 kg 饲料，猪 300～500 g（治疗用）。连用 3～5 d。

混饮：每 1 L 水，猪 100～200 mg，禽 150～250 mg。连用 3～5 d。

肌内注射：一次量，每 1 kg 体重，家畜 10～20 mg。每日 1～2 次，连用 2～3 d。

静脉注射：一次量，每 1 kg 体重，家畜 5～10 mg，每日 2 次，连用 2～3 d。

【最高残留限量】残留标示物：土霉素。所有食品动物，肌肉 100 μg/kg，肝 300 μg/kg，肾 600 μg/kg，牛乳、羊乳 200 μg/kg，禽蛋 200 μg/kg，鱼肉、虾肉 100 μg/kg。

【制剂与休药期】土霉素片（Oxytetracycline Tablets）：牛、羊、猪 7 d，禽 5 d；弃蛋期 2 d，弃乳期 72 h。

土霉素注射液（Oxytetracycline Injection）：牛、羊、猪 28 d。

长效土霉素注射液（Oxytetracycline Long Acting Injection）牛、羊、猪 28 d。

盐酸土霉素可溶性粉（Oxytetracycline Hydrochloride Soluble Powder）。

注射用盐酸土霉素（Oxytetracycline Hydrochloride for Injection）：牛、羊、猪 8 d。

长效盐酸土霉素注射液（Long-Acting Oxytetracycline Injection）牛、羊、猪 28 d。

四环素（Tetracycline）

【理化性质】由金色链霉菌（*Streptomyces aureofaciens*）培养液中提取获得。常用其盐酸盐，为黄色结晶性粉末，无臭，味苦；略有引湿性；遇光色渐变深，在碱性溶液中易破坏失效。在水中溶解，在乙醇中略溶，在三氯甲烷或乙醚中不溶。其1%水溶液的pH为1.8～2.8。水溶液放置后不断降解，效价降低，并变为混浊。

【药动学】内服后血药浓度较土霉素或金霉素高。对组织的渗透性较好，小动物的表观分布容积为1.2～1.3 L/kg，蛋白结合率为20%～67%。易透入胸腹腔、胎畜循环及乳汁中。四环素静脉注射在动物体内的半衰期（h）：马5.8，水牛4.0，黄牛5.4，羊5.7，猪3.6，犬和猫5～6，兔2，鸡2.77。

【作用与应用】与土霉素相似，但对革兰阴性杆菌的作用较好，对革兰阳性球菌如葡萄球菌的效力则不如金霉素。

【用法与用量】内服：一次量，每1 kg体重，家畜10～20 mg，犬15～50 mg，禽25～50 mg。每日2～3次，连用3～5 d。

混饲：每1 000 kg饲料，猪300～500 g（治疗）。连用3～5 d。

混饮：每1 L水，猪100～200 mg，禽150～250 mg。连用3～5 d。

静脉注射：一次量，每1 kg体重，家畜5～10 mg。每日2次，连用2～3 d。

【最高残留限量】残留标示物：四环素。所有食品动物，肌肉100 μg/kg，肝300 μg/kg，肾600 μg/kg，牛乳、羊乳100 μg/kg，禽蛋200 μg/kg，鱼肉、虾肉100 μg/kg。

【制剂与休药期】四环素片（Tetracycline Tablets）：牛12 d，猪10 d，鸡4 d。

盐酸四环素可溶性粉（Tetracycline Hydrochloride Soluble Powder）：牛12 d，猪10 d，鸡4 d。

注射用盐酸四环素（Tetracycline Hydrochloride for Injection）：牛、羊、猪8 d；弃乳期48 h。

金霉素（Chlortetracycline）

【理化性质】由金色链霉菌（*Streptomyces aureofaciens*）的培养液中所制得。常用其盐酸盐，为金黄色或黄色结晶；无臭，味苦；遇光色渐变暗。在水或乙醇中微溶，在丙酮、乙醚或三氯甲烷中几乎不溶。其水溶液不稳定，浓度超过1%即析出。在37 ℃放置5 h，效价降低50%。

【作用与应用】抗菌谱与土霉素相似。在火鸡、肉鸡、犊牛的半衰期分别是0.88 h、5.8 h、8.3～8.9 h。本品对耐青霉素的金黄色葡萄球菌感染的疗效优于土霉素和四环素。

本品低剂量常用作饲料添加药，用于促进畜禽生长、改善饲料利用率等。由于局部刺激性强，稳定性差，人医用的内服制剂和针剂均已被淘汰。

【用法与用量】内服：一次量，每1 kg体重，家畜10～25 mg。每日2次。

混饲：每1 000 kg饲料，猪300～500 g，家禽200～600 g。一般连用不超过5 d。

【最高残留限量】残留标示物：金霉素。所有食品动物，肌肉100 μg/kg，肝300 μg/kg，肾600 μg/kg，牛乳、羊乳100 μg/kg，禽蛋200 μg/kg，鱼肉、虾肉100 μg/kg。

【制剂】盐酸金霉素片（Chlortetracycline Hydrochloride Tablets），盐酸金霉素预混剂

(Chlortetracycline Hydrochloride Premix)。

多西环素 (Doxycycline)

多西环素又称脱氧土霉素、强力霉素。

【理化性质】其盐酸盐为淡黄色至黄色结晶性粉末，无臭，味苦。在水或甲醇中易溶，在乙醇或丙酮中微溶，在三氯甲烷中几乎不溶。1%水溶液的 pH 为 2～3。本品的 pK_a 为 3.5、7.7 和 9.5。

【药动学】本品内服后吸收迅速，受食物影响较小，生物利用度高，犊牛以牛奶代替品同时内服的生物利用度为 70%。对组织渗透力强，分布广泛，易进入细胞内。在犬的稳态表观分布容积约为 1.5 L/kg。蛋白结合率高，犬 75%～86%，牛和猪为 93%。原形药物大部分经胆汁排入肠道又再吸收，有显著的肝肠循环效应。本品在肝内大部分以结合或络合方式灭活，再经胆汁分泌入肠道，随粪便排出，因而对胃肠道菌群及动物的消化机能影响小，不易引起二重感染。在肾脏排出时，由于本品具有较强的脂溶性，易被肾小管重吸收，因而有效药物浓度维持时间较长。在动物体内的半衰期（h）：奶牛 9.2，犊牛 9.5～14.9，山羊 16.6，猪 4.04，犬 10～12，猫 4.6。

【作用与应用】抗菌谱与土霉素相似，体内、外抗菌活性较土霉素、四环素强，为四环素的 2～8 倍。

主要用于治疗畜禽的支原体病、大肠杆菌病、沙门菌病、巴氏杆菌病和鹦鹉热等。

【不良反应】本品在四环素类中毒性最小，但犬、猫内服可出现恶心、呕吐反应，与食物同服可使反应减轻。给马属动物静脉注射有出现心律不齐、虚脱和死亡的报道，应尽量避免使用。泌乳期奶牛禁用。

【用法与用量】内服：一次量，每 1 kg 体重，猪、驹、犊、羔 3～5 mg，犬、猫 5～10 mg，禽 15～25 mg。每日 1 次，连用 3～5 d。

混饲：每 1 000 kg 饲料，猪 150～250 g，禽 100～200 g。连用 3～5 d。

混饮：每 1 L 水，猪 100～150 mg，禽 50～100 mg。连用 3～5 d。

【最高残留限量】残留标示物：多西环素。牛、猪、禽，肌肉 100 μg/kg，肝 300 μg/kg，肾 600 μg/kg；猪、禽，皮和脂肪 300 μg/kg。

【制剂】盐酸多西环素片（Doxycycline Hyclate Tablets）：28 d，蛋鸡产蛋期禁用。

盐酸多西环素可溶性粉（Doxycycline Hyclate Soluble Powder）：28 d，蛋鸡产蛋期禁用。

四、酰胺醇类抗生素

酰胺醇类（amphenicols）抗生素属广谱抗生素，包括氯霉素、甲砜霉素、氟苯尼考等。氯霉素是从委内瑞拉链霉菌（*Streptomyces venezuelae*）培养液中提取获得，是第一个可用人工全合成的抗生素。氯霉素能严重干扰动物造血功能，引起粒细胞及血小板生成减少，导致不可逆性再生障碍性贫血等。世界各国几乎都禁止氯霉素用于所有食品动物。

本类药物的作用机制主要是表现在与 70S 核蛋白体的 50S 亚基上的 A 位紧密结合，阻碍了肽酰基转移酶的转肽反应，使肽链不能延长，从而抑制细菌蛋白质的合成，产生抗菌作用。本类药物属广谱抑菌剂，对革兰阴性菌的作用较阳性菌强，对肠杆菌尤其伤寒杆菌、副伤寒杆菌高度敏感。

细菌对本类药物可产生耐药性，但发生较缓慢，耐药菌以大肠杆菌为多见。细菌的耐药性主要是通过质粒编码介导的乙酰转移酶使酰胺醇类钝化而失活；某些细菌也能改变细菌细胞膜的通透性，使药物难于进入菌体。甲砜霉素、氟苯尼考之间存在完全交叉耐药。

甲砜霉素（Thiamphenicol）

本品又称甲砜氯霉素。

【理化性质】为白色结晶性粉末；无臭。在二甲基甲酰胺中易溶，在无水乙醇中略溶，在水中微溶。

【药动学】猪内服本品，吸收迅速而完全；肌内注射吸收快，达峰时间为 1 h，生物利用度为 76%，体内分布较广泛，消除半衰期为 4.2 h；静脉注射给药的半衰期为 1 h。本品在肝内代谢少，大多数药物（70%～90%）以原形从尿中排泄。

【药理作用】属广谱抑菌性抗生素。对革兰阳性菌和阴性菌都有作用，但对阴性菌的作用较阳性菌强。对其敏感的革兰阴性菌主要有大肠杆菌、沙门菌、产气荚膜梭菌、布鲁菌及巴氏杆菌等；革兰阳性菌有炭疽杆菌、链球菌、棒状杆菌、葡萄球菌等。对衣原体、钩端螺旋体及立克次体亦有一定的作用，但对铜绿假单胞菌无效。

【应用】本品主要用于肠道、呼吸道等部位的细菌性感染，特别是沙门菌感染，如仔猪副伤寒、幼驹副伤寒，禽副伤寒、雏鸡白痢，仔猪黄痢、白痢等。也可用于防治鱼类由嗜水气单孢菌、肠炎菌引起的败血症、肠炎、赤皮病等，以及用于河蟹、鳖、虾、蛙等特种水生生物的细菌性疾病。

【不良反应】①不引起再生障碍性贫血，但可抑制红细胞、白细胞和血小板生成，程度比氯霉素轻。②有较强的免疫抑制作用。③长期内服可引起消化机能紊乱，出现维生素缺乏或二重感染。④有胚胎毒性，妊娠期及哺乳期动物慎用。

【用法与用量】内服：一次量，每 1 kg 体重，畜、禽 5～10 mg。每日 2 次，连用 2～3 d。

【最高残留限量】残留标示物：甲砜霉素。牛、羊、猪、鸡、鱼等，各类可食性组织 50 μg/kg，牛乳 50 μg/kg。

【制剂】甲砜霉素片（Thiamphenicol Tablets）：28 d，弃乳期 7 d。

甲砜霉素粉（Thiamphenicol Powder）：28 d，弃乳期 7 d。

氟苯尼考（Florfenicol）

本品又称氟甲砜霉素，是甲砜霉素的单氟衍生物。

【理化性质】为白色或类白色结晶性粉末；无臭。在二甲基甲酰胺中极易溶解，在甲醇中溶解，在冰醋酸中略溶，在三氯甲烷中极微溶解，在水中几乎不溶。

【药动学】畜禽内服和肌内注射本品吸收快，体内分布较广，半衰期长，能维持较长时间的有效血药浓度。牛肌内注射的生物利用度为 79%，肉鸡、犊牛内服的生物利用分别为 55.3%、88%；猪内服几乎完全吸收，即使在饲喂状况下吸收也较完全。本品在体内分布广泛，进入脑脊液可达治疗浓度。牛的表观分布容积为 0.7 L/kg，仅 13%与血浆蛋白结合。牛静脉注射及肌内注射的半衰期分别为 2.6 h、18.3 h；猪静脉注射及肌内注射的半衰期分别为 6.7 h、17.2 h；犬皮下注射半衰期小于 5 h，内服生物利用度达 95%，但消除半衰期为 1.25 h。猫内服、肌内注射均吸收良好，消除半衰期小于 5 h；鸡静脉注射的半衰期为 5.36 h。大多数药物以原形（50%～65%）从尿中排出。

【药理作用】属动物专用的广谱抗生素。抗菌谱与甲砜霉素相似，但抗菌活性优于甲砜霉素。溶血性巴氏杆菌、多杀巴氏杆菌、猪胸膜肺炎放线杆菌对本品高度敏感，对链球菌、耐甲砜霉素的伤寒沙门菌、克雷伯菌、大肠杆菌均敏感。

细菌对氟苯尼考可产生获得性耐药，并与甲砜霉素表现交叉耐药。但由于乙酰转移酶的灭活作用而导致对氯霉素耐药的细菌，本品对其仍然敏感。

【应用】主要用于牛、猪、鸡和鱼类的细菌性疾病，如巴氏杆菌引起的牛呼吸道感染、乳腺炎；猪传染性胸膜肺炎、黄痢、白痢；鸡大肠杆菌病、禽霍乱；鱼疖病等。

【不良反应】不引起骨髓抑制或再生障碍性贫血，但有胚胎毒性，故妊娠动物禁用。

【应用注意】

（1）肾功能不全患病动物要减量或延长给药间隔时间。

（2）疫苗接种期或免疫功能严重缺损的动物禁用。

【用法与用量】内服：一次量，每 1 kg 体重，猪、鸡 20～30 mg，每日 2 次，连用 3～5 d；鱼，10～15 mg，每日 1 次，连用 3～5 d。

混饲：每 1 000 kg 饲料，猪 20～40 g（效价）。连用 7 d。

混饮：每 1 L 水，鸡 100 mg。连用 3～5 d。

肌内注射：一次量，每 1 kg 体重，猪、鸡 20 mg，每隔 48 h 用 1 次，连用 2 次；鱼 0.5～1 mg，每日 1 次，连用 3～5 d。

【最高残留限量】残留标示物：氟苯尼考胺。牛、羊，肌肉 200 μg/kg，肝 3 000 μg/kg，肾 300 μg/kg；猪，肌肉 300 μg/kg，皮脂 500 μg/kg，肝 2 000 μg/kg，肾 500 μg/kg；家禽，肌肉 100 μg/kg，皮脂 200 μg/kg，肝 2 500 μg/kg，肾 750 μg/kg；鱼，肌肉和皮 1 000 μg/kg；其他动物，肌肉 100 μg/kg，脂肪 200 μg/kg，肝 2 000 μg/kg，肾 300 μg/kg。

【制剂与休药期】氟苯尼考粉（Florfenicol Powder）：猪 20 d，鸡 5 d，蛋鸡产蛋期禁用。

氟苯尼考预混剂（Florfenicol Premix）：猪 14 d。

氟苯尼考溶液（Florfenicol Solution）：鸡 5 d，蛋鸡产蛋期禁用。

氟苯尼考注射液（Florfenicol Injection）：猪 14 d，鸡 28 d，蛋鸡产蛋期禁用。

五、大环内酯类抗生素

大环内酯类抗生素（macrolides）是由链霉菌产生或半合成的一类弱碱性抗生素，具有 14～16 元环内酯基本化学结构。我国农业部批准兽医临床应用的本类抗生素有红霉素、吉他霉素、泰乐菌素、替米考星、泰万菌素、泰拉霉素（Tulathromyein）等。国外已上市的品种还有加米霉素（Gamithromgein）和泰地罗新（Tildipirosin）。除了红霉素、吉他霉素也用于人医外，泰乐菌素、替米考星、泰万菌素、泰拉霉素、加米霉素和泰地罗新均是动物专用的大环内酯类抗生素。

大环内酯类抗生素的抗菌谱和抗菌活性基本相似，主要对多数革兰阳性菌、少数革兰阴性菌、支原体等有良好作用。本类药物的作用机制均相同，能与敏感菌的核蛋白体 50S 亚基结合，通过对转肽作用和/或 mRNA 位移的阻断，而抑制肽链的合成和延长，影响细菌蛋白质的合成。大环内酯类抗生素的这种作用基本上被限于快速分裂的细菌和支原体，属生长期快效抑菌剂。

一些细菌可合成甲基化酶，将位于核糖体50S亚基上的23S rRNA上的腺嘌呤甲基化，导致大环内酯类抗生素不能与其结合，此为细菌对大环内酯类抗生素耐药的主要机制。大环内酯类抗生素之间有不完全的交叉耐药性。大环内酯类和林可胺类抗生素的作用部位相同，所以耐药菌对上述两类抗生素常同时耐药。

红霉素（Erythromycin）

本品是从红链霉菌（*Streptomyces erythreus*）的培养液中提取获得的。

【理化性质】本品为白色或类白色的结晶或粉末；无臭，味苦；微有引湿性。在甲醇、乙醇或丙酮中易溶，在水中极微溶解。

其乳糖酸盐供注射用，为白色或类白色的结晶或粉末；无臭，味苦。在水或乙醇中易溶，在丙酮或三氯甲烷中微溶，在乙醚中不溶。

硫氰酸红霉素为白色或类白色的结晶或结晶性粉末；无臭，味苦；微有引湿性。在甲醇、乙醇中易溶，在水或三氯甲烷中微溶。

【药动学】红霉素碱和硬脂酸盐内服均易被胃酸降解，红霉素盐的种类、剂型、胃肠道的酸度和胃中内容物均影响其生物利用度，只有肠溶制剂才能较好吸收。牛肌内或皮下注射吸收均很慢，皮下注射生物利用度为40%，肌内注射为65%。吸收后广泛分布于全身各组织和体液中，表观分布容积为犬2 L/kg，马2.3 L/kg，牛0.8～1.6 L/kg，猪3.3 L/kg。在胆汁中的浓度最高，可透过胎盘屏障及进入关节腔。患脑膜炎时脑脊液中可达较高浓度。本品在乳中的浓度可达血清浓度的50%。血浆蛋白结合率为73%～81%。红霉素小部分在肝内代谢为无活性的N-甲基红霉素，主要以原形经胆汁排泄，部分在肠道重吸收，仅2%～5%由肾脏排出。肌内注射后吸收迅速，但注射部位会发生疼痛和肿胀。静脉注射，在马、牛、猪、羊、犬猫、兔的半衰期分别是2.91 h、1.74～3.16 h、1.21 h、2.78 h、1.0～1.5 h、1.4 h。

【药理作用】红霉素一般起抑菌作用，其抗菌谱与青霉素相似，但其抗菌谱较青霉素广，对革兰阳性菌如金黄色葡萄球菌（包括耐青霉素的金黄色葡萄球菌）、链球菌、猪丹毒杆菌、梭状芽胞杆菌、炭疽杆菌、棒状杆菌等有较强的抗菌作用；对某些革兰阴性菌如巴氏杆菌、布鲁菌有较弱的作用，但对大肠杆菌、克雷伯菌、沙门菌等肠杆菌属无作用。此外，对弯曲杆菌、某些支原体、立克次体和螺旋体亦有效。

红霉素在碱性溶液中的抗菌效能增强，当pH从5.5上升到8.5时，抗菌效能逐渐增加。当pH小于4时，作用很弱。

细菌易通过染色体突变对红霉素产生耐药，由细菌质粒介导红霉素耐药也较普遍，主要通过甲基化药物靶位造成。红霉素与其他大环内酯类及林可霉素的交叉耐药性也较常见。

【应用】主要用于对青霉素耐药的金黄色葡萄球菌所致的轻、中度感染和对青霉素过敏的病例，如肺炎、败血症、子宫内膜炎、乳腺炎和猪丹毒等。对鸡慢性呼吸道病、鸡传染性鼻炎以及猪支原体性肺炎也有较好的疗效。红霉素虽有强大的抗革兰阳性菌的作用，但其疗效不如青霉素，因此若病原菌为对青霉素敏感者，宜首选青霉素。

【不良反应】毒性低，但刺激性强。肌内注射可发生局部炎症，宜采用深部肌内注射。

静脉注射速度要缓慢，同时应避免漏出血管外。犬、猫内服可引起呕吐、腹痛、腹泻等症状，应慎用。

【用法与用量】内服：一次量，每 1 kg 体重，犬、猫 10～20 mg。每日 2 次，连用 3～5 d。

混饮：每 1 L 水，鸡 125 mg（效价）。连用 3～5 d。

静脉注射：一次量，每 1 kg 体重，马、牛、羊、猪 3～5 mg，犬、猫 5～10 mg。每日 2 次，连用 2～3 d。

【最高残留限量】残留标示物：红霉素。所有食品动物，肌肉、脂肪、肝、肾 200 μg/kg，乳 40 μg/kg，蛋 150 μg/kg。

【制剂与休药期】红霉素片（Erythromycin Tablets）。

硫氰酸红霉素可溶性粉（Erythromycin Thiocyanate Soluble Powder）：鸡 3 d，蛋鸡产蛋期禁用。

注射用乳糖酸红霉素（Erythromycin Lactobionate for Injection）：牛 14 d，羊 3 d，猪 7 d；弃乳期 72 h。

吉他霉素（Kitasamycin）

本品又称北里霉素、柱晶白霉素（Leucomycin）。

【理化性状】本品为白色或类白色粉末；无臭、味苦。在甲醇、乙醇、丙酮、三氯甲烷或乙醚中极易溶解，在水中极微溶解，在石油醚中不溶。

【药动学】内服吸收良好，2 h 后达血药峰浓度。体内广泛分布，其中以肝、肺、肾、肌肉中浓度较高，常超过血药浓度。主要经肝胆系统排泄，在胆汁和粪中浓度高。少量经肾排泄。

【药理作用】抗菌谱与红霉素相似。对革兰阳性菌有较强的抗菌作用，但较红霉素弱；对耐药金黄色葡萄球菌的效力强于红霉素；对支原体的抗菌作用近似泰乐菌素。对某些革兰阴性菌、立克次体、螺旋体亦有效。

葡萄球菌对本品产生耐药性的速度比红霉素慢。对大多数耐青霉素和红霉素的金黄色葡萄球菌仍然有效是本品的特点。

【应用】主要用于革兰阳性菌（包括耐青霉素金黄色葡萄球菌）所致的感染、支原体病及猪的弧菌性痢疾等。此外，预混剂还用作猪、鸡的饲料添加剂，促进生长和提高饲料转化率。

【用法与用量】内服：一次量，每 1 kg 体重，猪 20～30 mg，禽 20～50 mg。每日 2 次，连用 3～5 d。

混饮：每 1 L 水，禽 250～500 mg（效价），猪 100～200 mg。连用 3～5 d。

混饲：每 1 000 kg 饲料，促生长，猪 5～50 g（效价），鸡 5～10 g；治疗，猪 80～300 g，鸡 100～300 g，连用 5～7 d。

【最高残留限量】残留标示物：吉他霉素。猪、禽，肌肉、肝、肾 200 μg/kg。

【制剂与休药期】吉他霉素片（Kitasamycin Tablets）：猪、鸡 7 d，蛋鸡产蛋期禁用。

吉他霉素预混剂（Kitasamycin Premix）：猪、鸡 7 d，蛋鸡产蛋期禁用。

酒石酸吉他霉素可溶性粉（Kitasamycin Tartrate Soluble Powder）：鸡 7 d，蛋鸡产蛋期禁用。

泰乐菌素（Tylosin）

本品是从弗氏链霉菌（*Streptomyces fradiae*）的培养液中提取获得。

【理化性质】本品为白色至浅黄色粉末；在甲醇中易溶，在乙醇、丙酮或三氯甲烷中溶解，在水中微溶，与酸制成盐后则易溶于水。水溶液在 pH5.5～7.5 时稳定。若水中含铁、铜、铝等金属离子时，则可与本品形成络合物而失效。

兽医临床常用泰乐菌素酒石酸盐和磷酸盐。

【药动学】本品酒石酸盐内服吸收良好，磷酸盐吸收较差。猪内服后 1 h 达血药峰浓度，但血中有效药物浓度维持时间比肌内注射给药短。肌内注射吸收迅速，全身广泛分布，组织中的药物浓度比内服高 2～3 倍，有效浓度持续时间亦较长。小动物和牛的表观分布容积分别为 1.7 L/kg 和 1～2.3 L/kg。本品进入乳汁中的浓度约为血清浓度的 20%。在奶牛、犊牛、山羊、犬的半衰期分别为 1.62 h、0.95～2.32 h、3.04 h、0.9 h。排泄途径主要为肾脏和胆汁。

【药理作用】本品为畜禽专用抗生素，抗菌谱与红霉素相似。对革兰阳性菌、支原体、螺旋体等均有抑制作用；对大多数革兰阴性菌作用较差。对革兰阳性菌的作用较红霉素弱，其特点是对支原体作用强。此外，本品对猪、禽还有促生长作用。

敏感菌对本品可产生耐药性，金黄色葡萄球菌对本品和红霉素有部分交叉耐药现象。

【应用】主要用于防治猪、禽革兰阳性菌感染及支原体感染，如鸡的慢性呼吸道病、产气荚膜梭菌引起的鸡坏死性肠炎，猪的支原体肺炎、支原体关节炎、弧菌性痢疾等。此外，亦可用于浸泡种蛋以预防鸡支原体传播，以及作为猪的促生长剂。欧盟从 1999 年开始禁用磷酸泰乐菌素作为促生长添加药物。

【不良反应】①牛静脉注射可引起震颤、呼吸困难及精神沉郁等；马属动物注射本品可致死，禁用。②肌内注射时可产生较强局部刺激。③本品可引起兽医接触性皮炎。④本品不能与聚醚类抗生素合用，因可导致后者的毒性增强。

【用法与用量】混饮：每 1 L 水，禽 500 mg（效价）（治疗革兰阳性菌及支原体感染），连用 3～5 d。禽 50～150 mg（治疗产气荚膜梭菌引起的鸡坏死性肠炎），连用 7 d。猪 200～500 mg（治疗弧菌性痢疾），连用 3～5 d。

混饲：每 1 000 kg 饲料，促生长，猪 10～100 g（效价），鸡 4～50 g；治疗产气荚膜梭菌引起的鸡坏死性肠炎，50～100 g。

肌内注射：一次量，每 1 kg 体重，牛 10～20 mg，猪 5～13 mg。每日 1～2 次，连用5～7 d。

【最高残留限量】残留标示物：泰乐菌素 A。牛、猪、鸡、火鸡，肌肉、脂肪、肝、肾 200 μg/kg，牛乳 50 μg/kg，鸡蛋 200 μg/kg。

【制剂与休药期】酒石酸泰乐菌素可溶性粉（Tylosin Tartrate Soluble Powder）：鸡 1 d，蛋鸡产蛋期禁用。

注射用酒石酸泰乐菌素（Tylosin Tartrate for Injection）：猪 21 d。

泰乐菌素注射液（Tylosin Injection）：猪 21 d。

磷酸泰乐菌素预混剂（Tylosin Phosphate Premix）：猪、鸡 5 d。

磷酸泰乐菌素、磺胺二甲嘧啶预混剂（Tylosin Phosphateand Sulfamethazine Premix）：猪 15 d。

泰万菌素（Tylvalosin）

泰万菌素是对泰乐菌素第 3 位进行乙酰化和对第 4 位进行异戊酰化而形成的化合物，可通过生物转化法生产。

【药理作用】为动物专用抗生素。其抗菌谱近似于泰乐菌素，如对金黄色葡萄球菌（包括耐青霉素菌株）、链球菌、炭疽杆菌、猪丹毒丝菌、李斯特菌、腐败梭菌、气肿疽梭菌等均有较强的抗菌作用。本品对其他抗生素耐药的革兰阳性菌有效，对革兰阴性菌几乎不起作用，对败血支原体和滑液支原体具有很强的抗菌活性。

【应用】主要用于防治猪、鸡革兰阳性菌感染及支原体感染，如鸡的慢性呼吸道病，猪的支原体肺炎、短螺旋体性痢疾等。

【用法与用量】混饮：每 1 L 水，猪 50～85 mg（效价），连用 5 d；鸡 200 mg（效价），连用 3～5 d。

混饲：每 1 000 kg 饲料，猪 50～75 g（效价），鸡 100～300 g，连用 7 d。

【最高残留限量】残留标示物：泰万菌素和 3－O－乙酰泰乐菌素的总和。猪，肌肉、皮＋脂肪、肝、肾 50 μg/kg。

【制剂与休药期】酒石酸泰万菌素可溶性粉（Tylvalosin Tartrate Soluble Powder）：猪 3 d，鸡 5 d，蛋鸡产蛋期禁用。

酒石酸泰万菌素预混剂（Tylvalosin Tartrate Premix）：猪 3 d，鸡 5 d，蛋鸡产蛋期禁用。

替米考星（Tilmicosin）

替米考星是由泰乐菌素的一种水解产物半合成的畜禽专用抗生素。

【理化性质】本品为白色粉末。在甲醇、乙腈、丙酮中易溶，在乙醇、丙二醇中溶解，在水中不溶。

【药动学】本品内服和皮下注射吸收快，但不完全，奶牛及奶山羊皮下注射的生物利用度分别为 22％及 8.9％，表观分布容积大（大于 2 L/kg）。肺组织中的药物浓度高，注射后 3 d，肺和血清药物的浓度比例约为 60∶1。具有良好的组织穿透力，能迅速而较完全地从血液进入乳腺，乳中药物浓度高，是血清的 10～30 倍，维持时间长，乳中半衰期长达 1～2 d。皮下注射后，奶牛及奶山羊的血清半衰期分别为 4.2 h 及 29.3 h。这种特殊的药动学特征尤其适合肺炎和乳腺炎等感染性疾病的治疗。

【药理作用】抗菌作用与泰乐菌素相似，对革兰阳性菌、少数革兰阴性菌、支原体、螺旋体等有效；对胸膜肺炎放线杆菌、巴氏杆菌及支原体的活性比泰乐菌素强。95％的溶血性巴氏杆菌菌株对本品敏感。

【应用】主要用于防治家畜肺炎（由胸膜肺炎放线杆菌、巴氏杆菌、支原体等感染引起）、禽支原体病及泌乳动物的乳腺炎。

【不良反应】本品肌内注射时可产生局部刺激。对动物的毒性作用主要在心血管系统，可引起心动过速和收缩力减弱。牛皮下注射，每 1 kg 体重 50 mg 可引起心肌毒性，150 mg 可致死。猪肌内注射，每 1 kg 体重 10 mg 引起呼吸加快、呕吐和惊厥，20 mg 可使大部分试验猪死亡。牛一次静脉注射，每 1 kg 体重 5 mg 即致死。对猪、灵长类和马也有致死性危险。故本品仅供内服和皮下注射。

【用法与用量】混饮：每 1 L 水，鸡 75 mg。连用 3 d。

混饲：每 1 000 kg 饲料，猪 200～400 g（效价）。连用 15 d。

皮下注射：一次量，每 1 kg 体重，牛 10 mg。仅注射 1 次。

【最高残留限量】残留标示物：替米考星。牛、绵羊，肌肉、脂肪 100 μg/kg，肝 1 000 μg/kg，肾 300 μg/kg。绵羊，乳 50 μg/kg。猪，肌肉、脂肪 100 μg/kg，肝 1 500 μg/kg，肾 1 000 μg/kg。鸡，肌肉、皮和脂 75 μg/kg，肝 1 000 μg/kg，肾 250 μg/kg。

【制剂与休药期】替米考星预混剂（Tilmicosin Premix）：猪 14 d。

替米考星溶液（Tilmicosin Solution）：鸡 12 d，蛋鸡产蛋期禁用。

替米考星注射液（Tilmicosin Injection）；牛 35 d，泌乳期奶牛和肉牛犊禁用。

磷酸替米考星预混剂（Tilmicosin Phosphate Premix）：猪 14 d。

泰拉霉素（Tulathromycin）

【理化性状】本品为白色或类白色粉末。在甲醇、丙酮和乙酸乙酯中易溶，在乙醇中溶解。

【药动学】给犊牛颈部皮下注射，每 1 kg 体重 2.5 mg，几乎能迅速完全吸收，生物利用度大于 90%，15 min 达血药峰浓度，表观分布容积 11 L/kg，血浆消除半衰期 2.75 d，肺组织的半衰期 8.75 d。猪肌内注射，每 1 kg 体重 2.5 mg，迅速吸收，15 min 达血药峰浓度，生物利用度 88%，吸收后迅速分布到全身组织，表观分布容积 13～15 L/kg，血浆半衰期 60～90 h，肺组织半衰期为 5.9 d。本品对肺有特别的亲和力，从注射部位吸收后，可在肺巨噬细胞和中性粒细胞中迅速集聚而缓慢释放，因此在各组织中，肺的药物浓度最高而且持久。主要以原形经粪和尿排出。

【药理作用】抗菌谱与泰乐菌素相似，主要抗革兰阳性菌，对少数革兰阴性菌和支原体也有效。对胸膜肺炎放线杆菌、巴氏杆菌及支原体的活性比泰乐菌素强。95%的溶血性巴氏杆菌菌株对本品敏感。

【应用】用于治疗和预防对泰拉霉素敏感的溶血性巴氏杆菌、多杀性巴氏杆菌、嗜血杆菌和支原体等引起的牛呼吸道疾病；胸膜肺炎放线杆菌、多杀性巴氏杆菌和肺炎支原体等引起的猪呼吸道疾病。

【不良反应】正常使用剂量对牛、猪的不良反应很少。有报道，犊牛有暂时性唾液分泌增多和呼吸困难，牛食欲下降。

【用法与用量】皮下注射：一次量，每 1 kg 体重，牛 2.5 mg。一个注射部位的给药体积不超过 7.5 mL。

颈部肌内注射：一次量，每 1 kg 体重，猪 2.5 mg。一个注射部位的给药体积不超过 2 mL。

【制剂与休药期】泰拉霉素注射液（Tulathromycin Injection）：牛 49 d，猪 33 d。

六、林可胺类抗生素

林可胺类（lincosamides）是从林可链霉菌（*Streptomyces lincolnensis*）发酵液中提取

的一类抗生素，虽然与大环内酯类和截短侧耳素类在结构上有很大差别，但它们有许多共同的特性：都是高脂溶性的碱性化合物，能够从肠道很好吸收，在畜禽体内分布广泛，对细胞屏障穿透力强，药动学特征相似。它们的作用机制相似，作用靶位都是细菌核糖体上的50S亚基，由于存在相同作用位点的竞争，合用时可能产生拮抗作用。

本类抗生素主要有林可霉素和克林霉素，对革兰阳性菌和支原体有较强抗菌活性，对厌氧菌也有一定作用，但对大多数需氧革兰阴性菌不敏感。在我国批准用于兽医临床的仅有林可霉素。

林可霉素（Lincomycin）

本品又称洁霉素。

【理化性质】盐酸盐为白色结晶性粉末；有微臭或特殊臭；味苦。在水或甲醇中易溶，在乙醇中略溶。20%水溶液的pH为3.0～5.5；性质较稳定，pK_a为7.6。

【药动学】林可霉素内服吸收不完全，猪内服的生物利用度为20%～50%，约1 h达血药峰浓度。肌内注射吸收良好，0.5～2 h可达血药峰浓度。本品有较大的表观分布容积，动物的范围为1～1.3 L/kg。广泛分布于各种体液和组织中，包括骨髓，可扩散进入胎盘。肝、肾中的组织药物浓度最高，在脑膜炎症时，脑脊液药物浓度可达到血清浓度的40%。本品可穿过胎盘和进入乳汁，在乳中浓度与血清中相等。蛋白结合率为57%～72%。内服给药，约50%的林可霉素在肝脏中代谢，代谢产物仍具有活性。原药及代谢物在胆汁、尿与乳汁中排出，在粪中可继续排出数日，以致敏感微生物仍然受到抑制。肌内注射给药的半衰期（h）：马8.1，黄牛4.1，水牛9.3，猪6.8，小动物3～4 h。

【药理作用】抗菌谱与大环内酯类相似。对革兰阳性菌如葡萄球菌、溶血性链球菌和肺炎链球菌等有较强的抗菌作用，对支原体的作用与红霉素相似，但比其他大环内酯类稍弱；对破伤风梭菌、产气荚膜梭菌、猪痢疾短螺旋体也有抑制作用；对革兰阴性菌无效。

【应用】用于治疗敏感的革兰阳性菌，尤其是金黄色葡萄球菌（包括耐药金黄色葡萄球菌）、链球菌、厌氧菌的感染，以及猪、鸡的支原体病。用作饲料添加剂可促进肉鸡和育肥猪生长，提高饲料利用率。本品与大观霉素合用，可起协同作用。

【不良反应】能引起兔和其他草食动物严重的腹泻，甚至致死；马内服或注射可引起出血性结膜炎、腹泻，可能致死；牛内服可引起厌食、腹泻、酮血症、产乳量减少。还有神经肌肉阻断作用。肌内注射给药有疼痛刺激，或吸收不良。

【用法与用量】内服：一次量，每1 kg体重，猪10～15 mg，犬、猫15～25 mg。每日1～2次，连用3～5 d。

混饮：每1 L水，猪40～70 mg（效价），连用7天；鸡20～40 mg。连用5～10 d。

混饲：每1 000 kg饲料，猪44～77 g（效价），禽22～44 g。连用1～3周。

肌内注射：一次量，每1 kg体重，猪10 mg，每日1次；犬、猫10 mg，每日2次，连用3～5 d。

【最高残留限量】残留标示物：林可霉素。牛、羊、猪、禽，肌肉、脂肪100 μg/kg，肝500 μg/kg，肾1 500 μg/kg，牛乳、羊乳150 μg/kg，鸡蛋50 μg/kg。

【制剂与休药期】盐酸林可霉素片（Lincomycin Hydrochloride Tablets）：猪6 d。

盐酸林可霉素可溶性粉（Lincomycin Hydrochloride Soluble Powder）：猪、鸡 5 d，蛋鸡产蛋期禁用。

盐酸林可霉素预混剂（Lincomycin Hydrochloride Premix）：猪、鸡 5 d，蛋鸡产蛋期禁用。

盐酸林可霉素注射液（Lincomycin Hydrochloride Injection）：猪 2 d。

盐酸林可霉素、硫酸大观霉素可溶性粉（Lincomycin Hydrochloride and Spectinomycin Sulfate Soluble Powder）：猪、鸡 5 d，蛋鸡产蛋期禁用。

盐酸林可霉素、硫酸大观霉素预混剂（Lincomycin Hydrochloride and Spectinomycin Sulfate Premix）：猪 5 d。

七、截短侧耳素类抗生素

本类抗生素主要包括泰妙菌素和沃尼妙林，它们都是畜禽专用的抗生素。

泰妙菌素（Tiamulin）

泰妙菌素又称泰妙灵、支原净。属截短侧耳素（pleuromutilin）的衍生物。是由伞菌科的北风菌（*Pleurotusmutilis*）培养液中提取获得。

【理化性质】本品的延胡索酸盐为白色或类白色结晶性粉末；无臭，无味；在甲醇或乙醇中易溶，在水中溶解，在丙酮中略溶。

【药动学】猪内服给药吸收良好，单剂量给药后生物利用度约为 85%。在 2～4 h 达血药峰浓度，体内分布广泛，组织和乳中的药物浓度是血清中的几倍，以肺组织中浓度最高。本品在体内被代谢成 20 多种代谢物，有的具有抗菌活性。代谢物主要经胆汁从粪中排泄，约 30%从尿中排出。犬肌内注射的半衰期为 4.7 h。

【药理作用】抗菌谱与大环内酯类抗生素相似。对革兰阳性菌（如金黄色葡萄球菌、链球菌）、支原体（鸡败血支原体、猪肺炎支原体）、猪胸膜肺炎放线杆菌及猪痢疾短螺旋体等有较强的抗菌作用。对支原体的作用强于大环内酯类抗生素。对大多数革兰阴性菌尤其是肠道菌的作用较弱。

抗菌作用机制是与细菌核糖体 50S 亚基结合而抑制蛋白质合成。

【应用】主要用于防治鸡慢性呼吸道病，猪的支原体性肺炎、传染性胸膜肺炎、短螺旋体性痢疾等。

本品与金霉素以 1∶4 配伍，用于治疗猪细菌性肠炎、细菌性肺炎、短螺旋体性猪痢疾，对支原体性肺炎、支气管败血波氏杆菌和多杀性巴氏杆菌混合感染所引起的肺炎疗效显著。

【不良反应】①本品能影响聚醚类抗生素如莫能菌素、盐霉素等的代谢，合用时易导致中毒，引起鸡生长迟缓、运动失调、麻痹瘫痪，直至死亡。因此，禁止本品与聚醚类抗生素合用。②本品用于马可干扰大肠菌丛和导致结肠炎，应禁用。③猪应用过量，可引起短暂流涎、呕吐和中枢神经抑制。

【用法与用量】混饮：每 1 L 水，猪 45～60 mg，连用 5 d；鸡 125～250 mg，连用 3 d。

混饲：每 1 000 kg 饲料，猪 40～100 g，连用 5～10 d。

【最高残留限量】残留标示物：泰妙菌素与 8－α－羟基泰妙菌素（8－α－hydroxytiamulin）

的总和。猪、兔，肌肉 100 μg/kg，肝 1 000 μg/kg；鸡，肌肉 100 μg/kg，皮和脂 100 μg/kg，肝 1 000 μg/kg，蛋 1 000 μg/kg；火鸡，肌肉 100 μg/kg，皮和脂 100 μg/kg，肝 300 μg/kg。

【制剂与休药期】 延胡索酸泰妙菌素可溶性粉（Tiamulin Fumarate Soluble Powder）：猪 7 d，鸡 5 d。

延胡索酸泰妙菌素预混剂（Tiamulin Fumarate Premix）：猪 5 d。

沃尼妙林（Valnemulin）

【性状】 为白色结晶粉末；极微溶于水，溶于甲醇、乙醇、丙酮、氯仿，其盐酸盐溶于水。

【药动学】 猪内服本品吸收迅速，生物利用度为 57%～90%，给药后 1～4 h 达到血药峰浓度，血浆半衰期 1.3～2.7 h。重复给药可发生轻微蓄积，但 5 h 内平稳。本品有明显的首过效应，体内分布广泛，主要分布在肝脏和肺组织中。本品在猪体内代谢广泛，代谢物主要经胆汁和粪便排泄。

【药理作用】 抗菌谱较广，对革兰阳性菌和少数阴性菌有效，对支原体和螺旋体有高效，对肠杆菌科细菌如大肠杆菌、沙门菌的作用很弱。作用机制同泰妙菌素。

【应用】 主要用于治疗和预防猪短螺旋体性痢疾、猪支原体性肺炎、猪结肠螺旋体病（结肠炎）和细胞内劳森菌感染引起的猪增生性肠炎（回肠炎）。

本品 1999 年由欧盟批准用于预防和治疗由猪痢疾短螺旋体感染引起的猪痢疾和由肺炎支原体感染引起的猪气喘病；2004 年 1 月被欧盟批准用于预防由结肠菌毛样短螺旋体（*Brachyspira pilosicoli*）感染引起的猪结肠螺旋体病（结肠炎，colitis）和治疗由细胞内劳森菌感染引起的猪增生性肠炎（回肠炎，ileitis）。

【不良反应】 沃尼妙林可影响莫能菌素、盐霉素等离子载体类抗生素的代谢，联合应用时可出现生长缓慢、运动失调、麻痹瘫痪等不良反应。

【用法与用量】 以盐酸沃尼妙林计。混饲：每 1 000 kg 饲料，治疗猪痢疾 75～150 g；治疗猪增生性肠炎 50～100 g；治疗猪支原体肺炎 100～200 g；治疗猪传染性胸膜肺炎 50～100 g。连用 7～14 d。

【最高残留限量】 残留标示物：沃尼妙林。猪，肌肉 50 μg/kg，肝脏 500 μg/kg，肾脏 100 μg/kg。

【制剂与休药期】 盐酸沃尼妙林预混剂（Valnemulin Hydrochloride Premix）：猪 1 d。

八、多肽类抗生素

多肽类抗生素是一类具有多肽结构的化学物质。目前，我国农业部批准在兽医临床和畜禽业生产中使用的本类药物包括黏菌素、杆菌肽、维吉尼霉素和恩拉霉素，人医中使用的还有万古霉素和去甲万古霉素。由于耐药性的风险，不少发达国家已禁止本类抗生素用作促生长添加剂。

黏菌素（Colistin）

黏菌素又称多黏菌素 E、抗敌素，由多黏芽胞杆菌变种（*Bacillus polymyxa* var. *colistimus*）的培养液中提取获得。

【理化性质】 本品的硫酸盐为白色或类白色粉末，无臭，有引湿性。在水中易溶，在乙醇中微溶，在丙酮、三氯甲烷或乙醚中几乎不溶。

【药动学】 内服给药几乎不吸收，用于治疗肠道感染。但非胃肠道给药吸收迅速。进入体内的药物可迅速分布进入心、肺、肝、肾和骨骼肌，但不易进入脑脊髓、胸腔、关节腔和感染病灶。主要经肾排泄。

【药理作用】 本品为窄谱杀菌剂，对革兰阴性杆菌的抗菌活性强，革兰阳性菌通常不敏感。主要敏感菌有大肠志贺菌、沙门菌、巴氏杆菌、布鲁菌、弧菌、痢疾志贺菌、铜绿假单胞菌等。尤其对铜绿假单胞菌具有强大的杀菌作用。杀菌机制是其带阳电荷的游离氨基能与革兰阴性杆菌胞质膜磷脂中带阴电荷的磷酸根结合，降低胞质膜的表面张力，通透性增加，使菌体内氨基酸、嘌呤、嘧啶、磷酸盐等成分外漏；还可进入胞质内干扰其正常功能，导致细菌死亡。

细菌对本品不易产生耐药性，但与多黏菌素 B 之间有交叉耐药性。本类药物与其他抗菌药物间没有交叉耐药性。

【应用】 用于防治畜禽革兰阴性杆菌引起的肠道感染，外用治疗烧伤和外伤引起的铜绿假单胞菌感染。由于耐药性的风险问题，我国已禁止黏菌素作为饲料药物添加剂。

【不良反应】 黏菌素类在内服或局部给药时动物能很好耐受，全身应用可引起肾毒性、神经毒性和神经肌肉阻断效应，黏菌素的毒性比多黏菌素 B 小。一般不采取注射给药。

【用法与用量】 混饮：每 1 L 水，猪 40～200 mg，鸡 20～60 mg（效价）。连用 5 d。

【最高残留限量】 残留标示物：黏菌素。牛、羊、猪、鸡、兔，肌肉、脂肪、肝 150 μg/kg，肾 200 μg/kg，牛乳、羊乳 50 μg/kg，鸡蛋 300 μg/kg。

【制剂与休药期】 硫酸黏菌素可溶性粉（Colistin Sulfate Soluble Powder）：猪、鸡 7 d，蛋鸡产蛋期禁用。

杆菌肽（Bacitracin）

本品是由苔藓样杆菌（*Bacillus licheniformis*）培养液中获得。

【理化性质】 本品的锌盐为淡黄色至淡棕黄色粉末；无臭，味苦。在吡啶中易溶，在水、甲醇、三氯甲烷或乙醚中几乎不溶。

【药动学】 内服几乎不吸收，大部分在 2 d 内随粪便排出。连续按 0.1%的浓度混料饲喂蛋鸡 5 个月、肉鸡 8 周、火鸡 15 周，或按 0.05%的浓度混料饲喂猪 4 个月，在肌肉、脂肪、皮肤、血液中几乎无药物残留。

肌内注射易吸收，但对肾脏毒性大，不宜注射给药。

【药理作用】 抗菌谱与青霉素相似，属促生长的专用饲料添加剂。对革兰阳性菌如金黄色葡萄球菌（包括耐青霉素的金黄色葡萄球菌）、链球菌、肠球菌等作用强大，对螺旋体和放线菌也有效，但对革兰阴性杆菌无效。

本品的作用机制是抑制细菌细胞壁合成中的脱磷酸化过程，阻碍线性肽聚糖链的形成，导致细胞壁的合成受阻；同时也损伤细胞膜，使胞质内容物外漏，导致细菌死亡。

【应用】 本品的锌盐用作饲料添加剂，促进牛、猪和禽的生长，提高饲料利用率。欧盟从 1999 年开始禁用杆菌肽锌作为促生长添加剂。

亚甲基水杨酸杆菌肽可溶性粉用于治疗耐青霉素金黄色葡萄球菌感染。

【用法与用量】以杆菌肽计。混饲：每 1 000 kg 饲料，犊 3 月龄以下 10～100 g，3～6 月龄 4～40 g；猪 6 月龄以下 4～40 g；禽 16 周龄以下 4～40 g。

混饮：每 1 L 水，鸡治疗用，50～100 mg，连用 5～7 d；预防用，25 mg。

【最高残留限量】残留标示物：杆菌肽。牛、猪、禽，可食组织 500 μg/kg，牛乳 500 μg/kg，禽蛋 500 μg/kg。

【制剂与休药期】杆菌肽锌预混剂（Bacitracin Zinc Premix）：0 d，蛋鸡产蛋期禁用，禁用于种畜和种禽。

亚甲基水杨酸杆菌肽可溶性粉（Bacitracin Methylene Disalicylate Soluble Powder）：鸡 0 d，蛋鸡产蛋期禁用，禁用于种禽。

杆菌肽锌、硫酸黏菌素预混剂（Bacitracin Zinc and Colistin Sulfate Premix）：猪、鸡 7 d，蛋鸡产蛋期禁用。

恩拉霉素（Enramycin）

【性状】本品为灰色或灰褐色的粉末；有特臭。

【药理作用】本品对革兰阳性菌有显著抑制作用，敏感细菌有金黄色葡萄球菌、表皮葡萄球菌、枸橼酸葡萄球菌、酿脓链球菌等。其作用机制主要是阻碍细菌细胞壁的合成。

【应用】用于预防革兰阳性菌感染，促进猪、鸡生长。

【用法与用量】以恩拉霉素计。混饲：每 1 000 kg 饲料，猪 2.5～20 g，鸡 1～5 g。

【制剂与休药期】恩拉霉素预混剂（Enramycin Premix）：猪、鸡 7 d，蛋鸡产蛋期禁用。

维吉尼霉素（Virginiamycin）

本品又称弗吉尼亚霉素。

【理化性质】本品为浅黄色粉末；有特臭，味苦。在三氯甲烷中易溶，在丙酮、乙醇中溶解，在水、乙醚中极微溶解。

【药理作用】内服几乎不吸收，主要由粪便排出。对革兰阳性菌如金黄色葡萄球菌（包括耐青霉素的金黄色葡萄球菌）、肠球菌等有较强的抗菌作用，对支原体也有效。但对大多数革兰阴性菌无效。本品不易产生耐药性，与其他抗生素之间无交叉耐药性。

【应用】常用作猪、禽促生长添加剂。本品小剂量能促进畜禽生长，提高饲料转化率；中剂量可预防细菌性痢疾，一般不用于细菌性疾病的临床治疗。欧盟从 1999 年开始禁用本品作为促生长添加剂。

【用法与用量】以维吉尼霉素计。混饲：每 1 000 kg 饲料，猪 10～25 g，鸡 5～20 g。

【最高残留限量】残留标示物：维吉尼霉素。猪，肌肉 100 μg/kg，脂肪 400 μg/kg，肝 300 μg/kg，肾 400 μg/kg，皮 400 μg/kg；禽，肌肉 100 μg/kg，脂肪 200 μg/kg，肝 300 μg/kg，肾 500 μg/kg，皮 200 μg/kg。

【制剂与休药期】维吉尼霉素预混剂（Virginiamycin Premix）：猪、鸡 1 d。

那西肽（Nosiheptide）

【理化性状】本品为浅黄绿褐色或黄绿褐色粉末；有特异气味。在二甲基甲酰胺中溶解，在乙醇、丙酮或三氯甲烷中微溶，在水中不溶。

【作用与应用】本品对革兰阳性菌的抗菌活性较强，如葡萄球菌、梭状芽胞杆菌对其敏感。为畜禽专用抗生素。混饲给药很少吸收。作用机制是抑制细菌蛋白质合成。

对猪、鸡有促进生长、提高饲料转化率的作用。用作猪、鸡促生长添加剂。

【用法与用量】以那西肽计。混饲：每 1 000 kg 饲料，鸡 2.5 g。

【制剂与休药期】那西肽预混剂（Nosiheptid Premix）：鸡 7 d，蛋鸡产蛋期禁用。

九、多糖类及其他抗生素

本类抗生素主要包括阿维拉霉素、黄霉素和赛地卡霉素。

阿维拉霉素（Avilamycin）

本品又称卑霉素、阿美拉霉素，是由绿色产色链霉菌 Tu57（*Streptomyces viridochromogenes*）的培养液中提取得到的二氯异扁枝衣酸酯，属正糖霉素族（orthosomycin）的寡聚糖类抗生素。

【理化性质】本品为亮棕褐色粉末；有霉味；微溶于水，易溶于丙酮、丙醇、乙酸乙酯、苯和乙醚等有机溶剂。

【作用与应用】主要对葡萄球菌、链球菌、肠球菌等革兰阳性菌有效，对革兰阴性菌的作用较弱。对大肠杆菌还可影响其鞭毛及对宿主黏膜细胞表面的黏附，达到抗感染作用。作用机制是通过与细菌核糖体结合而抑制蛋白质合成。

本品添加在饲料中，在肠道难吸收，可抑制肠道细菌的葡萄糖代谢和产生乳酸，促进肠道细菌利用纤维素产生挥发性脂肪酸，从而产生促生长作用。

可用作猪和肉鸡的促生长添加剂；预防由产气荚膜梭菌引起的肉鸡坏死性肠炎。

【用法与用量】以阿维拉霉素计。混饲：每 1 000 kg 饲料，用于提高猪和肉鸡的平均日增重和饲料报酬、肉鸡坏死性肠炎，猪 0～4 个月，20～40 g；4～6 个月，10～20 g；肉鸡 5～10 g。辅助控制断奶仔猪腹泻，40～80 g，连用 28 d。

【制剂与休药期】阿维拉霉素预混剂（Avilamycin Premix）：猪 0 d，鸡 0 d。

黄霉素（Flavomycin）

本品又名班贝霉素（Bambermycin），由班贝链霉菌（*Streptomyces bambergiensis*）的培养液中提取而得。为无色、无臭的非结晶性粉末；易溶于水，微溶于甲醇，在多数有机溶剂中几乎不溶。

【作用与应用】本品对革兰阳性菌的抗菌活性较强，对部分革兰阴性菌也有作用。其作用机制是干扰细菌细胞壁的合成。内服在胃肠道内不被吸收，以原形从粪便排出。

可用作饲料添加剂，能促进畜禽生长、提高饲料转化率。

【应用注意】不宜用于成年畜、禽。

【用法与用量】以黄霉素计。混饲：一日量，肉牛 30～50 mg；每 1 000 kg 饲料，育肥猪 5 g，仔猪 20～25 g，肉鸡 5 g。

【制剂与休药期】黄霉素预混剂（Flavomycin Premix）：牛、猪、鸡 0 d。

赛地卡霉素（Sedecamycin）

【理化性状】本品为白色或浅橙黄色结晶性粉末。在乙腈和三氯甲烷中易溶，在甲醇或无水乙醇中略溶，在水中不溶。

【作用与应用】对多种革兰阳性菌和猪痢疾短螺旋体有较强抑制作用，葡萄球菌、链球菌、志贺菌等对其敏感。对猪痢疾短螺旋体的作用强于林可霉素，但不及泰妙菌素。

猪内服可部分吸收，0.5～1 h 达血药峰浓度，消除半衰期 3.3 h。主要经粪便排出，给药后 20 h，由粪便排出用药量的 87.8%，尿中排出 9.1%。

【应用】用于治疗短螺旋体引起的猪痢疾。

【用法与用量】以赛地卡霉素计。混饲：每 1 000 kg 饲料，猪 75 g。连用 15 d。

【制剂与休药期】赛地卡霉素预混剂（Sedecamycin Premix）：猪 1 d。

第二节　化学合成抗菌药

一、磺胺类及其增效剂

自从 1935 年发现第一个磺胺类药物——百浪多息（Prontosil）以来，已有 70 多年的历史，先后合成的这类药物约有 8 500 种，而临床上常用的不过 20 多种。虽然 20 世纪 40 年代以后，各类抗生素不断发现和发展，在临床上逐渐取代了磺胺类，但磺胺类药物仍具有其独特的优点：抗菌谱较广，性质稳定，使用方便，价格低廉，不消耗粮食，国内能大量生产等。同时也有抗菌活性较弱，不良反应较多，细菌易产生耐药性，剂量较大，疗程偏长等缺点。甲氧苄啶和二甲氧苄啶等抗菌增效剂的发现，使磺胺药与抗菌增效剂联合使用后，抗菌谱扩大、抗菌活性大大增强，有的可从抑菌作用变为杀菌作用。因此，磺胺类药至今仍为畜禽抗感染治疗中的重要药物之一。

（一）磺胺类药物

【理化性质】磺胺类药物一般为白色或淡黄色结晶性粉末，在水中溶解度差，易溶于稀碱溶液中。制成钠盐后易溶于水，水溶液呈碱性。

【构效关系和分类】磺胺类药物的基本化学结构是对氨基苯磺酰胺（简称磺胺）。

H　　　　　　　　　H
N—(4 苯环 1)—SO_2—N
R_2　　　　　　　　　R_1

R 代表不同的基团，由于所引入的基团不同，因此就合成了一系列的磺胺类药物。它们的抑菌作用与化学结构之间的关系是：①磺酰胺基上的一个氢原子（R_1）如被不同杂环取代，可获得一系列内服易吸收的用于防治全身性感染的磺胺药，例如 SD 和 SMZ 等。②磺酰胺基对位的游离氨基是抗菌活性的必需基团，如氨基上的一个氢原子（R_2）被酰胺化，则失去抗菌活性。③对位氨基上的一个氢原子被其他基团取代，则成为内服难吸收的用于肠道感染的磺胺类，例如酞磺胺噻唑等，它们在肠道内水解，氨基游离后发挥抑菌作用。

磺胺类药物，根据内服的吸收情况可分为肠道易吸收、肠道难吸收及外用等 3 类（表 12－4）。

表 12－4 常用磺胺类药物的分类和英文缩写

类型	药　名	英文缩写
肠道易吸收的磺胺药	氨苯磺胺（Sulfaniamide）	SN
	磺胺噻唑（Sulfathiazole）	ST
	磺胺嘧啶（Sulfadiazine）	SD
	磺胺二甲嘧啶（Sulfadimidine、Sulfadiazine）	SM_2
	磺胺甲噁唑（新诺明、新明磺，Sulfamethoxazole）	SMZ
	磺胺对甲氧嘧啶（磺胺－5－甲氧嘧啶、消炎磺，Sulfamethoxydiazine）	SMD
	磺胺间甲氧嘧啶（磺胺－6－甲氧嘧啶、制菌磺，Sulfamonomethoxine）	SMM、DS36
	磺胺地索辛（磺胺－2，6－二甲氧嘧啶，Sulfadimethoxine）	SDM
	磺胺多辛（磺胺－5，6－二甲氧嘧啶、周效磺胺，Sulfadoxine、Sulfadimoxine）	SDM′
	磺胺喹噁啉（Sulfaquinoxaline）	SQ
	磺胺氯吡嗪（Sulfachlorpyrazine）	
肠道难吸收的磺胺药	磺胺脒（Sulfamidine、Sulfaguanidine）	SG
	柳氮磺胺吡啶（水杨酰偶氮磺胺吡啶，Sulfasalazine、Salicylazosulfapyridine）	SASP
	酞磺噻唑（酞酰磺胺噻唑，Phthalylsulfathiazole、Sulfathalidine）	PST
	酞磺醋胺（Phthalylsulfacetamide）	PSA
	琥磺噻唑（琥磺胺噻唑、琥珀酰磺胺噻唑，Sulfasuxidine、Succinylsulfathiazole）	SST
外用磺胺药	磺胺醋酰钠（SulfacetamideSodium）	SA－Na
	醋酸磺胺米隆（甲磺灭脓，MafenideAcetate、Sulfamylon）	SML
	磺胺嘧啶银（烧伤宁，SulfadiazineSilver）	SD－Ag

【药动学】

（1）吸收：各种内服易吸收的磺胺，其生物利用度大小因药物和动物种类而有差异，其顺序分别为：SM_2＞SDM′＞SN＞SD；禽＞犬＞猪＞马＞羊＞牛。一般而言，肉食动物内服后 3～4 h 血药达峰浓度，草食动物为 4～6 h，反刍动物为 12～24 h。尚无反刍机能的犊牛和羔羊，其生物利用度与肉食、杂食的单胃动物相似。磺胺类的钠盐经肌内注射、腹腔注射可迅速吸收，如果从子宫内注入，经数小时后则有 90％以上的药物被吸收。

（2）分布：磺胺类药物吸收后分布于全身各组织和体液中。以血液、肝、肾含量较高，神经、肌肉及脂肪中的含量较低，可进入乳腺、胎盘、胸膜、腹膜及滑膜腔。进入血液的磺胺药，大部分与血浆蛋白结合。磺胺类中以 SD 与血浆蛋白的结合率最低，易于通过血脑屏障进入脑脊液（为血药的 50％～80％），故可作为脑部细菌感染的首选药。磺胺类的蛋白结合率因药物和动物种类的不同而有很大差异，例如 SD、SM_2 和 SDM 在牛的蛋白结合率分别是 14%～24%、61%～71%及 67%～90%；各种家畜的蛋白结合率，通常以牛为最高，羊、猪、马等次之。一般来说，血浆蛋白结合率高的磺胺类排泄较缓慢，血中有效药物浓度维持时间也较长。

（3）代谢：磺胺类药物主要在肝脏代谢，引起多种结构上的变化。其中最常见的方式是对位氨基（R_2）的乙酰化。乙酰化程度与动物种属有关，例如 SM_2 的乙酰化，猪（30%）比牛（11%）、绵羊（8%）都高，家禽和犬的乙酰化极微。其次是羟基化作用，则绵羊比牛高，猪则无此作用。各种磺胺药及其代谢物与葡萄糖苷酸的结合率是不相同的，例如 SMZ、SN、SM_2 和 SDM 在山羊体内与葡萄糖苷酸的结合率分别是 5%、7%、30%及 16%～31%。杂环断裂的代谢途径在多数动物中并不重要。此外，反刍动物体内的氧化作用却是磺胺类药物代谢的重要途径，例如 SD 在山羊体内被氧化成 2-磺胺-4-羟基嘧啶而失去活性。

磺胺乙酰化后失去抗菌活性，但保持原有磺胺的毒性。除 SD 等 R_1 位有嘧啶环的磺胺药外，其他乙酰化磺胺的溶解度普遍下降，增加了对肾脏的毒副作用。肉食及杂食动物，由于尿中酸度比草食动物为高，较易引起磺胺及乙酰磺胺的沉淀，导致结晶尿的产生，损害肾功能。若同时内服碳酸氢钠碱化尿液，则可提高其溶解度，促进从尿中排出。

各种磺胺在同一动物的半衰期不同，同一药物在不同动物的半衰期亦不一样，常用磺胺类药物在动物体内的半衰期见本书第一章表 1-3。磺胺类药物在动物体内的代谢存在多态性，存在快、慢代谢个体，导致半衰期有较大差异。

（4）排泄：内服肠道难吸收的磺胺类药物主要随粪便排出；肠道易吸收的磺胺类药物主要通过肾脏排出。少量由乳汁、消化液及其他分泌液排出。经肾排出的部分以原形，部分以乙酰化物和葡萄糖苷酸结合物的形式排出。其中大部分经肾小球滤过，小部分由肾小管分泌。到达肾小管腔内的药物，有一小部分被肾小管重吸收。凡重吸收少者，排泄快，半衰期短，有效血药浓度维持时间短（如 SN、SD）；而重吸收多者，排泄慢，半衰期长，有效血药浓度维持时间较长（如 SM_2、SMM、SDM 等）。当肾功能损害时，药物的半衰期明显延长，毒性可能增加，临床使用时应注意。治疗泌尿道感染时，应选用乙酰化率低，原形排出多的磺胺药，如 SMM、SMD。

【药理作用】磺胺类属广谱慢作用型抑菌药。对大多数革兰阳性菌和部分革兰阴性菌有效，对衣原体和某些原虫也有效。对磺胺类较敏感的病原菌有链球菌、沙门菌、化脓放线菌、大肠克雷伯菌、副禽嗜血杆菌等；一般敏感的有葡萄球菌、变形杆菌、巴氏杆菌、产气荚膜梭菌、肺炎克雷伯菌、炭疽杆菌、铜绿假单胞菌等。某些磺胺药物对球虫、卡氏住白细胞虫、疟原虫、弓形虫等有效，但对螺旋体、立克次体、分枝杆菌等无作用。

不同磺胺类药物对病原菌的抑制作用亦有差异。一般来说，其抗菌作用强度的顺序为 SMM>SMZ>SD>SDM>SMD>SM_2>SDM′>SN。血中最低有效药物浓度为 0.5 μg/mL，严重感染时则需 1～1.5 μg/mL。目前，兽医临床上许多病原菌对磺胺药产生了耐药性，MIC 呈现大幅升高。

【作用机制】磺胺药是通过干扰敏感菌的叶酸代谢而抑制其生长繁殖的（图 12-4）。对磺胺药敏感的细菌在生长繁殖过程中，不能直接从生长环境中利用外源叶酸，而是利用对氨基苯甲酸（p-aminobenzoic acid，PABA）、蝶啶，在二氢叶酸合成酶的催化下合成二氢叶酸，再经二氢叶酸还原酶还原为四氢叶酸。四氢叶酸是一碳基团转移酶的辅酶，参与嘌呤、嘧啶、氨基酸的合成。磺胺类的化学结构与 PABA 的结构极为相似，能与 PABA 竞争二氢叶酸合成酶，抑制二氢叶酸的合成，或者形成以磺胺代替 PABA 的伪叶酸，最终使核酸合成受阻，结果细菌生长繁殖被抑制。高等动植物能直接利用外源性叶酸，故其代谢不受磺胺类药物干扰（图 12－4）。

【耐药性】细菌对磺胺类易产生耐药性，尤以葡萄球菌最易产生，大肠杆菌、链球菌等次之。产生的原因可能是通过质粒转移或酶突变产生，包括二氢叶酸合成酶与磺胺的亲和力降低，细菌对磺胺的通透性降低，以及细菌改变了代谢途径，如产生了较多的 PABA 或二氢叶酸合成酶等。各磺胺药之间可产生程度不同的交叉耐药性，但与其他抗菌药之间无交叉耐药现象。

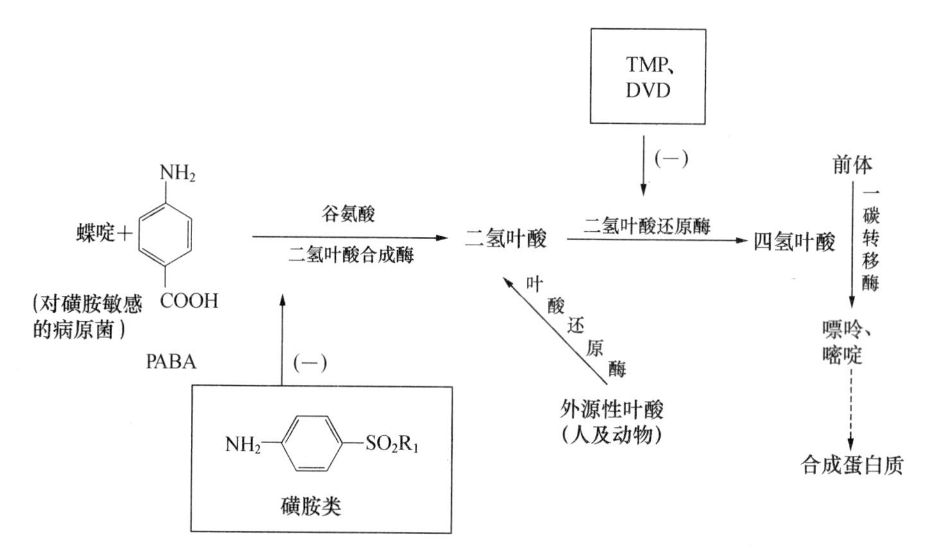

图 12－4　磺胺类药物及抗菌增效剂作用机制示意图

【临床应用】

(1) 全身感染：常用药有 SD、SM_2、SMZ、SMD、SMM、SDM′等，可用于治疗巴氏杆菌病、乳腺炎、子宫内膜炎、腹膜炎、败血症以及呼吸道、消化道和泌尿道感染；对马腺疫、坏死杆菌病，牛传染性腐蹄病，猪萎缩性鼻炎、链球菌病、仔猪水肿病、弓形虫病，羔羊多发性关节炎，兔葡萄球菌病，鸡传染性鼻炎、禽霍乱、副伤寒、球虫病等均有效。一般与 TMP 合用，可提高疗效，缩短疗程。对于病情严重病例或首次用药，则可以考虑用钠盐肌内注射或静脉注射给药。

(2) 肠道感染：选用肠道难吸收的磺胺类，如 SG、PST、SST 等为宜。可用于仔猪黄痢及畜禽白痢、大肠杆菌病等的治疗。常与 DVD 合用以提高疗效。

(3) 泌尿道感染：选用抗菌作用强，尿中排泄快，乙酰化率低，尿中药物浓度高的磺胺药，如 SMM、SMD 和 SM_2 等。与 TMP 合用，可提高疗效，减少或延缓耐药性的产生。

(4) 局部软组织和创面感染：选外用磺胺药，如 SN、SD－Ag 等。SN 可用其结晶性粉末，撒于新鲜伤口，以发挥其抑菌作用，现已极少用。SD－Ag 对铜绿假单胞菌的作用较强，且有收敛作用，可促进创面干燥结痂，可用于烧伤感染。

（5）原虫感染：选用 SQ、磺胺氯吡嗪、SM_2、SMM、SDM 等，用于治疗禽、兔球虫病，鸡卡氏住白细胞虫病，猪弓形虫病等。

（6）其他：治疗脑部细菌性感染，宜采用在脑脊液中含量较高的 SD；治疗乳腺炎宜采用在乳汁中含量较多的 SM_2。

【不良反应】

（1）急性中毒：多见于静脉注射磺胺类钠盐时，速度过快或剂量过大。表现为神经症状，如共济失调、痉挛性麻痹、呕吐、昏迷、食欲降低和腹泻等。严重者迅速死亡。牛、山羊还可见视物障碍、散瞳。雏鸡中毒时出现大批死亡。

（2）慢性中毒：见于剂量较大或连续用药超过 1 周以上，主要症状为：难溶解的乙酰化物结晶损伤泌尿系统，出现结晶尿、血尿和蛋白尿等；抑制胃肠道菌群，导致消化系统障碍和草食动物的多发性肠炎等；造血机能破坏，出现溶血性贫血、凝血时间延长和毛细血管渗血；幼龄动物免疫系统抑制、免疫器官出血及萎缩；家禽慢性中毒时，见增重减慢，蛋鸡产蛋率下降，蛋破损率和软蛋率增加。

【应用注意】

（1）要有足够的剂量和疗程，首次内服常用加倍量（负荷量），使血药浓度迅速达到有效抑菌浓度，连用 3～5 d。

（2）动物用药期间应充分饮水，以增加尿量、促进排出；幼龄动物、杂食或肉食动物使用磺胺类药物时，宜与等量的碳酸氢钠同服，以碱化尿液，促进排出；补充维生素 B 和维生素 K。

（3）磺胺钠盐注射液对局部组织有很强的刺激性，宠物不宜肌内注射，一般应静脉注射。

（4）磺胺类药物一般应与抗菌增效剂联合使用，以增强药效。勿与酸性药物配伍应用。

（5）蛋鸡产蛋期禁用。

【最高残留限量】残留标示物：磺胺类的原形药物。所有食品动物，肌肉、脂肪、肝、肾 100 μg/kg，牛乳、羊乳 100 μg/kg。

【制剂、用法、用量与休药期】

1. 磺胺噻唑片（Sulfathiazole Tablets）　内服，一次量，每 1 kg 体重，家畜，首次量 140～200 mg，维持量 70～100 mg。每日 2～3 次，连用 3～5 d。

2. 磺胺噻唑钠注射液（Sulfathiazole Sodium Injection）　静脉或肌内注射，一次量，每 1 kg 体重，家畜 50～100 mg。每日 2 次，连用 2～3 d。

3. 磺胺嘧啶片（Sulfadiazine Tablets）　内服，一次量，每 1 kg 体重，家畜，首次量 140～200 mg，维持量 70～100 mg。每日 2 次，连用 3～5 d。

4. 磺胺嘧啶钠注射液（Sulfadiazine Sodium Injection）　静脉或肌内注射，一次量，每 1 kg体重，家畜 50～100 mg。每日 1～2 次，连用 2～3 d。休药期，牛 10 d，羊 18 d，猪 10 d；弃乳期 3 d。

5. 磺胺二甲嘧啶片（Sulfadimidine Tablets）　内服，一次量，每 1 kg 体重，家畜，首次量 140～200 mg，维持量 70～100 mg。每日 1～2 次，连用 3～5 d。休药期，牛 10 d，猪 15 d，禽 10 d。

6. 磺胺二甲嘧啶钠注射液（Sulfadimidine Sodium Injection） 静脉或肌内注射，一次量，每 1 kg 体重，家畜 50～100 mg。每日 1～2 次，连用 2～3 d。

7. 磺胺甲噁唑片（Sulfamethoxazole Tablets） 内服，一次量，每 1 kg 体重，家畜，首次量 50～100 mg，维持量 25～50 mg。每日 2 次，连用 3～5 d。

8. 磺胺对甲氧嘧啶片（Sulfamethoxydiazine Tablets） 内服，一次量，每 1 kg 体重，家畜，首次量 50～100 mg，维持量 25～50 mg。每日 1～2 次，连用 3～5 d。

9. 磺胺间甲氧嘧啶片（Sulfamonomethoxine Tablets） 内服，一次量，每 1 kg 体重，畜禽，首次量 50～100 mg，维持量 25～50 mg。每日 2 次，连用 3～5 d。

10. 磺胺间甲氧嘧啶钠注射液（Sulfamonomethoxine Sodium Injection） 静脉或肌内注射，一次量，每 1 kg 体重，家畜 50 mg。每日 1～2 次，连用 2～3 d。

11. 磺胺甲氧达嗪片（Sulfamethoxypyridazine Tablets） 内服，一次量，每 1 kg 体重，家畜，首次量 50～100 mg，维持量 25～50 mg。每日 2 次，连用 3～5 d。

12. 磺胺甲氧达嗪钠注射液（Sulfamethoxypyridazine Sodium Injection） 静脉或肌内注射，一次量，每 1 kg 体重，家畜 50 mg。每日 1 次，连用 2～3 d。

13. 磺胺多辛片（Sulfadoxine Tablets） 内服，一次量，每 1 kg 体重，家畜，首次量 50～100 mg，维持量 25～50 mg。每日 1～2 次，连用 3～5 d。

14. 磺胺地索辛片（Sulfadimethoxine Tablets） 内服，一次量，每 1 kg 体重，家畜，首次量 50～100 mg，维持量 25～50 mg。每日 1～2 次，连用 3～5 d。

15. 磺胺氯吡嗪钠可溶性粉（Sulfachloropyrazine Sodium Soluble Powder） 混饮，每 1 L水，肉鸡、火鸡 300 mg（以磺胺氯吡嗪钠计）；混饲，每 1 000 kg 饲料，肉鸡、火鸡、兔 600 g，连用 3 d。蛋鸡产蛋期禁用。火鸡、肉鸡的休药期分别为 4 d 和 1 d。

16. 磺胺喹噁啉钠可溶性粉（Sulfaquinoxaline Sodium Soluble Powder） 混饮，每 1 L 水，禽 300～500 mg（以磺胺喹噁啉钠计），连续饮用不得超过 10 d。蛋鸡产蛋期禁用。休药期 10 d。

17. 磺胺脒片（Sulfamidine Tablets） 内服，一次量，每 1 kg 体重，家畜 100～200 mg。每日 2 次，连用 3～5 d。

18. 琥珀酰磺胺噻唑片（Succinylsulfathiazole Tablets） 内服，一次量，每 1 kg 体重，家畜 100～200 mg。每日 2 次，连用 3～5 d。

19. 酞磺胺噻唑片（Phthalylsulfathiazole Tablets） 内服，一次量，每 1 kg 体重，家畜 100～150 mg。每日 2 次，连用 3～5 d。

20. 酞磺醋胺片（Phthalysulfacetamide Tablets） 内服，一次量，每 1 kg 体重，犊、羔羊、猪、犬、猫 100～150 mg。每日 2 次，连用 3～5 d。

21. 磺胺醋酰（Sulfacetamide，SA） 15%滴眼液，用于眼部感染。

22. 磺胺嘧啶银（Sulfadiazine Silver，SD-Ag） 外用，撒布于创面，或配成 2%混悬液湿敷。

23. 醋酸磺胺米隆（Mafenide Acetate） 外用，5%～10%溶液湿敷。

（二）抗菌增效剂

本类药物因能增强磺胺药和多种抗生素的疗效，故称为抗菌增效剂，是人工合成的二氨基嘧啶类，国内常用甲氧苄啶和二甲氧苄啶，后者为动物专用品种。国外兽医临床应用的还有奥美普林（Ormetoprim，OMP）（二甲氧甲基苄啶）、阿地普林（Aditoprim，ADP）及巴喹普林（Baquiloprim，BQP）。

甲氧苄啶（Trimethoprim，TMP）

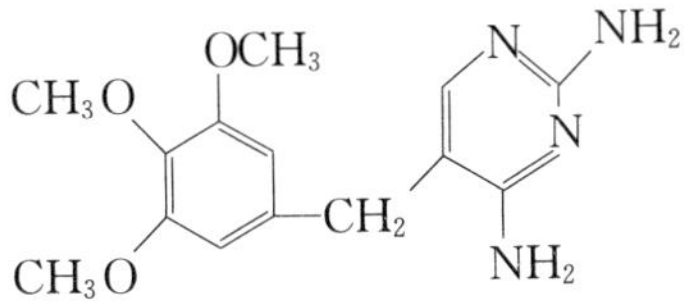

甲氧苄啶又称甲氧苄氨嘧啶、三甲氧苄氨嘧啶。

【理化性质】为白色或类白色结晶性粉末；无臭，味苦。在乙醇中微溶，水中几乎不溶，在冰醋酸中易溶。

【药动学】内服吸收迅速而完全，1～2 h 血药浓度达高峰。本品脂溶性较高，广泛分布于各组织和体液中，在肺、肾、肝中浓度较高，乳中浓度为血中浓度的 1.3～3.5 倍。血浆蛋白结合率 30%～40%。其半衰期（h）存在较大的种属差异：马 4.20，水牛 3.14，黄牛 1.37，奶山羊 0.94，猪 1.43，鸡、鸭约 2。主要从尿中排出，3 d 内约排出剂量的 80%，其中 6%～15%以原形排出。尚有少量从胆汁、唾液和粪便中排出。

【药理作用】抗菌谱广，与磺胺类相似而活性较强。对多种革兰阳性菌及阴性菌均有抗菌作用，其中较敏感的有溶血性链球菌、葡萄球菌、大肠杆菌、变形杆菌、巴氏杆菌和沙门菌等。但对铜绿假单胞菌、分枝杆菌、丹毒杆菌、钩端螺旋体无效。单用易产生耐药性，一般不单独作为抗菌药使用。

其作用机制是抑制二氢叶酸还原酶，使二氢叶酸不能还原成四氢叶酸，因而阻碍了敏感菌叶酸代谢和利用，从而妨碍菌体核酸合成。TMP 或 DVD 与磺胺类合用时，可从两个不同环节同时阻断叶酸代谢而起双重阻断作用（图 12－4）。合用时抗菌作用增强几倍至几十倍，甚至使抑菌作用变为杀菌作用，故称“抗菌增效剂”。不但可减少细菌耐药性的产生，而且对磺胺药耐药的大肠杆菌、变形杆菌、链球菌等亦有作用。此外，TMP 还可增强多种抗生素（如红霉素、四环素、庆大霉素、黏菌素等）的抗菌作用。

【临床应用】常以 1∶5 的比例与 SMD、SMM、SMZ、SD、SM_2、SQ 等磺胺药合用。

含 TMP 的复方制剂主要用于治疗链球菌、葡萄球菌和革兰阴性杆菌引起的呼吸道、泌尿道感染及蜂窝织炎、腹膜炎、乳腺炎、创伤感染等。亦用于治疗幼龄动物肠道感染、猪萎缩性鼻炎、猪传染性胸膜肺炎。对家禽大肠杆菌病、鸡白痢、鸡传染性鼻炎、禽伤寒及霍乱等均有良好的疗效。

【不良反应】毒性低，副作用小，偶尔引起白细胞、血小板减少等。但妊娠动物和初生动物应用时易引起叶酸摄取障碍，宜慎用。

【最高残留限量】残留标示物：甲氧苄啶。牛，肌肉、脂肪、肝、肾 50 μg/kg，乳 50 μg/kg；猪、禽，肌肉、皮和脂肪、肝、肾 50 μg/kg；马，肌肉、脂肪、肝、肾 100 μg/kg；鱼，肌肉＋皮 50 μg/kg。

【制剂、用法、用量与休药期】

1. 复方磺胺嘧啶预混剂（Compound Sulfadiazine Premix）　混饲，一日量，每 1 kg 体

重，猪 15～30 mg（以磺胺嘧啶计），连用 5 d；鸡 25～30 mg，连用 10 d，产蛋期禁用。猪、鸡的休药期分别为 5 d 和 1 d。

2. 复方磺胺嘧啶混悬液（Compound Sulfadiazine Suspension） 混饮，每 1 L 水，鸡 80～160 mg（以磺胺嘧啶计），连用 5～7 d，产蛋期禁用。休药期 1 d。

3. 复方磺胺嘧啶钠注射液（Compound Sulfadiazine Sodium Injection） 肌内注射，一次量，每 1 kg 体重，家畜 20～30 mg（以磺胺嘧啶钠计），每日 1～2 次，连用 2～3 d。休药期，牛、羊 12 d，猪 20 d。弃乳期 48 h。

4. 复方磺胺甲噁唑片（Compound Sulfamethoxazole Tablets）内服，一次量，每 1 kg 体重，家畜 20～25 mg（以磺胺甲噁唑计） ，每日 2 次，连用 3～5 d。产蛋期禁用。

5. 复方磺胺对甲氧嘧啶片（Compound Sulfamethoxydiazine Tablets） 内服，一次量，每 1 kg 体重，家畜 20～25 mg（以磺胺对甲氧嘧啶计），每日 2～3 次，连用 3～5 d。蛋鸡产蛋期禁用。

6. 复方磺胺对甲氧嘧啶钠注射液（Compound Sulfamethoxydiazine Sodium Injection） 肌内注射，一次量，每 1 kg 体重，家畜 15～20 mg（以磺胺对甲氧嘧啶钠计），每日 1～2 次，连用 2～3 d。蛋鸡产蛋期禁用。

7. 复方磺胺氯达嗪钠粉（Compound Sulfachlorpyridazine Sodium Powder） 内服，一次量，每 1 kg 体重，猪 20～30 mg（以磺胺氯达嗪钠计），每日 1～2 次，连用 5～10 d；鸡 20～30 mg，每日 1～2 次，连用 3～6 d。蛋鸡产蛋期禁用。休药期分别为 4 d 和 2 d。

8. 复方磺胺甲氧达嗪钠注射液（Compound Sulfamethoxypyridazine Sodium Injection） 肌内注射，一次量，每 1 kg 体重，家畜 15～20 mg（以磺胺甲氧达嗪钠计），每日 1～2 次，连用 2～3 d。蛋鸡产蛋期禁用。

9. 复方磺胺喹噁啉钠可溶性粉（Compound Sulfaquinoxaline Sodium Soluble Powder） 混饮，每 1 L 水，禽 200 mg（以磺胺喹噁啉钠计），连用 5 d，蛋鸡产蛋期禁用。休药期 10 d。

二甲氧苄啶（Diaveridine，DVD）

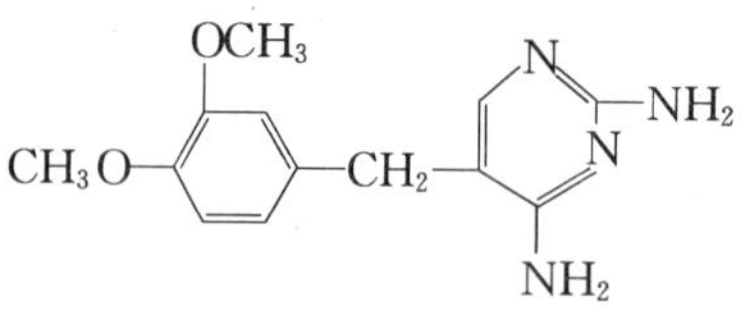

二甲氧苄啶又称二甲氧苄氨嘧啶，为白色或微黄色结晶性粉末；几乎无臭。在水、乙醇中不溶，在盐酸中溶解，在稀盐酸中微溶。

【药动学】DVD 内服吸收很少，其最高血药浓度约为 TMP 的 1/5，在胃肠道内的浓度较高，主要从粪便中排出，故用作肠道抗菌增效剂比 TMP 优越。

【作用与应用】抗菌活性比 TMP 弱，但作用机制相同。常以 1∶5 的比例与 SQ 等合用。含 DVD 的复方制剂主要用于防治禽、兔球虫病及畜禽肠道感染等。DVD 单独应用时也具有防治球虫的作用。

【制剂、用法、用量与休药期】

1. 磺胺对甲氧嘧啶、二甲氧苄啶片（Sulfamethoxydiazine and Diaveridine Tablets）　内服，一次量，每1 kg体重，家畜20～25 mg（以磺胺对甲氧嘧啶计），每日2次，连用3～5 d。蛋鸡产蛋期禁用。

2. 磺胺对甲氧嘧啶、二甲氧苄啶预混剂（Sulfamethoxydiazine and Diaveridine Premix）　混饲，每1 000 kg饲料，猪、禽200 g（以磺胺对甲氧嘧啶计），连续饲喂不超过10 d。产蛋期禁用。

3. 磺胺喹噁啉、二甲氧苄啶预混剂（Sulfaquinoxaline and Diaveridine Premix）　混饲，每1 000 kg饲料，禽100 g（以磺胺喹噁啉计），连续饲喂不超过5 d。蛋鸡产蛋期禁用。

二、喹诺酮类

喹诺酮类（quinolones）是指人工合成的一类具有4－喹诺酮环结构的杀菌性抗菌药物。1962年首先应用于临床的第一代喹诺酮类是萘啶酸（Nalidixic Acid）；第二代的代表药物是1974年合成的吡哌酸（Pipemidic acid）和动物专用的氟甲喹（Flumequine），第一、二代药物主要对革兰阴性杆菌敏感。1979年合成了第三代的第一个药物诺氟沙星（Norfloxacin），由于它具有6－氟－7－哌嗪－4－诺酮环结构，故称为氟喹诺酮类（fluoroquinolones）药物。20世纪90年代后期开发的莫西沙星（Moxifloxacin）、加替沙星（Gatifloxacin）等，在第三代药物作用的基础上增强了抗厌氧菌的活性，对多数病原菌的疗效达到或超过β－内酰胺类抗生素。

近30年来，氟喹诺酮类药物的研究进展十分迅速，临床常用的已有10多种。这类药物具有下列特点：①抗菌谱广，对革兰阳性菌和革兰阴性菌、铜绿假单胞菌、支原体、衣原体等均有作用。②杀菌力强，在体外很低的药物浓度即可显示高度的抗菌活性，临床疗效好。③吸收快、体内分布广泛，可治疗各个系统或组织的感染性疾病。④抗菌机制独特，与其他抗菌药无交叉耐药性。⑤使用方便，不良反应小。

目前，我国批准仍能在兽医临床应用的氟喹诺酮类药物有：环丙沙星（环丙氟哌酸）、恩诺沙星（乙基环丙氟哌酸）、达氟沙星（单诺沙星）、二氟沙星（双氟哌酸）、沙拉沙星、马波沙星等，其中后面5种为动物专用的氟喹诺酮类药物。国外上市的动物专用药还有奥比沙星（Orbifloxacin）、依巴沙星（Ibafloxacin）等。目前，由于食品动物大量使用此类药物使耐药性迅速增加，可能对人类治疗的药物资源受到威胁，故国内外趋向于尽量不使用人医临床常用的抗菌药，尤其是极重要的抗菌药（critically important antimicrobial drugs）。故本节仅对动物专用的喹诺酮类药物做全面的叙述。

【构效关系】喹诺酮类的母核为4－喹诺酮环，在其1、3、6、7、8位引入不同的基团，即形成本类各种药物。其中氟喹诺酮类的结构特征是：6位引入氟，7位引入哌嗪环。常用氟喹诺酮类药的化学结构见表12－5。其构效关系如下：①喹诺酮类抗菌作用必须具有母核基本结构。②在哌嗪环上引入甲基或乙基，可以提高其内服的生物利用度和组织药物浓度。③6位引入氟抗菌作用明显增强。④7位引入哌嗪环与抗铜绿假单胞菌有关。⑤8位引入氟或氯，内服的生物利用度增加，提高抗革兰阳性菌和厌氧菌的活性。⑥1位引入苯环或环状基团等抗菌作用增强（图 12－5）。

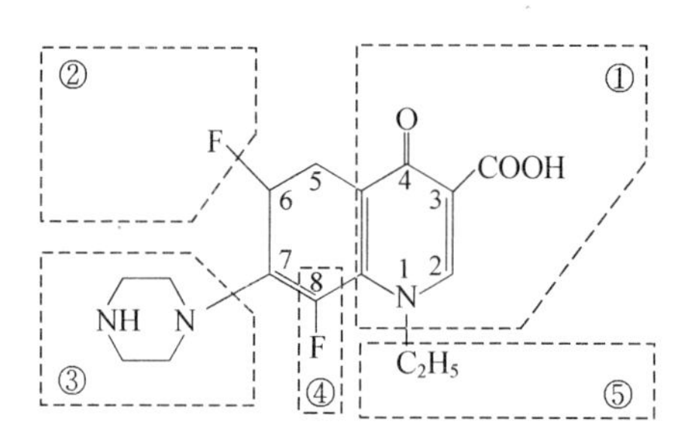

图 12－5　喹诺酮类构效关系示意图

表 12－5　氟喹诺酮类药的化学结构

F　O　COOH
R_2　N
R　R_1

名　称	R	R_1	R_2
环丙沙星	H	—△	—N　NH
恩诺沙星	H	—△	—N　N—C_2H_5
达氟沙星	H	—△	—N　N—CH_3
沙拉沙星	H	—⌬—F	—N　NH
二氟沙星	H	—⌬—F	—N　N—CH_3
马波沙星	O　CH_2—N—CH_3		—N　N—CH_3

【药理作用】 氟喹诺酮类为广谱杀菌性抗菌药。对革兰阳性菌和阴性菌、支原体、某些厌氧菌均有效。例如对大肠杆菌、沙门菌、巴氏杆菌、克雷伯菌、变形杆菌、铜绿假单胞菌、嗜血杆菌、波氏菌、丹毒杆菌、金黄色葡萄球菌、链球菌、化脓放线菌、支原体等均敏

感。对耐甲氧苯青霉素的金黄色葡萄球菌、耐磺胺类＋TMP的细菌、耐庆大霉素的铜绿假单胞菌、耐泰乐菌素或泰妙菌素的支原体也有效。氧氟沙星、环丙沙星及马波沙星等对分枝杆菌和其他分枝杆菌有一定抗菌作用。近年来还发现有的氟喹诺酮类药具有抗寄生虫作用或抗癌作用。

本类药物理想的杀菌浓度为0.1～10 μg/mL。研究表明，本类药物属剂量依赖性杀菌药，一般认为血药峰浓度在10～12倍的MIC或24 h的AUC/MIC超过125，其抗菌效果最好。此外，氟喹诺酮类对许多细菌（金黄色葡萄球菌、链球菌、大肠杆菌、克雷伯菌、铜绿假单胞菌等）能产生抗菌药后效应作用，一般可维持1～3 h。

【作用机制】氟喹诺酮类的抗菌作用机制是抑制细菌脱氧核糖核酸（DNA）回旋酶（gyrase），干扰DNA的正常转录和复制而发挥抗菌作用，同时也抑制拓扑异构酶Ⅱ（topoisomerase），并干扰复制的DNA分配到子代细胞中去，使细菌死亡。大肠杆菌的DNA回旋酶由2个A亚单位及2个B亚单位组成，A亚单位参与酶反应中DNA链的断裂和重接，B亚单位参与该酶反应中能量的转换和ATP的水解，它们共同作用能将DNA正超螺旋的一条单链切开、移位、封闭，形成负超螺旋结构（图12－6）。氟喹诺酮类可与DNA和DNA回旋酶形成复合物，进而抑制A亚单位，只有少数药物还作用于B亚单位，结果不能形成负螺旋结构，阻断DNA复制，导致细菌死亡。由于细菌细胞的DNA呈裸露状态（原核细胞），而畜禽细胞的DNA呈包被状态（真核细胞），故这类药物易进入菌体直接与DNA相接触而呈选择性作用。哺乳动物细胞内有与细菌DNA回旋酶功能相似的酶，称为拓扑异构酶Ⅱ（topoisomerase），治疗量的氟喹诺酮类对此酶影响很小，故不良反应低。但应该注意的是，利福平（RNA合成抑制剂）、氯霉素（蛋白质合成抑制剂）均可导致氟喹诺酮类药物作用的降低，例如可使诺氟沙星的作用完全消失及氧氟沙星和环丙沙星的作用部分抵消，原因是这些抑制剂抑制了核酸外切酶的合成。因此，氟喹诺酮类药物不应与利福平、氯霉素等DNA、RNA及蛋白质合成抑制剂联合应用。

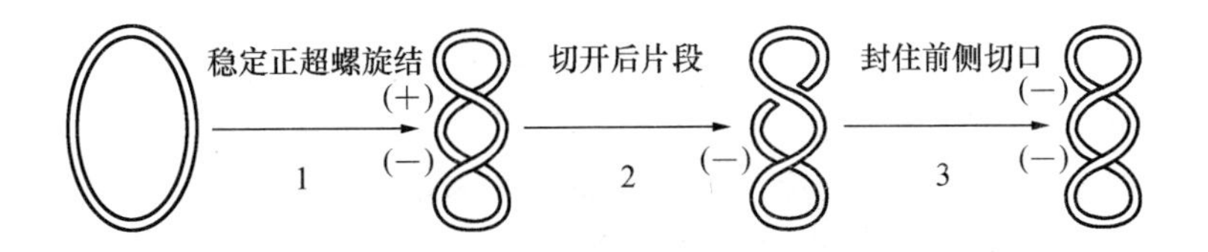

图12－6　通过DNA回旋酶形成负超螺旋的模式图

1. 酶与DNA两个片段结合，形成一个正超螺旋结

2. 酶在DNA中切开一双链切口，通过切口移过前面片段

3. 封住切口，形成一负超螺旋

喹诺酮类抑制回旋酶切口及封口活性

【耐药性】随着氟喹诺酮类的广泛应用，其耐药菌株呈增长趋势，且本类药物之间存在交叉耐药性。相对多见的耐药菌有金黄色葡萄球菌、链球菌、大肠杆菌、沙门菌等。细菌产生耐药性的机制是：①细菌DNA回旋酶A亚单位发生突变，阻止了药物与回旋酶结合，亲和力下降，这种基因突变造成的氟喹诺酮类作用靶位的改变与细菌高度耐药有关。②细菌细胞膜孔通道蛋白的改变或缺失，使膜对药物的通透性降低，阻碍药物进入菌体内，与其低浓度耐药有关。③主动排出机制也是本类药物的耐药机制之一，由于细胞膜排出药物增加导致

细菌体内药物浓度降低而产生耐药。

【不良反应】

（1）影响软骨发育：对负重关节的软骨组织生长有不良影响。

（2）损伤尿道：在尿中可形成结晶，尤其是使用剂量过大或动物饮水不足时更易发生。

（3）胃肠道反应：剂量过大，导致动物食欲下降或废绝，饮欲增加，呕吐、腹泻等。

（4）中枢神经系统潜在的兴奋作用：犬中毒时兴奋不安，抽搐或癫痫样发作；鸡中毒时先兴奋、后呆滞或昏迷死亡。

（5）猫对大剂量（大于每 1 kg 体重 15 mg）喹诺酮类的毒性表现为瞳孔放大，视网膜变性，甚至失明。故猫的剂量不应大于每 1 kg 体重 5 mg。

【应用注意】

（1）禁用于幼龄动物（尤其是马和小于 8 周龄的犬）、蛋鸡产蛋期和妊娠动物。

（2）患癫痫的犬、肉食动物、肝肾功能不良患病动物慎用。

（3）本类药物耐药菌株呈增多趋势，不应在亚治疗剂量下长期使用。

恩诺沙星（Enrofloxacin）

恩诺沙星又称乙基环丙沙星、恩氟沙星。

【理化性质】本品为微黄色或淡橙黄色结晶性粉末；无臭，味微苦；遇光色渐变为橙红色。在甲醇中微溶，在水中极微溶解；在醋酸、盐酸或氢氧化钠溶液中易溶。其盐酸盐及乳酸盐均易溶于水，一般酸盐比较稳定，钠盐溶解度较高。

【药动学】多数单胃动物内服吸收迅速和较完全，0.5～2 h 达血药峰浓度。内服的生物利用度：鸽子 92%，鸡 62.2%～84%，火鸡 58%，兔 61%，犬、猪、绵羊 65%～75%，未反刍犊牛 80%～100%，成年牛低于 10%，马 65.6%～78.3%。肌内注射吸收迅速而完全，生物利用度：鸽子 87%，兔 92%，猪 91.9%，牛 82%，马 270%，骆驼 92%。血浆蛋白结合率为 20%～40%。畜禽应用恩诺沙星后，体内分布很广泛，除了中枢神经系统外（脑脊液浓度仅为血浆浓度的 6%～10%），几乎所有组织的药物浓度都高于血浆，较高浓度在胆汁、肾、肝、肺和生殖系统。在骨、滑液、皮肤、肌肉、胸腔液等均可达到治疗浓度。这有利于全身感染和深部组织感染的治疗。犬的表观分布容积为 3～4 L/kg，牛为1.5 L/kg，绵羊为 0.4 L/kg。通过肾和非肾代谢方式进行消除，15%～50%的药物以原形通过尿排泄（肾小管分泌和肾小球的滤过作用）。肝脏代谢是次要消除方式，主要是脱去7-位哌嗪环的乙基生成环丙沙星，其次为氧化及葡萄糖醛酸结合。消除半衰期在不同种属动物和不同给药途径有较大差异。静脉注射的半衰期（h）：鸽子 3.8，鸡 5.26～10.3，火鸡 4.1，兔 2.2～2.5，犬 2.4，猪 3.45，牛 1.7～2.3，马 4.4，骆驼 3.6。肌内注射的半衰期（h）：犬 4～5，猫 6，猪 4.06，牛 5.9，绵羊 1.5～4.5，马 9.9，骆驼 6.4。内服的半衰期（h）：鸡 9.14～14.2，犬 3.7～5.8，猪 6.93。

【药理作用】本品为动物专用的杀菌性广谱抗菌药，对支原体有特效。对大肠杆菌、克雷伯菌、沙门菌、变形杆菌、嗜血杆菌、多杀性巴氏杆菌、溶血性巴氏杆菌、副溶血性弧菌、金黄色葡萄球菌、化脓放线菌、丹毒杆菌、支原体、衣原体等均有良好的作用，对铜绿假单胞菌、链球菌作用较弱，对厌氧菌作用微弱。对大多数敏感菌株的最小抑菌浓度（MIC）均低于 1 μg/mL，并有明显的抗菌后效应。抗支原体的效力比泰乐菌素和泰妙菌素强。对耐泰乐菌素、泰妙菌素的支原体，本品亦有效。本品的作用有明显的浓度依赖性，血药浓度大于 8 倍 MIC 时可发挥最佳治疗效果。

【应用】

（1）牛：治疗犊牛大肠杆菌性腹泻、大肠杆菌性败血症、溶血性巴氏杆菌-牛支原体引起的呼吸道感染、舍饲牛的斑疹伤寒、犊牛鼠伤寒沙门菌感染及急性、隐性乳腺炎等。由于成年牛内服给药的生物利用度低，故必须采用注射给药。

（2）猪：治疗仔猪黄痢和白痢、沙门菌病、传染性胸膜肺炎、乳腺炎子宫炎无乳综合征、支原体性肺炎等。

（3）家禽：治疗各种支原体感染（败血支原体、滑液囊支原体、火鸡支原体和衣阿华支原体）；大肠杆菌、鼠伤寒沙门菌和副鸡嗜血杆菌感染；鸡白痢沙门菌、亚利桑那沙门菌、多杀性巴氏杆菌感染等。

（4）犬、猫：皮肤、消化道、呼吸道及泌尿生殖系统等由细菌或支原体引起的感染，如犬的外耳炎、化脓性皮炎，克雷伯菌引起的创伤感染和生殖道感染等。

【用法与用量】内服：一次量，每 1 kg 体重，犬、猫 2.5～5 mg，禽 5～7.5 mg。每日 2 次，连用 3～5 d。

混饮：每 1 L 水，鸡 50～75 mg。连用 3～5 d。

肌内注射：一次量，每 1 kg 体重，牛、羊、猪 2.5 m，犬、猫、兔 2.5～5 mg。每日 1～2 次，连用 2～3 d。

【最高残留限量】残留标示物：恩诺沙星与环丙沙星之和。牛、羊，肌肉、脂肪 100 μg/kg，肝 300 μg/kg，肾 200 μg/kg，牛乳、羊乳 100 μg/kg；猪、兔，肌肉、脂肪 100 μg/kg，肝 200 μg/kg，肾 300 μg/kg；禽，肌肉、皮和脂 100 μg/kg，肝 200 μg/kg，肾 300 μg/kg；其他动物，肌肉、脂肪 100 μg/kg，肝、肾 200 μg/kg。

【制剂与休药期】恩诺沙星片（Enrofloxacin Tablets）：蛋鸡产蛋期禁用，鸡 8 d。

恩诺沙星可溶性粉（Enrofloxacin Soluble Powder）：蛋鸡产蛋期禁用，鸡 8 d。

恩诺沙星溶液（Enrofloxacin Solution）：蛋鸡产蛋期禁用，鸡 8 d。

恩诺沙星注射液（Enrofloxacin Injection）：牛、羊、兔 14 d，猪 10 d。

达氟沙星（Danofloxain）

达氟沙星又称单诺沙星。用其甲磺酸盐，为白色至淡黄色结晶性粉末；无臭，味苦。在水中易溶，在甲醇中微溶。

【药动学】本品的特点是在肺组织的药物浓度可达血浆的 5～7 倍。内服、肌内注射和皮下注射的吸收较迅速和完全。稳态表观分布容积约为 2.7 L/kg。猪、鸡内服的生物利用度分别是 89%及 100%，血药浓度的达峰时间为 2～3 h；猪、犊牛肌内注射的生物利用度分别是 78%～101%及 76%，血药浓度的达峰时间约为 1 h。本品主要通过肾脏排泄，猪及犊牛肌内注射后尿中排泄的原形药物分别为剂量的 43%～51%及 38%～43%，牛在尿中的排泄物主要为原形。半衰期（h）：静脉注射，犊牛 2.9，猪 8.0；肌内注射，犊牛 4.3，猪 6.8；内服，猪 9.8，鸡 6～7。

【作用与应用】本品为动物专用的广谱杀菌药，抗菌谱与恩诺沙星相似，尤其对畜禽的呼吸道致病菌有很好的抗菌活性。敏感菌包括：牛，溶血性巴氏杆菌、多杀性巴氏杆菌、支原体；猪，胸膜肺炎放线杆菌、猪肺炎支原体；鸡，大肠杆菌、多杀性巴氏杆菌、败血支原体等。主要用于治疗牛巴氏杆菌病、肺炎；猪传染性胸膜肺炎、支原体性肺炎；禽大肠杆菌病、禽霍乱、慢性呼吸道病等。

【用法与用量】内服：一次量，每 1 kg 体重，鸡 2.5～5 mg。每日 1 次，连用 3 d。

混饮：每 1 L 水，鸡 25～50 mg。每日 1 次，连用 3 d。

肌内注射：一次量，每 1 kg 体重，牛、猪 1.25～2.5 mg。每日 1 次，连用 3 d。

【最高残留限量】残留标示物：达氟沙星。牛、绵羊、山羊，肌肉 200 μg/kg，脂肪 100 μg/kg，肝、肾 400 μg/kg，乳 30 μg/kg；家禽，肌肉 200 μg/kg，皮和脂 100 μg/kg，肝、肾 400 μg/kg；其他动物，肌肉 100 μg/kg，脂肪 50 μg/kg，肝、肾 200 μg/kg。

【制剂与休药期】甲磺酸达氟沙星可溶性粉（Danofloxacin Mesylate Soluble Powder）：鸡 5 d，蛋鸡产蛋期禁用。

甲磺酸达氟沙星溶液（Danofloxacin Mesylate Solution）：鸡 5 d，蛋鸡产蛋期禁用。

甲磺酸达氟沙星注射液（Danofloxacin Mesylate Injection）：猪 25 d。

二氟沙星（Difloxacin）

用其盐酸盐，为类白色或淡黄色结晶性粉末；无臭，味微苦；遇光色渐变深；有引湿性。在水中微溶，在乙醇中极微溶，在冰醋酸中微溶。

【药动学】本品内服及肌内注射吸收均较迅速，1～3 h 达血药峰浓度，吸收良好。内服给药的生物利用度：鸡 54.2%，猪 100%。肌内注射的生物利用度：鸡 77%，猪 95.3%。血浆蛋白结合率 16%～52%。在动物体内分布广泛。犬的表观分布容积为 2.8～4.7 L/kg。犬内服后主要经胆汁从粪便排泄（>80%剂量），尿液排出仅有 5%。但尿中浓度对敏感菌可维持 24 h 高于最小抑菌浓度。半衰期较长，猪静脉注射、肌内注射、内服给药的半衰期分别是 17.1 h、25.8 h 及 16.7 h；鸡、犬内服的半衰期分别是 8.2 h 及 9 h。马静脉注射的半衰期为 2.7 h，肌内注射为 5.7 h，有效血药浓度维持时间较长。

【作用与应用】本品为动物专用的广谱杀菌药，抗菌谱与恩诺沙星相似，但抗菌活性略低。对畜禽呼吸道致病菌有良好的抗菌活性，尤其对葡萄球菌有较强的作用。用于敏感菌引起的畜禽消化系统、呼吸系统、泌尿道感染和支原体病等的治疗，如猪传染性胸膜肺炎、猪肺疫、猪气喘病，犬的脓皮病，鸡的慢性呼吸道病等。

【用法与用量】内服：一次量，每 1 kg 体重，鸡 5～10 mg。每日 2 次，连用3～5 d。

肌内注射：一次量，每 1 kg 体重，猪 5 mg。每日 2 次，连用 3 d。

【最高残留限量】残留标示物：二氟沙星。牛、羊，肌肉 400 μg/kg，脂肪 100 μg/kg，肝 1 400 μg/kg，肾 800 μg/kg；猪，肌肉 400 μg/kg，皮和脂 100 μg/kg，肝 800 μg/kg，肾 800 μg/kg；家禽，肌肉 300 μg/kg，皮和脂 400 μg/kg，肝 1 900 μg/kg，肾 600 μg/kg；其他动物，肌肉 300 μg/kg，脂肪 100 μg/kg，肝 800 μg/kg，肾 600 μg/kg。

【制剂与休药期】盐酸二氟沙星片（Difloxacin Hydrochloride Tablets）：鸡 1 d，蛋鸡产蛋期禁用。

盐酸二氟沙星粉（Difloxacin Hydrochloride Powder）：鸡 1 d，蛋鸡产蛋期禁用。

盐酸二氟沙星溶液（Difloxacin Hydrochloride Solution）：鸡 1 d，蛋鸡产蛋期禁用。

盐酸二氟沙星注射液（Difloxacin Hydrochloride Injection）：猪 45 d。

沙拉沙星（Sarafloxacin）

用其盐酸盐，为类白色至淡黄色结晶性粉末；无臭，味微苦；有引湿性；遇光、热色渐变深。在水或乙醇中几乎不溶或不溶；在氢氧化钠溶液中溶解。

【药动学】畜禽内服及肌内注射吸收均较迅速，1～3 h 达血药峰浓度。内服给药的生物利用度：鸡 61%，猪 52%。肌内注射的生物利用度：鸡 71.7%，猪 87%。在动物体内分布广泛。经肾排泄，尿中浓度高。大麻哈鱼内服后，吸收缓慢，血药浓度达峰时间为 12～14 h，生物利用度仅为 3%～7%。猪静脉注射、肌内注射、内服给药的半衰期分别是 3.1 h、3.5 h 及 6.7 h。鸡肌内注射、内服的半衰期分别是 5.2 h 及 3.3 h。

【作用与应用】本品为动物专用的广谱杀菌药，抗菌谱与二氟沙星相似，对支原体的效果略差于二氟沙星。对鱼的杀蛙产气单胞菌、杀蛙弧菌、鳗弧菌等也有效。用于敏感菌引起的畜禽各种感染性疾病的治疗，如猪、鸡的大肠杆菌病、沙门菌病、支原体病和葡萄球菌感染等。也用于治疗鱼敏感菌感染性疾病。

【用法与用量】内服：一次量，每 1 kg 体重，鸡 5～10 mg。每日 1～2 次，连用3～5 d。

混饮：每 1 L 水，鸡 50 mg，连用 3～5 d。

肌内注射：一次量，每 1 kg 体重，猪、鸡 2.5～5 mg。每日 2 次，连用 3～5 d。

【最高残留限量】残留标示物：沙拉沙星。鸡、火鸡，肌肉 10 μg/kg，脂肪 20 μg/kg，肝、肾 80 μg/kg；鱼，肌肉和皮 30 μg/kg。

【制剂与休药期】盐酸沙拉沙星片（Sarafloxacin Hydrochloride Tablets）：鸡 0 d，蛋鸡产蛋期禁用。

盐酸沙拉沙星可溶性粉（Sarafloxacin Hydrochloride Soluble Powder）：鸡 0 d，蛋鸡产蛋期禁用。

盐酸沙拉沙星溶液（Sarafloxacin Hydrochloride Solution）：鸡 0 d，蛋鸡产蛋期禁用。

盐酸沙拉沙星注射液（Sarafloxacin Hydrochloride Injection）：猪、鸡 0 d，蛋鸡产蛋期禁用。

马波沙星（Marbofloxacin）

本品为淡黄色结晶性粉末，易溶于水，微溶于甲醇。

【药动学】多数动物内服吸收迅速，0.5～2.5 h 达药物峰浓度，内服生物利用度：犬 94%，猫 85～95%，猪、牛为 80～90%，马低于 65%。肌内注射吸收迅速而完全，血浆蛋白结合率为 10%～30%。动物应用马波沙星后，体内分布广泛，除中枢神经系统外，所有组织的药物浓度均高于血浆。表观分布容积 1.2～1.9 L/kg。药物部分在肝脏转化为两种无活性代谢产物：N-脱甲基马波沙星和 N-氧马波沙星，主要以原形从尿液排出（40%）。消除半衰期在不同种属动物和不同给药途径有较大差异。静脉注射半衰期（h）：犬 8.1～12.4，猫 7.9，鸡 5.3～6.5，猪 5.9，马 7.6，羊 7.8，牛 4.6～10.1，驴 9.2。内服半衰期（h）：鸡 6.5，犬 7.5～14.0，猫 12.7 h，马 8.8。肌内注射半衰期（h）：牛 2.4～4.2。

【作用与应用】本品属杀菌性广谱抗菌药，对革兰阳性菌、阴性菌均有较强作用，对厌氧菌作用弱。对需氧菌的活性与氧氟沙星相似或略强，对溶血性巴氏杆菌、多杀性巴氏杆菌及昏睡嗜血杆菌也有较高活性。

临床主要用于治疗犬、猫的急性上呼吸道感染，尿道感染，深部及浅表皮肤感染和软组织感染；猪的呼吸系统感染、乳腺炎-子宫炎-无乳综合征。

【用法与用量】 内服、肌内注射、皮下注射：犬，一次量，每 1 kg 体重，2.5～5 mg。每日 1 次，连用 3～5 d。用于治疗皮肤和软组织感染时，临床症状消除后继续用药 2～3 d，最多不超过 30 d。治疗尿路感染时，用药至少 10 d。

肌内注射、皮下注射：猪，一次量，每 1 kg 体重，2 mg。每日 1 次，连用 3～5 d。

【制剂】 马波沙星片（Marbofloxacin Tablets），马波沙星注射液（Marbofloxacin Injection）。

奥比沙星（Orbifloxacin）

【理化性质】 本品为微黄色或淡黄色粉末；无臭，味微苦；微溶于水（中性 pH），在酸性或碱性介质中溶解度增大；熔点为 254～260 ℃。

【药动学】 肌内注射和内服后，吸收良好且迅速，0.8～1.1 h 血药的峰浓度可达到 2.04～2.95 μg/mL。内服生物利用度可达 89%～100%，高于恩诺沙星和二氟沙星。在体内快速而广泛地分布，表观分布容积较大（犬约为 1.5 L/kg，猫约 1.4 L/kg），仅有微量与血浆蛋白结合（犬 8%，猫 5%），组织药物浓度明显高于血浆浓度，有利于全身感染和深部组织感染的治疗。主要经肾消除，约 50%药物以原形排出，其次由胆汁随粪便排出体外。消除半衰期在山羊、兔、绵羊、牛、马分别为 1.84 h、2.5 h、3.16 h、3.2 h、9 h。

【药理作用】 本品为动物专用的广谱杀菌药，有明显的浓度依赖性。对革兰阳性菌（如葡萄球菌、链球菌）和革兰阴性菌（如大肠杆菌、肠球菌、奇异变形杆菌、铜绿假单胞菌等）都有较强的抗菌作用，对大多数厌氧菌作用微弱。对某些耐药菌，如耐庆大霉素的铜绿假单胞菌、耐青霉素金黄色葡萄球菌及耐泰乐菌素或泰妙菌素的支原体也有良效。

【相互作用】 奥比沙星和茶碱合用，可使血液中茶碱浓度升高。丙磺舒阻断肾小管分泌的作用，在与奥比沙星合用时会使之血药浓度升高，半衰期延长。与氨基糖苷类、头孢菌素类和广谱青霉素有协同作用。

【应用】 用于治疗各种敏感菌引起的呼吸系统、消化系统、泌尿生殖系统、皮肤及软组织等感染，如牛的溶血性巴氏杆菌-牛支原体引起的呼吸道感染、胸膜肺炎放线杆菌感染；猪的肺炎与腹泻；犬、猫的软组织感染，如内外耳炎、化脓性皮炎等。

【用法与用量】 内服：一次量，每 1 kg 体重，牛、猪、犬、猫 2.5～7.5 mg，每日 1 次。

肌内注射：一次量，每 1 kg 体重，牛、猪 2.5～5 mg，每日 1 次，连用 3～5 d。

滴耳：一次量，每 1 kg 体重，犬、猫 0.25～0.5 mg，每日 1 次，连用 7 d。

三、喹噁啉类

本类药物为合成抗菌药，均属喹噁啉-N-1，4-二氧化物的衍生物，主要有卡巴多司（Carbados，卡巴氧）、乙酰甲喹和喹烯酮。乙酰甲喹、喹烯酮是我国合成的一类药物。卡巴多司主要用做促生长剂，之后研究证实有致突变和致癌作用，目前，美国、欧盟、日本等许多国家已禁止用于食品动物。本类药物的化学结构式如下：

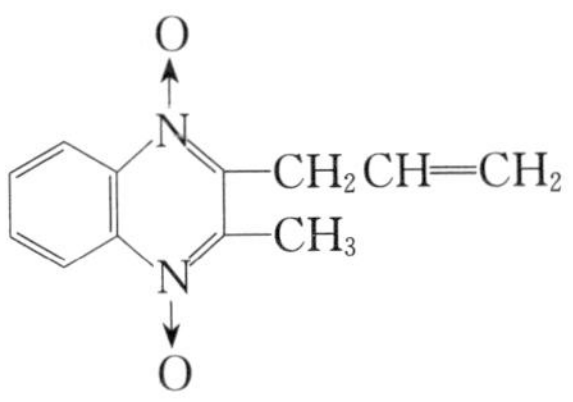

卡巴多司 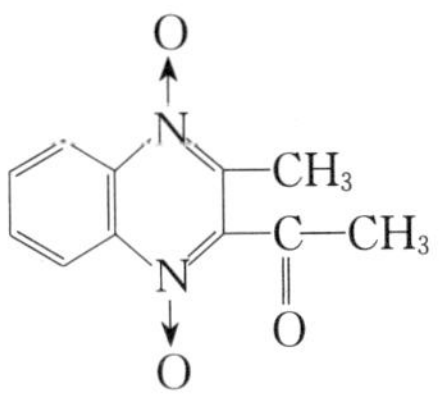　　乙酰甲喹

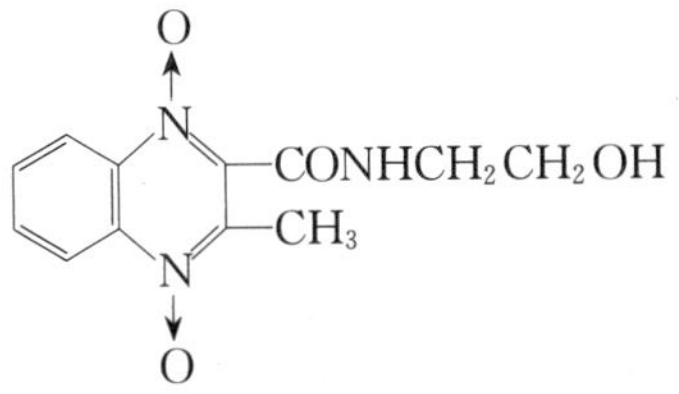

喹乙醇 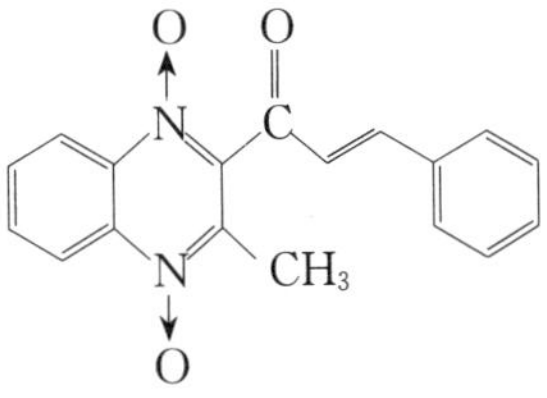　　喹烯酮

乙酰甲喹（Maquindox）

乙酰甲喹又称痢菌净，化学名为3-甲基-2-乙酰基喹噁林-N-4-1，4-二氧化物，是国内合成的卡巴多司类似物。为鲜黄色结晶或黄色粉末；无臭，味微苦；遇光色渐变深。在水、甲醇中微溶。

【药动学】内服和肌内注射给药均易吸收，猪肌内注射后约10 min即可分布于全身组织，体内消除快，半衰期约2 h，给药后8 h血液中已测不到药物。在体内代谢可生成多种代谢物，约75%以原型从尿中排出，故尿中浓度高。

【药理作用】具有广谱抗菌作用，对革兰阴性菌的作用强于阳性菌，对猪痢疾短螺旋体的作用尤为突出。对大肠杆菌、巴氏杆菌、猪霍乱沙门菌、鼠伤寒沙门菌、变形杆菌的作用较强。对某些革兰阳性菌如金黄色葡萄球菌、链球菌亦有抑制作用。其抗菌原理是抑制菌体DNA合成。

【应用】经临床证实，为治疗猪短螺旋体性痢疾的首选药。此外，对仔猪黄痢、白痢，犊牛副伤寒，鸡白痢、禽大肠杆菌病等有较好的疗效。不能用作生长促进剂。

【不良反应】本品治疗量对鸡、猪无不良影响。但用药剂量高于治疗量3～5倍，或长时间应用，可致中毒或死亡，家禽尤为敏感。

【用法与剂量】内服：一次量，每1 kg体重，牛、猪、鸡5～10 mg。每日2次，连用3 d。

肌内注射：一次量，每1 kg体重，牛、猪2.5～5 mg，鸡2.5 mg。每日2次，连用3 d。

【制剂与休药期】乙酰甲喹片（Maquindox Tablets）：牛、猪35 d。

乙酰甲喹注射液（Maquindox Injection）：牛、猪35 d。

喹烯酮（Quinocetone）

喹烯酮为黄色结晶性或无定形粉末；无臭。在氯仿、二氧六环或二甲基亚砜中溶解，在甲醇或乙醇中微溶，在水中不溶。

【作用与应用】内服吸收很少但迅速，消除较快。80%以上以原形从粪便排出体外。

对多种肠道致病菌有抑制作用，特别是革兰阴性菌；可明显降低畜禽腹泻发生率。体外抑菌试验表明，本品对金黄色葡萄球菌、大肠杆菌、克雷伯菌、变形杆菌、巴氏杆菌、鼠伤寒沙门菌、痢疾志贺菌等均有显著的抑制作用。

主要用于猪促生长，提高饲料转化率。

【不良反应】 对猪无不良影响，使用安全。

【用法与用量】 混饲：每 1 000 kg 饲料，猪 50～75 g（以喹烯酮计）。体重超过 35 kg 的猪禁用。禁用于禽。

【制剂与休药期】 喹烯酮预混剂（Quinocetone Premix）：猪 14 d。

四、其　　他

（一）硝基咪唑类

5-硝基咪唑类（5-nitroimidazoles）是指一组具有抗原虫和抗菌活性的药物，同时亦具有很强的抗厌氧菌作用，包括甲硝唑、地美硝唑、替硝唑（Tinidazole）、氯甲硝唑（Ronidazole）、硝唑吗啉（Nimorazole）和氟硝唑（Flunidazole）等。在兽医临床常用的为甲硝唑、地美硝唑，仅能用于治疗，禁用于食品动物的促生长。本类药物的抗滴虫作用见第十四章。

甲硝唑（Metronidazole）

甲硝唑又称灭滴灵、甲硝咪唑。为白色或微黄色的结晶或结晶性粉末，在乙醇中略溶，在水中微溶，pK_a 为 2.6。

【药动学】 本品内服吸收很好。犬的生物利用度高，个体变异很大，可从 50%到 100%。马的生物利用度平均约 80%（57%～100%），在 1 h 达血药峰浓度。能广泛分布全身组织，进入血脑屏障，在脓肿及脓胸部位可达到有效浓度。血浆蛋白结合率低于 20%。在体内主要在肝经生物转化后，其代谢物与原形从尿液与粪便排出。犬、马的半衰期为 4～5 h 及2.9～4.3 h。

【药理作用】 本品对大多数专性厌氧菌具有较强的作用，包括拟杆菌、梭状芽胞杆菌、产气荚膜梭菌、粪链球菌等。本品的硝基，在无氧环境中还原成氨基而显示抗厌氧菌作用，对需氧菌或兼性厌氧菌则无效。

【应用】 主要用于治疗外科手术后厌氧菌感染；肠道和全身的厌氧菌感染。本品易进入中枢神经系统，故为脑部厌氧菌感染的首选防治药物。

【不良反应】 剂量过大时，可出现以震颤、抽搐、共济失调、惊厥等为特征的神经系统紊乱症状。本品对细胞有致突变作用，可能对啮齿动物有致癌作用，不宜用于妊娠动物。

【用法与用量】 内服：一次量，每 1 kg 体重，牛 60 mg，犬、猫 15～25 mg。每日 1～2 次。

混饮：每 1 L 水，禽 500 mg，连用 7 d。

静脉滴注：每 1 kg 体重，牛 75 mg，马 15 mg。每日 1 次，连用 3 d。

外用：配成 5%软膏涂敷；配成 1%溶液冲洗尿道。

【制剂】 甲硝唑片（Metronidazole Tablets），甲硝唑注射液（Metronidazole Injection）。

地美硝唑（Dimetridazole）

地美硝唑又称二甲硝唑、二甲硝咪唑。

【作用与应用】 本品具有广谱抗菌和抗原虫作用。主要能抗厌氧菌、大肠弧菌、链球菌、葡萄球菌和短螺旋体。用于治疗猪短螺旋体痢疾，畜禽肠道和全身的厌氧菌感染。

【不良反应】鸡对本品较为敏感，大剂量可引起平衡失调，肝肾功能损害。

【用法与用量】内服：一次量，每 1 kg 体重，牛 60～100 mg。

混饲：每 1 000 kg 饲料，猪 200～500 g，禽 80～500 g（以地美硝唑计）。连续用药，鸡不得超过 10 d。

【制剂与休药期】地美硝唑预混剂（Dimetridazole Premix）：猪、禽 3 d，产蛋期禁用。

（二）硝基呋喃类

硝基呋喃类（nitrofurans）是呋喃核的 5 位引入硝基和 2 位引入其他基团的一类人工合成抗菌药。这类药物主要有呋喃唑酮、呋喃它酮（Furaltadone）、呋喃苯烯酸钠（Nifurstyrenate Sodium）、呋喃妥因和呋喃西林等。由于这类药物有致突变和致癌的潜在危险，现已禁用于食品动物。在动物源性食品兽药残留检测中，呋喃唑酮、呋喃它酮、呋喃妥因和呋喃西林的残留标示物分别是：3-氨基-2-噁唑烷基酮（AOZ）、5-吗啉甲基-3-氨基-2-噁唑烷基酮（AMOZ）、1-氨基-2-内酰脲（AHD）和氨基脲（SEM）。

第三节　抗真菌药与抗病毒药

一、抗真菌药

真菌是真核类微生物，种类繁多，分布广泛，感染后可引起动物不同的临床症状。根据感染部位可分为两类：一为浅表真菌感染，致病菌是各种癣菌，常侵犯皮肤、羽毛、趾甲、鸡冠、肉髯等，有的在人和动物之间可以互相传染。二为深部真菌感染，主要侵犯机体的深部组织及内脏器官，如念珠菌病、犊牛真菌性胃肠炎、牛真菌性子宫炎和雏鸡曲霉菌性肺炎等。兽医临床应用的抗真菌药（antifungal）有两性霉素 B、制霉菌素、灰黄霉素、酮康唑及克霉唑等，但国内外批准的兽用制剂很少。

（一）抗生素类

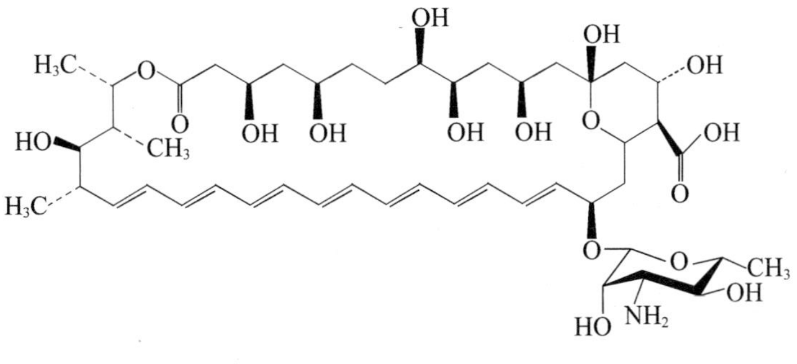

两性霉素 B（Amphotericin B）

本品属多烯类深部抗真菌药。国产庐山霉素（Lushanmycin）含相同成分。

【理化性质】黄色或橙黄色粉末；无臭或几乎无臭，无味；有引湿性，在日光下易被破坏失效。在二甲亚砜中溶解，在甲醇中极微溶解，在水、乙醇中不溶。

【药动学】本品极少动物试验资料。内服及肌内注射均不易吸收，肌内注射刺激性大，一般以缓慢静脉注射治疗全身性真菌感染，血中药物有效浓度可维持较长时间。体内分布较广，但不易进入脑脊液。大部分经肾脏缓慢排出，胆汁排泄 20%～30%。本品消除缓慢，人在停药 7 周后仍可在尿中检出。血浆蛋白结合率高，为 90%～95%。

【药理作用】本品为广谱抗真菌药，对隐球菌、球孢子菌、组织胞浆菌、白色念珠菌、芽生菌等都有抑制作用，是治疗深部真菌感染的首选药。

其作用机制是能选择性地与真菌细胞膜上的麦角固醇相结合，可增加细胞膜的通透性，导致胞质内电解质、氨基酸、核酸等物质外漏，使真菌死亡。由于细菌的细胞膜不含类固醇，故本品无效。而哺乳动物的肾上腺细胞、肾小管上皮细胞、红细胞的细胞膜含固醇，故本品对这些细胞有毒性作用。

【应用】用于治疗犬组织胞浆菌病、芽生菌病、球孢子菌病，亦可预防白色念珠菌感染及各种真菌的局部炎症，如甲或爪的真菌感染、雏鸡嗉囊真菌感染等。

【不良反应】本品毒性较大，不良反应较多。在静脉注射过程中，可引起震颤、高热和呕吐等。在治疗过程中，可引起肝、肾损害，贫血和白细胞减少等。猫每天静脉注射，每 1 kg体重 1 mg，连用 17 d，即出现严重溶血性贫血。

在使用两性霉素 B 治疗时，应避免使用的其他药物包括氨基糖苷类（肾毒性）、洋地黄类（两性霉素 B 使此类药物的毒性增强）、箭毒（神经肌肉阻断）、噻嗪类利尿药（低钾血症、低钠血症）。

【用法与用量】静脉注射：一次量，每 1 kg 体重，犬、猫 0.15～0.5 mg，隔日 1 次或每周 3 次，总剂量 4～11 mg。每 1 kg 体重，马开始用 0.38 mg，每天 1 次，连用 4～10 d；以后可增加到 1 mg，再用 4～8 d。临用前，先用注射用水溶解，再用 5%的葡萄糖注射液（切勿用生理盐水）稀释成 0.1%的注射液，缓缓静脉注入。

外用：0.5%溶液，涂敷或注入局部皮下，或用其 3%软膏。

【制剂】注射用两性霉素 B（Amphotericin B for Injection）（脱氧胆酸钠复合物）。

制霉菌素（Nystatin）

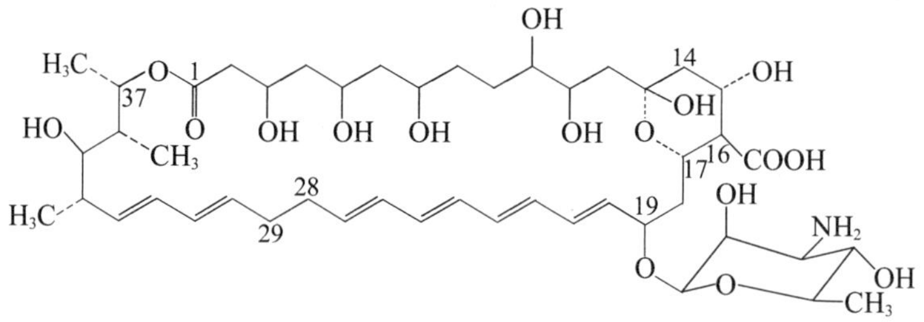

【理化性质】淡黄色或浅褐色粉末；有引湿性，性质不稳定，极微溶于水，略溶于乙醇、甲醇。

【作用与应用】属广谱抗真菌的多烯类药物，作用及作用机制与两性霉素 B 相似。但其毒性更大，不宜用于全身感染。内服几乎不吸收，多数随粪便排出。

内服给药治疗胃肠道真菌感染，如犊牛真菌性胃炎、禽曲霉菌病、禽念珠菌病；局部应用治疗皮肤、黏膜的真菌感染，如念珠菌病和曲霉菌所致的乳腺炎、子宫炎等。

【用法与用量】内服：一次量，马、牛 250 万～500 万 U，羊、猪 50 万～100 万 U，犬 5 万～15 万 U，每日 2 次。

混饲：家禽鹅口疮（白色念珠菌病），每 1 kg 体重 50 万～100 万 U，连用 1～3 周；雏鸡曲霉菌病，每 100 羽 50 万 U，每日 2 次，连用 2～4 d。

乳管内注入：一次量，牛每个乳室 10 万 U。

子宫内灌注：马、牛 150 万～200 万 U。

【制剂】 制霉菌素片（Nystatin Tablets），制霉菌素混悬液（Nystatin Suspension）。

灰黄霉素（Griseofulvin）

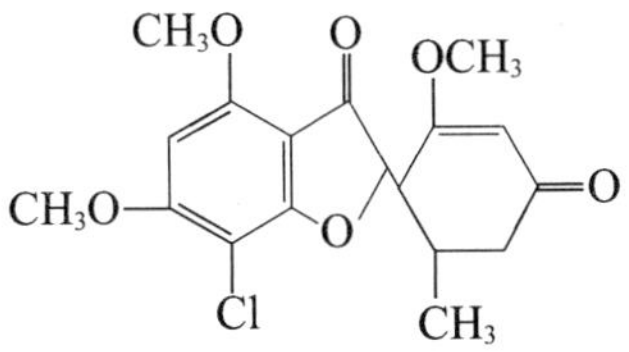

【理化性质】 白色或类白色的微细粉末；无臭，味微苦。极微溶于水，微溶于乙醇。

【药动学】 本品内服易吸收，其生物利用度与颗粒大小有关，微粉的生物利用度为 25%～70%，直径 1 μm 的灰黄霉素超微粉的生物利用度为直径 4 μm 的灰黄霉素微粉的 1.5 倍，几达 100%，单胃动物内服后 4～6 h 血药达峰浓度。吸收后广泛分布于全身各组织，以皮肤、毛发、爪、肝、脂肪和肌肉中含量较高。进入体内后在肝内被氧化脱甲基和葡萄糖苷酸结合代谢，经肾脏排出。少于 1%以原形药物直接经尿排出，未被吸收的灰黄霉素随粪便排出。在犬体内的消除半衰期为 47 min。

【作用与应用】 内服对各种皮肤真菌（小孢子菌、表皮癣菌和毛发癣菌）有强大的抑菌作用，对其他真菌无效。

主要用于小孢子菌、毛癣菌及表皮癣菌引起的各种皮肤真菌病，如犊牛、马属动物、犬和家禽的毛癣。本药不易透过表皮角质层，外用无效。

【不良反应】 有致癌和致畸作用，禁用于妊娠动物，尤其是母马及母猫。有些国家已将其淘汰。

【用法与用量】 内服：一次量，每 1 kg 体重，马、牛 10 mg，猪 20 mg，犬、猫 40～50 mg，每日 1 次，连用 4～8 周。

【制剂】 灰黄霉素片（Griseofulvin Tablets）。

（二）咪唑类（Imidazoles）

酮康唑（Ketoconazole）

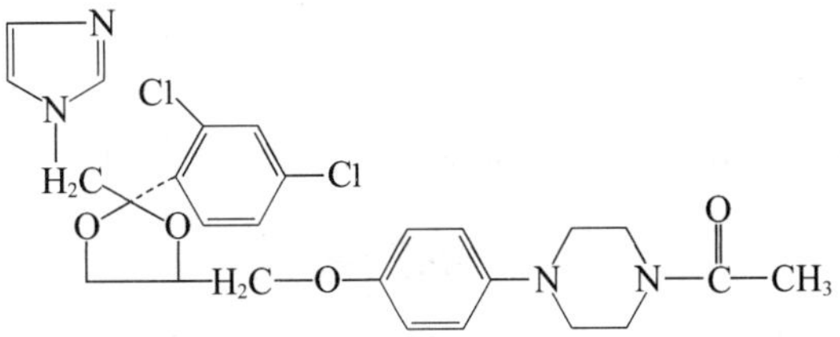

【理化性质】类白色结晶性粉末；无臭，无味。在水中几乎不溶，微溶于乙醇，在甲醇中溶解。

【药动学】内服易吸收，但个体间差异很大，犬内服（剂量每1 kg体重19.5～25.2 mg）的生物利用度为4%～89%。达峰时间为1～4.25 h，6只犬的峰浓度变化为1.1～45.6 g/mL，这种大范围的变化给临床应用增加了复杂性。马内服极少吸收，剂量每1 kg体重30 mg，血中不能检出。吸收后分布于胆汁、唾液、尿、滑液囊和脑脊液，在脑脊液的浓度少于血液的10%，血浆蛋白结合率为84%～99%，犬的半衰期平均为2.7 h（1～6 h）。主要在肝代谢为几种无活性代谢物，经胆汁从粪便排出。胆汁排泄超过80%；有约20%的代谢物从尿中排出。只有2%～4%的药物以原形从尿中排泄。

【药理作用】本品为广谱抗真菌药，对全身及浅表真菌均有抗菌活性。一般浓度对真菌有抑制作用，高浓度时对敏感真菌有杀灭作用。对芽生菌、球孢子菌、隐球菌、念珠菌、组织胞浆菌、小孢子菌和毛癣菌等真菌有抑制作用；对曲霉菌、孢子丝菌作用弱，白色念珠菌对本品耐药。

本品的作用机制是能选择性地抑制真菌微粒体细胞色素P-450依赖的14-α-去甲基酶，导致不能合成细胞膜麦角固醇，使14-α-甲基固醇蓄积。这些甲基固醇干扰磷脂酰化偶联，损害某些膜结合的酶系统功能，如ATP酶和电子传递系统酶，从而抑制真菌生长。

【应用】用于治疗犬、猫等动物的球孢子菌病、组织胞浆菌病、隐球菌病、芽生菌病；亦可防治皮肤真菌病等。

【不良反应】最常见胃肠道反应，如厌食症、呕吐和腹泻，猫更为普遍。

【用法与用量】内服：一次量，每1 kg体重，马3～6 mg，犬、猫5～10 mg，每日1次，连用1～6个月。

【制剂】酮康唑片（Ketoconazole Tablets），酮康唑胶囊（Ketoconazole Capsules）。

克霉唑（Clotrimazole）

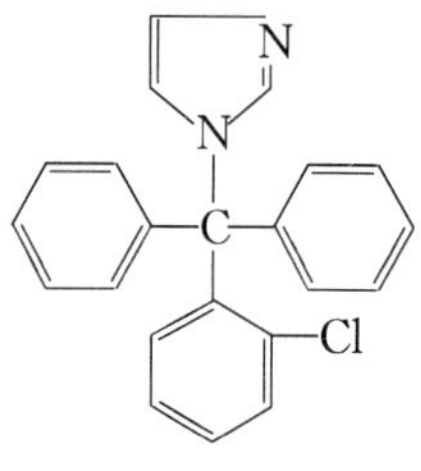

【作用与应用】对浅表真菌的作用与灰黄霉素相似，对深部真菌作用较两性霉素B差。主要用于治疗体表真菌病，如耳真菌感染和毛癣。

【用法与用量】内服：一次量，马、牛5～10 g，驹、犊、猪、羊1～1.5 g，每日2次。

混饲：每100只雏鸡1 g。

外用：1%或3%软膏。

【制剂】克霉唑片（Clotrimazole Tablets），克霉唑软膏（Clotrimazole Unguent）。

二、抗病毒药

病毒感染的发病率和传播速度均超过其他病原体所引起的疾病，严重地危害动物的健康和生命，影响养殖业生产。病毒病主要靠疫苗预防，目前尚无对病毒作用可靠、疗效确实的药物。兽医临床，不主张食品动物使用抗病毒药，主要问题是食品动物的大量使用可能导致病毒产生耐药性，使人类的病毒病治疗失去有限的药物资源。在宠物病毒感染中可试用的抗病毒药主要有金刚烷胺、吗啉胍、利巴韦林与干扰素等。我国目前也试用中草药对某些病毒感染性疾病进行防治，如板蓝根、大青叶、金银花、地丁、溪黄草、黄芩、茵陈、虎杖、黄芪等，但其疗效尚待深入研究。

金刚烷胺（Amantadine）

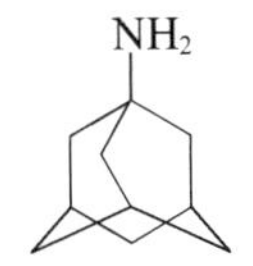

【理化性质】其盐酸盐为白色结晶或结晶性粉末。在水中或乙醇中易溶。

【作用】本品的抗病毒谱较窄，对某些 RNA 病毒（黏病毒、副黏病毒、被盖病毒）有干扰病毒进入细胞，阻止病毒脱壳及其核酸释出等作用，也能抑制病毒的组装，对甲型流感病毒选择性高。本品的抗病毒作用无宿主特异性。

【试用】有报道，对马 2 型病毒性流感，以每 1 kg 体重 20 mg 的剂量给药，连用 11 d，能使实验性攻毒的流感病毒的脱壳减少，未见明显毒性反应。

吗啉胍（Moroxydine，ABOB）

本品又名吗啉双胍、病毒灵。常用其盐酸盐，为白色结晶性粉末，在水中易溶。

【作用】本品为一种广谱抗病毒药。对流感病毒、副流感病毒、呼吸道合胞体病毒等 RNA 病毒有作用，对 DNA 病毒中的某些腺病毒、鸡马立克病毒、鸡痘病毒及鸡传染性支气管炎病毒也有一定的抑制作用。其作用机制主要是抑制 RNA 聚合酶的活性及蛋白质的合成。

【试用】兽医临床试用于犬瘟热和犬细小病毒病等病毒病的防治。

内服：一次量，犬每 1 kg 体重 20 mg，每日 2 次。

混饮：每 1 L 水，犬 100～200 mg，连续使用 3～5 d。

利巴韦林（Ribavirin）

本品又名三氮唑核苷、病毒唑（virazole），为鸟苷类化合物。系白色结晶性粉末，在水中易溶。

【作用】本品是广谱抗病毒药，对RNA病毒及DNA病毒均有抑制作用。体外对流感病毒、副流感病毒、疱疹病毒（如牛鼻气管炎病毒）、痘病毒、环状病毒（如蓝舌病病毒）、新城疫病毒、水疱性口炎病毒和猫嵌杯病毒有抑制作用。本品进入被病毒感染的细胞后迅速磷酸化，竞争性抑制病毒合成酶，导致细胞内鸟苷三磷酸减少，损害病毒RNA和蛋白质合成，抑制病毒的复制。

【试用】在感染呼吸道合胞病毒的试验动物中，本品能抑制病毒的脱壳，缓解临床症状，并在腹腔注射给药时产生良好的抗病毒作用。内服给药对试验小鼠的轮状病毒感染可延长存活期但不提高存活率。

可试用于治疗犬、猫的某些病毒性感染。

本品动物试验有致畸胎作用。猫每天每1 kg体重75 mg的剂量，连续10 d可致严重的血小板减少症，伴发体重下降、骨髓抑制和黄疸。

肌内注射：一次量，犬、猫每1 kg体重5 mg，每日2次，连续使用3～5 d。

黄芪多糖（Astragalus Polysaccharide）

黄芪为益气性中药。人医证实黄芪多糖可明显提高人体白细胞诱导干扰素的生成，使感冒病人鼻分泌物中IgA和IgG的含量增加。动物试验可见白细胞及多核白细胞明显增多。实验研究表明，对小鼠Ⅰ型副流感病毒感染有轻度的保护作用。国内有黄芪多糖注射液试用于鸡传染性法氏囊病的报道，给鸡按每1 kg体重2 mL的剂量肌内或皮下注射，每日1次，连用2 d，有一定疗效。

第四节　抗微生物药的合理使用

抗微生物药是目前我国兽医临床使用最广泛和最重要的抗感染药物，对控制畜禽的细菌性疾病起着重要的作用，解决了不少养殖业生产中存在的问题。但由于目前国家对抗微生物药用于畜禽的处方药政策管理和执业兽医师尚未完全实施，养殖户较容易购得抗生素和合成抗菌药的制剂，存在不合理使用尤其是滥用的现象，不仅造成药品的浪费，而且导致畜禽不良反应增多、细菌耐药性的产生和扩散、兽药残留超标等，给兽医工作、公共卫生及人民健康带来不良的后果。

目前，畜禽细菌病的防治存在许多不合理使用抗菌药的现象，常见的有：①选用对病原菌无效或疗效差的抗菌药；②没有必要的预防用药，饲料中长期添加抗菌药；③剂量不足或过大；④病原菌产生耐药后继续用药；⑤过早停药或不及时停药；⑥产生耐药菌二重感染时未改用其他抗菌药；⑦给药途径不正确；⑧产生严重不良反应时继续用药；⑨应用不恰当的抗菌药组合；⑩用于无细菌并发症的病毒感染等。这些不合理的使用，常常导致抗菌药临床治疗的失败，并影响动物源性食品的安全。为了充分发挥抗菌药的治疗效果，降低对畜禽的不良反应，减少细菌耐药性的产生，提高药物治疗水平，必须切实合理使用抗菌药，加强对抗菌药的安全使用监管。

（一）正确诊断、对因用药，严格掌握抗菌药的适应证

根据临床和细菌学的正确诊断，严格按照适应证选用对动物病原菌敏感的抗菌药。任何药物合理应用的先决条件是正确的诊断，对动物发病的原因、病理学过程要有充分的了解，才能对因用药，否则非但无益，还可能延误诊断，耽误疾病的治疗。例如，动物腹泻可由多种原因引起，细菌、病毒、原虫等均可引起腹泻，有些腹泻还可能是由于饲养管理不当引起，所以不能凡是腹泻都使用抗菌药。由于细菌学的诊断针对性强，细菌的药敏试验及联合药敏试验与临床疗效的符合率可达70%～80%。故应尽量创造条件，对动物病料作细菌学的分离鉴定，检测药物敏感性来选用最佳的抗菌药，当老药和新药同时敏感时，应首选老药。尽量避免无指征或指征不强的使用抗菌药的情况，例如各种病毒性感染不宜用抗生素，因为抗生素对病毒无效；对真菌性感染也不宜选用一般的抗生素。

各种抗菌药有各自的抗菌谱和适应证，应根据致病菌及其引起的感染性疾病进行确诊，选择作用强、疗效好、不良反应少的药物。确定病原微生物后，根据药物的抗菌谱、活性、药动学特征、不良反应、药源、价格等情况，选用合适药物。当病原菌确定时，可选用窄谱抗菌药；病原不明或疑有合并感染时，则选用广谱抗菌药。一般对革兰阳性菌引起的疾病，如葡萄球菌病、链球菌病、猪丹毒、马腺疫、气肿疽、牛放线菌病等可选用β-内酰胺类、红霉素、林可霉素等；对革兰阴性菌引起的疾病，如大肠杆菌病、沙门菌病、巴氏杆菌病、泌尿生殖道感染等则优先选用氨基糖苷类等；对耐青霉素金黄色葡萄球菌所致的感染可选用苯唑西林、氯唑西林、红霉素等；对铜绿假单胞菌引起的创面感染、尿路感染、败血症可选用庆大霉素、黏菌素等，对支原体引起的猪喘气病和鸡慢性呼吸道病首选泰乐菌素、泰妙菌素、替米考星、林可霉素等。

（二）掌握药代动力学特征，制定合理的给药方案

抗菌药在动物体内要发挥杀灭或抑制病原菌的作用，必须在靶组织或作用部位达到有效的浓度，并能维持一定的时间。除静脉注射抗菌药没有吸收过程外，无论以何种途径给药，均要发生吸收、分布、生物转化和排泄的药代动力学过程。每种抗菌药在动物体内有其特定的药动学特征，如消除半衰期、生物利用度、表观分布容积等都有所差异。只有熟悉抗菌药在动物体内的药动学特征及其影响因素，才能做到正确选药并制订合理的给药方案，达到预期的治疗效果。兽医临床药理学中通常是以有效血药浓度作为衡量剂量是否适宜的指标，其浓度最好应大于最小抑菌浓度（MIC），而小于最小中毒浓度，对于浓度依赖性或时间依赖性的抗菌药，其血药浓度要求还有所不同。因此，应在考虑各种抗菌药的药代动力学、药效动力学特点的基础上，结合动物的病情、体况，制定合理的给药方案，包括抗生素品种的选择、给药途径、剂量、给药间隔时间及疗程等。例如，动物肠道感染应选用内服吸收少的药物如氨基糖苷类、黏菌素等；对动物的细菌性或支原体性肺炎的治疗，除选择对致病菌敏感的药物外，还应考虑选择能在肺组织中达到较高浓度的药物，如大环内酯类、泰妙菌素、达氟沙星等；细菌性的脑部感染首选磺胺嘧啶，是因为该药在脑脊液中的浓度高。

合适的给药途径是药物取得疗效的保证。一般来说，危重病例应以静脉注射或肌内注射给药，消化道感染以内服为主；严重消化道感染与并发败血症、菌血症时，除内服外，可配合注射给药。患病动物食欲下降或废绝时，内服给药不能使血中达到药物的有效浓度，影响治疗效果，此时宜选择注射给药。禽类饮水给药方便、效果较好。

应避免抗菌药使用剂量过大或过小。各种抗菌药都规定了合适的使用剂量，不要随意改变。使用剂量过大，不仅造成药物浪费，增加成本，而且造成药物残留超标，严重时更可引起毒性反应。但是，使用剂量过小特别是价格高的新产品，不仅达不到防治效果，而且易诱发细菌产生耐药性。

给药间隔是由药物的药动学、药效学和维持药物有效浓度作用时间决定的，每种抗菌药有其特定的作用维持时间，例如头孢噻呋比青霉素在猪体内有更长的消除半衰期，药物有效浓度作用时间较长，所以前者的给药间隔较长，可一天给药 1 次。多数猪的细菌病必须反复多次给药才能达到治疗效果，不能在猪体温下降或病情好转时就停止给药，这样往往会引起疾病复发或诱导产生耐药性，给后来的治疗带来困难。疗程应充足，一般的感染性疾病可连续用药 2～3 d；磺胺类药物首次剂量需加倍，疗程 4～5 d；支原体病的治疗要求疗程较长，一般需 5～7 d。症状消失后，最好再用药巩固 1～2 d 或增加一个疗程，以防复发。对急性感染，如临床效果欠佳，应在用药后 5 d 内进行给药方案的调整，如改换药物等。此外，不能在饲料与饮水中长期添加抗菌药预防动物疾病。

近年来，将抗菌药分为浓度依赖性和时间依赖性两类。氨基糖苷类、氟喹诺酮类等浓度依赖性抗生素在给药时应使用较大剂量给病原菌以致命的“打击”，主要考虑的药动-药效学同步参数是 C_{max}（峰浓度）/MIC、AUC（药时曲线下面积）/MIC 之比值，如氟喹诺酮类药物，达到最佳效果需 AUC/MIC 应超过 125；而对于 β-内酰胺类、大环内酯类等时间依赖性抗生素，主要考虑的药动-药效学同步参数是 T>MIC%（超过 MIC 浓度的时间占给药间隔时间的百分率），即需要维持较长时间达到 MIC 以上的药物浓度，如阿莫西林，T>MIC%达到 40%～50%，能获得很好的治疗效果。

（三）避免耐药性的产生

随着抗菌药物在兽医临床和畜牧养殖业中的广泛应用，细菌耐药率逐年升高，细菌耐药性的问题变得日益严重，其中以金黄色葡萄球菌、大肠杆菌、沙门菌、副猪嗜血杆菌、鸭疫里氏杆菌、铜绿假单胞菌及分枝杆菌等易产生耐药性。为了减少耐药菌株的产生，应注意以下几点：①严格掌握适应证，不滥用抗菌药物。凡属不一定要用的尽量不用，禁止将兽医临床治疗用的或人畜共用的抗菌药用做动物促生长剂，用单一抗菌药物有效的就不采用联合用药。②严格掌握用药指征，剂量要够，疗程要恰当。一般按《中华人民共和国兽药典》规定的适应证、剂量和疗程用药，兽医师可根据患病动物情况在规定范围内做必要的调整。③尽可能避免局部用药，并杜绝不必要的预防应用。④病因不明者，不要轻易使用抗菌药。⑤发现耐药菌株感染，应改用对病原菌敏感的药物或采取联合用药。⑥尽量减少长期用药；局部地区不要长期固定使用某一类或某几种药物，要有计划地分期、分批交替使用不同类或不同作用机制的抗菌药。

（四）防止药物的不良反应

应用抗菌药治疗畜禽疾病的过程中，除要密切注意药效外，同时要注意可能出现的不良反应，一经发现应及时停药、更换药物和采取相应解救措施。有些抗菌药在常用剂量时也能产生不良反应，如氨基糖苷类有较强的肾毒性等。对肝功能或肾功能障碍的患病动物，易引起由肝脏代谢（如红霉素、氟苯尼考等）或肾脏清除（如β-内酰胺类、氨基糖苷类、四环素类、磺胺类等）的药物蓄积，产生不良反应。对于这些患病动物，应调整给药剂量或延长给药间隔时间，以避免药物的蓄积性中毒。不同年龄、性别或妊娠动物对同一抗菌药的反应也有差别。老龄动物肝肾功能减退，对抗菌药较为敏感；营养不良、体质衰弱或妊娠动物对药物的敏感性较高，容易产生不良反应，临床用药时应适当调整剂量。新生仔猪或幼龄动物，由于肝脏酶系发育不全，血浆蛋白结合率和肾小球滤过率较低，血脑屏障机能尚未完全形成，对抗菌药的敏感性较高，故对幼龄动物的用药应谨慎。

此外，随着畜禽养殖业的高度集约化，不可避免地大量使用抗菌药物防治疾病，随之可能出现动物源性食品（肉、蛋、奶）中抗菌药物的残留问题。另一方面，各种饲养场使用抗菌药后，大部分以原形和代谢产物的形式经粪便和尿液进入生态环境中，对土壤、表层水体等生态环境带来不良影响，并通过食物链对生态环境产生危害作用，影响其中的植物、动物和微生物的正常生命活动，最终将影响公共卫生和人类的健康。抗菌药在养殖场中的大量使用可导致细菌耐药性增加，耐药基因一旦被排到环境中会对养殖区域和周围的环境造成潜在的基因污染，而且还会通过各种移动遗传元件如质粒、转座子及整合子的水平迁移进入其他致病菌和环境中，对人类的公共卫生和健康安全构成潜在的威胁。

（五）抗菌药物的联合应用

联合应用抗菌药的目的主要在于扩大抗菌谱、增强疗效、减少用量，降低或避免不良反应，减少或延缓耐药菌株的产生。多数细菌性感染只需用一种抗菌药物进行治疗，即使细菌的合并感染，目前也有多种广谱抗菌药（如四环素类、酰胺醇类、氟喹诺酮类等）可供选择。联合用药仅适用于少数情况，一般两种药物联合即可，应避免同时使用三种或三种以上抗菌药，因为多种抗菌药治疗极大地增加了药物相互作用的概率，也给患病动物增加产生不良反应的风险。除了具有确实的协同作用的联合用药外，要慎重使用固定剂量的联合用药，因为它使兽医师失去了根据动物的病情需要调整抗菌药剂量的机会。

联合应用抗菌药必须有明确的指征：①用一种药物不能控制的严重感染或/和混合感染，如猪肺炎支原体、巴氏杆菌、胸膜肺炎放线杆菌、副猪嗜血杆菌等引起的呼吸道混合感染，败血症、慢性尿道感染、腹膜炎、创伤感染。②病因未明的严重感染，先进行联合用药，待确诊后，再调整用药。③长期用药治疗容易出现耐药性的细菌感染，如慢性乳腺炎、子宫内膜炎。④联合用药使毒性较大的抗生素减小使用剂量，如两性霉素 B 或黏菌素与四环素合用时可减少前者的用量，并减轻了毒性反应。

在兽医临床联合应用取得成功的实例不少，如磺胺药与抗菌增效剂 TMP 或 DVD 合用，抗菌作用增强，抗菌范围也有扩大；青霉素与链霉素合用，使抗菌作用增强，同时扩大抗菌谱；阿莫西林与克拉维酸合用，能有效地治疗由产生β-内酰胺酶的致病菌引起的感染；林可霉素与大观霉素合用，治疗猪鸡呼吸道、消化道细菌性疾病；泰妙菌素与金霉素合用，治疗畜禽呼吸道感染时，有协同作用，可降低泰妙菌素的使用剂量，缩短治疗时间。

为了获得联合用药的协同作用，必须根据抗菌药的作用特性和机制进行选择，防止盲目组合。目前，一般将抗菌药按其作用性质分为四大类：Ⅰ类为繁殖期或速效杀菌药，如青霉素类、头孢菌素类；Ⅱ类为静止期或慢效杀菌药，如氨基糖苷类、多黏菌素类、氟喹诺酮类；Ⅲ类为速效抑菌药，如四环素类、酰胺醇类、大环内酯类；Ⅳ类为慢效抑菌药，如磺胺类等。Ⅰ类与Ⅱ类合用一般可获得增强作用，如青霉素和链霉素合用，前者破坏细菌细胞壁的完整性，有利于后者易于进入菌体内作用于其靶位。Ⅰ类与Ⅲ类合用出现拮抗作用。例如，青霉素与四环素合用，在四环素的作用下，细菌蛋白质合成迅速抑制，细菌停止生长繁殖，使青霉素的作用减弱。Ⅰ类与Ⅳ类合用，可出现相加或无关，因Ⅳ类对Ⅰ类的抗菌活性无重要影响，如在治疗脑膜炎时，青霉素与SD合用可获得相加作用而提高疗效。其他类合用多出现相加或无关作用。还应注意，作用机制相同的同一类药物合用的疗效并不增强，而可能相互增加毒性，如氨基糖苷类之间合用能增加对第八对脑神经的毒性；氟苯尼考、大环内酯类、林可胺类，因作用机制相似，均竞争细菌同一靶位，有可能出现拮抗作用。此外，联合用药时应注意药物之间的理化性质、药动学和药效学之间的相互作用与配伍禁忌，不同菌种和菌株、药物的剂量和给药顺序等因素均可影响联合用药的结果。

为了合理而有效的联合用药，最好在临床治疗选药前，进行实验室的联合药敏试验，采用棋盘法，以部分抑菌浓度指数（fractional inhibitory concentration index，FIC）作为试验结果的判定依据，并以此作为临床选用抗菌药物联合治疗的参考。具体试验方法，可参考有关专题论述。

（六）避免动物源性食品中的抗菌药残留

给畜禽使用抗菌药后，抗菌药的原形或其代谢产物（如氟苯尼考的代谢产物氟苯尼考胺）和有关杂质可能蓄积、残存在畜禽的肌肉、脂肪和内脏（如肝、肾）中，这样便造成了抗菌药在动物源性食品中的残留。人们长期食用含有抗菌药残留超标的动物源性食品，可对人类胃肠道的正常菌群平衡产生不良的影响，破坏肠道菌群的屏障作用，导致潜在病原菌过度生长，还可能导致肠道细菌耐药性增加。抗菌药残留对人类的潜在危害作用正在被逐步认识，把抗菌药残留减到最低限度直至消除，保证动物源性食品的安全，是合理用药应该遵循的重要原则。为了避免动物源性食品中的抗菌药残留，应做好下列工作。

1. 做好使用抗菌药的登记工作 避免抗菌药残留必须从源头抓起，严格执行兽药使用的登记制度，必须对使用抗菌药的品种、剂型、剂量、给药途径、间隔、疗程或添加时间等进行登记，以备检查。

2. 严格遵守休药期规定 根据调查，抗菌药残留产生的主要原因是没有遵守休药期的规定，所以严格执行休药期规定是减少抗菌药残留的关键措施。使用抗菌药必须遵守农业部的有关规定，严格执行休药期，以保证动物源性食品没有抗菌药残留超标。

3. 避免标签外用药 抗菌药的标签外应用，是指在标签说明以外的任何应用，包括种属、适应证、给药途径、剂量和疗程。一般情况下，畜禽禁止标签外用药，因为任何标签外用药均可能改变抗菌药在动物体内的药代动力学过程，使畜禽出现抗菌药残留超标的概率增加。在某些特殊情况下需要标签外用药时，必须采取适当的措施避免动物产品的抗菌药残留，并应熟悉抗菌药在畜禽体内的组织分布和消除的资料，采取延长休药期，以保证消费者的安全。

4. 严禁非法使用违禁药物　为了保证动物性产品的安全，近年来，各国都对食品动物禁用药物品种做了明确的规定，我国兽药管理部门也规定了禁用抗菌药清单（如氯霉素、呋喃唑酮等）。养殖场应严格执行这些规定。

复　习　题

1. 简述“化疗三角”之间的关系？
2. 细菌对抗菌药物产生耐药性的方式有哪些？
3. 根据化学结构，抗生素分为哪几类？每类各列出两个药名。
4. 简述抗生素的作用机制。
5. β-内酰胺类主要包括哪两类药物？简述其作用机制、抗菌谱和应用。
6. 简述青霉素的不良反应及其防治措施。
7. 试述头孢菌素类药物的分类。列出兽医专用头孢菌素的药名，并简述其作用特点。
8. β-内酰胺类抗生素耐药性产生的机制是什么？常用β-内酰胺酶抑制剂有哪些？
9. 半合成青霉素与天然青霉素相比有何优点？分别举例说明。
10. 简述氨苄西林和阿莫西林的主要作用与应用，及其主要差别。
11. 试述氨基糖苷类抗生素的药动学和不良反应有哪些共同特点。
12. 青霉素和链霉素合用产生协同作用的意义和药理依据是什么？
13. 简述链霉素和庆大霉素的抗菌谱、应用和不良反应。
14. 简述四环素类抗生素的抗菌谱、作用机制及其药动学特征。
15. 简述土霉素的不良反应及其预防措施。
16. 试述多西环素的作用特点与应用。
17. 简述酰胺醇类抗生素的抗菌作用机制；氟苯尼考的抗菌谱、应用和不良反应。
18. 简述大环内酯类抗生素的抗菌谱及其抗菌作用机制；红霉素、泰乐菌素的主要应用与不良反应；简述替米考星的作用特点。
19. 简述林可霉素的主要作用与应用。
20. 简述黏菌素、杆菌肽的主要作用与应用。
21. 简述泰妙菌素、黄霉素的主要作用与应用。
22. 简述磺胺类药物的基本结构及其作用机制；药动学特征、主要作用与应用。
23. 简述磺胺类药物的不良反应和防治措施。
24. 选择磺胺药与甲氧苄啶或二甲氧苄啶合用的药理依据是什么？
25. 试述氟喹诺酮药物的构效关系和作用机制；氟喹诺酮药物的不良反应和使用注意事项；细菌对氟喹诺酮药物产生耐药性的机制。
26. 简述恩诺沙星、达氟沙星的药动学特征、主要作用和应用。
27. 简述乙酰甲喹、喹乙醇的主要作用、应用与不良反应。
28. 简述甲硝唑、地美硝唑的主要作用、应用与不良反应。
29. 简述两性霉素B、酮康唑的主要作用、应用与不良反应。

30. 列出几种试用于宠物病毒感染的药物，简述其主要作用。

31. 掌握畜禽细菌感染的选药原则、抗微生物药的合理使用。

32. 如何合理联合应用抗菌药物?

33. 与浓度依赖性抗菌药有关的药动-药效学参数主要有哪些? 与时间依赖性抗菌药有关的药动-药效学参数主要有哪些?

34. 如何避免动物源性食品中的抗菌药残留?

第十三章

消毒防腐药

消毒防腐药是具有杀灭病原微生物或抑制其生长繁殖的一类药物。与抗生素和其他抗菌药物不同，这类药物没有明显的抗菌谱和选择性。在临床应用达到有效浓度时，往往亦对机体组织产生损伤作用，一般不作全身给药。消毒药（disinfectants）是指能杀灭病原微生物的药物，主要用于环境、厩舍、动物排泄物、用具和器械等非生物表面的消毒。防腐药（antiseptics）是指能抑制病原微生物生长繁殖的药物，主要用于抑制局部皮肤、黏膜和创伤等生物体表的微生物感染，也用于食品及生物制品等的防腐。消毒药和防腐药是根据用途和特性分类的，两者之间并无严格的界限，低浓度的消毒药仅能抑菌，而高浓度的防腐药也能杀菌。由于有些防腐药用于非生物体表面时不起作用，而有些消毒药会损伤活体组织，因而两者不应替换使用。绝大部分的消毒防腐药只能使病原微生物的数量减少到公共卫生标准所允许的限量范围内，而不能达到完全灭菌。发生传染病时对环境进行随时消毒和终末消毒；无疫病时对环境进行预防性消毒，都可选用消毒药，因此消毒药在防治动物疫病、保障畜牧生产和水产养殖上具有重要的现实意义。在医学临床和公共卫生上，也均具有重要价值。

近年来，消毒防腐药的正确使用已成为世界各国普遍关注的问题。随着大规模畜禽养殖业的发展，不断出现一些高效、广谱、低毒、刺激性和腐蚀性较小的消毒防腐药，过去曾被视为低毒和无毒的某些消毒药，近年来却发现在一定条件下（例如长期使用等）仍然具有相当强的毒、副作用。另外，频繁使用环境消毒药对生态环境的污染和危害作用，对操作人员的安全和药物残留对食品安全的影响，也成为公共卫生关注的问题，因此有必要更新一些认识。

1. 理想消毒防腐药的条件 ①抗微生物范围广、活性强，而且在有体液、脓液、坏死组织和其他有机物质存在时，仍能保持抗菌活性，受温度、pH 等因素影响小，能与去污剂配伍应用。②作用产生迅速，其溶液的有效寿命长。③具有较高的脂溶性和分布均匀的特点。④对人和动物安全，防腐药不应对组织有毒，也不妨碍伤口愈合，消毒药应不具有残留表面活性。⑤药物本身应无臭、无色和无着色性，性质稳定，可溶于水。⑥无易燃性和易爆性。⑦对金属、橡胶、塑料、衣物等无腐蚀作用，便于运输、储存和应用。⑧价廉易得。

2. 杀菌效力的检定 消毒防腐药的杀菌效力曾经用酚系数来表示。酚系数（phenol coefficient）是指消毒防腐药在 10 min 内杀死某标准数量的细菌所需的稀释倍数与具有相等杀菌效力的苯酚的稀释倍数之比。

目前对于消毒防腐药的效力主要从其对革兰阳性菌、革兰阴性菌、芽胞、分枝杆菌、无囊膜病毒和囊膜病毒的杀灭作用来测定。与此同时，从其作用的长短、是否具有局部毒性或全身毒性、是否易被有机物灭活、是否污染环境和价格等几个方面来判断其实用性。

3. 消毒防腐药的作用机制 各类消毒防腐药的作用机制各不相同，可归纳为以下 3 种。

(1) 使菌体蛋白变性、沉淀：大部分的消毒防腐药是通过这一机制起作用的，其作用不具选择性，可损害一切生物机体物质，故称为“一般原浆毒”。由于不仅能杀菌，也能破坏动物组织，因此只适用于环境消毒。酚类、醛类、醇类、重金属盐类等是通过这一机制而产生作用的。然而一种消毒药不只是通过一种途径而起杀菌作用的，例如苯酚在高浓度时是蛋白变性剂，但在低于沉淀蛋白的浓度时，可通过抑制酶或损害细胞膜而呈现杀菌作用。

(2) 改变菌体细胞膜的通透性：表面活性剂等的杀菌作用是通过降低菌体的表面张力，增加菌体细胞膜的通透性，从而引起重要的酶和营养物质漏失，水分向菌体内渗入，使菌体溶解和破裂。

(3) 干扰或损害细菌生命必需的酶系统：当消毒防腐药的化学结构与菌体内的代谢物相似时，可竞争性地或非竞争性地与酶结合，从而抑制酶的活性，导致菌体的生长抑制或死亡；也可通过氧化、还原等反应损害酶的活性基团，如氧化剂的氧化、卤化物的卤化等。

4. 影响消毒防腐药作用的因素 消毒防腐药的作用不仅取决于其本身的理化性质，而且受许多有关因素的影响。

(1) 病原微生物类型：不同类型的病原微生物对同一种消毒防腐药的敏感性不同，例如革兰阳性菌对消毒药一般比革兰阴性菌敏感，尤其是大肠杆菌、克雷伯菌、变形杆菌、沙门菌、铜绿假单胞菌等对多种消毒剂抵抗力强。另外，分枝杆菌和细菌芽胞也需高效力的消毒药才能杀灭；病毒对碱类很敏感，对酚类的抵抗力较强；适当浓度的酚类化合物几乎对所有不产生芽胞的繁殖型细菌均有杀灭作用，但对芽胞作用不强。

(2) 消毒药溶液的浓度和时间：当其他条件一致时，消毒药的杀菌效力一般随其溶液浓度的增加而增强，另外，呈现相同杀菌效力所需的时间一般随消毒药浓度的增加而缩短。为取得良好的消毒效果，应选择有效寿命长的消毒药溶液，并应选取其合适浓度和按消毒药的理化特性，达到规定的消毒时间。

(3) 温度：消毒药的效果与环境温度呈正相关，即温度越高，杀菌力越强，一般规律是温度每升高 10 ℃时消毒效果增强 1～1.5 倍。消毒防腐药抗菌效力的检定，通常都在 15～20 ℃气温下进行。对热稳定的药物，用其热溶液消毒效果更好。

(4) 湿度：湿度可直接影响到微生物的含水量，对许多气体消毒剂的作用有显著的影响。用环氧乙烷消毒时，若细菌含水量太大，则需要延长消毒时间。细菌含水量太少时，消毒效果也明显降低，完全脱水的细菌用环氧乙烷无法将其杀灭。另外，每种气体消毒剂都有其适宜的相对湿度（RH）范围。用环氧乙烷杀灭污染在布片上的纯培养细菌芽胞，在 RH>33%时效果最好，甲醛以 60%为宜，环氧丙烷为 30%～60%。用过氧乙酸气体消毒时，要求 RH 不低于 40%，以 60%～80%效果最好。

(5) pH：环境或组织的 pH 对有些消毒防腐药作用的影响较大，因为 pH 可以改变其溶解度、离解程度和分子结构。如戊二醛在酸性环境中较稳定，但杀菌能力较弱，当加入 0.3%碳酸氢钠，使其溶液 pH 达 7.5～8.5 时，杀菌活性显著增强，不仅能杀死多种繁殖型细菌，还能杀死芽胞。因在碱性环境中形成的碱性戊二醛，易与菌体蛋白的氨基酸结合使之变形。含氯消毒剂作用的最佳 pH 为 5～6。以分子形式起作用的酚、苯甲酸等，当环境 pH 升高时，其分子的解离程度相应增加，杀菌效力随之减弱或消失。环境 pH 升高还可以使菌体表面负电基相应地增多，从而导致其与带正电荷的消毒药分子结合数量的增多，这是季铵盐类、氯己定（洗必泰）、染料等作用增强的原因。

（6）有机物：消毒环境中的粪、尿等或创伤的脓血、体液等有机物可在微生物的表面形成一层保护层，妨碍消毒剂与微生物的接触，或者与消毒防腐药中和、吸附或发生化学反应形成不溶性杀菌能力弱的化合物，有机物越多，对消毒防腐药抗菌效力影响越大。这是消毒前务必清扫消毒场或清理创伤的原因。各种消毒剂受有机物影响的程度不尽相同。在有机物存在时，氯消毒剂的杀菌作用显著降低；季铵盐类、汞类、过氧化物类消毒剂的消毒作用也明显受有机物的影响。但烷基化消毒剂，例如戊二醛则受有机物的影响较小。

（7）水质硬度：硬水中的 Ca^{2+} 和 Mg^{2+} 能与季铵盐类、氯己定或碘附等结合形成不溶性盐类，从而降低其抗菌效力。

（8）联合应用：两种消毒药合用时，可出现增强或减弱的效果。例如消毒药与清洁剂或除臭剂合用时，消毒效果降低；如阴离子清洁剂肥皂与阳离子季铵盐消毒剂合用时，可使消毒效果减弱，甚至完全消失；高锰酸钾、过氧乙酸等氧化剂与碘酊等还原剂之间可发生氧化还原反应，不但减弱消毒作用，更会加重皮肤的刺激性和毒性。合理的联合用药能增强消毒效果。例如在戊二醛内加入合适的阳离子表面活性剂，则消毒作用大大加强。环氧乙烷和溴化甲烷合用不仅可以防燃防爆，而且两者有协同作用，可提高消毒作用。又如氯己定和季铵盐类消毒剂用70％乙醇配制比用水配制穿透力强，杀菌效果也更好。酚在水中虽溶解度低，但制成甲酚肥皂液，可杀灭大多数繁殖型微生物。

第一节　环境消毒药

一、酚　　类

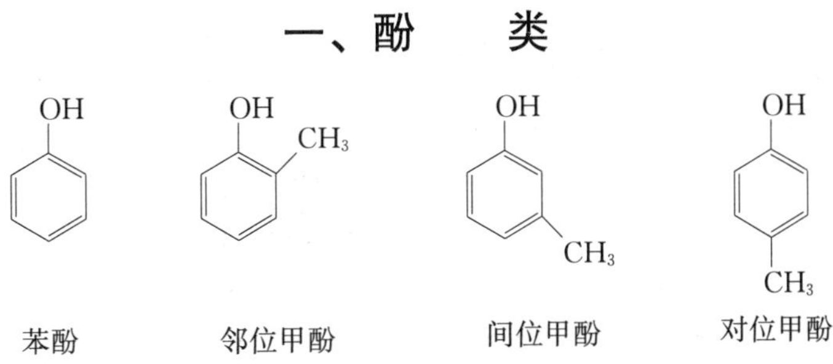

苯酚　　邻位甲酚　　间位甲酚　　对位甲酚

酚类是一种表面活性物质，可损害菌体细胞膜，较高浓度时也是蛋白变性剂，故有杀菌作用。此外，酚类还通过抑制细菌脱氢酶和氧化酶等酶的活性而产生抑菌作用。

在适当浓度下，对大多数不产生芽胞的繁殖型细菌和真菌均有杀灭作用，但对芽胞和病毒作用不强。酚类的抗菌活性不易受环境中有机物和细菌数目的影响，故可用于消毒排泄物等。化学性质稳定，因而储存或遇热等不会改变药效。目前销售的酚类消毒药大多含两种或两种以上具有协同作用的化合物，以扩大其杀菌作用范围。一般酚类化合物仅用于环境及用具消毒。

另外，10％鱼石脂软膏（含酚类制剂）可外用于软组织，治疗急性炎症（消炎、消肿）和促进慢性皮肤病的康复。由于酚类消毒剂的应用对环境有污染，目前有些国家限制使用酚类消毒剂。这类消毒剂在我国的应用也趋向逐渐减少。

苯　酚（Phenol）

苯酚又称石炭酸（Carbolic Acid）。

【理化性质】 无色或微红色针状结晶块。有特臭和引湿性。溶于水和有机溶剂。水溶液显弱酸性反应。遇光或在空气中颜色逐渐变深。

【作用与应用】 苯酚为一般原浆毒。0.1%～1%溶液有抑菌作用；1%～2%溶液有杀细菌和杀真菌作用；5%溶液可在 48 h 内杀死炭疽芽胞。碱性环境、脂类、皂类等能减弱其杀菌作用。2%～5%苯酚溶液用于器具、厩舍消毒，排泄物和污物处理等。

兽医临床常用的制剂为复合酚，含苯酚 41%～49%和醋酸 22%～26%，为深红褐色黏稠液，有特臭。可杀细菌、霉菌和病毒，也可杀灭动物寄生虫卵。主要用于厩舍、器具、排泄物和车辆等消毒。药液用水稀释 100～200 倍，可用于喷雾消毒。

【不良反应】 当苯酚浓度大于 0.5%时，对皮肤、黏膜具有局部麻醉作用；5%溶液对组织产生强烈的刺激和腐蚀作用。动物意外吞服或皮肤、黏膜大面积接触会引起全身性中毒，表现为中枢神经先兴奋后抑制，心血管系统受抑制，严重者可因呼吸麻痹致死。现已证实，苯酚是一种致癌物。

对误服苯酚的动物可用植物油（忌用液状石蜡）洗胃，内服硫酸镁导泻，对症治疗，给予中枢兴奋剂和强心剂等。皮肤、黏膜接触部位可用 50%乙醇或者水、甘油、植物油清洗。眼可先用温水冲洗，再用 3%硼酸液冲洗。

【制剂】 复合酚（Compound Phenol）。

甲　酚（Cresol，Creslol）

甲酚又称煤酚，是从煤焦油中分馏得到的邻位、间位和对位 3 种甲酚异构体的混合物。

【理化性质】 几乎无色、淡紫色或淡棕黄色的澄清液体。有类似苯酚的特臭，微带焦臭。久储或在日光下，色渐变深。难溶于水。

【作用与应用】 杀菌作用比苯酚强 3～10 倍，毒性大致相等，但消毒用药浓度较低，故较苯酚相对安全。可杀灭一般繁殖型病原菌，对芽胞无效，对病毒作用不可靠。5%～10%甲酚皂溶液用于厩舍、器械、排泄物和染菌材料等消毒。

甲酚有特臭，不宜在食品加工厂等应用。可引起色泽污染，对皮肤有刺激性。

【制剂】 甲酚皂溶液（Saponated Cresol Solution），又名来苏儿（Lysol），每 1 000 mL 含甲酚 500 mL，植物油 173 g，氢氧化钠约 27 g 和水适量。

二、醛　　类

这类消毒药的化学活性很强，在常温、常压下很容易挥发，又称挥发性烷化剂。杀菌机制主要是：通过烷基化反应，使菌体蛋白变性，酶和核酸等的功能发生改变而呈现强大的杀菌作用。常用的有甲醛、聚甲醛、戊二醛等。

甲醛溶液（Formaldehyde Solution）

【理化性质】 甲醛本身为无色气体，具有特殊刺激性气味，易溶于水和乙醇。常用 40%甲醛溶液，即福尔马林（Fomalin），为无色液体，在冷处久储，可生成聚甲醛而发生混浊。常加入 10%～15%甲醇，以防止聚合。

【作用与应用】 不仅能杀死细菌的繁殖型，也能杀死芽胞（如炭疽杆菌芽胞）以及抵抗力强的分枝杆菌、病毒及真菌等。甲醛对细菌毒素亦有破坏作用，对肉毒梭菌毒素和葡萄球菌肠毒素，用5%甲醛水溶液作用30 min可将其破坏。主要用于厩舍、仓库、孵化室、皮毛、衣物、器具等的熏蒸消毒，也可内服用于胃肠道制酵，如治疗瘤胃臌胀。甲醛对皮肤和黏膜的刺激性很强，用时应注意。现已证明甲醛有致癌作用，用时应防止污染食品或在动物产品中残留。

【用法与用量】内服：一次量，牛8～25 mL，羊1～3 mL。服时用水稀释20～30倍。

标本、尸体防腐：5%～10%溶液。

熏蒸消毒：每1 m^3 空间15 mL。

聚甲醛（Polymerized Formaldehyde，Paraformaldehyde）

聚甲醛为甲醛的聚合物——［$H(CH_2O)_nOH$］。是具有甲醛特臭的白色疏松粉末。在冷水中溶解缓慢，热水中很快溶解，溶于稀碱和稀酸溶液。含甲醛91%～99%。聚甲醛本身无消毒作用，常温下缓慢解聚，放出甲醛，加热（低于100 ℃）熔融时很快产生大量甲醛气体，呈现强大的杀菌作用。主要用于环境熏蒸消毒，每1 m^3 空间3～5 g。

戊二醛（Glutaral，Glutaraldehyde）

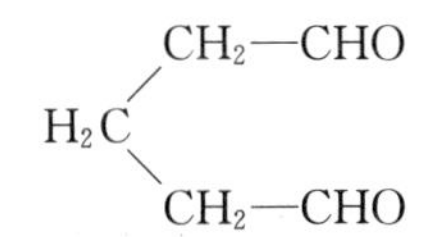

【理化性质】为无色油状液体。味苦，有微弱的甲醛臭，但挥发性较低。可与水或醇以任何比例混溶，溶液呈弱酸性，pH高于9时，可迅速聚合。

【作用与应用】戊二醛原为病理标本固定剂，后来发现它的碱性水溶液具有较好的杀菌作用。戊二醛的水溶液呈弱酸性（pH4～5），在酸性条件下聚合作用缓慢，随pH的升高聚合速度加快。在酸性溶液中随温度的升高而产生更多的自由醛基，提高了其生物学活性。在碱性水溶液中，戊二醛的聚合作用是不可逆的，当pH为7.5～8.5时，作用最强，可杀灭细菌的繁殖体和芽胞、真菌、病毒，其作用较甲醛强2～10倍。有机物对其作用影响不大。对组织的刺激性弱，碱性溶液可腐蚀铝制品。

一般用于不宜加热处理的医疗器械、塑料及橡胶制品、生物制品器具等的浸泡消毒。

注意避免与皮肤、黏膜接触，不应接触金属器具。

【用法与用量】喷洒、浸泡消毒：配成2%碱性溶液，消毒15～20 min或放置至干。

密闭空间表面熏蒸消毒：配成10%溶液，每1 m^3 空间1.06 mL，密闭过夜。

【制剂】浓戊二醛溶液（Strong Glutaral Solution），稀戊二醛溶液（Dilute Glutaral Solution），稳定化浓戊二醛溶液（Stabilized Strong Glutaral Solution），复方戊二醛溶液（Compound Glutaral Solution）。

三、碱　　类

高浓度的OH^-能水解菌体蛋白和核酸，使酶系和细胞结构受损，还能抑制代谢机能，分解菌体中的糖类，使细菌死亡。碱类杀菌作用的强度取决于其解离的OH^-浓度，解离度越大，杀菌作用越强。碱对病毒和细菌的杀灭作用均较强，高浓度溶液可杀灭芽胞。遇有机物可使碱类消毒药的杀菌力稍微降低。碱类无臭无味，除可消毒圈舍外，可用于肉联厂、食品厂、牛奶场等处的地面、饲槽、车船等消毒。碱溶液能损坏铝制品、油漆漆面和纤维织物。

氢氧化钠（Sodium Hydrate，Sodium Hydroxide）

氢氧化钠又称苛性钠。消毒用氢氧化钠又称烧碱或火碱。

【理化性质】为白色不透明固体。吸湿性强，露置空气中会逐渐溶解而成溶液状态。易从空气中吸收二氧化碳，渐变成碳酸钠。

【作用与应用】烧碱属原浆毒，杀菌力强。能杀死细菌繁殖型、芽胞和病毒，还能皂化脂肪和清洁皮肤。一般以2%溶液喷洒厩舍地面、饲槽、车船、木器等，用于口蹄疫、猪瘟和猪流感等病毒性感染以及猪丹毒和鸡白痢等细菌性感染的消毒；5%溶液用于炭疽芽胞污染的消毒。习惯上应用其加热溶液（不仅能杀菌和杀寄生虫卵，且可溶解油脂，加强去污能力，但并不增强氢氧化钠的杀菌效力）。在消毒厩舍前应移出动物。氢氧化钠对组织有腐蚀性，能损坏织物和铝制品等，消毒时应注意防护，消毒后适时用清水冲洗。

氧化钙（Calcium Oxide）

消毒用石灰（生石灰）的主要成分是氧化钙（CaO），为白色的块或粉。加水生成氢氧化钙，俗称熟石灰或消石灰，后者具强碱性，几乎不溶于水，吸湿性很强。石灰是一种价廉易得的消毒药，对繁殖型细菌有良好的消毒作用，而对芽胞和分枝杆菌无效。石灰易从空气中吸收二氧化碳形成碳酸钙而失效。临用前加水配成20%石灰乳涂刷厩舍墙壁、畜栏、地面等，也可直接将石灰撒于潮湿地面、粪池周围和污水沟等处。防疫期间，动物饲养场门口可放置浸透20%石灰乳的垫草对进出车辆轮胎和人员鞋底进行消毒。

四、酸　　类

酸类包括无机酸和有机酸，后者将在本章第二节中叙述。

无机酸为原浆毒，具有强烈的刺激和腐蚀作用，故应用受限制。盐酸（Hydrochloric Acid）和硫酸（Sulfuric Acid）具有强大的杀菌和杀芽胞作用。2 mol/L硫酸可用于消毒排泄物。2%盐酸中加食盐15%，并加温至30 ℃，常用于污染炭疽芽胞皮张的浸泡消毒（6 h）。食盐可增强杀菌作用，并可减少皮革因受酸的作用膨胀而降低质量。

五、卤 素 类

卤素和易放出卤素的化合物，具有强大的杀菌作用，其中氯的杀菌力最强；碘较弱，主要用于皮肤消毒（见本章第二节）。卤素对菌体细胞原浆有高度亲和力，易渗入细胞，使原浆蛋白的氨基或其他基团卤化，或氧化活性基团而呈现杀菌作用。氯和含氯化合物的强大杀菌作用，是由于氯化作用破坏菌体或改变细胞膜的通透性，或者由于氧化作用抑制各种巯基酶或其他对氧化作用敏感的酶类，从而引起细菌死亡。

含氯消毒剂是指溶于水中能产生次氯酸的消毒剂，可分为两类：有机氯消毒剂和无机氯消毒剂。前者以次氯酸盐类为主，作用较快，但不稳定。后者以氯胺类为主，性质稳定，但作用较慢。含氯消毒剂杀菌谱广，能有效杀死细菌、真菌、病毒、阿米巴包囊和藻类。作用迅速，合成工艺简单，且能大量生产和供应，价格低廉，便于推广使用。但它也存在一定缺点，如易受有机物及酸碱度的影响，能漂白、腐蚀物品，有难闻的氯味，有的种类不够稳定，有效氯易丧失等。

有效氯能反映含氯消毒剂氧化能力的大小，有效氯越高，消毒剂消毒能力越强，反之，消毒能力就越弱。但有效氯不是指氯的含量，而是指用一定量的含氯消毒剂与酸作用，在完成反应时，其氧化能力相当于多少氯气的氧化能力。

（一）无机含氯类消毒剂

含氯石灰（Chlorinated Lime）

含氯石灰又称漂白粉（Bleaching Powder）。由氯通入消石灰制得，为次氯酸钙、氯化钙和氢氧化钙的混合物，本品含有效氯不得少于25.0%。

【理化性质】灰白色颗粒性粉末，有氯臭，在水中部分溶解。在空气中吸收水分和二氧化碳而缓缓分解，丧失有效氯。不可与易燃易爆物品放在一起。

【作用与应用】含氯石灰加入水中生成次氯酸，后者释放活性氯和初生氧而呈现杀菌作用，其杀菌作用快而强，但不持久。1%澄清液作用0.5～1 min即可抑制像炭疽杆菌、沙门菌、猪丹毒杆菌和巴氏杆菌等多数繁殖细菌的生长；1～5 min抑制葡萄球菌和链球菌。对分枝杆菌和鼻疽杆菌效果较差。漂白粉的杀菌作用受有机物的影响，漂白粉中所含的氯可与氨和硫化氢发生反应，故有除臭作用。

漂白粉为价廉有效的消毒药，广泛用于饮水消毒和厩舍、场地、车辆、排泄物等的消毒。由于漂白粉和水生成的次氯酸能迅速散失而不留臭味，还可用于肉联厂和食品厂的设备消毒。漂白粉对皮肤和黏膜有刺激作用，也不能用于金属制品和有色棉织物消毒。

【用法与用量】饮水消毒：每50 L水1 g。

厩舍等消毒：临用前配成5%～20%混悬液。

二氧化氯（Chlorine Dioxide）

【理化性质】二氧化氯（ClO_2）常态下为黄至红黄色气体，沸点11 ℃，具氯臭。固态二氧化氯为黄红色晶体；液态二氧化氯为红棕色。在日光下不稳定，纯品在暗处稳定。遇有机物反应剧烈。二氧化氯较易溶于水，但不产生次氯酸；溶于碱和硫酸溶液。

【作用与应用】本品为非常活泼的强氧化剂，其纯品经折算相当于含有效氯263%。二氧化氯可杀灭细菌的繁殖体及芽胞、病毒、真菌及其孢子，对原虫（隐孢子虫卵囊）也有较强的灭活作用。一般多用于水体消毒。

二氧化氯消毒具有以下优点：①用量小，可同时除臭、去味。②可氧化酚等污染物质。③本品易从水中除去，不具残留毒性。

由于二氧化氯沸点底，高于10%浓度的二氧化氯气体，极易引起爆炸，因而储存、运输不便，使用受到一定限制。

【用法与用量】水体消毒：每1 000 L水不超过10 g。将氯气通入含亚氯酸钠的产生器中，现场合成二氧化氯气体，即刻将其通入饮水系统，使之溶于水中。

【制剂】用亚氯酸钠制成二元型包装，用前混合并溶于水或50%乙醇中。

（二）有机类含氯消毒剂

有机氯消毒剂包括二氯异氰尿酸钠、三氯异氰尿酸钠和甲基海因类（如溴氯海因、二氯海因、二溴海因等）。甲基海因为5，5－二甲基乙内酰脲（5，5－dimethylhydantoin，DMH）的卤化衍生物，活性卤素可达70%～98%，稳定性较好。

二氯异氰尿酸钠（Sodium Dichloroisocyanurate）

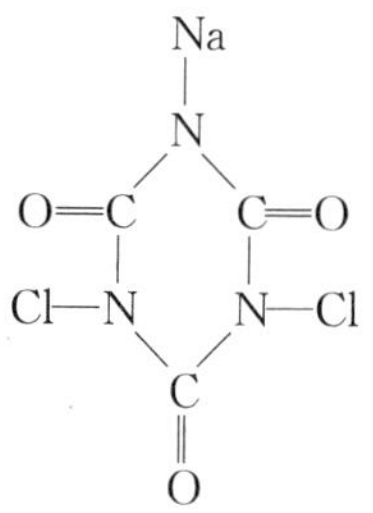

```
           Na
           |
           N
         /   \
   O=C         C=O
      |         |
 Cl—N           N—Cl
         \   /
           C
           ‖
           O
```

二氯异氰尿酸钠又称优氯净，含有效氯60%～64.5%。属氯胺类化合物，在水溶液中水解为次氯酸。

【理化性质】白色结晶粉末，有浓厚的氯臭。性质稳定，在高温、潮湿地区储存1年，有效氯含量下降也很少。易溶于水，溶液呈弱酸性，稳定性差，在20 ℃左右时，1周内有效率约丧失20%。

【作用与应用】杀菌谱广，杀菌力较大多数氯胺类消毒药强。对繁殖型细菌和芽胞、病毒、真菌孢子均有较强的杀菌作用。溶液的pH愈低，杀菌作用愈强。加热可加强杀菌效力。有机物对其杀菌作用影响较小。有腐蚀和漂白作用。

用于厩舍、排泄物和水等消毒。0.5%～1%水溶液用于杀灭细菌和病毒，5%～10%水溶液用于杀灭芽胞，临用前现配。可采用喷洒、浸泡和擦拭等方法消毒，也可用其干粉直接处理排泄物或其他污染物品。

【用法与用量】厩舍等处地面消毒：每1 m^2，常温下10～20 mg，气温低于0 ℃时50 mg。

饮水消毒：每1 L水4 mg。

溴氯海因（Bromochlorodimethylhydantoin）

【理化性质】为白色或微黄色结晶或结晶粉末，有次氯酸的刺激性气味；有引湿性。在水中微溶，在二氯甲烷或三氯甲烷中溶解。

【作用与应用】本品为有机溴氯复合型消毒剂，有广谱杀菌作用，药效持久。对细菌繁殖体、细菌芽胞、真菌和病毒，均有杀灭作用。其杀菌机制是：①在水中释放次氯酸或次溴酸，发挥氧化作用。②次氯酸和次溴酸分解形成新生态氧的作用。③释放出的活化氯和活化溴与含氯的物质发生反应形成氯化铵和溴化铵，干扰细菌细胞代谢的作用。

溴氯海因的杀菌作用受温度、pH和有机物等因素的影响。通常情况下，含氯消毒剂在偏酸性环境中的杀菌作用较强，含氯的甲基海因衍生物在偏酸性的环境中更容易释放出次氯酸（pH最佳范围为5.8～7.0），若pH大于9时，这类消毒剂会迅速分解失去杀菌作用。

溴氯海因属于低毒类消毒剂，腐蚀性小，性质稳定。在释放出溴、氯以后，生成5，5－二甲基海因，在自然条件下被光、氧、微生物在较短时间内分解为氨和二氧化碳，不会残留而污染环境。

可用作厩舍、场地和水体等多方面的广谱杀菌消毒剂。

（三）季铵盐类消毒剂

癸甲溴铵溶液（Deciquan Solution）

本品化学名为二癸二甲基溴化铵（didecyl dimethul ammonium）。

【理化性质】为无色或微黄色黏稠性液体；振摇时产生泡沫。

【作用与应用】癸甲溴铵是双链季铵盐消毒剂，对多数细菌、真菌和藻类有杀灭作用，对亲脂性病毒也有一定作用。在溶液状态时，可解离出季铵盐阳离子，起杀菌作用；溴离子使分子的亲水性和亲脂性增强，能迅速渗透到胞质膜脂质层及蛋白质层，改变膜的通透性，达到杀菌作用。

癸甲溴铵残留药效强，对光和热稳定，对金属、塑料、橡胶和其他物质均无腐蚀性。

【应用注意】用时小心操作，原液对皮肤和眼睛有轻微刺激，避免与眼睛、皮肤和衣服直接接触，如溅及眼部和皮肤立即以大量清水冲洗至少 15 min；内服有毒性，如误服立即用大量清水或牛奶洗胃。

【用法与用量】厩舍、饲喂器消毒：0.015%～0.05%溶液。

饮水消毒：0.002 5%～0.005%溶液（以癸甲溴铵计）。

辛氨乙甘酸溶液（Octicine Solution）

本品为二正辛基二乙烯三胺、单正辛基二乙烯三胺与氯乙酸反应生成的甘氯酸盐溶液。

【理化性质】本品为黄色澄明液体；有微腥臭，味微苦；强力振摇则产生多量泡沫。

【作用与应用】本品为双性离子表面活性剂，属汰垢类消毒药。对化脓链球菌、肠道杆菌及真菌等有良好的杀灭作用；对分枝杆菌用 1%溶液需作用 12 h；对细菌芽胞无杀灭作用。杀菌作用不受血清、牛奶等有机物的影响。用于厩舍、环境、器械、种蛋和手的消毒。忌与其他消毒剂合用，不宜用于粪便及污水等物品的消毒。

【用法与用量】厩舍、场地、机械消毒：1∶（100～200）稀释。

种蛋消毒：1∶500 稀释。

手消毒：1∶1 000 稀释。

月苄三甲氯胺（Halimide）

【理化性质】本品在常温下为黄色胶状体；几乎无臭，味苦；水溶液振摇时产生多量泡沫。在水或乙醇中易溶，在非极性有机溶剂中不溶。

【作用与应用】本品属阳离子型表面活性剂，具有较强的杀菌作用，金黄色葡萄球菌、猪丹毒杆菌、卡他球菌、鸡白痢沙门菌、炭疽杆菌、化脓链球菌、鸡新城疫病毒、口蹄疫病毒以及细小病毒等对其较敏感。用于厩舍及器具消毒。

【用法与用量】厩舍喷洒消毒：1∶300 稀释。

器具浸洗：1∶（1 000～1 500）稀释。

【制剂】月苄三甲氯胺溶液（Halimide Solution）。

六、过氧化物类

过氧化物类消毒药多依靠其强大的氧化能力杀灭微生物，又称为氧化剂。通过氧化反应，可直接与菌体或酶蛋白中的氨基、羧基、巯基发生反应而损伤细胞结构或抑制代谢功能，导致细菌死亡；或者通过氧化还原反应，加速细菌的代谢，损害生长过程而致死。此类消毒药杀菌能力强，多作为杀菌剂。可分解成无毒成分，不致产生残留毒性。本类药物的缺点是易分解、不稳定；具有漂白和腐蚀作用。

过氧乙酸（Peracetic Acid）

过氧乙酸又称过醋酸。市售品为过氧乙酸和乙酸的混合物，含 20%过氧乙酸。

【理化性质】纯品为无色透明物质，呈弱酸性，有刺激性酸味，易挥发，易溶于水。性质不稳定，遇热或有机物、重金属离子、强碱等易分解。浓度高于 45%的溶液经剧烈碰撞或加热可爆炸，而浓度低于 20%的溶液无此危险。

【作用与应用】过氧乙酸兼具酸和氧化剂特性，是一种高效杀菌剂，其气体和溶液均具有较强的杀菌作用，并较一般的酸和氧化剂作用强。作用产生快，能杀死细菌、真菌、病毒和芽胞，在低温下仍有杀菌和杀芽胞能力。腐蚀性强，有漂白作用。稀溶液对呼吸道和眼结膜有刺激性；浓度较高的溶液对皮肤有强烈刺激性。有机物可降低其杀菌效力。

主要用于厩舍、器具等消毒。

【用法与用量】厩舍和车船等喷雾消毒：0.5%溶液。

空间加热熏蒸消毒：3%～5%溶液。

器具等消毒：0.04%～0.2%溶液。

黏膜或皮肤消毒：0.02%或 0.2%溶液。

第二节　皮肤、黏膜消毒防腐药

这类药物主要是利用药物与创面或皮肤、黏膜直接接触而起抑菌或杀菌作用，达到预防或治疗感染的目的。实践中，皮肤、黏膜防腐药，常被称为皮肤、黏膜消毒药。目前消毒防腐药在外科上大量用来清创和减少微生物污染（包括术者手的皮肤），畜牧兽医工作者进行常规或疫病流行时手的消毒。

在选择皮肤、黏膜消毒防腐药时，注意药物应无刺激性和毒性，不损伤组织，不妨碍肉芽生长，也不引起过敏反应。

一、醇　类

醇类为使用较早的一类消毒防腐药。各种脂族醇类都有不同程度的杀菌作用，常用的是乙醇。醇类消毒防腐药的优点是性质稳定、作用迅速、无腐蚀性、无残留作用，可与其他药物配成酊剂而起增效作用。缺点是不能杀灭细菌芽胞，受有机物影响大，抗菌有效浓度较高。

乙　醇（Alcohol）

乙醇又称酒精。医用乙醇的浓度不低于 95.0%。处方上凡未指明浓度的乙醇，均指

95%乙醇。

【理化性质】为无色澄明液体，易挥发，易燃烧。与水、甘油、氯仿或乙醚能以任意比例混合。变性酒精为在乙醇中添加有毒物质如甲醇、甲醛等，不适于饮用但可用于消毒，效果与乙醇相同。

【作用与应用】乙醇是临床上使用最广泛，也是较好的一种皮肤消毒药。能杀死繁殖型细菌，对分枝杆菌、有囊膜病毒也有杀灭作用，但对细菌芽胞无效。乙醇可以使细菌胞浆脱水，并进入蛋白肽链的空隙破坏构型，使菌体蛋白变性和沉淀。乙醇可溶解类脂质，不仅易渗入菌体破坏其胞膜，而且能溶解动物的皮脂分泌物，从而发挥机械性除菌作用。

常用75%乙醇消毒皮肤以及器械浸泡消毒。无水乙醇的杀菌作用微弱，因为它使组织表面形成一层蛋白凝固膜，妨碍渗透而影响杀菌作用；另一方面蛋白变性须有水的存在。浓度低于20%时，乙醇的杀菌作用微弱，50%～70%则作用不可靠。乙醇对黏膜的刺激性大，不能用于黏膜和创面抗感染。

乙醇能扩张局部血管、改善局部血液循环，用稀醇涂擦久卧患病动物的局部皮肤，可预防褥疮形成；浓乙醇涂擦可促进炎性产物吸收，减轻疼痛，用于治疗急性关节炎、腱鞘炎和肌腱炎等。无水乙醇纱布压迫手术出血创面5 min可立即止血。

二、表面活性剂

表面活性剂是一类能降低水溶液表面张力的物质。由于促进水的扩展，使表面湿润（用作润湿剂），又可浸透进入微细孔道，使两种不相混合的液体如油和水发生乳化（用作乳化剂），润湿和乳化均利于油污的去除，表面活性剂兼有这两种作用者，就是清洁剂（detergents）。主要通过改变界面的能量分布，从而改变细菌细胞膜通透性，影响细菌新陈代谢；还可使蛋白变性，灭活菌体内多种酶系统，从而具有抗菌活性。

表面活性剂包含疏水基和亲水基。疏水基一般是烃链，亲水基有离子型和非离子型两类，后者对细菌没有抑制作用。离子型表面活性剂根据其在水中溶解后在活性基团上电荷的性质，分为阴离子表面活性剂（如肥皂）、阳离子表面活性剂（如苯扎溴铵、醋酸氯己定、癸甲溴铵和度米芬等）、非离子表面活性剂（如吐温类化合物）和两性离子表面活性剂（如汰垢类消毒剂）。表面活性剂的杀菌作用与其去污力不是平行的，如阴离子表面活性剂去污力强，但抗菌作用很弱；而阳离子表面活性剂的去污力较差，但抗菌作用强。非离子表面活性剂具有良好的洗涤作用，但杀菌作用很弱。双性离子表面活性剂既有阴离子化合物的去污性能，又有阳离子化合物的杀菌作用。

季铵盐类为最常用的阳离子表面活性剂，可杀灭大多数种类的繁殖型细菌、真菌以及部分病毒，不能杀死芽胞、分枝杆菌和铜绿假单胞菌。季铵盐类处于溶液状态时，可解离出季铵盐阳离子，后者可与细菌的膜磷脂中带负电的磷酸基结合，低浓度呈抑菌作用，高浓度呈杀菌作用。对革兰阳性菌的作用比革兰阴性菌的作用强。病毒（尤其是无囊膜病毒，如口蹄疫病毒、猪水疱病病毒、鸡法氏囊病病毒等）对季铵盐类的敏感性不如细菌。本类药物杀菌作用迅速、刺激性很弱、毒性低，不腐蚀金属和橡胶，但杀菌效果受有机物影响大，故不适用于厩舍和环境消毒。在消毒器具前，应先机械清除其表面的有机物。阳离子表面活性剂不能与阴离子表面活性剂同时使用。

苯扎溴铵（Benzalkonium Bromide）

$$\left[C_6H_5-CH_2-\overset{CH_3}{\underset{CH_3}{N^+}}-C_{12}H_{25} \right] Br^-$$

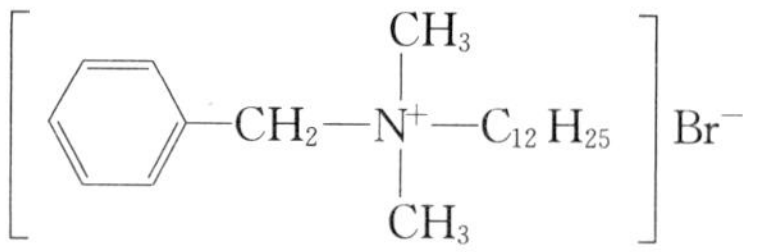

苯扎溴铵又称新洁尔灭，为溴化二甲基苄基烃铵的混合物，属季铵盐类阳离子表面活性剂。

【理化性质】 常温下为黄色胶状体，低温时可逐渐形成蜡状固体。性质稳定，水溶液呈碱性反应。市售5%苯扎溴氨水溶液，强力振摇可产生大量泡沫，遇低温可发生混浊或沉淀。

【作用与应用】 具有杀菌和去污作用。对一般细菌有较好的杀灭能力，但对分枝杆菌和真菌的杀灭效果甚微，对病毒效果差，对芽胞则只能起到抑制作用。对革兰阳性细菌的杀灭能力比对革兰阴性细菌强。

用于创面、皮肤和手术器械的消毒。用时禁与肥皂及其他阴离子活性剂、盐类消毒药、碘化物和过氧化物等配伍使用；不宜用于眼科器械和合成橡胶制品的消毒；用于器械消毒时，需加0.5%亚硝酸钠；其水溶液不得储存于由聚乙烯制作的瓶内，以避免与其增塑剂起反应而使药液失效。

【用法与用量】 创面消毒：0.01%溶液。

皮肤器械消毒：0.1%溶液。

【制剂】 苯扎溴氨溶液（Benzalkonium Bromide Solution）

醋酸氯己定（Chlorhexidine Acetate）

醋酸氯己定又称洗必泰（Habitane），为阳离子型的双胍化合物。

【理化性质】 为白色晶粉。无臭，味苦。在乙醇中溶解，在水中微溶，在酸性溶液中解离。

【作用与应用】 为阳离子表面活性剂，抗菌作用强于苯扎溴铵，作用迅速且持久，毒性低。与苯扎溴铵联用对大肠杆菌有协同杀菌作用，两药混合液呈相加消毒效力。醋酸氯己定溶液常用于皮肤、术野、创面、器械、用具等的消毒。消毒效力与碘酊相当，但对皮肤无刺激，也不染色。注意事项同苯扎溴铵。

【用法与用量】 皮肤消毒：0.5%水溶液或醇溶液（以70%乙醇配制）。

黏膜及创面消毒：0.05%溶液。

手消毒：0.02%溶液。

器械消毒：0.1%溶液浸泡。

【制剂】 醋酸氯己定外用片（Chlorhexidine Acetate Tablets）。

三、卤 素 类

碘（Iodine）

【理化性质】 为灰黑色或蓝黑色、有金属光泽的片状结晶或块状物，有特臭，具有挥发性。在水中几乎不溶，溶于碘化钾或碘化钠水溶液中，在乙醇中易溶。

【作用与应用】碘具有强大的杀菌作用，也可杀灭细菌芽胞、真菌、病毒、原虫。碘主要以分子（I_2）形式发挥杀菌作用，其原理可能是碘化和氧化菌体蛋白的活性基团，并与蛋白的氨基结合而导致蛋白变性和抑制菌体的代谢酶系统。

碘在水中的溶解度很小，且有挥发性。但当有碘化物存在时，因形成可溶性的三碘化合物，碘的溶解度增加数百倍，又能降低其挥发性，在配制碘溶液时，常加适量的碘化钾，以促进碘在水中的溶解。碘水溶液中有杀菌作用的成分为元素碘（I_2）、三碘化物的离子碘（I_3^-）和次碘酸（HIO）。HIO 的量较少，但杀菌作用最强，I_2 次之，离解的 I_3^- 的杀菌作用极微弱，在酸性条件下，游离碘增多，杀菌作用加强，在碱性条件下则相反。

碘酊是最有效的常用皮肤消毒药。一般皮肤用 2%碘酊，大家畜皮肤和术野消毒用 5%碘酊。由于碘对组织有较强的刺激性，其强度与浓度成正比，故碘酊涂抹皮肤待稍干后，宜用 75%乙醇擦去，以免引起发泡、脱皮和皮炎。10%浓碘酊具有很强的刺激作用，可用于局部皮肤慢性炎症的治疗。碘甘油刺激性较小，用于黏膜表面消毒，治疗口腔、舌、齿龈、阴道等黏膜炎症与溃疡。2%碘（水）溶液不含酒精，适用于皮肤浅表破损和创面，以防止细菌感染。在紧急条件下，每升水中加入 2%碘酊 5～6 滴，15 min 后水可供饮用。

应用碘酊时注意如下事项：①碘酊必须涂于干的皮肤上，如涂于湿皮肤上不仅杀菌效力降低，且易引起发泡和皮炎。②与含汞药物相遇，可产生碘化汞而呈现毒性作用。③配制的碘液应存放在密闭容器内。

【制剂】碘酊（Idodine Tincture），浓碘酊（Strong Idodine Tincture），碘溶液（Idodine Solution），碘甘油（Idodine Glycerol）。

聚维酮碘（Povidone Iodine）

聚维酮碘为 1-乙烯基-2 吡咯烷酮均聚物与碘的复合物，黄棕色至红棕色无定形粉末。在水或乙醇中溶解。

聚维酮碘是一种高效低毒的消毒剂，对细菌及其芽胞、病毒和真菌均有良好的杀灭作用。本品杀菌力比碘强，兼有清洁剂作用。酸性条件下杀菌作用加强，碱性时杀菌作用减弱。有机物过多可使聚维酮碘的杀菌作用减弱甚至消失。毒性低，对组织刺激性小，储存稳定。

常用于手术部位、皮肤和黏膜消毒。皮肤消毒配成 5%溶液，奶牛乳头浸泡用 0.5%～1%溶液，黏膜及创面冲洗用 0.1%。1%溶液可用于治疗马角膜真菌感染。

碘　附（Iodophor）

碘附又称碘伏。

本品为碘、碘化钾、表面活性剂与磷酸等配成的水溶液，含有效碘 2.70%～3.30%。临用前本品配成 0.5%～1%溶液，用于手术部位奶牛乳房和乳头、手术器械等消毒。

碘　仿（Iodoform）

碘仿（CHI_3）为黄色有光泽的结晶或晶粉。有特臭，微能挥发，稍溶于水，易溶于三氯甲烷或乙醚。1 g 碘仿溶于 7.5 mL 乙醚中。碘仿本身无防腐作用，与组织液接触时，能缓慢地分解出游离碘而呈现防腐作用，作用持续 1～3 d。对组织刺激性小，能促进肉芽形成。具有防腐、除臭和防蝇作用。常制成 10%碘仿醚溶液治疗深部瘘管、蜂窝织炎和关节炎等；4%～6%碘仿纱布用于充填会阴等深而易污染的伤口。

氯胺 T（Chloroamine T）

氯胺 T 又称氯亚明。

【理化性质】为白色微黄晶粉，有氯臭，含有效氯 24%～26%。性质较为稳定。可溶于水，稳定性较差，呈弱碱性。

【作用与应用】氯胺 T 是一种具有广谱杀菌能力的消毒剂，对细菌繁殖体、病毒、真菌及细菌芽胞均有杀灭作用。因其水解常数较低，故杀菌作用较次氯酸盐类消毒剂慢。氯胺 T 溶液中加入半量或等量的活化剂如氯化铵、硫酸铵、硝酸铵等提高溶液的酸度，能使其杀菌效果增强。

主要用于皮肤、黏膜消毒，也用于饮水消毒。应现配现用。

【用法与用量】皮肤、黏膜消毒：0.5%～2%溶液。

眼、鼻、阴道黏膜等消毒：0.2%～0.3%溶液。

毛、鬃消毒：10%溶液。

饮水消毒：1∶250 000 稀释。

四、有机酸类

有机酸类主要用作防腐药。醋酸、苯甲酸、山梨酸、戊酮酸、甲酸、丙酸和丁酸等许多有机酸广泛用于药品、粮食和饲料的防腐。水杨酸、苯甲酸等具有良好的抗真菌作用。向饲料中加入一定量的甲酸、乙酸、丙酸和戊酮酸等，可使沙门菌及其他肠道菌对动物胴体的污染明显下降。丙酸等还用于防止饲料霉败。

醋酸（Acetic Acid）

醋酸又称乙酸。是无色澄明液体，有强烈的特臭，味极酸，可与水或乙醇任意混合。5%醋酸溶液有抗嗜酸细菌如铜绿假单胞菌的作用，内服可治疗消化不良和瘤胃臌胀。外用，冲洗口腔用 2%～3%溶液；冲洗感染创面用 0.5%～2%溶液。

五、过氧化物类

本类药物与有机物相遇时，可释放出新生态氧，使菌体内活性基团氧化而起杀菌作用。

过氧化氢溶液（Hydrogen Preoxide Solution）

过氧化氢溶液又称双氧水，含过氧化氢应为 2.5%～3.5%。市售的还有浓过氧化氢溶液（Strong Hydrogen Peroxide Solution），过氧化氢含量应为 26.0%～28.0%。

【理化性质】过氧化氢溶液为无色澄清液体，无臭或有类似臭氧的臭味。遇氧化物或还原物即迅速分解并发生泡沫，遇光、热易变质。

【作用与应用】过氧化氢有较强的氧化性，在与组织或血液中的过氧化氢酶接触时，迅速分解，释出新生态氧，对细菌产生氧化作用，干扰其酶系统的功能而发挥抗菌作用。由于作用时间短，且有机物能大大减弱其作用，因此杀菌力很弱。在接触创面时，由于分解迅速，会产生大量气泡，机械地松动脓块、血块、坏死组织及组织粘连的敷料，有利于清洁创面。3%的过氧化氢溶液常用于清洁创伤，去除痂皮，尤其对厌氧性感染更有效。过氧化氢还有除臭和止血作用。

注意避免用手直接接触高浓度过氧化氢溶液，因可发生灼伤。禁止与强氧化剂配伍。

高锰酸钾（Potassium Permanganate）

【理化性质】黑紫色、细长的棱形结晶或颗粒，带蓝色的金属光泽，无臭。与某些有机物或易氧化的化合物研磨或混合时，易引起爆炸或燃烧。在水中溶解，在沸水中易溶，水溶液呈深紫色。

【作用与应用】为强氧化剂，遇有机物、加热、加酸或加碱等均释出新生态氧（非游离态氧，不产生气泡）：

$$2KMnO_4 + H_2O \longrightarrow 2KOH + 2MnO_2 + 3[O]$$

呈现杀菌、除臭、解毒作用。在发生氧化还原反应时，其本身还原为棕色的二氧化锰，后者可与蛋白结合成蛋白盐类复合物。因此，高锰酸钾在低浓度时对组织有收敛作用，高浓度时有刺激和腐蚀作用。高锰酸钾的抗氧化作用较过氧化氢强，但它极易被有机物分解而作用减弱。在酸性环境中杀菌作用增强，如2%～5%溶液能在24 h内杀死芽胞，在1%溶液中加入1.1%盐酸，则能在30s内杀死炭疽芽胞。用于冲洗皮肤创伤及腔道炎症。

吗啡、士的宁等生物碱，苯酚、水合氯醛、氯丙嗪、磷和氰化物等均可被高锰酸钾氧化而失去毒性，因此临床上可用于洗胃解毒。

【应用注意】严格掌握不同适应证采用不同浓度的溶液，药液需新鲜配制，避光保存。高浓度的高锰酸钾对组织有刺激和腐蚀作用，不应反复用高锰酸钾溶液洗胃。误服可引起一系列消化系统刺激症状，严重时出现呼吸和吞咽困难、蛋白尿等。

【用法与用量】腔道冲洗及洗胃：0.05%～0.1%溶液。

创伤冲洗：0.1%～0.2%溶液。

六、染料类

染料分为两类，即碱性（阳离子）染料和酸性（阴离子）染料，前者抗菌作用强于后者。两者仅抑制细菌繁殖，抗菌谱不广，作用缓慢。下面仅介绍兽医临床上应用的两种碱性染料，它们对革兰阳性菌有选择作用，在碱性环境中有杀菌作用，碱度越高，杀菌力越强。碱性染料的阳离子可与细菌蛋白的羟基结合，造成不正常的离子交换机能；抑制巯基酶反应和破坏细胞膜的机能等。

乳酸依沙吖啶（Ethacridine Lactate）

乳酸依沙吖啶又称雷佛奴尔（Rivanol），为2-乙氧基-6，9-二氨基吖啶的乳酸盐。

【理化性质】黄色结晶性粉末。无臭，味苦。在水中略溶，热水中易溶，水溶液稳定，遇光渐变色。在乙醇中微溶，在沸腾无水乙醇中溶解。置褐色玻璃瓶，密闭，在凉暗处保存。

【作用与应用】属吖啶类（或黄色素类）染料，为染料中最有效的防腐药。碱基在未解离成阳离子前，不具抗菌活性，即当乳酸依沙吖啶解离出依沙吖啶，在其碱性氮上带正电荷时，才对革兰阳性菌呈现最大的抑菌作用。对各种化脓菌均有较强的作用，最敏感的细菌为产气荚膜梭菌和酿脓链球菌。抗菌活性与溶液的 pH 和药物解离常数有关。常以 0.1%～0.3%水溶液冲洗或以浸泡纱布湿敷，治疗皮肤和黏膜的创面感染。在治疗浓度时对组织无损害。抗菌作用产生较慢，但药物可牢固地吸附在黏膜和创面上，作用可维持 1 d 之久。当有机物存在时，活性增强。

【应用注意】①溶液在保存过程，尤其在曝光下，本品可分解生成毒性产物。②与碱类和碘液混合易析出沉淀。③长期使用可能延缓伤口愈合。④当有高于 0.5%浓度的 NaCl 存在时，本品可从溶液中沉淀出来，故不能用 NaCl 溶液配制。

甲　紫（Methylrosanilinium Chloride）

本品为氯化四甲基副玫瑰苯胺、氯化五甲基副玫瑰苯胺与氯化六甲基副玫瑰苯胺的混合物。

【作用与应用】甲紫、龙胆紫和结晶紫是一类性质相同的碱性染料，对革兰阳性菌有强大的选择作用，也有抗真菌作用。对组织无刺激性。

临床上常用其 1%～2%水溶液或醇溶液治疗皮肤、黏膜的创面感染和溃疡。0.1%～1%水溶液用于烧伤，因有收敛作用，能使创面干燥，也用于治疗皮肤表面真菌感染。

【制剂】甲紫溶液（Methylrosanilinium Chloride Solution）。

复　习　题

1. 消毒防腐药的作用机制是什么？
2. 如何合理使用消毒防腐药？
3. 对病毒和芽胞有高效的消毒药有哪些？如何合理使用？
4. 消毒防腐药配伍使用时应注意哪些事项？
5. 新型高效的消毒防腐药有哪些？各有何优缺点？
6. 季铵盐类消毒药有什么特点？如何合理使用？
7. 卤素类消毒药有什么特点？如何合理使用？

第十四章

抗寄生虫药

长期以来，寄生虫病一直是危害人类和动物健康最严重的疾病之一，其中很多寄生虫病可以在动物和人之间传播，属于人畜共患病。尽管我国各种寄生虫感染动物的情况及其危害程度没有精确的统计数字，但对畜牧业造成的损失是巨大的。每年世界上用于防治动物寄生虫病的药费竟高达数十亿美元。由此可见，积极开展寄生虫病的防治，对于保护人类和动物的健康具有重要意义。药物防治是控制动物寄生虫病的一个重要环节，对发展畜牧业具有不可替代的作用。

早期的抗寄生虫药多为植物源性的，如山道年、槟榔、绵马、土荆芥油等。随着科学技术的发展，尤其是化学合成和生物发酵技术的发展，抗寄生虫药物的种类、品种和数量都在不断地增加。近二十年来，我国自行生产的阿维菌素类药物、吡喹酮、地克珠利、马度米星、盐霉素等药物，使我国较普遍发生和流行的、危害严重的畜禽寄生虫病得到了有效的防治。应用抗寄生虫药需要掌握好药物、寄生虫与宿主三者之间的关系和相互作用，尽可能地发挥药物的作用，减轻或避免不良反应的发生，还要避免或减少药物在动物性食品和环境中的残留。

（一）定义

抗寄生虫药是用于驱除或杀灭体内外寄生虫以降低或消除其危害的药物。根据药物抗虫作用和寄生虫分类，可将抗寄生虫药分为以下几类。

1. 抗蠕虫药　又称驱虫药。根据蠕虫的种类，又可将此类药物分为驱线虫药、驱绦虫药和驱吸虫药。

2. 抗原虫药　根据原虫的种类，分为抗球虫药、抗锥虫药、抗梨形虫药和抗滴虫药。

3. 杀虫药　又称杀昆虫药和杀蜱螨药。

（二）理想抗寄生虫药所具备的条件

1. 安全　抗寄生虫药的治疗指数＞3 时，一般才认为有临床应用意义。凡是对虫体毒性大，对宿主毒性小或无毒性的抗寄生虫药是安全的。

2. 高效、广谱　高效是指应用剂量小、驱杀寄生虫的效果好，而且对成虫、幼虫，甚至虫卵都有较高的驱杀效果。广谱是指驱虫范围广，对混合感染，特别是不同类别寄生虫的混合感染均有效。在生产实践中需要能同时驱杀多种不同类别寄生虫的药物。

3. 具有适于群体给药的理化特性　以内服途径给药的驱内寄生虫药应无味、无特臭、适口性好，可混饲给药。若还能溶于水，用于混饮给药，则更为理想。用于注射给药的制剂，对局部应无刺激性。杀外寄生虫药应能溶于一定溶媒中，以喷雾等方法群体给药杀灭外寄生虫。更为理想的广谱抗寄生虫药在溶于一定溶媒中后，以浇淋方法给药或涂擦于动物皮肤上，既能杀灭外寄生虫，又能在透皮吸收后，驱杀内寄生虫。

4. 价格低廉 可在畜牧生产上大规模推广应用。

5. 无残留 食品动物应用后，药物不残留或很少残留于肉、蛋和乳及其制品中，或可通过遵守休药期等措施，能控制药物在动物性食品中的残留。

（三）作用机制

抗寄生虫药种类繁多，化学结构和作用不同，因此作用机制亦各不相同。此外，迄今对某些寄生虫的生理生化系统尚未完全了解，故药物的作用机制也不完全清楚。已初步弄清的，大概可归纳为如下几方面的作用方式。

1. 抑制虫体内的某些酶 不少抗寄生虫药通过抑制虫体内酶的活性，而使虫体的代谢过程发生障碍。例如，左旋咪唑、硫双二氯酚、硝硫氰胺和硝氯酚等能抑制虫体内的琥珀酸脱氢酶（延胡索酸还原酶）的活性，阻碍延胡索酸还原为琥珀酸，阻断了 ATP 的产生，导致虫体缺乏能量而死亡；有机磷酸酯类能与胆碱酯酶结合，使酶丧失水解乙酰胆碱的能力，使虫体内乙酰胆碱蓄积，引起虫体兴奋、痉挛，最后麻痹死亡。

2. 干扰虫体的代谢 某些抗寄生虫药能直接干扰虫体的物质代谢过程，例如苯并咪唑类药物能抑制虫体微管蛋白的合成，影响酶的分泌，抑制虫体对葡萄糖的利用，引起虫体死亡；三氮脒能抑制动基体 DNA 的合成而抑制原虫的生长繁殖；氯硝柳胺能干扰虫体氧化磷酸化过程，影响 ATP 的合成，使绦虫缺乏能量，头节脱离肠壁而排出体外；氨丙啉的化学结构与硫胺相似，故在球虫的代谢过程中可取代硫胺而使其代谢不能正常进行；有机氯杀虫剂能干扰虫体内的肌醇代谢。

3. 作用于虫体的神经肌肉系统 有些抗寄生虫药可直接作用于虫体的神经肌肉系统，影响其运动功能或导致虫体麻痹死亡。例如哌嗪有箭毒样作用，使虫体肌细胞膜超极化，引起弛缓性麻痹；阿维菌素类则能促进 γ-氨基丁酸（GABA）的释放，使神经肌肉传递受阻，导致虫体产生弛缓性麻痹，最终可引起虫体死亡或排出体外；噻嘧啶能与虫体的胆碱受体结合，产生与乙酰胆碱相似的作用，引起虫体肌肉强烈收缩，导致痉挛性麻痹。

4. 干扰虫体内离子的平衡或转运 聚醚类抗球虫药能与钠、钾、钙等金属阳离子形成亲脂性复合物，使其能自由穿过细胞膜，使子孢子和裂殖子中的阳离子大量蓄积，导致水分过多地进入细胞，使细胞膨胀变形，细胞膜破裂，引起虫体死亡。

（四）应用注意

（1）正确认识和处理好药物、寄生虫和宿主三者之间的关系，合理使用抗寄生虫药。三者之间的关系是互相影响、互相制约的，因而在选用抗寄生虫药时不仅应了解药物对虫体的作用以及其在宿主体内的代谢过程和对宿主的毒性，而且应了解寄生虫的寄生方式、生活史、流行病学和季节动态感染强度及范围；为更好发挥药物的作用，还应熟悉药物的理化性质、剂型、剂量、疗程和给药方法等。

（2）为控制好药物的剂量和疗程，在使用抗寄生虫药进行大规模驱虫前，应选择少数动物先做驱虫试验，以免发生大批中毒事故。

（3）在防治寄生虫病时，应定期更换不同类型的抗寄生虫药物，以避免或减少因长期或反复使用某些抗寄生虫药而导致虫体产生耐药性。

（4）为避免动物性食品中药物残留危害消费者的健康和造成公害，应熟悉掌握抗寄生虫药物在食品动物体内的分布和代谢情况，遵守有关抗寄生虫药物在动物组织中的最高残留限量和休药期的规定。

第一节　抗蠕虫药

抗蠕虫药是指能杀灭或驱除寄生于畜禽体内蠕虫的药物，亦称驱虫药。蠕虫可以分为线虫、绦虫和吸虫三大类。抗蠕虫药物也将依其三种分类叙述。

一、驱线虫药

畜禽线虫病不仅种类多（占家畜蠕虫病一半以上），而且分布广，因此，几乎所有畜禽都有线虫感染，给畜牧业生产造成极大经济损失。

近年来，驱线虫药研发迅速，我国已合成许多广谱、高效和安全的新型驱线虫药，根据其化学结构，大致可分为以下 6 类。

1. 抗生素类　如伊维菌素、阿维菌素、多拉菌素、艾普利诺菌素、美贝霉素肟、莫西菌素、越霉素 A 和潮霉素 B 等。

2. 苯并咪唑类　如噻苯达唑、阿苯达唑、甲苯达唑、芬苯达唑、康苯咪唑、丁苯咪唑、苯双硫脲、氧苯达唑和丙噻苯达唑等。

3. 咪唑并噻唑类　如左旋咪唑和四咪唑。

4. 四氢嘧啶类　如噻嘧啶、甲噻嘧啶和羟嘧啶。

5. 有机磷化合物　如敌百虫、敌敌畏、哈罗松和蝇毒磷。

6. 其他驱线虫药　如哌嗪乙胺嗪、碘噻青胺和硫胂胺钠等。

（一）阿维菌素类

阿维菌素类（avermectins，AVMs）药物是由阿维链霉菌（*Streptomyces avermitilis*）产生的一组新型大环内酯类抗寄生虫药，目前在这类药物中已商品化的有阿维菌素、伊维菌素、多拉菌素、埃普利诺菌素和莫西菌素等。阿维菌素类药物由于其优异的驱虫活性和较高的安全性，被视为目前最优良、应用最广泛、销量最大的一类新型广谱、高效、安全的理想抗内外寄生虫药。

【化学结构】 AVMs 为二糖苷类化合物（图 14－1），其基本结构为十六元环的大环内酯，在 C_{13} 位上有一个双糖，从 C_{17} 到 C_{18} 是两个六元环的螺酮缩醇结构。根据 R_5、R_{26} 和 C_{22}、C_{23} 位取代基的不同，天然发酵产物中的 8 种成分，被分别称为阿维菌素 A_{1a}、A_{1b}、A_{2a}、A_{2b}、B_{1a}、B_{1b}、B_{2a} 和 B_{2b}，其中阿维菌素 A_{1a}、A_{2a}、B_{1a} 和 B_{2a} 为大量组分，占总量的 85%以上，阿维菌素 A_{1b}、A_{2b}、B_{1b} 和 B_{2b} 为少量组分，占总量的 15%～20%。由于阿维菌素 B_{1a}、B_{1b} 的生物学活性相似，抗虫活性最强，在批量生产时难以将两者完全分离，故目前市场上销售的 AVMs 制剂即为两者的混合物。

通过对 AVMs 结构的改造，可减少药物的毒性或改变药物的极性，从而降低药物残留量或增强驱虫作用。例如伊维菌素 B_1 的毒性略低于阿维菌素 B_1，它是阿维菌素 B_1 的 $—C_{22}=C_{23}$ 加氢产物（22，23-dihydroavermectin B_1）（图 14－1）。在阿维菌素 B_1 的 C''_4 位上的 OH，经 $—NHCOCH_3$ 取代后的产物为依立菌素，其极性比伊维菌素高，在乳和血浆中的分布比例仅为 17∶100，远低于伊维菌素的 3∶4，而且其在乳中的残留远低于伊维菌素，所以依立菌素可用于泌乳牛。又如在阿维菌素 B_1 的 C_{25} 位上的短碳链被环己烷取代后的产物为多拉菌素，其极性低于伊维菌素，而其生物半衰期长于伊维菌素，因而其抗寄生虫的作用时间较伊维菌素长。

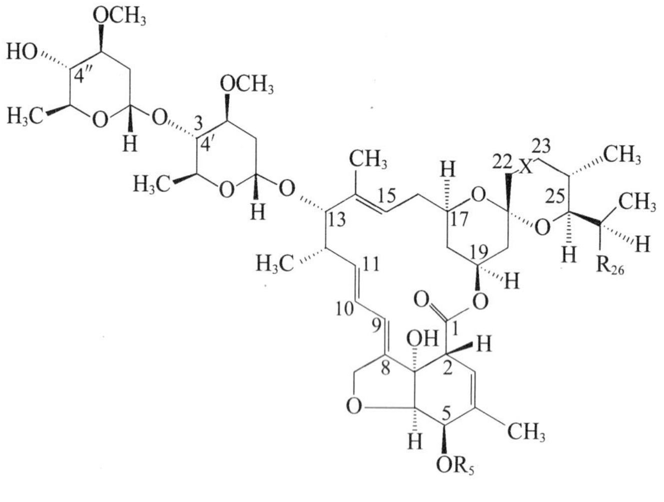

药物	R_5	R_{26}	$C_{22}—X—C_{23}$
阿维菌素 B_{1a}	H	C_2H_5	—CH═CH—
阿维菌素 B_{1b}	H	CH_3	—CH═CH—
伊维菌素 B_{1a}	H	(>80%)C_2H_5	$—CH_2—CH_2—$
伊维菌素 B_{1b}	H	(<20%)CH_3	$—CH_2—CH_2—$

图 14－1　阿维菌素类药物的化学结构

【药动学】阿维菌素类药物具有高脂溶性，因此其药代动力学特征具有较大的表观分布容积和较缓慢的消除过程。不论经口还是注射给药，阿维菌素类药物均易吸收，一般内服比皮下注射的吸收速率快。皮下注射的生物利用度较高，体内药物持续时间较长，对某些寄生虫尤其节肢动物的杀灭作用优于内服给药。不同制剂配方、不同给药方式、不同种类动物及不同饲养方式等因素，均可对这类药物的药代动力学特征产生明显影响。

【药理作用】AVMs 可增强无脊椎动物神经突触后膜对 Cl^- 的通透性，从而阻断神经信号的传递，最终使神经麻痹，并可导致死亡。AVMs 是通过两种不同的途径来增强神经膜对 Cl^- 的通透性，其一是通过增强无脊椎动物外周神经抑制递质 γ-氨基丁酸（gama-aminobutyricacid，GABA）的释放；另一种途径是引起由谷氨酸控制的 Cl^- 通道开放。哺乳动物外周神经传导介质为乙酰胆碱，GABA 主要分布于中枢神经系统，在用治疗剂量驱杀哺乳动物体内外寄生虫时，由于血脑屏障的影响，阿维菌素类药物进入其大脑的数量极少，与线虫相比，欲影响哺乳动物神经功能所需要的药物浓度要高得多，因而只有当大量的 AVMs 进入哺乳动物的大脑时，才可能导致其中毒。此外，目前尚未在哺乳动物体内发现由谷氨酸控制的 Cl^- 通道。AVMs 对无脊椎动物有很强的选择性，因此，阿维菌素类药物用作哺乳动物的抗内外寄生虫药较安全。与传统的抗寄生虫药物相比，阿维菌素类药物抗寄生虫的作用机制独特，因而不与其他种类抗寄生虫药物产生交叉耐药性。

阿维菌素类药物对吸虫和绦虫无效，可能与吸虫和绦虫缺少 GABA 神经传导介质以及虫体内缺少受谷氨酸控制的 Cl^- 通道有关。

【不良反应】伊维菌素对试验动物的毒性略低于阿维菌素。研究表明，伊维菌素和阿维菌素对哺乳动物、鸟类、鸡、鸭毒性很小。淡水生物如水蚤和鱼类对阿维菌素类药物高度敏感，但由于药物与土壤紧密结合，不溶于水，迅速光解等特性极大地降低了其在自然环境中对水生生物的毒性。阿维菌素类药物对植物无毒，不影响土壤微生物，对环境影响较小。

【耐药性】近几年来，在许多国家相继出现耐阿维菌素类药物的虫株，且主要集中于绵羊和山羊。研究表明，阿维菌素类驱虫药耐药性产生的机制可能包括虫体对药物摄入量的减少、代谢增强和氯离子通道受体发生改变等方面。频繁用药和亚剂量用药可能是导致耐药性产生的两大主要原因。

伊维菌素（Ivermectin）

本品的主要成分为 22，23-二氢阿维菌素 B_{1a}。

【理化性质】白色结晶性粉末。无臭、无味。在水中几乎不溶，在甲醇、乙醇、丙醇、丙酮、乙酸乙酯中易溶。

【药动学】单胃动物内服后吸收可达 95%，反刍动物只能吸收 1/4～1/3。猫比犬的生物利用度低，在预防心丝虫时需较高剂量。本品能很好分布到全身多数组织，但不易进入脑脊液，因此毒性小。柯利犬（Collies）具有特殊基因可使更多药物进入脑脊液，故对柯利犬毒性较强。本品在肝通过氧化途径代谢，原形和代谢物主要从粪便排出，经尿液排出少于 5%。各种动物的主要药动学参数如下：生物利用度，犬 95%，绵羊 100%（皱胃注入）、25%（瘤胃注入）；表观分布容积，牛 0.45～2.4 L/kg，犬 2.4 L/kg，猪 4 L/kg，绵羊 4.6 L/kg；消除半衰期，牛 2～3 d，犬 2 d，猪 0.5 d，绵羊 2～7 d。

【作用与应用】本品具有广谱、高效、用量小和安全等优点，对线虫、昆虫和螨均具有高效驱杀作用。

对马、牛、羊、猪的消化道和呼吸道线虫，马盘尾丝虫的微丝蚴以及猪肾虫等均有良好驱虫效果。对马胃蝇和羊鼻蝇的各期幼虫以及牛和羊的疥螨、痒螨、毛虱、血虱、腭虱以及猪疥螨、血虱等外寄生虫有极好的杀灭作用。

对犬、猫钩口线虫成虫及幼虫、犬恶丝虫的微丝蚴、狐狸鞭虫、犬弓首蛔虫成虫和幼虫、狮弓蛔虫、猫弓首蛔虫以及犬猫耳痒螨和疥螨均有良好的驱杀作用。

对兔疥螨、痒螨，家禽羽虱都有高效杀灭作用。此外，对传播疾病的节肢动物如蜱、蚊、库蠓等均有杀灭效果并干扰其产卵或蜕化。

尚可用于预防犬心丝虫病（又称犬恶丝虫病），具体方法如下：蚊子出现季节，以小剂量（按每 1 kg 体重 50 μg）给犬内服或皮下注射伊维菌素，每月一次，以杀死血液中心丝虫的微丝蚴。但是伊维菌素不能用于治疗，因杀虫效果很快，会导致被杀死的成虫阻塞心脏，从而引起犬突然死亡。

【应用注意】①伊维菌素的安全范围较大，应用过程很少出现不良反应，但是超剂量应用可引起中枢神经系统抑制，无特效解毒药。②肌内注射后会产生严重的局部反应（马尤为显著，应慎用），一般采用皮下注射方法给药或内服。③驱虫作用较缓慢，对有些内寄生虫需数日到数周才能彻底杀灭。④泌乳动物及母牛临产前 1 个月禁用。⑤柯利犬对本药异常敏感，不宜使用。

【休药期】牛 35 d、羊 21 d、猪 28 d。

【用法与用量】皮下注射：一次量，每 1 kg 体重，牛、羊 0.2 mg，猪 0.3 mg。牛、羊泌乳期禁用。

内服：混饲，每日每 1 kg 体重，猪 0.1 mg。连用 7 d。

【制剂】伊维菌素注射液（Ivermectin Injection），伊维菌素口服液（Ivermectin Oral Solution）（含 0.6%伊维菌素）。

多拉菌素（Doramectin）

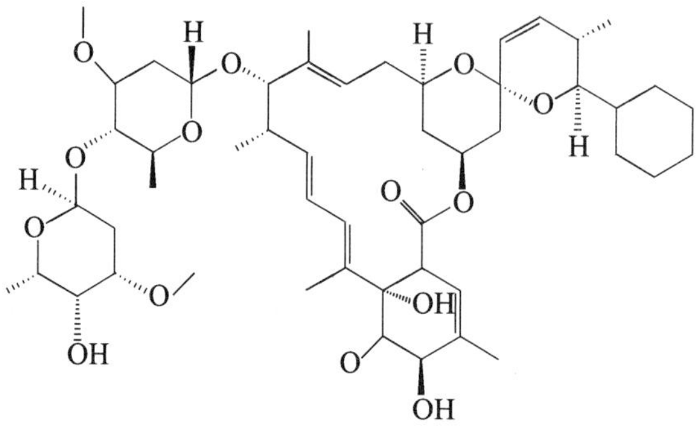

多拉菌素又名多拉克丁，是阿氟曼链霉菌的发酵产物，商品化的注射液是无色到淡黄色的灭菌溶液，注射液应保存在 30 ℃以下。

【药动学】牛皮下注射，多拉菌素血药浓度峰时约为 5 d，峰浓度为 34 ng/mL，生物利用度与肌内注射相同。牛皮下注射本品的生物利用度较伊维菌素约高 40%，消除半衰期约为 9 d。

【作用与应用】本品作用机制同伊维菌素，但其作用比伊维菌素略强、毒性较小。可用于治疗和控制动物的内外寄生虫：胃肠道线虫，如奥氏奥斯特线虫、竖琴奥斯特线虫、帕氏血矛线虫等；肺线虫，如胎生网尾线虫；牛眼丝虫和犬心丝虫等；体外寄生虫，如牛皮蝇、蜱、虱、痒螨和疥螨等。

临床常用于防治牛、猪、犬、猫的体内外寄生虫病。

【不良反应】使用 3 倍推荐剂量的多拉菌素，对繁殖期动物（公牛及妊娠早期和晚期的母牛）的生殖性能没有影响。但对于其他动物，加大剂量使用可能产生严重的不良反应，包括对犬的致死毒性。

【用法与用量】牛：皮下注射，每 1 kg 体重 200 μg，应选择肩前或肩后的松弛部位注入。浇淋剂：局部用药，每 1 kg 体重 500 μg，沿着牛肩隆起和尾基部之间背部中线的一条窄带进行浇淋或涂搽。

猪：肌内注射，每 1 kg 体重 300 μg，应选择颈部的肌肉发达部位注入。

犬：治疗全身性脂螨病，皮下注射，每 1 kg 体重 600 μg，每周 1 次，连用 4 周至破损皮肤痊愈。

【制剂】多拉菌素注射液（Doramectin Injection），多拉菌素浇淋剂（Doramectin Pour On）。

埃普利诺菌素（Eprinomectin）

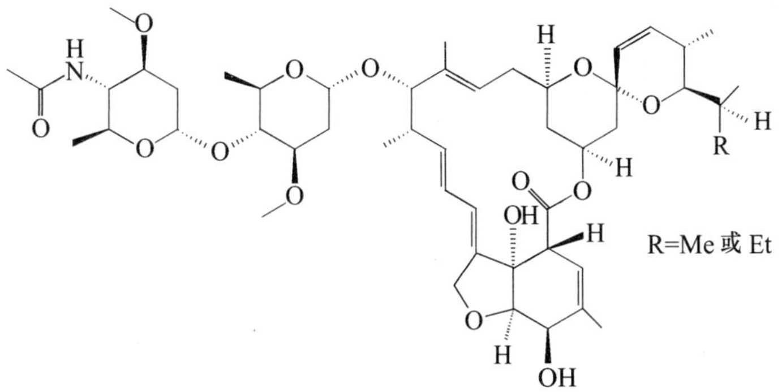

R=Me 或 Et

埃普利诺菌素又称依立诺克丁、伊利菌素。

【理化性质】本品是一种十六元环的大环内酯类抗生素，基本结构为一个十六元内酯环，其上连接有 3 个主要基团：六氢化苯丙呋喃（C_2—C_8）、二糖基（C_{13}）和螺酮缩醇系统（C_{17}—C_{28}）。由两种主要成分组成，B_{1a}组分所占比例在 90%以上，B_{1b}组分一般不超过 10%。为白色或微黄色粉末；溶于甲醇、乙醇、1，2-丙二醇、二甲基亚砜、乙酸乙酯、乙酸异丙酯和己烷等，几乎不溶于水。本品易光解、氧化，在液体制剂中（如溶于 1，2-丙二醇）中比较稳定。

【药动学】在牛体内，给药后血药浓度达峰时间为 2.05 d，消除半衰期为 2.03 d。在牛奶中，给药后 1.92 h 达到最高药物浓度，消除半衰期为 1.91 d。在山羊体内，本品给药后 2.55 d 达到最高血药浓度，消除半衰期为 7.47 d。

【作用与应用】和其他阿维菌素类药物一样，本品抗虫谱广，对绝大多数线虫和节肢动物的幼虫和成虫有效，但对虫卵及吸虫、绦虫无效。杀虫活力高，皮下注射对大多数常见线虫成虫和幼虫达到 95%。本品对古柏线虫、辐射食道口线虫和蛇形毛圆线虫的杀灭作用强于依维菌素。

对牛皮蝇的幼虫有 100%杀灭作用。对牛蜱有较强的杀灭作用。本品浇淋剂对牛多种线虫的成虫和幼虫的驱杀效率都在 99%以上。

对山羊人工感染的捻转血矛线虫和蛇形毛圆线虫的驱杀效果分别为 100%和 97%。

【不良反应】3 倍治疗剂量的药物对母牛和公牛的繁殖性能没有不良影响。牛使用 5 倍治疗剂量的依立诺克丁没有显示出不良反应现象。给予 10 倍剂量的依立诺克丁有 1 例（6 例中）出现瞳孔放大。不能内服或静脉注射。

【用法与用量】 浇淋：牛或羊，每 1 kg 体重 0.5 mg。

【制剂】 埃普利诺菌素浇淋剂（Eprinomectin Pour On）。

阿维菌素（Avermectin）

阿维菌素是阿维链霉菌（*Streptomyces avermitilis*）发酵的天然产物，主要成分为 Avermectin B_1，国外又名爱比菌素（Abamectin）。兽用阿维菌素系由我国首先研究开发的，由于价格低于伊维菌素，很快在我国推广应用。

本品的作用、应用、剂量等均与伊维菌素相同。我国多年来的应用实践表明，阿维菌素是一种广谱、高效、安全的抗体内外寄生虫药，但其稳定性不如伊维菌素，毒性比伊维菌素大。

目前临床应用的制剂有：阿维菌素注射液（Avermectin Injection），阿维菌素片（Avermectin Tablets），阿维菌素浇淋剂（Avermectin Pour On）。

美贝霉素肟（Milbemycin Oxime）

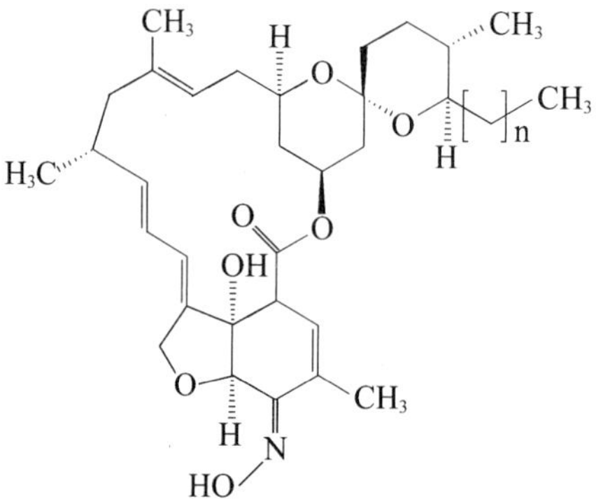

美贝霉素肟是由吸湿链霉菌（*Streptomyces hygroscopicus* subsp. *aureolacrimosus*）发酵产生的大环内酯类体内外杀虫药（endectocides）。

【理化性质】 本品在有机溶剂中易溶，在水中不溶。含 A_4 美贝霉素肟不得低于 80%，A_3 美贝霉素肟不得超过 20%。

【药动学】 内服给药后有 90%～95%原型药物通过胃肠道排泄，其余 5%～10%药物吸收后经胆汁排泄。因此，几乎有接近全量的药物经粪便排出。

【作用与应用】 美贝霉素对某些节肢动物和线虫具有高度活性，是专用于犬的抗寄生虫药。在犬恶丝虫第 3 期幼虫感染后 30 d 或 45 d 时，一次内服，每 1 kg 体重 0.5 mg 美贝霉素肟均可完全防止感染的发展，但在感染后 60 d 或 90 d 时用药无效。

美贝霉素肟是强效的杀犬微丝蚴药物。一次内服，每 1 kg 体重 0.25 mg，几天内可使微丝蚴数减少 98%以上。

美贝霉素肟对犬蠕形螨也极有效。患蠕形螨犬每天按每 1 kg 体重 1～4.6 mg 的剂量内服，在 60～90 d 内，患犬症状迅速改善而且大部分犬可彻底治愈。

【药物相互作用】 本品不能与乙胺嗪并用，必要时至少应间隔 30 d。

【应用注意】 ①美贝霉素肟虽对犬毒性不大，安全范围较广，但长毛牧羊犬（柯利犬等）对本品仍与伊维菌素同样敏感。本品治疗微丝蚴时，患犬亦常出现中枢神经抑制、流涎、咳嗽、呼吸急促和呕吐。必要时可用氢化泼尼松预防，每 1 kg 体重 1 mg。②不足 4 周龄以及体重低于 1.82 kg 的幼犬，禁用本品。

【用法与用量】 内服：一次量，每 1 kg 体重，犬 0.5～1 mg，每月一次。

【制剂】 美贝霉素肟片（Milbemycin Oxime Tablets）。

莫西菌素（Moxidectin）

莫西菌素是由一种链霉菌（*Streptomyces cyaneogriseus* ssp. *noncyanogenus*）发酵产生的半合成单一成分的大环内酯类抗生素。

【药动学】 由于莫西菌素较伊维菌素更具脂溶性和疏水性，因此，维持组织的治疗有效药物浓度更持久。药物原形在血浆的残留达 14～15 d。泌乳牛皮下注射约有 5%剂量进入哺乳犊牛。在牛体内的代谢产物为 C_{29}/C_{30} 及 C_{14} 位的羟甲基化产物，其次还有极少量羟基化和 O-脱甲基化产物。本品与伊维菌素一样，主要经粪便排泄，经尿排泄的为 3%。

【作用与应用】 莫西菌素与其他多组分大环内酯类抗寄生虫药（如伊维菌素、阿维菌素、美贝霉素肟）的不同之处，在于它是单一成分，以及维持更长时间的抗虫活性。莫西菌素具有广谱驱虫活性，对犬、牛、绵羊、马的线虫和节肢动物寄生虫有高度驱杀作用。莫西菌素的驱虫机制与伊维菌素相似。

莫西菌素用较低剂量时（每 1 kg 体重 0.5 mg 或更低）即对内寄生虫（线虫）和外寄生虫（节肢动物）有高度驱除活性。本品主要用于驱除反刍动物和马的大多数胃肠线虫和肺线虫，反刍动物的某些节肢动物寄生虫，以及犬恶丝虫发育中的幼虫。

【应用注意】 ①莫西菌素对动物较安全，而且对伊维菌素敏感的柯利犬亦安全，但高剂量时，个别犬可能会出现嗜眠、呕吐、共济失调、厌食、腹泻等症状。②牛应用浇淋剂后，6 h 内不能淋雨。

【用法与用量】 内服：一次量，每 1 kg 体重，马 0.4 mg，羊 0.2 mg，犬 0.2～0.4 mg，每月一次。

皮下注射：一次量，每 1 kg 体重，牛 0.2 mg。

背部浇淋：一次量，每 1 kg 体重，牛、鹿 0.5 mg。

【制剂】 莫西菌素片（Moxidectin Tablets），莫西菌素溶液（Moxidectin Solution），莫西菌素注射液（Moxidectin Injection），莫西菌素浇淋剂（Moxidectin Pouron）。

（二）苯并咪唑类

噻苯达唑是苯并咪唑类（benzimidazoles）的第一个驱虫药。自 20 世纪 60 年代初问世以来，相继合成了许多广谱、高效、低毒的抗蠕虫药，主要的药物有甲苯达唑、芬苯达唑、康苯咪唑、丁苯咪唑、阿苯达唑、奥芬达唑、三氯苯咪唑、尼托比明（Netobimin）、非班太尔等，它们的基本作用相似，主要对线虫具有较强的驱杀作用，有的不仅对成虫，而且对幼虫也有效，有些还具有杀虫卵作用。但由于理化性质和药动学特征的差异，其作用也有不同，有些药物对绦虫、吸虫也有驱除效果，如阿苯达唑，而三氯苯达唑则主要用作驱吸虫药。

本类药物曾广泛用作畜禽的驱蠕虫药，近年来由于阿维菌素类的推广应用，苯并咪唑类的用量有减少趋势。

【作用机制】 本类药物基本上都是细胞微管蛋白抑制剂，抗虫作用机制主要是与虫体的微管蛋白结合，阻止了微管组装的聚合（polymerization）。实验表明，甲苯达唑对一些蠕虫的成虫和幼虫的微管蛋白有明显的损伤作用，这个作用可引起线虫或绦虫的表皮层与肠细胞质的微管损伤，使虫体的消化和营养吸收降低。因为微管蛋白是微管的功能性亚单位，参与几种重要的细胞功能，如细胞内的物质转运等，也是许多酶分泌的基础。过去曾认为本类药物的作用是抑制虫体对葡萄糖的摄入和抑制延胡索酸还原酶的活性，干扰能量代谢。现认为这个作用可能是微管蛋白受抑制后的继发结果，或者可能还有完全独立于这个作用的其他机制，尚未阐明。

苯并咪唑对线虫微管蛋白的亲和力比对哺乳动物的要高得多，如猪蛔虫胚胎的微管蛋白对甲苯达唑的敏感性比牛脑组织高 384 倍，这可能是本类药物选择性作用于虫体而对宿主毒性低的原因。

【不良反应】本类药物的一般毒性低，安全范围大，在应用治疗剂量时，即使对幼龄、患病或体弱的动物都不会产生副作用。对过大剂量的耐受性，不同种属动物和不同药物有很大差异，例如，绵羊在服用比治疗量大 1 000 倍的硫苯咪唑时并无临床不良反应，但牛服用 3 倍治疗量的康苯咪唑时就会出现食欲不振和精神沉郁；猪能耐受每 1 kg 体重 1 000 mg 的丁苯咪唑，鸡能耐受每 1 kg 体重 2 000 mg 的甲苯达唑。

本类药物具有致畸作用，对妊娠 2～4 周的绵羊给予阿苯达唑、丁苯咪唑或康苯咪唑可诱发各种胚胎畸形，以骨骼畸形占多数。其致畸作用被认为与抑制微管蛋白和有丝分裂的作用机制有关。苯并咪唑类药物对人类也可引起与动物相同的潜在危害，应引起关注。

阿苯达唑（Albendazole）

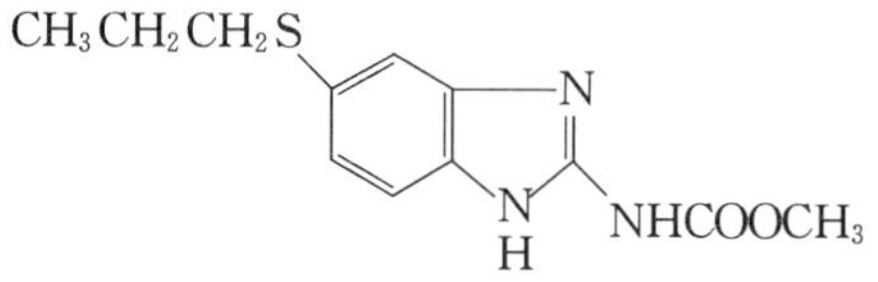

$CH_3CH_2CH_2S$ N N H $NHCOOCH_3$

阿苯达唑又称丙硫苯咪唑。

【理化性质】白色或类白色粉末。无臭、无味。在水中不溶，在氯仿或丙酮中微溶。在冰醋酸中溶解。

【药动学】本品脂溶性高，比其他本类药物更易从消化道吸收，由于有很迅速的首过效应，血中的原形药物很少或不能测到，主要在肝脏代谢为阿苯达唑亚砜和砜等代谢物，亚砜具有抗蠕虫活性。内服阿苯达唑后，亚砜代谢物在牛、羊、猪、兔、鸡的半衰期分别为 20.5 h、7.7～9.0 h、5.9 h、4.1 h 和 4.3 h，砜代谢物在这些动物的半衰期分别为 11.6 h、11.8 h、9.2 h、9.6 h 和 2.5 h，表现出明显的种属差异。内服后约 47%代谢物从尿液排出。除亚砜和砜外，尚有羟化、水解和结合产物，经胆汁排出体外。

【作用与应用】本品对动物线虫、吸虫、绦虫均有驱除作用，其中对绦虫、吸虫需用较高剂量。

羊：低剂量对血矛线虫、奥斯特线虫、毛圆线虫、细颈线虫、食道口线虫、夏伯特线虫、马歇尔线虫、古柏线虫、网尾线虫、莫尼茨绦虫成虫均具良好效果，高限治疗量对多数胃肠线虫幼虫、网尾线虫未成熟虫体及肝片吸虫成虫亦有明显驱除效果。

牛：对牛大多数胃肠道线虫成虫及幼虫均有良好效果。如对毛圆线虫、古柏线虫、牛仰口线虫、奥斯特线虫、乳突类圆线虫、捻转血矛线虫的成虫及幼虫均有极佳的驱除效果。高限治疗量对辐射食道口线虫、细颈线虫、网尾线虫、肝片吸虫、莫尼茨绦虫亦有良效。通常对小肠、皱胃未成熟虫体效果优良，而对盲肠及大肠未成熟虫体效果较差。阿苯达唑对肝片吸虫童虫效果不稳定。

马：对马的大型圆线虫如普通圆形线虫、无齿圆形线虫、马圆形线虫及多数小型圆形线虫的成虫及幼虫均有高效。

猪：对猪蛔虫、食道口线虫、六翼泡首线虫、毛首线虫、刚棘颚口线虫、后圆线虫（肺线虫）均有良好效果。对蛭状巨吻棘头虫效果不稳定。

犬、猫：每日每 1 kg 体重 20 mg，连用 3 d，对犬蛔虫及钩虫、绦虫均有高效，对犬肠期旋毛虫亦有良好效果。感染克氏肺吸虫的猫，每 1 kg 体重 5 mg，每日 3 次，连用 14 d，能杀灭所有虫体。

家禽：对鸡蛔虫成虫及未成熟虫体有良好效果，对赖利绦虫成虫亦有较好效果。但对鸡异刺线虫、毛细线虫作用很弱。每 1 kg 体重 25 mg，对鹅剑带绦虫、棘口吸虫疗效为 100%。每 1 kg 体重 50 mg，对鹅裂口线虫有高效。

野生动物：对白尾鹿捻转血矛线虫、奥斯特线虫、毛圆线虫、细颈线虫疗效甚佳。对肝片吸虫成虫及童虫效果极差。

【应用注意】①马较敏感，不能连续大剂量给予；牛、羊妊娠 45 d 内禁用；产乳期禁用。②休药期：牛 27 d，羊 7 d。

【用法与用量】内服，一次量，每 1 kg 体重，马 5～10 mg，牛、羊 10～15 mg，猪 5～10 mg，犬 25～50 mg，禽 10～20 mg。

【制剂】阿苯达唑片（Albendazole Tablets）。

芬苯达唑（Fenbendazole）

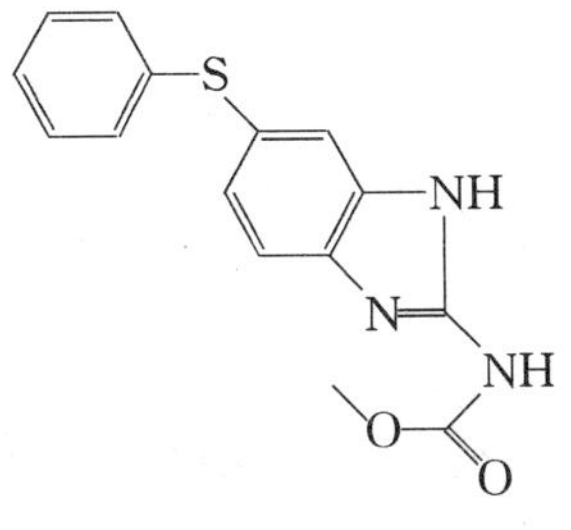

S　NH　N　NH　O　O

芬苯达唑又称苯硫苯咪唑或硫苯咪唑。

【理化性质】白色或类白色粉末。无臭、无味。不溶于水，可溶于二甲亚砜和冰醋酸。

【药动学】内服仅少量吸收，犊牛和马的血药峰浓度分别为 0.11 μg/mL 和 0.07 μg/mL。芬苯达唑在体内代谢为活性产物芬苯达唑亚砜（即奥芬达唑）和砜。在绵羊、牛和猪，内服剂量的 44%～50%以原形从粪便排出，尿中排出不到 1%。

【作用与应用】芬苯达唑不仅对胃肠道线虫成虫及幼虫有高度驱虫活性，而且对网尾线虫、片形吸虫和绦虫亦有良好效果，还有极强的杀虫卵作用。

羊：对羊血矛线虫、奥斯特线虫、毛圆线虫、古柏线虫、细颈线虫、仰口线虫、夏伯特线虫、食道口线虫、毛首线虫、网尾线虫的成虫及幼虫均有高效。对扩展莫尼茨绦虫、贝氏莫尼茨绦虫有良好驱除效果。对吸虫需用大剂量，如每 1 kg 体重 20 mg，连用 5 d，对矛形双腔线吸虫有效率达 100%；每 1 kg 体重 20 mg，连用 6 d，对肝片吸虫有高效。

牛：对牛的驱虫谱大致与羊相似，对吸虫需用较高剂量，如每 1 kg 体重 7.5～10 mg，连用 6 d，对肝片吸虫成虫及牛前后盘吸虫童虫均有良好效果。

马：对马副蛔虫、马尖尾线虫的成虫及幼虫，胎生普氏线虫、普通圆形线虫、无齿圆线虫、马圆形线虫、小型圆形线虫均有优良效果。

猪：对猪蛔虫、红色猪圆线虫、食道口线虫的成虫及幼虫有良好驱虫效果。每 1 kg 体重 3 mg，连用 3 d，对冠尾线虫（肾虫）亦有显著杀灭作用。

犬、猫：犬内服，每 1 kg 体重 25 mg，对犬钩虫、毛首线虫、蛔虫作用明显。每 1 kg 体重 50 mg，连用 14 d，能杀灭移行期犬蛔虫幼虫；连用 3 d 几乎能驱净绦虫。猫用治疗量连用 3 d，对猫蛔虫、钩虫、绦虫均有高效。

野生动物：给感染奥斯特线虫、古柏线虫、细颈线虫、毛圆线虫、毛首线虫的鹿内服，每 1 kg 体重 5 mg，连用 3～5 d，具有良好效果，此外对莫尼茨绦虫也有一定作用。对严重感染禽蛔虫、锯刺线虫、毛细线虫及吸虫的各种食肉猛禽，以每 1 kg 体重 25 mg，连用 3 d，对上述虫体几乎全部有效。

【应用注意】奶牛弃乳期 7 d，山羊产乳期禁用；休药期，牛、羊 21 d，猪 3 d。

【用法与用量】内服：一次量，每 1 kg 体重，马、牛、羊、猪 5～7.5 mg，犬、猫 25～50 mg，禽 10～50 mg。

【制剂】芬苯达唑片（Fenbendazole Tablets）。

奥芬达唑（Oxfendazole）

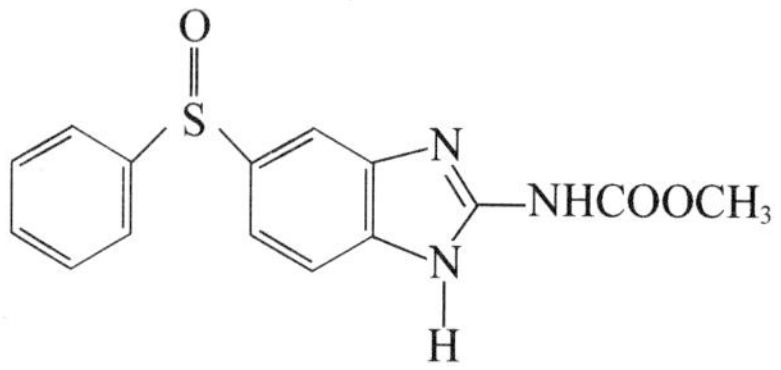

$$\text{C}_6\text{H}_5-\text{S(=O)}-\text{(benzimidazole)}-\text{NHCOOCH}_3$$

【理化性质】白色或类白色粉末；有轻微的特殊气味。本品不溶于水，微溶于甲醇、丙酮、氯仿、乙醚。

【药动学】奥芬达唑为苯并咪唑类中内服吸收量较多的驱虫药。反刍动物吸收量显著低于单胃动物，且反刍动物舍饲时吸收量多于放牧时。绵羊内服治疗剂量，20 h 和 30 h 后分别在皱胃液和血液中药物达到峰值浓度，并且 7 d 后血液中可检测到。对于单胃动物，奥芬达唑主要经尿排泄，而反刍动物有 65%给药量经粪便排泄。经乳汁排泄的仅占给药量的 0.6%。奥芬达唑在体内主要的代谢产物是在苯硫基 4′-碳处发生羟基化以及氨基甲酸酯的水解和亚砜的氧化和还原。4′-羟代谢物与糖苷酸和硫酸结合而经尿排泄。消除半衰期，绵羊约 7.5 h，山羊约 5.25 h。

【作用与应用】奥芬达唑为芬苯达唑的衍生物，属广谱、高效、低毒的新型抗蠕虫药，其驱虫谱大致与芬苯达唑相同，但驱虫活性更强。

【应用注意】①本品能产生耐药虫株，甚至产生交叉耐药现象。②本品原料药的适口性较差。③奥芬达唑的治疗量（甚至 2 倍量）虽对妊娠母羊无胎毒作用，但在妊娠 17 d 时，用量为每 1 kg 体重 22.5 mg，胚胎呈现毒作用而有致畸影响，因此妊娠早期动物以不用本品为宜。④休药期，牛 11 d，羊 21 d，产乳期禁用。

【用法与用量】 内服：一次量，每 1 kg 体重，马 10 mg，牛 5 mg，羊 5～7.5 mg，猪 4 mg，犬 10 mg。

【制剂】 奥芬达唑片（Oxfendazole Tablets）。

氧苯达唑（Oxibendazole）

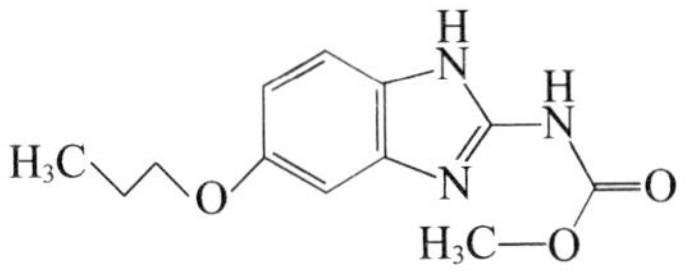

【理化性质】 白色或类白色结晶性粉末；无臭，无味。本品不溶于水，极微溶于甲醇、乙醇、二氧六环、氯仿，溶于冰醋酸。

【药动学】 氧苯达唑不易吸收。一次给绵羊内服，6 h 血药浓度达峰值，24 h 内经尿排泄占 34%，216 h 经尿排泄的占给药量 40%。一次给牛内服，12 h 血浓度呈峰值，144 h 后，经尿排泄的占 32%。在猪体内的主要代谢产物为 5-羟丙基咪唑，主要经肾排泄。

【作用与应用】 氧苯达唑为高效低毒苯并咪唑类驱虫药，虽然毒性极低，但因驱虫谱较窄，仅对胃肠道线虫有高效，因而应用不广。

【应用注意】 ①对噻苯达唑耐药的蠕虫，也可能对本品存在交叉耐药性。②休药期，牛 4 d，弃乳期为 72 h；羊 4 d，猪 14 d。

【用法与用量】 内服：一次量，每 1 kg 体重，马、牛 10～15 mg，羊、猪 10 mg，禽 30～40 mg。

【制剂】 氧苯达唑片（Oxibendazole Tablets）。

甲苯达唑（Mebendazole）

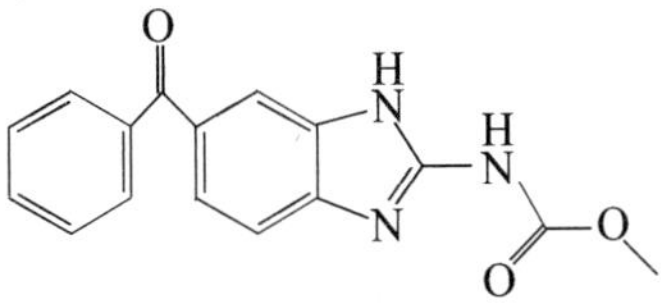

【理化性质】 为白色、类白色或微黄色结晶性粉末。本品不溶于水，极微溶于丙酮和氯仿，微溶于冰醋酸，易溶于甲酸。

【药动学】 甲苯达唑因溶解度小而吸收极少，而且很少代谢，动物内服后，在 24～48 h 内经粪便排泄的原型药物约占 80%，经尿排泄的为 5%～10%。吸收后的药物仅有极少量以脱羧基衍生物形式排泄。

【作用与应用】 甲苯达唑是早期用于医学和兽医临床的苯并咪唑类药。其抗线虫作用已为后来开发的其他药物所取代，目前还常用其作为抗绦虫药和抗旋毛虫药。

【应用注意】 ①长期应用本品能引起蠕虫产生耐药性，而且存在交叉耐药现象。②本品毒性虽然很小，但治疗量即引起个别犬厌食、呕吐、精神委顿以及出血性腹泻等现象。③对实验动物具有致畸作用，禁用于妊娠母畜。④本品能影响产蛋率和受精率，蛋鸡以不用为宜。⑤鸽子、鹦鹉因对本品敏感而应禁用。⑥休药期，羊 7 d，弃乳期为 24 h；家禽 14 d。

【用法与用量】内服：一次量，每 1 kg 体重，马 8.8 mg，羊 15～30 mg；犬、猫，体重不足 2 kg，50 mg；体重 2 kg 以上，100 mg；体重超过 30 kg，200 mg；每日 2 次，连用 5 d。

混饲：每 1 000 kg 饲料，禽 60～120 g，连用 14 d。

氟苯达唑（Flubendazole）

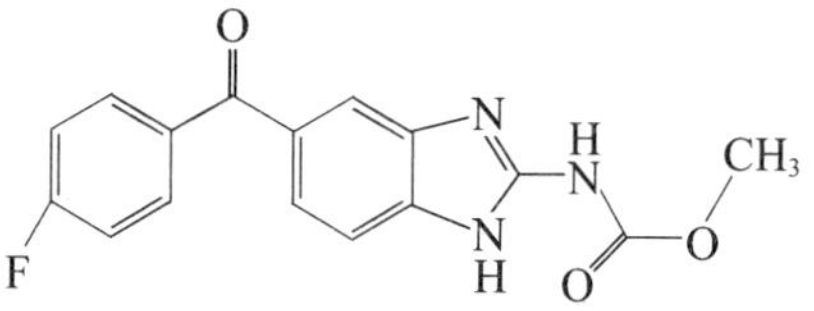

【理化性质】白色或类白色粉末；无臭。本品不溶于甲醇和氯仿，微溶于稀盐酸。

【作用与应用】氟苯达唑为甲苯达唑的对位氟同系物。它不仅对胃肠道线虫有效，而且对某些绦虫亦有一定效果。主要用于猪、禽的胃肠道蠕虫病。

【应用注意】对苯并咪唑驱虫药产生耐药性的虫株，对本品也可能存在耐药性；连续混饲给药，驱虫效果优于一次投药；休药期，猪 14 d。

【用法与用量】内服：一次量，每 1 kg 体重，猪 5 mg，羊 10 mg。

混饲：每 1 000 kg 饲料，猪 30 g，连用 5～10 d；禽 30 g，连用 4～7 d。

【制剂】氟苯达唑预混剂（Flubendazole Premix）。

非班太尔（Febantel）

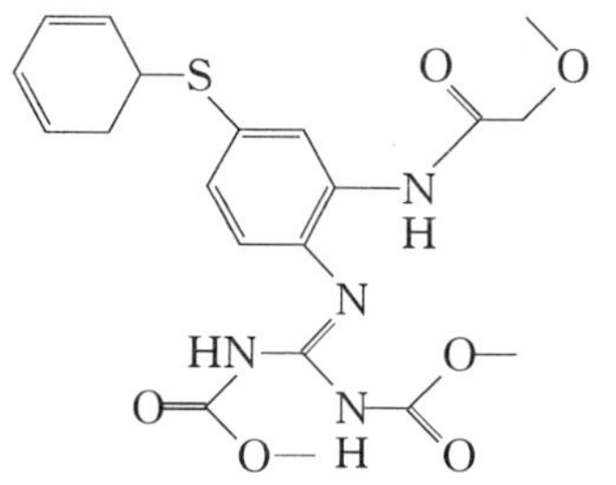

【理化性质】无色粉末；不溶于水和乙醇，溶于丙酮、氯仿、四氢呋喃和二氯甲烷。

【药动学】牛或绵羊的代谢研究表明：内服治疗量（每 1 kg 体重 7.5 mg）后多数药物迅速代谢，在血浆仅出现低浓度原形药物。代谢成包括芬苯达唑和奥芬达唑在内大概有 10 种产物，这些物质的血药峰时为：羊于内服后 6～18 h，牛为 12～24 h。两种代谢物（芬苯达唑和奥芬达唑）的驱虫活性比其前体药物（非班太尔）要强得多。

【作用与应用】非班太尔属苯并咪唑类前体驱虫剂，即在胃肠道内转变成芬苯达唑和奥芬达唑而发挥有效的驱虫效应。可用作各种动物的驱线虫药。非班太尔多以复方制剂上市，如用于犬、猫的产品多与吡喹酮、噻嘧啶等配合，以扩大驱虫范围。对 6 月龄以上的犬、猫，每天按每 1 kg 体重非班太尔 10 mg、吡喹酮 1 mg 内服，连用 3 d。不足 6 月龄幼犬、幼猫应增量至每 1 kg 体重非班太尔 15 mg、吡喹酮 1.5 mg，连用 3 d。上述用量对下列虫体成虫或潜伏期虫体均有良好驱虫效果：犬钩口线虫、管形钩口线虫、欧洲犬钩虫（>91%）；犬弓首蛔虫、猫弓首蛔虫、狮弓蛔虫（98%）；犬鞭虫（100%）；带绦虫、猫绦虫、犬复孔绦虫（100%）。

熊、黑猩猩、豪猪、犰狳、袋鼠等野生动物应用本品亦安全有效。

【药物相互作用】本品与吡喹酮并用，能使妊娠犬、猫早产，因此妊娠动物应禁用。

【应用注意】①对苯并咪唑类耐药的蠕虫，对本品也可能存在交叉耐药性。②高剂量对妊娠早期母羊胎儿有致畸作用，因此妊娠动物以不用本品为宜。③休药期，牛、羊 8 d，弃乳期为 48 h；猪 10 d。

【用法与用量】内服：一次量，每 1 kg 体重，马 6 mg，牛、羊 10 mg，猪 20 mg；犬、猫，6 月龄以上 10 mg，连用 3 d；6 月龄以下，15 mg，连用 3 d。3 周龄或体重 1 kg 左右的犬，内服，一次量，35.8 mg。

（三）咪唑并噻唑类

本类药物对畜禽主要消化道寄生线虫和肺线虫有效，驱虫范围较广，主要包括四咪唑（噻咪唑）和左旋咪唑（左噻咪唑）。四咪唑为混旋体，左旋咪唑为左旋体，驱虫主要由左旋体发挥作用。

左旋咪唑（Levamisole）

左旋咪唑又称左咪唑。

【理化性质】常用其盐酸盐或磷酸盐。为白色晶粉。易溶于水，在酸性水溶液中性质稳定，在碱性水溶液中易水解失效。

【药动学】本品内服、肌内注射吸收迅速和完全。犬内服、肌内注射的生物利用度为 49%～64%，达峰时间为 2～4.5 h；猪内服及肌内注射的生物利用度分别为 62%和 83%。此外，还可通过皮肤吸收。主要通过代谢消除，原形药（少于 6%）及代谢物大部分从尿中排泄，小部分随粪便排出。消除半衰期有明显的种属差异：牛 4～6 h，羊 3.7 h，猪 3.5～9.5 h，犬 1.3～4 h，兔 0.9～1 h。

【作用与应用】左旋咪唑为广谱、高效、低毒驱虫药，对牛、羊主要消化道线虫和肺线虫有极佳的驱虫作用。虽对多数寄生虫幼虫的作用效果不明显，但对毛首线虫、肺线虫、古柏线虫幼虫仍有良好驱除作用。对苯并咪唑类耐药的捻转血矛线虫和蛇形毛圆线虫，应用左旋咪唑仍有高效。

左旋咪唑可通过虫体表皮吸收，迅速到达作用部位，水解成不溶于水的代谢物，与酶活性中心的巯基相互作用形成稳定的二硫键，使延胡索酸还原酶失去活性。此外，左旋咪唑还能使虫体肌肉挛缩，加之药物的拟胆碱作用，使麻痹的虫体迅速排出体外。

左旋咪唑还具有明显的免疫调节功能，通过刺激淋巴组织的 T 细胞系统，增强淋巴细胞对有丝分裂原的反应，提高淋巴细胞活性物质的产生，增加淋巴细胞数量，并增强巨噬细胞和中性粒细胞的吞噬作用，从而对宿主具有明显的免疫增强作用。

【应用注意】左旋咪唑对宿主的毒副作用一般认为是类似于抑制胆碱酯酶后的效应，其中毒症状表现为 M-胆碱样和 N-胆碱样作用，可用阿托品解毒。

临床应用特别是注射给药，有时可发生中毒死亡的事故，因此单胃动物除肺线虫宜选用注射给药外，一般宜内服给药。局部注射时，对组织有较强刺激性，尤以盐酸左旋咪唑为甚，磷酸左旋咪唑刺激性稍弱。马慎用，骆驼禁用；泌乳期禁用。休药期：内服，牛 2 d，羊、猪 3 d；皮下注射，牛 14 d，羊 28 d。

【用法与用量】内服、皮下注射和肌内注射：一次量，每 1 kg 体重，牛、羊、猪 7.5 mg，犬、猫 10 mg，家禽 25 mg。

【制剂】盐酸左旋咪唑片（Levamisole Hydrochloride Tablets），盐酸左旋咪唑注射液（Levamisole Hydrochloride Injection），左旋咪唑浇淋剂（Levamisole Pouron）。

（四）四氢嘧啶类

四氢嘧啶类药物也是广谱驱线虫药，主要包括噻嘧啶和甲噻嘧啶，还有羟嘧啶。

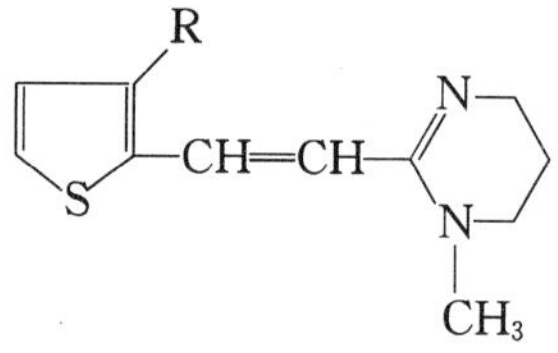

噻嘧啶R＝H

甲噻嘧啶R＝CH_3

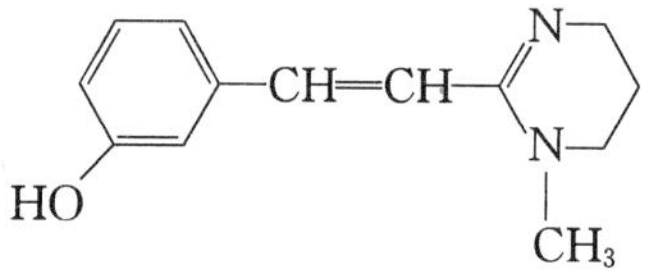

羟嘧啶

这类药物适用于各种动物的大多数胃肠道寄生虫感染。噻嘧啶和甲噻嘧啶具有相同的药理作用，甲噻嘧啶是噻嘧啶的甲基衍生物，其驱虫作用较其母体化合物噻嘧啶为强，而毒性较小，安全范围较大。畜禽一般用 7 倍治疗量的噻嘧啶未见不良反应；牛、羊一般可耐受 20 倍治疗量的甲噻嘧啶。

噻嘧啶和甲噻嘧啶均为去极化型神经肌肉传导阻断剂，对虫体和宿主具有同样作用。对虫体先引起肌肉产生乙酰胆碱样痉挛性收缩，继而阻断其神经肌肉传导，导致麻痹而死亡。

噻嘧啶对宿主的作用与左旋咪唑和乙胺嗪类相似，与大剂量乙酰胆碱的烟碱样作用相仿，对植物神经节、肾上腺、颈动脉体和主动脉体化学感受器及神经肌肉接头均可产生先兴奋后麻痹的作用。

羟嘧啶为抗毛首线虫特效药。绵羊每 1 kg 体重内服 5～10 mg 盐酸羟嘧啶，对毛首线虫具 100％驱虫效果。绵羊每 1 kg 体重内服 600 mg 未见毒性反应，可耐受 120 倍治疗量。

随着抗寄生虫谱更广、作用更强和更安全的许多抗寄生虫药的不断问世，四氢嘧啶类驱线虫药，现已较少应用。

噻嘧啶（Pyrantel）

噻嘧啶又称噻吩嘧啶。

【理化性质】常用双羟萘酸盐，即双羟萘酸噻嘧啶（Pyrantel Pamoate），为淡黄色粉末。无臭，无味。易溶于碱，极微溶于乙醇，几乎不溶于水。置棕色瓶内储存。

【药动学】本品的双羟萘酸盐内服后在胃肠道吸收不良，犬、猫、马在肠道内达到较高浓度。吸收的药物在肝脏迅速代谢，大部分以代谢产物从尿液中排出，其余和未吸收药物随粪便排出。

【作用与应用】 用于治疗动物消化道线虫病。对畜禽10多种消化道线虫有不同程度的驱虫效果，但对呼吸道线虫无效。对牛的驱虫谱与羊相似，但对未成熟虫体的效果较羊的寄生虫差。另外，对鸡蛔虫、鹅裂口线虫、犬蛔虫、犬钩虫等均有良好驱除作用。由于难溶于水，内服后吸收较少，但能到达大肠末端，因此对马、灵长类动物还能发挥良好的驱蛲虫作用。

由于本药对动物有明显的烟碱样作用，极度虚弱动物禁用。

【用法与用量】 内服：一次量，每1 kg体重，马7.5～15 mg，犬、猫5～10 mg。

【制剂】 双羟萘酸噻嘧啶片（Pyrantel Pamoate Tablets）。

甲噻嘧啶（Morantel）

甲噻嘧啶又称莫仑太尔。驱虫谱与噻嘧啶近似，作用较之更强，毒性更小。对牛、羊胃肠道线虫成虫及幼虫均有高效，但对幼虫作用较弱。猪蛔虫对本品最敏感。治疗量对食道口线虫、红色猪圆线虫的成虫及幼虫均有良好驱虫作用。内服一次量可使骆驼、野山羊和斑马的毛圆线虫、狮的狮弓蛔虫、野猪的食道口线虫、象的镰刀缪西德线虫的粪便虫卵几乎全部转为阴性。对骆驼毛首线虫、毛圆线虫、细颈线虫、类圆线虫均有良好驱虫效应。忌与含铜、碘的制剂配伍。食品动物休药期14 d。

内服：一次量，每1 kg体重，马、牛、羊、骆驼10 mg，猪15 mg，犬5 mg，象2 mg，狮、斑马、野猪、野山羊10 mg。

（五）有机磷化合物

有机磷化合物最早主要用作农业和环境杀虫药。以后将一些毒性较低的化合物发展为兽药而用于驱虫的有敌百虫、敌敌畏、蝇毒磷、哈罗松和萘肽磷等。我国应用最广的首推敌百虫。

有机磷化合物驱虫的作用机制是抑制虫体内胆碱酯酶活性，导致乙酰胆碱蓄积而引起虫肌麻痹致死。

有机磷对虫体内胆碱酯酶的抑制程度可因虫种或药物种类的不同而有差异，有机磷与虫体胆碱酯酶的结合，如呈不可逆时则驱虫作用强，反之，如呈可逆时，则作用弱。如捻转血矛线虫体内胆碱酯酶与哈罗松结合后呈不可逆性，哈罗松对捻转血矛线虫作用强；蛔虫体内胆碱酯酶与哈罗松结合后呈可逆性，应用哈罗松后32 h内蛔虫体内胆碱酯酶活性可完全恢复到用药前水平，因此驱蛔虫作用弱。

有机磷化合物对畜禽安全范围较小，用量过大可引起中毒。中毒机制亦系抑制畜禽体内胆碱酯酶活性，使体内乙酰胆碱蓄积过多而出现胆碱能神经兴奋的症状，可分为M-胆碱样和N-胆碱样作用（详见第二章），急性有机磷中毒涉及多器官、多系统，可导致各重要器官损害，而引起心源性猝死、呼吸肌麻痹等并发症。中毒后可用阿托品或胆碱酯酶复活剂——碘解磷定、氯解磷定、双复磷和双解磷等解毒。一般轻度和中度中毒单用阿托品即可，严重中毒时两者合用，解毒效果较好（详见第十五章）。

有机磷对畜禽毒性的大小，与其在畜禽体内与胆碱酯酶结合后是否可逆而恢复酶的活性有关，绵羊红细胞内胆碱酯酶与哈罗松结合后呈完全可逆性，所以治疗量哈罗松对绵羊很安全；但鹅脑中胆碱酯酶在哈罗松作用下呈不可逆性抑制，因此哈罗松对鹅毒性很大。

临床上要注意有机磷的使用剂量，过大不仅会增强毒性，而且有残留，一般规定用药后7 d方可屠宰上市。

敌百虫（Dipterex，Trichlorphon）

$$(CH_3O)_2P(=O)-CH(OH)-CCl_3$$

兽用的为精制敌百虫。

【理化性质】 为白色结晶性粉末。易溶于水，水溶液呈酸性反应，性质不稳定，宜新鲜配制。在碱性水溶液中不稳定，可生成敌敌畏使毒性增强。在空气中易吸湿结块或潮解。本品在固体和熔融时均稳定，稀水溶液易水解。

【作用与应用】 敌百虫是国内曾广泛应用的广谱驱虫药，不仅对消化道线虫有效，而且对某些吸虫（如姜片吸虫、血吸虫）亦有一定效果，对鱼鳃吸虫和鱼虱也有效。外用可作为杀虫药（详见本章第三节）。

本品无论以何种途径给药都能很快吸收，主要分布于肝、肾、心、脑和脾，肺次之，肌肉、脂肪等组织较少。体内代谢较快，主要由尿排出。

本品在有机磷化合物中属低毒药物之一，但治疗量与中毒量很接近，故在驱虫过程中屡有中毒现象发生，主要症状为腹痛、流涎、缩瞳、呼吸困难、肌痉挛、昏迷，直至死亡。羊和禽对本品敏感。

【应用注意】 ①不同种属动物对敌百虫的反应不一，家禽（鸡、鸭等）对敌百虫最敏感，易中毒，而不宜应用；犬、猪比较安全；黄牛、羊较敏感，水牛更敏感。②敌百虫水溶液应临用前配制，且不宜与碱性药物配伍，不应使用碱性水配制敌百虫溶液，不可用碱性的碳酸钙压片。③为防止药物在牛奶中残留，泌乳期奶牛禁用；各种动物的休药期为7 d。

【用法与用量】 内服：一次量，每1 kg体重，马30～50 mg（极量20 g），牛20～40 mg（极量15 g），猪、绵羊80～100 mg，山羊50～75 mg。

敌敌畏（Dichlorvos，DDVP）

国内市售的是80%敌敌畏乳油，用水稀释后作为外用杀虫剂（详见本章第三节）。为保证敌敌畏内服后驱虫药效和提高对家畜安全范围，国外制成了敌敌畏聚氯乙烯树脂颗粒剂，这种剂型优点在于内服后逐渐释放出敌敌畏而在胃肠道内发挥驱虫作用，宿主吸收少而慢，安全范围增大，不易引起中毒。根据不同种类动物消化道长度不同，颗粒剂大小亦不同。颗粒剂经48～96 h由粪便排出，此时仍含有45%～50%敌敌畏在体外继续可以释出，并可对粪便中的蝇蚴等继续发挥作用。主要用于猪、马、犬。驱虫谱与敌百虫相似。治疗量对家畜肝功能无影响。吸收后对体内胆碱酯酶有抑制作用但无临床中毒症状。组织中残留量很小，乳中只含微量。

哈罗松（Haloxon）

本品又称海罗松、哈洛克酮。主要用于驱除牛、羊皱胃和小肠寄生线虫，对大肠寄生线虫作用极弱，也可用作马、牛、羊、猪、禽的驱虫药。哈罗松属有机磷化合物中最安全的药物之一，除鹅外，对多数畜禽都很安全。毒性低是由于本品对哺乳动物红细胞内胆碱酯酶抑制力弱，与胆碱酯酶结合具有可逆性，酶活性易恢复，因而哺乳动物应用本品较安全。鹅对哈罗松极敏感，禁用。其他家禽应用高剂量时，亦应慎重。因在乳汁中有微量残留，乳牛及乳山羊慎用；休药期 7 d。

内服：一次量，每 1 kg 体重，马 50～70 mg，牛 40～44 mg，羊 35～50 mg，猪 50 mg，禽 50～100 mg。

蝇毒磷（Coumaphos）

本品又称库马磷。与其他有机磷化合物一样，早先作为家畜杀外寄生虫药，后来才作为驱虫药应用。蝇毒磷最突出的优点是用于泌乳动物时，其乳汁仍可食用。安全范围窄，特别是其水剂灌服时，二倍治疗量可引起牛、羊中毒死亡，宜选用低剂量连续混饲法给药。

萘肽磷（Naphthalophos）

【作用与应用】萘肽磷属中等驱虫谱有机磷化合物。主要对牛、羊皱胃和小肠寄生线虫有效，对大肠寄生虫通常无效。

羊：对捻转血矛线虫、普通奥斯特线虫、蛇形毛圆线虫以及栉状古柏线虫成虫和第 5 期幼虫特别有效，但对幼龄期虫体几乎无效。对乳突类圆线虫疗效超过 80%，对细颈线虫作用不定，对食道口线虫、夏伯特线虫无效。特别值得强调的是，对山羊、绵羊的血矛线虫，即使减量至每 1 kg 体重 25 mg，驱除率仍达 90%～100%。

牛：萘肽磷对牛的驱虫谱大致与羊相似，一次灌服，可消除所有血矛线虫；对古柏线虫和蛇形毛圆线虫成虫疗效超过 95%。对艾氏毛圆线虫（87%）和奥氏奥斯特线虫（78%）驱除效果较差；对辐射食道口线虫效果不定（22%～100%）。

马：每 1 kg 体重 85 mg，能成功地驱除驹的马副蛔虫，但对其他虫种无效。

【药物相互作用】萘肽磷与其他有机磷驱虫药一样，动物在用药期间禁与其他拟胆碱药和胆碱酯酶抑制剂接触。

【应用注意】①萘肽磷安全范围很窄，牛、羊应用治疗量有时亦出现精神委顿、食欲丧失、流涎等副作用，但动物多能在 2～5 d 内自行耐过。遇大剂量出现严重中毒症状，必须及时应用阿托品和解磷定。②鸡对萘肽磷敏感，两倍治疗量即致死，不用为宜。

【用法与用量】内服：一次量，每 1 kg 体重，牛、羊 50 mg，马 35 mg。

（六）其他驱线虫药

哌嗪（Piperazine）

$$\text{HN}\langle\text{C}_4\text{H}_8\rangle\text{NH} \cdot H_3PO_4 \cdot H_2O$$

我国兽药典收载的为磷酸哌嗪和枸橼酸哌嗪。

【理化性质】 枸橼酸哌嗪为白色结晶粉末或半透明结晶性颗粒；无臭，味酸；微有引湿性。在水中易溶，在甲醇中极微溶解，在乙醇、氯仿、乙醚或石油醚中不溶。

磷酸哌嗪为白色鳞片状结晶或结晶性粉末；无臭，味微酸带涩。在沸水中溶解，在水中略溶，在乙醇、氯仿或乙醚中不溶。

【药动学】 哌嗪及其盐类能迅速由胃肠道吸收，部分在组织中代谢，其余部分（30%～40%）经尿排泄，通常在用药后 30 min 即可在尿中出现，1～8 h 为排泄高峰期，24 h 内几近排净。

【作用与应用】 哌嗪的各种盐类（性质比哌嗪更稳定）均属低毒、有效驱蛔虫药。此外，对食道口线虫、尖尾线虫也有一定效果。哌嗪的驱虫活性，取决于对蛔虫的神经肌接头处产生抗胆碱样作用，从而阻断神经冲动的传递；同时虫体产生琥珀酸的功能亦被阻断。药物是通过虫体抑制性递质 γ-氨基丁酸（GABA）而起作用。哌嗪的抗胆碱活性是由于兴奋 GABA 受体和阻断非特异性胆碱能受体的双重作用，结果导致虫体麻痹，失去附着于宿主肠壁的能力，并借肠蠕动而随粪便被排出体外。本品常用作畜、禽的驱蛔虫药，毒性小，临床用药安全。

【应用注意】 ①由于未成熟虫体对哌嗪没有成虫那样敏感，通常应重复用药，间隔用药时间，犬、猫为 2 周，其他家畜为 4 周。②哌嗪的各种盐对马的适口性较差，混于饲料中给药时，常因拒食而影响药效，此时以溶液剂灌服为宜。③哌嗪的各种盐给动物（特别是猪、禽）饮水或混饲给药时，必须在 8～12 h 内用完，而且应该禁食（饮）12 h。

【用法与用量】 内服：枸橼酸哌嗪，一次量，每 1 kg 体重，马、牛 0.25 g，羊、猪 0.25～0.3 g，犬 0.1 g，禽 0.25 g；磷酸哌嗪，一次量，每 1 kg 体重，马、猪 0.2～0.25 g，犬、猫 0.07～0.1 g，禽 0.2～0.5 g。

【制剂】 枸橼酸哌嗪片（Piperazine Citrate Tablets），磷酸哌嗪片（Piperazine Phosphorate Tablets）。

乙胺嗪（Diethylcarbamazine）

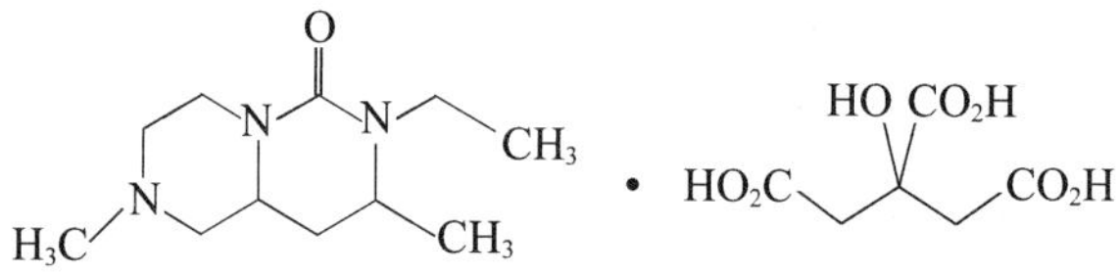

本品又称海群生。

【理化性质】 临床上常用枸橼酸乙胺嗪（Diethylcarbamazine Citrate）。白色晶粉。无臭，味酸苦。微有引湿性。在水中易溶。

【作用与应用】 本品为哌嗪衍生物，主要用于治疗马、羊脑脊髓丝状虫病（连用 5 d）、犬心丝虫病，亦可用于治疗家畜肺线虫病和蛔虫病。

乙胺嗪是传统的犬心丝虫病预防用药，虽不能杀死成虫，但对犬心丝虫的微丝蚴有一定作用。由于本品不能直接杀灭微丝蚴，故需以小剂量（每 1 kg 体重 6.6 mg）连用 3～5 周作为预防用药。由于个别微丝蚴阳性犬应用乙胺嗪后，可引起过敏反应，甚至死亡，因此微丝蚴阳性犬严禁使用乙胺嗪。大剂量对犬、猫的胃有刺激性，宜喂食后服用。

【用法与用量】内服：一次量，每 1 kg 体重，马、牛、羊、猪 20 mg，犬、猫 50 mg（预防犬心丝虫病 6.6 mg）。

【制剂】枸橼酸乙胺嗪片（Diethylcarbamazine Citrate Tablets）。

硫胂胺钠（Thiacetarsamide Sodium）

本品为三价有机砷（胂）化合物，主要用于杀灭犬恶丝虫成虫。硫胂胺钠分子中的砷能与丝虫酶系统的巯基结合，破坏虫体代谢，而呈现杀虫作用，但对微丝蚴无效。本品有强刺激性，静脉注射宜缓慢，并严防漏出血管。在治疗后 1 月内，务必使动物绝对安静，因此时虫体碎片栓塞能引起致死性反应。有显著肝毒、肾毒作用，肝、肾功能不全动物禁用。遇有砷中毒症状，应立即停药，6 周后再继续治疗。反应严重时，可用二巯基丙醇解毒。

硫胂铵钠注射液：静脉注射，一次量，每 1 kg 体重，犬 2.2 mg。每日 2 次，连用 2 d（或每日 1 次，连用 15 d）。

碘噻青胺（Dithiazanine Iodide）

本品又称碘二噻宁。蓝紫色粉末。难溶于水。主要用于驱杀犬心丝虫微丝蚴。驱虫谱较广，对犬钩虫、蛔虫、鞭虫、类圆线虫，甚至狼旋尾线虫也有良好效果。碘噻青胺能使微丝蚴丧失活动能力，陷入毛细血管床内，最后被宿主细胞所吞噬。还可使雌虫子宫内微丝蚴发育不良，从而使绝大多数犬血液循环中的微丝蚴转为阴性，个别阳性犬可改用左旋咪唑治疗。犬对本品较敏感，本品吸收较少，能使用药犬的粪便或呕吐物染成蓝绿色或紫色。

内服：一日量，每 1 kg 体重，犬 6.6～11 mg。分 1～2 次，连用 7～10 d。

二、驱绦虫药

绦虫发育过程中各有其中间宿主，要彻底消灭畜禽绦虫病，不仅需要使用驱绦虫药，而且还需控制绦虫的中间宿主，采取有效的综合防治措施，以阻断其传播。理想的抗绦虫药，应能完全驱杀虫体，若仅使绦虫节片脱落，则完整的头节大概在 2 周内又会生出体节。古老的抗绦虫药有两大类：一类为天然植物类，如南瓜子、绵马、卡马拉、鹤草芽、槟榔等，其中除槟榔碱目前仍用于犬、禽外，其余制剂兽医临床上已很少应用；另一类为无机化合物类，如砷酸锡、砷酸铅、砷酸钙、硫酸铜等，因毒性太大，目前已不再应用。

目前常用的驱绦虫药，主要有吡喹酮、依西太尔、氢溴酸槟榔碱、氯硝柳胺、硫双二氯酚、丁萘脒、溴羟苯酰苯胺等。其他兼有抗绦虫的药物，如苯并咪唑类药物（阿苯达唑、甲苯达唑、芬苯达唑、奥芬达唑等）详见有关章节。

吡喹酮（Praziquantel）

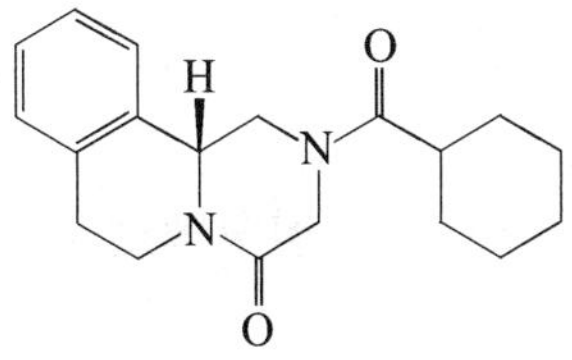

【理化性质】 白色或类白色结晶性粉末。几乎无臭，味苦。有吸湿性。在氯仿中易溶，在乙醇中溶解，在乙醚及水中均不溶。

【药动学】 内服后在肠道迅速并几乎完全吸收，犬 0.5～2 h 达峰浓度，可分布于全身组织，其中以肝、肾中含量最高，能透过血脑屏障。首过效应很强，在肝内被代谢为不明活性的单羟化或多羟化代谢物，门脉的药物浓度显著高于外周血液浓度。黄牛、羊、猪、犬、兔等内服吡喹酮后，血浆的原形药浓度很低，生物利用度很小。静脉给药则可在血中达到高浓度。内服给药的消除半衰期为：黄牛 7.72 h，羊 2.45 h，猪 1.07 h，犬 3.0 h，兔 3.47 h。吡喹酮在体内代谢迅速，主要经肾从尿液排出。

【作用与应用】 本品为较理想的新型广谱驱绦虫药、抗血吸虫药和驱吸虫药。主用于治疗动物血吸虫病，也用于绦虫病和囊尾蚴病。

吡喹酮能使宿主体内血吸虫产生痉挛性麻痹而脱落，并向肝脏移行。此外，对大多数绦虫成虫和未成熟虫体均有良效，加之对动物毒性极小，是较理想的药物。据研究，本品抗血吸虫作用的机制为，其对血吸虫可能有 5-羟色胺样作用，引起虫体痉挛性麻痹；同时能影响虫体肌浆膜对钙离子的通透性，使钙离子的内流增加，还能抑制肌浆网钙泵再摄取，使虫体肌细胞内钙离子含量大增，导致虫体麻痹。

吡喹酮一次应用治疗量即能全部驱净羊大多数绦虫。较大剂量，连用 3 d 对细颈囊尾蚴效果达 100%；对歧腔吸虫亦有一定作用。对羊日本血吸虫有高效，一次应用，灭虫率接近 100%。

吡喹酮对猪细颈囊尾蚴及猪囊尾蚴有较好效果。对有些犬、猫绦虫的成虫和未成熟虫体均有高效，而仅对另一些犬、猫绦虫的成虫有效。对家禽绦虫具有 100%灭虫率。

本品毒性极低，应用安全，高剂量偶有血清谷氨酸氨基转移酶轻度升高现象，但部分牛会出现体温升高、肌肉震颤、臌气等反应。

【用法与用量】 内服：一次量，每 1 kg 体重，牛、羊、猪 10～35 mg，犬、猫 2.5～5 mg，禽 10～20 mg。

【制剂】 吡喹酮片（Praziquantel Tablets）。

依西太尔（Epsiprantel）

依西太尔又称伊喹酮。

【理化性质】 白色结晶粉末，难溶于水。

【药动学】 伊喹酮内服后，极少被消化道吸收，因此，大部分由粪便排泄。犬内服治疗量 1 h 血药达峰值（0.13 μg/mL）。同样剂量喂猫，30 min 后，能测出动物的血药平均浓度为 0.21 μg/mL。有 83%动物血浆中测不到药物。犬尿中排泄的药物不足给药量的 0.1%，而且没有代谢产物。

【作用与应用】 伊喹酮作用机制与吡喹酮类似，即影响绦虫正常的钙和其他离子浓度导致强直性收缩，也能损害绦虫外皮，使之损伤后溶解，最后被宿主所消化。伊喹酮为吡喹酮同系物，是犬、猫专用抗绦虫药。伊喹酮对犬、猫常见的绦虫如犬猫复孔绦虫、犬豆状带绦虫、猫绦虫均有接近 100%的疗效。

【应用注意】 本品毒性虽较吡喹酮更低，但美国规定，不足 7 周龄的犬、猫以不用为宜。

【用法与用量】 内服：一次量，每 1 kg 体重，犬 5.5 mg，猫 2.75 mg。

【制剂】 依西太尔片（Epsiprantel Tablets）。

氯硝柳胺（Niclosamide）

OH　Cl

—CONH—　—NO_2

Cl

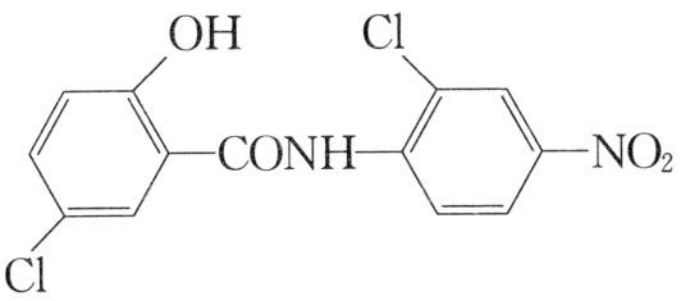

氯硝柳胺又称灭绦灵。

【理化性质】 本品为淡黄色结晶性粉末。无臭，无味。几乎不溶于水，微溶于乙醇、乙醚或氯仿。置空气中易呈黄色。

【作用与应用】 本品具有驱绦范围广、驱虫效果良好、毒性低、使用安全等优点。用于治疗畜禽绦虫病，反刍动物前后盘吸虫病。对牛、羊多种绦虫均有高效。而且对绦虫头节和体节具有同等驱排效果；对前后盘吸虫驱虫效果亦良好。对犬、猫绦虫有明显驱杀效果。治疗量对鸡各种绦虫几乎全部驱净。

氯硝柳胺通过抑制虫体线粒体内的氧化磷酸化过程而干扰绦虫的三羧酸循环，使乳酸蓄积而发挥杀绦作用。通常绦虫与药物接触 1 h，虫体萎缩，继则头节脱落而死亡。一般在用药 48 h 内，虫体即全部排出。本品安全范围较广，牛、羊、马应用安全；犬、猫稍敏感，2 倍治疗量，则出现暂时性腹泻；鱼类敏感，易中毒致死。

氯硝柳胺还有较强的杀钉螺（血吸虫中间宿主）作用，对螺卵和尾蚴也有杀灭作用。

【用法与用量】 内服：一次量，每 1 kg 体重，牛 40～60 mg，羊 60～70 mg，犬、猫 80～100 mg，禽 50～60 mg。

【制剂】 氯硝柳胺片（Niclosamide Tablets）。

硫双二氯酚（Bithionole）

【理化性质】 白色或类白色粉末。无臭或微带酚臭。不溶于水，易溶于乙醇、乙醚或丙酮。在稀碱溶液中溶解。

【作用与应用】 硫双二氯酚对畜禽多种绦虫及吸虫均有驱除效果。用于治疗肝片形吸虫病、前后盘吸虫病、姜片吸虫病和绦虫病。本品内服，仅少量迅速由消化道吸收，并由胆汁排泄，大部分未吸收药物均由粪便排泄，因而可驱除胆道吸虫和胃肠道绦虫。

本品安全范围较小，多数动物用药后均出现暂时性腹泻症状，但多在 2 d 内自愈。为减轻副作用，可以小剂量连用 2～3 次。马属动物较敏感，用时慎重。禁用乙醇或增加溶解度的溶媒配制溶液内服，否则会造成大批中毒死亡事故。不宜与四氯化碳、吐酒石、吐根碱、六氯乙烷、六氯对二甲苯联合应用，否则毒性增强。

【用法与用量】 内服：一次量，每 1 kg 体重，马 10～20 mg，牛 40～60 mg，羊、猪 75～100 mg，犬、猫 200 mg，鸡 100～200 mg。

【制剂】 硫双二氯酚片（Bithionole Tablets）。

丁萘脒（Bunamidine）

本品多制成盐酸盐或羟萘酸盐供临床应用。盐酸丁萘脒主要用作犬、猫驱绦虫药。羟萘酸丁萘脒主用于驱杀羊的莫尼茨绦虫。各种丁萘脒盐都有杀绦虫特性，使绦虫在宿主消化道内被消化，因而粪便中不出现虫体。盐酸丁萘脒对眼有刺激性，还可引起肝损害和胃肠道反应。

盐酸丁萘脒：内服，一次量，每 1 kg 体重，犬、猫 25～50 mg。

羟萘酸丁萘脒：内服，一次量，每 1 kg 体重，羊 25～50 mg，鸡 400 mg。

雷琐仑太（Resorantel）

本品又称溴羟苯酰苯胺。对牛、羊莫尼茨绦虫灭虫率超过 95%；对无卵黄腺绦虫亦有效。对前后盘吸虫成虫有效率达 100%，对童虫亦有明显效果（90%）。应用治疗量后 36 h 内偶见牛、羊腹泻、食欲减退等不良反应。

内服：一次量，每 1 kg 体重，牛、羊 65 mg。

三、驱吸虫药

除前述吡喹酮、硫双二氯酚以及苯并咪唑类药物等具有驱吸虫作用外，尚有多种驱吸虫药，这里主要介绍几种常用驱肝片吸虫的药物。

硝氯酚（Niclofolan）

本品又称拜耳-9015。

【理化性质】本品为黄色结晶性粉末。不溶于水，微溶于乙醇，易溶于氢氧化钠或碳酸钠溶液中。

【药动学】内服后可经肠道吸收，但在瘤胃内可逐渐被降解灭活。牛内服每 1 kg 体重 3 mg后 1～2 d，血中药物达峰浓度为 3～7 μg/mL，很快下降至低于 2 μg/mL。体内排泄较慢，9 d 后乳、尿中基本上无残留药物。

【作用与应用】本品是国内外广泛应用的抗牛、羊肝片吸虫药，具有高效、低毒的特点，在我国已代替四氯化碳、六氯乙烷等传统治疗药而用于临床。硝氯酚能抑制虫体琥珀酸脱氢酶，从而影响肝片吸虫能量代谢而发挥作用。

本品是驱除牛、羊肝片吸虫较理想的药物，治疗量一次内服，对肝片吸虫成虫驱虫率几乎达 100%。对未成熟虫体，无实用意义。硝氯酚对各种前后盘吸虫移行期幼虫也有较好效果。

硝氯酚对动物比较安全，治疗量一般不出现不良反应。用药后 9 d 内的乳禁止上市；休药期 15 d。

【用法与用量】内服：一次量，每 1 kg 体重，黄牛 3～7 mg，水牛 1～3 mg，羊 3～4 mg，猪 3～6 mg。

深层肌内注射：一次量，每 1 kg 体重，牛、羊 0.5～1 mg。

【制剂】硝氯酚片（Niclofolan Tablets），硝氯酚注射液（Niclofolan Injection）。

碘醚柳胺（Rafoxanide）

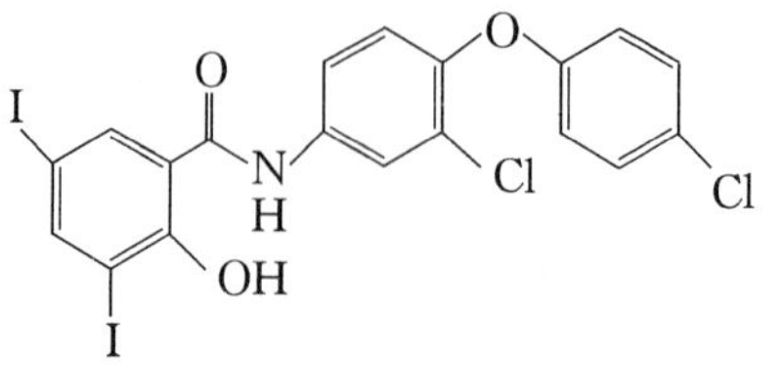

I O O N H Cl Cl OH I

【理化性质】本品为灰白色至棕色粉末。在丙酮中溶解，在醋酸乙酯或氯仿中略溶，在甲醇中微溶，在水中不溶。

【药动学】内服后迅速由小肠吸收而进入血流，24～48 h 达血药峰值。在牛、羊体内不被代谢，而广泛地（>99%）与血浆蛋白结合，具有很长的半衰期（16.6 d），从而奠定了对未成熟虫体和胆管内成虫起驱杀作用，牛一次内服每 1 kg 体重 15 mg，用药 28 d 后可食用组织内测不到残留药物。

【作用与应用】碘醚柳胺是世界各国广泛应用的抗牛、羊片形吸虫药，但其抗吸虫机制至今尚不清楚。羊一次内服每 1 kg 体重 7.5 mg，对不同周龄肝片吸虫效果如下：12 周龄成虫驱杀率几达 100%；6 周龄未成熟虫体 86%～99%；4 周龄虫体 50%～98%。上述剂量对牛肝片吸虫亦有同样效果。由于本品对 4～6 周龄片形吸虫有一定的疗效，因此优于其他单纯的杀成虫药。

碘醚柳胺对羊大片形吸虫成虫和 8 周龄、10 周龄未成熟虫体均有 99%以上疗效，但对 6 周龄虫体有效率仅为 50%左右。

【应用注意】为彻底消除未成熟虫体，用药 3 周后，最好再重复用药一次。

【用法与用量】内服：一次量，每 1 kg 体重，牛、羊 7～12 mg。

【制剂】碘醚柳胺混悬液（Rafoxanide Suspension）。

氯生太尔（Closantel）

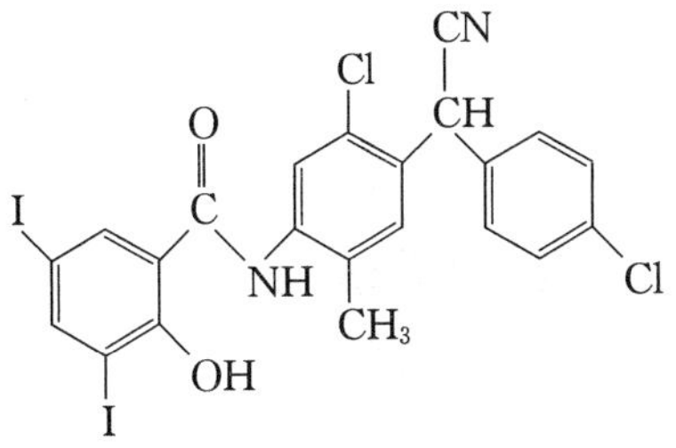

本品又称氯氰碘柳胺。

【理化性质】浅黄色粉末；无臭；无异味。在乙醇、丙酮中易溶，在甲醇中溶解，在水或氯仿中不溶。

【药动学】牛、羊内服每 1 kg 体重 10 mg，8～24 h 血药峰值为 45～55 μg/mL，与注射每 1 kg 体重 5 mg 剂量的血药浓度近似。内服吸收较少，吸收后与血浆蛋白广泛结合（>99%），因而半衰期长达 14.5 d，由于药物长期滞留，使预防绵羊血矛线虫感染的作用长达 60 d，同时亦增强胆管内刚成熟肝片吸虫的杀虫效果。药物主要经粪便排泄（80%），不足 0.5%的药物经尿排出。

【作用与应用】本品与碘醚柳胺同属水杨酰苯胺类化合物，是较新型广谱抗寄生虫药，对牛、羊片形吸虫、胃肠道线虫以及节肢类动物的幼虫均有驱杀活性。代谢研究证实，本品由于增加寄生虫线粒体渗透性，通过对氧化磷酸化的解偶联作用而发挥驱杀作用。

本品主要用作牛、羊杀肝片吸虫药。对前后盘吸虫无效。对多数胃肠道线虫，如血矛线虫、仰口线虫、食道口线虫，每 1 kg 体重 5～7.5 mg，驱除率均超过 90%。每 1 kg 体重 2.5～5 mg，对 1、2、3 期羊鼻蝇蛆均有 100%杀灭效果；对牛皮蝇 3 期幼虫亦有较好驱杀效果。

【应用注意】①注射剂对局部组织有一定的刺激性。②休药期，牛、羊 28 d，弃乳期 28 d。

【用法与用量】内服：一次量，每 1 kg 体重，牛 5 mg，羊 10 mg。

皮下注射：一次量，每 1 kg 体重，牛 2.5 mg，羊 5 mg。

【制剂】氯氰碘柳胺钠大丸剂（Closantel Sodium Bolus），氯氰碘柳胺钠混悬液（Closantel Sodium Suspension），氯氰碘柳胺钠注射液（Closantel Sodium Injection）。

双酰胺氧醚（Diamphenethide）

【理化性质】白色或浅黄色粉末。在甲醇、乙醇、氯仿中微溶，在水和乙醚中不溶。

【药动学】内服吸收后，在肝脏迅速代谢为两种具有活性的脱乙酰基代谢物和单胺-双胺酰胺氢键代谢物。第 3 天在肝脏，特别是胆囊中浓度最高，第 7 天，胆囊和肝脏中药物浓度比第 3 天低 10 倍（0.1～0.5 mg/kg），此时，肌肉中药物浓度更低（0.02 mg/kg）。

【作用与应用】双酰胺氧醚的驱虫效果与药物被肝酶（脱乙酰基酶）的脱乙酰基作用而形成一种胺代谢物有关，此代谢物是驱虫的有效物质。体外试验表明，除非与有酶促功能的肝细胞一起培养，否则药物对肝片形吸虫无效。由于 7 周龄前未成熟虫体还寄生在肝实质内，而药物此时又在肝实质中形成高浓度胺代谢产物，这是本品迅速杀灭这些未成熟虫体的物质基础。通常，这些代谢产物也在肝内迅速被破坏，进入胆管的代谢物浓度很低，因此对寄生于胆管内的成虫效果很差。最近还有研究证实，双酰胺氧醚还能引起吸虫外皮变化，进一步促进药物的杀虫效应。

双酰胺氧醚是传统应用的杀肝片吸虫童虫药。对最幼龄童虫作用最强，并随肝片吸虫日龄的增长而作用下降，是治疗急性肝片吸虫病有效的药物。

【应用注意】①本品用于急性肝片吸虫病时，最好与其他杀片形吸虫成虫药并用。作为预防药应用时，最好间隔 8 周，再重复应用 1 次。②本品安全范围较广，但过量可引起动物视觉障碍和羊毛脱落现象。③休药期，羊 7 d。

【用法与用量】内服：一次量，每 1 kg 体重，羊 100 mg。

【制剂】双酰胺氧醚混悬液（Diamphenethide Suspension）。

硝碘酚腈（Nitroxinil）

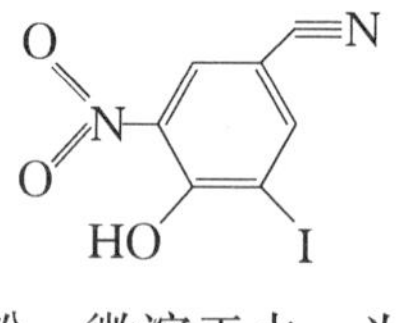

本品又称氰碘硝基苯酚。黄色晶粉，微溶于水。为较新型杀肝片吸虫药，注射给药较内服更有效。硝碘酚腈能阻断虫体的氧化磷酸化作用，降低 ATP 浓度，减少细胞分裂所需的能量而导致虫体死亡。一次皮下注射，对牛、羊肝片吸虫、大片形吸虫成虫有 100%驱杀效果。但对未成熟虫体效果较差。本品对抗阿维菌素类和苯并咪唑类药物的羊捻转血矛线虫虫株的驱虫率超过 99%。药物排泄缓慢，重复用药应间隔 4 周以上。药液能使羊毛黄染，泌乳动物禁用；休药期 60 d。

25%硝碘酚腈注射液：皮下注射，一次量，每 1 kg 体重，牛、猪、羊、犬 10 mg。

海托林（Hetolin）

本品化学名为三氯苯哌嗪。白色结晶性粉末。微溶于水，易溶于乙醇。是治疗牛、羊矛形双腔吸虫较安全、有效的药物。治疗量不引起动物异常反应，妊娠后期母畜，亦能耐受2倍治疗量。奶牛用药后30 d内乳汁有异味，不宜供人食用。

内服：一次量，每1 kg体重，牛30～40 mg，羊40～60 mg。

三氯苯达唑（Triclabendazole）

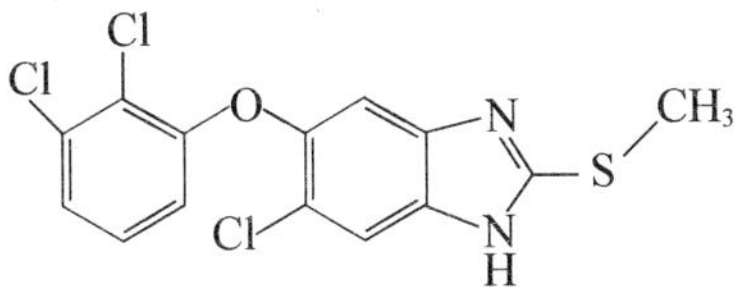

本品又称三氯苯咪唑。为新型苯并咪唑类驱虫药，对各种日龄的肝片吸虫均有明显杀灭效果，是比较理想的杀肝片吸虫药。三氯苯咪唑对牛羊大片形吸虫、前后盘吸虫亦有良效，对鹿肝片吸虫有高效。本品毒性较小，治疗量对动物无不良反应，与左旋咪唑、甲噻嘧啶联合应用时，亦安全有效。休药期28 d。

内服：一次量，每1 kg体重，牛12 mg，羊、鹿10 mg。

氯舒隆（Clorsulon）

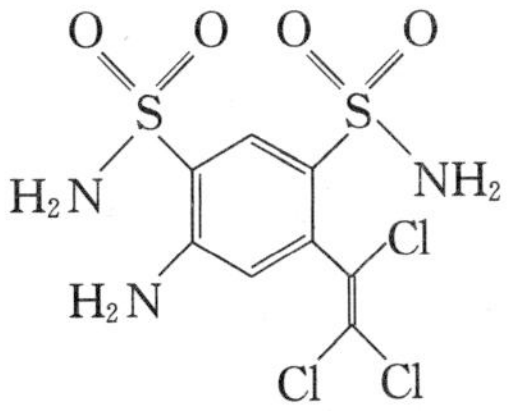

氯舒隆属苯磺酰胺类，化学名称为4-氨基-6-三氯乙烯-1，3-苯磺酰胺。主要用于治疗牛未成熟的肝片吸虫或成虫。对8周龄以下的未成熟的吸虫无效。对大片形吸虫也有效，但对瘤胃吸虫无效（前后盘吸虫）。

内服，一次量，每1 kg体重，牛、绵羊、骆驼7 mg。

四、抗血吸虫药

血吸虫病是人畜共患病，疫区内耕牛患病率颇高，对人的健康造成很大威胁，故防治耕牛血吸虫病，对消灭人血吸虫病具有重要作用，应采取综合措施，才能取得良好效果。

在药物治疗方面，抗血吸虫药的研究发展很快，锑剂（如酒石酸锑钾等）原是传统应用最有效药物，但由于毒性太大，已逐渐被其他药物所取代。

下面介绍非锑剂抗血吸虫药物，包括吡喹酮、硝硫氰酯、硝硫氰胺、六氯对二甲苯和呋喃丙胺。吡喹酮为当前首选的抗血吸虫药，主用于治疗人和动物血吸虫病，也用于治疗绦虫病和囊尾蚴病，为较理想的新型广谱驱绦虫药、驱吸虫药和抗血吸虫药。

硝硫氰酯（Nitroscanate）

【理化性质】 无色或浅黄色微细结晶性粉末。不溶于水，极微溶于乙醇，溶于丙酮和二甲基亚砜。

【药动学】 单胃动物内服后，吸收较慢，24～72 h 达血药峰值。吸收后药物能与红细胞和血浆蛋白结合，因此，半衰期长达 7～14 d。在体内分布不均匀，胆汁中浓度高于血中浓度 10 倍，有明显肝肠循环现象，对杀灭血吸虫有利。吸收的药物主要经尿液排泄。反刍动物内服驱虫效果较差，可能是在瘤胃中被降解所致。

【作用与应用】 硝硫氰酯具有较强的杀血吸虫作用，使虫体收缩，丧失吸附于血管壁的能力，而被血流冲入肝脏，使虫体萎缩，生殖系统退化，通常于给药 2 周后虫体开始死亡，4 周后几乎全部死亡。本品的抗血吸虫作用机制是抑制虫体的琥珀酸脱氢酶和三磷酸腺苷酶，影响三羧酸循环所致。

硝硫氰酯具有广谱驱虫作用。国外还用于犬、猫驱虫，而我国主要用于耕牛血吸虫病和肝片吸虫病的治疗。本品对耕牛血吸虫病和肝片吸虫病均有较好疗效。但由于内服时杀虫效果较差，而临床多选用第三胃注入法。

【应用注意】 ①因对胃肠道有刺激性，犬、猫反应较严重，因此，国外有专用的糖衣丸剂。猪偶可呕吐；个别牛表现厌食，瘤胃臌气或反刍停止，但均能耐过。②本品颗粒愈细，作用愈强。③给耕牛第三胃注入时，应配成 3%油性溶液。

【用法与用量】 内服：一次量，每 1 kg 体重，牛 30～40 mg，猪 15～20 mg，犬、猫 50 mg。

第三胃注入：一次量，每 1 kg 体重，牛 15～20 mg。

六氯对二甲苯（Hexachloroparaxylene）

本品又称血防-846。为有机氯化合物类广谱抗寄生虫药，对耕牛血吸虫、牛羊肝片吸虫、前后盘吸虫、复腔吸虫均有较好疗效，对猪姜片吸虫也有一定效果。对童虫和成虫均有抑制作用，对童虫作用优于成虫。本品毒性较锑剂小，但亦损害肝脏，导致变性或坏死。本品有蓄积作用，在脂肪和类脂质丰富的组织含量最高。停药 2 周后，血中才检不出药物。还可通过胎盘到达胎儿体内，妊娠动物和哺乳动物慎用。

治疗血吸虫病：内服，一次量，每 1 kg 体重，黄牛 120 mg，水牛 90 mg。每日 1 次（每日极量：黄牛 28 g，水牛 36 g），连用 10 d。

治疗肝片吸虫病：内服，一次量，每 1 kg 体重，牛 200 mg，羊 200～250 mg。

呋喃丙胺（Furapromide）

本品属硝基呋喃类，是我国首创的一种非锑剂内服抗血吸虫药。内服后主要由小肠吸收，进入门静脉直接与虫体接触，产生杀虫作用，对日本血吸虫的成虫和童虫均有驱杀作用。因本品在门静脉中的浓度较高，在肠系膜下静脉中浓度较低，虫体不易受到药物作用，单独使用效果不佳，故对慢性血吸虫病宜与敌百虫合用，在敌百虫作用下，虫体迅速移入门静脉和肝脏内，使呋喃丙胺能充分发挥作用。

内服：一次量，每 1 kg 体重，黄牛 80 mg。每日下午内服，每日上午先内服敌百虫，每 1 kg 体重 1.5 mg。连用 7 d。

第二节　抗原虫药

一、抗球虫药

在畜禽球虫病中，以鸡、兔、牛和羊的球虫病危害最大，不仅流行广，而且病死率高。目前球虫病主要还是依靠药物防治，不仅在极大程度上减少了球虫病造成的损失，而且给畜牧业带来了巨大的经济效益。

自从1939年Levine首次提出在生产中使用氨苯磺胺控制球虫病以来，用于预防鸡球虫病的药物达50余种，其中一些药物（如早期应用的呋喃类、四环素类和大多数磺胺药）由于疗效不佳，毒性太大已逐渐被淘汰。目前在不同国家，应用于生产的只有20余种，一般为广谱抗球虫药，大致分为两大类：一类是聚醚类离子载体抗生素，另一类是化学合成的抗球虫药。此外，常以各种化学合成药作为轮换或穿梭用药方案中的替换药物，其中使用较多的是地克珠利、氨丙啉和尼卡巴嗪。

一般而言，离子载体类、喹啉类、氯羟吡啶都是对球虫子孢子和滋养体起作用，而尼卡巴嗪、氨丙啉、常山酮、氟嘌呤和磺胺类主要对后期阶段起作用；地克珠利对艾美耳球虫多数阶段起作用，但对巨型艾美耳球虫仅在有性生殖阶段起作用。氨丙啉、氟嘌呤和磺胺类对实验室虫株的有性生殖阶段也起作用。

对多数药物的真正作用机制了解不多，一般都是从化学结构或特定的实验室研究进行推测。喹啉类抗球虫药可逆性地与子孢子线粒体内电子运输系统部分结合，因而可阻断任何需要能量的反应。氨丙啉化学结构类似于硫胺，可能通过阻断虫体对硫胺的利用而起作用。离子载体类抗球虫药可提高细胞膜对钠、钾离子的通透性，使得虫体消耗很多能量。经离子载体类处理之后的子孢子在细胞内不能存活，可能由于它们缺乏有效的机制来保持渗透平衡。氟嘌呤似乎是干扰嘌呤的补充途径，但这与抗球虫活性有何关系尚不清楚。

在使用抗球虫药物时，必须考虑如何最完善地控制球虫病，把球虫病造成的损失降至最低；如何才能推迟球虫对所用抗球虫药产生耐药性，以尽量延长有效药物的使用寿命。为达到前一目的，不仅要靠高效的抗球虫药物，而且要使动物对球虫逐渐产生一定的保护性免疫力，所以需要合理地使用抗球虫药物。为推迟球虫产生耐药性，较好的办法是定期变换或联合应用作用机制不同的药物，避免过度使用任何一种特定的抗球虫药。抗球虫药的选择、给药程序的类型和几种程序之间的轮换方式取决于许多因素：如各种不同抗球虫药的特性，使用历史、过去的使用效果；球虫病的流行病学、耐药虫株存在情况及其对各种药物耐药性出现的速度等。

以防治鸡球虫病为例，合理应用抗球虫药，应该做到以下几方面：

1. 重视药物预防作用　当前使用的抗球虫药，多数是抑杀球虫发育过程的早期阶段（无性生殖阶段），一般从雏鸡感染球虫开始大约进行4 d的无性生殖，故必须在感染后前4 d用药方能奏效。待出现血便等症状时，球虫发育基本完成了无性生殖而开始进入有性生殖阶段，这时用药为时已晚。如果鸡群已经发生了球虫病，此时用药只能保护未出现明显症状或未感染的鸡，而对出现严重症状的病鸡，用药很难收到效果。

2. 合理选用不同作用峰期的药物　作用峰期是指对药物最敏感的球虫生活史阶段，或药物主要作用于球虫发育的某生活周期，即为其作用峰期，也可按球虫生活史（即动物感染后）的第几日来计算。抗球虫药绝大多数作用于球虫的无性周期，但其作用峰期并不相同。掌握药物作用峰期，对合理选择和使用药物具有指导意义。一般说来，作用峰期在感染后第1、2天的药物，其抗球虫作用较弱，多用作预防和早期治疗用。而作用峰期在感染后第3、4天的药物，其抗球虫作用较强，多作为治疗药应用。由于球虫的致病阶段是在发育史的裂殖生殖和配子生殖阶段，尤其是第2代裂殖生殖阶段，因此，应选择作用峰期与球虫致病阶段相一致的抗球虫药作为治疗性药物。属于这种类型的抗球虫药有尼卡巴嗪、托曲珠利、磺胺氯吡嗪钠、磺胺喹啉、磺胺二甲氧嘧啶、二硝托胺。

由于抗球虫药抑制球虫发育阶段的不同，会直接影响鸡对球虫产生免疫力。作用于第1代裂殖体的药物，影响鸡产生免疫力，故多用于肉鸡，而蛋鸡和肉用种鸡一般不用或不宜长时间应用。作用于第2代裂殖体的药物，不影响鸡产生免疫力，故可用于蛋鸡和肉用种鸡。

3. 为减少球虫产生耐药性，应采用轮换用药、穿梭用药或联合用药 轮换用药是季节性地或定期地合理变换用药，即每隔3个月或半年或在一个肉鸡饲养期结束后，改换一种抗球虫药。但是不能换用属于同一化学结构类型的抗球虫药，也不要换用作用峰期相同的药物。

穿梭用药是在同一个饲养期内，换用两种或三种不同性质的抗球虫药，即开始时使用一种药物，至生长期时使用另一种药物，目的是避免耐药虫株的产生。例如离子载体类药—化学合成药的穿梭用药，开始时使用盐霉素、马度米星等离子载体类抗生素，至生长期时使用地克珠利等化学合成药进行穿梭使用。离子载体类药可造成少量卵囊泄漏，因而用于雏鸡日粮时，可使肉鸡受到充分的刺激而建立一定保护水平的免疫力。随后在生长期使用作用较强的化学药物时，就可防止感染高峰的出现。在穿梭或轮换用药时，一般先使用作用于第1代裂殖体的药物，再换作用于第2代裂殖体的药物，这样不仅可减少或避免耐药性的产生，而且可提高药物防治的效果。

联合用药是在同一个饲养期内合用两种或两种以上抗球虫药，通过药物间的协同作用既可延缓耐药虫株的产生，又可增强药效和减少用量。例如氯羟吡啶与苯甲氧喹啉联合应用。

4. 选择适当的给药方法 由于球虫病患鸡通常食欲减退，甚至废绝，但是饮欲正常，甚至增加，因而通过饮水给药可使患鸡获得足够的药物剂量，而且混饮给药比混料更方便，治疗性用药宜提倡混饮给药。另外，选择药物时还要考虑耐药性问题。有条件者应在平时进行耐药性测定，筛选出几种对当地球虫虫株敏感的抗球虫药，以备发生球虫病时使用。

5. 合理的剂量，疗程应充足 应该了解饲料中已添加的抗球虫药物添加剂品种，以避免治疗性用药时重复使用同一品种药物，造成药物中毒。有些抗球虫药的推荐治疗剂量与中毒剂量非常接近，如马度米星的预防剂量为每1 kg体重5 mg，中毒剂量为每1 kg体重9 mg，重复用药会造成药物中毒。

6. 注意配伍禁忌 有些抗球虫药与其他药物配伍禁忌，如莫能霉素、盐霉素禁止与泰妙菌素、竹桃霉素并用，否则会造成鸡生长发育受阻，甚至中毒死亡。

7. 为保障动物性食品消费者健康，严格遵守我国兽药残留和休药期规定 应严格根据我国《动物性食品中兽药最高残留限量》的规定，认真监控抗球虫药残留；遵守《中国兽药典》（2015年版）关于抗球虫药休药期的规定以及其他有关的注意事项。

（一）聚醚类离子载体抗生素

早在20世纪50年代就发现了聚醚类抗生素。本类抗生素具有促进离子通过细胞膜的能力，但其抗球虫活性直到莫能菌素被分离出来，并确定了它的特性后才被人们所认识。本类抗生素中，莫能菌素、拉沙菌素和盐霉素很快被广泛应用于养鸡业，这类药物具有很广的抗虫谱，对常见的6种鸡艾美耳球虫都有抗虫活性，而且没有严重的球虫耐药性问题。

聚醚类离子载体抗生素在化学结构上含有许多醚基和一个一元有机酸基。在溶液中由氢链连接形成特殊构型，其中心由于并列的氧原子而带负电，起一种能捕获阳离子的“磁阱”作用。外部主要由烃类组成，具中性和疏水性。这种构型的分子能与生理上重要的阳离子Na^+、K^+等相互作用，并使其具有脂溶性，这样的结合并不形成牢固的键，离子在不同浓度梯度下被捕获和释放，因此，离子就容易通过细胞膜。

聚醚类离子载体抗生素对哺乳动物的毒性较大，如莫能菌素的马内服LD_{50}为每1 kg体重2 mg；而对鸡的毒性相对较小，鸡的内服LD_{50}为每1 kg体重185 mg。这类药物往往会引起鸡的羽毛生长迟缓，有时会引起来亨鸡过度兴奋。

聚醚类离子载体抗生素对鸡艾美耳球虫的子孢子和第1代裂殖生殖阶段的初期虫体具有杀灭作用，但是对裂殖生殖后期和配子生殖阶段虫体的作用却极小。仅用于鸡球虫病的预防。

莫能菌素（Monensin）

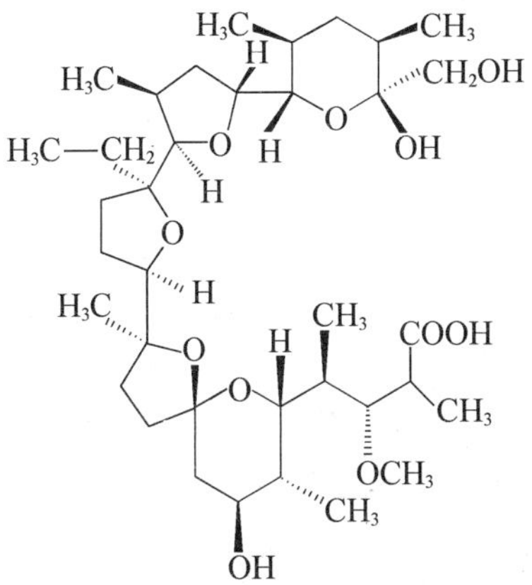

本品又称莫能星、瘤胃素（Rumensin）。莫能菌素是从肉桂链霉菌（*Streptomyces cinnamonensis*）的发酵产物中分离而得，为聚醚类离子载体抗生素的代表药。一般用其钠盐。

【理化性质】白色结晶性粉末。稍有特殊臭味。难溶于水，易溶于有机溶剂中。

【作用与应用】为单价离子载体类抗生素，是较理想的抗球虫药，广泛用于世界各地。对鸡柔嫩、毒害、堆型、巨型、布氏、变位艾美耳球虫等6种常见鸡球虫均有高效杀灭作用。莫能菌素主要作用于鸡球虫生活周期中的早期（子孢子）阶段，作用峰期为感染后第二天。其预混剂添加于肉鸡或育成期蛋鸡饲料中，用于预防鸡球虫病。

莫能菌素杀球虫作用是通过干扰球虫细胞内K^+及Na^+的正常渗透，使大量的Na^+进入细胞内。随后为平衡渗透压，大量的水分进入球虫细胞，引起肿胀。为了排除细胞内多余的Na^+，球虫细胞耗尽了能量，最后球虫因能量耗尽，且过度肿胀而死亡。其独特的杀虫机制与一般化学合成类抗球虫药不同。

除了杀球虫作用外，莫能菌素对动物体内的产气荚膜梭菌亦有抑制作用，可预防坏死性肠炎的发生；对肉牛有促生长作用。

在按较低剂量应用时，机体可逐渐产生较强的免疫力。对蛋鸡只能应用较低剂量，这样既能预防鸡球虫病，又不影响免疫力的产生。

【应用注意】①产蛋期禁用，鸡休药期 3 d。②马属动物禁用。③禁止与泰妙菌素、竹桃霉素及其他抗球虫药配伍使用。④工作人员搅拌配料时，应防止本品与皮肤和眼睛接触。

【用法与用量】混饲：每 1 000 kg 饲料，禽 90～110 g，兔 20～40 g。

【制剂】莫能菌素钠预混剂（Monensin Sodium Premix）（含莫能菌素钠 20%）。

盐霉素（Salinomycin）

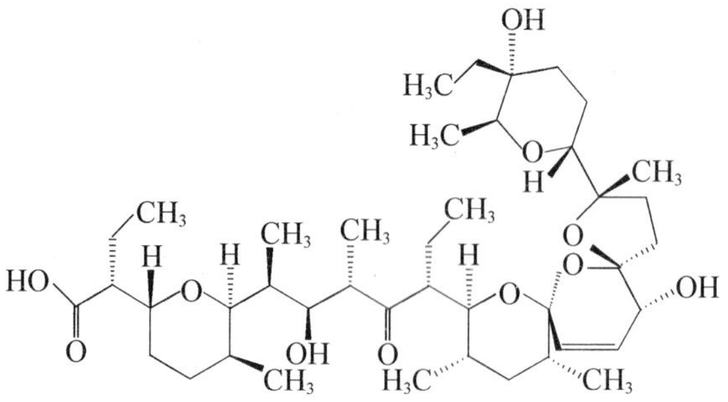

本品又称沙利霉素，是从白色链霉菌（*Streptomyces albus*）的发酵产物中分离而得。一般用其钠盐。理化性质与莫能菌素相似。

【作用与应用】本品与莫能菌素相似，用于预防禽球虫病。盐霉素能杀灭多种鸡球虫，对巨型和布氏艾美耳球虫作用较弱。盐霉素对尚未进入肠细胞内的球虫子孢子有高度杀灭作用，对无性生殖的裂殖体有较强抑制作用。

【应用注意】①配伍禁忌与莫能菌素相似。②安全范围较窄，应严格控制混饲浓度。若浓度过大或使用时间过长，会引起采食量下降、体重减轻、共济失调和腿无力。③成年火鸡和马禁用。休药期，禽为 5 d。

【用法与用量】混饲：每 1 000 kg 饲料，禽 60 g。

【制剂】盐霉素钠预混剂（Salinomycin Sodium Premix）（含盐霉素钠 10%）。

拉沙洛西（Lasalocid）

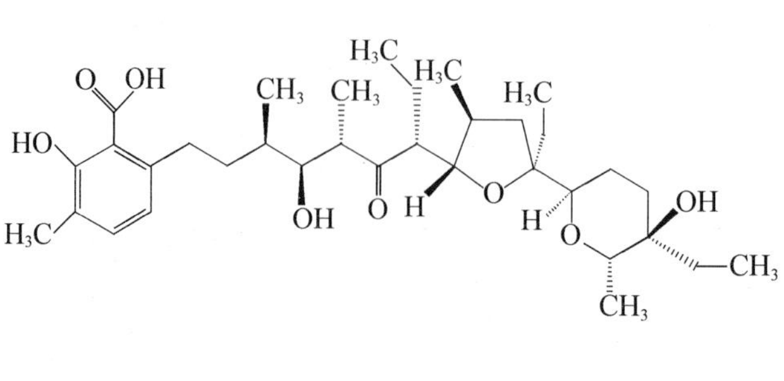

本品又称拉沙菌素，是从拉沙链霉菌（*Streptomyces lasaliensis*）的发酵产物中分离而得。一般用其钠盐。理化性质与莫能菌素相似。

【作用与应用】本品为二价聚醚类离子载体抗生素，用于预防禽球虫病。对 6 种常见的鸡球虫均有杀灭作用，其中对柔嫩艾美耳球虫的作用最强，对毒害和堆型艾美耳球虫的作用稍弱。对子孢子、早期和晚期无性生殖阶段的球虫有杀灭作用。

本品的作用机制与莫能菌素相似，但可捕获和释放二价阳离子。虽然在使用规定剂量时，本品是聚醚类离子载体抗生素中毒性最小的一种，但由于其对二价阳离子代谢的影响，引起鸡体水分排泄量明显增加，在使用较高剂量时，则会导致垫料潮湿。

本品可与泰妙菌素配伍应用。产蛋期母鸡连续饲喂 1 周拉沙洛西，在鸡蛋中可出现残留。

【应用注意】①严格按规定剂量用药，饲料中药物浓度超过每 1 kg 饲料 150 mg 会导致生长抑制和动物中毒。②产蛋期禁用，休药期 5 d。

【用法与用量】混饲：每 1 000 kg 饲料，鸡 75～125 g。

【制剂】拉沙洛西预混剂（Lasalocid Sodium Premix）（有 15％和 45％两种）。

马度米星（Maduramicin）

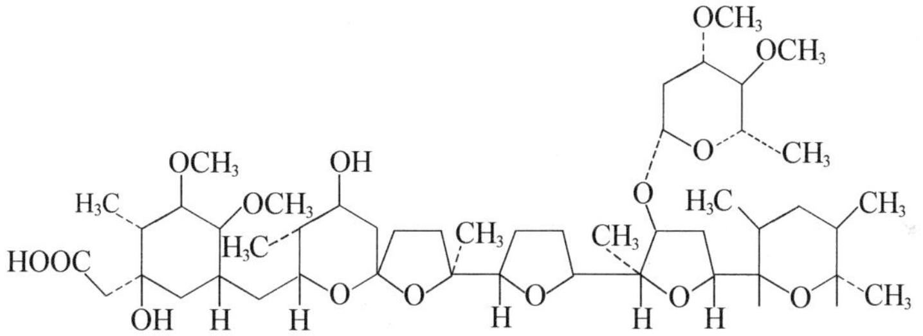

本品又称马杜霉素。本品是从一种放线菌（*Actinomadura yumaensis*）的发酵产物中分离而得。常用其铵盐。理化性质与莫能菌素相似。

【作用与应用】本品是一种较新型的聚醚类一价单糖苷离子载体抗生素，抗球虫谱广，对子孢子和第 1 代裂殖体具有抗球虫活性。其抗球虫活性较其他聚醚类抗生素强，广泛用于预防鸡球虫病。本品能有效控制 6 种致病的鸡艾美耳球虫，而且也能有效控制对其他聚醚类离子载体抗生素具有耐药性的虫株。本品对鸭球虫病也有良好的预防效果。作用机制与莫能菌素相似。

【毒性】与其他聚醚类离子载体抗生素相比，马度米星对动物的毒性更大，当禽类超急性中毒死亡时，几乎不出现任何症状。于 1～2 d 内急性死亡的家禽，一般临床可见水样腹泻、腿无力、行走和站立不稳，严重者两腿麻痹、昏睡直至死亡。亚急性中毒家禽表现食欲不振，被毛紊乱，精神抑郁，腹泻，腿无力，增重及饲料转化率下降。不同动物的病理变化特点有所不同。对牛和禽而言，主要损害心肌，其次为肝脏和骨骼肌；马以心肌受损最严重；猪和犬以骨骼肌受损最严重。

【应用注意】①以推荐预防量每 1 kg 饲料 5 mg 混饲，对鸡是安全的，但由于马度米星的安全范围很窄，混饲浓度超过每 1 kg 饲料 6 mg 对生长有明显抑制作用，也影响饲料报酬；以每 1 kg 饲料 7 mg 浓度混饲，即可引起鸡不同程度的中毒。也可引起牛、羊及猪中毒；对马属动物的毒性较小。②马度米星和化学合成抗球虫药之间不存在交叉耐药性。③产蛋期禁用；休药期 5～7 d。

【用法与用量】混饲：每 1 000 kg 饲料，鸡 5 g。

【制剂】马度米星铵预混剂（Maduramicin Aminonium Premix）（马度米星铵含量为 1%）。

赛杜霉素（Semduramicin）

本品系由变种的玫瑰红马杜拉放线菌（*Actinomadura rosaorufa*）培养液中提取后，再进行结构改造的半合成抗生素。

【作用与应用】本品属单价糖苷聚醚离子载体半合成抗生素，是最新型的聚醚类抗生素。抗球虫机制与莫能菌素相似。与泰妙菌素合用有良好耐受性。

本品对球虫子孢子以及第 1 代、第 2 代无性周期的子孢子、裂殖子均有抑杀作用。主要用于预防肉鸡球虫病，对鸡堆型、巨型、布氏、柔嫩和缓艾美耳球虫均有良好的抑杀效果。

【应用注意】①本品主用于肉鸡。产蛋鸡及其他动物禁用。②休药期，肉鸡 5 d。

【用法与用量】混饲：每 1 000 kg 饲料，肉鸡 25 g。

甲基盐霉素（Narasin，Monteban）

本品又称那拉菌素。其离子载体活性与盐霉素非常相似。用于预防禽球虫病。与尼卡巴嗪配伍使用，药效比单用两种药物强得多。本品仅用于肉鸡。注意：马用本品可能引起死亡，也不能用于成年火鸡。泰妙菌素可干扰本品在鸡的代谢，并减少增重。

混饲：每 1 000 kg 饲料，肉鸡 50～80 g。

（二）化学合成抗球虫药

地克珠利（Diclazuril）

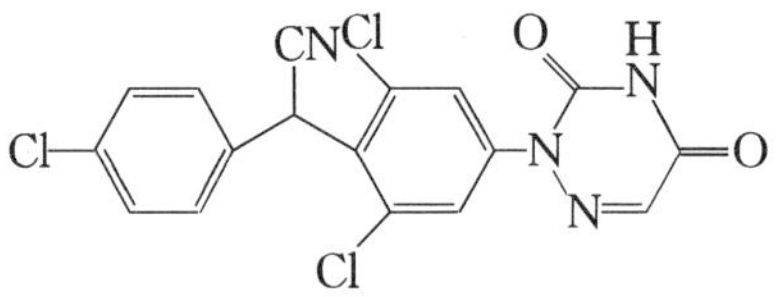

本品的化学名为氯嗪苯乙氰，属均三嗪类新型广谱抗球虫药。为类白色或淡黄色粉末，几乎无臭。在二甲基甲酰胺中略溶，在水中几乎不溶。

【作用与应用】抗球虫效果优于莫能菌素、氨丙啉、拉沙菌素、那拉菌素、尼卡巴嗪和氯羟吡啶等抗球虫药。其高效、低毒，是目前混饲浓度最低的一种抗球虫药。对球虫发育的各个阶段均有作用，抗球虫作用峰期可能在子孢子和第 1 代裂殖体早期阶段。对鸡、鸭、兔球虫病均有良好效果。长期用药可能出现耐药性，因此可与其他药交替使用。本品作用半衰期短，用药 2 d 后作用基本消失，因此应连续用药，以防球虫病再度暴发。由于混饲浓度极低，必须充分混匀。产蛋期禁用。休药期，鸡 5 d。

【用法与用量】混饲：每 1 000 kg 饲料，禽 1 g（按地克珠利计）。

混饮：每 1 L 水，鸡 0.5～1 mg（按地克珠利计）。

【制剂】地克珠利预混剂（Diclazuril Premix）（有 0.2%和 0.5%两种），地克珠利溶液

（Diclazuril Solution）（含地克珠利 0.5%）。

托曲珠利（Toltrazuril）

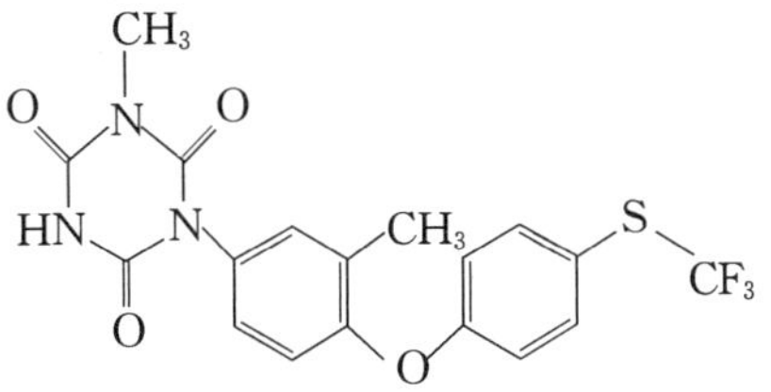

本品的化学名为甲苯三嗪酮，属均三嗪类新型广谱抗球虫药。为白色或类白色结晶性粉末，无臭。本品在乙酸乙酯或二氯甲烷中溶解，在甲醇中略溶，在水中不溶。市售 2.5%托曲珠利溶液，又名百球清。

【作用与应用】抗球虫谱广，作用于鸡、火鸡所有艾美耳球虫在机体细胞内的各个发育阶段；对鹅、鸽球虫也有效，而且对其他抗球虫药耐药的虫株也十分敏感。对哺乳动物球虫、住肉孢子虫和弓形虫也有效。抗虫机制是干扰球虫细胞核分裂和线粒体，影响虫体的呼吸和代谢功能，因而本品具有杀球虫作用。安全范围大，用药动物可耐受 10 倍以上的推荐剂量，不影响鸡对球虫产生免疫力。用于治疗和预防鸡球虫病。家禽内服后，50%以上被吸收药物主要分布于肝和肾，且迅速被代谢为砜类化合物，鸡的半衰期约为 2 d，在鸡可食性组织中的残留时间很长，停药 24 h 后在胸肌中仍可检出残留药物。

【用法与用量】混饮：每 1 L 水，鸡 25 mg。连用 2 d；休药期，鸡 8 d。

【制剂】托曲珠利溶液（Toltrazuril Solution）

常山酮（Halofuginone）

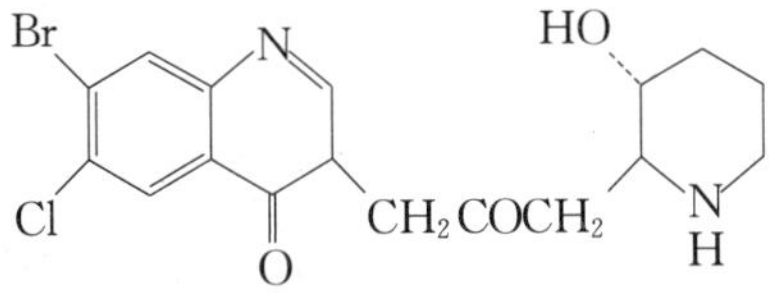

本品又称卤夫酮，是从药用植物常山中提取出来的一种生物碱，已能人工合成。有效成分为黄常山碱衍生物。为新型广谱抗球虫药，主要作用于第 1 代和第 2 代的裂殖体。对鸡的 6 种艾美耳球虫以及火鸡危害最大的 2 种艾美耳球虫均有较强的抑制作用。对兔艾美耳球虫也有抑制作用。按推荐预防剂量使用后鸡无不良反应，与其他抗球虫药无交叉耐药性。应用时务必混合均匀，否则影响药效。产蛋期禁用。休药期，肉鸡 5 d。

常山酮预混剂（Halofuginone Premix）（含常山酮 0.6%）：混饲，每 1 000 kg 饲料，鸡 500 g。

二硝托胺（Dinitolmide，Zoalene）

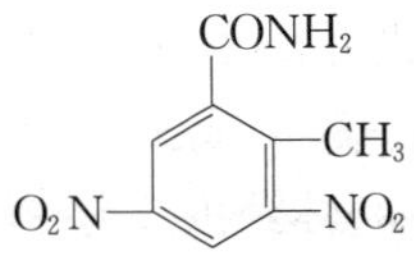

本品又称球痢灵，属硝苯酰胺类抗球虫药。主要作用于鸡球虫第 1 和第 2 代裂殖体。对多种球虫有抑制作用，对堆型艾美耳球虫效果稍差。使用推荐剂量不影响鸡对球虫产生免疫力，故适用于蛋鸡和肉用种鸡。产蛋期禁用，休药期 3 d。

25%二硝托胺预混剂（25%Dinitolmide Premix）：混饲，每 1 000 kg 饲料，鸡 500 g。

尼卡巴嗪（Nicarbazin）

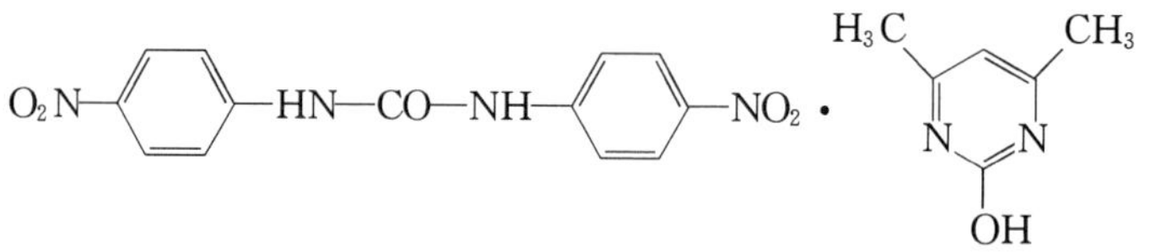

本品系 4,4′-二硝基苯脲和 2-羟基 4,6-二甲基嘧啶（无抗球虫作用）的复合物。后者可使复合物的抗球虫作用增强 10 倍。

【作用与应用】用于预防鸡和火鸡球虫病。本品对球虫第 2 代裂殖体有效，推荐剂量不影响鸡对球虫产生免疫力，且安全性较高，但混饲浓度超过每 1 kg 饲料 800～1 600 mg 时，可引起轻度贫血。高温季节慎用，产蛋期禁用。本品对蛋的质量和孵化率有一定影响。球虫对尼卡巴嗪产生耐药性的速度很慢，至今本品仍是一种具有实际使用价值的抗球虫药。

【用法与用量】混饲：尼卡巴嗪预混剂，每 1 000 kg 饲料，禽 125 g，休药期 4 d；尼卡巴嗪、乙氧酰胺苯甲酯预混剂，每 1 000 kg 饲料，鸡 500 g，休药期 9 d。

【制剂】尼卡巴嗪预混剂（Nicarbazin Premix），尼卡巴嗪、乙氧酰胺苯甲酯预混剂（Nicarbazin and Ethopabate Premix）。

氨丙啉（Amprolium）

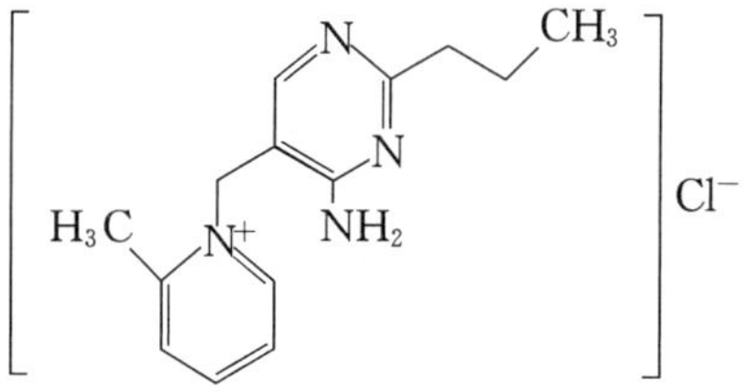

本品属抗硫胺类抗球虫药，其化学结构与硫胺相似。常用盐酸氨丙啉，在水中易溶。

【作用与应用】本品对各种鸡球虫均有作用，其中对柔嫩和堆型艾美耳球虫的作用最强，对毒害、布氏和巨型艾美耳球虫的作用较弱，所以最好联合用药，以增强其抗球虫药效。氨丙啉主要作用于球虫第 1 代裂殖体，对有性繁殖阶段和子孢子也有一定程度的抑制作用。本品对牛、羊球虫的抑制作用也较好。用于防治禽、牛和羊球虫病。

本品的作用机制是干扰虫体硫胺素（维生素 B_1）的代谢，由于本品对硫胺素有拮抗作用，若用药剂量过大或混饲浓度过高，易导致雏鸡患硫胺素缺乏症。由于高效、安全、球虫不易对本品产生耐药性等特点，至今仍在世界各地广泛应用。产蛋期禁用。

【用法与用量】治疗鸡球虫病：以每 1 kg 饲料 125～250 mg 浓度混饲，连喂 3～5 d；接着以每 1 kg 饲料 60 mg 浓度混饲再喂 1～2 周。也可混饮，加入饮水的氨丙啉浓度为每 1 L 水 60～240 mg。

预防球虫病：常与其他抗球虫药一起制成预混剂，盐酸氨丙啉、乙氧酰胺苯甲酯预混剂，混饲，每 1 000 kg 饲料，鸡 500 g，休药期 3 d；盐酸氨丙啉、乙氧酰胺苯甲酯、磺胺喹噁啉预混剂，混饲，每 1 000 kg 饲料，鸡 500 g，休药期 7 d。

【制剂】盐酸氨丙啉、乙氧酰胺苯甲酯预混剂（Ampmlium Hydrochloride and Ethopabate Premix)，盐酸氨丙啉、乙氧酰胺苯甲酯、磺胺喹噁啉预混剂（Amprolium Hydrochloride，Ethopabate and Sulfaquinoxaline Premix）。

氯羟吡啶（Clopidol）

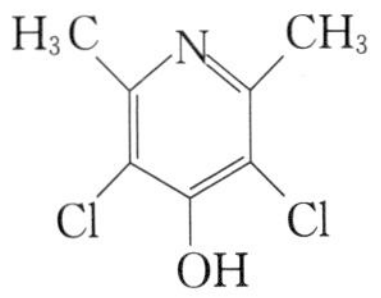

H_3C　N　CH_3

Cl　Cl

OH

本品属吡啶类抗球虫药。曾是我国使用最广泛的抗球虫药之一。对鸡各种艾美耳球虫均有效，尤其对柔嫩艾美耳球虫的作用最强。主要作用于子孢子，其抑制作用超过杀灭作用，可使子孢子在肠上皮细胞中不能发育达 60 d，其作用峰期是感染后第 1 天。氯羟吡啶对球虫病治疗毫无意义。本品能抑制鸡对球虫产生免疫力，过早停药往往导致球虫病暴发。球虫对此药易产生耐药性。用于预防禽、兔球虫病。产蛋期禁用；休药期，鸡 5 d，兔 5 d。

氯羟吡啶预混剂（Clopidol Premix）（含氯羟吡啶 25%）：混饲，每 1 000 kg 饲料，鸡 500 g，兔 800 g。

磺胺喹噁啉（Sulfaquinoxaline，SQ）

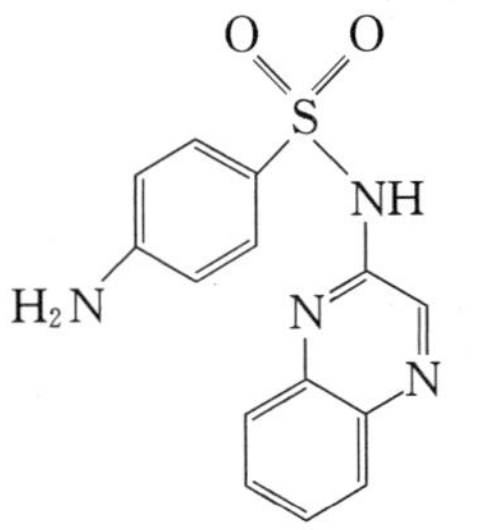

O　O

S

NH

H_2N　N

N

本品又称磺胺喹沙啉。主要作用于无性繁殖期第 2 代裂殖体，故在感染后第 3～4 天作用最强。对巨型、布氏、堆型艾美耳球虫具有较强抑制作用。用药后不影响鸡对球虫产生免疫力。与氨丙啉或抗菌增效剂合用，可产生协同作用。与其他磺胺类药物之间容易产生交叉耐药性。主要用于治疗鸡、火鸡球虫病。预防给药浓度为每 1 kg 饲料 120 mg 或每 1 L 水 66 mg；治疗给药浓度可比预防浓度高 4～5 倍。若给药浓度超过规定的 1～2 倍以上，连用 5～10 d，鸡可能会出现中毒症状：循环障碍，肝脾出血、坏死，红细胞和淋巴细胞减少，产蛋量下降，以及其他与维生素 K 缺乏有关的症状。连续饲喂不得超过 5 d；产蛋期禁用。

【制剂及用法、用量】磺胺喹噁啉、二甲氧苄氨嘧啶预混剂（Sulfaquinoxaline and Diaveridine Premix）：混饲，每 1 000 kg 饲料，鸡 500 g。休药期 10 d。

磺胺喹噁啉钠可溶性粉（Sulfaquinoxaline Sodium Soluble Powder）：混饮，每 1 L 水，鸡 3～5 g。休药期 10 d。

磺胺氯吡嗪钠（Sulfachloropyrazine Sodium）

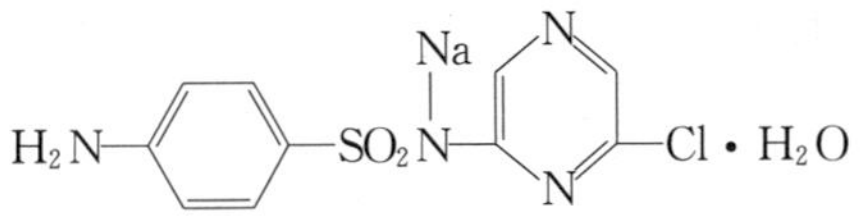

Na　N

H_2N—　—SO_2N—　—Cl · H_2O

N

【理化性质】为白色或淡黄色粉末，易溶于水。

【作用与应用】磺胺氯吡嗪钠为磺胺类抗球虫药，多在球虫爆发时短期应用。

磺胺氯吡嗪抗球虫的活性峰期是球虫第 2 代裂殖体，对第 1 代裂殖体也有一定作用，但对有性周期无效。本品的抗球虫作用机制同磺胺喹噁啉。

本品与磺胺异噁唑性质极相似，内服后在消化道迅速吸收，3～4 h 血药浓度达峰值，并迅速经尿排泄。

磺胺氯吡嗪对家禽球虫的作用特点与磺胺喹噁啉相似，且具有更强的抗菌作用，甚至可治疗禽霍乱及鸡伤寒，因此最适合于球虫病爆发时治疗用。不影响宿主对球虫免疫力。本品对兔、羔羊球虫病亦有效。

【应用注意】①本品毒性虽较磺胺喹噁啉低，但长期应用仍会出现磺胺药中毒症状，因此肉鸡只能按推荐浓度，连用 3 d，最多不得超过 5 d。②鉴于我国多数养殖场，应用磺胺药（如 SQ、SM_2 等）已数十年，球虫对磺胺类药可能已产生耐药性，甚至交叉耐药性。因此，遇有疗效不佳现象，应及时更换药物。③产蛋鸡以及 16 周龄以上鸡群禁用。休药期，火鸡 4 d，肉鸡 1 d。

【用法】混饮：每 1 L 水，家禽 0.3 g。连用 3 d。

【制剂】磺胺氯吡嗪钠可溶粉（Sulfachloropyrazine Sodium Solubale Powder）。

乙氧酰胺苯甲酯（Ethopabate）

本品又称乙帕巴酸酯。为氨丙啉等抗球虫药的增效剂，多配成复方制剂而广泛应用。对巨型、布氏艾美耳球虫以及其他小肠球虫具有较强的作用，从而弥补了氨丙啉的缺点，而本品对柔嫩艾美耳球虫缺乏活性的缺点，亦可被氨丙啉的活性作用所补偿，这是本品不单独应用而多与氨丙啉合用的主要原因。常与氨丙啉、磺胺喹噁啉和尼卡巴嗪等配成预混剂。

本品的抗球虫机制与磺胺药和抗菌增效剂相似，对球虫的作用峰期是生活史周期的第 4 天。

二、抗锥虫药

危害我国家畜的主要锥虫病是马、牛、骆驼伊氏锥虫病（病原为伊氏锥虫）和马媾疫（病原为马媾疫锥虫）。为防治本类疾病除应用抗锥虫药外，杀灭蠓及其他吸血蚊等中间宿主是一个重要环节。应用本类药物治疗锥虫病时应注意：①剂量要充足，用量不足不仅不能消灭全部锥虫，而且未被杀死的虫体会逐渐产生耐药性。②防止过早使役，以免引起锥虫病复发；③治疗伊氏锥虫病可同时配合应用两种以上药物，或者一年内或两年内轮换使用药物为好，以避免产生耐药虫株。

三氮脒（Diminazene Aceturate）

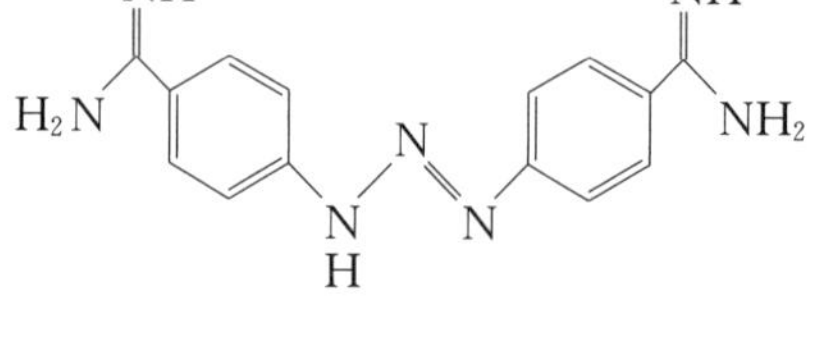

本品又称贝尼尔（Berenil），为重氮氨苯脒乙酰甘氨酸盐水合物。

【理化性质】黄色或橙色晶粉。无臭，遇光、遇热变为橙红色。在水中溶解，在乙醇中几乎不溶。在低温下水溶液中析出结晶。

【作用与应用】对锥虫、梨形虫和边缘无浆体均有作用。用于治疗由锥虫引起的伊氏锥虫病和马媾疫。用药后血中浓度高，但持续时间较短，故主要用于治疗，预防效果较差。本品选择性地阻断锥虫动基体的DNA合成或复制，并与核产生不可逆性结合，从而使锥虫的动基体消失，并且不能分裂繁殖。此外，对巴贝斯虫病和泰勒虫病也有治疗作用，但对多数梨形虫病的预防效果不佳。

本品毒性大、安全范围较小，应用治疗量有时也会出现起卧不安、频频排尿、肌肉震颤等不良反应。骆驼敏感，不用为宜；马较敏感，忌用大剂量；水牛较敏感，连续应用时应谨慎；大剂量能使奶牛产乳量减少。注射液对局部组织有刺激性，宜分点深部肌内注射。食品动物休药期为28～35 d。

【用法与用量】肌内注射：一次量，每1 kg体重，马3～4 mg，牛、羊3～5 mg，犬3.5 mg。

【制剂】注射用三氮脒（Diminaznen Aceturate for Injection），临用前用注射用水或灭菌生理盐水配成5%～7%无菌溶液。

苏拉明（Suramin）

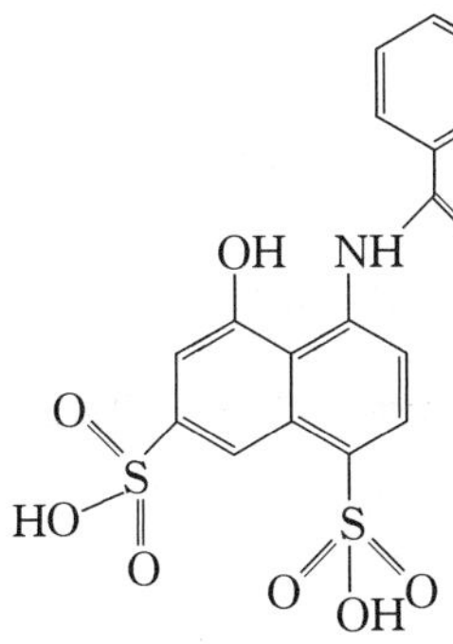

OH　NH　O

O　S　HO　O

S　O　OH　O

本品又称萘磺苯酰脲、那加宁（Naganin）、那加诺。常用其钠盐。

【理化性质】钠盐为白色、淡玫瑰或带酪色粉末。在水中易溶，水溶液呈中性反应，不稳定，宜新鲜配制，并在5 h内用完。

【药动学】吸收入血后，药物与血浆蛋白结合，以后逐渐释放。由于本品排泄缓慢，在机体内的停留时间较长，故可发挥预防作用。一般于静脉注射后9～14 h内血中锥虫虫体消失，约24 h出现疗效，动物体温下降，血红蛋白尿消失和食欲改进。

【作用与应用】对伊氏锥虫病有效，对马媾疫的疗效较差，用于早期感染，效果显著。本品通过抑制虫体代谢，影响其同化作用，从而导致虫体分裂和繁殖受阻，最后溶解死亡。

本品的安全范围较小，马属动物较敏感，静脉注射治疗量，病马常出现不良反应，如荨麻疹、皮下水肿、肛门及蹄冠糜烂、跛行、食欲减退等，但较轻，经1 h至3 d可逐渐消失。同时使用钙剂可提高疗效并减轻其不良反应。

临用前以生理盐水配成10%溶液煮沸灭菌。预防可采用一般治疗量，皮下或肌内注射。

治疗必须采用静脉注射。治疗伊氏锥虫病时，应于 20 d 后再注射一次；治疗马媾疫时，于 1～1.5 个月后重复注射。

【用法与用量】 静脉、皮下或肌内注射：一次量，每 1 kg 体重，马 10～15 mg，牛 15～20 mg，骆驼 8.5～17 mg。

喹嘧胺（Quinapyramine）

本品又称安锥赛（Antrycide），有甲基硫酸盐（Quinapyramine Dimetilsulfate）和氯化物（Quinapyramine Dichloride）两种。前者又称甲硫喹嘧胺，常用于治疗；后者又称喹嘧氯胺，多用于预防。

【理化性质】 甲基硫酸盐易溶于水，氯化物难溶于水。均为白色或带微黄色的结晶粉末。无臭，味苦，有引湿性。在有机溶剂中几乎不溶。

【作用与应用】 喹嘧胺的抗锥虫谱较广，对伊氏锥虫和马媾疫最有效，能抑制锥虫细胞质的代谢，使之不能分裂。主要用于治疗马、牛、骆驼的伊氏锥虫病以及马媾疫。当使用剂量不足的情况下，锥虫易产生耐药性。此药疗效略低于苏拉明，毒性也略大。按规定剂量应用，较为安全。但马属动物较为敏感，注射后 15 min 至 2 h 可出现兴奋不安、肌肉震颤、疝痛、呼吸迫促、排便、心率增数、全身出汗等不良反应，一般在 3～5 h 消失。

【用法与用量】 肌内、皮下注射：一次量，每 1 kg 体重，马、牛、骆驼 4～5 mg。

【制剂】 注射用喹嘧胺（Quinapyramine for Injection）：为两种喹嘧胺的混合盐，临用前以注射用水配成 10%无菌混悬液，用时摇匀。本品有刺激性，注射局部能引起肿胀和硬结，大剂量时，应分点注射。

锥灭定（Trypamidium，Samorin）

本品又称沙莫林。能抑制锥虫 RNA 和 DNA 聚合酶，阻碍核酸合成。疗效较三氮脒差些。不良反应为副交感神经兴奋症状，注射阿托品可缓解。用药后乳汁中基本无本药及其衍生物出现。

三、抗梨形虫药

防治梨形虫病除应用抗梨形虫药外，杀灭中间宿主蜱是一个重要环节。除了在抗锥虫药中介绍的三氮脒具有抗梨形虫作用外，还有双脒苯脲、间脒苯脲和硫酸喹啉脲用于防治梨形虫病。古老的抗梨形虫药黄色素和台盼蓝，现已少用，逐渐被其他药物取代。

双脒苯脲（Imidocarb）

本品为双脒唑啉苯基脲，常用其二盐酸盐和二丙酸盐，均为无色粉末，易溶于水。为兼有预防和治疗作用的新型抗梨形虫药。对巴贝斯虫病和泰勒虫病均有治疗作用，而且还具有较好的预防作用。本品作用机制是能与敏感虫体的 DNA 核酸结合，使其不能展开而变性，DNA 损伤抑制了细胞修复和复制。本品的疗效和安全范围均优于三氮脒和间脒苯脲。毒性较其他抗梨形虫药小，但应用治疗量时，仍约有半数动物出现类似抗胆碱酯酶作用的不良反应，小剂量阿托品能缓解症状。对注射局部组织有一定刺激性；本品不能静脉注射，因动物反应强烈，甚至引起死亡。马属动物较敏感，忌用高剂量。本品在食用组织中残留期较长，休药期为28 d。配制成10%无菌水溶液，皮下、肌内注射，一次量，每1 kg体重，马2.2～5 mg，牛1～2 mg（锥虫病3 mg），犬6 mg。

间脒苯脲（Amicarbalide）

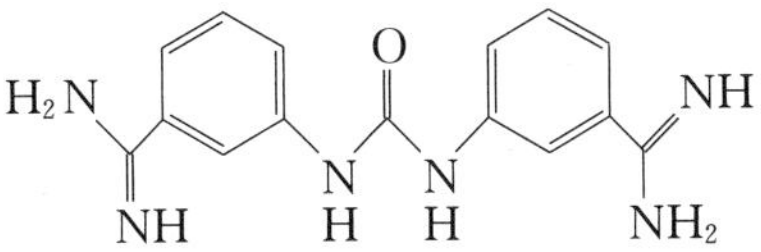

本品为N,N′-双（间脒苯基）脲，常用其二羟乙磺酸盐。为新型抗梨形虫药，其疗效和安全范围优于三氮脒，而逊于双脒苯脲。与其他新型抗梨形虫药一样，能根治马的驽巴贝斯虫病，但对马巴贝斯虫病无效。具有一定刺激性，可引起注射局部肿胀。毒性较低。若应用2倍治疗量，会使马血清天冬氨酸氨基转移酶、山梨醇脱氢酶和血清脲氮活性明显升高。皮下、肌内注射，一次量，每1 kg体重，马、牛5～10 mg。

硫酸喹啉脲（Quinuronium Metilsulfate）

本品又称阿卡普林（Acaprine），为传统应用的抗梨形虫药。对各种巴贝斯虫病均有效，早期应用一次显效。对牛早期的泰勒虫病也有一些效果。对无浆体效果较差。毒性较大，家畜用药后会出现不良反应，常持续30～40 min后消失。为减轻不良反应，可将总剂量分成2份或3份，间隔几小时应用，也可在用药前注射小剂量阿托品或肾上腺素。皮下注射，一次量，每1 kg体重，马0.6～1 mg，牛1 mg，猪、羊2 mg，犬0.25 mg。制剂有硫酸喹啉脲注射液（Quinuronium Metilsulfate Injection）。

青蒿琥酯（Artesunate）

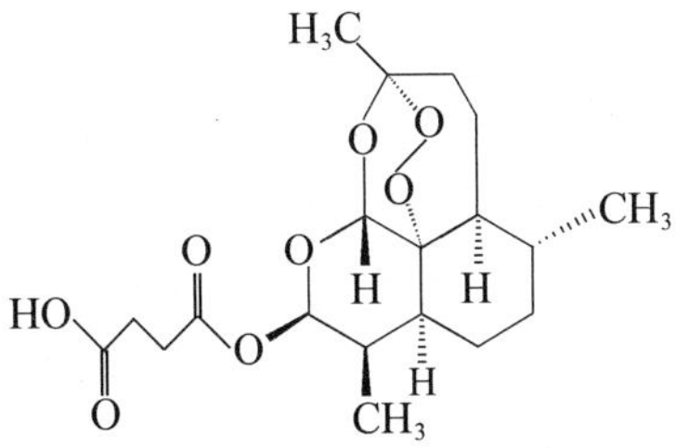

青蒿琥酯系菊科植物黄花蒿（*Artemisia annua* Li）中的提取物。

【理化性质】本品为白色结晶性粉末；无臭，几乎无味。本品在乙醇、丙酮或氯仿中易溶，在水中略溶。

【药动学】单胃动物内服后，自胃肠道迅速吸收，0.5～1 h后达血药峰值，广泛分布于各组织，并以胆汁浓度最高，肝、肾、肠次之，并可通过血脑屏障及胎盘屏障。在肝脏代谢，其代谢物迅速经肾排泄，72 h后血药仅含微量。青蒿琥酯在牛体内的动力学研究证实，静脉注射的消除半衰期为0.5 h，表观分布容积为0.9～1.1 L/kg，部分青蒿琥酯代谢为活性代谢物——双氢青蒿素。但内服给药，血药浓度极低。

【作用与应用】青蒿琥酯对红细胞内疟原虫裂殖体有强大杀灭作用，其作用机制通常认为是作用于虫体的生物膜结构，干扰了细胞膜和线粒体的功能，从而阻断虫体对血红蛋白的摄取，最后膜破裂死亡。

某些试验资料认为可用以防治牛、羊泰勒虫病和双芽巴贝斯虫病，兽医临床可试用。

【应用注意】 ①本品对实验动物有明显胚胎毒作用，妊娠动物慎用。②鉴于反刍动物内服本品极少吸收，最好静脉注射给药。

【用法与用量】 内服：试用量，每 1 kg 体重，牛 5 mg，首次量加倍。每日 2 次，连用 2～4 d。

【制剂】 青蒿琥酯片（Artesunate Tablets）。

四、抗滴虫药

对我国畜牧生产危害较大的滴虫病主要有毛滴虫病和组织滴虫病。前者多寄生于牛生殖器官，可导致牛流产、不孕和生殖力下降。后者寄生于禽类的盲肠和肝脏。常用的抗滴虫药有甲硝唑和地美硝唑。

甲硝唑（Metronidazole）

【理化性质】 为白色或微黄色结晶或结晶性粉末；有微臭，味苦。极微溶于乙醚，微溶于水和氯仿，略溶于乙醇。

【药动学】 本品内服后吸收良好，犬内服的生物利用度为 50%～100%，约 1 h 出现血药峰浓度。吸收后迅速分布到体液和组织。主要在肝脏代谢，代谢产物和原形从尿和粪中消除，半衰期犬 4～5 h，马 2.9～4.3 h。

【作用与应用】 甲硝唑是兽医临床广泛应用的抗毛滴虫药。关于甲硝唑的抗虫机制，现在认为，某些厌氧纤毛虫缺乏线粒体而不能产生 ATP，但其体膜上特具一种称为氢体（hydrogeno-soma）的细胞器，其中含铁氧化还原蛋白样的低氧化还原势的电子转移蛋白，能将丙酮酸转化为乙酰辅酶 A，但由于这种铁氧还原蛋白氧化还原酶比宿主体内的丙酮酸脱氢酶的氧化还原势低，而不能还原嘧啶核苷酸，但却能将丙酮酸上的电子转移到甲硝唑这类药物的硝基上，形成有毒还原产物，后者又与 DNA 和蛋白质结合，从而产生对厌氧原虫的选择性毒性作用。

甲硝唑广泛用于治疗牛、犬的生殖道毛滴虫病，家禽的组织滴虫病，犬、猫、马的贾第鞭毛虫病。

由于甲硝唑对厌氧菌的抑菌作用极强，也可用于各种厌氧菌感染。

【应用注意】 ①本品代谢物常使尿液呈红棕色，如果剂量太大，则出现舌炎，胃炎，恶心，呕吐，白细胞减少，甚至神经症状，但通常均能耐过。长期应用时，应监测动物肝、肾功能。②由于本品能透过胎盘屏障及乳腺，因此，授乳及妊娠早期动物不宜使用。③本品静脉注射时速度应缓慢。④本品对某些实验动物有致癌作用。

【用法与用量】 内服：一次量，每 1 kg 体重，牛 60 mg，犬 25 mg。

静脉注射：每 1 kg 体重，牛 75 mg，马 20 mg。每日 1 次，连用 3 d。

【制剂】甲硝唑片（Metronidazole Tablets），甲硝唑注射液（Metronidazole Injection）。

地美硝唑（Dimetridazole）

【作用与应用】地美硝唑具有极强的抗组织滴虫效应。同时对由猪短螺旋体所致仔猪血痢有良好的预防和治疗作用。另外，对仔火鸡组织滴虫病、鸽毛滴虫病和牛生殖道毛滴虫病均有良效。

【应用注意】①家禽连续应用，以不超过 10 d 为宜。②产蛋家禽禁用。③休药期，猪、禽 3 d。

【用法与用量】内服：一次量，每 1 kg 体重，牛 60～100 mg。

混饲：每 1 000 kg 饲料，火鸡，预防 100～200 g，治疗 500 g；猪，预防 200 g，治疗 500 g。

【制剂】地美硝唑预混剂（Dimetridazole Premix）。

第三节　杀 虫 药

对外寄生虫具有杀灭作用的药物称为杀虫药。螨、蜱、虱、蚤、蚋、库蠓、蚊、蝇、蝇蛆、伤口蛆等节肢动物均属外寄生虫，它们不仅引起畜禽外寄生虫病，严重影响动物健康和导致巨大经济损失，还可传播许多寄生虫病、传染病和人畜共患病。因此，应用杀虫药及时防治外寄生虫病，对保护动物和人的健康、发展畜牧业具有重要意义。

【作用与应用】杀虫药的应用有以下几种方式：

1. 局部用药　多用于个体杀虫，一般应用粉剂、溶液、混悬液、油剂、乳剂和软膏等局部涂擦、浇淋和撒布等。任何季节均可进行局部用药，剂量亦无明确规定，只要按规定有效浓度使用即可，但用药面积不宜过大，浓度不宜过高。涂擦杀虫药的油剂可经皮肤吸收，使用时应注意。透皮剂（或浇淋剂，pour on）中含促透剂，浇淋后可经皮肤吸收转运至全身，也具驱杀内寄生虫的作用。

2. 全身用药　多用于群体杀虫，一般采用喷雾、喷洒、药浴，适用于温暖季节。药浴时需注意药液的浓度、温度以及动物在药浴池中停留的时间。饲料或饮水给药时，杀虫药进入动物消化道内，可杀灭寄生在体内的马胃蝇蛆和羊鼻蝇蛆等；药物经消化道吸收进入血液循环，可杀灭牛皮蝇蛆或吸吮动物血液的体外寄生虫；消化道内未吸收的药物则经粪便排出后仍可发挥杀虫作用。全身应用杀虫药时必须注意药液的浓度和剂量。

杀虫药一般对虫卵无效，因而必须间隔一定时间重复用药。

一般来说，杀虫药对动物都有一定的毒性，甚至在规定剂量范围内，也会出现程度不同的不良反应。因此，在使用杀虫药时，除依规定的剂量及用药方法使用外，还需密切注意用药后的动物反应，特别是马，对杀虫药最为敏感，遇有中毒迹象，应立即采取抢救措施。

【分类】杀虫药可分为有机氯类、有机磷类、除虫菊酯类和大环内酯类。目前有机氯杀虫药已很少应用，因其性质稳定，残效期长，在人和动物脂肪中大量富集，也污染农产品和环境。

一、有机磷类

本类药物为传统杀虫药，仍广泛用于治疗畜禽外寄生虫病。具有杀虫谱广、残效期短的特性，大多兼有触毒、胃毒和内吸作用。其杀虫机制是抑制虫体胆碱酯酶的活性，但对宿主动物的胆碱酯酶也有抑制作用，所以在使用过程中动物会经常出现胆碱能神经兴奋的中毒症状，故过度衰弱及妊娠动物应禁用。若遇严重中毒，宜选用阿托品或胆碱酯酶复活剂进行解救。

二嗪农（Diazinon）

【理化性质】 为无色油状液体，有淡酯香味。微溶于水，在室温下水中的溶解度为 40 mg/L，易溶于乙醇、丙酮、二甲苯。性质不很稳定，在水和酸性溶液中迅速水解。

【作用与应用】 本品为新型的有机磷杀虫、杀螨剂。具有触杀、胃毒、熏蒸和较弱的内吸作用。对各种螨类、蝇、虱、蜱均有良好杀灭效果，喷洒后在皮肤、被毛上的附着力很强，能维持长期的杀虫作用，一次用药的有效期可达 6～8 周。被吸收的药物在 3 d 内从尿和奶中排出体外。

主要用于驱杀畜禽体表寄生的疥螨、痒螨及蜱、虱等。

【应用注意】 ①二嗪农虽属中等毒性，大鼠内服 LD_{50} 为每 1 kg 体重 285 mg，经皮为每 1 kg体重 455 mg。但禽、猫、蜜蜂较敏感，毒性较大。例如雏鸡内服 LD_{50} 仅为每 1 kg 体重 48.8 mg。②药浴时必须精确计量药液浓度，动物应全身浸泡 1 min 为宜。为提高对猪疥癣病的治疗效果，可用软刷助洗。③休药期，牛、羊、猪为 14 d。弃乳期为 3 d。

【用法与用量】 药浴：每 1 000 L 水，绵羊，初次浸泡用 250 g（相当于 25% 二嗪农溶液 1 000 mL)，补充药液添加 750 g（相当 25%二嗪农溶液 3 000 mL）。牛初次浸泡用 625 g，补充药液添加 1 500 g。

喷淋：每 1 000 mL 水，牛、羊 600 mg，猪 250 mg。

【制剂】 二嗪农溶液（Diazinon Solution)

倍硫磷（Fenthion）

【作用与应用】 为广谱低毒有机磷杀虫药，是防治畜禽外寄生虫病的主要药物。通过触杀和胃毒作用方式进入虫体，杀灭宿主体内外寄生虫。杀灭作用比敌百虫强 5 倍。除了对马胃蝇蚴以及虱、蜱、蚤、蚊、蝇等有杀灭作用外，对牛皮蝇蚴有特效（对第 3 期蚴和第 2 期蚴均有效)，在牛皮蝇产卵期应用，可取得良好的效果。由于性质稳定，一次用药可维持药效两个月左右。给奶牛用药后，奶中残留量极低，可用于奶牛。但用药 6 h 以前的奶应废弃。

【应用注意】 ①外用喷洒或浇淋，重复应用时应间隔 14 d 以上。②蜜蜂对倍硫磷敏感。③休药期，牛 35 d。

【用法与用量】 浇淋：每 1 kg 体重，牛 5～10 mg，混于液状石蜡中制成 1%～2%溶液应用。喷洒时稀释成 0.25%溶液。

辛硫磷（Phoxim）

本品具有高效、低毒、广谱、杀虫残效期长等特点，对害虫有强触杀及胃毒作用，对蚊、蝇、虱、螨的速杀作用仅次于敌敌畏和胺菊酯，强于马拉硫磷、倍硫磷等。对人、畜的毒性较低，大鼠经口 LD_{50} 为每 1 kg 体重 1 882～2 066 mg，属低毒类物质。辛硫磷室内喷洒滞留残效较长，一般可达 3 个月左右。可用于治疗家畜体表寄生虫病，如羊螨病、猪疥螨病。药浴配成 0.05%乳液；喷洒配成 0.1%乳液。复方辛硫磷胺菊酯乳油，喷雾，加煤油按 1∶80 稀释，灭蚊、蝇。

敌百虫（Trichlorfon，Dipterex）

本品除驱除家畜各种消化道线虫外，对畜禽外寄生虫亦有杀灭作用，可用于杀灭蝇蛆、螨、蜱、蚤、虱等。每 1 kg 体重 50～75 mg 内服或 24%溶液喷雾对羊鼻蝇第 1 期幼虫均有良好杀灭作用。每 1 kg 体重 40～75 mg 混饲给药，对马胃蝇蛆有良好杀灭作用。2%溶液涂擦背部，对牛皮蝇第 3 期幼虫有良好杀灭作用。杀螨可配成 1%～3%溶液局部应用或 0.2%～0.5%溶液药浴。杀灭虱、蚤、蜱、蚊和蝇，可配成 0.1%～0.5%溶液喷淋。

敌敌畏（Dichlorvos，DDVP）

市售 80%敌敌畏乳油，其杀虫力比敌百虫高 8～10 倍，可减少应用剂量，使之相对安全。但对人、畜的毒性还是较大，易被皮肤吸收而中毒。内服驱消化道线虫及杀灭马胃蝇蛆和羊鼻蝇蛆；外用杀灭虱、蚤、蜱、蚊和蝇等吸血昆虫，还广泛用作环境杀虫剂。敌敌畏项圈用于消灭犬、猫蚤和虱。禽、鱼和蜜蜂对本品敏感，慎用。妊娠动物和心脏病、胃肠炎患病动物禁用。

皮蝇磷（Fenchlorphos，Fenclofos）

本品又称芬氯磷，是专供动物用的有机磷杀虫剂。皮蝇磷对双翅目昆虫有特效，内服或皮肤给药有内吸杀虫作用，主要用于驱杀牛皮蝇蛆。喷洒用药对牛、羊锥蝇蛆、蝇、虱、螨等均有良好的效果。对人和动物毒性较小。泌乳期奶牛禁用；母牛产犊前 10 d 内禁用；肉牛休药期 10 d。内服，一次量，每 1 kg 体重，牛 100 mg。皮蝇磷乳油（含皮蝇磷 24%）：外用，喷淋，每 100 L 水加 1 L 24%皮蝇磷溶液。

氧硫磷（Oxinothiophos）

本品为低毒、高效有机磷杀虫药。对动物各种外寄生虫均有杀灭作用，对蜱的作用尤佳，如一次用药对硬蜱杀灭作用可维持 10～20 周。对动物毒性较小，可药浴、喷淋、浇淋，配成 0.01%～0.02%溶液。

巴胺磷（Propetamphos）

本品为广谱有机磷杀虫剂，主要通过触杀、胃毒起作用，不仅能杀灭动物体表寄生虫，如螨、蜱，还能杀灭卫生害虫蚊、蝇等。主要驱杀牛、羊、猪等家畜体表螨、蚊、蝇、虱等害虫。本品对家禽、鱼类具有明显毒性。休药期，羊 14 d。

马拉硫磷（Malathion）

马拉硫磷对蚊、蝇、虱、蜱、螨、臭虫均有杀灭作用。主要在害虫体内被氧化为马拉氧磷（Malaoxon），后者抗胆碱酯酶活力增强 1 000 倍。但是，马拉硫磷对人和动物的毒性很低。可用于治疗畜禽体表寄生虫病，例如牛皮蝇、牛虻、体虱、羊痒螨、猪疥螨等。药浴或喷淋，配成 0.2%～0.3%水溶液；喷洒体表，稀释成 0.5%溶液；泼洒厩舍、池塘、环境，稀释成 0.2%～0.5%溶液，每平方米泼洒 2 g。

二、拟菊酯类

拟菊酯类杀虫药，是根据植物杀虫药除虫菊的有效成分——除虫菊酯（pyrethrins）的化学结构合成的一类杀虫药。这类药物具有杀虫谱广、高效、速效、残效期短、毒性低以及对其他杀虫药耐药的昆虫也有杀灭作用的优点。对卫生、农业、畜牧业各种昆虫及外寄生虫均有杀灭作用。

拟菊酯类药物性质均不稳定，进入机体后，即迅速降解灭活，因此，不能内服或注射给药。现场使用资料证明，虫体对本类药品能迅速产生耐药性。

胺菊酯（Tetramethrin）

本品又称四甲司林。性质稳定，但在高温和碱性溶液中易分解。是对卫生昆虫最常应用的拟菊酯类杀虫药。胺菊酯对蚊、蝇、蚤虱、螨等虫体都有杀灭作用，对昆虫击倒作用的速度居拟菊酯类之首，由于部分虫体又能复活，一般多与苄呋菊酯并用，因后者的击倒作用虽慢，但杀灭作用较强，因而有互补增效作用。对人、畜安全，无刺激性。胺菊酯、苄呋菊酯喷雾剂，用于环境杀虫。

氯菊酯（Permethrin）

本品又称扑灭司林。在空气和阳光中稳定，在碱性溶液中易水解。为常用的卫生、农业、畜牧业杀虫药。对蚊、厩螫蝇、秋家蝇、血虱、蜱均有杀灭作用。具有广谱、高效、击倒快、残效期长等特点，并且对虱卵也有杀灭作用。一次用药能维持药效1个月左右。氯菊酯对鱼有剧毒。氯菊酯乳油，配成0.2%～0.4%乳液，喷洒，杀外寄生虫；氯菊酯气雾剂，环境喷雾。

溴氰菊酯（Deltamethrin）

本品是使用最广泛的一种拟菊酯类杀虫药。对虫体有胃毒和触毒，无内吸作用，具有广谱、高效、残效期长、低残留等优点。对有机磷、有机氯耐药的虫体，用之仍然有高效。应用与氯菊酯相似。蜜蜂、家蚕亦敏感。对皮肤、呼吸道有刺激性，用时注意防护。遇碱分解，对塑料制品有腐蚀性。剩余药液不宜倾入水体，因对鱼类及其他冷血动物毒性较大。溴氰菊酯乳油（含溴氰菊酯5%），药浴或喷淋，每1 000 L水加100～300 mL。

三、大环内酯类

大环内酯类杀虫药包括阿维菌素类和美贝霉素类药物，具有高效驱杀线虫、寄生性昆虫和螨的作用，一次用药可同时驱杀体内外寄生虫（详见本章第一节）。尤其是莫西菌素，对某些寄生虫的驱杀作用强于伊维菌素和米倍霉素肟（又称杀螨菌素肟），在世界上已被广泛应用。

四、其　他

双甲脒（Amitraz）

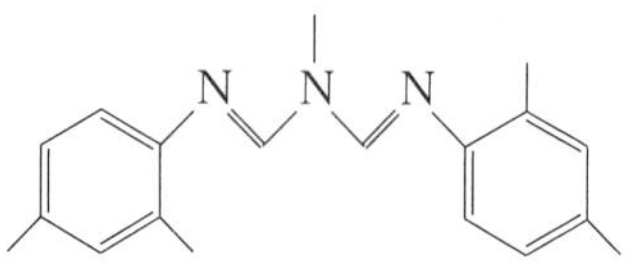

本品又称虫螨脒、阿米曲士。

【理化性质】本品为白色或浅黄色结晶性粉末。无臭，在丙酮中易溶，在水中不溶，在乙醇中缓慢分解。

【作用与应用】双甲脒是接触性广谱杀虫剂，兼有胃毒和内吸作用，对各种螨、蜱、蝇、虱等均有效。其杀虫作用可能与干扰神经系统功能有关，使虫体兴奋性增高，口器部分失调，导致口器不能完全由动物皮肤拔出，或者拔出而掉落，同时还能影响昆虫产卵功能及虫卵的发育能力。经试验，用药浓度为 250～500 mg/L 即有明显驱杀效果。双甲脒产生杀虫作用较慢，一般在用药后 24 h 才能使虱、蜱等解体，48 h 使患螨部皮肤自行松动脱落。本品残效期长，一次用药可维持药效 6～8 周，可保护畜体不再受外寄生虫的侵袭。此外，双甲脒对大蜂螨和小蜂螨也有良好的杀灭作用。大鼠内服 LD_{50} 为每 1 kg 体重 600 mg，对人、畜安全，对蜜蜂相对无害。

主用于防治牛、羊、猪、兔的体外寄生虫病，如疥螨、痒螨、蜂螨、蜱、虱等。

【应用注意】①对严重患病动物用药 7 d 后可再用一次，以彻底治愈。②双甲脒对皮肤有刺激作用，防止药液沾污皮肤和眼睛。③马属动物对双甲脒较敏感，对鱼有剧毒，用时慎重，勿将药液污染鱼塘、河流。④休药期，牛 1 d，羊 21 d，猪 7 d。弃乳期，牛 2 d。

【用法与用量】喷雾、药浴或涂擦：家畜，配成 0.025%～0.05%溶液（以双甲脒计）。

喷雾：蜜蜂，每 1 L 水中 50 mg。

【制剂】双甲脒溶液（Amitraz Solution）。

氯苯甲脒（Chlorodimeform）

本品又称杀虫脒。为白色针状结晶，无味，易溶于水和乙醇，难溶于有机溶剂。

【作用与应用】本品能防治畜禽各种螨病，除螨虫外，对幼虫、螨卵均有较强的杀灭作用，具有高效、低毒、残效长等优点。杀虫脒进入机体后迅速经尿排出，无蓄积性。

【应用注意】应用本品后，家畜可能出现精神不安，沉郁，肌肉震颤，痉挛以至呼吸困难等不良反应，一般经短时间后可自行恢复。

【用法与用量】喷雾、喷洒或药浴，加水稀释为 0.1%～0.2%溶液。

【制剂】杀虫脒溶液（Chlorodimeform Solution）。

环丙氨嗪（Cyromazine）

【作用与应用】本品为昆虫生长调节剂，可抑制双翅目幼虫的蜕皮，特别是幼虫第 1 期蜕皮，使蝇蛆繁殖受阻，致蝇死亡。给鸡内服，即使在粪便中含药量极低也可彻底杀灭蝇蛆。

主要用于控制动物厩舍内蝇蛆的繁殖生长，杀灭粪池内蝇蛆，以保证环境卫生。

【用法与用量】混饲：环丙氨嗪预混剂，每 1 000 kg 饲料，鸡 5 g（按有效成分计）。连用 4～6 周。

浇洒：环丙氨嗪可溶性粉，每 20 m^2 用 20 g 溶于 15 L 水中，浇洒于蝇蛆繁殖处。

【制剂】环丙氨嗪预混剂（Cyromazine Premix），环丙氨嗪可溶性粉（Cyromazine Soluble Powder），环丙氨嗪可溶性颗粒剂（Cyromazine Soluble Granule）。

非泼罗尼（Fipronil）

本品是对多种害虫具有较强防治作用的广谱杀虫剂。其杀虫机制是能与昆虫中枢神经细胞膜上的γ-氨基丁酸（GABA）受体结合，阻断神经细胞的氯离子通道，从而干扰中枢神经系统的正常功能而导致昆虫死亡。主要是通过胃毒和触杀起作用，也具有一定的内吸传导作用。主要用于杀灭犬、猫体表跳蚤、蜱及其他体表害虫。喷雾，每 1 kg 体重，犬、猫3～6 mL。使用时应注意防止污染河流、湖泊、鱼塘。

复 习 题

1. 驱虫药可分为哪几类？各类抗寄生虫药物都有哪些？
2. 简述抗寄生虫药物的作用机制。
3. 简述常用驱线虫药的作用特点和应用注意。
4. 简述常用抗绦虫药、抗吸虫药、抗血吸虫药的作用特点、不良反应及应用注意。
5. 简述常用抗锥虫药、抗梨形虫药的作用特点和应用注意。
6. 简述抗球虫药应用方式、常用药物的作用特点和注意事项。
7. 简述常用杀虫药的作用特点、不良反应和应用注意。

第十五章

特效解毒药

临床上用于解救中毒的药物称为解毒药。根据作用特点及疗效，解毒药可分为以下两类。

1. 非特异性解毒药 又称一般解毒药，是指用以阻止毒物继续被吸收和促进其排出的药物，如吸附药（活性炭）、泻药和利尿药等。非特异性解毒药对多种毒物或药物中毒均可应用，但由于不具特异性，且效能较低，仅用作解毒的辅助治疗。

2. 特异性解毒药 本类药物可特异性地对抗或阻断毒物或药物的效应，而其本身并不具有与毒物相反的效应。本类药物特异性强，如能及时应用，则解毒效果好，在中毒的治疗中占有重要地位。

下面主要介绍临床常用的几种特异性解毒药。根据解毒对象（毒物或药物）的性质，它们可分为：金属络合剂、胆碱酯酶复活剂、高铁血红蛋白还原剂、氰化物解毒剂和其他解毒剂等。

一、金属络合剂

依地酸钙钠（Calcium Disodium Edetate，EDTACa-Na_2）

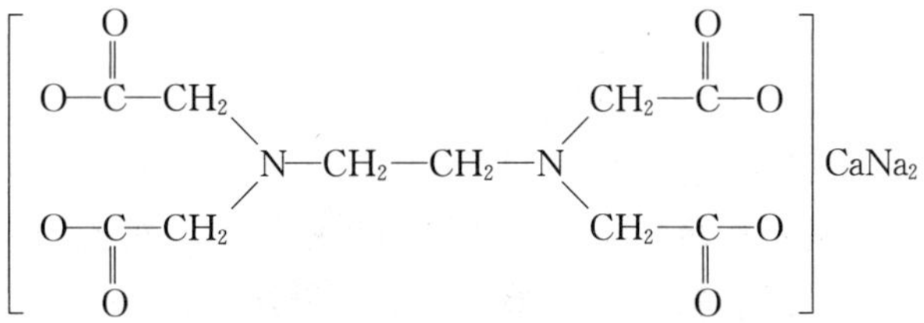

$$\left[(^{-}O{-}CO{-}CH_2)_2N{-}CH_2{-}CH_2{-}N(CH_2{-}CO{-}O^{-})_2 \right] CaNa_2$$

【理化性质】白色结晶性或颗粒性粉末。在空气中易潮解。易溶于水。

【药动学】本品内服不易吸收。静脉注射后几乎全部分布于血液和细胞外液而不能进入细胞内，脑脊液中分布极微。本品在体内几乎不进行代谢，经肾小球滤过后，自尿液很快排出。

【作用与应用】本品属氨羧络合剂，能与多种 2 价和 3 价重金属离子络合形成无活性可溶的环状络合物，由组织释放到细胞外液，经肾小球滤过后，由尿排出，起解毒作用。本品与各种金属的络合能力不同，其中与铅络合最好，而与其他金属的络合效果较差，对汞和砷则无效。

本品主要用于治疗铅中毒，对无机铅中毒有特效。亦可用于治疗镉、锰、铬、镍、钴和铜中毒。

依地酸钙钠对储存于骨内的铅有明显的络合作用，而对软组织和红细胞中的铅，则作用较小。由于本品具有动员骨铅，并与之络合的作用，而肾脏又不可能迅速排出大量的络合铅，所以超剂量应用本品，不仅对铅中毒的治疗效果不佳，而且可引起肾小管上皮细胞损害、水肿，甚至急性肾功能衰竭。本品对各种肾病患病动物和肾毒性金属中毒动物应慎用，对少尿、无尿和肾功能不全的动物应禁用。不应长期连续使用本品。动物实验证明，本品可增加小鼠胚胎畸变率，但增加饲料和饮水中的锌含量，则可预防之。依地酸钙钠对犬具有严重的肾毒性，致死剂量为每 1 kg 体重 12 g。

【用法与用量】静脉注射：一次量，马、牛 3～6 g，猪、羊 1～2 g，每日 2 次，连用 4 d。

皮下注射：每 1 kg 体重，犬、猫 25 mg。

【制剂】依地酸钙钠注射液（Calcium Disodium Edetate Injection）。

二巯丙醇（Dimercaprol）

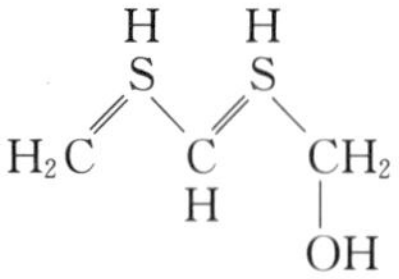

```
      H     H
      S     S
    //  \ //  \
 H2C     C     CH2
         H     |
               OH
```

【理化性质】无色或几乎无色易流动的液体。有强烈的、似蒜的异臭。在水中溶解，但水溶液不稳定。在乙醇和苯甲酸苄酯中极易溶解。一般配成 10%的油溶液（加有 9.6%苯甲酸苄酯）供肌内注射用。

【药动学】本品肌内注射后，于 30 min 内血药达峰浓度，半衰期短，在 4 h 内药物可全部转化，以中性硫形式经尿液迅速排出体外。

【药理作用】本品属巯基络合剂。一分子的本品可结合一个金属原子，形成不溶性复合物；当两个分子的本品与一个金属原子结合，形成较稳定的水溶性复合物时，由于复合物在动物体内有一部分可重新逐渐解离为金属和二巯丙醇，后者很快被氧化并失去作用，而游离出的金属仍能引起机体中毒。因此，必须反复给予足够剂量的本品，以保持血液中本品与金属浓度为 2∶1 的优势，使游离的金属再度与二巯丙醇结合，直至由尿排出为止，并可避免过高浓度的本品引起机体的毒性反应。本品为竞争性解毒剂，可预防金属与细胞酶的巯基结合，并可使已与金属络合的细胞酶复活而解毒，所以最好在动物接触金属后 1～2 h 内用药，超过 6 h 作用减弱。本品对急性金属中毒有效。在动物慢性中毒时，本品虽能使尿中金属排泄量增多，但已被金属抑制的含巯基细胞酶的活力已不能恢复，疗效不佳。

【不良反应】二巯丙醇对肝、肾具有损害作用，并有收缩小动脉作用。过量使用可引起动物呕吐、震颤、抽搐、昏迷，甚至死亡。由于药物排出迅速，大多数的不良反应为暂时性的。

【应用】本品主要用于治疗砷中毒，对汞和金中毒也有效。与依地酸钙钠合用，可治疗幼小动物的急性铅脑病。本品对其他金属的促排效果如下：排铅不及依地酸钙钠；排铜不如青霉胺；对锑和铋无效。本品还能减轻由发泡性砷化物（战争毒气）引起的损害。本品内服不吸收。

【应用注意】①本品仅供肌内注射，注射后可引起剧烈疼痛，务必做深部肌内注射。②肝、肾功能不良动物应慎用。③碱化尿液可减少复合物的重新解离，从而使肾损害减轻。④本品可与镉、硒、铁、铀等金属形成有毒复合物，其毒性作用高于金属本身，故应避免同时应用硒和铁盐。⑤二巯丙醇本身对机体其他酶系统也有一定抑制作用，故应控制好用量。

【用法与用量】肌内注射：一次量，每 1 kg 体重，家畜 3.0 mg，犬、猫 2.5～5.0 mg。用于治疗砷中毒，第 1～2 天每 4 h 一次，第 3 天每 8 h 一次，以后 10 d 内，每日 2 次，直至痊愈。

【制剂】二巯丙醇注射液（Dimercaprol Injection）。

二巯丙磺钠（Sodium Dimercaptopropane Sulfonate）

$$
\begin{array}{c}
\qquad\qquad SH \\
\qquad\qquad | \\
HS—CH_2—CH—CH_2—SO_3H \\
\qquad\qquad | \\
\qquad\qquad Na
\end{array}
$$

本品的药理作用和用途大致与二巯丙醇相同，但对急性汞中毒效果较好，毒性较小，不良反应较二巯丙醇少，偶有过敏反应。溶于水，较稳定，可肌内、静脉注射和内服。静脉或肌内注射，一次量，每 1 kg 体重，牛 5～8 mg，2 次/d。除对砷、汞中毒有效外，对铋、铬、锑中毒亦有效，静脉注射，一次量，每 1 kg 体重，牛 7～10 mg，第 1～2 天每 4～6 h 一次，第 3 天开始每日 2 次。

二巯丁二钠（Sodium Dimercaptosuccinate）

本品又称二巯琥珀酸钠。白色至微黄色粉末，有类似蒜的特臭。易吸水潮解，水溶液无色或微红色，不稳定。在乙醇、氯仿或乙醇中不溶。注射用粉针在溶解后应立即使用，久置后毒性增大；也不可加热；如溶液发生混浊，或呈土黄色后，则不可使用。

【作用与应用】本品为我国创制的广谱金属解毒剂，无蓄积作用。主要用于治疗锑、汞、砷、铅中毒，也可用于治疗铜、锌、镉、钴、镍、银等金属中毒。排铅作用不亚于依地酸钙钠，能使中毒症状迅速缓解；对锑的解毒作用最强；对汞、砷的解毒作用与二巯丙磺钠相同，毒性较低。与二巯丙醇相似，解毒效果较好，对酒石酸锑钾的解毒效力较二巯丙醇强 10 倍以上，毒性较小。不用于铁中毒，因反可增加毒性。

慢性中毒，每日 1 次，5～7 d 为一疗程。急性中毒，每日 4 次，连用 3 d。一般以灭菌生理盐水稀释成 5%～10%溶液，缓慢静脉注射，一次量，每 1 kg 体重，家畜 20 mg。

【制剂】注射用二巯丁二钠（Sodium Dimercaptosuccinate for Iniection）。

青霉胺（Penicillamine）

$$
\begin{array}{c}
\quad SH\ NH_2 \\
\quad |\quad\ | \\
(CH_3)_2C—CHCOOH
\end{array}
$$

青霉胺又称二甲基半胱氨酸，为青霉素分解产物，属单巯基络合剂。*N*-乙酰-*DL*-青霉胺（*N*-Acetyl-*DL*-penicillamine）为青霉胺的衍生物，毒性较低。

【作用与应用】青霉胺能络合铜、铁、汞、铅、砷等，形成稳定和可溶性复合物由尿液迅速排出。内服吸收迅速，副作用较小，不易破坏，可供轻度重金属中毒或其他络合剂有禁忌时选用。对铜中毒的解毒效果强于二巯丙醇；对铅和汞中毒的解毒作用不及依地酸钙钠和二巯丙磺钠。毒性低于二巯丙醇，无蓄积作用。解救汞中毒时，用 *N*-乙酰-*DL*-青霉胺优于青霉胺。

【不良反应】不良反应较多，一般反应停药后可恢复，但长期用药可致肾功能障碍、皮肤损害及血液系统严重反应。

【用法与用量】内服：一次量，每 1 kg 体重，家畜 5～10 mg。每日 4 次，5～7 d 为一疗程，间歇 2 d。

【制剂】青霉胺片（Penicillamine Tablets）。

去铁胺（Deferoxamine）

本品曾称为去铁敏，是由多毛链霉菌（*Streptomyces pilosus*）的发酵液中提取的天然产物。

【作用与应用】本品属羟肟酸络合剂，羟肟酸基团与游离或结合于蛋白的 3 价铁（Fe^{3+}）和铝（Al^{3+}）形成稳定、无毒的水溶性铁胺和铝胺复合物（在酸性 pH 条件下结合作用加强），由尿排出。本品能清除铁蛋白和含铁血黄素中的铁离子，但对转铁蛋白中的铁离子清除作用不强，更不能清除血红蛋白、肌球蛋白和细胞色素中的铁离子。本品主要作为急性铁中毒的解毒药。由于本品与其他金属的亲和力小，故不适于其他金属中毒的解毒。

本品在胃肠道中吸收甚少，可通过皮下、肌内或静脉注射吸收，并迅速分布到各组织。在血浆和组织中很快被酶代谢。

【应用注意】①用药后可出现腹泻、心动过速、腿肌震颤等症状；②严重肾功能不全动物禁用；老年动物慎用。

【用法与用量】肌内注射：参考一次量，每 1 kg 体重，开始量 20 mg，维持量 10 mg。每日总量，每 1 kg 体重，不超过 120 mg。

静脉注射：剂量同肌内注射。注射速度应保持每 1 h 每 1 kg 体重 15 mg。

【制剂】注射用去铁胺（Deferoxamine for Injection）。

二、胆碱酯酶复活剂

“胆碱酯酶复活剂”分子中的肟（═NOH）与磷原子的亲和力强，能夺取胆碱酯酶（ChE）上带有磷的化学基团，使胆碱酯酶恢复活性（复活），因而得名。这类药物又称为肟类复能剂。有机磷杀虫剂或农药等进入动物体内，与胆碱酯酶结合，形成磷酰化胆碱酯酶，使酶失去水解乙酰胆碱（Ach）的活性，导致乙酰胆碱在体内蓄积，引起胆碱能神经支配的组织和器官发生一系列先兴奋后抑制的临床中毒表现。胆碱酯酶复活剂对有机磷的烟碱样作用明显，而阿托品对其毒蕈碱样作用较强，因此在解救有机磷化合物中毒时这两种药常常同时应用。常用的胆碱酯酶复活剂有碘解磷定、氯解磷定、双解磷和双复磷。关于阿托品请参阅本书第二章。

碘解磷定（Pralidoxime Iodide）

本品又称派姆（Pyridineα-Aldoxime Methiodide，PAM），为最早合成的肟类胆碱酯酶复活剂。

【理化性质】 黄色颗粒状结晶或晶粉。无臭，味苦，遇光易变质。在水（1∶20）或热乙醇中溶解，水溶液稳定性不如氯解磷定。

【药动学】 静脉注射后，血中很快达到有效浓度，因而在静脉注射数分钟后被抑制的血液胆碱酯酶活性即开始恢复，临床中毒症状也有所缓解，血中胆碱酯酶水平与临床中毒症状基本相符。静脉注射后在肝、肾、脾、心等器官含量较高，肺、骨骼肌和血中次之。脂溶性差，不易透过血脑屏障，但临床大剂量应用时，对中枢症状有一定缓解作用，故有人认为碘解磷定在大剂量时也能通过血脑屏障进入中枢神经系统。静脉注射本品在肝脏迅速代谢，由肾脏排出，在体内无蓄积作用。维生素 B_1 能延长本品的半衰期。

【作用与应用】 肟类化合物，其季胺基团可趋向与有机磷结合的、已失去活性的磷酰化胆碱酯酶的阳离子部位，并以其亲核基团直接与胆碱酯酶的磷酰化基团结合，然后共同脱离胆碱酯酶，使得胆碱酯酶恢复原来状态，重新呈现活性。对酶的复活作用，在神经肌肉接头处最为显著，可迅速制止有机磷中毒所致的肌束颤动。凡被有机磷抑制超过 36 h 已“老化”酶的活性，则难以使之恢复，所以应用胆碱酯酶复活剂治疗有机磷中毒时，早期用药效果较好，而治疗慢性有机磷中毒，则无效。本品对有机磷引起的烟碱样症状的作用明显，而对毒蕈碱样症状的作用较弱；对中枢神经症状的作用不明显。另外，肟类化合物还能直接与血中的有机磷结合，使之成为无毒物质由尿排出。碘解磷定可用于解救多种有机磷中毒，但有一定选择性。如对内吸磷（1059）、对硫磷（1605）、特普、乙硫磷中毒的疗效较好；而对马拉硫磷、敌敌畏、敌百虫、乐果、甲氟磷、丙胺氟磷和八甲磷等中毒的疗效较差。

对轻度有机磷中毒，可单独应用本品或阿托品以控制中毒症状；中度或重度中毒时，则必须合并应用阿托品，因本品对体内已蓄积的乙酰胆碱无作用。阿托品能迅速有效地解除由乙酰胆碱引起的强烈的毒蕈碱样作用的中毒症状，特别是解除支气管痉挛，抑制支气管腺体分泌，缓解胃肠道痉挛或过度收缩症状，对抗心脏抑制的作用，也能解除一部分中枢神经系统的中毒症状，例如阿托品有兴奋呼吸中枢作用，可解除有机磷中毒引起的呼吸中枢抑制。由于阿托品能解除有机磷中毒症状，有助于体内磷酰化胆碱酯酶的复活，严重中毒时与胆碱酯酶复活剂联合应用，具有协同作用，因此临床上治疗有机磷中毒时，必须及时、足量地给予阿托品。

【应用注意】 ①本品应用时间至少维持 48～72 h，以防延迟吸收的有机磷引起中毒程度加重，甚至致死。②用药过程中随时测定血中胆碱酯酶水平，作为用药监护指标。③在碱性溶液中易分解，禁止与碱性药物配伍使用。④与阿托品联合应用时，因本品能增强阿托品的作用，要减少阿托品剂量。

【用法与用量】 静脉注射：一次量，每 1 kg 体重，家畜 15～30 mg。

【制剂】 碘解磷定注射液（Pralidoxime Iodide Injection）。

其他胆碱酯酶复活剂

1. 氯解磷定（Pralidoxime Chloride）　结构与碘解磷定相似，仅以 Cl^- 替代 I^-，又称氯化派姆（PAM-Cl）、氯磷定。在我国生产的肟类胆碱酯酶复活剂中，以氯解磷定的水溶性和稳定性好，作用较碘解磷定强、作用产生快、毒性较低。其注射液可供肌内或静脉注射。

2. 双复磷（Obidoxime Toxogonin，DMO_4） 含 2 个肟基团，作用同碘解磷定，较易透过血脑屏障。有阿托品样作用，对有机磷所致烟碱样和毒蕈碱样症状均有效，对中枢神经系统症状的消除作用较强，其注射液可供肌内或静脉注射。

3. 双解磷（Trimedoxime，TMB_4） 含 2 个肟基团，作用较碘解磷定强且持久，不易透过血脑屏障，有阿托品样作用。常用其粉针剂。

三、高铁血红蛋白还原剂

亚甲蓝（Methythioninium Chloride）

本品曾称为美蓝（Methylene Blue，MB）。

【理化性质】深绿色、具有铜样光泽的柱状结构或结晶性粉末，无臭。在水或乙醇中易溶，在氯仿中溶解。

【药动学】内服不易自胃肠道吸收。在组织中可迅速被还原为还原型亚甲蓝，并部分被代谢。亚甲蓝、还原型亚甲蓝及代谢产物均自尿中缓慢排出；肠道中未吸收部分自粪便排出，尿和粪可被染成蓝色。

【作用与应用】亚甲蓝本身是氧化剂，但根据其在血液中浓度的不同，而对血红蛋白产生两种不同的作用。当低浓度时，体内 6-磷酸-葡萄糖脱氢过程中的氢离子传递给亚甲蓝（MB），使其转变为还原型白色亚甲蓝（MBH_2）；白色亚甲蓝又将氢离子传递给带 Fe^{3+} 的高铁血红蛋白（MHb），使其还原为带 Fe^{2+} 的正常血红蛋白，与之同时白色亚甲蓝又被氧化成亚甲蓝。亚甲蓝的作用类似体内还原型辅酶Ⅰ即高铁血红蛋白（NADPH・MHb）还原酶的作用，可作为中间电子传递体，促进 $NADPH+H^+$ 还原 MHb，并使血红蛋白重新恢复携氧的功能（图 15-1）。

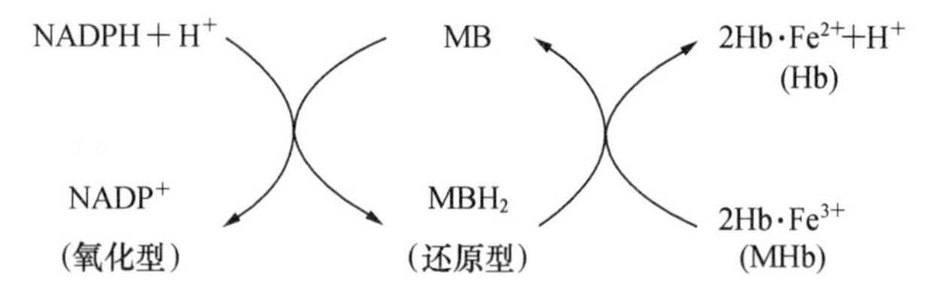

图 15-1 亚甲蓝作用原理示意图

所以临床上应使用小剂量（每 1 kg 体重 1～2 mg）解救亚硝酸盐等所致的高铁血红蛋白症。当使用剂量达到每 1 kg 体重 5～10 mg 时，血中形成高浓度的亚甲蓝，NADPH 脱氢酶的生成量不能使亚甲蓝全部转变为还原型亚甲蓝，此时血中高浓度的氧化型亚甲蓝则可使血红蛋白氧化为高铁血红蛋白。上述高浓度亚甲蓝的氧化作用，则可用于解救氰化物中毒，其原理与亚硝酸钠相同，但作用不如亚硝酸钠强。

禁止皮下或肌内注射（可引起组织坏死）。由于亚甲蓝溶液与许多药物、强碱性溶液、氧化剂、还原剂和碘化物配伍禁忌，不得与其他药物混合注射。

【用法与用量】静脉注射：一次量，每 1 kg 体重，家畜，解救高铁血红蛋白血症 1～2 mg；解救氰化物中毒 10 mg（最大剂量 20 mg），应与硫代硫酸钠交替使用。

【制剂】亚甲蓝注射液（Methyhhioninium Chloride Injection）。

四、氰化物解毒剂

氰化物中的氰离子（CN^-）能迅速与氧化型细胞色素氧化酶的 Fe^{3+} 结合，从而阻碍酶的还原，抑制酶的活性，使组织细胞不能得到足够的氧导致动物中毒。组织缺氧首先引起脑、心血管系统损害和电解质紊乱。对氰化物，牛最敏感，其次是羊、马和猪。

目前一般采用亚硝酸钠—硫代硫酸钠联合解毒。先用 3%亚硝酸钠或亚硝酸异戊酯将带 Fe^{2+} 的血红蛋白氧化为带 Fe^{3+} 的高铁血红蛋白。CN^- 与 Fe^{3+} 结合，并形成氰化高铁血红蛋白，暂时使氰不发生毒性作用。接着用硫代硫酸钠与 CN^- 形成毒性很小的硫氰酸盐，后者由尿排出。亚硝酸异戊酯的解毒机制与亚硝酸钠相同，但作用较弱，兽医临床上主要应用亚硝酸钠解救氰化物中毒。

亚硝酸钠（Sodium Nitrite）

【理化性质】为无色或白色至微黄色结晶。无臭，味微咸，有引湿性。在水中易溶，在乙醇中微溶。水溶液显碱性反应。

【药动学】经胃肠道吸收迅速，内服 15 min 起效，可持续 1 h。在体内代谢约 60%，其余以原型经肾排泄。静脉注射立即发挥疗效。

【作用与应用】主要用于治疗氰化物中毒。本品为氧化剂，可使血红蛋白中的二价铁（Fe^{2+}）氧化成三价铁（Fe^{3+}），形成高血红蛋白，后者的 Fe^{3+} 与 CN^- 结合力比氧化型细胞色素氧化酶的 Fe^{3+} 强，可使已与氧化型细胞色素氧化酶结合的 CN^- 重新释放，恢复酶的活力。高铁血红蛋白还能竞争性地结合组织中未与细胞色素氧化酶起反应的 CN^-。但是高铁血红蛋白与 CN^- 结合后形成的氰化高铁血红蛋白在数分钟后又逐渐解离，释出的 CN^- 又重现毒性，此时宜再注射硫代硫酸钠。本品仅能暂时性地延迟氰化物对机体的毒性。内服后吸收迅速；静脉注射立即起作用。由于亚硝酸钠容易引起高铁血红蛋白症，故不宜重复给药。

【不良反应】可引起呕吐、呼吸急促等；血管扩张可致低血压、心动过速；剂量过大或注射过快可导致虚脱、惊厥甚至死亡。如过量导致高铁血红蛋白血症，可用亚甲蓝还原之。

【作法与用量】静脉注射：每 1 kg 体重，15～25 mg。

【制剂】亚硝酸钠注射液（Sodium Nitrite Injection）。

硫代硫酸钠（Sodium Thiosulfate）

【理化性质】为无色透明结晶或结晶性细粒。无臭，味咸。在干燥空气中有风化性，在空气中有潮解性。在水中极易溶解，在乙醇中不溶。水溶液显微弱的碱性反应。

【作用与应用】在肝内硫氰生成酶的催化下，能与体内游离的或已与高铁血红蛋白结合的 CN^- 结合，使之转化为无毒的硫氰酸盐而随尿排出，其化学反应如下：

$$Na_2S_2O_3 + CN^- \xrightarrow{\text{转硫酶}} SCN^- + Na_2SO_3$$

本品不易由消化道吸收，静脉注射后可迅速分布到各组织的细胞外液。半衰期为 39 min。

很快经肾脏排泄。主要用于治疗氰化物中毒，也可用于治疗砷、汞、铅、铋、碘等中毒。

【应用注意】①本品解毒作用产生较慢，应先静脉注射作用产生迅速的亚硝酸钠（或亚甲蓝）后，立即缓慢注射本品，不能将两种药物混合后同时静脉注射。②对内服中毒动物，还应使用本品的5%溶液洗胃，并于洗胃后保留适量溶液于胃中。

【用法与用量】静脉或肌内注射：一次量，马、牛5～10 g，羊、猪1～3 g，犬、猫1～2 g。

【制剂】硫代硫酸钠注射液（Sodium Thiosulfate Iniection）。

五、其他解毒剂

乙酰胺（Acetamide）

本品又称解氟灵。白色透明结晶。易潮解。在水中极易溶解，在乙醇中易溶。本品为有机氟杀虫药和杀鼠药氟乙酰胺、氟乙酸钠等动物中毒的解毒剂。

解毒机制尚不清楚，可能因为本品在体内与氟乙酰胺争夺酰胺酶，并可使氟乙酰胺不能转化为具有细胞毒性的氟乙酸，从而消除其对机体的毒性。常用乙酰胺注射液，静脉或肌内注射，一次量，每1 kg体重，家畜50～100 mg。

本品酸性强，肌内注射时有局部疼痛，可配合应用普鲁卡因或利多卡因，以减轻疼痛。

复　习　题

1. 简述特效解毒药的作用机制。

2. 简述常用有机磷中毒解毒剂、氰化物中毒解毒剂和重金属中毒解毒剂的临床应用、注意事项。

附　录

一、中文药名索引（以汉语拼音为序）

E

F

G

H

J

K

L

M

N

P

Q

R

二、英文药名索引（以字母顺序为序）

D

E

N

O

P

Q

R

S

T

U

V

W

X

Y

Z

主要参考文献

冯淇辉，戎耀方，朱模忠，等．1983. 兽医临床药理学．北京：科学出版社．

国家药典委员会．2010. 中华人民共和国药典　临床用药须知（化学药和生物制品卷）（2010 年版）．北京：人民卫生出版社．

杨藻宸．2000. 药理学和药物治疗学．北京：人民卫生出版社．

伊藤勝昭．2004. 新獣医薬理学．第二版．东京：近代出版社．

曾振灵．2012. 兽药手册．北京：化学工业出版社．

中国兽药典委员会．2016. 中华人民共和国兽药典　兽药使用指南（化学药品卷）（2015 年版）．北京：中国农业出版社．

Malcolm R，Thomas N T. 2012. 临床药代动力学与药效动力学．第 4 版．陈东生，黄璞译．北京：人民卫生出版社．

Bowman B A，Russell R M，et al. 2001. Present Knowledge in Nutrition. 8th Edition. International Life Sciences Institute Press.

Donald C Plumb. 2015. Plumb's Veterinary Drug Handbook. 8th Edition. Blackwell Publishing.

Jill Maddison. 2008. Small Animal Clinical Pharmacology. 2nd Edition. W. B. Saunders Company.

Riviere J E，Papich M G. 2009. Veterinary Pharmacology and Therapeutics. 9th Edition. Iowa state：Iowa State University Press.